U0426990

火山岩油气藏的形成机制与分布规律研究丛书

松辽盆地北部火山岩气藏特征与分布规律

冯子辉　印长海　冉清昌　朱映康　刘家军　著

科学出版社
北京

内 容 简 介

本书在全面认识松辽盆地北部火山岩油气成藏区域地质背景、火山岩时空分布规律、火山岩储层和成藏机理研究的基础上，结合松辽盆地北部高勘探程度区的火山岩储层及其油气藏地球物理参数和地质属性分析，优选火山岩油气藏识别与评价技术，进行不同区域地质背景下的成藏机制和主控因素分析。对比不同类型火山岩油气藏，查明它们之间的共性和特性，探讨不同类型火山岩油气藏的主控因素，建立火山岩油气藏三维数字地质模型，揭示火山岩油气藏分布规律，进而建立火山岩油气资源预测的理论体系，指导火山岩油气勘探开发，预测油气资源，从而实现勘探目标的优选。

图书在版编目(CIP)数据

松辽盆地北部火山岩气藏特征与分布规律 / 冯子辉等著 . —北京：科学出版社，2016

（火山岩油气藏的形成机制与分布规律研究丛书）

ISBN 978-7-03-047850-4

Ⅰ. ①松… Ⅱ. ①冯… Ⅲ. ①松辽盆地-火山岩-岩性油气藏-特征 ②松辽盆地-火山岩-岩性油气藏-分布规律 Ⅳ. ①P618. 130. 2

中国版本图书馆 CIP 数据核字（2016）第 056253 号

责任编辑：韦 沁 韩 鹏 / 责任校对：鲁 素

责任印制：肖 兴 / 封面设计：王 浩

科学出版社 出版

北京东黄城根北街 16 号

邮政编码：100717

http://www. sciencep. com

中国科学院印刷厂 印刷

科学出版社发行 各地新华书店经销

*

2016 年 11 月第 一 版 开本：787×1092 1/16

2016 年 11 月第一次印刷 印张：24 1/2

字数：581 000

定价：268. 00 元

（如有印装质量问题，我社负责调换）

《火山岩油气藏的形成机制与分布规律研究丛书》编辑委员会

丛 书 序

——开拓油气勘查的新领域

2001年以来，大庆油田有限责任公司在松辽盆地北部徐家围子凹陷深层火山岩勘探中获得高产工业气流，发现了徐深大气田，由此，打破了火山岩（火成岩）是油气勘探禁区的传统理念，揭开了在火山岩中寻找油气藏的序幕，进而在松辽、渤海湾、准噶尔、三塘湖等盆地火山岩的油气勘探中相继获得重大突破，发现一批火山岩型油气田，展示出盆地火山岩作为油气新的储集体的巨大潜力。

从全球范围内看，盆地是油气藏的主要聚集地，那里不仅沉积了巨厚的沉积岩，也往往充斥着大量的火山岩，尤其在盆地发育早期（或深层），火山岩在盆地充填物中所占的比例明显增加。相对常规沉积岩而言，火山岩具有物性受埋深影响小的优点，在盆地深层其成储条件通常好于常规沉积岩，因此可以作为盆地深层勘探的重要储集类型。同时，盆地早期发育的火山岩多与快速沉降的烃源岩共生，组成有效的生储盖组合，具备成藏的有利条件。

但是，作为一个新的重要的勘探领域，火山岩油气藏的成藏理论和勘探路线与沉积岩石油地质理论及勘探路线有很大不同，有些还不够成熟，甚至处于启蒙阶段。缺乏理论指导和技术创新是制约火山岩油气勘探开发快速发展的主要瓶颈。为此，2009年，国家科技部及时设立国家重点基础研究发展计划（973）项目“火山岩油气藏的形成机制与分布规律”，把握住历史机遇，及时凝炼火山岩油气成藏的科学问题，实现理论和技术创新，这对于占领国际火山岩油气地质理论的制高点，实现火山岩油气勘探更广泛的突破，保障国家能源安全具有重要意义。大庆油田作为项目牵头单位，联合中国科学院地质与地球物理研究所、吉林大学、北京大学、中国石油天然气勘探研究院和东北石油大学等单位的专业人员，组成以冯志强、陈树民为代表的强有力的研究团队，历时五年，通过大量的野外地质调查、油田现场生产钻井资料采集和深入的测试、分析、模拟、研究，取得了一批重要的理论成果和创新认识，基本建立了火山岩油气藏成藏理论和与之配套的勘探、评价技术，拓展了火山岩油气田的勘探领域，指明火山岩油气藏的寻找方向，为开拓我国油气勘探新领域和新途径做出了重要贡献：

一是针对火山岩油气富集区的地质背景和控制因素科学问题，提出了岛弧盆地和裂谷盆地是形成火山岩油气藏的有利地质环境，明确了寻找火山岩油气藏的盆地类型；二是针对火山岩储层展布规律和成储机制的科学问题，提出了不同类型、不同时代的火山岩均有可能形成局部优质和大面积分布的致密有效储层的新认识，大大拓展了火山岩油气富集空间和发育规模，对进一步挖掘火山岩勘探潜力有重要指导意义；三是针对火山岩油气藏地球物理响应的科学问题，开展了系统的地震岩石物理规律研究，形成了火山岩重磁宏观预测、火山岩油气藏目标地震识别、火山岩油气藏测井评价和火山岩储层微观评价4个技术系列，有效地指导了产业部门的勘探生产实践，发现了一批油气田和远景区。

“火山岩油气藏的形成机制与分布规律”项目，是国内第一个由基层企业牵头的国家重大基础研究项目，通过各参加单位的共同努力，不仅取得一批创新性的理论和技术成果，还建立了一支以企业牵头，“产、学、研、用”相结合的创新团队，在国际火山岩油气领域形成先行优势。这种研究模式对于今后我国重大基础研究项目组织实施具有重要借鉴意义。

《火山岩油气藏的形成机制与分布规律研究丛书》的出版，系统反映了该项目的研究成果，对火山岩油气成藏理论和勘探方法进行了系统的阐述，对推动我国以火山活动为主线的油气地质理论和实践的发展，乃至能源领域的科技创新均具有重要的指导意义。

2015年4月

前　言

在传统的油气钻（勘）探中，火山岩与其他火成岩一样，往往被认为其形成时的高温不利于油气生成而尽量避开，甚至将其视作“禁区”，排除在油气勘探的重点目标之外；即使自19世纪末以来的100多年里，世界上100多个国家在300多个盆地或区块的火山岩中发现了一些油气藏和油气田，但因其中发现的油气储量所占比例不足1%，也未能引起足够的重视，仍被认为具有偶然性（张子枢、吴邦辉，1994；Petford and Mccaffrey，2003，Schutter，2003）。我国的情况亦类似，20世纪50年代，在准噶尔盆地火山岩中首次发现了油气，并于80年代至90年代探明了一些储量，但未形成持续储量增长规模；火山岩油气藏的勘探潜力及分布规律没有被很好地认识到。

直到2002年，通过转变思想观念，大庆油田将深层火山岩作为一个目的层，有针对性的布置钻探。在松辽盆地徐家围子断陷早白垩世营城组火山岩中获得天然气重大突破，已探明天然气储量4000多亿m^3，使之成为中国东部迄今为止最大的气田——庆深气田，展示出松辽盆地火山岩油气勘探的广阔前景（冯志强，2006；Feng，2008；冯子辉等，2010），进而带动了全国性的火山岩油气勘探发现与突破，相继在三塘湖、塔里木、下辽河和渤海湾等盆地探明了一批火山岩油气田，使火山岩由油气勘探“禁区”变成了油气勘探的“靶区”，展现出巨大的勘探潜力（邹才能等，2008；赵文智等，2009；刘嘉麒等，2010），使火山岩成为中国陆上油气勘探的重要领域之一。

本书总结了一个世纪以来火山岩油气勘探的发展规律发现：由于火山岩油气藏成藏理论、控制因素和勘探方法的特殊性和复杂性，火山岩油气勘探一直没有保持住持续增长态势。究其缘由，关键是对火山岩油气藏的成藏运聚机理和分布规律认识不清，因而，不能有效指导火山岩油气勘探，扩大勘探成果。为此，从国家层面设立重点基础研究发展计划（973）项目，组织相关研究力量，开展“火山岩油气藏分布规律与资源预测”（2009CB219308）研究，旨在火山岩油气藏理论上取得创新成果，在火山岩油气藏分布规律方面扩大勘探成果，进而有效指导中国火山岩油气勘探，为我国油气储量增长做出贡献。本书正是作者们为此而做的努力。全书从松辽盆地火山岩气藏形成的区域地质背景入手，阐述了盆地断陷分布与火山岩形成、发育特征；立足典型气藏解剖，剖析火山岩储层发育控制因素与成藏机理；通过火山岩气藏成藏条件综合分析，详述了火山岩气藏的“四控”分布规律；在此基础上，集成火山岩气藏的综合地球物理勘探技术，运用火山岩气藏成藏过程的物理模拟和数值模拟技术，重新计算和评价了松辽盆地火山岩气藏资源潜力，为大庆油田“4000万”吨稳产、实现大庆油田永续辉煌的战略目标，提供了资源接替的有效勘探领域。

本书编写是由国家973项目“火山岩油气藏分布规律与资源预测”（2009CB219308）课题参加人共同合作完成。本书的编写纲要和主要内容由冯子辉组织讨论确定，其中绪论由冯子辉执笔；第一章由冯子辉、冉清昌执笔；第二章由印长海、冉清昌执笔；第三章由印长海执笔；第四章由朱映康、邵红梅执笔；第五章由刘家军、李景坤执笔；第六章由印长海、冯子辉执笔；第七章由刘家军、冉清昌执笔；第八章由冉清昌执笔。全书由冯子辉、印长海、冉清昌等审核、统稿、定稿。

在本书的撰写过程中，得到大庆油田有限责任公司勘探开发研究院和大庆油田有限责任公司勘探事业部的大力支持，得到黄薇、门广田总地质师、杨峰平副总地质师的大力帮助和指导，王璞珺教授、柳成志教授等对书稿提出了宝贵的意见，在本书编写过程中还得到了于海山硕士的协助，在此一并致以最衷心的感谢。

由于火山(成)岩成藏条件复杂，资料众多，加之作者水平有限，本书的一些观点和不妥之处，敬请读者和同仁指正。

作　者

2015 年 6 月 22 日

目　　录

第一章 绪 论

随着能源需求的日益增长，石油与天然气的勘探、开发领域也在不断地扩展，火山岩油气藏作为油气勘探的新领域，已引起了广大石油工作者的关注。近年来，火山岩油气藏已在世界20多个国家300多个盆地或区块中发现。如日本新潟盆地吉井-东柏崎气藏、印度尼西亚Jawa盆地Jatibarang油气藏、阿根廷帕姆帕-帕拉乌卡油气藏、墨西哥富贝罗油气藏等典型的大型火山岩油气藏（Seemann and Schere，1984；Vernik，1990；Hawlander，1990；张子枢、吴邦辉，1994；Mitsuhata *et al.*，1999；Kawamoto，2001；Stephen，2003；Dutkiewicz *et al.*，2004；Sruoga and Rubinstein，2007）。我国自20世纪70年代以来，先后在渤海湾盆地、准噶尔盆地、塔里木盆地、松辽盆地及苏北盆地等地发现了火山岩油气藏（张子枢、吴邦辉，1994；Luo *et al.*，1999；操应长等，2002；王璞珺等，2003a；赵海玲等，2004；温声明等，2005；潘建国等，2007；赵文智等，2008；邹才能等，2008）。据统计，在沉积盆地中，火山岩可占到充填体积的25%，沉积盆地火山岩易接受来自沉积岩的油气，一旦具备成藏条件，可形成大型、超大型油气田，但全球火山岩油气藏探明储量仅占总探明储量的1%左右，火山岩中的油气勘探具有广阔的前景（邹才能等，2008；姜洪福等，2009）。

第一节 火山岩油气藏勘探概况

一、国外火山岩油气藏勘探概况

（一）勘探历程

自1887年在美国加利福尼亚州圣华金盆地首次发现火山岩储层油气以来，火山岩储层油气藏勘探已有120多年的历史。火山岩油气藏勘探大致包括三个阶段。

1. 早期阶段（20世纪50年代以前）

大多数火山岩油气藏都是在勘探浅层其他油藏时发现的。当时，相当一部分人认为火山岩含油气只是偶然现象，甚至认为它不会有任何经济价值，因此未进行系统研究。

2. 第二阶段（20世纪50年代初至60年代末）

认识到火山岩中聚集油气并非偶然现象，开始给予一定重视，并在局部地区有目的地进行针对性勘探。1953年委内瑞拉成功发现了拉帕斯油田，这一油田的发现标志着对火山岩油藏的认识进入一个新的阶段，开始认识到在这类岩石中聚集石油并非异常现象，从而引起重视，但对火山岩油藏的开发尚未进行深入研究。

3. 第三阶段（20世纪70年代以来）

世界范围内广泛开展了火山岩油气藏勘探。在美国、墨西哥、古巴、委内瑞拉、阿根廷、苏联、日本、印度尼西亚、越南等国家发现了多个火山岩油气藏（田），其中较为著名的是美国亚利桑那州的比聂郝-比肯亚火山岩油气藏、格鲁吉亚的萨姆戈里-帕塔尔祖里凝灰岩油藏、阿塞拜疆的穆拉德汉雷火山岩油气藏、印度尼西亚的贾蒂巴朗玄武岩油气藏、日本的吉井-东柏崎流纹岩油气藏、越南南部浅海区的花岗岩白虎油气藏等（邹才能等，2008）。

（二）火山岩油气藏的分布概况

目前，全球已发现300余个与火山岩储层有关的油气田或油气显示，其中有探明储量的火山岩储层油气田共169个。如印度尼西亚的贾蒂巴朗玄武岩油气藏、日本新生代火山岩油气藏、阿塞拜疆穆拉德汉雷火山岩油气藏等（Petford and Mccaffrey，2003），其特点是产层厚、产率高、储量大，已成为重要的勘探目标。

火山岩油气藏分布以环太平洋地区为主，从北美的美国、墨西哥、古巴到南美的委内瑞拉、巴西、阿根廷，再到亚洲的中国、日本、印度尼西亚，总体呈环带状展布；其次是中亚地区，目前在格鲁吉亚、阿塞拜疆、乌克兰、俄罗斯、罗马尼亚、匈牙利等国家发现了火山岩油气藏；非洲大陆周缘也发现了一些火山岩油气藏，如北非的埃及、利比亚、摩洛哥及中非的安哥拉，均已发现火山岩油气藏。

火山岩油气藏形成的构造背景以大陆边缘盆地为主，也有陆内裂谷盆地，如北美、南美、非洲发现的火山岩油气藏，主要分布在大陆边缘盆地环境。火山岩储集层时代在新近纪、古近纪、白垩纪时发现的火山岩油气藏数量多，在侏罗纪及以前地层中发现的火山岩油气藏较少。勘探深度一般从几百米到2000m左右，3000m以上较少（邹才能等，2008）。火山岩油气藏储集层岩石类型以中基性玄武岩、安山岩为主，玄武岩油气藏分布最多，原因主要有三点：一是玄武岩在含油气盆地中分布广，二是玄武岩黏度小，熔岩易侵入沉积岩中，三是玄武岩的多次间歇喷发易形成多孔性的储集层；储集层空间以原生或次生型孔隙为主，普遍发育的各种成因裂缝对改善储集层起到了决定性作用。

（三）火山岩油气藏规模

国外火山岩油气藏规模一般较小，但也有高产大油气田。从国外代表性火山岩油气田产量统计看，石油日产量最高者为古巴North Cuba盆地的Cristales油田，天然气日产量最高者为日本Niigata盆地的Yoshii-Kashiwazaki气田（表1-1）。

表 1-1 国外火山岩油气田产量统计

国家	油气田名称	盆地	流体性质	产量		储集层岩性
				油/(t/d)	气/(10^4m^3/d)	
古巴	Cristales	North Cuba	油	3 425		玄武质凝灰岩
巴西	Igarape Cuba	Amazonas	油	68 ~ 3 425		辉绿岩
越南	15-2-RD 1X	Cuu Long	油	1 370		蚀变花岗岩
阿根廷	YPF PalmarLargo	Noroeste	油，气	550	3.4	气孔玄武岩
格鲁吉亚	Samgori		油	411		凝灰岩
美国	West Rozel	North Basin	油	296		玄武岩，集块岩
委内瑞拉	Totumo	Maracaibo	油	288		火山岩
阿根廷	Vega Grande	Neuquen	油，气	224	1.1	裂缝安山岩
新西兰	Kora	Taranaki	油	160		安山凝灰岩
日本	Yoshii-Kashiwazaki	Niigata	气		49.5	流纹岩
巴西	Barra Bonita	Parana	气		19.98	溢流玄武岩，辉绿岩
澳大利亚	Scotia	Bowen-surat	气		17.8	碎裂安山岩

资料来源：邹才能等，2008

二、中国火山岩油气藏勘探概况

（一）勘探阶段

中国火山岩油气藏最早于1957年在准噶尔盆地西北缘发现，火山岩油气藏勘探至今已历经50余年的历程，大致经历了三个阶段。

（1）偶然发现阶段（1957～1990年）：主要集中在准噶尔盆地西北缘和渤海湾盆地辽河、济阳等坳陷。

（2）局部勘探阶段（1990～2002年）：随着地质认识的深化和勘探技术的进步，开始在渤海湾、准噶尔等盆地个别地区开展针对性勘探。在前期应用重、磁、电、地震等手段进行预探的基础上，新疆油田1993年在陆梁隆起上钻滴西1井，发现了滴西石炭系火山岩气藏；大庆油田2001年在徐家围子断陷上钻徐深1井，从而发现了徐深气田；吉林油田2001年在长岭断陷哈尔金构造上钻探长深1井，发现了长岭1号气田。

（3）全面勘探阶段（2002年后）：在渤海湾、松辽、准噶尔、三塘湖等盆地全面开展火山岩储层油气勘探，布置了大量的三维地震勘探，部署了多口针对火山岩储层的预探井，全面开展了取心、测试、测井、试气、试采等研究工作；同时加大评价力度，部署了多口火山岩评价井，陆续发现了徐深、长岭1号、克拉美丽、牛东等一批大中型油气田，截至2011年年底，已在火山岩中探明石油地质储量6.2×10^8t、天然气地质储量$6502\times10^8m^3$。

（二）中国火山岩油气藏的分布概况

中国许多含油气盆地内部及其周边地区广泛分布着各种类型的火山岩，20 世纪 60～80年代，中国在大规模油气勘探、开发中，先后在准噶尔盆地西北缘和渤海湾盆地等 11 个盆地陆续发现了一批火山岩油气田。特别是 2000 年以来，相继在渤海湾盆地、松辽盆地、二连盆地、准噶尔盆地、塔里木盆地、四川盆地等火山岩油气勘探中取得了重大突破（杨辉等，2006；匡立春等，2007），发现了储量达几千万吨的火山岩油气藏（表 1-2）。同时，浙闽粤东部中生代火山岩分布区及东海陆架盆地中的长江凹陷、海礁凸起、钱塘凹陷和瓯江凹陷等中、新生代火山岩发育区也成为寻找油气的新领域（林如锦、徐克定，1995；吕炳全等，2003）。地质研究认为，中国火山岩分布面积广，总面积达 $215.7\times10^4 km^2$（图 1-1），预测有利勘探面积为 $36\times10^4 km^2$，展示了火山岩油气藏勘探领域的巨大潜力。因此，中国含油气盆地火山岩中剩余资源丰富，勘探潜力大，是未来油气勘探的重要新领域（邹才能等，2008）。

表 1-2　中国主要油田火山岩分布

油田	主要时代	火山岩分布情况及特征	典型火山岩油藏实例
大港	中、新生代	以粗安岩、安山岩为主，部分为辉绿岩和碱性辉长岩，发育多种裂缝和孔洞类型	风化店油田、枣 35 玄武岩油藏
胜利	中、新生代	以基性喷出岩及火山碎屑为主，岩石类型主要为玄武岩、安山岩、水下喷出的基性岩、角砾岩及凝灰岩	临盘油田 41-14 井、滨南油田 338 块
大庆	元古代—古近纪	元古代以侵入岩为主；古生代以中性到酸性喷发岩为主，具西老东新和中部多、两侧少的特点；中生代火山岩活动有两个高峰，一个为侏罗纪深成侵入岩，另一个为早白垩世喷发岩，具有基性、中性、酸性的序列特征	肇深 1 井火山岩风化壳油藏
吉林	海西晚期—燕山期	以花岗岩和新生代玄武岩最发育，具有先喷发后侵入，从基性到酸性再到碱性的演化规律	农安构造、伊通地堑火山岩风化壳油藏
辽河	多期喷发	以黑色、灰黑色玄武岩为主；晚侏罗世火山活动形成大量火山锥，为中酸性火山岩夹少量玄武岩；中新世、始新世堆积了较厚的碱性玄武岩；渐新世—中新世多期次裂隙喷发碱性玄武岩	洼 609 井区、大平房地区、热河台地区、荣 76 井区
东南沿海	中生代	渤海湾盆地的北部及东部分布有火山岩储层，含油性以安山岩，安山角砾岩、安山质角砾熔岩为主，具有高孔低渗的特点	石臼坨安山岩古潜山油藏
塔里木	二叠纪	早二叠世火山活动强烈，属陆相火山喷发岩，主要分布在盆地东北部，以基性和超基性岩为主	
准噶尔	石炭纪—三叠纪	石炭纪主要在盆地边缘发育基本性岩，二叠纪发育从基性到酸性的陆相喷发岩，三叠纪分布大量基性和碱性岩	克拉玛依九区多个区块、百口泉检 188 断块

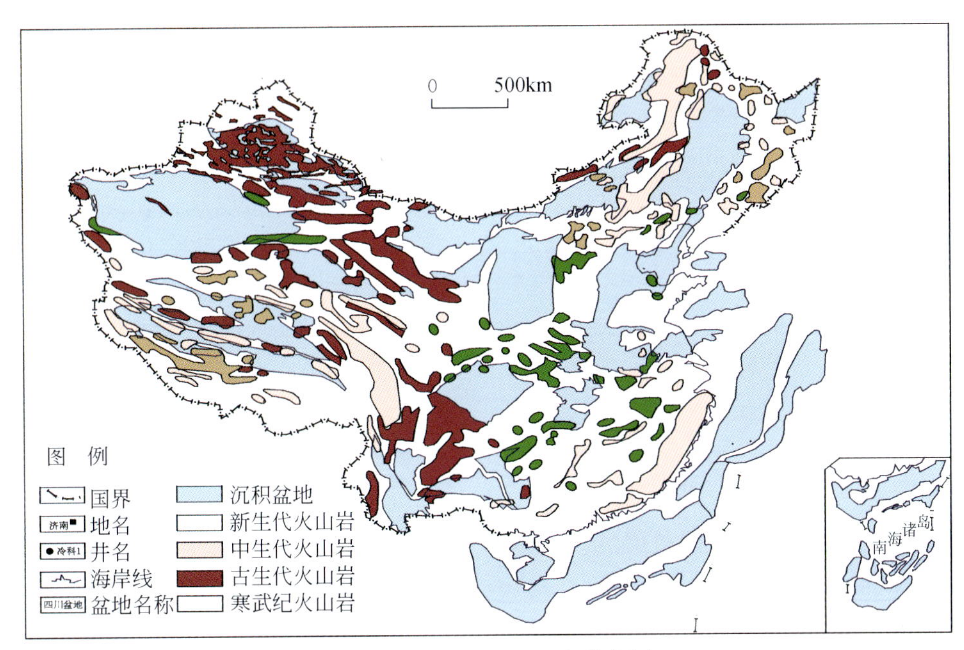

图 1-1 中国陆上火山岩分布图

中国火山岩发育有石炭系—二叠系、侏罗系—白垩系和古近系三套火山岩，主要形成于陆内裂谷和岛弧环境；以沿断裂的中心式、复合式喷发为主，主要形成层火山，爆发相和喷溢相较发育，火山岩体一般为中小型，成群成带大面积展布；成岩环境有陆上和水下两种喷发环境，水下喷发-沉积组合最为有利。中国东部沉积盆地内火山岩以中酸性为主，西部以中基性为主。

从中国已发现的火山岩油气藏基本地质情况看，火山岩油气藏可以划分为四种类型：基岩风化壳型油气藏、基岩断裂破碎带型油气藏、沉积岩中火山侵入岩型油气藏与沉积岩中火山喷发岩型油气藏。从这四类油气藏分布状况来看，以第一类（基岩风化壳型）最多，其余三类均少。

1. 基岩风化壳型油气藏

这类油气藏主要由于地壳抬升、盆地基岩长时期出露地表遭受风化剥蚀，形成以风化溶蚀的孔洞缝为主的油气藏。该类油气藏数量最多，典型的如新疆石西石炭系、一区石炭系、六中区石炭系、八区佳木河组等，三塘湖盆地石炭系火山岩、滨南古近系火山岩都属于典型的基岩风化壳型油气藏。

2. 基岩断裂破碎带型油气藏

此类油气藏与基岩风化壳型油气藏不同，它是由于基岩受构造作用产生断裂破碎，形成发育的构造裂缝及次生溶蚀孔洞储油气，其油气分布主要受构造作用的控制，而不像风化壳型油藏那样油气分布主要受风化作用的深度控制。属于此类油气藏的有克拉玛依的七中佳木河组火山岩油气藏与九古3井区石炭系火山岩油气藏。七中佳木河组油气藏为夹于克乌大断裂上、下盘之间的基岩断片，由于受构造作用产生裂缝及次生孔洞缝，油气主要分布在距顶部风化面300～800m深度范围，靠近顶部风化面以下的200m范围内基本无油气。

3. 沉积岩中火山侵入岩型油气藏

此类油气藏的典型实例为山东车镇凹陷义北油田中生代煌斑岩侵入体油气藏。储油气的煌斑岩埋深约1700m，储集性能好，最大孔隙度为25.2%，最高渗透率为30mD①，均高于相邻的砂岩储层，属孔隙型储集岩。辉石和角闪石晶溶孔是主要储集空间。溶解作用是在深埋期进行的，溶剂来自生油岩流体中的有机酸。由于遭受有机酸溶蚀，使原本不具储集条件的浅成侵入岩成为有效储集层。

4. 沉积岩中火山喷发岩型油气藏

该类油气藏是指在盆地盖层沉积时期，由于火山喷出活动所形成的火山岩体，在经历一系列后生改造作用（主要是火山热液作用、风化溶蚀作用、构造作用），成为有一定连通的孔、洞、缝系统的火山岩储层所形成的油气藏。它也常常有风化壳存在，但非基岩风化壳型油气藏。内蒙古的阿北安山岩油气藏即属此类油气藏。

（三）中国火山岩油气藏主要勘探特点

与国外火山岩油气藏勘探现状相比，中国的火山岩油气藏勘探主要有以下三个特点。

第一，中国现已把火山岩储层油气作为重要领域进行勘探。20世纪80～90年代，中国相继在准噶尔、渤海湾、苏北等盆地发现了一些火山岩储层油气田，如准噶尔盆地西北缘火山岩油田、二连盆地阿北火山岩油田、渤海湾盆地黄骅拗陷风化店中生界火山岩油田和枣北沙三段火山岩油田、济阳拗陷商741火山岩油田等。进入21世纪以来，中国加强了火山岩储层油气勘探，相继在渤海湾盆地辽河东部凹陷、松辽盆地深层、准噶尔盆地、三塘湖盆地发现了规模油气聚集，特别是松辽盆地北部徐深1井突破，全面带动了火山岩储层油气大规模勘探，使其成为目前重要勘探领域之一。

第二，不同时代、不同类型盆地各类火山岩均可形成火山岩储层油气田。中国已发现的火山岩储层油气田，东部主要发育在中、新生界，岩石类型以中酸性火山岩为主；西部主要发育在古生界，岩石类型以中基性火山岩为主。火山岩储层油气田主要发育在大陆裂谷盆地环境，如渤海湾、松辽等盆地，但在前陆盆地、岛弧型海陆过渡相盆地中也普遍发育，如准噶尔盆地西北缘、陆东盆地和三塘湖盆地。在油气聚集类型和规模上，东部以岩性型为主，可叠合连片分布，形成大面积分布的大型油气田，

① $1mD=10^{-3}D=0.986923\times10^{-15}m^2$，毫达西。

如松辽深层的徐深气田；西部以地层型为主，可形成大型整装油气田，如准噶尔盆地克拉美丽气田等。

第三，火山岩地震储集层预测、大型压裂等勘探开发配套技术不断完善，初步形成了针对火山岩储层油气的技术系列，即火山岩储层油气预测四步法：①火山岩区域预测，以高精度重磁电与三维地震为主；②火山岩目标识别；③火山岩储集层预测；④火山岩流体预测（邹才能等，2008）。

（四）中国火山岩油气藏勘探趋势

火山岩油气储层勘探出现了六个新的发展趋势：①地区上，东部从渤海湾盆地向松辽盆地发展，西部准噶尔、三塘湖等盆地由点到面快速发展；②勘探层位上，由东部中、新生界向西部上古生界发展；③勘探深度上，由中浅层向中深层发展；④勘探部位，由构造高部位向斜坡和凹陷发展；⑤岩性岩相类型，由单一型向多类型，由近火山口向远火山口发展；⑥油藏聚集类型，由构造、岩性型向岩性、地层型发展（邹才能等，2008）。

中国未来的火山岩储层油气勘探主要针对原生型火山岩岩性、风化壳地层型两类油气聚集，立足松辽盆地深层、准噶尔盆地石炭系，构建两大火山岩气区；深化三塘湖盆地、渤海湾盆地火山岩勘探，形成亿吨级储量规模区；积极探索吐哈盆地及新疆北部外围石炭系盆地、四川盆地、塔里木盆地、鄂尔多斯盆地等火山岩新领域，力争实现新突破。

第二节　火山岩油气藏研究技术方法

一、国外火山岩油气藏研究技术方法

国外火山岩油气藏的勘探已有100多年的历史，但已发现的火山岩油气藏规模多数较小，火山岩油气藏勘探技术主要有地质方法、成像、摄影地质和卫星图像、地表油气苗观察、地球化学方法、重磁技术、地震技术、大地电磁方法、地质建模、测井分析等。

（一）地质方法、成像、地表油气苗观察

1. 地表成像

火山岩具有区域构造变形的特征，因此成像能反映深部构造。日本新潟盆地的许多油气田都是通过地表成像发现的，而该地区较厚的火山岩覆盖区致使地球物理勘探技术应用效果不好。局部的火山相关构造也可以通过成像识别，如得克萨斯“蛇纹岩塞”油田中最大的Lytton Springs油田，地表有易识别的隆起，显然是火山之上的压实

隆起形成的。

2. 摄影地质和卫星图像

补给岩墙群会呈现出轮廓，侵位后的构造较明显，而侵位前的特征（如先前的玄武岩）可能只在火山岩覆盖区边缘以下能看到。应用摄影地质和卫星图像在华盛顿和俄勒冈州识别出玄武岩覆盖区之下的哥伦比亚盆地。

3. 地表油气苗观察

墨西哥 Cuban 蛇纹岩油田区和 Golden Lane 地区是火山岩油气苗的实例，火山岩和围岩的界面通常是运移途径，会出现油气苗，这些油气苗会通向大油气区的开口处。

4. 地球化学方法

在哥伦比亚溢流玄武岩中，CH_4 集中于断层和裂缝附近，可以从玄武岩以下埋藏的沉积物中逸出。同位素分析识别出 CH_4 的生物成因和热成因组分，其中热成因部分显然来自深部埋藏的煤层。在内华达州应用土壤气观察确定了熔结凝灰岩油田范围，即通过泄漏的边界断层确定。

（二）重磁技术

镁铁质火山岩的重磁数据比较可靠，因为它们呈现出与区域沉积物的数据较大的差别。而长英质火山岩与围岩之间具有相对较低的密度差异，且通常不具磁性。

重磁方法取决于局部条件，如火山之下的侵入体和小的破火山口（直径小于 15km）通常具有正的重力异常，原因是侵入体和较早的喷出岩的差异。较大的破火山口具有负的重力异常，原因是硅质侵入岩（含有不同量的凝灰岩）和周围岩浆岩的差异。新西兰 Taranaki 盆地的一些埋藏火山具有较强的重力和磁力异常，而另外一些则没有。

澳大利亚南部的 Otway 盆地应用航空磁测结果，把大范围不规则性航磁特征解释为溢流玄武岩的起伏，密集的高幅异常解释为火山中心。北卡罗来纳州 Durham 盆地的地面磁测和重力测量模拟 25～120m 厚辉绿岩席结果表明，接触变质带的角页岩具有足够的磁性，有类似辉绿岩的特征。

（三）地震技术

国外应用多种技术改善火山岩地震资料的解释结果。在科罗拉多州的圣胡安凹陷火山岩覆盖区采用地震测量，那里有多种露头岩性：安山岩和火山碎屑岩的地震资料品质较好，灰流凝灰岩资料较差，玄武岩资料也较差。震源影响极小。埋藏玄武岩通常会消除地震资料，因为它与上覆沉积岩相比具有较强的阻抗。侵入岩（如辉绿岩）会使低频地震能量急剧衰减。

哥伦比亚高原玄武岩以下的次盆地地震测量结果显示，具有高覆盖次数（125～

200）的可控震源有一定效果，但构造轮廓还是靠反射层的组合识别，而不是单个的同相轴。弓形射线波有助于确定玄武岩厚度，沿断层带的角砾岩化会引起显著的速度异常，使断层容易识别。在巴西 Parana 盆地，使用聚能炸药可控震源能够提高穿透岩石的能量，从而得到较好的数据。可控震源和炸药是盆地最好的震源，在需要弯曲测线的地形条件恶劣地区经常极有必要，可以解决与岩席和岩墙有关的绕射以及溢流玄武岩中高频损失等地质问题。

适当的速度模型和静态分析都会提高地震资料的品质。在爱达荷州 Snake River 平原近地表玄武岩和沉积岩互层的地震测量中发现快速的横向变化，说明这种浅层测量有助于常规地震测量的静校正。在内华达州灰流凝灰岩以下的地震资料处理中，静态分析是主要问题，所以在采集三维地震资料时，同时也进行高分辨率重力测量，并将其用于解释近地表横向变化，从而提高地震资料品质。

火山岩在被动陆缘和其他大型喷出火山岩构造通常具有较好的内部和次火山岩反射层，Planke 等提出了地震火山地层学的概念，与地震地层学相似，识别出一套清晰的地震相，结合挖掘样和取样井数据，对比所形成的玄武岩区的地震相和火山相，这些相可以用来解释火山活动史。这些事件中有许多只与油气勘探有着很少的关系，古滨线和陆缘沉降史的位置变化很重要。这一地震火山地层学概念只在被动陆缘和相关事件的大型玄武质火山岩区应用过，而小型火山岩区，以及大型镁铁质火山岩区（如熔结凝灰岩）没有用此概念系统分析过。

（四）大地电磁方法

大地电磁（MT）方法适用于近地表火山岩，大地电磁设有很高的分辨率，因此可以用来识别盆地的大致构造，尤其是结合地质数据，并且综合其他地球物理方法。大地电磁资料有助于模拟沉积层段的高电阻率火山岩，尤其是火山岩覆盖区地震资料品质不好的区域。大地电磁资料结合地震和井数据有助于识别地下火山岩锥的轮廓，也可以模拟玄武岩储层的不同火山岩岩性和储层特征。

巴西 Parana 盆地大规模应用了大地电磁测量，其结果用来确定具体目标区和更高分辨率测量的有利地区。总体上，确定构造轮廓，如溢流玄武岩的厚度、到基底的深度和伸展岩墙的发育范围，也可以确定低电阻率（偏泥）或高电阻率（偏砂或岩席）层段。

大地电磁方法应用于土耳其东南部 100～200m 深的玄武岩效果较好，结果显示，最主要的变量是玄武岩本身的电阻率，它可能有两个数量级的变化，取决于裂缝和含水饱和度。

Matsuo 等开发了三维大地电磁测量方法，应用于日本北部秋田盆地的一个砂质凝灰岩储层，能够确定火山岩（玄武岩、酸性凝灰岩）和富含火山岩的沉积岩混合地区的构造。

在爱达荷州东部 Snake River 平原的火山岩覆盖区进行了实验性研究，即同时应用重力、大地电磁、地震折射波和反射波测量。结果表明，同时应用集中方法提高了解释结果的可靠性。其中涉及大地电磁的主要因素有近距离的测量点、测量线与火山岩边缘垂直及足够的火山岩饱和度。浅层、干燥的火山岩具有多孔性，会有沉积物混流，电阻率较高，速度较慢（2～3km/s），而水面以下稍深的火山岩（有较多的熔结凝灰岩）电阻率较低，速度较快（5.3km/s）。

在俄勒冈中北部哥伦比亚高原玄武岩覆盖区应用了几种地球物理技术，大地电磁技术用来约束地震解释，此外重力数据用于更大范围解释。结果表明，大地电磁数据需要近地表静校正，以识别近地表电阻率变化。瞬变电磁法（TEM）确定近地表变化效果较好。

（五）地质建模

研究盆地史有助于了解区带概念，如可能发育岩墙的地区可通过与岩墙有关的圈闭来研究，古斜坡及其对地形的影响可以用于研究埋藏地形圈闭的勘探，净岩席厚度的等值线图可用于与岩席有关的圈闭及成熟史研究。如果岩席取决于上覆岩层的特征，就能模拟盆地中可能有岩席的区域。另外是地史模拟，如 Parana 盆地发现的一个非工业性天然气藏。在东格陵兰曾应用盆地建模勘探一个部分被溢流玄武岩覆盖的侵入盆地，在该区溢流玄武岩侵位时间为 1～2Ma，对地史模拟有很大影响。

（六）测井分析

测井资料的解释取决于火山岩的类型，如钾长石含量会影响自然伽马测井曲线，云母或黏土矿物会影响孔隙度测井曲线，火山岩储层的裂缝起到重要作用，能够提供并连通孔隙空间，所以许多测井分析就是直接进行裂缝分析。

测井可以识别流动单元，熔结凝灰岩中的储层单元和电测井响应表现为侵位后的冷却史、风化和构造活动，熔融降低孔隙度，增加裂缝和电阻率，井径测井也有一定效果。流纹质熔结凝灰岩中，类似的硅质碎屑模式（风化形成宽的、冲蚀孔）则相反：脆性、少量蚀变流形成溶洞，而含沸石或黏土的蚀变凝灰岩会更多地胶结、致密。

溢流玄武岩的许多电缆测井解释结果表明，即使是自然电位测井也有很好的效果，因为有相对于未风化的内部流动层的风化和高渗透层。

在科罗拉多南部圣胡安凹陷的火山岩中，应用自然伽马测井作为硅质百分比的定性判断指标。此外，火山泥流具有可从岩屑中识别的骨架碎屑，所以火山岩中的火山泥流可以通过测井和岩屑识别。

内华达地区电缆测井结果只是临界值（因为有活跃的淡水层），钻杆测试是最好的裸眼评价方法。Java 盆地 Jatibarang 油田的储层评价得到相似的结果。最适合的方法是评价几种测井资料，尽管自然电位和电阻率测井效果最好。最好的储层评价结果来自岩屑、泥浆漏失带（表明有裂缝）和钻速的观察。

在勘探技术方面，北大西洋和阿根廷等地区应用多种地震采集、处理方法改进了玄武岩成像及解释结果（陈弘，2010）。

二、中国火山岩油气藏研究技术方法

与国外相比，中国火山岩研究起步较晚，但经过多年的科技攻关形成了一套具有自己特色和优势的火山岩油气藏勘探开发理论技术，整体上达到了国际领先水平。

（一）火山岩成像技术

1. 针对深层火山岩的三维地震采集技术

松辽盆地北部徐家围子断陷深层天然气勘探目的层埋深大都在3000m以下，埋藏深、地层倾角大、断裂分布复杂和岩性非均质性强而致成像难。地震采集方法和技术，除了现场地震仪器分频扫描质量监控、现场处理和频谱分析、时频频时分析及信噪比分析技术外，应用的关键技术有模型正演辅助分析确定观测系统设计，优化设计参数；超千道、中小面元、宽方位角接收提高记录精度；采用垂直叠加提高激发能量；高覆盖次数、大炮检距。新采集的高分辨率三维地震资料，满覆盖次数为96次以上，炮检距为418km，面元为25m×50m，采样率为1ms，满足了深层火山岩勘探的需要。

2. 针对深层火山岩的三维地震资料处理技术

在针对深层火山岩目的层的三维地震资料处理过程中，应用了以下主要技术。

（1）折射波静校正。对全区统一进行初至波拾取、统一计算，反演出地下低降速带的厚度和速度场，进而求出各炮点、检波点的静校正量，解决地形起伏产生的影响，消除野外静校正的异常。

（2）表一致性振幅补偿技术。可以有效地补偿炮点、检波点等分量上的振幅差异，消除能量横向不一致性。

（3）保持动力学特征的压噪技术。应用复杂构造的非线性空间变换的F-X域去噪方法，把小波多尺度变换与SVD滤波有机地结合起来，形成新的地震资料去噪方法——多维多空间去噪方法，既能很好地保持波的动力学特征，又能适用于低信噪比地震资料去噪。

（4）高分辨率处理技术。该技术包括子波处理技术（时频域有色谱校正、子波整形处理、组合反褶积逐级压缩子波），时、空变反射系数有色成分补偿技术，相关排序同相叠加技术和分频叠加技术。

（5）叠前深度偏移技术。基于水平层状介质的叠后时间偏移方法不能很好适应高精度成像要求，对于深层复杂的火山岩地质体，叠前深度偏移能够同时实现共反射点的叠加和绕射点的归位。偏移后的地震剖面信噪比明显提高，反射能量增强，波组特征突出，断点、地层接触关系清晰，火山岩喷发特征清楚可辨（姜传金等，2007）。

（二）井点火山岩储层描述解释技术

应用薄片和铸体薄片分析、荧光薄片分析、包裹体分析、扫描电镜分析、全直径岩心孔渗分析等火山岩储层的微观分析技术，结合细致的岩心观察和图像分析技术，应用TAS图版、测井响应特征分析及交会图分析技术区别火山岩成分。有效地对火山岩储层的岩性、岩相、储集空间类型、成岩作用、物性的控制因素等特征进行识别判断。

综合利用放射性、元素俘获谱、核磁测井、FMI和X-MAC等特殊测井资料，采用测井响应特征分析、交会图和主成分分析等方法，区分火山岩的相带差异、孔隙类型差异及物性差异，从而较好地识别火山岩岩性。应用岩心化学成分分析标定放射性、元素俘获谱等资料，岩心结构标定电阻率成像资料，结合成分、结构指数的神经网络法确定岩性，与取心岩性剖面的符合率达到87%。

在单井岩相划分的基础上，通过井震结合，综合应用地震剖面、地震属性和波形分类技术识别火山岩岩相。

（三）火山岩有效储层识别与预测技术

1. 有效储层识别

通过岩性识别，利用岩心及测井分析资料去掉泥质层和致密层。通过孔、缝识别寻找有利储集层。根据气层具有“高电阻率、低中子、核磁T2分布左移”等特点，用交会图、曲线重叠、核磁差谱、核磁移谱等方法可有效识别火山岩气层，进而达到识别有效储层的目的。

2. 有效储层评价

以火山岩有效储层电性、物性和含气性标准为基础，充分利用各种测井曲线及测井逐点解释成果，提取储层有效厚度，计算储层平均孔隙度、渗透率及含气饱和度，定量评价火山岩有效储层的发育情况。以产能特征为依据，将火山岩有效储层划分为自然高产、压后（储层改造）高产及压后中低产三类，建立定性的物性、岩性岩相及孔隙度结构分类评价标准，并开展不同类型火山岩有效储层的定性分类评价。以岩心实验、电测曲线、测井解释成果等资料为基础，应用交会图等方法，建立定量的储层分类评价标准，开展不同类型储层的定量评价研究。

3. 有效储层预测

围绕储层的主控因素，采用多学科综合研究的技术路线，从单井到平面，从定性到定量，逐步实现火山岩有效储层的分类定量预测。

1）常规地震反演方法预测火山岩有效储层

选用合适的反演方法，利用地震观测资料，以已知地质规律和钻井、测井资料为约束，通过对地下岩层物理结构和物理性质进行求解，实现火山岩有效储层定性及定量预测。根据反演得到的波阻抗体可有效识别火山岩岩石类型、定性划分储层。

2）储层特征参数反演

储层特征参数具有特定的储层指示意义，在井控程度相对较高的开发阶段，利用反演得到的储层特征参数数据体可进行分类的储层定量预测。

3）多波地震烃类检测技术

含气地层会在P波剖面上表现为强振幅异常（亮点），同时，其纵横波速度比会减小、泊松比也相应下降，据此可有效检测天然气的存在。

（四）火山岩井筒工艺技术

1. 钻井工艺技术

大庆火山岩岩石可钻性级值高、研磨性强、井底温度高，导致深部地层机械钻速低、钻井周期长、钻井成本高。并且储层具有低孔、低渗特性，在钻井过程中，易产生储层伤害影响开采效果。针对上述问题，分别在井身结构优化、钻头优选、强化钻进参数、复合钻进、欠平衡钻井与气体钻井、一体化井口安装等方面开展技术攻关与现场试验，初步形成了提高徐深气田火山岩钻速和储层保护的配套技术，大幅度提高了机械钻速，缩短了钻井周期，取得了较好的效果。

2. 压裂测试工艺技术

针对深层火山岩储层的试气和改造技术难点，形成了多项适用于深层火山岩的工艺技术。在原有的管输射孔+跨隔测试工艺上，改进封隔器胶筒、压力计的耐温性，实现了井深3800m内无回压的射孔测试联作工艺。形成了火山岩储层的破裂与裂缝延伸基础模型、地应力解释及优化射孔、风险预测和产能预测的压裂优化设计技术。研发了JS-2型管柱和Y344-115新型封隔器管柱，实现大排量、高砂比压裂和排液、求产一体化。研发了插入式桥塞，解决了分层压裂和转开发生产井问题。针对火山岩由于岩性和孔隙裂缝组合复杂，压裂施工风险大的问题，攻关形成了一整套的火山岩压裂方案优化的风险预测技术、现场分析判断的测试压裂现场快速解释技术及裂缝延伸控制技术。

（五）火山岩气藏裂缝识别与预测技术

从裂缝的地质描述入手，通过野外露头观察、岩心描述、薄片镜下观察、岩石物性分析及压汞资料分析等方法，获得从宏观区域裂缝、构造裂缝到微观成岩缝等各种裂缝的成因、形态、产状、规模、发育程度等信息，从而建立火山岩裂缝发育状况的地质概念模型。

在岩心标定的基础上，建立火山岩裂缝的FMI成像测井解释模式，利用正弦线理论拟合方法，有效识别高导缝、高阻缝、微裂缝和诱导缝。在岩心描述和FMI解释的基础上，通过刻度常规测井曲线，应用多种数学模型建立常规测井裂缝识别方法及综合识别模式。

根据裂缝的导电机理及 FMI、常规双侧向测井的响应特征，采用 FMI 与常规测井相结合的方法定量计算火山岩储层裂缝参数，包括裂缝密度、裂缝长度、裂缝宽度、裂缝孔隙度/裂缝面孔率、裂缝渗透率等。

选用敏感的数学方法，检测地震波振幅、频率、相位等属性的异常区域，可达到预测裂缝发育带的目的。主要方法包括叠后地震属性分析法、多属性相干分析技术、裂缝特征参数反演技术、叠前方位角地震属性分析技术等。

（六）火山岩气藏储渗特征评价技术

对于火山岩储层，岩石类型复杂多样，粒度变化大、大小混杂，且孔缝发育，非均质性极强，储层储渗特征评价难度大。在进行评价时，首先利用岩心观察、岩石薄片、铸体薄片、X-CT 等手段对火山岩气藏储层的储渗特征进行定性评价，然后应用常规孔渗分析、压汞实验与恒速压汞、核磁共振等特殊测试方法相结合来进行火山岩储层的储渗特征定量评价，得出客观真实的结论。

（七）火山岩气藏储量评价技术

储量计算分为静态法和动态法两类。静态法是用气藏静态地质参数，按气体所占孔隙空间容积计算储量的方法，简称容积法；动态法则是利用气藏压力、产量 、累积产量等随时间变化的生产动态资料计算储量的方法，如物质平衡法（常称压降法）、弹性二相法（也常称气藏探边测试法）、产量递减法、数学模型法等。

（八）火山岩气藏连通性评价技术

利用火山岩体的叠置关系、气水分布规律等地质特征定性评价火山岩气藏的静态连通性，根据气井动态资料及试井资料定量评价火山岩气藏的动态连通性。地质和物探研究得到的地层连通，属于静态范畴。实际上，气藏连通性的研究对象是储层中的流体，井间储层中流体的连通则属于动态范畴，利用气藏压力系统分析方法判断连通性，根据不稳定试井确定的探测范围大小初步判断火山岩气藏的连通性，利用干扰试井判断气藏的连通性，通过试气试采动态判断火山岩气藏的连通性，对气藏开发井位部署更有指导意义。

（九）火山岩气藏产能评价技术

通过产能试井确定无阻流量，利用不稳定试井资料确定储层动态参数，进而建立反映火山岩气藏特点的全气藏产能方程，明确火山岩气藏产能主控因素影响，确定火山岩气藏的合理产能及规模，形成一套火山岩气藏的产能评价技术。

火山岩气藏是一种特殊气藏类型，储层岩性复杂，微裂缝比较发育，非均质性较强，储层物性差，渗透率低。在实际生产过程中，常表现出似均质的低孔、低渗特征。在产能测试过程中，压力、产量很难达到稳定，不满足稳定产能测试要求。也就是说，地层流动处于不稳定状态，此时用稳定试井解释的原理和解释方法求取产能方程必然会导致较大的误差，因此针对产量或实测井底压力不稳定的情形，将其考虑为变产量的不稳定试井进行解释。

（十）火山岩气藏井位优选及井网优化技术

与常规天然气藏不同，火山岩气藏具有岩性及物性变化快、有效储层分布规律差、储层非均质性极强、单井产能差异大的特点，因此，火山岩气藏井位部署风险大，井位优选是实现火山岩气田高效开发的关键环节。针对火山岩气藏的特点，通过地震、地质、测井、气藏工程等多学科综合研究，建立了多信息综合研究的井位优选技术，火山岩气藏井位优选主要从有利井区优选、平面井位优选、纵向层位优选以及水平井延伸方向和长度优选四个方面进行。

（十一）考虑应力敏感的裂缝型火山岩气藏双重介质数值模拟技术

气藏在衰竭式开采过程中，随着地层压力（P）下降，岩石骨架所受净压力（即有效应力）增加，火山岩储层的岩石压缩系数随有效应力的增加而逐渐降低；岩石孔隙度随有效应力的增加变化较小；岩石的渗透率对应力变化比较敏感，随着有效应力的增加，渗透率下降，孔隙型储层和裂缝型储层对有效应力变化的敏感程度不一样，裂缝型储层的渗透率比孔隙型储层的应力敏感性强。

第三节 国内外火山岩油气藏典型实例

一、辽河盆地欧利坨子地区

（一）火山岩地质概况

辽河断陷火山岩普遍分布于中生界和新生界（古近系房身泡组、沙河街组和东营组；魏喜等，2003，2004），欧利坨子位于辽河盆地东部凹陷中段（图1-2），构造面积40km^2，古近纪发育了多期次的火山活动，形成了巨厚的火山岩，岩性主要为玄武岩、粗面岩和凝灰岩。沙三段的粗面岩具有高钾、富碱、贫钛等特点，主体部分沿弧形裂隙式火山口分布，最大厚度约为300m，上部与暗色泥岩相接，下部为泥岩、凝灰岩和玄武岩形成间互沉积。粗面岩具有良好的油气显示及储集性能，20 世纪 90 年代末以来，先后在欧26、欧14和欧48等井中获得工业油流，其中部粗面岩的尖灭带就是火山口所在位置。在构造上，粗面岩主体部位处于欧利坨子背斜带的脊部，大部分区域埋藏深度在2500m以上，仅北部欧48井附近因火山口塌陷而位置较低。

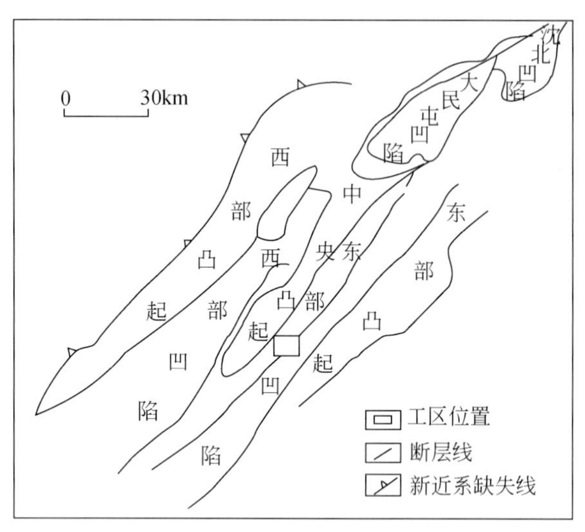

图1-2　辽河盆地地质构造简图

（二）火山岩岩石类型

根据大量岩心观察、薄片鉴定和岩石化学成分的成果，辽河油田欧利坨子地区的中生界火山岩为安山质，新生界除古近系沙三段发现粗面岩外，均为玄武质火山岩。按照产状及结构构造，熔岩类、次火山岩类和火山碎屑岩类均有发育。欧利坨子火山岩岩石类型概括为四类：玄武岩类、粗面岩类、凝灰岩类和沉火山碎屑岩类（蔡国钢等，2000；崔勇等，2000；高山林等，2001；魏喜等，2001，2004；郭克园等，2002；张洪等，2002；马志宏，2003，2004；张兴华，2003）。

（三）储集空间

欧利坨子地区火山岩的储集空间主要发育于角砾化粗面岩、角砾化熔岩、粗面岩及凝灰质熔岩中，而玄武岩中不太发育。储集空间可分为原生和次生两类。

1. 原生储集空间

原生储集空间包括原生孔隙和原生裂缝。原生储集空间虽然所占比例相对较小，但为后期的孔缝改造奠定了基础。

2. 次生储集空间

次生储集空间在本区占有主导地位，它是指火成岩体形成之后经过构造应力、风化作用等因素的改造而形成的储集空间。这些营力使岩石的结构构造受到一定的改造，其矿物成分、原生孔隙结构也因地表及地下流体等营力的作用而发生一定的变化，这些成岩及后生作用极大地改善了岩石的储集性能。次生储集空间主要包括溶蚀孔、溶蚀缝和构造应力所形成的构造缝。

欧利坨子地区火山岩的储集空间主要是砾间孔、气孔、构造-溶蚀孔缝和晶间微孔等（高山林等，2001；魏喜等，2001），其最有利的储集空间组合为砾间孔+溶孔+裂缝（魏喜等，2001）。蔡国钢等（2000）通过对该区粗面岩的储集空间类型研究，将其划分为裂缝、溶孔（洞）、气孔、斑晶裂纹和晶间孔五种类型。

（四）储集空间演化

欧利坨子地区储集空间类型多样，孔缝成因复杂。研究表明，火山岩储层中原生孔缝虽然是储集空间形成好坏的前提，但这些孔缝大多呈孤立状而连通性差，同时岩浆岩发育区热流体作用较强，对储层的改造作用较大。欧利坨子地区火山岩储层的发育过程可分为原生储集空间的形成、风化淋滤、浅埋藏、深埋藏四个阶段。这四个阶段中前三个阶段对储集空间的形成起主要作用，第一、二阶段以建设性作用为主，第三阶段虽以建设作用为主，但大量淡水方解石、沸石的沉淀对原生孔隙有较强的破坏作用，第四阶段以破坏作用为主。

（五）火山岩成藏条件综合分析

1. 储层发育

1）火山岩喷发模式及火山口位置预测

火山口位置预测是依据火山喷发模式结合岩性、岩相、地震相、水平切片并辅以古地磁分析等综合研究来实现的。通常情况下，火山口具有如下特征：附近多发育爆发相和超浅层侵出相，岩石类型为熔岩类，包括自碎角砾熔岩、熔结凝灰岩或凝灰熔岩、凝灰岩和火山角砾岩，并且厚度较大的岩浆岩中剩余磁化率方向代表原始岩浆流动方向地震相火山口为相对弱反射区，其周边则突变性地出现强反射，时间切片上表现为“圆形”相位与周边呈不整合接触。欧利沱子地区Ⅱ组火山岩的发育受3号断层控制，有两个火山喷发中心，分别为欧8井区和欧15井区西北侧。

2）储层分布预测

储层分布预测分两方面，其一，建立本区各类火山岩的电性响应标准，对未取心已知井段进行识别，从而确定各个地质钻井的岩性分布。其二，在测井准确识别和层位标定的基础上，利用宽频带约束反演和速度反演两种方法，结合地震相分析进行平面追踪预测。如CROSSCINE330反演剖面表明，H组火山岩在北边尖灭于0线附近的欧24井南侧，而在南部侧延伸至三维数据体以外。同样，INLIN500反映H组火山岩两侧尖灭于第三条逆断层，东侧延伸至界西断层下盘。这一结果与火山口位置、岩相分布等综合地质分析结果基本吻合。进而预测本区粗面岩体的分布范围约20km，其中含少量的凝灰岩类。在此基础上编制了H组火山岩的等厚图，从中可以看出本区火山岩最大厚度点主要分布于火山口附近，欧利蛇子地区位于欧8井区，超过400m这些火山岩主要分布于欧利佗子断裂背斜构造带的主体部位，并被多期断裂切割。尤其东营组沉积时期，在全盆地再度深陷的背景下，区内产生右旋剪切应力场，NE向和NW向的三级断层广泛发育，致使岩体破碎，产生构造裂缝和孔洞等，因其形成较晚，大多未被充填而成为有效储集空间。

2. 圈闭条件优越

1）构造圈闭发育

本区B组火山岩发育于沙三段沉积中期，分布于洼陷中部，属热河台-欧利佗子断裂背斜构造的主体部分。其构造雏形在岩浆喷发期间即已形成，伴随多期构造运动的发生，火山岩体也经历了多期改造，东营期构造已完全定型，火山岩顶面呈长轴NE向展布的背斜形态。热河台和欧利佗子两构造以一鞍部相连接，它们被NE向断层所夹持，又被NE、NNE和NW向等多方向的次级断层所切割，形成了多个次级断背、断鼻构造圈闭。

迄今已发现的火山岩油气藏类型均为构造油气藏，而构造形态特征证实B组火山岩主要分布于构造主体部位，具有良好的构造圈闭条件。

2）盖层

本区B组火山岩发育于沙三段中期，是湖侵-高水位初期火山活动的产物，其顶部与暗色泥岩相接触，其厚度从几米至几十米不等，可作为油气藏的良好盖层，同时全区地层压力统计结果还表明，欧利佗子地区地层压力较低，最大值仅1.14MPa，大部分为1.0MPa，对盖层要求不高，因此，本区火山岩形成油气藏不存在盖层问题。

3）圈闭形成与油气运移具有良好的配置关系

欧利佗子地区B组火山岩上、下均与烃源岩相接触，油气既可以倒灌式运移，也可以侧向或垂直向上直接进入火山岩储集空间中，另外火山岩体被多条断层所切割，东营期发育的断层使构造复杂化和构造定型的同时，大都断至沙三下亚段的主力烃源岩之中，可作为油气运移的良好通道。

由于本区构造定型于东营组中、晚期，而盆地模拟结果证实，本区烃源岩排烃始于东营组末期，馆陶组沉积期达到高峰，说明本区圈闭形成时间早于排烃高峰期，对油气藏形成有利。

另外，区内已获得的油气产能及地球化学综合分析结果证实本区油源丰富。

因此，从生、储、盖、圈、运、保等地质条件的综合分析，证实欧利佗子地区具有优越的油气成藏条件。油气藏的形成受构造、岩性双重因素的控制，岩性（粗面岩发育）是基础，构造是关键，在粗面岩发育的情况下，构造裂缝发育与否是油气藏形成的主控因素。

二、准噶尔盆地陆东地区

陆东地区位于准噶尔盆地陆梁隆起东部区域，包括滴北凸起、滴水泉凹陷、滴南凸起、东道海子凹陷、五彩湾凹陷以及白家海凸起六个二级构造单元，形成“三凸三凹”构造格局。

石炭系构造演化主要为早石炭世拗陷–挤压–褶皱隆起阶段、中石炭世地槽沉降阶段、晚石炭世褶皱隆起阶段。石炭系自下而上划分为塔木岗组、滴水泉组、巴山组和石钱滩组，其内部均为不整合接触。塔木岗组为一套含陆源碎屑物质和火山碎屑物质的滨海相–海陆交互相沉积；巴山组为一套含火山碎屑物质夹陆源碎屑物质的海陆交互相沉积；石钱滩组为一套含陆源碎屑物质的海相和陆相沉积。

（一）储层岩性及岩相特征

1. 储层岩性特征

陆东地区石炭系地层火山岩岩性变化较大，以基性岩类中的玄武岩、中性岩类的安山岩、酸性岩类的流纹岩及火山碎屑角砾岩为主，其他岩性少量分布。

2. 储层岩相特征

陆东地区火山岩岩相分为爆发相、溢流相、喷发沉积相和侵出相，爆发相为各类型的火山碎屑岩，溢流相以中酸性岩类为主，喷发沉积相包括火山活动间歇期发育的各套碎屑沉积，侵出相为酸性岩类。

（二）储集空间类型

该区储集空间类型分为原生孔缝和次生孔缝两大类。原生孔隙主要包括原生气孔、残余气孔、晶间孔和晶内孔四种类型；原生裂缝主要包括冷凝收缩缝、收缩节理和砾间缝三种类型。次生孔隙包括斑晶溶蚀孔、基质溶蚀孔、填充物溶蚀孔、粒内溶蚀孔和晶间溶蚀孔五种类型；次生裂缝包括构造裂缝和风化裂缝两种类型。

（三）储层物性及其影响因素

火山岩储层物性的影响因素主要为岩性、岩相分布、喷发环境 、构造位置等，后期风化淋滤及断裂改造对储集性能的改善也起关键作用。

由表 1-2 可以看出，五彩湾凹陷地区石炭系火山岩储层与滴南凸起火山岩储层特征是构造高部位次生孔缝较发育，充填作用弱，物性好，而构造低部位，溶蚀孔隙被绿泥石、方解石充填，物性差。滴北凸起石炭系岩性较复杂，储层相对较差，物性好坏与岩石类型关系不大。

（四）油气成藏特征

勘探证实陆东地区有石炭系滴水泉组和二叠系平地泉组两套烃源岩，油气成藏主要受这两套烃源岩控制。

两期火山喷发形成大范围火山岩储层。石炭系油气藏原油成熟度高，具有多期成藏特征。烃源岩生成油气关键时刻在二叠纪—早白垩世，石炭系生成的油气沿断裂进入有利火山岩储层中聚集，形成自生自储油气藏。二叠系生成的油气沿断裂及不整合面向石炭系构造高部位运移侧向充注，进入有利火山岩储层中聚集，形成石炭系上生下储型油气藏（图 1-3）。

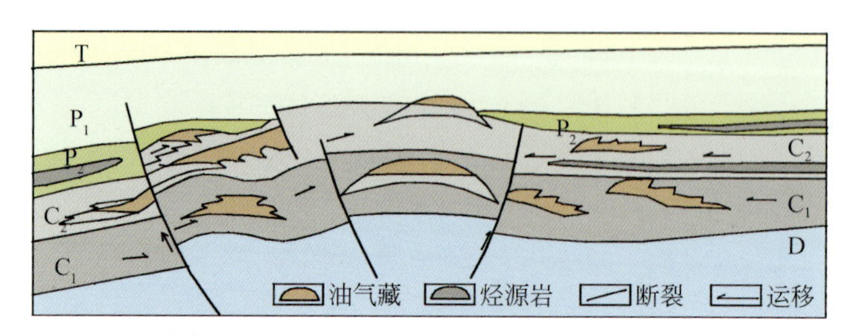

图 1-3　陆东地区石炭系火山岩成藏模式（据王仁冲等，2008）

三、阿根廷内乌肯盆地

内乌肯盆地是阿根廷最高产的盆地，其产量约占阿根廷原油产量的 43% 和天然气产量的 59%，从 1960 年开始开采，近 10 年才将勘探目标转向火山岩储层，如 Medanito-25 de Mayo 油田就是火山岩油田，该油田日产量为 $1938m^3$ 原油和 $488\times10^6m^3$ 天然气。

内乌肯盆地是一个三角形盆地，面积 $160000km^2$，它是一个早侏罗世大陆内弧和弧后盆地，由很厚的中生界—新生界沉积层序构成（图 1-4）。该区域的拉张始于冈瓦纳大陆最近三叠系断裂的第一期。这是一个分布广泛的裂谷系，包括几个地槽（长 150km，宽 50km），沉积和火山充填的厚度超过 2000m。这些沉积中心的初始充填物包括双向火山岩、火山碎屑岩和大陆外生碎屑岩。基底层序包括厚层的碎屑流沉积、凝灰岩、含橄榄石玄武岩和流纹质熔结凝灰岩。

（一）Altiplanicie del Payun 地区（油气生成、运移和聚集）

在阿根廷内乌肯盆地北部地台 Altiplanicie del Payun 地区，发现了大规模的工业油气藏。古近纪的岩席和岩盖厚度可达 600m，侵入地层面积平均为 $3.5km^2$。火成岩体侵入引起的形变作用形成该地区目前的构造。石油聚集在整个地层柱中，既存在于裂缝侵入岩储层中，也存在于砂岩-碳酸盐岩储层中。基于以上事实，受闭合源岩区侵入体热效应控制的闭合油气生成过程成为可能的情况。

结合岩石体提取物和原油的生物标志物与全岩同位素资料，通过选取石油样本的金刚烷指标分析以及火成岩体热效应下的石油生成与运移二维模拟，都有助于更好地了解该地区的非常规含油气系统（图 1-5）。

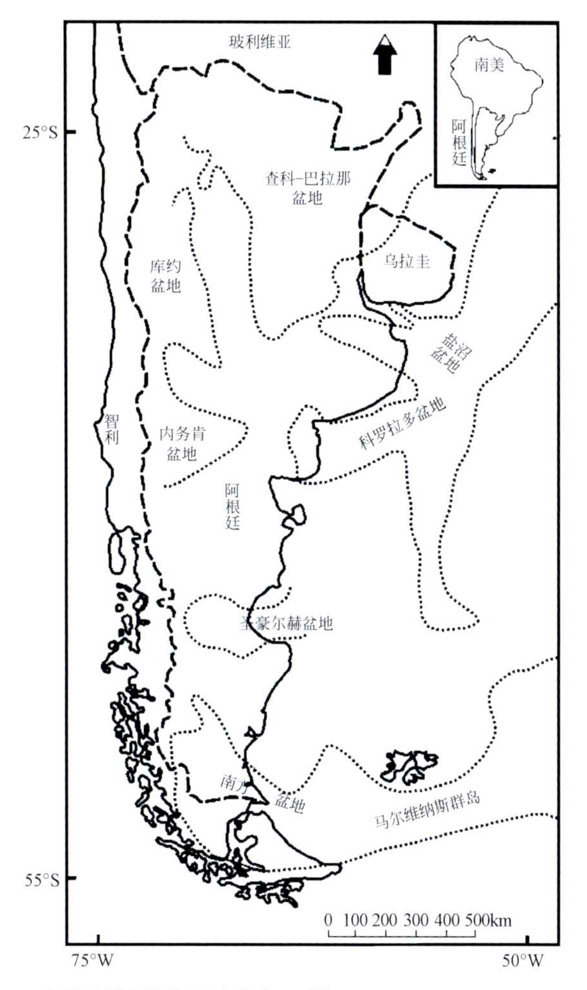

图 1-4　阿根廷沉积盆地的分布（据 Sruoga and Rubinstein，2007）

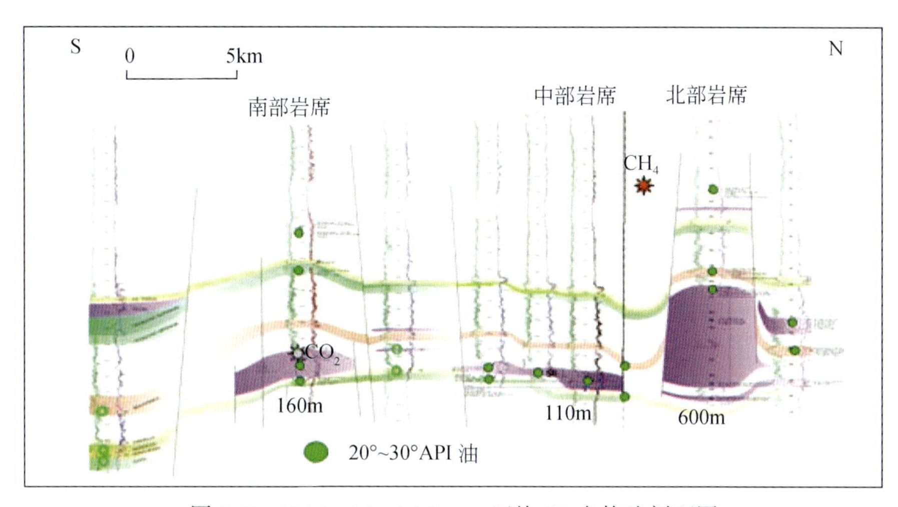

图 1-5　Altiplanicie del Payun 区块 SN 向构造剖面图

图中显示出烃源岩分布，岩席位置以及油气显示（SPE107926）

1. 石油与烃源岩的地球化学特征

该区域 Vaca Muerta（VM）组和 Agrio 组中存在富含有机质泥岩，总有机碳含量为 1% ~6%，平均烃指数为 500mg HC/g COT。Vaca Muerta 组和 Agrio 组在 Altiplanicie del Payun 地区都是极不成熟至稍微成熟（R_o=0.4% ~0.55%）。但是，当岩席侵入 Vaca Muerta 组时，烃源岩剖面显示出火成岩体周围都具有很高的成熟度，宽频成熟度范围的厚度超过 400m（图 1-6）。

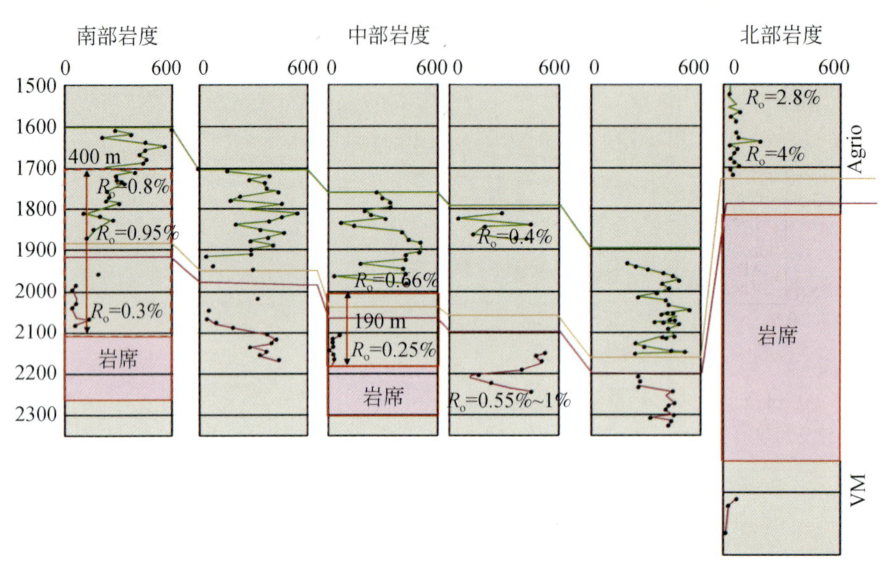

图 1-6　研究区控制井氢指数趋势图

浅蓝：Agrio 组；粉色：Vaca Muerta 组。注意不成熟井段较高的氢指数与接近岩席时逐渐递减的对比。注明测得的镜质组反射率（R_o）供参考（SPE107926）

Altiplanicie del Payun 区块的烃源岩与石油之间表现出良好的地球化学关系，只是在与 Altiplanicie del Payun 区块以南油灶中的石油作对比时，呈现出了有机相变化以及较低的热成熟度（图 1-7）。

这说明石油是原地生成，而不是从更深以及成熟区经过长距离的运移到此。通过气体色谱，气相色谱-质谱以及金刚烷指标分析数据得出混合与蚀变证据，证明石油生成过程与侵入岩体热效应有关。尤其是对侵入岩储层中聚集的石油进行金刚烷指标分析的结果显示高成熟（裂解）与低成熟烃可能混合在一起（图 1-8）。

这些可能是混合的石油被认为是产生于距岩席很近的地方（图 1-9），而较均一的低成熟度石油才生成于火成岩体热效应影响较小的更远的烃源岩区。

2. 主要火成岩体二维热模拟

建立研究区的裂缝性侵入岩储层和其他类型储层的热成熟度，油气（石油与天然气）生成，运移及聚集的二维模型，能够计算出研究区三个主要火成岩体的热效应（图 1-10）。

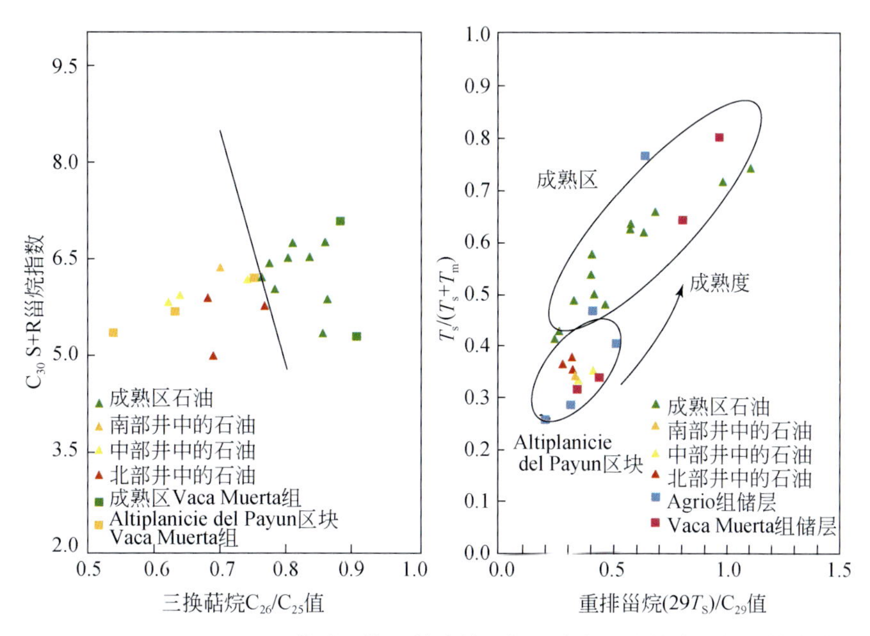

图 1-7 Altiplanicie del Payun 区块及区块以外成熟区烃源岩与石油的有机相和热成熟度变化

南部、中部及北部地区井中的石油与 Altiplanicie del Payun 区块中三个主要火成岩储层相对应（SPE107926）

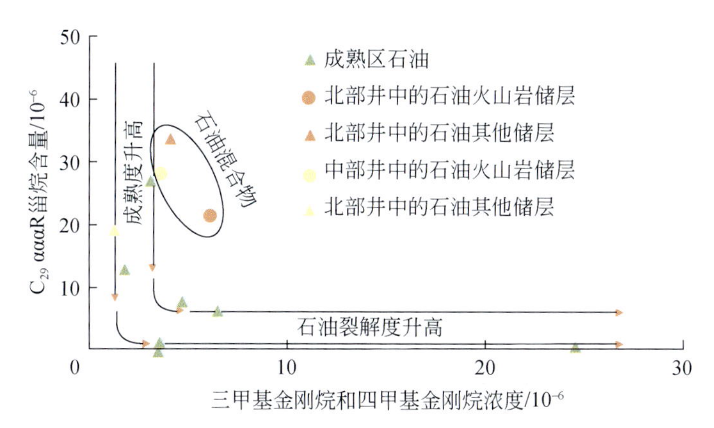

图 1-8 内乌肯盆地油样生物标志物（C_{29} αααR 甾烷）与金刚烷（三甲基金刚烷和四甲基金刚烷）浓度关系图

低（“单一”）成熟度石油显示出相对较高的 C_{29} αααR 甾烷及较低的三甲基金刚烷和四甲基金刚烷。盆地内的油灶中的高成熟度石油 C_{29} αααR 甾烷含量降低，而三甲基金刚烷和四甲基金刚烷升高。Altiplanicie del Payun 区块的石油（以聚集在侵入岩储层的油为主）是低成熟度与高成熟度石油的混合物（SPE107926）

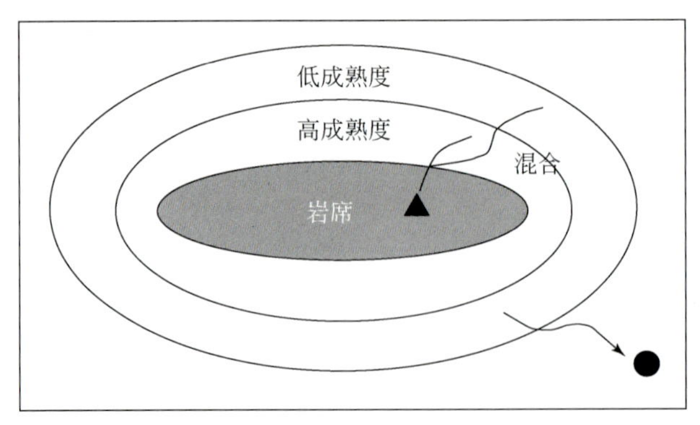

图 1-9　Altiplanicie del Payun 区块中不同成熟度石油混合物的简化概念模型
生成于距侵入岩较远区域的低成熟度烃，在储层和在运移过程中，与生成于距侵入岩相对较近区域的成熟及裂解烃混合在一起（SPE107926）

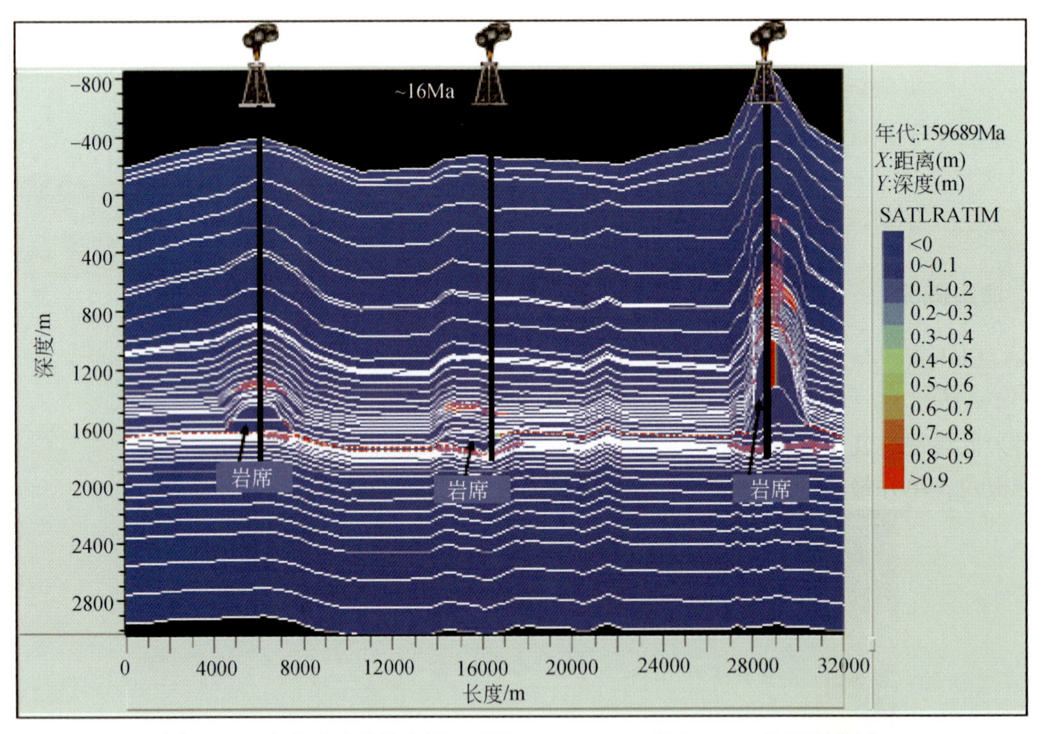

图 1-10　火成岩体热效应影响下的 Vaca Muerta 组和 Agrio 组烃源岩局部成熟后的石油饱和度和运移（SPE107926）

岩浆活动之后，岩席冷却与油气生成及运移过程将持续 10 万年。生烃压力上升，烃源岩断裂与水流的对流都有助于烃类运移（图 1-11）。

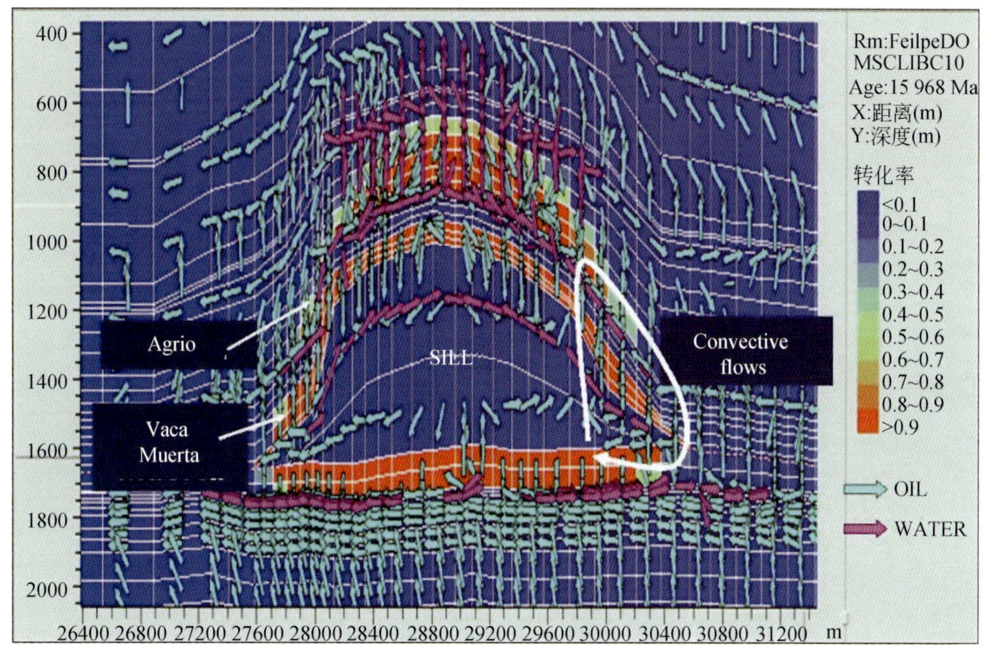

图 1-11　转化率（单色），计算出的油气运移（粉色箭头）与水流（蓝色箭头）
从图中可以看到不同成熟度的烃类混合、水的对流及油气向岩席方向运移（SPE107926）

（二）Chihuido de la Sierra Negra 油田（地质特征）

1. 油田概况

Chihuido de la Sierra Negra 油田位于内乌肯盆地东北边缘（图 1-12），1993 年，在上 Troncoso 组（阿普特阶）火山侵入岩中钻了第一口生产性勘探井，发现了石油，储层为低渗透裂缝型安山岩（图 1-13）。评价井产量很低，但近几年的一些开发井产量上升很快，单井最高产量为 3500 桶/d，油田平均产量为 200 桶/d。

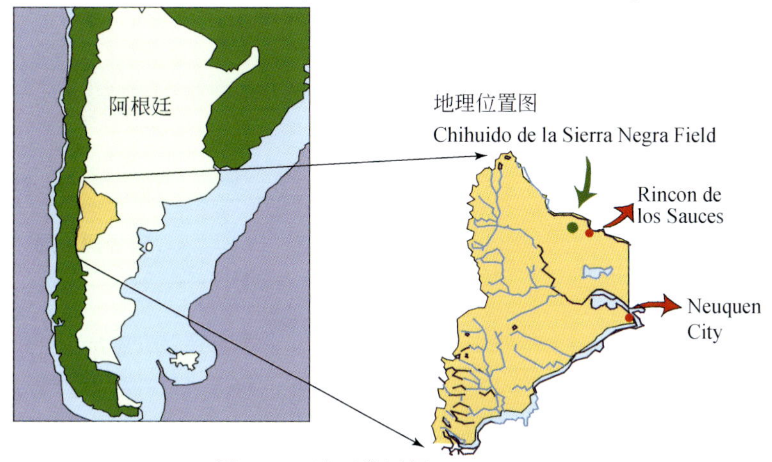

图 1-12　油田位置图（SPE69476）

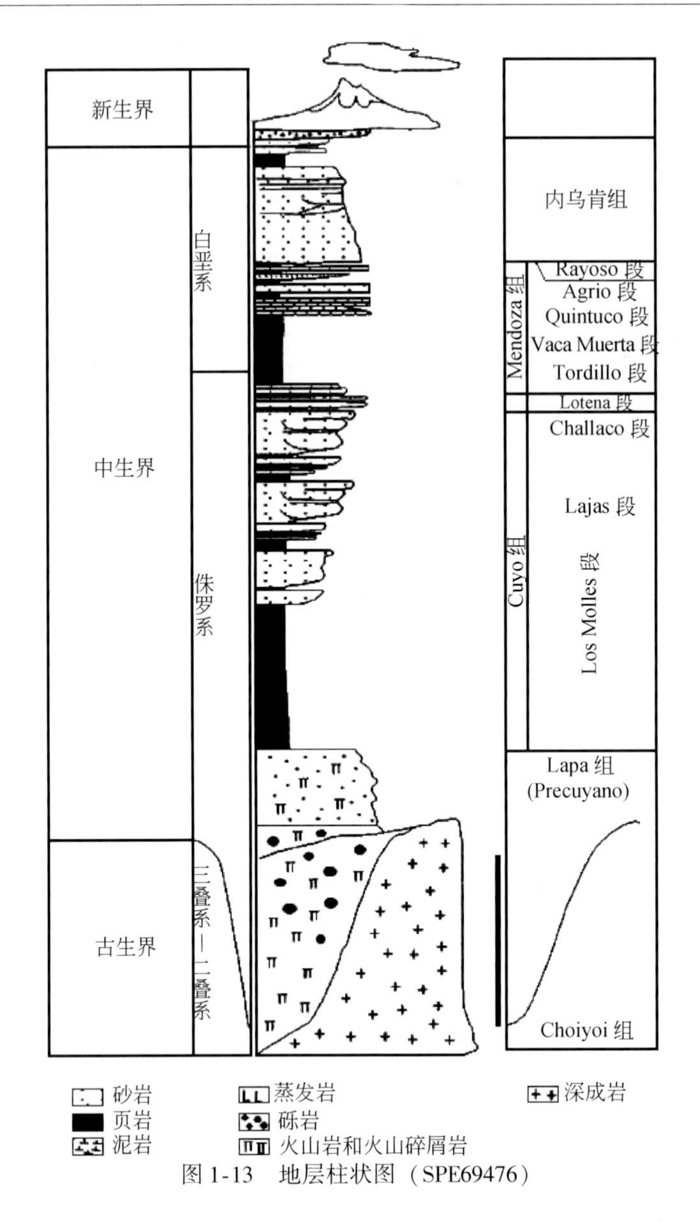

图 1-13　地层柱状图（SPE69476）

1996 年通过对三维地震采集的解释得出有效开发这种非常规油藏的方法，好的油藏条件与侵位期和之后活化生成的岩盖的陡边产生的强裂缝带有关。

倾角、方位角和相干属性图上显示出裂缝带（图 1-14），这种构造模式与井筒成像所得的裂缝方向吻合。

2. 储层描述

火山体具有岩盖形态：底部平坦，边部陡峭，顶部呈宽阔的凸形，中间部位最大厚度为 300m，从三维图（图 1-15）可以看到火山体的明显边缘以及这些边缘与生产井之间的关系。该火山体的展布范围约为 1100hm^2，侵入上 Troncoso 段的蒸发岩（盐岩），深度约为 900m。Rayoso 组的硬石膏和泥岩是该区的盖层，与 La Tosca 段灰岩的关系不总是一致，在剖面上可以看到（图 1-16）。

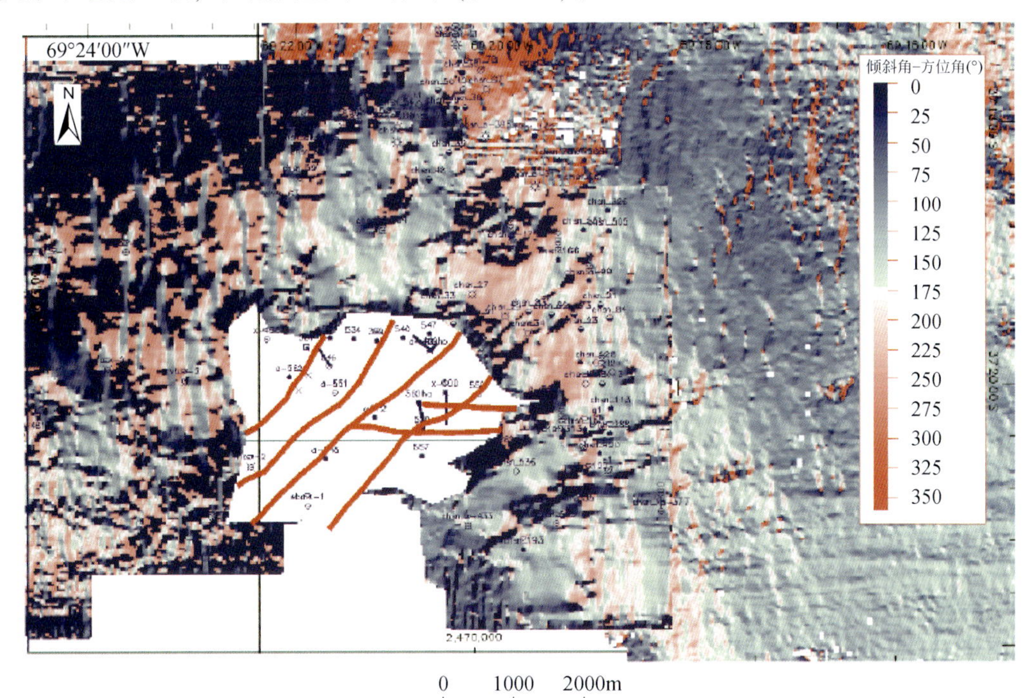

图 1-14　La Tosca 组方位角图

该属性显示出与侵入体有关的 NNE-SSW 体系裂缝（SPE69476）

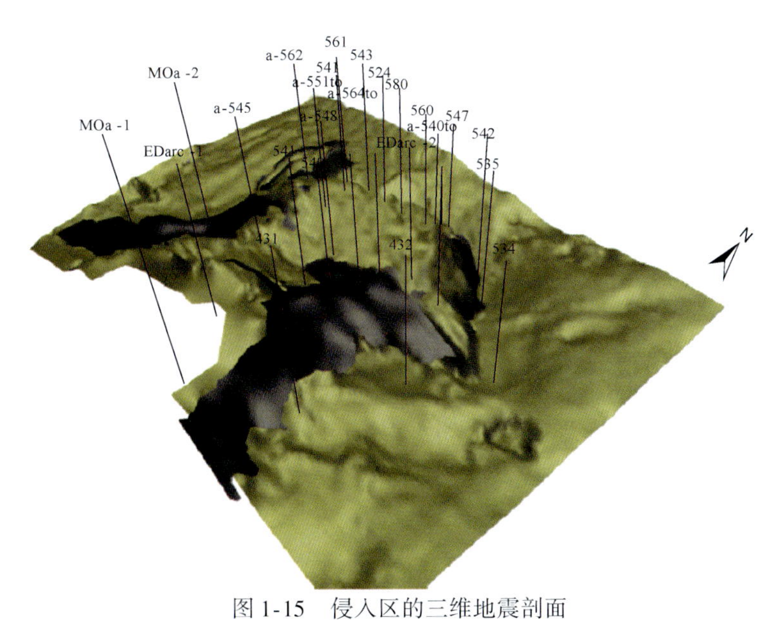

图 1-15　侵入区的三维地震剖面

从图中可看出岩盖和 La Tosta 的关系，边缘很明显，沿边缘有一些井（SPE69476）

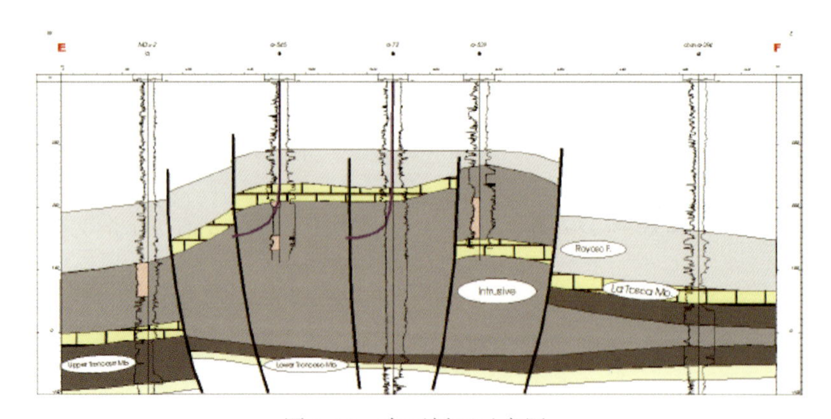

图 1-16　东西剖面示意图

给出侵入岩和 La Tosca 灰岩的关系。图上可以明显看出岩盖东部的边缘，并给出水平井与垂直裂缝相交的示意图（SPE69476）

不能确定储层是一个还是几个火山岩体，岩心描述和伽马射线测井曲线表明，岩盖上部为 fenoandesite，年龄为 1500 万年，这部分安山岩比其他部分裂缝多。伽马射线测井曲线识别出两个不同层，它们可能是由于一个或几个火山岩体在不同时间侵入而分异冷却形成的。补给区在向南 4km 的 Cerro Bayo 火山。该处岩盖侵入体生成了 M. La Tosca 灰岩中的十字倾角闭合构造（图 1-17），在该构造图上看不到主要裂缝系统，通过测井曲线处理可以看到玫瑰花状构造，水平井轨迹与裂缝交叉。

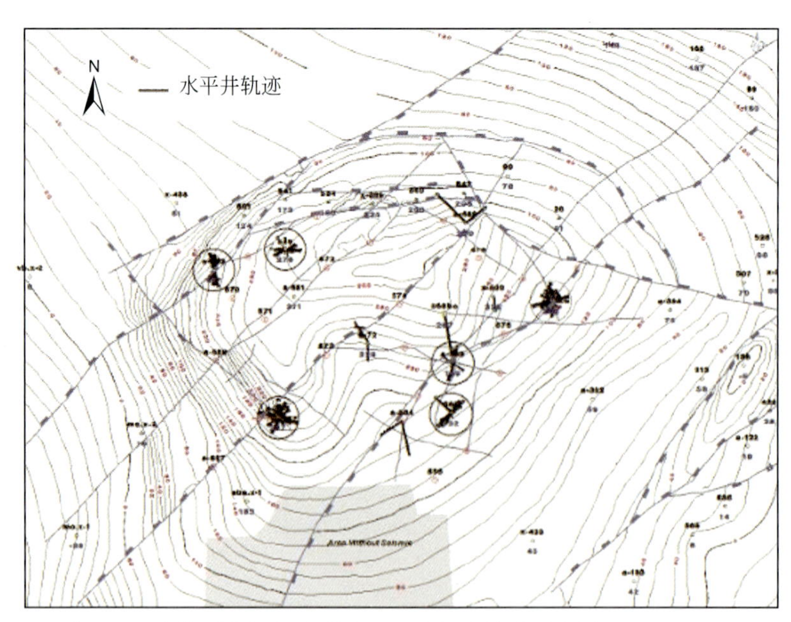

图 1-17　成像测井解释的裂缝和玫瑰花状构造示意图（SPE69476）

基质孔隙度很低（4% ~5%），因为孔洞、气穴和微裂缝，这些微裂缝为构造型的，其中一些为冷却过程中形成的收缩裂缝。岩心观察表明，油浸很明显，这与微裂缝有关，在基质中呈油斑。产量高与裂缝孔隙度有关。不同地震属性（倾角、方位角和相干图）给出了岩盖周围地区主裂缝系统的方位，成像测井分析确定了该方位。在图 1-17 中可以看出，测井曲线分析得出的玫瑰花状构造和地震解释得出的构造模式相匹配。主裂缝系统近于垂直（约 70°），这是岩盖定位和之后构造运动中活化的结果。成像测井是在与这些主裂缝相交的井中完成的，结果表明裂缝生成厚度为 10m 的角砾岩带，渗透率很高。考虑到裂缝孔隙度正常值为1%，在这种情况下应为3% ~4%。裂缝在开采期闭合的概率很小，因为储层很窄，上覆压力很低。

目前多数外围断层系统产油，中部裂缝产油量和产水量很低。北部边缘的井产水量很高，东部边缘的井不产水。

3. 裂缝探测

产量受裂缝带大小和单个裂缝大小影响很大，裂缝模式可以通过地震和井筒成像工具得到。火山岩区地震质量不是很好，因为岩盖生成“地震噪声”（图 1-18），这样会给火山岩体内部裂缝主要走向的确定带来难度，但周围地区的方位角、倾角和相干图有很好的结果。

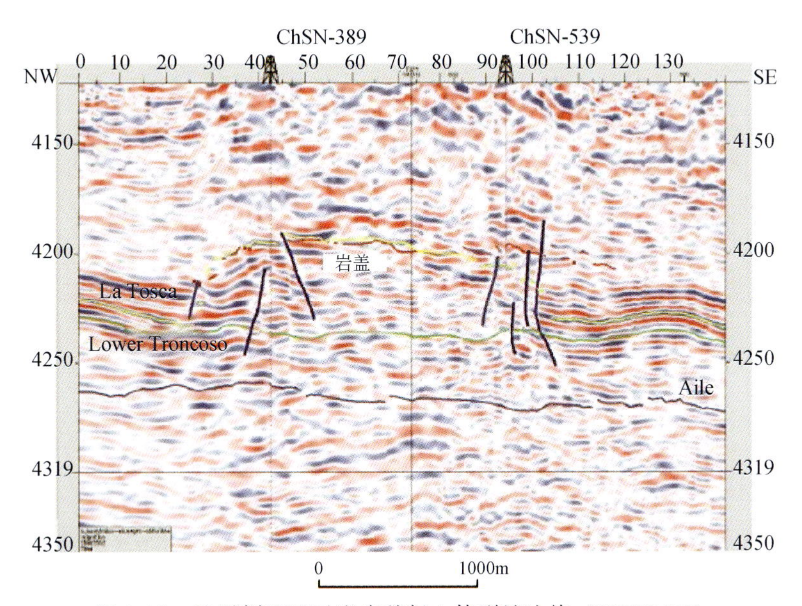

图 1-18　地震剖面显示出岩盖侵入体裂缝边缘（SPE69476）

在岩盖内部，成像测井解释的裂缝走向与地震解释结果相匹配。

泥浆漏失表明岩盖中有开启的裂缝，全部漏失证明有可能成为高产层，这些层后来通过成像测井和全波声波测井确定。

四、日本火山岩油气藏

火山岩储层油气产量占日本生产总量的一半以上（图 1-19），四分之三的储集岩是火山岩和火山碎屑岩（图1-20）。日本的主要油气田集中在日本东北弧后地区，随着新近纪地层抬升伴有大规模海底火山活动而形成，水中熔岩及火山碎屑岩堆积较厚，这些都是生成储层的原因（大久保進，2001；稲葉充，2001；野村雅彦等，2001；大口健志，2002；高田伸一，2003；武田秀明，2003）。

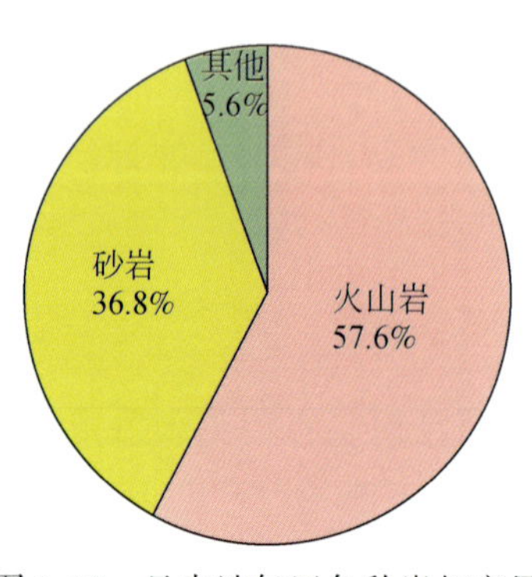

图1-19　日本油气田各种岩相产量构成（不含溶解气）

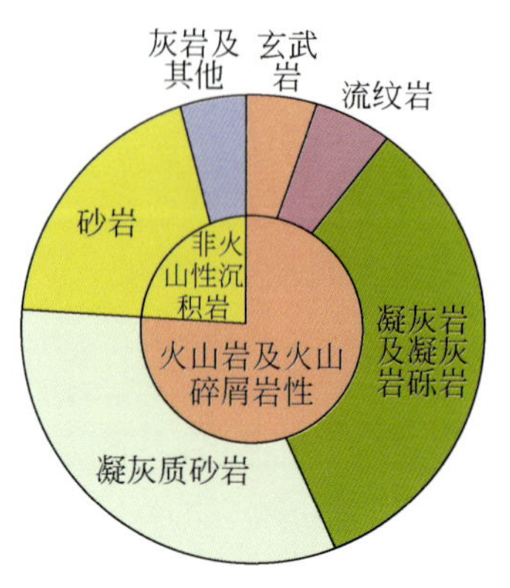

图1-20　日本含储集岩的岩性

新潟（Niigata）盆地是日本最重要的含油气盆地，其储层为新近纪沉积岩和火山岩（图1-21），其中，绿色凝灰岩火山岩地层中发现多个气藏（山岸宏光，2002）。绿色凝灰岩是以绿色为主的火山岩系的总称，包括玄武岩、流纹岩和安山岩及其碎屑。这种岩石有原生的裂隙，即熔岩爆发时的气孔及熔岩冷却产生的裂隙；还有次生的裂隙，如构造裂隙及溶蚀作用形成的孔隙。

吉井-东柏崎气田（Yoshii-Higashi Kashiwazaki gas field）和南长冈-片贝气田（Minami Nagaoka-Katagai gas field），是新潟盆地火山岩地层中两个天然气储量规模大的气田（图1-22～图1-24）。

（一）吉井-东柏崎气田

吉井-东柏崎气田在日本柏崎市东北10km，属新潟盆地西山-中央油区，是一狭长的背斜圈闭的绿色凝灰岩气田（图1-25）。其西北高点为帝国石油公司的东柏崎气田，东南高点为石油资源开发公司的吉井气田。背斜长16km，宽3km，含气面积27.8km^2。

1966年在该背斜东翼陡带钻1号井时未获油气，后来又在西侧钻了2号井，并于井深2969m处进入绿色凝灰岩层后见气显示。实钻资料表明，该背斜地表构造缓，地下构造陡，是在凝灰岩锥体上披覆的背斜。由于这个背斜从七谷期到西山期长期处于构造高部位，成为捕集油气的良好场所。油源岩是七谷层的泥岩，有机碳的含量为1%～1.5%，以Ⅰ型干酪根为主。七谷层在西山初期埋深2000m以上，地温达到100℃左右，先生成油运聚在背斜圈闭的火山岩体内，后继续沉降，地温达到130℃以上，原始油藏的原油热解，形成气及凝析油，气油比为4000～5000。

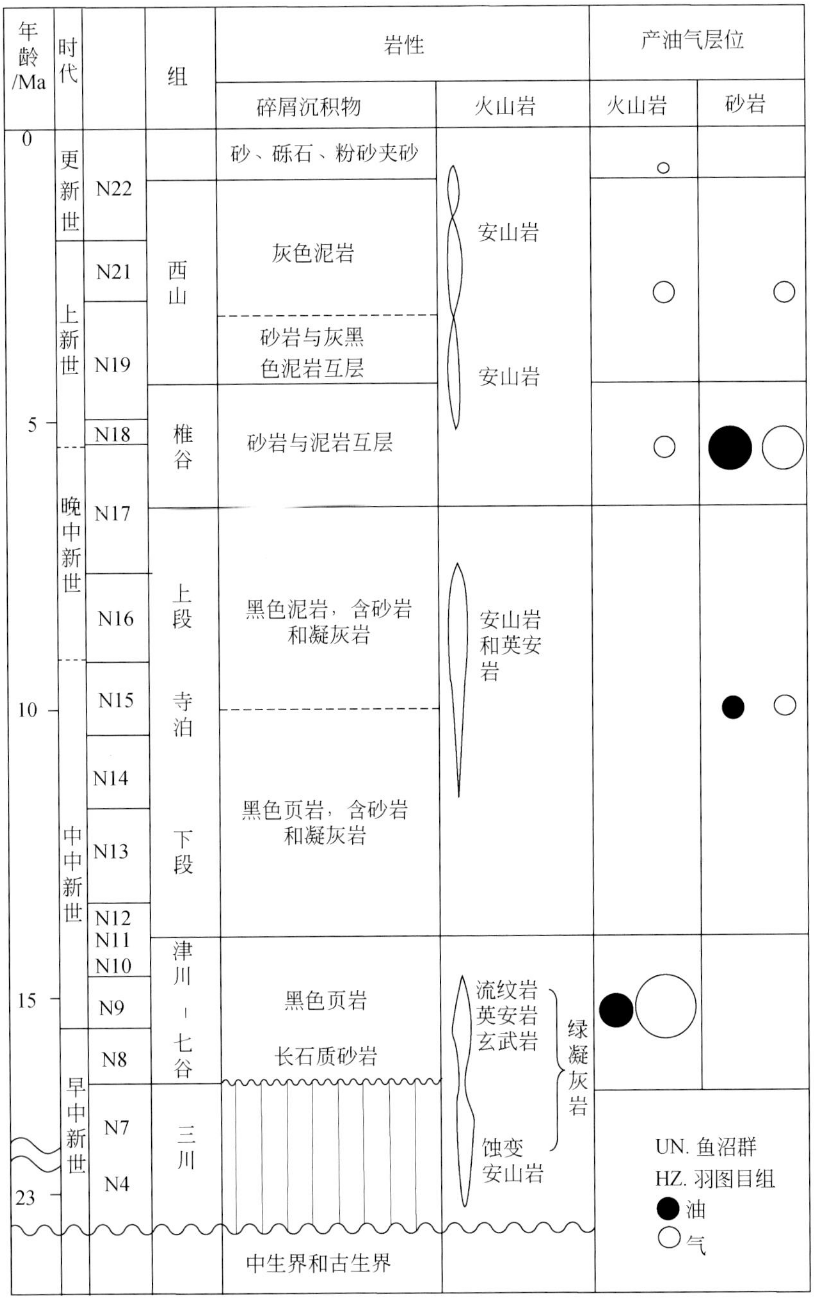

年龄/Ma	时代		组	岩性		产油气层位	
				碎屑沉积物	火山岩	火山岩	砂岩
0	更新世	N22		砂、砾石、粉砂夹砂	安山岩	○	
	上新世	N21	西山	灰色泥岩		○	○
		N19		砂岩与灰黑色泥岩互层	安山岩		
5		N18	椎谷	砂岩与泥岩互层		○	● ○
	晚中新世	N17					
		N16	寺泊 上段	黑色泥岩，含砂岩和凝灰岩	安山岩和英安岩		
10	中中新世	N15					● ○
		N14	寺泊 下段	黑色页岩，含砂岩和凝灰岩			
		N13					
		N12 N11 N10	津川-七谷	黑色页岩	流纹岩 英安岩 玄武岩（绿凝灰岩）	● ○	
15		N9					
	早中新世	N8		长石质砂岩			
		N7	三川		蚀变安山岩（绿凝灰岩）		
23		N4					
				中生界和古生界			

UN. 鱼沼群
HZ. 羽图目组
● 油
○ 气

图 1-21 日本新潟盆地综合地层柱状图

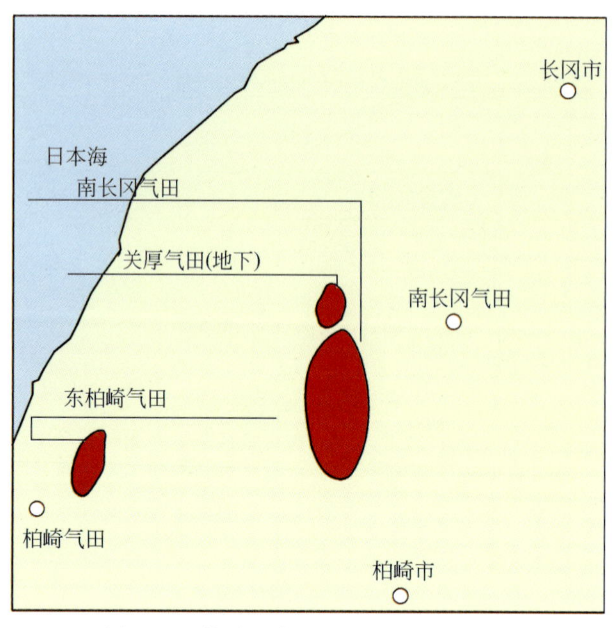

图 1-22　柏崎、南长冈气田地理位置图

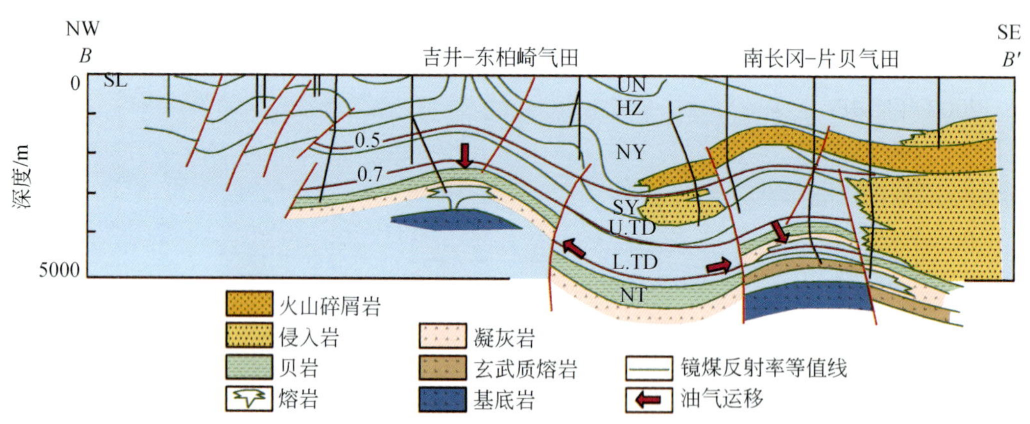

图 1-23　吉井-东柏崎气田、南长冈-片贝气田的 SE-NW 向横剖面图

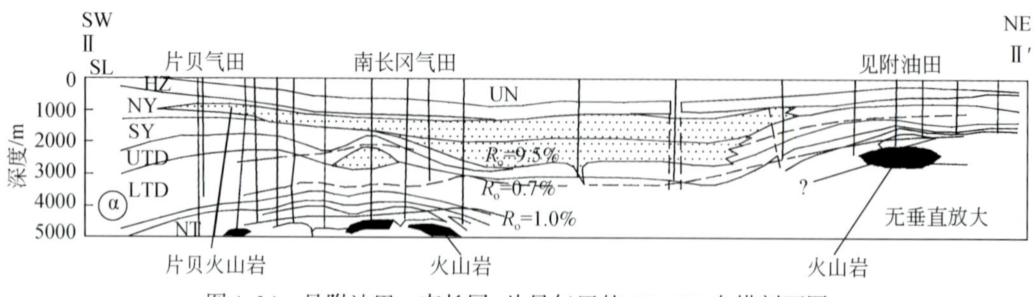

图 1-24　见附油田、南长冈-片贝气田的 NE-SW 向横剖面图

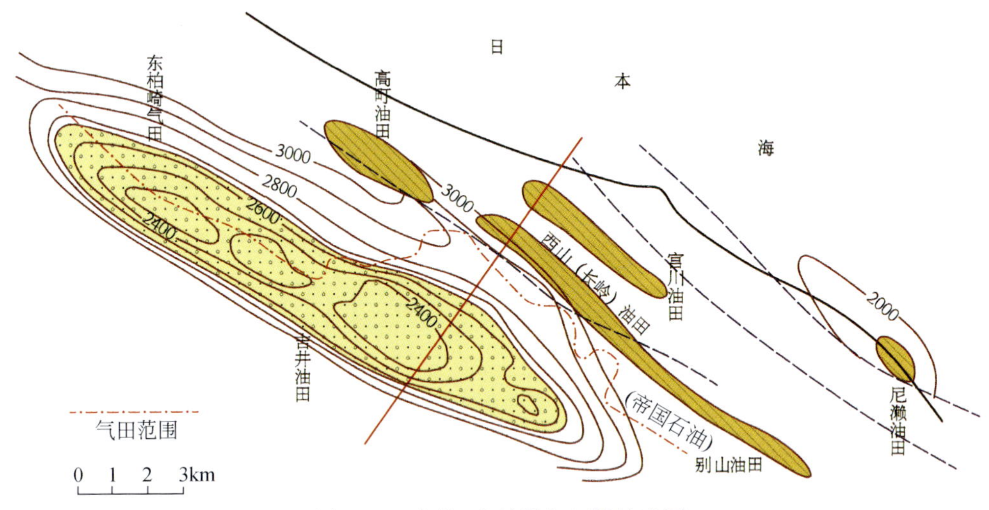

图 1-25　吉井-东柏崎气田横构造图

吉井-东柏崎气田共钻井数 46 口，井深 2310～2720m。火山岩储层有效厚度为 5～57m，孔隙度为 7%～32%，渗透率为 5～150mD。绿色凝灰岩气层的产能高主要与次生孔隙及裂隙的发育有关，而在致密的凝灰岩层中储渗性差，产能低。整个气藏的形态不规则、不均匀，含气面积也不大，但含气高度达 300m（气水界面为 2700m），属强水驱的气藏，气井压力高，压降小。

2002 年吉井-东柏崎气田日产气 $78.4\times10^4m^3/d$，日产油 $141m^3/d$。其中，吉井区块日产气 $57.9\times10^4m^3/d$，日产油 $103m^3/d$；东柏崎区块日产气 $20.5\times10^4m^3/d$，日产油 $103m^3/d$。2002 年年底，两区块累计产气 $171.57\times10^8m^3$，累计产油 $359.9\times10^4m^3$。其中，吉井区块累产气 $99.97\times10^8m^3$，累产油 $195.7\times10^4m^3$；东柏崎区块累计产气 $71.6\times10^8m^3$，累计产油 $164.2\times10^4m^3$。

（二）南长冈气田

南长冈气田发现于 1978 年，为日本埋藏最深的火山岩气田，储集层主要为海底喷发的火山岩（图 1-26），岩性以流纹岩为主，实测气柱 800m 以上，是日本目前发现的最大的气田（川本友久，2001）。

南长冈气田自 1978 年发现后，经过 6 年的开发前期评价研究，于 1984 年投入正式开发。开发初期，日产气保持在 $100\times10^4m^3/d$ 以下，通过不断钻新井的方式来维持开发规模；1994 年以后，随着天然气处理净化厂的不断扩建，特别是随着适用于高温高压火山岩储层压裂技术的成功应用（2001 年），气田北部致密储层得以成功开发，气田开发规模逐步扩大，2005 年日产最高规模达到了 $320\times10^4m^3/d$，截至 2006 年上半年年底，气田累计产气 $91.87\times10^8m^3$。

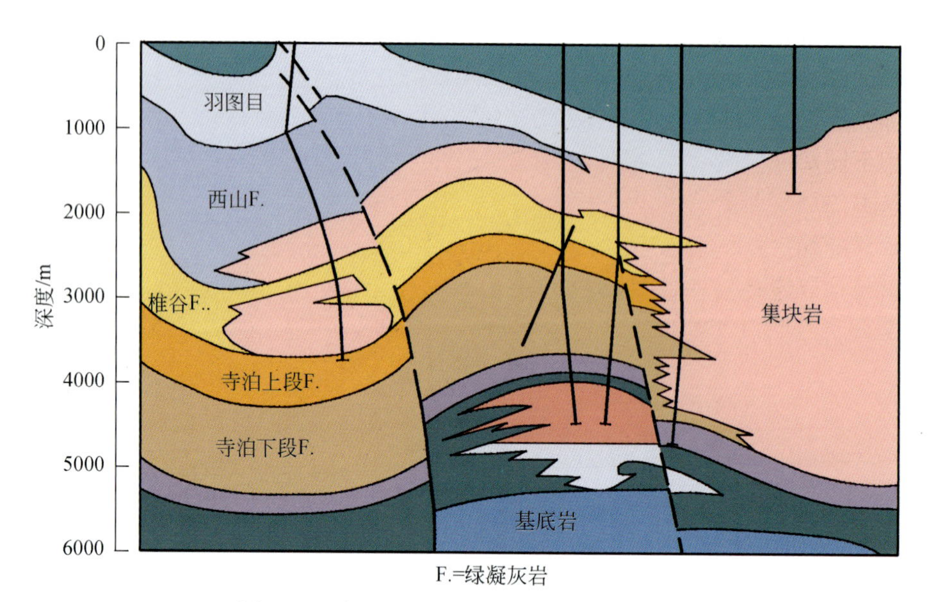

图 1-26　南长冈气田地质时代与岩性剖面图

南长冈气田由 TEIKOKU（帝国石油公司）和 JAPEX（日本石油勘探公司）两家日本石油公司拥有，2006 年年底共完钻井 31 口，生产井 19 口，日产规模（150～320）× $10^4 m^3/d$。

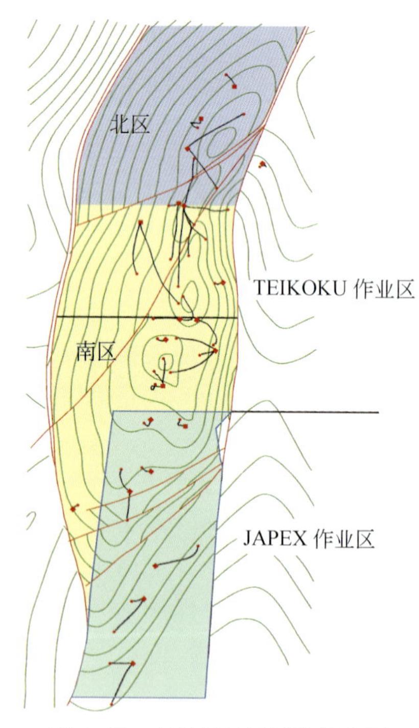

图 1-27　南长冈气田开发历史图

该气田主要产气层为中新世火山岩，地层埋深4200～5000m，原始地层压力55.848MPa，地层温度175℃。构造形态整体上为 SN 向的背斜，长约 5km，东西两侧被两条大的断裂夹持，宽约 1.6km（图 1-27）。构造内存在不同的高点，气柱高度 300～1000m。

图 1-28 为先期（1987～1994 年）以岩相及测井相为基础建立的单元模型。绿凝灰岩（Green Tuff）地层被分为六个单元。

（1）单元Ⅰ、Ⅱ：安山岩和玄武岩；

（2）单元Ⅲ：流纹岩，主要是熔岩相、火山角砾岩相；

（3）单元Ⅳ：流纹岩，熔岩相、火山角砾岩相和火山碎屑岩相；

（4）单元Ⅴ：主要是火山碎屑岩相，少量熔岩相和火山角砾岩相；

（5）单元Ⅵ：熔岩相、火山碎屑岩相，或者是火山角砾岩相与火山碎屑岩相相互交替，常有玄武岩。

该单元划分是通过对剖面的仔细观察来确定岩石类型和岩相，具有样品质量很好、数量多的优势，因而很好地解释了各成因单元与火山爆发间的关系。从图 1-28 看出，气田南部储层以单元Ⅲ为主，而北部储层则以单元Ⅱ、Ⅳ、Ⅴ为主。

岩相不同对储层的质量有很大影响。火山碎屑岩相，由于受硅化和亚氯化作用等影响，这类储层质量很差；火山角砾岩相、珍珠和球粒结构中常发育次生溶蚀孔隙，一般为较好的储层；火山角砾岩相和部分熔岩相为最好储层。

但单纯地以岩相特征进行单元划分，与气井的实际产能还存在一些偏差，这主要是由于岩石受后期强烈的蚀变作用所引起的。

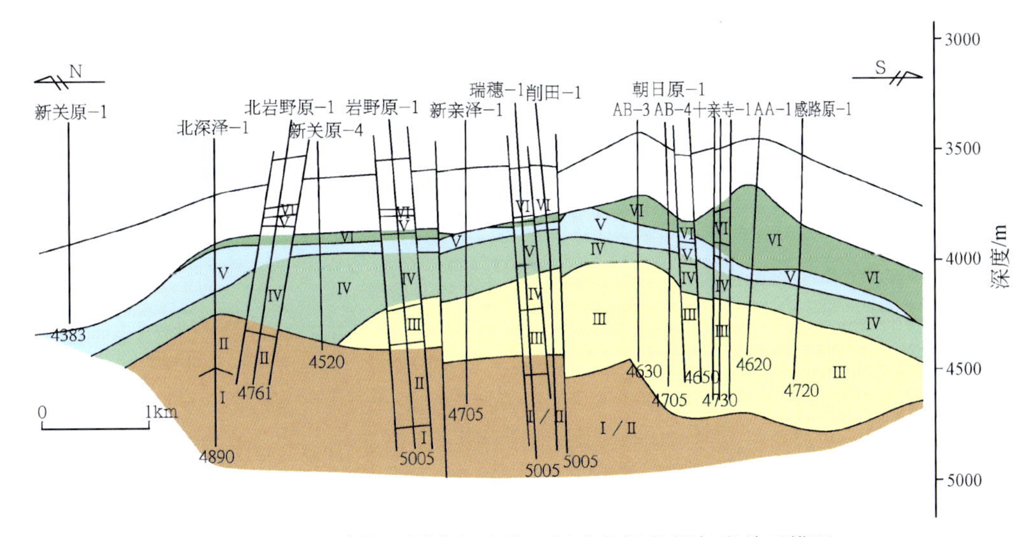

图 1-28 以岩相及测井相为基础划分的绿色凝灰岩单元模型

实际上，火山储集岩的原生孔隙形成于岩浆在海底水体重结晶时所发生的冷却、剥离和自角砾作用，次生孔隙空间则是由后期火山作用所伴生的热液活动产生，在熔岩和角砾岩相地层产生大量裂缝和孔洞。火山碎屑岩相受岩浆快速冷却和剥落现象明显，显微镜下观察，可见似泡沫状结构的珍珠结构，大量玻璃质完全脱玻化。

室内岩心分析表明：角砾岩相的渗透率变化范围为 0.1 ~ 10mD，而多数火山碎屑岩相的渗透率小于 0.1mD，二者的孔隙度均在 15% 左右；熔岩相的孔隙度小于前面两种岩相，渗透率则处于前面两种岩相的中间。

考虑火山岩储层存在天然裂缝，受储层应力敏感性的影响，在原始地层压力条件下，储层实际的物性可能要比岩心分析结果更差一些。

角砾岩相储层是南长冈气田最有利的储层，该类岩相地层在气田南部的发育程度远高于气田北部，因此大多数高产井集中分布于气田南部，气田北部的井未经压裂改造，多数不具商业开发价值。

第二章　松辽盆地火山岩气藏形成地质背景

第一节　松辽盆地形成的区域构造背景

一、松辽盆地成盆动力学背景

中国大陆是由塔里木、华北、扬子、羌塘等古陆块以及其间的褶皱造山带拼接而成的，现今属于欧亚巨型大陆板块的一部分，分别以硫球-日本-千岛海沟和雅鲁藏布江缝合线与太平洋板块和印度板块相邻。中国陆块与太平洋板块、印度板块之间的板块演化以及陆块内部拼接地块之间的相互作用是控制中国大陆中新生代大地构造演化以及沉积盆地发育的主要因素。中国东部地区中新生代主要发育伸展型沉积盆地，华北地区以古近系盆地为主，东北地区以白垩系沉积盆地为主。习惯上将晚侏罗世—早白垩世称为东北广泛发育的断陷盆地群，称为“东北裂谷系”盆地。东北裂谷系的形成与演化受东亚大陆边缘板块活动控制，其沉积盆地的演化主要经历了以下三个阶段。

（一）晚侏罗世—早白垩世，东北裂谷系断陷盆地群的形成

晚侏罗世，随着 Izanagi-Kula 板块以 NNW 向向大陆板块快速俯冲，东北陆块产生广泛的拉张环境，同时由于大陆板块与大洋板块相对运动存在差异，在拉张的同时发生较强烈的左行走滑活动，形成了以拉张伸展为主、兼有走滑性质的东北裂谷断陷盆地群。盆地演化早期，以强烈的火山活动为主，形成以大兴安岭为中心的三个 NE 向展布的火山岩带，局部夹有煤层。之后，开始拉张断陷，形成二连-海拉尔、松辽深层、三江-鸡西三个断陷盆地分布带，发育断陷湖盆沉积体系。

三个盆地发育带共发育了200多个相对独立的断陷盆地（图2-1）。西部盆地发育带位于大兴安岭以西，包括二连、海拉尔等盆地，主要发育早白垩世裂陷期构造层，走滑活动和后期挤压反转作用都较弱。中部盆地发育带位于松辽地区，向南可能与辽西地区相连，以中央古隆起为界形成东、西两大断陷带，断陷规模大。东部盆地发育带位于黑龙江、吉林东部地区，侏罗纪—白垩纪经历了海相—海陆过渡相—陆相沉积的演化过程，盆地的形成、演化受郯庐断裂带控制。

（二）早白垩世末—晚白垩世，松辽拗陷盆地的形成

早白垩世末—晚白垩世，随着板块俯冲方向和速率的改变，东北三个盆地带的演

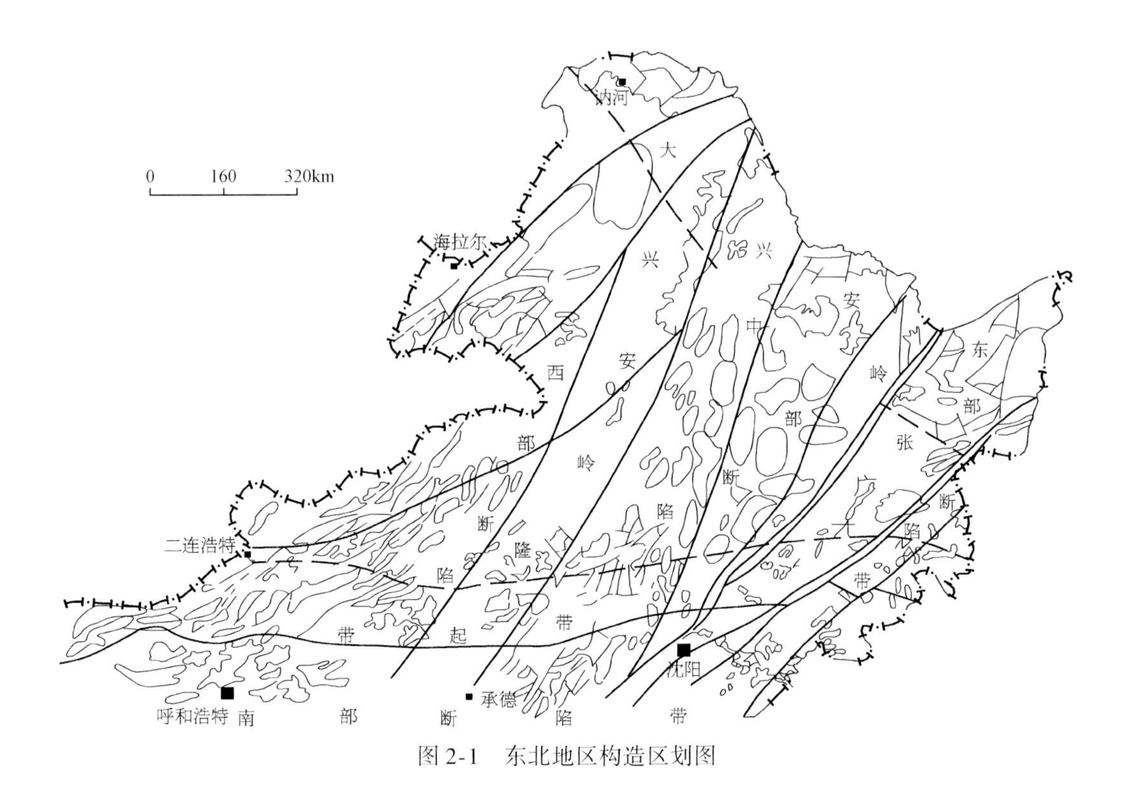

图 2-1　东北地区构造区划图

化发生巨大差异变化。中带的松辽地区发生大规模拗陷，形成统一的大型沉积盆地，其盆地结构具有裂陷期、拗陷期双层结构。大庆长垣和三角洲前缘带为有利的聚集油气单元，形成了大型背斜油田和大型岩性油藏群共生的格局。晚白垩世末，在区域挤压作用下，盆地发育终止，沉积盆地发育明显的正反转构造，在邻近郯庐断裂带（北段，即依兰-伊通断裂带）的东南隆起区走滑构造非常发育。西带的海拉尔盆地、二连盆地整体抬升，不发育晚白垩世地层，部分遭受轻微的构造反转。东带构造反转程度最高，大三江原型盆地接替，成为残留型盆地，如鸡西、勃利、延吉等盆地，发育广泛逆冲构造。

（三）古近纪早期之后，整体隆升状态

古新世开始，除汤原断陷发生伸展活动外，东北地区基本处于隆升调整期，普遍不发育古近系沉积，沉积盆地演化向华北地区区域迁移。始新世，太平洋板块向西俯冲产生区域引张作用，控制着莱州湾、渤中、辽东湾-下辽河、依兰-伊通地堑等重要古近纪裂谷盆地的形成。渐新世，随着太平洋板块持续向西俯冲及印度板块与欧亚板块碰撞，郯庐断裂带转为右行走滑活动，使渤海湾盆地总体表现出拉分盆地的特征，并对局部构造形成控制作用。新近纪—第四纪，西太平洋沟-弧-盆体系形成，以区域挤压效应为主，新构造期以断裂活动为主。

二、松辽盆地基底断裂与断陷分布特征

（一）基底岩性

松辽盆地的基底以古生界变质岩为主，部分地区残存有前震旦纪结晶地块。总体来看，盆地的基底岩性由三部分组成，西部地区以板岩-碳酸盐岩为主，北部发育片岩-片麻岩局部集中区；中部地区以片麻岩-片岩和千枚岩为主；东部地区主要是片岩-片麻岩分布区。

根据重磁解释结果，基底岩系被NE、NW、NS向三组基底断裂系复杂化，形成了东西分带、南北分块的格局，对中生代构造有重要控制作用。

（二）基底断裂

松辽盆地基底断裂展布具有很强的规律性，主要由NE、NW和EW向三组断裂组成（图2-2，表2-1）。此外，还存在一些近SN向断裂，但数量较少。这些基底断裂主

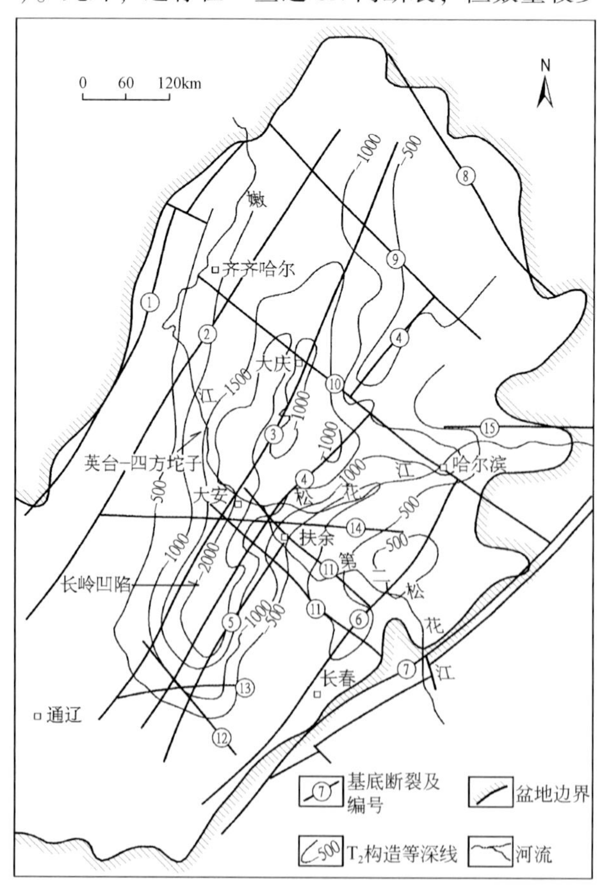

图2-2 松辽盆地基底断裂分布图

要隐伏在盆地沉积盖层之下，在重力、航磁上多表现为线状、串珠状以及两侧异常的突变，使盆地的重磁场呈现出 NE 向陡变带与宽缓带相间、NW 向错断或弯曲的特点。在遥感图像上基底断裂一般为清晰的线性构造。按照切割深度的不同，将这些基底断裂划分为岩石圈和地壳两种断裂。这里所列出的基底断裂只是一些关键的主断裂。此外，盆地内部还发育很多次级基底断裂或分支断裂，虽然在各种深部探测资料上没有反映，但对盆地盖层构造和次级断层的发育同样具有重要作用。

表 2-1 松辽盆地主要基底断裂概况表

编号	走向	断裂名称	延伸范围	控制意义	级别
1	NE 向	嫩江断裂	北起嫩江，经白城—洮南，沿盆地西缘延伸	西缘控盆断裂	岩石圈断裂
2		富裕-泰来断裂	与嫩江断裂平行，富裕—齐齐哈尔东—泰来	西斜坡与中央拗陷分界线	壳断裂
3		德都-大安断裂	德都—大庆—大安	龙虎泡-大安阶地与齐家-古龙-长岭凹陷分界线	岩石圈断裂
4		青岗-乾安断裂	青岗—三肇—乾安—长岭	三肇凹陷-长岭凹陷与朝阳沟阶地、扶新-华字井阶地分界线	壳断裂
5		双辽-扶余断裂	双辽—乌兰图嘎—扶余	中央拗陷与东南隆起边界	壳断裂
6		四平-德惠断裂	四平—长春—德惠—榆树西—哈尔滨	东缘控盆地断裂	岩石圈断裂
7		依兰-伊通断裂	伊通—双阳—舒兰—依兰—佳木斯	郯庐北段，走滑作用	岩石圈断裂
8	NW 向	塔溪-林口断裂	塔溪—北安—林口，沿盆地东北缘延伸	北缘控盆断裂	岩石圈断裂
9		讷河-绥化断裂	讷河—拜泉—绥化	北部隆起与央拗陷分界线	壳断裂
10		滨州断裂	齐齐哈尔—大庆—哈尔滨，平行于滨州铁路线	油气分布重要界线	壳断裂
11		大安-扶余断裂	大安—扶余—其塔木	松辽南北分界线	壳断裂
12		突泉-四平断裂	通榆—双辽北—四平	中央拗陷与西南隆起边界	壳断裂
13	EW 向	卧虎屯断裂	双辽—卧虎屯	新生代火山活动	壳断裂
14		洮安-扶余断裂	马拉湖—洮安—扶余	基底构造、岩浆活动	壳断裂
15		松花江断裂	哈尔滨以北平行于松花江延伸	盆地向东泄水通道	壳断裂

松辽盆地基底断裂的形成与多期拼贴、褶皱作用有关。东北陆块属于西伯利亚板

块和华北板块之间的构造增生带，主要由不同期次的褶皱带与小型结晶地块组成。古生代末期，西伯利亚板块与华北板块之间夹持的古亚洲洋分期俯冲、陆块逐次增生，于中生代早期闭合。洋壳俯冲过程中形成的缝合线构成弧形展布的基底断裂格架。中生代以来西太平洋板块向亚洲板块东部俯冲，导致基底断裂重新活动，控制了松辽盆地深层断陷的形成与演化。中生代期间，郯庐断裂带发生大规模左行走滑运动，在东北地区表现为依兰-伊通断裂的左行走滑，嫩江断裂的左行走滑，嫩江断裂、孙吴-双辽断裂也有明显活动，控制了盆地 NE 向构造格局。晚侏罗世—早白垩世，古太平洋板块俯冲，东北陆块向洋蠕散，产生 NW-SE 向拉张环境，在形成大范围断陷的同时，由于斜向俯冲作用以及大洋板块不均匀运动产生的转换断层切入陆内，形成 NE、NW 向两组左行走滑断裂系，构成松辽盆地基底断裂格架，对松辽深层断层的形成与演化具有重要控制作用。

NE 向基底断裂主要有七条，与松辽盆地的区域走向基本一致。嫩江断裂北起嫩江以西，沿盆地西缘呈 NE-SW 向延伸，是分割大兴安岭隆起与盆地沉积层的西缘控盆断裂。依兰-伊通断裂位于盆地东侧，由两条平行的分支断裂组成，普遍认为是郯庐断裂的北延部分。四平-德惠断裂沿四平—长春—德惠—榆树西—哈尔滨一线延伸，是松辽盆地与东部山区的分界线，因此又称为松辽盆地东缘断裂。富裕-泰来断裂沿富裕—齐齐哈尔东—泰来—白城延伸，是西部斜坡区与中央拗陷区的基底分界线。德都-大安断裂、青岗-乾安断裂、双辽-扶余断裂是纵贯松辽中央拗陷区的三条平行断裂，又通称为孙吴-双辽断裂，构成了红岗-大安阶地、长岭凹陷、扶新隆起-华字井阶地等二级构造单元的分界线。NW 向断裂共有五条，自北而南以近乎相等的距离平行排列，将盆地分割为五个块体：东北隆起带、滨北斜坡带、松北主拗带、松南主拗带、西南隆起带，即“南北分块”。目前油气勘探成果证实，松辽的油气资源主要富集于中间的两个块体：松北主拗带、松南主拗带。此外，基底断裂格局还可以看出两个现象：①NE 向断裂常被 NW 向断裂错断，NW 向断裂可能具有构造调节带的作用；②位于盆地中部的大安-扶余断裂由两条平行的分支断裂组成，其中北支断裂沿第二松花江延伸至大安后突然消失了，而河流的走向也陡然由第二松花江的 NW 向转为嫩江的 NNW 向。河流走向的这种陡然变化是基底断裂方向改变的结果。

EW 向断裂共三条，代表了基底演化过程中最早的优势构造线方向，后期活动强度不大，但对古水系的走向有重要控制作用。如松花江断裂长期控制着松花江的河流走向，并成为松辽盆地地质历史中唯一的泄水通道。

（三）深层断陷构造分区

依据构造分析结果，对深层构造单元进行了重新划分，划分出三个一级构造单元（东部断陷带、中央古隆起、西部断陷带）、18 个二级构造单元（图 2-3）。受 NE 向基底断裂控制，松辽深层断陷构成东、西两大断陷带，其间为中央古隆起分割，构成 NE 向的“一隆两拗”的构造格局。中央古隆起自北向南不规则延伸，呈北窄、南宽的特点，钻井揭示普遍缺失断陷期地层，以石炭系—二叠系的变质岩为主，仅在南部地区局部发育孤店、伏龙泉等小断陷。东部断陷带包括徐家围子、莺山、王府、德惠、梨树等断陷，后期普遍发生抬升剥蚀，遭受改造作用，改造最强的区域位于东南隆起区，目前仅存在青山口组以下地层。西部断陷带发育常家围子、古龙、长岭等主力断陷，后期持续沉降，上覆巨厚的拗陷期沉积。

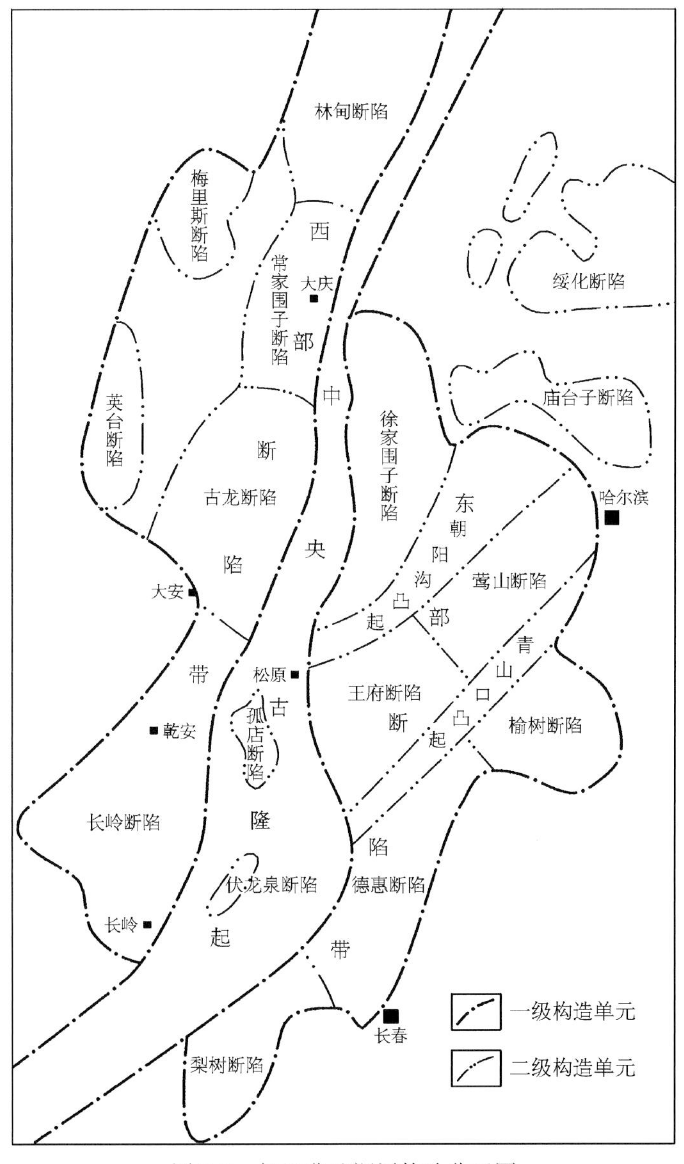

图 2-3　松辽盆地深层构造分区图

NE 向断陷在走向上经常发生错断和分割作用，每个断陷由数个次级凹陷组成，期间以低隆起或断层相分割。分析认为，NW 向断裂起到错断、终止 NE 向构造的作用，而且在 NE 向断陷背景上，受 NW、EW 向低隆起分割，发生不均衡沉降，形成多个次级洼陷。

三、松辽盆地深层构造特征与演化

（一）断陷结构特征

1. 断陷结构

松辽深层主要发育三种典型的断陷结构：单断型断陷（箕状）、双断型断陷（地堑）与复合型断陷（箕状+地堑），而且每一种类型在不同地区具有相对集中分布的特点，东部断陷带以西断东超的单断断陷为主；中部断陷带以双断与单断复合型为主；西部断陷带既有单断型，也有双断型断陷。

断陷结构、沉积分布严格受边界主断裂的控制。单断式凹陷，边界主断层一侧为陡坡带，并控制沉降和沉积中心，另一侧为缓坡带，地层自凹陷向斜坡上超覆或尖灭在靠近边界主断裂一侧，地层沉积快、厚度大，远离边界断裂地层迅速减薄，而且主断裂活动越强，持续时间越长，断陷地层沉积厚度越大。如松辽盆地南部长岭断陷，是受孙吴–双辽深大断裂的影响和控制，梨树断陷是受桑树台大断裂长期活动的控制。目前松辽盆地南部大多数断陷展布方向为 NE-NNE 向，与控盆的边界生长断裂走向一致。通过对深层断陷的分析发现，以西断东超的单断型半地堑结构为主。断陷内部主要发育陡坡带、中央构造带和缓坡带三种类型的构造带。

2. 构造调节带

松辽深层普遍发育构造调节带，一般垂直于断陷走向方向，以隐伏断裂、低隆起等形式出现。分析深层各个断陷可以发现，断陷沿走向被低隆起分割、错断，形成次级洼陷（图 2-4）。

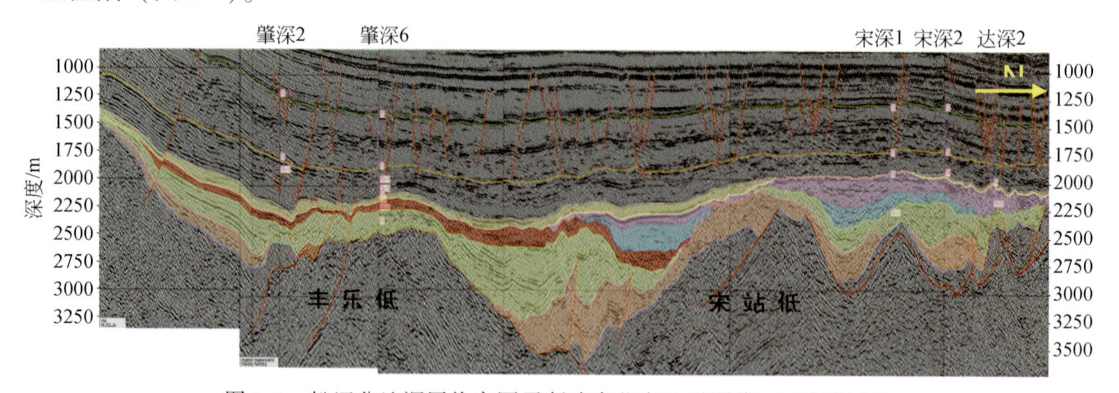

图 2-4　松辽盆地深层徐家围子断陷南北向地震测线（示低隆起）

如徐家围子断陷，断陷走向近 SN 向，内部发育宋站、丰乐两个低隆起，形成了三个次级沉积洼陷，其中以中部次洼规模最大。长岭断陷受中部低隆分割，形成南、北两个洼陷。断陷沿走向方向的分割和错断主要受 NW、EW 向基底断裂控制。长岭断陷也有类似现象，大情字井低隆起将其分割为南、北两个次级洼陷，构造特征存在一定的差异。

（二）构造带类型

在平面上，受构造演化阶段控制，深层主要发育了三种类型构造带，一是伸展型构造带，是在早白垩世断陷期伸展作用下形成的，其发育范围受断陷范围控制；二是反转型构造带，是在晚白垩世末区域挤压作用下形成的，主要影响浅层；三是走滑型构造带，是白垩纪期间区域走滑作用在该区的具体表现，其影响深度可以从基底一直到浅层。深层构造多发育与断层有关的断块、断鼻构造（多沿断裂带呈串珠状分布），穹窿和短轴背斜次之，长轴背斜不发育。深层构造发育的圈闭数量多、幅度大、面积小，类型丰富，除背斜、断背斜、断块、岩性等圈闭外，还发育古潜山、火山岩体、地层超覆、不整合等特殊类型的圈闭。从深浅层构造发育特征看，纵向上构造高点迁移有一定的规律性，平面上有一定联系，而且成因相似的构造成排、成带分布。

（三）深层构造演化

深层断陷构造演化有明显的阶段性。以徐家围子断陷为例，可划分为四个阶段。

火石岭组为初始张裂阶段，地层分布于控陷断层限制的狭小区域内；地势起伏大，物源供应充足。至火二段，火山岩强烈喷发期，地层厚度受断裂控制不明显，并局部超出断陷范围，代表了大规模拉张活动的前奏。

大规模伸展断陷发生在沙河子组沉积时期，形成了安达、杏山、薄荷台三个沉降中心。沙河子组沉积结束后发生了区域性的挤压改造作用，最强烈的挤压构造主要分布于三个区域：一是宋西断裂南段北部断裂走向由北西转向北东的拐弯处，二是升平-兴城断弯褶皱，三是徐西断裂南段断裂走向由北西转向北东的拐弯处。

营一段沉积时期，徐西断裂、宋西断裂发育萎缩。杏山断陷区发育地层厚度大于500m 的两个沉降中心。营一段沉积结束后，发生了规模较大的挤压。挤压作用比较强烈的区域南起丰乐低隆起，北抵宋站低隆起，向西止于宋西断裂。形成杏山中央凹陷与东部背斜组成的斜歪向斜-背斜对，由于挤压构造叠置于西倾古斜坡背景上，所以背斜东翼发育很不完善。在杏山中央凹陷沉积了营二段、营三段地层，主要是凹陷型沉积，向东西两侧上超充填。营四段沉积时期，断裂对古地形的影响作用已经很弱。

登娄库组沉积前曾发生过一定强度的挤压作用，对圈闭形成意义很大。登娄库组沉积早期松辽盆地开始了大面积沉降的拗陷期，沉积范围逐渐扩大，经历了后期的沉积与萎缩期的改造。

第二节 松辽盆地区域地层特征

一、松辽盆地地层层序

松辽盆地北部探井揭露的深层地层自下而上分别为前中生界，中生界侏罗系中统，下白垩统火石岭组（一、二段）、沙河子组（上、下段）、营城组（一、二、三、四段）、登娄库组（一、二、三、四段）和泉头组（一、二段）（表2-2）；中浅层地层自下而上为上白垩统青山口组、姚家组、嫩江组、四方台组、明水组，古近系依安组、大安组、泰康组，第四系。

表2-2　松辽盆地北部深层及深部地层划分方案

地层层序			标志性岩性	同位素年龄/Ma
下白垩统	泉头组	二段	暗紫红色、紫褐色泥岩夹灰绿色、紫灰色砂岩	
		一段	灰白色、紫灰色砂岩与暗紫红色、暗褐色泥岩互层	
	登娄库组	四段	灰褐色、灰黑色砂质泥岩与浅灰绿色、灰白色和紫灰色砂岩	
		三段	灰白色块状细-中砂岩与灰褐色、灰黑色砂质泥岩互层	
		二段	以灰黑色砂质泥岩为主，灰色与白色厚层细砂岩呈不等厚互层	
		一段	杂色砾岩、顶部夹砂岩	
	营城组	四段	灰黑色、紫褐色砂泥岩，绿灰色、灰白色砂砾岩	120～130
		三段	以中性火山岩为主，常见类型有安山岩、安山玄武岩	
		二段	灰黑色砂泥岩、绿灰色和杂色砂砾岩，有时夹数层煤	
		一段	以酸性火山岩为主，常见类型有流纹岩，紫红色、灰白色凝灰岩	
	沙河子组	上段	砂泥岩，局部地区见有蓝灰色、黄绿色酸性凝灰岩	130～145
		下段	砂泥岩夹煤层，常为稳定的可开采煤层（5～6层）	
	火石岭组	二段	上部安山岩夹碎屑岩，下部安山玄武岩、玄武岩	145～155
		一段	粗碎屑岩夹凝灰岩	
中侏罗统	蚀变火山岩组		蚀变火山岩、火山碎屑岩	155～160
	碎屑岩组		岩性变化大：砂泥岩、砂砾岩、薄煤层、凝灰岩等	177.2
上二叠统	四站板岩组		灰黑色板岩，黑色板状千枚岩、砂泥质板岩，变质粉砂岩	
	林甸蚀变火山岩组		灰黑色蚀变英安岩、泥板岩夹灰绿色变余粉砂岩、变质粉砂岩	
下二叠统	一心组	上段	泥灰岩与碳酸岩化流纹岩互层产腕足类、双壳类等化石	
		下段	泥灰岩与细粒砾石岩互层	
	杜尔伯特板岩组		黑色泥板岩、变余砂砾岩	
中生界	基底		变质程度中等，岩石类型为绢云母、绿泥石片岩、绿泥石千枚岩	
前中生界			变质程度高，岩石类型为花岗片麻岩、片岩类等	

（一）前中生界

1. 元古宇

变质程度较高，为花岗片麻岩、片麻状花岗岩、片岩类。

松辽盆地北部钻遇前古生界的重要探井很少，重要钻井有林甸地区鱼5井，钻遇16.71m的片麻岩。徐家围子地区的肇深4井、芳深8井，钻遇的主要岩石类型为灰绿色片麻岩、片岩，浅红色、暗红色斜长岩等。

鱼5井前古生界剖面

上覆地层：泉头组一段

~~~~~~~~~~~~~~~~~~~~~~~~不整合~~~~~~~~~~~~~~~~~~~~~~~~

前古生界（2218.0～2234.71m）厚16.71m

片麻岩，16.71m。

（未见底）

2. 下古生界

变质程度中等，以绢云母、绿泥石片岩、石英片岩、绿泥石千枚岩为主。见有加里东期杂色花岗岩分布在盆地西北部边缘嫩江到白城地区及盆地东部九台及其以北地区的几个零星地点。

在林甸地区双深4井钻遇207.8m厚的板岩、千枚岩。梅里斯地区江38井钻遇加里东期杂色花岗岩，厚53.17m。徐家围子地区钻遇下古生界的探井有芳深9井、昌201井、汪902井、汪904井、汪9-12井，主要岩石类型为灰紫色和褐黑色绢云母石英片岩、杂色砾岩，加里东期杂色花岗岩、灰绿色绢云母片岩等。

双深4井下古生界剖面

上覆地层：沙河子组下段

~~~~~~~~~~~~~~~~~~~~~~~~不整合~~~~~~~~~~~~~~~~~~~~~~~~

下古生界（3243.2～3451.0m）厚207.8m

黑色、灰黑色、褐黑色板岩和千枚岩互层，207.8m。

（未见底）

3. 上古生界

目前能确认的主要有二叠系，变质程度较浅，以黑色泥板岩、结晶灰岩为主，有海西期肉红色花岗岩和黑色云母花岗岩侵入，并见少量变质程度略高的变质砂岩、蚀变安山岩、辉绿岩等。

（二）中侏罗统

中侏罗统自下而上划分为碎屑岩段、蚀变火山岩段。

1. 碎屑岩组

深灰色、绿灰色砾岩，紫褐色泥岩、凝灰岩，在盆地西南地区，还见有煤线。

松辽盆地大庆市松基六井大庆群碎屑岩组剖面

上覆地层：中侏罗统蚀变火山岩组

————————————整合————————————

中侏罗统大庆群碎屑岩段：(4291.0～4597.0m)，306.0m

2. 深灰色砾岩与灰黑色、紫褐色泥岩互层，59.0m。

1. 浅绿灰色、绿灰色砾岩，247.0m。

～～～～～～～～～～～～不整合～～～～～～～～～～～～

下伏地层：中二叠统杜尔伯特板岩组紫红色安山岩

2. 蚀变火山岩组

蚀变火山岩、火山碎屑岩。以齐深1井3376.0～4004.0m井段（中基性蚀变火山岩、火山碎屑岩）和阳深1井3970.0～4651.22m井段（灰绿色流纹质晶屑凝灰岩与灰黑色、深灰色尘状凝灰岩互层）为代表。本组的一些同位素年龄为177.2Ma（松基六井，4228.0m）、167.5Ma（齐深1井，3754m）、160.0Ma（阳深1井，4650.20m）。葡深1井5380.5～5510.0m井段为一套蚀变火山岩，可归入本组，但所测的同位素年龄为191Ma（5095.05m，使用$^{40}Ar/^{39}Ar$方法），年龄值明显较本组其他数据老。

齐深1井大庆群蚀变火山岩组剖面

上覆地层：下白垩统泉头组

～～～～～～～～～～～～不整合～～～～～～～～～～～～

中侏罗统大庆群蚀变火山岩段：(3376.0～4004.0m) 厚628m

8. 紫红色凝灰质流纹岩、凝灰岩互层夹灰褐色流纹岩，81.5m。

7. 灰色、灰黑色蚀变安山岩夹安山质角砾岩，96.5m。

6. 灰色蚀变凝灰岩与凝灰质砾岩互层，62.5m。

5. 薄层状灰紫色蚀变安山岩与凝灰岩互层，49.0m。

4. 紫灰色蚀变安山质角砾岩夹灰绿色蚀变凝灰岩，27.0m。

3. 灰紫色、紫红色安山质凝灰岩与灰绿色、灰紫色安山岩互层，82.5m。

2. 深灰色角砾安山岩、安山岩夹灰紫色安山质凝灰岩，154.0m。

1. 灰紫色安山质凝灰岩夹深灰色安山岩，75.0m。

（未见底）

（三）下白垩统

下白垩统自下而上为火石岭组、沙河子组、营城组、登娄库组、泉头组泉一段和泉二段。

1. 火石岭组

火石岭组层型剖面（九台市营城煤矿226、50孔）自下而上由三部分组成：上部和下部是中基性火山岩，中部是碎屑岩夹煤层。在松辽盆地北部，火石岭组地质时代历来都归到晚侏罗世，本书依据在徐深1井、升深5井发现的孢粉化石组合确定火石岭组为早白垩世最早期。盆地内本组自下而上划分为两段：一段岩性为碎屑岩夹碳质泥岩或煤层，二段岩性主要为安山岩夹碎屑岩。到目前为止，在松辽盆地北部还没有钻遇相当火石岭组层型剖面的下部地层。火石岭组二分性在北参1井、任11井、杜22井、杜607井、杜613井、徐深1井和坨深6井，均有体现。

盆地北部北安地区的北参1井2777.0～3691.0m井段较为典型，一段岩性为泥岩、砂砾岩、凝灰岩及煤层；二段岩性为粗安岩、闪长玢岩夹碎屑岩。徐家围子地区钻遇或钻穿火石岭组的探井有芳深3井、芳深10井、芳深801井、朝深1井、朝深5井、尚深1井、尚深2井、尚深3井、升深1井、升深101井、升深5井、升深6井、升深7井、卫深5井、徐深1井等，徐深1井钻遇火石岭组一段（以下简称火一段）。齐家-古龙地区只有同深1井和葡深1井钻遇火石岭组，主要岩性为流纹质岩屑凝灰岩、含角砾凝灰岩、煌斑岩、紫红色和紫灰色安山玄武岩、安山岩呈不等厚互层、紫红色凝灰质泥岩等。莺山—庙台子地区庄深1井、庙深1井、三深1井、双深10井钻遇火石岭组中基性火山岩夹碎屑岩地层。在二深1井钻遇的侵入岩为灰绿色、棕灰色花岗岩，绿灰色、灰绿色闪长岩，浅绿色、灰色花岗斑岩。从前人的研究成果中分析，松辽盆地的花岗岩应有三期。加里东期花岗岩分布在西北部边缘嫩江到白城（450km×30km～450km×40km）和盆地东部九台及其以北地区几个零星岩体，岩性为杂色花岗岩；海西期花岗岩以肉红色花岗岩为主，并有黑云母花岗岩与闪长岩；燕山期花岗岩以闪长岩、花岗岩、辉长岩为主，主要分布于盆地东南部。从岩性上看，二深1井、朝深2井、朝深4井钻遇的侵入岩应归入燕山期。朝深2井3163.4m处灰绿色闪长岩的K-Ar法同位素年龄为（154.6±2.2）Ma，可看成是燕山运动Ⅰ幕或Ⅱ幕的产物。绥化-任民地区任11井和绥深1井见火石岭组。其中绥深1井1685.0～2787.5m井段巨厚的火山岩不具有营城组和火石岭组的典型沉积结构，其岩性在营城组和火石岭组中均可出现，因此长期以来争议较大，所产孢粉化石指示的时代是早白垩世最早期，而传统观点认为火石岭组的地质时代是晚侏罗世，但随着对火石岭组地质时代的研究有了新进展，现在火石岭组地质时代属于早白垩世的观点逐渐得到广大地质工作者特别是孢粉研究人员的认可，因此本书将该井段地层划归为火石岭组，时代为早白垩世最早期。杜尔伯特地区杜22、杜15、杜14等井，梅里斯地区杜13等井也钻遇火石岭组。德惠地区万17井揭露火石岭组282.0m，上部岩性为杂色含砂砾岩夹薄层浅灰色泥质粉砂岩；下部为灰绿色、杂色凝灰质角砾岩，紫色、灰色、紫红色玄武岩。据地震资料分析该组分布较广泛，最厚可达1200余米，直接覆盖在上古生界绢云母石英片岩之上。梨树地区火石岭组地层为一套以火山碎屑岩及火山喷发岩为主的沉积建造，岩性主要为凝灰角砾岩、凝灰岩、安山岩、玄武岩夹凝灰质砾岩，直接覆盖于上古生界浅变质岩之上。曲线特征为电阻值高，声速值低。

徐深1井火石岭组剖面

上覆地层：沙河子组下段

------------------------------------平行不整合------------------------------------

火石岭组火二段：4123.0～4282.5m，厚159.5m。

8. 灰黑色厚-巨厚层安山质角砾凝灰岩夹薄层黑色泥岩，产单束松粉 *Abietineaepollenites*、双束松粉 *Pinuspollenites*、原始松粉 *Protopinus*、无突肋纹孢 *Cicatricosisporites*、罗汉松粉 *Podocarpidites* 等孢粉化石，68.5m。

7. 中厚层灰黑色安山质火山角砾岩夹黑色泥岩，见有一层煤，厚约2.5m，23.5m。

6. 灰黑色厚-巨厚层安山质火山角砾岩夹薄层黑色泥岩。在4232.02m处发现植物化石，经鉴定为 *Podozamites* cf. *lanceolatus*（L. et H.）Braun（披针型苏铁杉相似种）、*Podozamites* cf. *angustifollis*（Eichw.）Heer（狭叶苏铁杉相似种），见有孢粉化石：单束松粉 *Abietineaepollenites*、无突肋纹孢 *Cicatricosisporites*、罗汉松粉 *Podocarpidites* 和原始松柏粉 *Protoconiferus*，167.5m。

————————————整合————————————

火石岭组火一段：4282.5～4548.0m，厚265.5m。

5. 灰黑色砾岩夹黑色泥岩、粉砂质泥岩，中下部有四层煤，最厚一层约4.8m，78.5m。

4. 黑色泥岩、粉砂质泥岩及煤层夹灰色砾岩。其中夹有16层薄煤层，最厚一层达6m。产孢粉化石紫萁孢 *Osmundacidites*、脊缝孢 *Biretisporites*、三角粒面孢 *Granulatisporites*、桫椤孢 *Cyathidites*、锥刺圆形孢 *Apiculatisporites*、三角刺面孢 *Acanthotriletes*、石松孢 *Lycopodiumsporites*、金毛狗孢 *Cibotiumspora*、无突肋纹孢 *Cicatricosisporites*、三角孢 *Deltoidospora*、疏穴孢 *Foveosporites*、平网孢 *Dictyotriletes*、松科 Pinaceae、杉科粉 *Taxodiaceaepollenites*、罗汉松粉 *Podocarpidites* 等，75.0m。

3. 下部为中厚层灰色砾岩夹薄层灰黑色泥岩，粉砂质泥岩，上部为厚-巨厚层砾岩夹薄层灰黑色泥岩，60.0m。

2. 灰色凝灰质粉砂岩，9.0m。

1. 下部为厚层灰色砂砾岩，上部为厚层灰黑色泥岩。产孢粉化石罗汉松粉 *Podocarpidites*、罗汉松粉 *Podocarpidites*、双束松粉 *Pinuspollenites*、小穴孢 *Foveotriletes* 及松科花粉，43.5m。

（未见底）

2. 沙河子组

沙河子组上段为砂泥岩，局部地区见有蓝灰色、黄绿色酸性凝灰岩，靠断陷边缘砂砾岩增多，下段为砂泥岩夹煤层，常为稳定的可开采煤层（5～6层）。

徐家围子地区沙河子组较发育，有数口井钻穿本组（徐深1井、宋深101井、肇深5井、肇深6井、芳深8井、芳深9井、芳深10井、芳深801井、芳深901井、尚深1井、尚深2井、尚深3井、芳深8井、升深5井、升深6井、朝深1井、朝深6井），厚度多为200～400m。下段为砂泥岩夹煤，泥岩厚度大，部分靠断陷边缘的井，出露的是砂砾岩夹砂泥岩、煤层岩性组合。上段为砂泥岩，粒度变粗，夹砂砾岩，个别井夹煤层（升深6井）。莺山-双城地区钻穿沙河子组的探井有三深1井、四深1井，钻遇沙河子组的探井有朝深6井。沙河子组可分上、下两段，下段下部为泥岩夹砾岩，粉砂质泥岩，中上部为泥岩；上段下部为厚层泥岩夹砾岩，上部为厚层泥岩与砾岩互层。齐家-古龙地区沙河子组岩性主要为深灰色、黑灰色、灰色泥岩与灰色、灰绿色粉砂岩和细砂岩呈不等厚互层，夹凝灰质泥岩、凝灰质砂岩，下部见一套厚层的杂色火山角砾岩，细砂岩、火山角砾岩发育是其显著特点。泥岩颜色以深灰色、灰色为主，砂岩则以灰色、灰绿色为基调。北安地区沙河子组下段以深灰色泥岩、泥质粉砂岩和杂色砂砾岩为主，上部夹多层煤，下部岩石组合以紫色为主；沙河子组上段为深灰色、紫色泥岩，灰色粉砂岩，深灰色、灰色粉砂质泥岩与杂色砂砾岩、粗砂岩互层。下部夹深灰色凝灰岩。林甸地区的乌 1 井是该区沙河子组标准剖面井，可分两段。下段为含煤沉积，上段为砂砾岩夹砂泥岩沉积，具沙河子组典型沉积结构，厚度为 247.83m，但未钻穿沙河子组。绥化-任民地区沙河子组为砂泥岩和砂砾岩。德惠地区主要岩性为深灰色和灰黑色泥岩、砂质泥岩、深灰色细砂岩-泥质砂岩与浅灰色凝灰岩、凝灰质砂砾岩、凝灰质粉砂岩、凝灰质泥岩、砂砾岩-泥质粉砂岩互层，与下伏火石岭组呈不整合接触。梨树地区该组为以湖相为主的砂泥岩沉积建造，深灰色和灰黑色泥岩、粉砂质泥岩多见，厚层状，夹灰色、灰白色砂砾岩，偶见凝灰质砂砾岩，凝灰质泥岩，本组与下伏火石岭组呈不整合接触。

肇深 5 井沙河子组剖面

上覆地层：营城组

------------------------------------假整合------------------------------------

沙河子组：3982.5 ~4502.25m，厚 519.75m

上段：

11. 灰黑色泥岩、深灰色粉砂质泥岩、灰色泥质粉砂岩互层夹浅灰色粉砂岩、细砂岩，33.5m。

10. 灰黑色泥岩、深灰色粉砂质泥岩、灰色粉砂岩互层，上部夹泥质粉砂岩，21.0m。

9. 浅灰色砂砾岩夹深灰色和浅灰色粉砂质泥岩、泥质粉砂岩、粉砂岩，17.6m。

8. 灰黑色泥岩、灰色粉砂岩、深灰色泥质粉砂岩、粉砂质泥岩，18.9m。

7. 浅灰色砂砾岩夹灰黑色泥岩、粉砂质泥岩。顶部夹浅灰色粉砂岩薄层，底部夹泥质粉砂岩，86.5m。

6. 灰色大段砂砾岩中部夹一薄层黑色泥岩，116.5m。

————————————————整合————————————————

5. 浅灰色砂砾岩、黑色泥岩互层夹浅灰色泥质粉砂岩、粉砂质泥岩，偶夹粉砂岩、细砂岩，97.5m。

4. 灰色凝灰岩，8.0m。

3. 上部为灰色砂砾岩夹黑色泥岩、粉砂质泥岩，中下部为灰色砂砾岩夹黑色泥岩、煤，43.7m。

2. 上、下部为灰色砂砾岩夹黑色泥岩，中部为黑色泥岩、粉砂质泥岩夹砂砾岩、细砂岩，71.8m。

1. 上部为一层煤（2.5m），下部为黑色泥岩，4.75m。

------------------------------------假整合------------------------------------

下伏地层：火石岭组安山岩

3. 营城组

营城组分为四段，自下而上岩性特征为营一段以酸性火山岩为主，常见类型有流纹岩，紫红色、灰白色凝灰岩；营二段为灰黑色砂泥岩、绿灰色和杂色砂砾岩，有时夹数层煤；营三段以中性火山岩为主，常见类型有安山岩、安山玄武岩；营四段为灰黑色、紫褐色砂泥岩，绿灰色、灰白色砂砾岩。

徐家围子地区营城组发育较好，分布广，在肇深5井、肇深6井、肇深8井、肇深9井、肇深10井、芳深5井、芳深6井、芳深7井、芳深8井、芳深9井、芳深10井、芳深701井、芳深801井、芳深901井、昌102井、昌103井、升深2井、升深4井、升深5井、升深7井、升深101井、升深201井、宋深1井、宋深2井、宋深3井、宋深101井、宋3井、汪深1井、卫深3井、卫深4井、卫深5井、卫深501井等中均有不同程度的钻遇或钻穿。主要岩性为流纹岩、凝灰岩、安山岩、砂泥岩，个别井出现煤层或煤线，同位素年龄为120～130Ma。莺山-双城地区钻穿营城组的探井有庄深1井、朝深1井，钻穿营一段的探井有二深1井、朝深2井、双深10井，钻遇营城组的探井有朝深3井、五深1井等。齐家-古龙地区松基六井、杏深1井、葡深1井钻遇营城组，主要岩性为凝灰岩、凝灰质泥岩、凝灰质砂岩、凝灰质细砂岩、凝灰质角砾岩、砂泥岩等。杜尔伯特地区营城组以杜103井为代表，上部为棕红色泥岩夹绿灰色泥质粉砂岩。中部为棕红色泥岩与紫灰色粉砂岩呈不等厚互层，下部为大段杂色钙质砂砾岩夹灰白色碳酸盐化粉砂岩及棕红色泥岩薄层。梅里斯地区营城组分布不普遍，主要岩性为玄武岩。林甸地区营城组为巨厚的紫灰色、浅灰色闪长玢岩侵入体，灰黑色泥岩和浅灰色凝灰岩。绥化-任民地区营城组为泥岩、粉砂质泥岩、泥质粉砂岩、凝灰岩、安山岩夹煤。德惠地区营城组上部为灰黑色泥岩与灰白色砂砾岩、砂岩互层，多处见煤线；下部为凝灰岩、凝灰质砂岩、火山岩、角砾岩与浅灰色砂砾岩、砂岩、灰黑色泥岩互层，多处见煤线。梨树地区营城组中上部为灰色、灰黑色泥岩夹紫红色泥岩与灰白色粉细砂岩互层，下部为灰黑色泥岩、粉砂质泥岩。

徐深1井营城组营一段、营四段剖面

上覆地层：登娄库组登二段

～～～～～～～～～～～～～～～～～～～～～～不整合～～～～～～～～～～～～～～～～～～～～～～

营城组营四段：3254.5～3426.0m，厚171.5m

25. 灰色中厚层砂砾岩夹泥岩，15m。

24. 灰白色巨厚层砂砾岩，116m。

23. 中下部为黑色泥岩、粉砂质泥岩与灰色泥质粉砂岩、粉砂岩互层，上部为厚杂色砂砾岩夹薄层灰色泥岩，5m。

～～～～～～～～～～～～～～～～～～～～～～不整合～～～～～～～～～～～～～～～～～～～～～～

营城组营一段：3426.0～3705.5m，171.5m

22. 中下部为黑色泥岩、粉砂质泥岩，上部为灰色流纹岩夹黑色泥岩，21.0m。

21. 灰色流纹质角砾凝灰岩，0.5m。

20. 灰色、灰白色流纹质含角砾晶屑凝灰岩，7.5m。

19. 深灰色含角砾晶屑凝灰岩，70.5m。

18. 灰白色流纹质、凝灰质熔结角砾岩，48.5m。

17. 深灰色泥岩，4.5m。

16. 灰色、灰白色流纹质集块熔岩和流纹岩，127.0m。

~~~~~~~~~~~~~~~~~~~~~~~~不整合~~~~~~~~~~~~~~~~~~~~~~~~

下伏地层：沙河子组上段

宋深2井营城组营二段至营四段剖面

上覆地层：登娄库组登二段

~~~~~~~~~~~~~~~~~~~~~~~~不整合~~~~~~~~~~~~~~~~~~~~~~~~

营城组：2945.0～3660.0m，715.0m

营城组营四段：2945.0～2964.0m，19.0m

24. 浅紫红色泥岩夹浅灰色、绿灰色粉砂岩，6.0m。

23. 杂色砂砾岩，13.0m。

————————————整合————————————

营城组营三段：2964.0～3316.0m，352.0m

22. 灰绿色安山岩夹浅紫红色凝灰岩，61.0m。

21. 灰绿色安山质玄武岩夹灰绿色凝灰岩、紫红色安山岩，76.0m。

20. 浅紫红色凝灰岩，18.0m。

19. 紫红色、灰绿色凝灰质粉砂岩夹灰绿色安山岩、浅紫红色凝灰岩，45.5m。

18. 中上部为灰绿色安山岩与浅紫红色凝灰岩互层，下部为绿灰色凝灰质粉砂岩，19.0m。

17. 灰绿色安山岩顶部夹浅灰色凝灰岩，51.0m。

16. 浅紫红色凝灰岩夹灰黑色、褐黑色安山岩，34.5m。

15. 灰黑色、褐黑色安山岩夹浅紫红色凝灰岩，47.0m。

————————————整合————————————

营城组营二段：3316.0～3660.0m，344.0m

14. 深灰色和黑灰色泥岩、粉砂质泥岩互层上部夹绿灰色砂砾岩，16.0m。

13. 灰绿色砂砾岩夹深灰色、黑灰色泥岩，26.5m。

12. 灰黑色、褐黑色泥岩下部夹灰绿色砂砾岩，19.5m。

11. 灰绿色砂砾岩夹灰黑色泥岩，14.5m。

10. 深灰色、黑灰色泥岩夹粉砂质泥岩，21.0m。

9. 灰绿色砂砾岩夹灰黑色、褐黑色粉砂质泥岩，17.0m。

8. 绿灰色砂砾岩与褐黑色泥岩互层，13.0m。

7. 绿灰色粗砂岩夹灰黑色、褐黑色泥岩和粉砂质泥岩，43.5m。

6. 灰黑色、褐黑色泥岩夹绿灰色粗砂岩、灰黑色粉砂质泥岩、绿灰色泥质粉砂岩，45.5m。

5. 绿灰色粗砂岩上部夹灰黑色、褐黑色泥岩，24.5m。

4. 黑色泥岩，18.0m。

3. 绿灰色粗砂岩夹黑色泥岩，24.5m。

2. 灰黑色、褐黑色泥岩，32.0m。

1. 绿灰色粗砂岩，28.5m。

（未见底）

4. 登娄库组

登娄库组为松辽石油勘探局综合研究大队1959年建立。登娄库组在盆地东缘宾县、舒兰的舍岭、汪屯和四平一带有零星露头，松基六井获完整剖面。该组主要岩性为灰白色块状砂岩，暗色砂质泥岩，杂色砂泥岩和砂砾岩等成互层的类复理式沉积，底部为砂砾岩，层内见少量凝灰岩薄层。与下伏营城组呈不整合接触。本组厚达1700m以上，自下而上划分为四段。

登一段：砂砾岩段。主要由杂色砂砾岩组成，仅上部有20多米紫褐色、灰黑色粉砂质泥岩及灰白色细砂岩。砾石磨圆度好，成分为中酸性喷发岩、凝灰岩、花岗岩及石英岩等，含少量孢粉化石。电阻曲线的特点是电阻极高，最大为700～1000Ω·m，厚0～215m。

登二段：暗色泥岩段。主要由灰绿色、灰黑色及少量紫红色泥岩和砂质泥岩与灰白色、棕灰色厚层砂岩呈不等厚互层，层内夹少量泥灰岩和凝灰岩，含少量石膏和方解石细脉。在松基六井，黑色及黑灰色泥岩厚366m，占全段的52.5%以上，4m以上的泥岩有37层，泥质岩不纯，常含不等量的砂质。底部有紫褐色粉砂质泥岩。重矿物组合的特点是以绿帘石占绝对优势，一般含量均在80%以上。电阻曲线表现为高阻层与相对低阻层较衡疏间互，电阻值较登三段高。含丰富的孢粉化石，偶见叶肢介化石，在盆地边缘见植物化石，厚0～700m。

登三段：块状砂岩段。由灰白色、浅灰绿色厚层块状细-中砂岩与灰黑色、褐灰色及暗紫红色泥质岩、砂质泥岩呈略等厚互层，组成小幅度正韵律层，局部夹薄煤层。一般上、下部砂岩较发育，中部泥质岩夹层较多，砂岩中常见砾石，并有石膏细脉。本层特点是砂岩发育，色浅，层厚（10～20m以上），粒度较粗（中-粗），含砾石，底部常有泥砾，层中夹数厘米到10余厘米质纯的黑色泥岩。电阻曲线为块状高电阻层，较密集、中部较稀，电阻基值为20～40Ω·m，峰值为120～350Ω·m。具不明显的水平层理，红色泥岩一般无层理，层内有方解石脉和铁质斑块。重矿物的特点是以绿帘石占绝对优势，含量在80%以上。该段厚0～612m。含少量叶肢介、孢粉、轮藻化石，与登二段为连续沉积，但可超覆于不同层位的老地层之上。

登四段：过渡岩性段。主要分布在登娄库和肇州一带，其次在深凹陷范围内，岩性为灰褐色、褐红色夹少量紫色泥岩、砂质泥岩与浅绿色、灰白色、棕灰色厚层状细砂岩呈不等厚互层，并夹灰紫色砂岩及薄层凝灰岩。自下而上泥岩颜色变暗，砂岩紫灰色变少、灰白色增多。砂岩中、细粒较多，次棱角-次圆状，分选中等，为泥质、方解石及浊沸石胶结，致密、较坚硬。重矿物组合特点是以磁铁矿和绿帘石交替出现为主。电阻曲线反映为较高电阻层与较低电阻层相间，电阻基值为20～35Ω·m，电阻峰值为100～250Ω·m，底部有一“山”字形。含少量孢粉、叶肢介化石，厚0～212m（限于篇幅，剖面描述略）。

5. 泉头组泉一段和泉二段

松辽盆地北部泉头组地层发育完整，自下而上均可分为四段。与深层有关的是泉一段、泉二段。泉一段为灰白色、紫灰色砂岩与暗紫红色、暗褐色泥岩互层，泉二段为暗紫红色、紫褐色泥岩夹灰绿色、紫灰色砂岩。

（四）上白垩统

上白垩统由青山口组、姚家组、嫩江组、四方台组和明水组组成。

1. 青山口组

青山口组时期是松辽盆地沉积范围比较大的一个时期，下部以深湖–半深湖相泥岩、页岩为主，夹油页岩；上部为黑色、深灰色泥岩夹灰色、灰绿色钙质粉砂岩和多层介形虫层。本组向边部粗碎屑增多，与下伏泉头组呈整合–平行不整合接触。古生物研究发现在西部斜坡一带可能缺失青山口组顶部部分地层，梨树断陷的青山口组顶部也有部分被剥蚀。

2. 姚家组

姚家组地层以紫红色、棕红色、灰绿色泥岩与灰白色砂岩互层为主。盆地中部可见黑色泥岩，与下伏青山口组呈整合–不整合接触，姚家组地层在区内分布较广，但在梨树断陷一带被剥蚀。

3. 嫩江组

嫩江组是盆地内分布范围最广的地层，在北部和东北部已超出现今盆地边界。岩性下部主要为黑色和灰黑色泥岩、页岩，夹油页岩；上部为灰绿色、深灰色、棕色泥岩与粉砂岩、细砂岩互层。嫩江组与下伏姚家组呈整合接触。由于嫩江组末期燕山运动四幕的影响，在西部斜坡部分地区嫩江组上段被部分剥蚀，德惠断陷和梨树断陷地区被完全剥蚀。

4. 四方台组

四方台组属盆地萎缩期的沉积，其分布范围已大大缩小且沉积中心已向盆地西移，主要分布于盆地的中部和西部，以浅湖及河流相为主。下部为砖红色含细砾的砂泥岩夹棕灰色砂岩和泥质粉砂岩；中部为灰色细砂岩、粉砂岩、泥质粉砂岩与砖红色、紫红色泥岩互层；上部以红色、紫红色泥岩为主，夹少量灰白色粉砂岩、泥质粉砂岩。与下伏嫩江组呈角度不整合接触。

5. 明水组

明水组比四方台组分布范围更为局限，主要分布于盆地中部和西部，东部普遍缺失。岩性主要为灰绿色、灰黑色泥岩与灰色、灰绿色砂岩泥质砂岩交互组成。与下伏四方台组呈整合–平行不整合接触。除分布局限外，在西部斜坡和乾安拗陷地区也有部分缺失。

（五）古近系和新近系

古近系和新近系主要分布于松辽盆地西部，自下而上有古近系依安组、新近系大安组和泰康组三个组。以泰康组分布最为广泛。

1. 依安组

依安组分布范围较小。其上部为黄绿色粉砂岩、泥质粉砂岩与灰色泥岩互层，向上粉砂岩增多，局部地区夹有褐煤层，厚度约190m；下部以暗灰色、灰黑色腐泥质泥岩为主，有时夹有红色泥岩，厚度为60～110m，与下伏明水组呈不整合接触。

2. 大安组

大安组分布面积比较小。其下部为灰白色疏松砂砾岩，有时夹灰绿色砂质泥岩或细砂岩，岩性变化较大，向边缘常相变为含砾石的泥质砂岩或泥岩，厚度为40～50m；上部为灰色、暗灰色、灰绿色泥岩；顶部夹粉砂质泥岩或泥质粉砂岩，含炭屑，顶部的夹层常向边部尖灭，厚度为60～70m。与下伏地层呈微角度不整合接触。

3. 泰康组

泰康组广泛分布于松辽平原西部地区。其下部为灰白色疏松砂砾岩夹泥岩透镜体，或相变为泥质砂岩与灰色泥岩互层，厚度为60～80m；上部为灰黄色砂质泥岩夹灰白色泥质粉砂岩或粉砂岩，或夹有黑色泥岩，含炭屑及完整的植物化石，厚度为10～30m，最大厚度可达200m，局部地区夹硅藻土层。与下伏大安组和上覆第四系均呈平行不整合接触。

（六）第　四　系

盆地内第四系沉积非常发育，厚度为10～200m，主要为风成堆积和河湖相沉积。岩性多为黄土状亚黏土、黑色淤泥质亚黏土、亚黏土、砂土及砂砾层。与下伏新近系呈平行不整合-角度不整合接触。

二、松辽盆地深层火山岩野外露头特征

（一）九台市上河湾地区营三段火山岩特征

九台市上河湾地区五台大屯-大沟村一带，主要岩性有致密块状玄武岩、气孔玄武岩、玄武安山岩、玄武质集块熔岩；安山岩、安山质集块熔岩、安山质角砾熔岩；英安岩、英安质隐爆角砾岩、英安质凝灰熔岩、英安质沉凝灰岩、英安质含角砾/晶屑凝灰岩；流纹斑岩；珍珠岩；砂质凝灰岩。还有沿NE-SW、NW-SE向张性断层侵入的基性岩脉，主要有细粒的辉绿玢岩。属于营城组第三岩性段岩性组合（图2-5）。

通过大比例尺野外岩性岩相填图、掌子面二维岩性岩相描述和详细岩矿鉴定，本区营城组第三岩性段（以下简称营三段）自下而上岩性序列表现为两个由中基性到中酸性的火山岩旋回：一是下部为石英安山岩、安山岩、安山质集块熔岩、安山质集块岩、安山质角砾岩和安山质角砾凝灰岩，向上过渡为砂质凝灰岩和英安质凝灰熔岩；

二是下部为玄武安山岩、玄武岩、气孔杏仁玄武岩和玄武质集块熔岩，向上为珍珠岩、英安岩、英安质凝灰熔岩、英安质沉凝灰岩和英安岩（图2-5、图2-6）。旋回一岩相纵向序列为溢流相下部亚相、火山通道相火山颈亚相、爆发相空落亚相、火山沉积相再搬运亚相、爆发相热碎屑流亚相。旋回二岩相纵向序列为溢流相上部亚相和下部亚相、火山通道相火山颈亚相、溢流相下部亚相、侵出相内带亚相、溢流相下部亚相、爆发相热碎屑流亚相、火山沉积相再搬运亚相、溢流相下部亚相（图2-6～图2-8，表2-3）。营三段火山岩发育于松辽盆地断陷末期，是盆地断陷转为拗陷过程的重要岩石记录，其岩性和岩相序列、火山喷发旋回的详细刻画不仅会提高营城组的研究精度，也为盆地演化和火山岩储层研究奠定了基础。

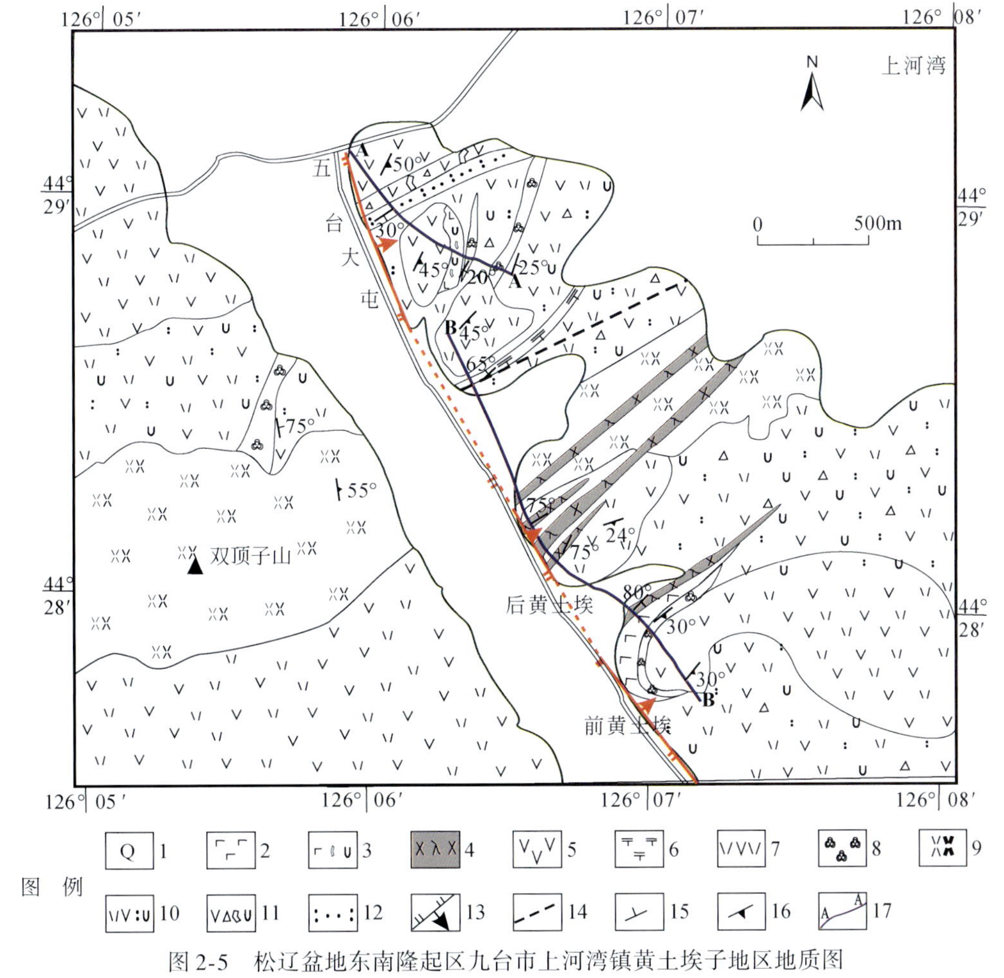

图2-5　松辽盆地东南隆起区九台市上河湾镇黄土埃子地区地质图

1. 第四系；2. 玄武岩；3. 玄武质集块熔岩；4. 辉绿玢岩；5. 安山岩；6. 粗安岩；7. 英安岩；8. 珍珠岩；9. 流纹斑岩；10. 英安质凝灰熔岩；11. 安山质角砾集块熔岩；12. 砂质凝灰岩；13. 逆冲断层；14. 隐伏断层；15. 岩层产状；16. 流纹理产状；17. 剖面

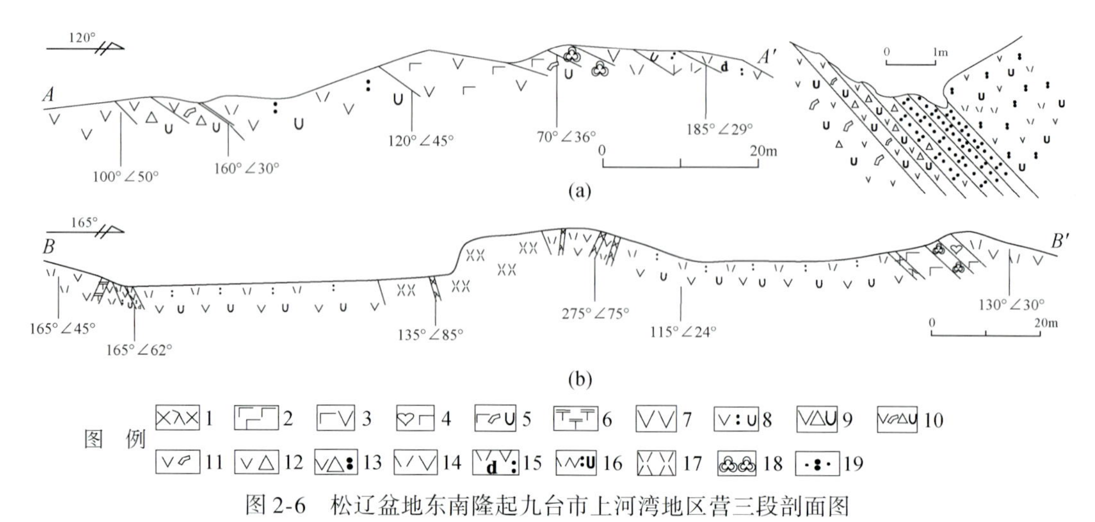

图 2-6 松辽盆地东南隆起九台市上河湾地区营三段剖面图

1. 辉绿玢岩；2. 玄武岩；3. 玄武安山岩；4. 气孔-杏仁玄武岩；5. 玄武质集块熔岩；6. 粗安岩；7. 安山岩；8. 安山质凝灰熔岩；9. 安山质角砾熔岩；10. 安山质含角砾集块熔岩；11. 安山质集块岩；12. 安山质角砾岩；13. 安山质角砾凝灰岩；14. 英安岩；15. 英安质沉凝灰岩；16. 英安质凝灰熔岩；17. 流纹斑岩；18. 珍珠岩；19. 砂质凝灰岩

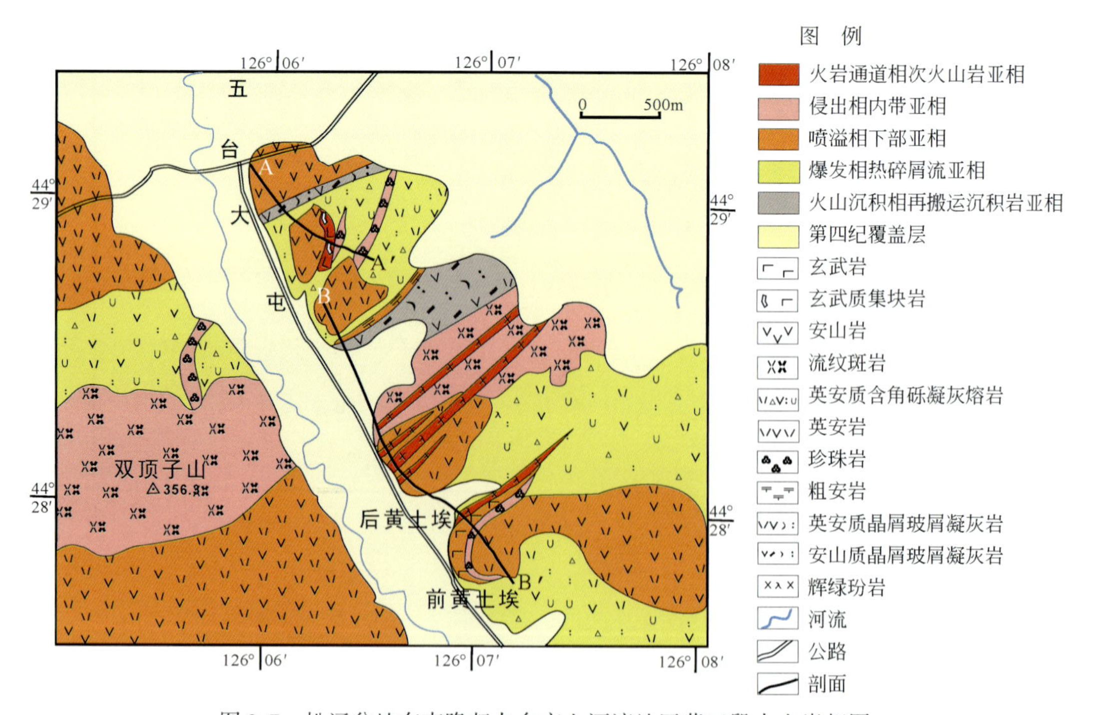

图 2-7 松辽盆地东南隆起九台市上河湾地区营三段火山岩相图

系	统	组	段	厚度/m	岩性花纹	岩性描述	相	亚相
白垩系	下白垩统	营城组	第三段	50	\/ V \/ V \/ V \/ V \/ V \/ V \/ V \/ V \/ V \/ V \/ V \/ V	英安岩	喷溢相	中部亚相
				12	\/ V : d V V : d \/ :	英安质沉凝灰岩	爆发相	热碎屑流亚相
				65	\/ V : U \/ : U \/ V : \/ V : U V : U \/ V : \/ V : U \/ : U \/ V : \/ V : U V : U \/ V : \/ V : U V	英安质凝灰熔岩	爆发相	热碎屑流亚相
				35	\/ V \/ V \/ V \/ V \/ V \/ V \/ V \/ V	英安岩	喷溢相	中部亚相
				12		珍珠岩	侵出相	内带亚相
				25	U ┌ ┌ ┌ U ┌ ┌ ┌ U	玄武质集块熔岩	火山通道相	火山颈亚相
				15	┌ ┌ ♡ U ♡ U ┌ ┌	气孔杏仁玄武岩	喷溢相	上部亚相
				30	┌ ┌ ┌ ┌ ┌ ┌ ┌ ┌ ┌ ┌ ┌ ┌ ┌ ┌ ┌ ┌	玄武岩	喷溢相	下部亚相
				80	┌ V ┌ V V ┌ V ┌ ┌ V ┌ V V ┌ V ┌ ┌ V ┌ V V ┌ V ┌ ┌ V ┌ V V ┌ V ┌ ┌ V ┌ V V ┌ V ┌	玄武安山岩	喷溢相	下部亚相
				60	\/ V : U \/ : U △ V : \/ V : U V : U \/ △ : \/ V : U \/ : △ \/ V : \/ V : U △	英安质含角砾凝灰熔岩	爆发相	热碎屑流亚相
				2	.. : .. : .. : .. :	砂质凝灰岩	火山沉积相	再搬运火山沉积岩亚相
				2	: V : V : △	英安质含角砾凝灰岩	爆发相	热碎屑流亚相
				5	V U △ V	安山质角砾熔岩	火山通道相	火山颈亚相
				30	U V V V △ V U V V △ △ U V	安山质集块熔岩	火山通道相	火山颈亚相
				45	V V V V V V V V V V V V V V V V V V V V V V V V	安山岩	喷溢相	下部亚相

图 2-8　松辽盆地东南隆起九台市上河湾地区营三段综合柱状图

表 2-3　九台市上河湾地区营三段岩性、岩相的空间关系

<table>
<tr><th>层位</th><th>纵向序列</th><th>岩相</th><th>五台大屯东山岩性</th><th>大沟通力二号采石场岩性</th><th>大沟通力一号采石场岩性</th></tr>
<tr><td rowspan="18">营三段</td><td rowspan="6">中酸性岩岩性、岩相序列</td><td>溢流相下部亚相</td><td>英安岩</td><td>英安岩</td><td rowspan="4">英安岩</td></tr>
<tr><td>火山沉积相再搬运火山碎屑沉积岩亚相</td><td>英安质沉凝灰岩</td><td rowspan="2">英安质角砾凝灰熔岩</td></tr>
<tr><td>爆发相热碎屑流亚相</td><td>英安质凝灰熔岩</td></tr>
<tr><td>溢流相下部亚相</td><td>英安岩</td><td rowspan="3">流纹斑岩</td></tr>
<tr><td>侵出相内带亚相</td><td>珍珠岩</td><td rowspan="2">珍珠岩</td></tr>
<tr><td>溢流相下部亚相</td><td>英安岩</td></tr>
<tr><td rowspan="3">基性岩岩性、岩相序列</td><td>火山通道相火山颈亚相</td><td>玄武质集块熔岩</td><td rowspan="4"></td><td>玄武质集块熔岩</td></tr>
<tr><td rowspan="2">溢流相上、下部亚相</td><td></td><td>气孔玄武岩</td></tr>
<tr><td>玄武安山岩</td><td>玄武岩</td></tr>
<tr><td>中酸性岩岩性、岩相序列</td><td>爆发相热基浪亚相</td><td>英安质凝灰熔岩</td><td>英安质角砾凝灰熔岩</td></tr>
<tr><td rowspan="8">中性岩岩性、岩相序列</td><td rowspan="2">火山沉积相再搬运火山碎屑沉积岩亚相</td><td colspan="3">五台大屯北山采石场岩性</td></tr>
<tr><td colspan="3">砂质凝灰岩</td></tr>
<tr><td>爆发相空落亚相</td><td colspan="3">安山质角砾凝灰岩</td></tr>
<tr><td rowspan="3">火山通道相火山颈亚相</td><td colspan="3">安山质角砾岩</td></tr>
<tr><td colspan="3">安山质集块岩</td></tr>
<tr><td colspan="3">安山质集块熔岩</td></tr>
<tr><td rowspan="2">溢流相下部亚相</td><td colspan="3">安山岩</td></tr>
<tr><td colspan="3">石英安山岩</td></tr>
</table>

1. 五台大屯北山中性岩岩性、岩相组合序列

岩性序列：暗灰白色石英安山岩—灰白色安山岩—安山质集块熔岩—安山质集块岩—灰绿色安山质含集块角砾岩—紫红色安山质含角砾凝灰岩—土黄色砂质凝灰岩［图 2-6（a）中①～④层］，是一个以中性安山质岩石为主体的岩性序列。

岩相序列：溢流相下部亚相—火山通道相火山颈亚相—爆发相热基浪亚相—爆发相空落亚相。

五台大屯东山路边采石场，距水泥板路 30m 左右，对应掌子面 16（图 2-9）。主体岩性为安山岩—安山质隐爆角砾岩—安山质（角砾）集块熔岩及其火山沉积岩夹层，最上部为英安质含角砾凝灰熔岩（可能为蚀变珍珠岩）。

1）安山岩与安山质隐爆角砾岩

本区安山岩呈浅紫色，斑状结构（图 2-10），斑晶为斜长石、暗化黑云母、角闪石，少量石英，基质为隐晶质，流纹构造发育，流纹理产状为 100°∠50°～35°，后期节理发育，产状为 320°∠29°，局部出现安山质隐爆角砾岩，裂缝中充填紫红色隐晶质

"岩汁"（图2-11）。

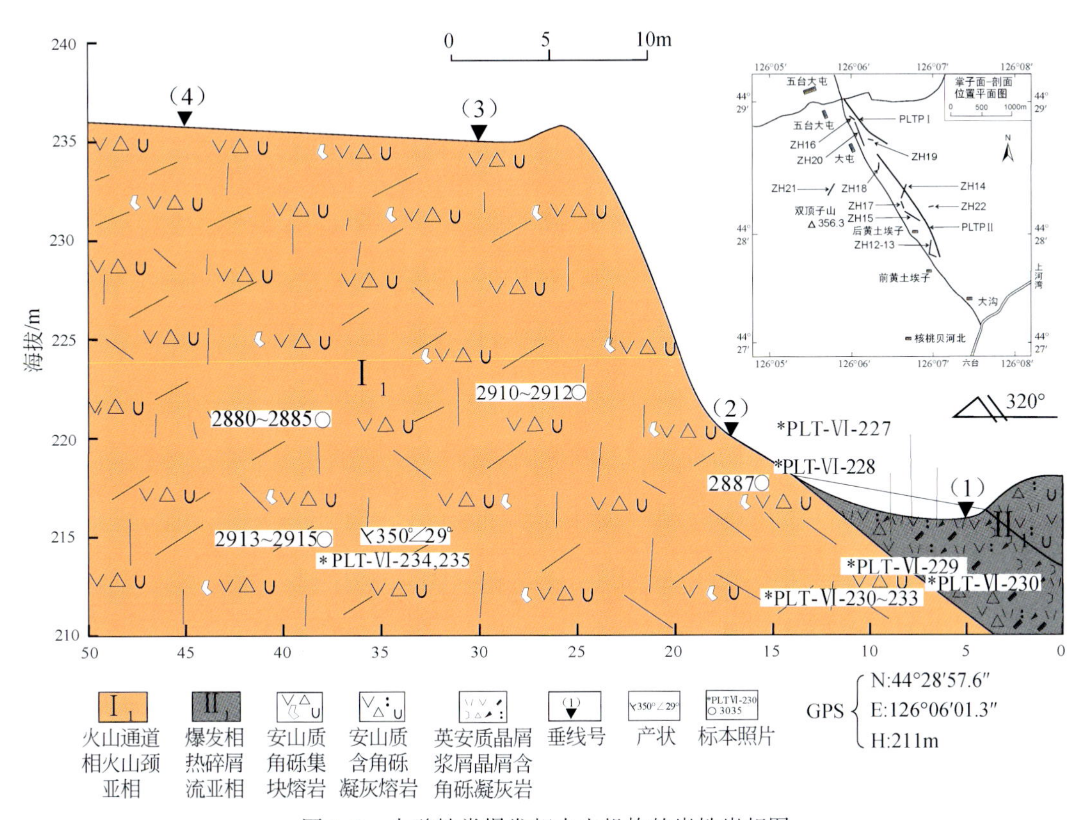

图2-9 中酸性类爆发相火山机构的岩性岩相图

图2-10 安山岩岩貌

图2-11 安山质隐爆角砾岩岩貌

2）安山质（角砾）集块熔岩

安山质（角砾）集块熔岩呈灰紫色，火山角砾集块结构（图2-12），胶结物为安山质熔岩，角砾与基质胶结物成分一致，均为安山岩，属于火山通道相火山颈亚相。在安山质角砾熔岩以及安山质含角砾（集块）凝灰岩中，可见角砾边缘发生"褪色"以及"赤色"氧化边现象，反映当时碎屑温度与基质温度差异较大，出现成分变化现象，可能反映碎屑温度较基质低，所谓的“冷碎屑热基质”现象（图2-13、图2-14）。

3）安山质火山碎屑岩

在大约5m厚的尺度上，可以看到由安山质集块熔岩—含集块角砾熔岩—火山角砾岩—含角砾凝灰岩—凝灰质砂砾岩（砂砾质凝灰岩）的韵律变化特征（图2-15）。可见由火山通道相—爆发相向沉火山岩相的演化特征。

图2-12　安山质角砾集块熔岩

图2-13　安山质含集块角砾熔岩中集块边缘发育“褪色”边

图2-14　安山质含角砾凝灰岩中角砾碎屑边缘发育“赤色”边

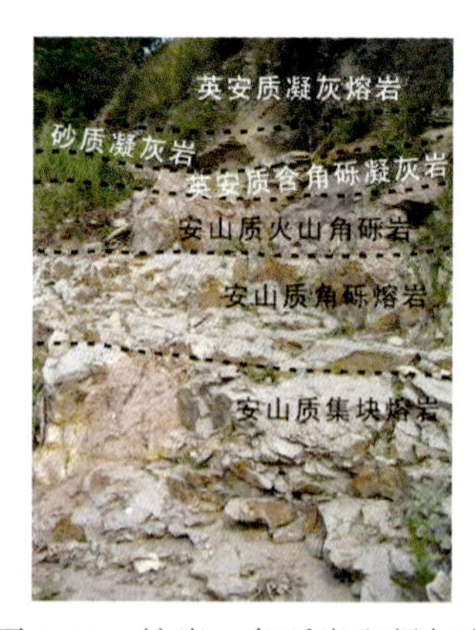

图2-15　熔岩、角砾岩和凝灰岩

2. 基性岩火山机构火山口-近火山口岩性岩相组合序列（五台大屯采石场）

深灰色致密块状玄武岩—紫红色玄武质集块熔岩—隐爆角砾岩系列；珍珠岩—层凝灰岩系列。

营三段基性岩火山机构火山口-近火山口岩性岩相组合序列发育比较典型，有两个代表性地点。

1）大沟村通力一号采石场

在该采石场可以见到清楚的致密块状玄武岩—气孔杏仁玄武岩—珍珠岩—英安岩

序列特征（图2-16）；玄武质集块熔岩与下伏英安质含角砾凝灰熔岩的接触关系［图2-17（c）］；具体岩性可见到流纹构造发育的英安岩［图2-17（a）］、英安质隐爆角砾岩［图2-17（b）］、玄武质集块熔岩［图2-17（d）］、致密块状玄武岩［图2-17（f）］、气孔杏仁状玄武岩［图2-17（g）］、珍珠岩［图2-17（h）］等。尤其玄武质集块熔岩显示具有火山颈相堆砌结构构造特征，集块边缘发育蚀变边，具有“冷碎屑热基质”的冷却固结成岩过程，显示火山颈相特征。

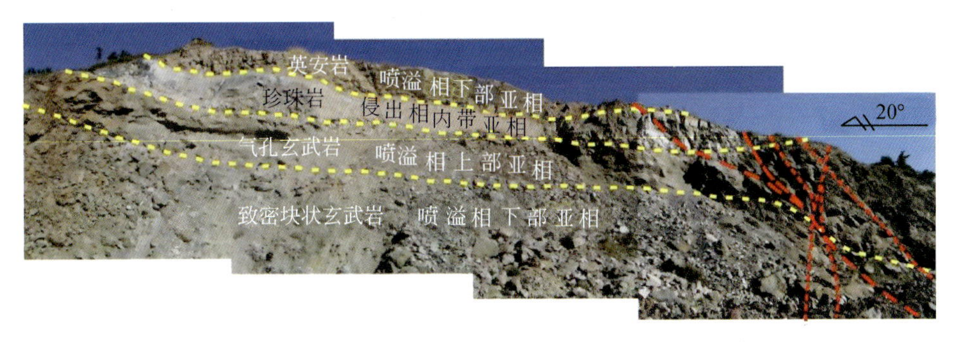

图2-16　上河湾地区大沟村通力一号营三段岩性、岩相序列图

(a)流纹构造发育的英安岩

(b)英安质隐爆角砾岩

(c)英安质凝灰熔岩与上覆玄武质角砾熔岩

(d)玄武质角砾集块熔岩

图2-17　上河湾地区大沟村通力一号营三段主要岩性照片图

(e)玄武质角砾集块熔岩集块边缘蚀变边

(f)致密块状玄武岩

(g)气孔杏仁状玄武岩

(h)珍珠岩

图2-17　上河湾地区大沟村通力一号营三段主要岩性照片图（续）

2）五台大屯东山采石场

在该采石场可观察到玄武安山岩—紫色玄武质集块熔岩—玄武质隐爆角砾岩及珍珠岩—英安岩—英安质沉凝灰岩系列。

（1）玄武安山岩。

出露于五台大屯东山（图2-18），岩石呈紫红色，具有流纹构造［图2-19（a）］

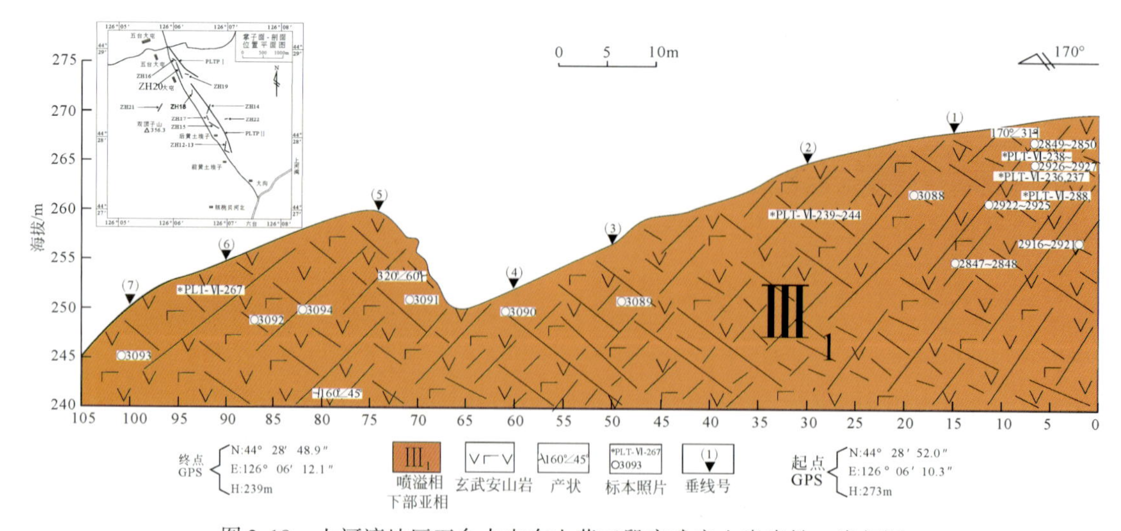

图2-18　上河湾地区五台大屯东山营三段玄武安山岩岩性、岩相图

和隐爆角砾结构［图2-19（b）、（d）］，斑状结构，斑晶主要为斜长石、暗化的黑云母、角闪石等，基质交织结构［图2-19（c）］和隐晶质结构。此外岩石的后期节理构造特别发育［图2-20（a）］，有的节理缝中充填有绿色隐晶质岩汁［图2-20（b）］。

(a)具流纹构造的玄武安山岩

(b)玄武安山质隐爆角砾岩

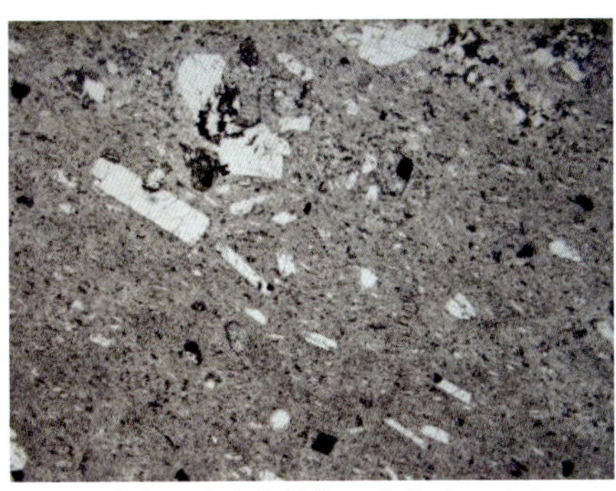

(c)玄武安山岩交织结构，单偏光，d=6mm

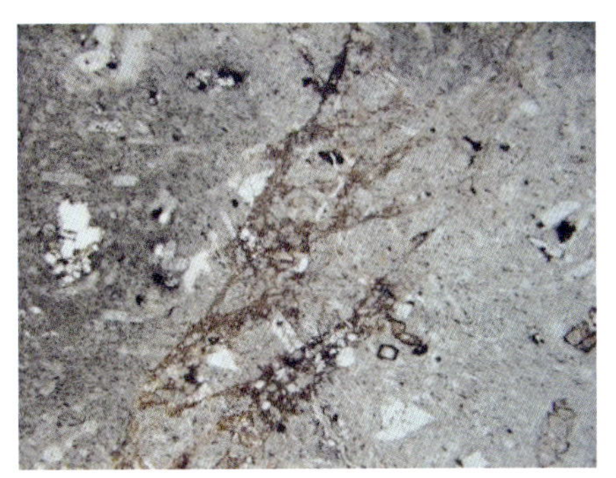

(d)玄武安山岩隐爆角砾结构，单偏光，d=12mm

图2-19　五台大屯东山营三段玄武安山岩（玄武安山质隐爆角砾岩）岩貌特征图

(a)玄武安山岩的剥皮状节理

(b)玄武安山岩中绿色岩汁沿节理充填

图2-20　上河湾地区五台大屯东山营三段玄武安山岩中节理构造特征图

（2）紫色玄武质集块熔岩和玄武质隐爆角砾岩。

灰绿色的玄武质集块熔岩和玄武质隐爆角砾岩分布于五台大屯东山采石场的东北部。玄武质集块熔岩具有典型堆砌结构特征，碎屑岩块支撑，没有分选、没有磨圆，被绿色隐晶质岩汁胶结［图2-21（a）、（b）］，是火山通道相的典型构造标志。指示该火山岩相属于火山通道相火山颈亚相特征。岩块的主要成分为气孔玄武岩，气孔、杏仁构造发育，气孔呈椭圆状［图2-21（c）］，平均粒径为0.5cm，杏仁体由方解石、沸石、红色岩汁等充填。

岩石中还发育很多树枝状的陡倾节理，将岩石切割。在节理密集处岩石蚀变比较强烈。在裂隙中充填有灰绿色的岩汁，可能是火山喷发后期发生隐伏爆炸，将火山通道周围岩石炸裂后，流体灌入而形成的［图2-21（d）］。

(a)玄武质集块熔岩，具有堆砌结构，岩块为含气孔玄武岩

(b)玄武质集块熔岩，具有堆砌结构，岩块为气孔杏仁玄武岩

(c)气孔杏仁玄武岩

(d)陡倾节理发育玄武岩

图2-21　上河湾地区五台大屯东山营三段玄武质集块熔岩岩貌特征图

（3）珍珠岩—英安岩—英安质沉凝灰岩。

在五台大屯东山采石场东侧可以见到气孔玄武质集块熔岩与英安岩之间清楚的接触关系（图2-22），下部绿色的是气孔杏仁玄武质集块熔岩，上部为灰白色的英安岩（图2-23），再向上几米就是比较厚的深灰色珍珠岩，该珍珠岩呈球状风化，并发育流纹构造（图2-24）。显微镜下可见珍珠构造（图2-25），斑晶以斜长石、黑云母为主，偶见石英，与英安岩中的斑晶矿物组合相近。

英安质沉凝灰岩的碎屑成分主要为凝灰级晶屑、玻屑，少量火山岩岩屑；发育细腻的水平层理构造（图2-26），有一定的分选和磨圆，说明搬运的距离不是很远，具有湖相沉积的特征，可能属于陆上喷发，水下保存沉火山碎屑岩。在与水平层理垂直的方向上，发育很多细密的破劈理。这可能是盆地形成以后，受区域应力场作用致使岩石发生张性破裂。

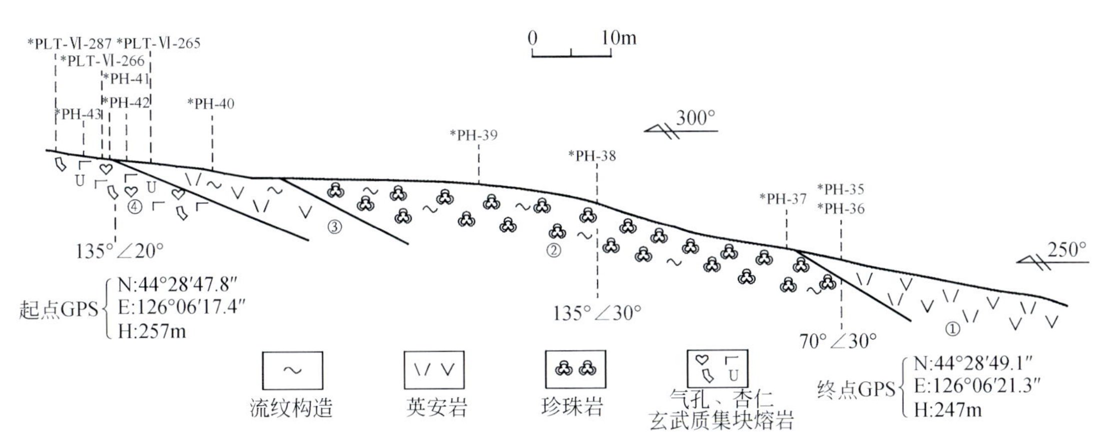

图 2-22 五台大屯东山营三段气孔玄武质集块熔岩与英安岩、珍珠岩的层序关系剖面图

3. 中酸性岩岩性、岩相组合序列

岩性序列：白色流纹斑岩—灰白色英安质凝灰熔岩—肉红色英安岩［图 2-6（b）中的⑧～⑮层］是一个以酸性岩和中酸性岩为主的序列。

岩相序列：溢流相下部亚相—爆发相热基浪亚相—溢流相下部亚相—火山通道相次火山岩亚相。

图 2-23 气孔玄武质集块熔岩与英安岩接触关系图

图 2-24 具有流纹构造的珍珠岩

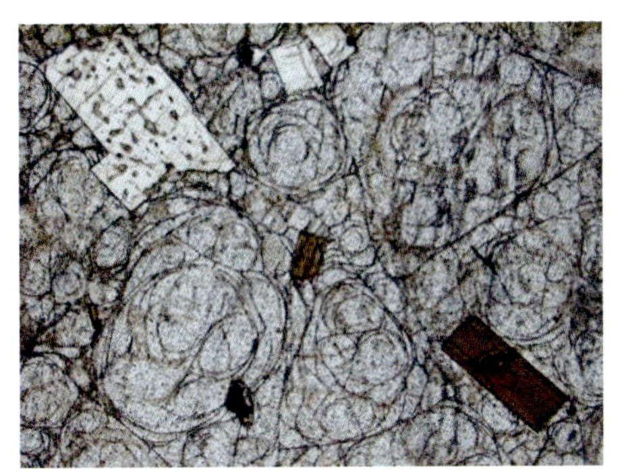

图 2-25 显微镜下珍珠岩的结构特征
单偏府光，$d=3$mm

图 2-26 灰白色英安质沉火山凝灰岩，发育水平层理及密集劈理

（二）九台市六台地区营城组营一段火山岩特征

营一段流纹岩火山岩机构和岩性岩相组合序列，在九台市六台镇（猴石镇）一带碱厂小学东采石场出露比较齐全，碱厂小学东一号采石场层位比较低，出露的是火山机构偏下部的岩性岩相组合序列，主体岩性为石泡流纹岩，属于喷溢相的中上部亚相，同时极其发育火山通道相的隐爆角砾岩亚相和硅化角砾岩带，甚至发育比较大型的韧脆性挤压断层带等，表明处于火山颈的根部特征。碱厂小学东二号采石场层位比较高，主体岩性为流纹构造十分发育的气孔杏仁状流纹岩，而且越偏上部层位，气孔密度越大、气孔个体也逐渐变大、孔隙度也将增加，流纹构造更加清晰，流纹质隐爆角砾岩不太发育，出现流纹质集块熔岩和坠石火山弹等现象；偶尔见有巨大石泡流纹岩不均匀分布于大气孔流纹岩中，而且石泡多为空心状；此外，还发育爆发相的空落亚相膨润土层，各种迹象表明偏上部层位的流纹岩类岩性组合指示具有酸性火山机构近火山口相特征，属于喷溢相的上部亚相。部分属于火山通道相的隐爆角砾岩亚相和火山颈相。

营一段流纹岩在六台镇一带表现为石泡发育的流纹岩，石泡构造；变形流纹构造；隐爆角砾结构以及硅化、节理、断层构造十分发育，可能是火山口或近火山口根部岩性、岩相组合系列（图2-27～图2-31）。

1. 酸性流纹岩类火山机构近火山口岩性、岩相组合序列

营一段流纹岩类在六台镇碱厂小学东山一号采石场一带出露比较好，主体岩性为含气孔石泡流纹岩—变形流纹构造流纹岩—流纹质隐爆角砾岩，可能是处在火山口附近的原因，流纹岩的石泡构造、变形流纹构造、隐爆角砾结构、构造裂隙、硅化充填、节理、断层等十分发育（图2-32）。

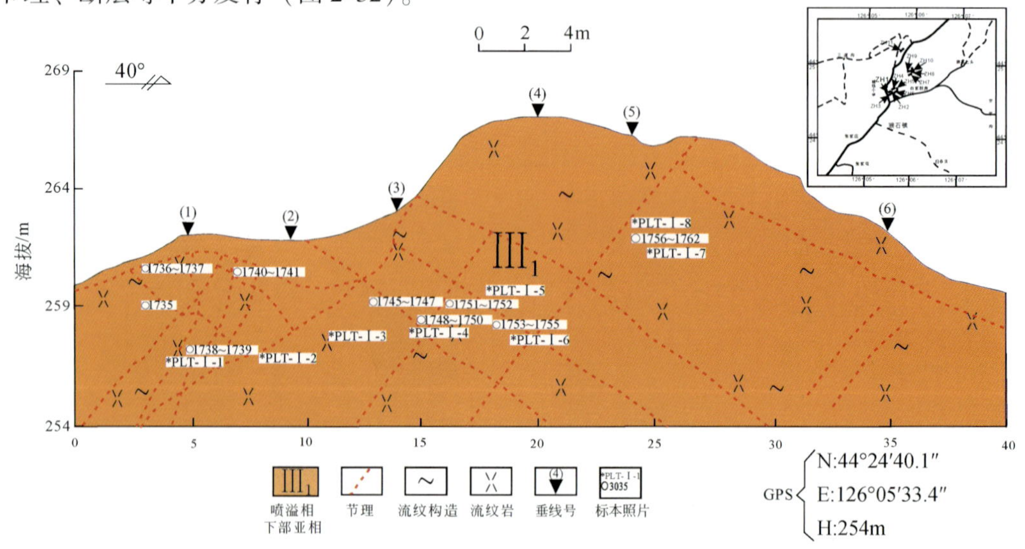

图2-27 九台市六台镇碱厂小学东采石场石泡流纹岩岩性、岩相图

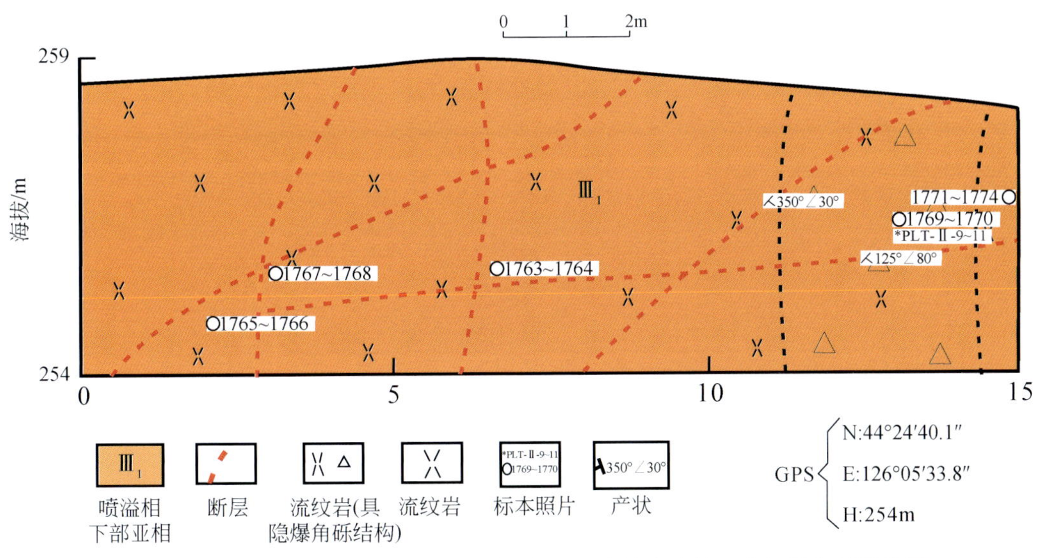

图 2-28　九台市六台镇碱厂小学东采石场石泡流纹岩岩性、岩相及角砾岩带图

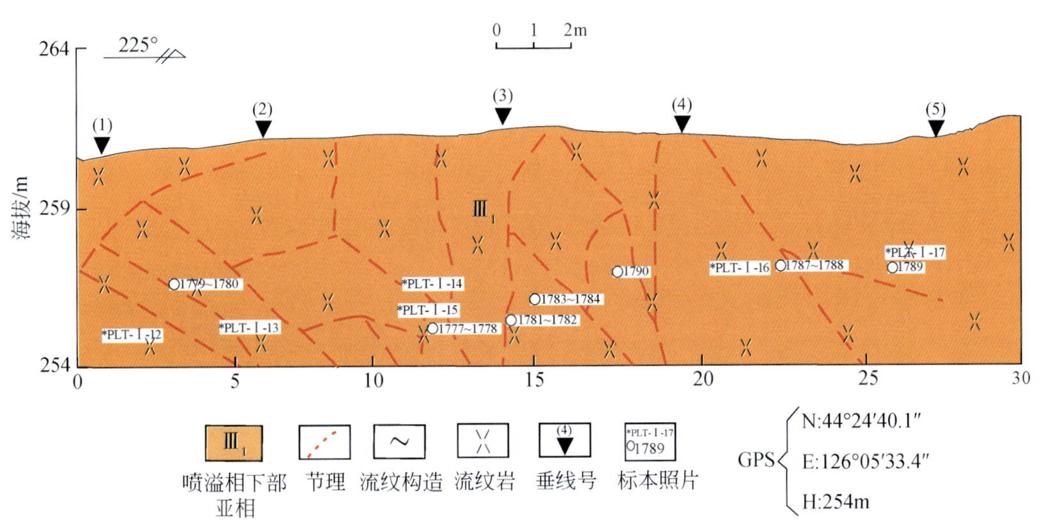

图 2-29　九台市六台镇碱厂小学东采石场石泡流纹岩岩性、岩相图

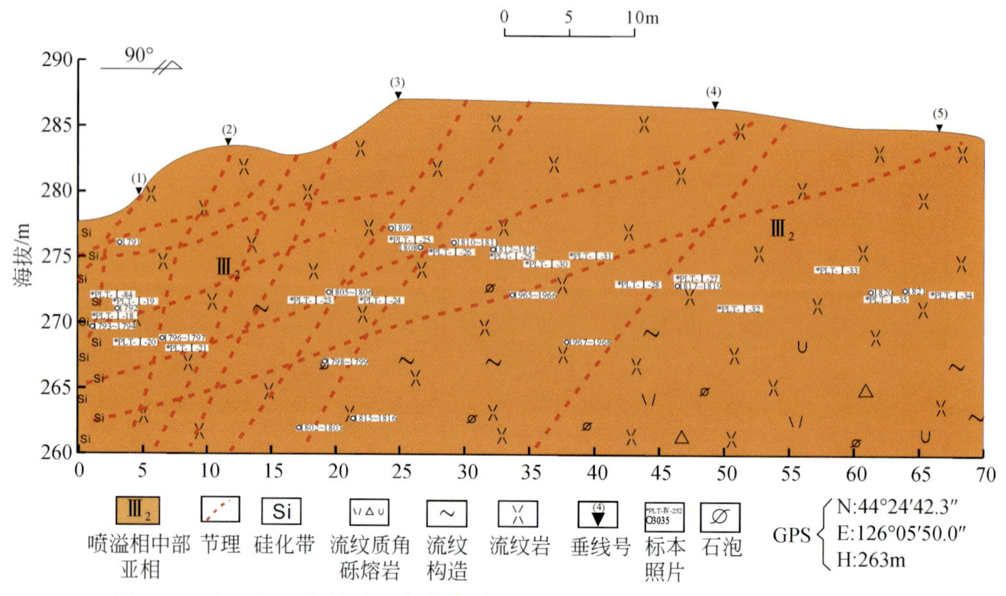

图 2-30　九台市六台镇碱厂小学东采石场石泡流纹岩岩性、岩相及硅化带图

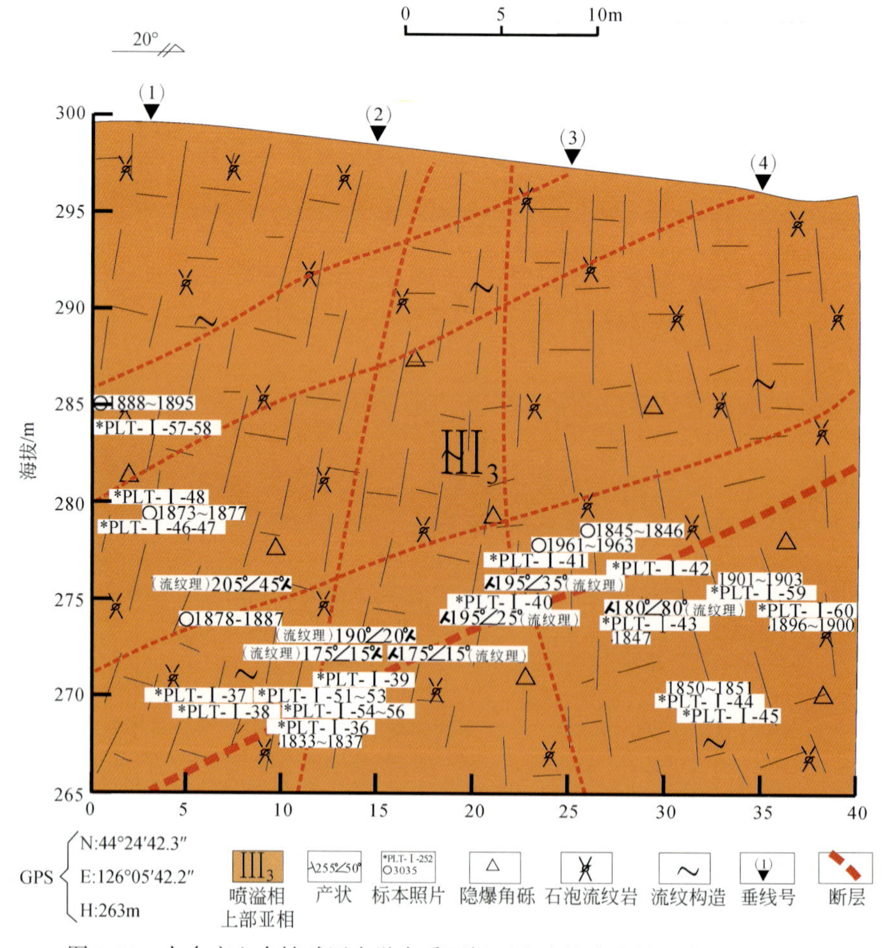

图 2-31　九台市六台镇碱厂小学东采石场石泡流纹岩岩性、岩相及节理图

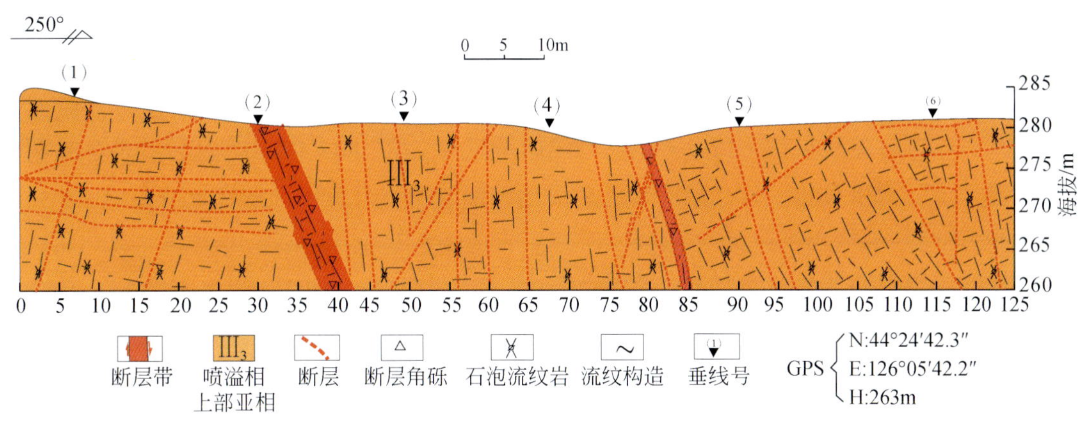

图 2-32　九台市六台镇碱厂小学东采石场石泡流纹岩岩性、岩相及节理断层图

1）石泡流纹岩

石泡流纹岩分布于六台镇碱厂小学东一号采石场，岩石呈灰白色、灰紫色，斑状结构，斑晶为石英、碱性长石，基质为隐晶质，显微镜下可见球粒结构（图 2-33），石泡构造发育，石泡大小为 0.5 ~ 3cm，有的可达 5 ~ 7cm，多为紫色硅质，呈椭圆或扁豆状，石泡与基质界线清晰（图 2-34），也有过渡状的；石泡的分布密度不均匀（图 2-35），一般有粒径小分布密度大、粒径大分布密度较小的趋势；另外石泡与基质中均有较自形的长石斑晶（图 2-36），这一点反映石泡与基质是基本同时形成的。石泡流纹岩属于喷溢相中上部亚相。

图 2-33　石泡流纹岩基质球粒结构
正交偏光，$d = 1.25$mm

图 2-34　石泡流纹岩紫红色石泡（实心）

图 2-35　石泡流纹岩紫红色石泡
多实心少空心

图 2-36　石泡流纹岩石泡和基质中均
有长石斑晶

2）变形流纹构造流纹岩

变形流纹构造流纹岩主体岩性是石泡流纹岩，只不过流纹构造极其发育。在该采石场可以见到具有流纹构造的石泡流纹岩，首先经过隐爆角砾岩化作用形成流纹质隐爆角砾岩，冷凝固结成岩之后又受到后期构造改造破坏，并硅化形成许多构造裂缝孔隙（图 2-37、图 2-38）。具有喷溢相下部亚相和部分显示火山颈相的岩石结构特征。

3）流纹质隐爆角砾岩

原火山熔岩仍为石泡流纹岩，多数流纹构造比较发育。岩石隐爆炸裂大致可分为两种规模，其一，隐爆作用比较弱，形成树枝状炸裂缝，裂缝中多数充填有紫色隐晶质岩汁，岩石碎块具有可复原性质，原岩结构构造特征保留完好（图 2-39）。其二，隐爆作用比较强烈，常常形成弥散型炸裂纹，具有粉碎性破碎，碎块之间也被隐晶质岩汁胶结，岩石碎块复原性差，原岩的结构构造破坏严重，隐爆的规模大，多呈带状或漩涡状（图 2-40）。流纹质隐爆角砾岩属于火山通道相隐爆角砾岩亚相。

图 2-37　流纹构造发育的石泡流纹岩隐爆角砾岩化

图 2-38　流纹构造发育的石泡流纹岩形成后期构造缝

图 2-39　石泡流纹岩隐爆角砾岩化，树枝状岩汁充填

图 2-40　石泡流纹岩弥散型隐爆角砾岩化

4）硅化带、节理

硅化带、节理主要发育在六台镇碱厂小学东一号采石场的北侧。硅化带内部的石泡流纹岩呈紫红色，因受引张应力作用，岩石发生强烈的破碎，形成形状不规则、大

小不一的断层角砾（图2-41）。可以看到近于直立的节理面（图2-42）。岩石的硅化程度从硅化带到远离硅化带逐渐变弱，硅化最强烈的部位有50cm宽，几乎全为硅质，呈灰绿色，致密坚硬，沿着断层呈带状产出。平行于硅化带还发育很多与之平行的节理，走向近东西，倾角85°，近于直立。此外，流纹岩中还发育近水平的层节理，这种层节理越接近地表越密集，这样两组近乎垂直的节理将岩石切成豆腐块状（图2-42）。

图2-41　石泡流纹岩硅化角砾岩带

图2-42　与石泡流纹岩硅化角砾岩带相平行的竖直状节理

5）逆断层

在石泡流纹岩中发育有较大型挤压断层（图2-43），可见明显的断层面和挤压透镜体、挤压片理、摩擦镜面、擦痕等断层现象（图2-44～图2-46），断层带较宽，为4～8m，在这里可以看到因伴随断层产生的纵节理将被石泡流纹岩冷却时形成的层节理切割。主断层面走向近SN，倾角为75°。

图2-43　石泡流纹岩中发育的较大型挤压断层

图2-44　石泡流纹岩中发育的较大型挤压断层面

图 2-45　石泡流纹岩中发育的较大型挤压透镜体

图 2-46　石泡流纹岩中较大型挤压断层面上的擦痕

2. 气孔石泡流纹岩—膨润土—流纹质隐爆角砾岩—火山弹（坠石）组合

在六台镇碱厂小学东第二台阶二号采石场有四个掌子面露头，其中掌子面 ZH7 - ZH8 主要出露流纹质隐爆角砾岩—膨润土—较致密流纹岩组合系列（图 2-47、图 2-48）。其对应火山岩相下部流纹岩的喷溢相下部亚相（图 2-49）、上部为火山通道相隐爆角砾岩亚相的流纹质隐爆角砾岩（图 2-50），两者之间夹有属于爆发相空落亚相的膨润土夹层（图 2-51、图 2-52）。

掌子面 ZH9-ZH10 主要发育的岩石组合为气孔杏仁流纹岩—流纹质集块熔岩—流纹质隐爆角砾岩及火山弹等（图 2-53、图 2-54）。

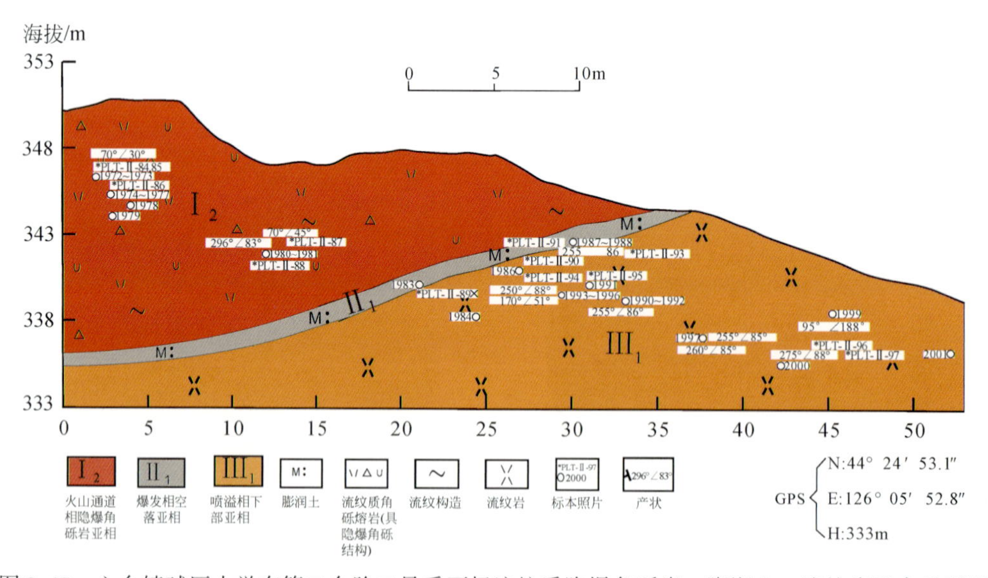

图 2-47　六台镇碱厂小学东第二台阶二号采石场流纹质隐爆角砾岩—膨润土—流纹岩组合系列图

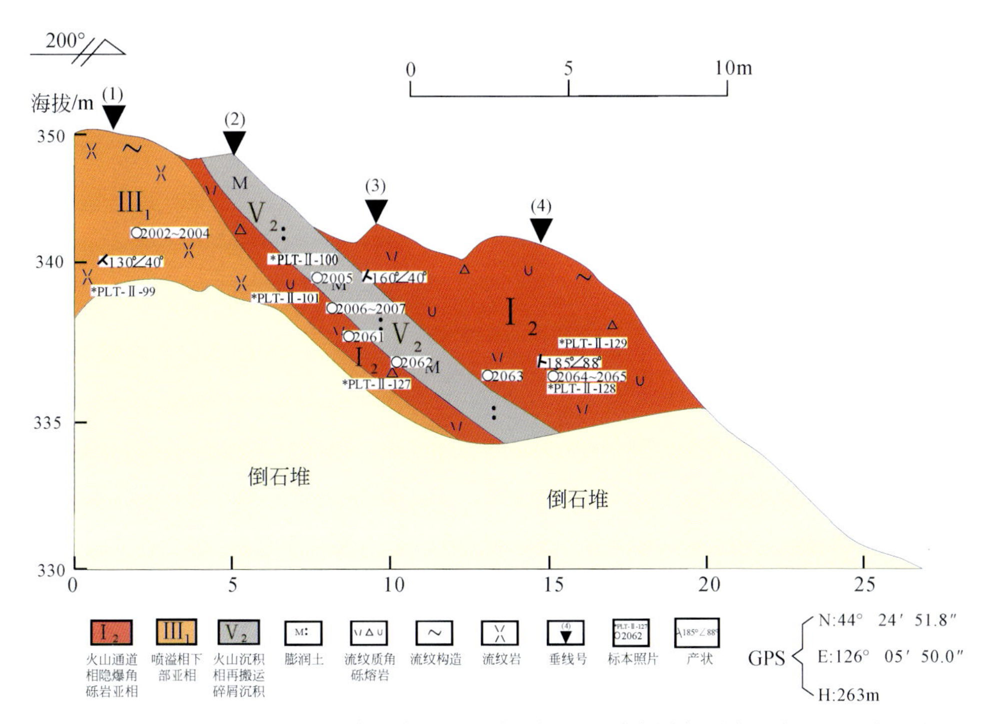

图 2-48　六台镇碱厂小学东第二台阶二号采石场流纹质隐爆角砾岩—膨润土—变形流纹构造流纹岩组合系列图

图 2-49　喷溢相下部亚相致密块状流纹岩

图 2-50　火山通道相隐爆角砾岩亚相流纹质隐爆角砾岩

图 2-51　爆发相空落亚相膨润土层

图 2-52　爆发相空落亚相火山灰蚀变为膨润土层

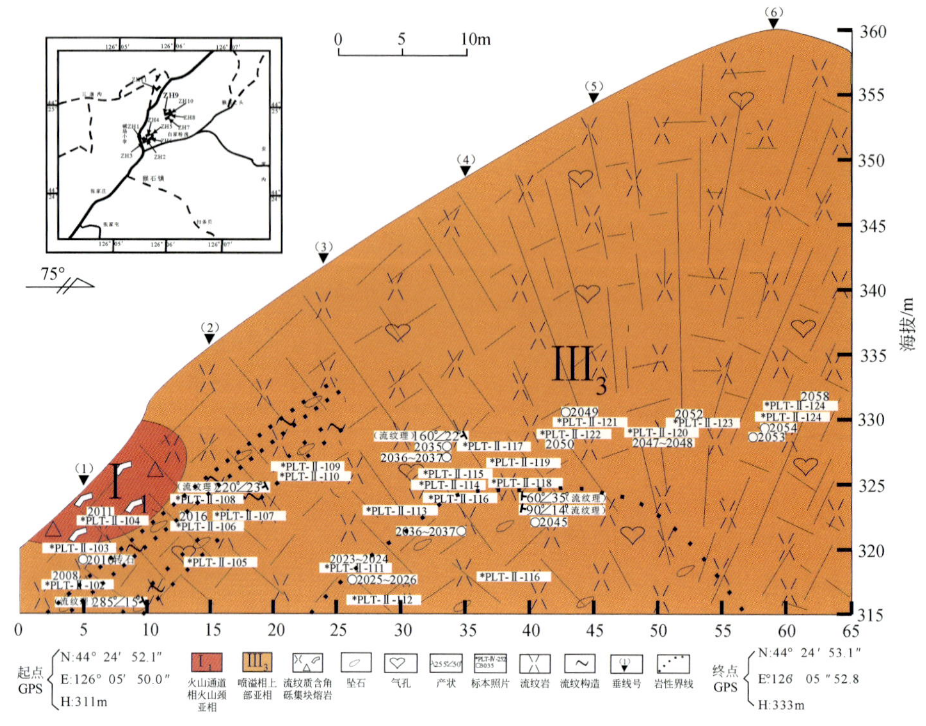

图 2-53　九台市六台镇碱厂小学东第二台阶二号采石场气孔杏仁流纹岩—流纹质集块熔岩组合系列图

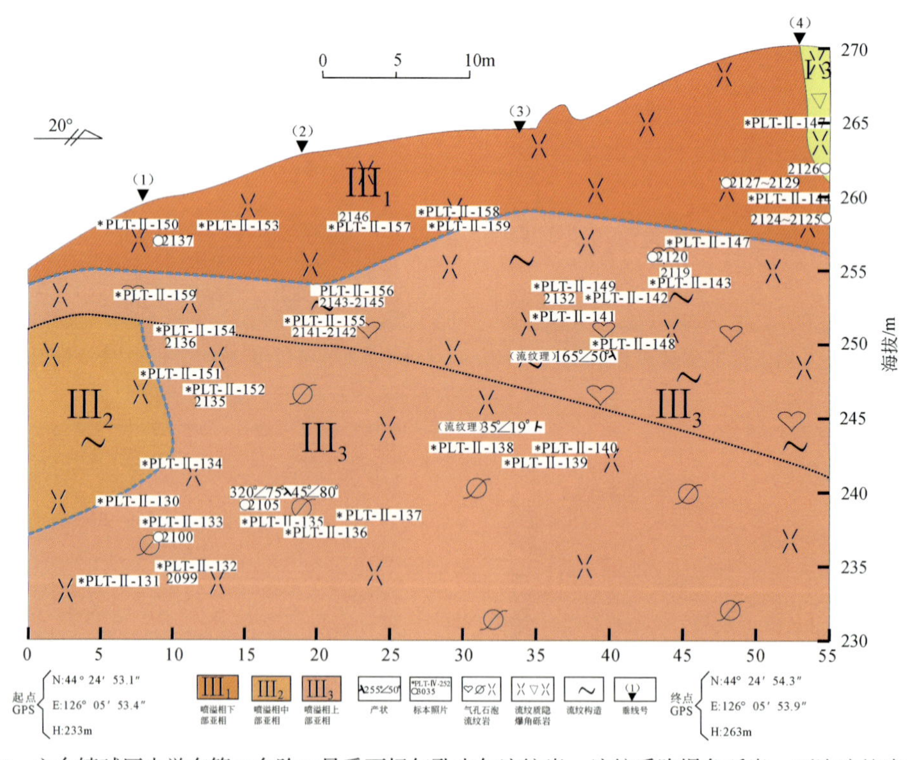

图 2-54　六台镇碱厂小学东第二台阶二号采石场气孔杏仁流纹岩—流纹质隐爆角砾岩—石泡流纹岩组合图

这里的气孔杏仁流纹岩为灰白色，流纹构造发育，岩石硅质含量可能比较高，岩石格外的坚硬、质脆、易碎，气孔密度高于杏仁流纹岩（图2-55），所以岩石空隙度高。此外在气孔杏仁流纹岩中可以见到较大的坠石和火山弹等岩块（图2-56），反映该岩性属于喷溢相上部亚相。流纹质集块熔岩见于掌子面ZH9–ZH10（图2-53、图2-54、图2-57）；流纹质隐爆角砾岩见于掌子面ZH10（图2-54、图2-58），主体岩性属于喷溢相上部亚相，其次为火山通道相的火山颈亚相和隐爆角砾岩亚相。

图2-55　气孔杏仁流纹岩

图2-56　含有坠石的气孔杏仁流纹岩

图2-57　流纹质集块熔岩

图2-58　流纹质隐爆角砾岩

在六台镇北3km左右公路北侧掌子面ZH11（图2-59）可以见到具有标志性特征的气孔、流纹构造发育的流纹岩（图2-60、图2-61）和流纹构造发育的大石泡流纹岩，大石泡流纹岩具有薄皮状层圈构造（图2-62、图2-63），这套岩性组合反映的火山岩相为喷溢相下部亚相。

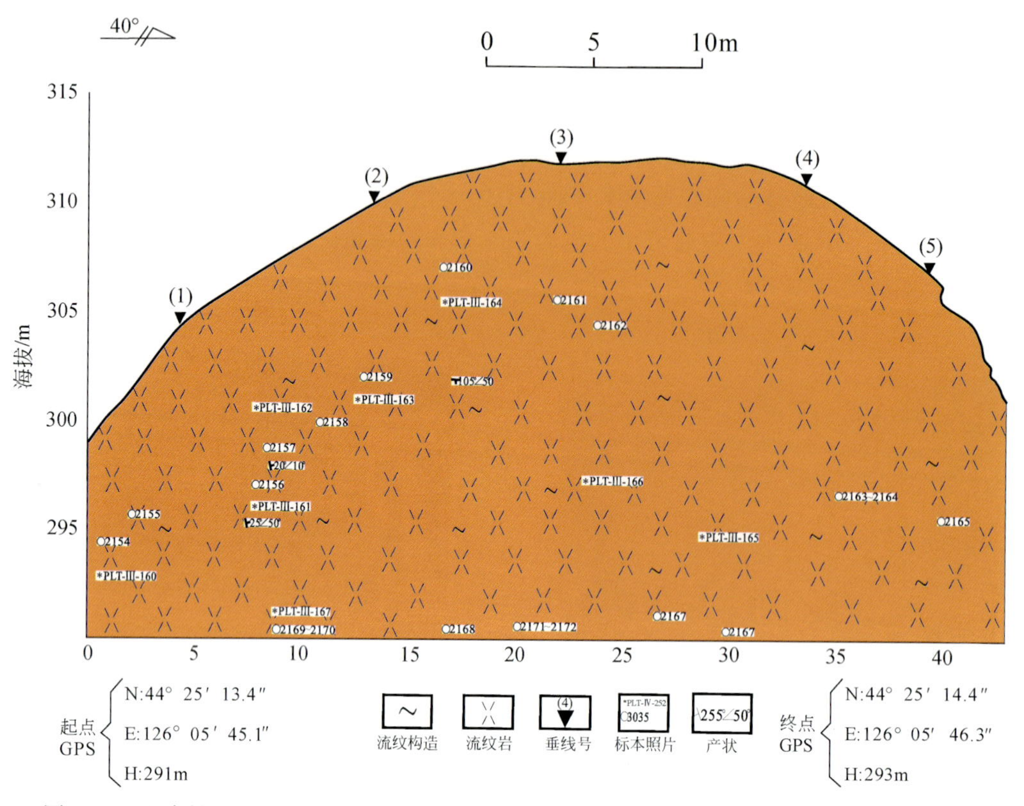

图 2-59　六台镇北 3km 左右公路北测采石场营一段流纹构造发育的大石泡流纹岩掌子面图

图 2-60　气孔、流纹构造发育的流纹岩（1）

图 2-61　气孔、流纹构造发育的流纹岩（2）

图 2-62　巨大石泡、流纹构造发育的流纹岩

图 2-63　巨大石泡流纹岩的大石泡

第三节　徐家围子断陷深层沉积相类型及其分布特征

沉积相是指沉积环境及在该环境中形成的沉积岩特征的综合。沉积岩特征包括岩性特征（如岩石的颜色、物质成分、结构、构造、岩石类型及其组合）、古生物特征及地球化学特征。沉积环境是形成沉积岩特征的决定因素，沉积岩特征则是沉积环境的物质表现。徐家围子断陷以碎屑岩沉积为主的地层为沙河子组、营四段、登娄库组和泉头组，其余地层以火山岩为主，无研究沉积相的意义。沙河子组为断陷湖盆沉积，巨厚的暗色泥岩是整个断陷的烃源岩；营城组四段主要为辫状河三角洲、扇三角洲沉积，其巨厚的砂砾岩沉积是深层天然气勘探的重要目的层之一，因此本书重点介绍沙河子组和营四段的沉积相类型和分布特征。

一、沙河子组沉积相及其平面分布特征

（一）沉积相类型划分

通过对松辽盆地北部深层钻遇沙河子组井的岩心观察描述，结合录井资料，以及岩性、电性、沉积构造、岩石组构、地震相标志、生物和控制沉积环境的构造背景等方面的资料，沙河子组发育湖泊相、扇三角洲沉积相、湖底扇相等沉积相类型。

1. 湖泊相

沙河子组属于断陷盆地，湖盆类型属于陆相断陷型湖盆，其沉积作用受构造作用控制。由于强烈的断陷作用特点，湖盆为不对称箕状，其沉积特征表现为陡侧沉积厚度大，水体深，为湖盆的沉积中心；缓侧沉积厚度薄，水体浅。地层整体为向缓坡逐层减薄的楔状体。由于断陷期内盆地四周紧邻古隆起，地形反差大，陆源碎屑物质主要由湖盆陡缓两侧注入湖盆，具有多物源、近物源、粗碎屑、快速堆积的沉积特点。同时因为断陷的箕状特征，湖盆陡侧紧邻沉积中心，冲积扇、扇三角洲等粗碎屑物直接与较深湖相连接，在平面上表现为相带变化快且不连续的特征。沙河子组的湖泊相分为两种类型，分别为滨浅湖亚相和深湖–半深湖亚相。

1）滨浅湖亚相

滨浅湖亚相是指枯水期最高水位线至浪基面之间的地带，在沙河子组地层内大面积分布，其由灰黑色、灰绿色、暗紫色块状泥岩夹薄层砂岩构成，由于水动力条件复杂，湖浪等的冲刷筛选作用强烈，其沉积构造也复杂多样，薄层砂岩为小型交错层理砂岩相或浪成波状交错层理砂岩相，生物扰动强烈，泥岩中含碳化植物枝干。泥岩中主要见水平层理和波状水平层理（图2-64）。

2）深湖–半深湖亚相

深湖–半深湖亚相位于浪基面以下水体较为安静的部位，处于弱还原–还原环境，沉积构造相对单一。主要发育水平层理、块状层理以及差异压实形成的变形层理。其

岩性主要为深灰色和黑灰色泥岩、页岩及油页岩，偶夹薄层灰岩、泥灰岩和泥质粉砂岩。微相主要为湖泥和浊积体等（图2-65）。

图2-64　深灰色泥质粉砂岩沉积，达深6井，3448.95m

图2-65　达深302井深湖-半深湖亚相，暗色泥岩沉积，3448.95m

2. 扇三角洲沉积相

扇三角洲是以冲积扇为供源而形成的以底负载方式搬运所形成的近源砾石质三角洲。扇三角洲多发育在湖泊短轴方向上，具有距湖盆水体与物源区近、高差大、物源丰富等物质条件。扇三角洲可以发育在盆地的高水位期，也可以发育在湖平面收缩期和低位期。扇三角洲发育的基本条件是物源区地势高、坡降陡，这样由碎屑流和辫状河携带的碎屑物质进入浅水环境而形成扇三角洲沉积。沙河子组地层受断层控制明显，扇三角洲相发育面积广泛。扇三角洲沉积物较粗，成熟度较低。

扇三角洲沉积相可分为三个亚相，即扇三角洲平原亚相、扇三角洲前缘亚相和前扇三角洲亚相。由于前扇三角洲已经进入半深湖区，岩性为浅色和深灰色泥岩夹少量砂岩、粉砂岩等，与湖相沉积不易区分，因此亚相的划分仅为扇三角洲平原和扇三角洲前缘。

1）扇三角洲平原亚相

扇三角洲平原亚相主要分布在断陷湖盆同生断层根部，其次是小型断陷湖盆的缓侧。其岩性由大套的杂色砾岩、砂砾岩、砂岩组成，具明显的正韵律。成分成熟度、结构成熟度均低，自然电位表现为齿化的箱形与钟形的组合，按其沉积特征可细分为水上分流河道、洪泛平原、河间洼地微相。其水上分流河道中粗砾岩、砂质细砾岩、含砾砂岩单层厚度大，可以形成较好的储层（图2-66）。

2）扇三角洲前缘亚相

扇三角洲前缘亚相是冲积扇入湖以后的水下部分，分布范围广，主要为砂砾岩和砂岩，夹灰绿色泥岩，主要发育水下分流河道、分流河道间和席状砂等微相。其水下分流河道微相发育厚度较大的杂色块状砂岩、含砾砂岩，岩性粗，孔隙度和渗透率值高，储油物性好，而且靠近沙河子组暗色泥岩烃源岩含油性好，可以形成良好的储层（图2-67）。

图 2-66 徐深 401 井沙河子组扇三角洲平原，分选差、磨圆低砂砾岩（4525.87m）

图 2-67 达深 4 井沙河子组扇三角洲前缘，水下分流河道粗砂岩（3347.32m）

3. 湖底扇相

湖底扇是一种重力流沉积，在有足够的水深、足够的坡度和密度差、充沛稳定的物源的条件下，由偶然因素（如火山、地震活动、重力滑坡等）诱发而成，如洪流或汛期河流入湖往往形成重力流沉积。湖底扇主要发育在断陷盆地发展阶段，且发育面积并不广泛。岩性以砾岩、砂砾岩和灰色、灰黑色泥岩为主。

（二）沙河子组沉积相分布特征

火石岭组火山喷发结束后，盆地发生了大规模的拉张作用，盆地范围扩大，湖泊急剧扩张，形成了广阔的断陷湖盆，沙河子组开始沉积。沙河子组下部地层由水上的冲积扇、扇三角洲、滨浅湖、半深湖、辫状河三角洲相沉积组成。水上的冲积扇（坡积物）粒度较粗，分布于断陷北部西部控陷断裂边缘。扇三角洲分布于断陷的东西两翼，主要分布于西侧控陷断裂边缘和东部缓坡带上。西侧的扇三角洲规模较小，向湖内延伸长度小，但是以群体发育，数量多。东侧缓坡带扇三角洲发育数量较少，呈朵叶状，规模稍大，向湖盆内伸展的长度也相对更大。沙河子组下部砂砾岩发育，徐深 44 井等揭示，单段砂砾岩厚度可达 200～300m。多为沙河子组沉积初期低水位体系域的冲积扇、扇三角洲沉积。徐深 401 井、徐深 44 井、达深 1 井、达深 3 井、卫深 501 井、芳深井 10 等都发育该套沉积。断陷中部发育水体较深的环境，表现为浅湖环境和半深湖环境，半深湖相主要发育在断陷中段。浅湖相主要发育于断陷南北两段（图 2-68）。

沙河子组沉积后期，水体整体变浅，湖岸线向断陷中心推进，发育扇三角洲、冲积扇、辫状河三角洲、滨岸沼泽、浅湖相和半深湖相沉积。冲积扇，尤其是扇三角洲更为发育，厚度巨大。分布于断陷的东西两翼，仍然是靠近西侧控陷断裂边缘，单个规模小，整体数量多成群出现。沙河子组上部砂砾岩也较为发育，达深 3-1 井、达深 4 井、肇深 12 井、芳深 801 井、徐深 141 井等揭示扇三角洲平原、前缘亚相厚层砂砾岩、砂岩沉积。辫状河三角洲主要分布于东侧缓坡带宋深 4 井、宋深 5 井、宋深 6 井、徐深 21 井、徐深 25 井、徐深 212 井、徐深 11 井等。断陷中部发育水体较深的环境，发育浅湖和半深湖沉积，半深湖相主要发育在宋深 3 井、徐深 3 井、徐深 1 井等井区，面积

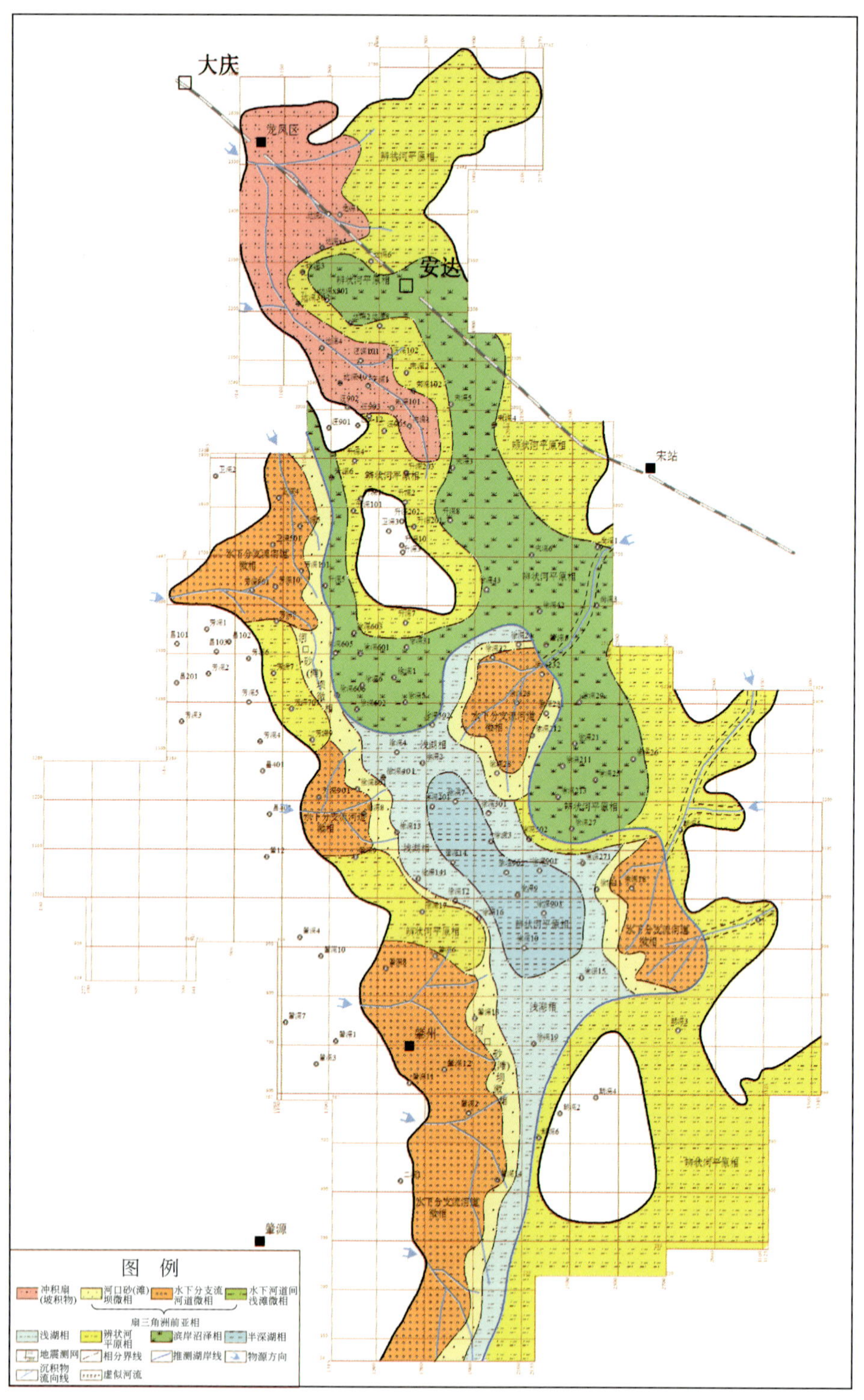

图 2-68　徐家围子断陷沙河子组上段沉积相平面分布图

181km²；浅湖相主要发育徐深10－徐深15井区，分布面积197km²，浅湖相－半深湖相是气源岩的有效发育区；在沙河子组上部还发育沼泽相、煤层，主要分布在徐深1－1井区、徐深213－徐深25井区、宋深3井区，沼泽分布面积334km²（图2-69）。

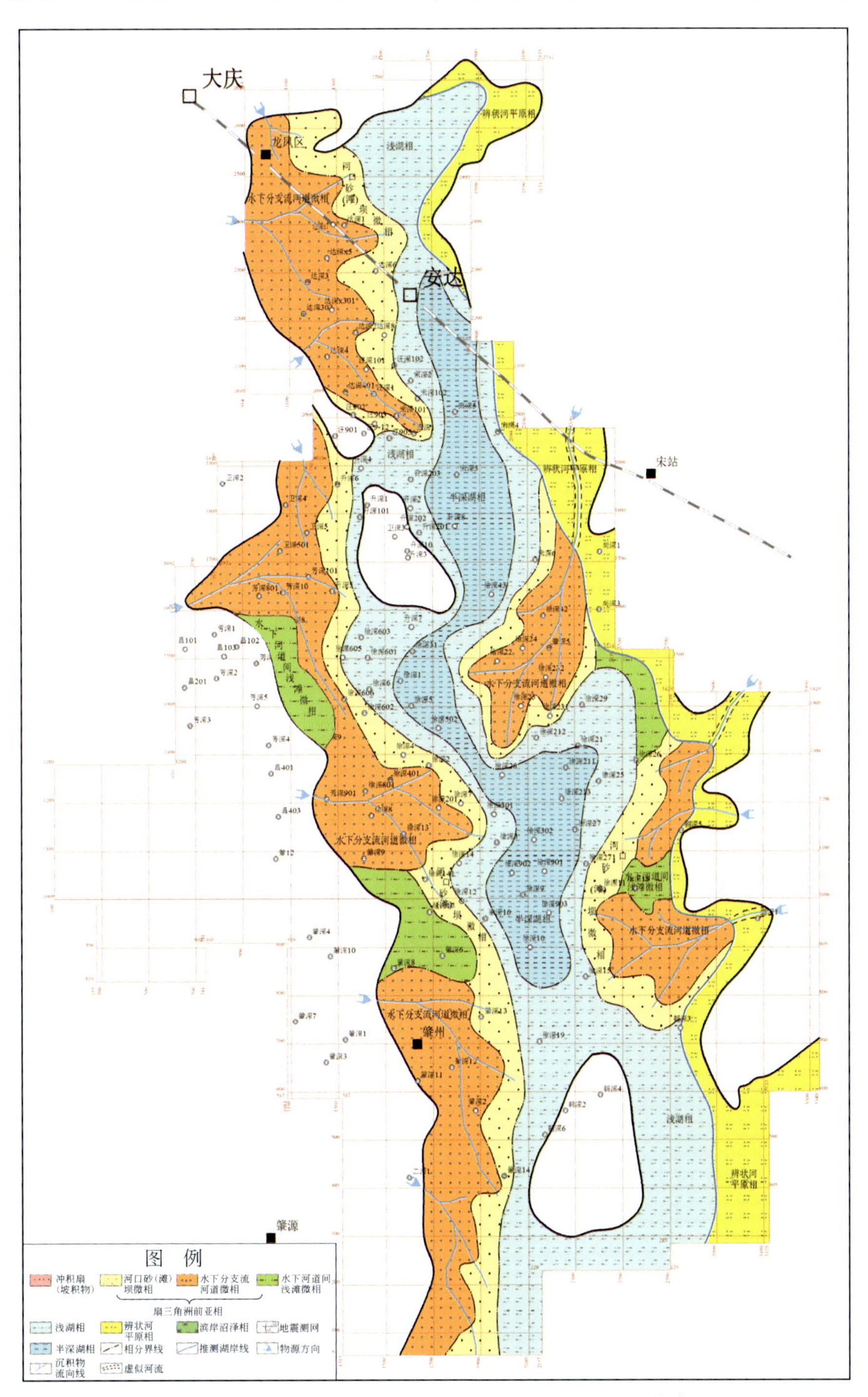

图2-69　徐家围子断陷沙河子组下段沉积相平面分布图

二、营城组沉积相及其平面分布特征

（一）沉积相类型划分

徐家围子断陷营四段发育冲积扇、扇三角洲、辫状河三角洲相、河流三角洲相及滨浅湖沉积相等主要沉积体系。以下重点介绍形成重要砂砾岩储层的扇三角洲和辫状河三角洲的特征。

1. 冲积扇

冲积扇是山间河流或洪水携带的碎屑物在山前开阔地带堆积而形成的扇形沉积物。它在平面上呈扇状，在辐射方向上的剖面呈下凹状，而在垂直辐射方向的横剖面则是上凸的。这些沉积扇可以是单个出现，而在大多数情况下都是由很多冲积扇互相衔接成冲积扇体系产出。营四段冲积扇沉积物主要发育在营四段下部徐家围子断陷西陡坡徐西断裂的下降盘以及升平凸起边缘、徐东断裂下降盘宋站等地区。

冲积扇的主要岩石组合特征表现为粗砾岩、中砾岩和细砾岩与红色泥岩构成向上变细变薄序列。

按照岩石组合特征冲积扇可以细分为近端扇、扇中和扇端三个亚相。

1）近端扇亚相

近端扇亚相为厚层粗砾岩、中砾岩构成的正旋回。近端扇砾岩主要为分选磨圆较差、棱角、次棱角状的砾石砂泥做杂基。主要的成因相是泥石流。

2）扇中亚相

扇中亚相为粗砾岩、中砾岩与紫红色泥岩构成的正、反旋回。其砾岩主要为分选较好、中等砂质及细砾为基质的砾岩。内发育多个冲刷面。其主要的成因相是辫状分流河道。另外还有辫状分流河道间的红色泥岩。

3）扇端亚相

扇端亚相其岩石组合主要表现为紫红色泥岩夹薄层砂岩。其自然伽马曲线为锯齿状。

2. 扇三角洲

营四段的扇三角洲主要发育在断陷西陡坡徐西断裂带，升平凸起的周边及宋站地区。其岩相组合为一套由粗角砾岩、中角砾岩、中细砾岩、含砾砂岩及粗砂岩为主与紫红色泥岩、灰绿色泥岩、灰色泥岩向上变粗的反旋回结构。自然电位曲线表现为明显的反旋回特征。地震剖面上为楔形反射结构或前积反射结构。扇三角洲可划分为扇三角洲平原沉积、扇三角洲前缘沉积和前扇三角洲沉积三个亚相。其亚相和微相特征在沙河子组扇三角洲部分已经有介绍，不再赘述。扇三角洲沉积既有上述向上变粗的反旋回沉积序列，也有向上变细的正旋回沉积序列，虽然二者沉积序列相反但沉积类型相同。前者代表湖域萎缩，扇三角洲向湖泊进积，它常发育在层序高位体系域及低位体系域的早期。后者代表湖域扩展、扇三角洲退积，它常发育在湖扩展体系域及低位体系域的晚期。

3. 辫状河三角洲

辫状河三角洲是由辫状分流河道平原进积到水体所形成的粗碎屑三角洲复合体。辫状河平原主要由底负载为主的辫状河组成。辫状河三角洲在徐家围子断陷营四段表现为远源的辫状河或近源的冲积扇扇中至扇端的辫状河推进到相对开阔和坡度较缓的缓坡湖泊水体中沉积而成。沉积作用以近端扇或辫状平原的垂向加积和远端辫状河三角洲的前积作用为特征。辫状三角洲可分为辫状河三角洲平原亚相、辫状河三角洲前缘亚相、辫状河前三角洲亚相。

1）辫状河平原亚相

辫状河平原亚相发育在徐中断层以东地区。其厚度较大，沿着徐中断裂分布。辫状河平原的岩石组合是由底部发育冲刷面的粗砾岩–中砾岩–细砾岩、中砾岩–细砾岩、中砾岩–粗砂岩、细砾岩–粗砂岩构成的正旋回按照多种序列组合而构成。其基本特征是粒度向上变细，泥岩夹层增多。每个不同的正旋回都发育冲刷不整合面。其自然伽马曲线特征表现为整体为相状底部突变接触。在垂直于河流走向的地震剖面上，其反射特征为顶平底突的弱反射。在平行于河流走向的地震剖面上其地震反射特征表现为辫状河平原为长条形的弱反射（图2-70）。营四段辫状河平原是多个砾质分叉的辫状河道、砾质砂坝沉积的综合，共有五种主要的沉积微相。

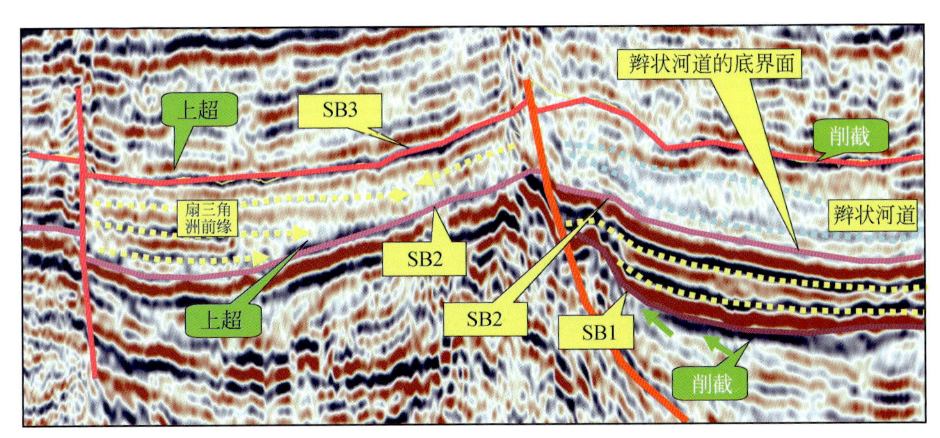

图2-70　东西向辫状河（垂直于河流走向）层序地震反射特征

（1）辫状河道（河床滞留）：辫状河道是底部发育河床底砾岩的粗砾岩–中砾岩构成的正旋回。砾石定向排列，发育叠瓦状构造，砂泥杂基含量较少（图2-71）。

（2）浅水辫状分流河道：由中砾岩和细砾岩构成的正旋回。底部发育冲刷面，分选磨圆好，少或不含砂质基质。

（3）废弃的河道：其基本特征是在辫状河道沉积的序列之上发育薄层的暗色泥岩沉积。这是河道废弃后河道演化为小湖泊或沼泽的证据。

(4) 砾质砂坝：是由含较多砂和细砾基质的粗砾岩、中砾岩、细砾岩和含砾砂岩、粗砂岩构成的正旋回（图2-72），底部发育冲刷面。

(5) 泥石流沉积：由分选磨圆差的含大量砂泥基质的沉积物组成。它属于洪水期发育的薄层泥石流沉积。它是近源河道的基本特征。

图2-71　徐深1-2井沙河子组辫状河道叠瓦状定向排列的粗砾岩，3430.82m

图2-72　徐深27井辫状河三角洲平原河口坝砂质支撑的细砾岩，3735.39m

2）辫状三角洲前缘亚相

辫状三角洲前缘亚相主要发育在徐家围子断陷丰乐低凸起的北侧，徐深7井以南地区及徐深6井等地区。该沉积亚相的特征是由中砾岩、细砾岩与灰色泥岩构成多个正旋回和反旋回。其中由中砾岩、细砾岩与灰色泥岩构成的多个正旋回为水下辫状分流河道沉积。反旋回为河口坝沉积，薄层砂岩和砾岩为远砂坝沉积。灰色泥岩为分流河道间沉积（图2-73）。

辫状三角洲前缘在自然伽马曲线为“齿化箱状”或“齿化漏斗状”。在地震剖面上为互层状。辫状河三角洲前缘可进一步划分为河口坝、水下分流河道、远砂坝等沉积微相。

河口坝：总体为由含砾砂岩、粗砂岩构成的向上变粗的反旋回，发育块状层理、板状交错层理（图2-74）。

水下分流河道：剖面上发育在河口坝之上，为水下河道切割河口坝后形成的水下河道充填。其岩相组合为中砾岩、细砾岩、含砾粗砂岩构成正旋回结构，底部见冲刷面，砂岩内发育板状交错层理，正、反递变层理等（图2-75）。

远砂坝：由中细砂岩与灰色泥岩互层，砂岩见小型交错层理、波状层理等，总体构成向上变粗的反旋回。

前三角洲：其岩相组合为块状灰色、深灰色泥岩夹薄层发育滑塌变形构造的由中细砂岩构成的滑塌浊积岩、发育冲刷面、鲍玛序列的含砾砂岩构成的浊积岩。

辫状三角洲与河控型三角洲的最大区别在于碎屑沉积粒度较粗，三角洲平原以发育辫状分流河道沉积为主。

辫状三角洲平原主要发育粗砾岩、中砾岩和细砾岩构成的多个正旋回的叠置，每个正旋回底部均发育冲刷面。砂砾岩分选差、磨圆度较高。

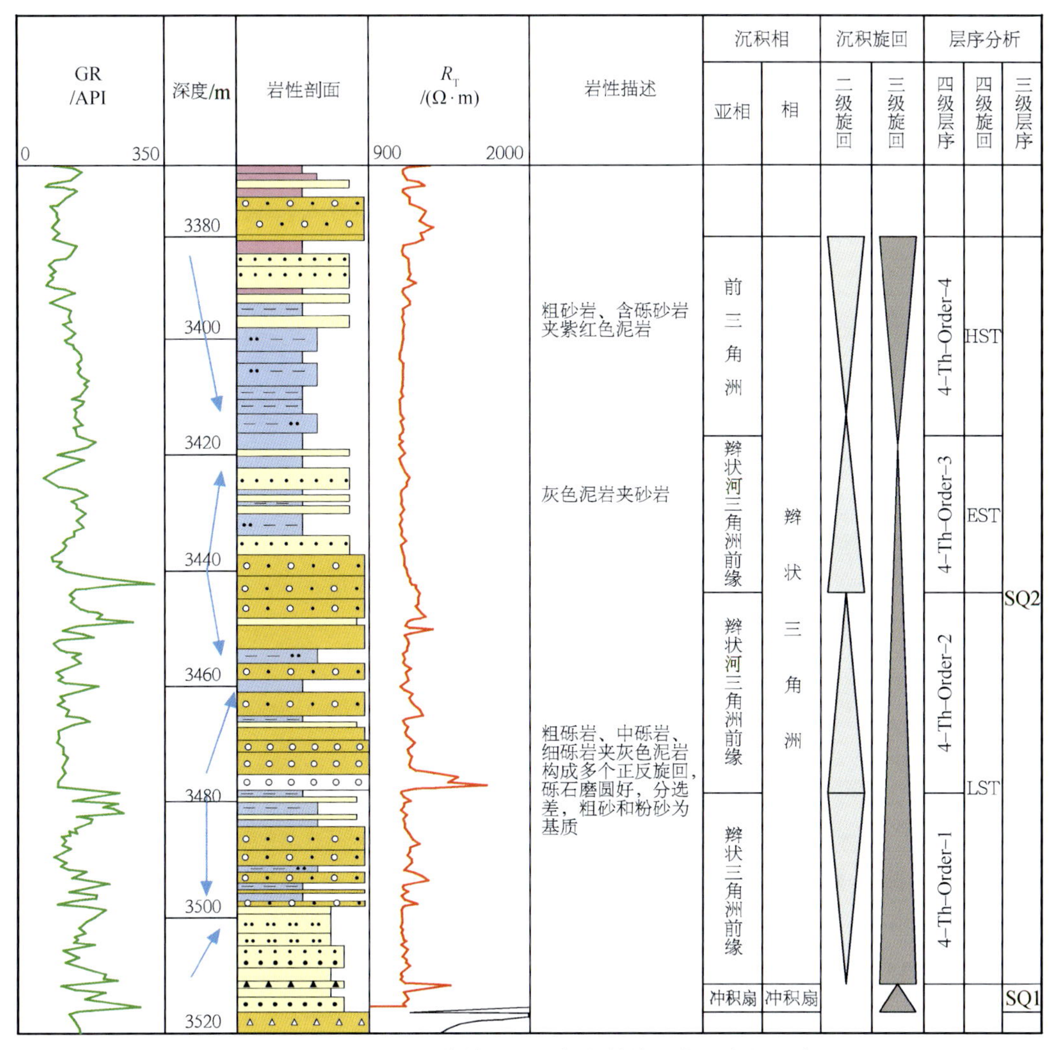

图 2-73　徐深 601 井辫状河三角洲前缘测井和岩相组合

图 2-74　徐深 9-2 井辫状河三角洲前缘河口坝块状细砂岩，3584.12m

图 2-75　徐深 1-2 井辫状河三角洲前缘水下分流河道粗砂岩，3456.01m

辫状河三角洲前缘主要发育由底部发育冲刷面的中细砾岩，发育交错层理的砂岩组成的水下分流河道。块状含砾砂岩、中细砂岩构成的河口坝。

前三角洲亚相发育灰色泥岩夹薄层砂岩，它是河流三角洲和辫状河三角洲的共同前三角洲亚相。

其中的河流三角洲主要发育河流三角洲的前缘，它是河流三角洲前缘河口坝，主要是发育交错层理的中细砂岩和波状层理的粉砂岩。底部发育冲刷面的细砾岩和砂岩构成的水下分流河道，以及薄层粉砂岩构成的远砂坝。

4. 河流三角洲

徐家围子断陷营四段还发育河流三角洲体系。它发育在肇源南及丰乐南地区。可以划分为以发育曲流河和泛滥平原为主的三角洲平原亚相；以发育河口坝和分流河道为主的三角洲前缘亚相；以发育湖相泥岩为主的前三角洲亚相。

1）三角洲平原亚相

三角洲平原亚相为由发育冲刷面的细砾岩、粗砂岩和中细砂岩夹紫红色泥岩构成的正旋回曲流河道沉积和由紫红色砂泥岩、灰绿色泥岩及灰色泥岩夹砂岩构成的泛滥平原沉积组成。曲线特征表现为自然伽马呈现“指状钟形”的特点。

2）三角洲前缘亚相

三角洲前缘亚相为粗砂岩、中细砂岩与灰色泥岩构成的正反旋回。其正旋回部分为水下分流河道。水下分流河道为发育冲刷面的细砾岩和砂岩。反旋回为河口坝，河口坝主要是发育交错层理的中细砂岩和波状层理的粉砂岩。泥岩中夹的薄层砂体为远砂坝沉积。其自然伽马曲线特征表现为“钟形”和“漏斗形”共存。主要发育在丰乐地区的徐深12井、徐深901–徐深10井地区。

3）前三角洲亚相

前三角洲亚相主要表现为灰色、深灰色泥岩夹薄层砂岩。

5. 滨浅湖沉积相

其岩相特征主要表现为粗砂岩、中细砂岩与灰色、紫灰色泥互层构成的向上变细变薄序列和向上变粗变厚序列的组合。其中厚层砂岩为浅湖沙坝，薄层砂岩为滨湖沙滩。灰色泥质沉积为浅湖泥质沉积。红色泥岩为浅湖泥质沉积。其自然伽马曲线为齿状，电阻率为尖峰状。

（二）营四段沉积相平面分布特征

徐家围子断陷营四段沉积相的分布主要受控于徐家围子断陷的裂陷收敛幕晚期的构造背景，早期火山分布特征和大断裂的分布也直接影响其沉积相的展布。根据营四段的沉积特征情况，将营四段分为下段和上段进行沉积相研究（图2-76、图2-77）。

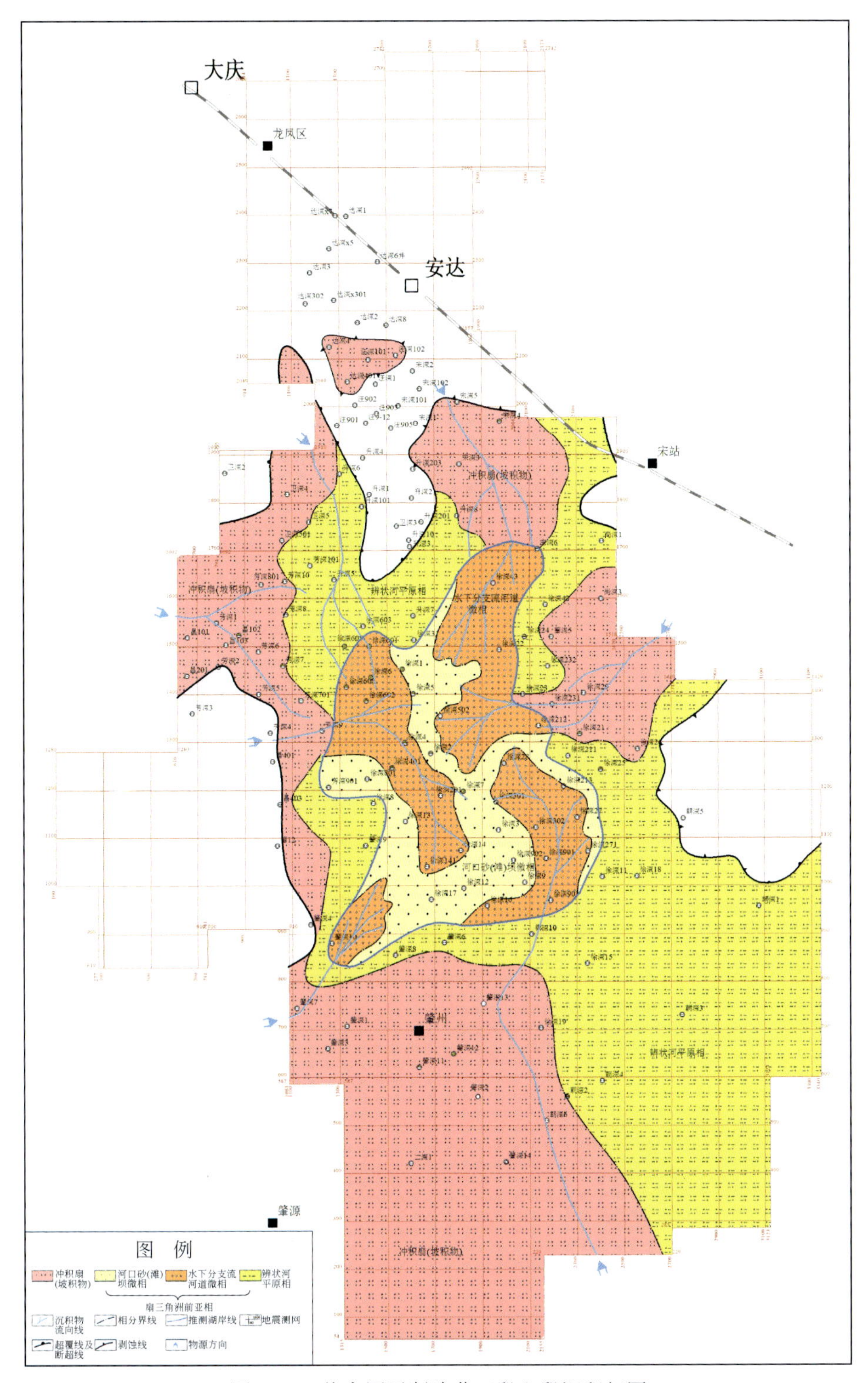

图 2-76　徐家围子断陷营四段上段沉积相图

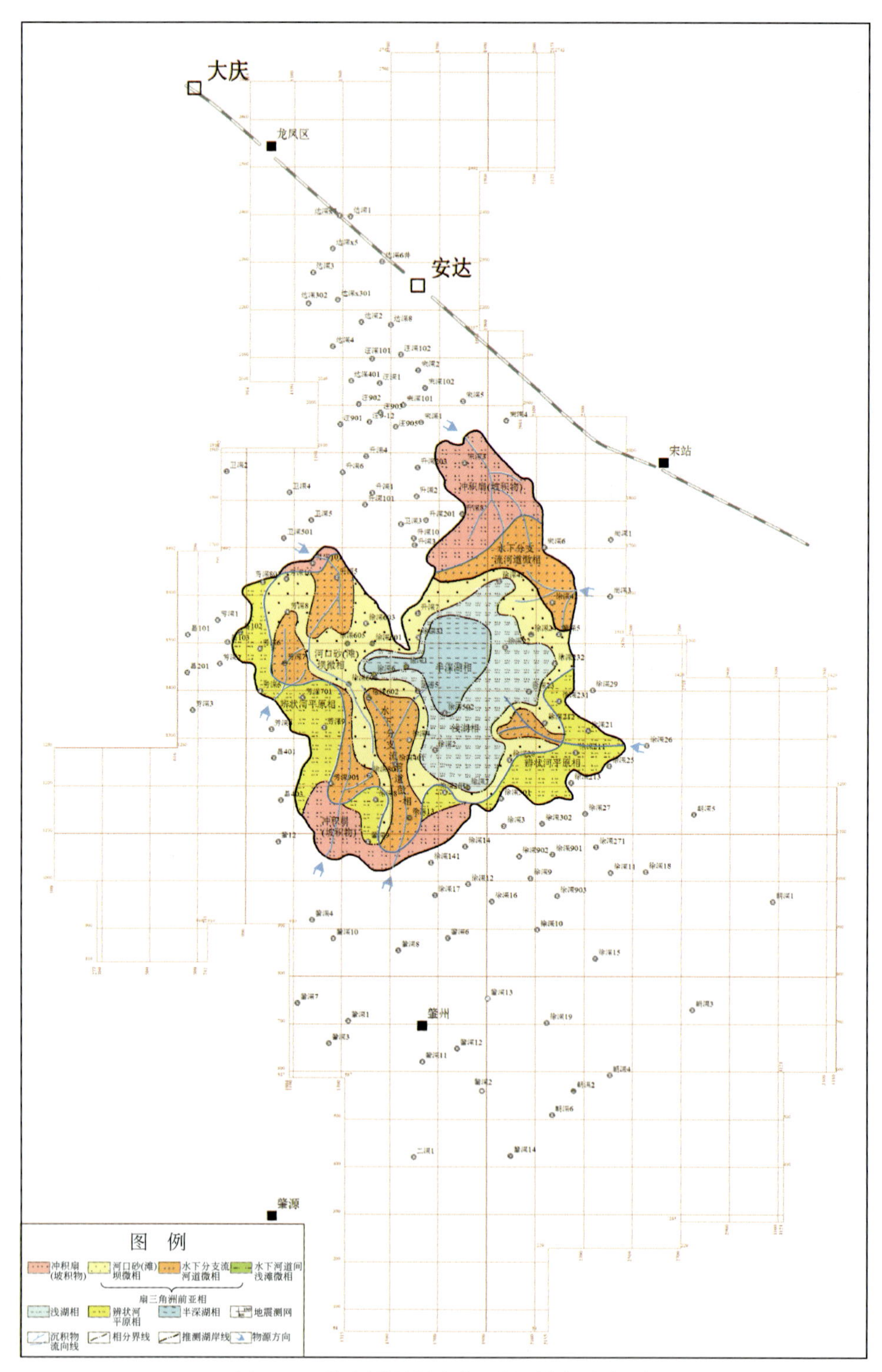

图 2-77　徐家围子断陷营四段下段沉积相图

徐家围子断陷营四段处于徐家围子断陷的裂陷收敛幕，此时盆地构造沉降和沉积沉降量都较小。构造活动在火山作用后相对较为稳定。盆地气候相对较为干旱。特别是在营三期火山活动之后，营四段下段沉积时期形成了相互分割的受断裂控制的火山岩湖盆。其特点是湖盆小、深度大。物源为近物源，形成的是一系列以湖盆周边火山为物源的沉积扇和扇三角洲沉积。营一段、营三段火山喷发沉积之后，本区有一个沉积间断期，营一段、营三段地层部分削蚀，在形成T_{4c}或T_{4a}反射层的不整合界面。在沉积间断之后在地形较洼的部位沉积营四段下段地层，该段地层分布范围有限，主要分布在断陷中部，升平凸起以北缺失，南部肇深 14-肇深 13 井也发育。营四段下段地层岩性总体较细，颜色较深，以灰色-深灰色泥岩、粉砂质泥岩夹砂砾岩为主。中部物源方向主要为升平凸起、古中央隆起、尚家鼻状凸起；南部物源方向主要为肇深 8—徐深 9 一线的凸起上。营四段下段发育冲积扇扇三角洲、辫状河三角洲、河流三角洲、滨浅湖相沉积。冲积扇分布于升平凸起区宋深 3 井西北。扇三角洲分布于凹陷周边靠近徐西断裂、徐中断裂的边缘和东部坡度较大的地区：升深 5、芳深 7、徐深 13、徐深 4、徐深 42 等井区。辫状河三角洲分布于断陷周边坡度相对较缓地带，延伸规模较扇三角洲大，发育于徐深 4、徐深 7、徐深 502、徐深 14 等井区。河流三角洲发育在断陷南部徐深 12、徐深 14 井一带。断陷中部徐深 43 井—徐深 42 井一线发育滨浅湖相沉积。

营四段沉积之后，断陷内发育的火山被夷平，并整体下沉，形成了一个统一的湖盆。同时由于断陷之外物源区相对上升形成了广泛发育轴向和侧向物源。徐家围子断陷北部安达地区处于持续突起的火山岩高地，使得轴向主物源以发育火山中粗砾岩、中砾岩为主，经过一定距离的搬运形成了辫状河、辫状三角洲为主的粗碎屑岩层序。由于晚期断陷作用减弱，除控盆断裂外，其他同沉积断裂不能造成地形坡降过陡，因而在断陷轴向沿徐中断裂发育辫状河及辫状三角洲粗碎屑沉积。在断陷陡坡发育扇三角洲及扇三角洲粗碎屑沉积。营四段上段主要发育厚度较大的砾岩、砂砾岩，主要的沉积相为冲积扇、辫状河三角洲、辫状河平原、滨浅湖相。冲积扇扇三角洲分布于靠近徐西断裂的卫深 4—芳深 9 井区，以及东侧斜坡带坡度较大的朝深 6-徐深 903 井区和徐深 21 井区。辫状河三角洲主要发育于东侧徐深 21、徐深 25 等井区和断陷西侧的徐深 6、徐深 502 等井区，向南和断陷中部延伸较大。辫状河平原相分布于断陷北部宋深 4、宋深 6 井区及南部徐深 10、徐深 9 井区，北部较南部发育。徐深 12、徐深 14、徐深 7、徐深 301 等井区为主要的滨浅湖相沉积。

第三章　松辽盆地北部断陷分布与火山岩发育特征

第一节　松辽盆地北部断陷结构及分布特征

一、松辽盆地北部断陷结构特征

松辽盆地北部深层共发育25个大小不等的断陷，除中央裂陷区发育较大规模的断陷外，其他地区深层断陷的规模均较小，断陷期地层分布范围小，断陷期地层厚度也小。从断陷的几何学特征考虑，可将松辽盆地北部深层断陷划分为如下几类。

（一）大型箕状断陷

大型箕状断陷主要分布于松辽盆地北部的中央裂陷区内，属于此类断陷的有四个，即林甸断陷、黑鱼泡断陷、安达-昌五断陷、徐家围子断陷。准确地说，黑鱼泡断陷的南部具有明显的箕状断陷特征，而黑鱼泡断陷北部呈“双断式”的对称地堑特征。

大型箕状断陷的特点可归纳为如下几点。

（1）断陷规模大，断陷期地层厚度大。

（2）断陷往往主要受一条边界断裂控制，断陷期的沉降中心沿控陷断裂展布，断陷期地层在控陷断裂根部最厚，由控陷断裂根部向远端不断变薄，断陷期地层在控陷断裂远端或者超覆尖灭，或者终止于另一条控陷断裂。

（3）控陷断裂的走向在平面上变化较大，一般由NNW向和NNE向两组断裂连接而成，沙河子期沉降中心往往位于控陷断裂的连接处或NNW向断裂附近。

（4）沙河子期末的挤压形迹比较明显。

（二）中型“双断式”地堑

中型“双断式”地堑主要分布于松辽盆地北部的中央裂陷区内，属于此类断陷的有两个，即莺山断陷和双城断陷。准确地说，黑鱼泡断陷北部也属于此类断陷。虽然现有的地震资料并没有将双城断陷的分布范围完全揭示出来，但现有资料显示该断陷具有“双断式”地堑特征。

中型“双断式”地堑主要有以下特点。

（1）断陷规模中等，断陷期地层厚度并不大。

（2）断陷往往受两条对倾的边界断裂控制，两条控陷断裂对断陷期地层的沉积基本上起到了同等的控制作用，断陷期并没有明显的主沉降中心发育。

（3）控陷断裂的走向以 NNE-NE 向为主，走向在平面上变化并不大。虽然莺山断陷和双城断陷的控陷断裂走向在平面上变化较大，但仍以 NNE 向为主，如四站断裂在 T_{41} 地震反射层上平面延伸长度为 61km，但 NNW 向区段仅有 10km；临江断裂在 T_{41} 地震反射层上平面延伸长度为 53km，但 NNW 向区段仅有 10km；太平庄断裂在 T_{41} 地震反射层上平面延伸长度为 88km，但 NNW 向区段仅有 11km。

（4）沙河子期末的挤压构造形迹也较明显。

（三）“似”大-中型箕状断陷

属于此类断陷的有北安断陷和常家围-古龙地区南部的茂兴断陷。由于现有地震资料的限制，该类断陷的全貌并没有完整地揭露出来。从断陷结构来看，它们具有箕状断陷的特征，而且断陷期地层厚度较大，沙河子组地层厚度可达到 1000m 左右。

（四）小型箕状断陷

属于此类断陷的有任民镇断陷，兰西断陷，常家围子-古龙地区的①号断陷、②号断陷、③号断陷、④号断陷。这些断陷的规模小、断陷期地层薄。该类断陷的控陷断裂联合程度低、延伸长度短、断裂走向在平面上变化小，断陷往往由单条断裂控制，箕状特征明显。

（五）小型“双断式”地堑

除上述断陷外，其他断陷均属于于小型“双断式”地堑。该类断陷的规模小、断陷期地层薄。该类断陷的控陷断裂联合程度低、延伸长度短、断裂走向在平面上变化小，断陷往往由双倾的两条断裂控制。

二、松辽盆地北部断陷分布特征

根据断陷期地层的现今赋存特征，松辽盆地北部深层断陷主要发育在常家围子-古龙地区、徐家围子地区、莺山-庙台子地区、黑鱼泡-林甸地区及其他地区。

（一）常家围子-古龙地区

常家围子-古龙地区共发育七个断陷，除南部的茂兴断陷向南延出工区外，其余断陷长不足 20km，宽不足 10km，断陷面积小、断陷期沉降幅度小、断陷结构多变。

1. 茂兴断陷

常家围子-古龙地区南部的茂兴断陷，呈NNW向和NE向共轭状。NNW向断陷主要由西边界NNW向控陷断裂控制，呈一箕状断陷；NE向断陷主要由两条对倾的NE向控陷断裂控制，整体上仍表现为楔状的半地堑结构。就总体结构来讲，可认为早期这两个断陷的主控陷断裂可能为一组共轭断裂，分别控制了两个独立的断陷，在断陷发育后期，这两个断陷相互复合、相互作用而形成互相连接的统一断陷，即茂兴断陷。

从常家围子-古龙地区沙河子组地层厚度分布以及地震剖面来看，在南部茂兴断陷的NNW向箕状断陷内，沙河子组厚度由西边界NNW向控陷断裂向东逐渐减薄，沙河子组沉积中心位于其西边界断裂带附近，展布方向为NNW向，最大沉积厚度可达1500多米；而在NE向的半地堑内，沙河子组厚度由西边界NE向控陷断裂向东逐渐减薄，沉积中心位于其西边界断裂附近，展布方向为NE向，最大厚度可达1000m左右；在这两个断陷的复合部位，沙河子组沉积厚度分布复杂化。茂兴断陷的主体部分位于松花江之南的长岭地区。茂兴断陷是一个典型的大中型箕状断陷。

2. 小型断陷

依据断陷的基本地质结构，可将常家围子-古龙地区的小型断陷划分为三种类型。

（1）小型箕状断陷：断陷的发育受一条控陷同沉积断裂控制，同沉积断裂活动于沙河子组沉积时期，沙河子组向断裂根部加厚现象明显，而火石岭组厚度向断裂根部基本等厚。断陷的沉降中心位于同沉积断裂根部，远离同沉积断裂，基底沉降量渐小，沙河子组超覆减薄，为古斜坡地形。

（2）小型地堑：断陷由两组相向而倾的阶梯状正断层控制，断陷期沉降量最大的部位位于断陷中部，而并不位于控陷断裂根部。

（3）遭受拗陷孕育期改造的小型地堑：沙河子组时期的断陷原型遭到了较大破坏，破坏因素主要为登一段、登二段沉积时期同沉积断裂的活动使断层上升盘火石岭组—营城组剥缺，而同沉积断裂的下降盘火石岭组—营城组残留。由于断陷期地层（火石岭组—营城组）的残留边界为登娄库组的同沉积断裂，所以剖面上可见该边界断层下降盘登娄库组呈明显的楔状加厚特征，而残留的断陷期地层向边界断层根部基本等厚。

（二）徐家围子地区

徐家围子地区发育两个长80余千米，宽30～40km的大型箕状断陷，即分别由徐西断裂控制的徐家围子断陷，以及由宋西断裂控制的安达-昌五断陷。其间以升平-兴城转换斜坡带相隔，且两个断陷已有联合成为一个整体断陷的趋势。这些断陷面积大、基底沉降幅度大、箕状结构典型，断陷整体呈NNW向展布，这是松辽盆地北部深层在整体NE-NNE向区域构造格局中的独特之处。

1. 安达-昌五断陷

安达-昌五断陷沙河子期沉积是受宋西断裂和宋站断裂控制的，呈NNW向展布的箕状断陷。宋站断裂虽不是主控陷断裂，但却是安达断陷的东界断裂，是箕状断陷斜坡上因挠曲强度过大而发生的同沉积断裂。

安达-昌五断陷可分为北、中、南三个区域。中部区域即宋站地区为断陷的沉降中心，伸展断裂系统由宋西断裂、三条正向调节断层和三条反向调节断层组成，主伸展断裂宋西断裂在中部区域倾角小、产状缓，断陷呈西深东浅、西厚东薄的典型箕状特征。北部区域即安达地区，宋西断裂产状逐渐变陡，与西倾宋站断裂共同控制了断陷的发育，但宋西断裂的沉降幅度明显大于宋站断裂，所以北部区域断陷的整体结构仍不失为西厚东薄的箕状断陷，且沙河子期末，沿宋站断裂的反转褶皱形迹十分清晰。南部区域即昌五地区，宋西断裂断面倾角较中部地区变陡，次级调节断层规模较小，断陷结构相对简单，箕状特征典型。在安达-昌五断陷的南部区域，宋西断裂西侧升平-兴城转换斜坡的倾斜现象清楚，再向西，逐渐过渡到徐家围子断陷。

2. 徐家围子断陷

徐家围子断陷沙河子期沉积是由徐西断裂控制的，呈 NNW 向展布的箕状断陷。沿徐西断裂自北向南依次分布有三个厚达 1000m 左右的沉降中心，最大沉降中心位于杏山地区。以这三个沉降中心，可将徐家围子断陷划分为北、中、南三个区域。北部区域断陷窄，向东通过升平-兴城转换斜坡与安达-昌五断陷相接。由于升平-兴城转换斜坡高角度西倾，所以断陷在北部区域的基本结构虽然总体上表现为西深东浅的箕状结构，但与常见的箕状断陷相比，其东坡掀斜强烈，古地形陡。中部区域即杏山地区，是徐家围子断陷伸展最强烈的区域，断陷横向上宽度大，主干伸展断裂角度低，并与一组同向调节断层构成阶梯状的伸展断裂系统，断陷结构呈典型的西厚东薄的箕状结构。南部区域即徐南地区，主干伸展断裂徐西断裂产状变陡，断陷变窄，伸展断裂系统结构变得简单，但箕状结构特征仍十分典型，向东快速过渡到薄荷台古凸起之上。

（三）莺山-庙台子地区

莺山-庙台子地区发育两个长约 60km、宽约 20km、规模中等的深层断陷，即莺山断陷和双城断陷，断陷整体呈 NE-NNE 向展布，西部的莺山断陷受四站断裂和临江断裂控制，东部的双城断陷受太平庄断裂和朝阳断裂控制，其间夹有对青山凸起，致使该地区在沙河子期呈现莺山断陷、对青山凸起和双城断陷等两断夹一隆的构造格局。这两个断陷古近纪末卷入了长春岭-青山口背斜带，原形保持程度相对较差。

1. 莺山断陷

莺山断陷中沙河子组沉积是由相向对倾的四站断裂和临江断裂控制，总体上呈近 NNE 向展布，断陷原形呈“双断”的地堑特征。断陷内沙河子组分布南北分区性明显，由南向北可分为三个区域。①在莺山断陷的南部，四站断裂和临江断裂对断陷起到了同等的控制作用，沙河子组厚度稳定在 500m 左右，没有明显的沉积-沉降中心；②在莺山断陷中部，四站断裂和临江断裂共同控制了莺山断陷的发育，四站断裂的断面倾角比断陷南部明显变陡。由于沙河子末期的挤压作用，造成了临江断裂带的反转以及一系列逆断层的形成，临江断裂根部沙河子组遭受剥蚀减薄，使得现今沙河子组厚度分布呈现西厚东薄的格局，最厚处位于四站断裂带附近，一般厚度大于1200m；③在莺山断陷北部，临江断裂对断陷起到了主要的控制作用，沙河子组沉积沉降中心位于临江断裂带附近，沉降-沉积区与临江断裂带走向平行分布，沙河子组厚度最大可达1000m，向西平缓减薄至400m左右。

总之，莺山断陷沙河子组总体呈中部厚、两端薄的沉积沉降格局。

2. 双城断陷

双城断陷沙河子组沉积是由相向对倾的太平庄断裂和朝阳断裂控制，总体上呈NE-NNE向展布，断陷原形表现为“双断”的地堑特征。但与莺山断陷相比，沉降规模相对较小。双城断陷的南北分区性也较明显，由南向北也可分为三个区域。①双城断陷南部，双城断陷主要受到了太平庄断裂的控制，沉积-沉降中心位于太平庄断裂带附近，沙河子组最大厚度可达600m；②双城断陷中部，太平庄断裂和朝阳断裂对断陷起到同等的控制作用，沙河子组厚度变化不大，均匀分布在300～400m，没有明显的沉积沉降中心，挽近地质时期褶皱强烈；③双城断陷北部，双城断陷受到太平庄断裂和朝阳断裂的同等控制作用，沙河子组地层厚度变化不大，但与断陷中部相比，断裂活动性较强，沙河子组厚度较大，一般大于500m，挽近地质时期褶皱平缓。

（四）黑鱼泡-林甸地区

黑鱼泡-林甸地区发育两个大型箕状断陷和一个小型呈“双断式”地堑结构的断陷，即林甸断陷、黑鱼泡断陷和中和断陷。林甸断陷南部与黑鱼泡断陷南部连为一体，北部分叉为两个断陷，整体呈NNW与NNE共轭状组合。

1. 林甸断陷

林甸断陷主要受NNW-NNE向延伸的林甸断裂控制，总体上呈NNW-NNE向展布，断陷原型表现为特征明显的箕状结构，控陷断裂根部断陷期地层厚度大，向东逐渐超覆尖灭。由南向北可分为三个区域：①林甸断陷南部，断陷期地层近等厚分布，向东与黑鱼泡断陷联为一体。由于该区域已位于断陷的南部边缘，控陷断裂活动时期较晚且活动规模较小，林甸断裂根部缺失火石岭组地层，沙河子组地层厚度也不大。②林甸断陷中部，断陷的箕状结构明显，控陷断裂断陷期活动性最强，沙河子组地层厚度最大。由于断陷期的强烈伸展作用，形成了一系列次级正断层，共同控制了林甸断陷的发育。③林甸断陷北部，断陷呈NNE向展布，断陷的箕状结构也很明显，呈西断东超的特征，断陷期地层由南向北逐渐变薄。

2. 黑鱼泡断陷

黑鱼泡断陷整体呈NNE向展布，主要受黑鱼泡断裂控制。断陷原型南部与北部具有较大差异，南部为特征明显的箕状结构，控陷断裂根部断陷期地层厚度大，向东逐渐超覆尖灭；而北部呈“双断式”的地堑结构，东部边界断层在沙河子期的活动性也较强烈。与林甸断陷相比，黑鱼泡断陷规模较小，特别是断陷期地层（沙河子组）厚度较薄：①断陷南部的箕状特征明显，呈西断东超的结构，断陷向西与林甸断陷连为一体，断陷期强烈的伸展作用形成了一系列 NNE 向的次级正断层，这些次级正断层在断陷期后没有明显活动形迹。②断陷中部的箕状结构也很明显，西边界受黑鱼泡断裂控制，向东超覆尖灭。与断陷南部相比，黑鱼泡断裂的断面倾角明显变缓，沙河子期末的强烈伸展作用也造成了一系列 NNE 向的次级正断层。③断陷北部，断陷结构呈“双断式”的对称地堑结构，黑鱼泡断陷东边界断裂在沙河子期的活动性也很强烈，与黑鱼泡断裂共同控制了断陷的发育，沙河子组地层近等厚发育，由南向北沙河子组地层逐渐变薄，断陷趋向萎缩。与林甸断陷特征相似，黑鱼泡断陷南部与北部沙河子组的地震反射特征也存在明显差异，南部为强弱互层的反射特征，而北部为弱反射地层组合。

3. 中和断陷

中和断陷发育于黑鱼泡断陷以东地区，断陷规模不大，沙河子期呈断块式下陷，断陷原型为断裂所围限的地堑结构。中和断陷也具有一定的箕状特征，沙河子组厚度西厚东薄，现今埋藏西深东浅。中和断陷在沙河子期主要受到了西边界断裂的控制，东边界断裂对断陷期地层的沉积控制程度相对较弱。

（五）其他地区

在松辽盆地北部，除上述深层断陷外，在其他地区还发育有 12 个小型断陷，兰西地区发育有任民镇断陷、兰西断陷和呼兰北断陷，明水–绥化地区发育有兴华断陷和绥化断陷，以及北部的中兴断陷、北安断陷、依安断陷、富裕断陷、宝山断陷，西部的梅里斯断陷和小林克断陷等小型断陷。

这些小型断陷的规模较小，断陷期地层分布范围有限，断陷期地层厚度不大，而且有的断陷只能说是沙河子期一系列断层共同控制的断陷群，并不是一个完整的断陷，如依安断陷、富裕断陷等。

从断陷的几何学结构特征出发，这些小型断陷特点为部分断陷具箕状结构，如任民镇断陷、北安断陷、兰西断陷。这类断陷箕状结构明显，沙河子期控陷断裂活动性较强，断陷期地层在断裂根部较厚，远离控陷断裂逐渐超覆尖灭。

第二节　火山岩形成机制与分布特征

中国东部深层火山岩主要由中生代火山喷发作用形成，发育中生代火山岩的盆地有银根盆地、二连盆地、海拉尔盆地以及渤海湾盆地和松辽盆地等，这些盆地深层的火山岩都比较集中地形成于中生代晚侏罗世至早白垩世这一较短的时间段内，如海拉如盆地的兴安岭群形成于晚侏罗世，渤海湾盆地冀中拗陷（石家庄凹陷和北京凹陷）的辛庄组和卢沟桥组分别形成于晚侏罗世和早白垩世，还有银根盆地的苏红图组也形成于早白垩世等。松辽盆地是我国著名的中生代盆地，盆地深部已发现的火山岩，无论在时间上，还是在空间上与盆地的形成和演化以及深层的岩浆作用都有密切关系（杜金虎，2010）。

松辽盆地及其周边已钻遇的火山岩自下而上为：早白垩世火石岭组，为一套玄武粗安岩—粗安岩组合；早白垩世沙河子组，位于火石岭组之上，为一套流纹岩；早白垩世营城组，以一套流纹岩为主，但早期有安山岩和玄武安山岩组合出现，且与下伏地层呈不整合接触；早白垩世登娄库组，主要由粗碎屑岩和细碎屑岩组成，伴有少量的碱性玄武岩和橄榄玄武岩，晚白垩世早期的青山口组，由于气候潮湿，形成大量暗色泥岩为主的细碎屑岩沉积，阜新地区（盆地的西南端）晚白垩世火山岩为一套粗面玄武岩组合。

松辽盆地及其周边中生代的火山活动以中基性熔岩为主，中酸性火山岩次之，晚侏罗世—早白垩世早期火山活动最活跃，具有中基性—中酸性—中基性火山喷发旋回，火山溢流-爆发交替出现。

一、火山岩形成机制

（一）火 山 机 构

1. 火山机构的定义

在现代火山研究中，火山机构通常指喷发物围绕火山通道形成的一定规模的堆积体。现代火山机构往往保存较好，一般形成于俯冲带火山岛弧、裂谷带和大洋中脊翼部。

层状火山约占地球表面单个火山数的60%，常具有层状外貌，由黏性的熔岩流和火山碎屑物质交替组成，熔岩和火山碎屑物质各占一半（或多或少），因其层理特征又称为复合火山。层状形态优美，下翼平缓，靠顶端变陡，形态上向上凸，顶端常发育小型火山口。它们的相对高度数百米到数千米，并构成区域上主要地貌特征。古火山机构则由于遭受剥蚀和构造变动常常受到不同程度的破坏。

在松辽盆地火山机构研究过程中，火山机构定义为火山通道及其附近各种堆积物和构造的总称，包括火山颈、火山口及火山口周围的火山岩相（陈建文等，2000）。

松辽盆地营城组火山岩是多中心、多期次喷发形成的产物，为了区分开不同喷发时期形成的火山机构，在研究中将盆地古火山机构定义为：通过火山通道在一定时间（常为一个火山喷发活动周期）内火山作用形成的各种产物及其有关构造，包括地表堆积的熔岩、火山碎屑岩、火山通道内侵入体等，是火山岩区最基本的构造单元（贺电等，2008）。

2. 火山机构的识别方法

从近几年的勘探结果看，徐家围子断陷圈闭的主要类型及其发育特征，随目的层段与所在构造位置不同呈现出明显差异。主要圈闭类型有营一段火山短背斜圈闭、营四段披覆背斜圈闭和营城组上超尖灭或基岩风化壳不整合遮挡圈闭。其中营城组上超尖灭圈闭或基岩风化壳圈闭位于断陷的边部或基底隆起部位，而营一段火山短背斜圈闭和营四段披覆背斜圈闭发育部位常位于断陷的中心部位，沿深大断裂带呈裂隙-中心式和中心式喷发的火山岩体处，分布面积广，为徐家围子断陷最重要的勘探目标。因此识别火山短背斜圈闭也即火山机构的中心部位显得尤为重要。较为常见的识别方法有构造趋势面分析、三维体切片分析和最直观的三维地震剖面特征识别火山机构。

1）三维地震剖面特征识别火山机构

三维地震剖面特征识别是通过对常规地震剖面反复浏览、对比观察来发现火山口、火山锥。火山口与近火山口所处位置地震反射特征与周围地层有很大的不同，特别是火山通道则更是不同。火山机构地震反射特征很明显，顶面常呈丘状反射外形，内部多呈杂乱反射结构，同相轴不连续，地层厚度大，火山机构上方常伴随披覆构造，两翼表现为沉积地层的上超。一些火山通道沿着断层上涌的特征经常存在，下部围岩常被破坏，形成下凹形态。

2）构造趋势面分析识别火山机构

该方法是通过对构造趋势面和古构造发育史的分析，研究局部构造起伏来识别火山机构发育情况。由于地层界面的趋势变化是区域构造背景的反映，因而在此背景上由于构造活动、沉积、压实作用、火山活动等原因可以引起地层界面的局部变化，形成地层的凸起或下凹。通过层拉平剖面可以很直观地反映出这种变化的部位，从而识别出火山机构的发育。这种方法的局限性是在复杂的构造区往往不够准确，在火山原始形态保存比较完好、后期构造变动小的情况下，实用性较好。

3）三维体切片分析识别火山机构

由于火山机构在地层界面上常表现出凸起的特征，营四段砂砾岩常上超于火山岩凸起之上，因而在层切片或时间切片上火山口表现出火山岩内部地震反射特征，非火山口处则是上部砾岩内部反射特征。这种岩性的变化使得地震波形发生变化，其振幅值和相干数据也将发生变化，导致沿岩性突变处存在振幅值横向突变或弱相干的轮廓。由下向上轮廓由大变小，反映出火山锥的特征。这种方法尤其适用于分辨火山机构中心部位或火山口的分布范围。

在趋势面振幅切片上，火山锥处振幅值呈现出强弱相间横向突变、连续性差、杂乱分布的特点，在非火山岩处振幅连续性好，而且切片特征比构造趋势面层切片更加明显。

在地震反演数据体切片上，各种层切片上也可以看出火山锥处具有能量较弱、零乱分布的特点。

3. 火山机构地震响应特征

通过上述三种火山机构识别方法，本书总结了徐家围子断陷营城组火山机构的 14 种地震响应特征（图 3-1）。具体分述如下。

剖面	反射部位	模式特征		实例	地质含义
		说明	图示		
垂直剖面	外部形态	上凸下平			火山在平坦地貌上喷发
		上凸下凸			喷发受古地貌高的影响
		上凸下凹	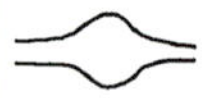	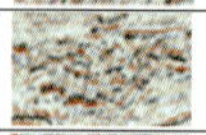	火山喷发强烈，下部岩层遭到破坏
		下断上凸			火山沿着深大断裂喷发
	顶部反射	顶部同相轴下拉		徐深401 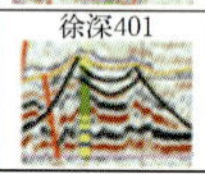	岩壁徒外援，反应火口壁
		地堑式下拉	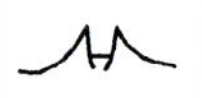	徐深3 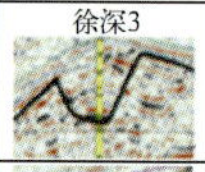	破火口形态
		半地堑式下拉	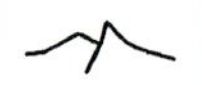		受断裂影响，火山机构遭到破坏
		完整丘型			完整的火山机构
	翼部反射	上超与披盖		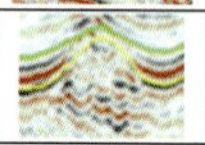	后期沉积作用
	底板围岩	杂乱或发育高角度断层		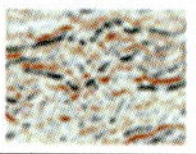	岩浆侵位刺穿下部地层
	内部充填	中部相背反射		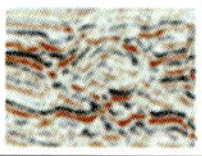	中轴线代表火山通道位置
		中部相反反射		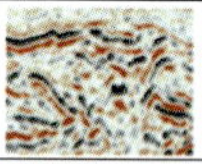	
		两翼同相轴相背倾斜		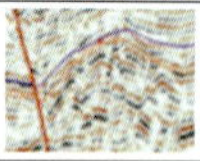	反映火山穹窿围斜构造形态
		内部杂乱断续反射		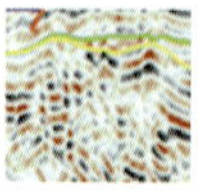	反映火山快速喷发后火山口的内部形态
水平切片	外部轮廓	常为圆形、椭圆形，长短轴比多小于2	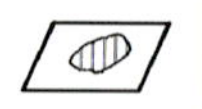		某一深度火山体边界形态
	不同深度外部轮廓	从上到下面积增大，形态变得更为复杂	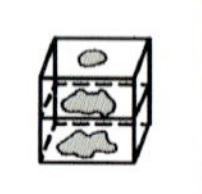	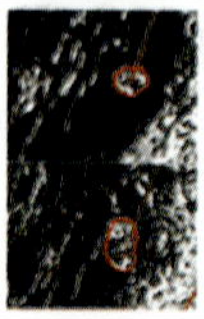	不同深度火山体形态
	结构特征	内部具杂乱或不连续反射特征；外部为连续反射同相轴所包围，边界清晰		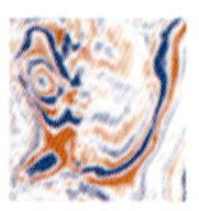	椭圆形代表火山体边界，外围连续反射是外部沉积岩的反射特征

图 3-1　火山机构地震响应特征

1）火山锥地震响应特征

火山锥俗称火山头或火山体，是火山机制控制下的火山岩堆积高地，围绕火山口呈现穹状的围斜构造。围斜构造的形成是由于火山活动的多旋回喷溢堆积，多种韵律与多期冷凝作用的结果，使火山岩呈不等厚状从火山口向周围低处倾斜，构成穹状围斜构造。

火山体在地形上表现为正地貌，剖面外部形态根据下伏地层形态和后期地质作用可分为4类，其顶部反射特征均表现为丘形隆起，底部反射面形态多变。火山活动结束后，由于岩浆物质冷凝收缩作用，火山口下凹，所以，顶部同相轴反射特征往往呈下拉现象；塌陷破火山口壁内陡外缓，顶部反射往往表现为地堑式或半地堑式下拉。

在火山通道附近，底板围岩因岩浆上侵、刺穿作用而被破坏，在地震上表现为杂乱反射或同相轴陡立；翼部表现为上超或披盖，反映了火山活动结束后的沉积作用。

2）围斜构造地震响应特征

火山体的围斜构造在地震上表现为火山体两侧同相轴相背倾斜。有时由于地震资料的辨晰度或其他复杂地质因素影响，这种反射特征并不十分清晰，只在火山通道附近表现为相背；如果为塌陷破火山口，则火山通道附近，同相轴相向排列，是岩层下落后的反射特征。

在平面上，火山体外部轮廓常为圆形或椭圆形，长轴与短轴之比一般为1～2。在不同深度的水平切片上，从上到下，面积增大；由于火山下部受水流冲刷作用及其他地质作用较强，往往形态复杂化。在切片中，内部火山体具杂乱反射或不连续强反射，是火山岩的反射特征；而外围为连续反射的同相轴所环绕，这种连续反射是低洼处沉积岩的响应特征。二者界线明显，清晰可辨。

4. 火山机构类型与分布特征

火山作用通常表现为爆发、喷溢和侵出三种方式，喷发类型表现为裂隙式线状喷发、中心式喷发、熔透式喷发等，本区主要以中心式喷发为主，形成了各种类型的火山机构。

火山机构，尤其是火山机构的中心部位是深层天然气的主要聚集带。所以，盆地内部埋藏火山机构研究具有重要的实用价值。由于经历了暴露剥蚀和断块-埋藏改造作用，盆地内部火山机构是很难识别和圈定的。松辽盆地火山岩极为发育，火山机构数目众多。

徐家围子断陷火山机构数目众多，但个体规模偏小，单个火山机构的规模往往小于同类型的现代火山。分布面积一般为4～50km^2，火山岩厚度为100～600m。相比之下升平地区营城组火山机构规模稍大，坡度较缓，平面上形态多为盾形、扁圆形；而兴城地区营城组火山机构规模稍小，坡度较大，对称性较好，多为近圆形、椭圆形。在喷发方式上，总体呈现受断裂控制的裂隙式喷发，而单个火山岩体呈现出具有相对独立火山机构的中心式喷发。同时，每个喷发点又呈现喷发中心侧向迁移的多中心喷发，相邻火山口及其不同时期的喷出物互相交错叠置，则形成更大规模的复合火山机构。

综合地震资料解释及钻井岩性岩相分析结果，在徐家围子断陷识别出四种主要类型的火山机构，即熔岩火山机构（盾状火山）、复合火山机构（锥状）、碎屑火山机构（碎屑锥）及基性熔岩火山机构（图3-2）。

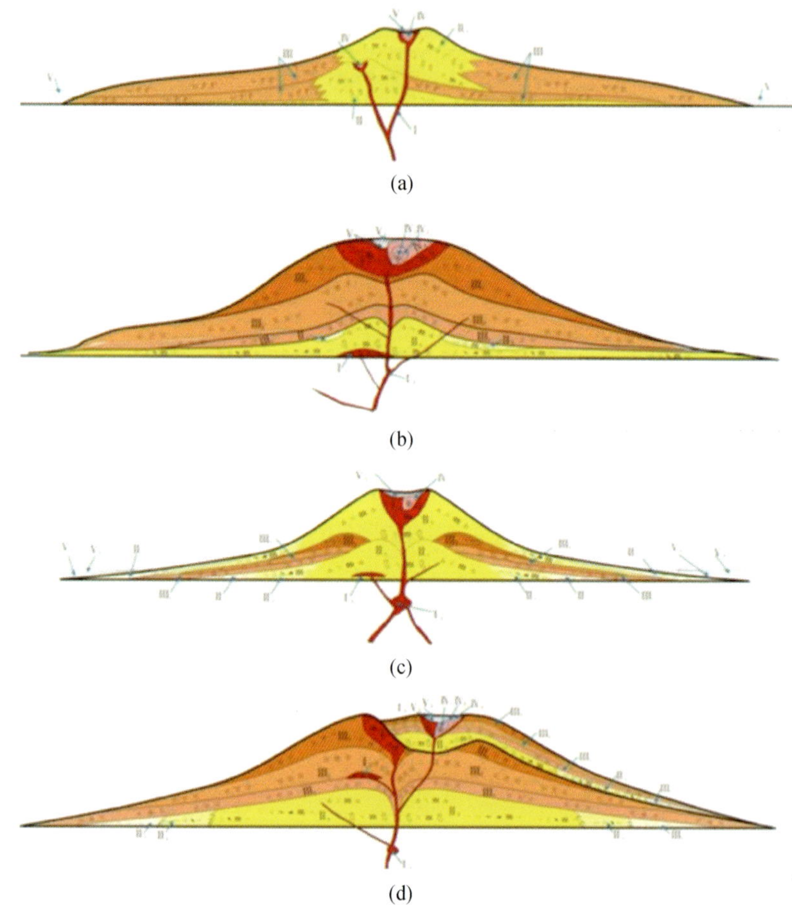

图3-2　徐家围子断陷营城组火山机构模式示意图

1）熔岩火山机构（盾状火山）

熔岩火山机构主要分布在升平地区，典型代表为升深201–升深202井火山机构。升深201–升深202井火山岩段几乎全部由流纹岩、英安岩和安山岩组成，厚度分别为370m和300m，岩相类型以喷溢相为主，夹薄层爆发相。这类火山机构主要沿着区内NNW向断裂带发育，熔浆经由裂隙溢出并顺着两侧斜坡流动而形成的。从与断裂的关系看，以裂隙溢出型为主，兼有沿火山口喷溢型。该类火山机构的岩性、岩相类型单一，岩性主要为流纹质、英安质、安山质、玄武质熔岩，岩相以喷溢相为主，可夹有爆发相的热碎屑流亚相及侵出相。

2）复合火山机构（锥状）

复合火山机构主要为中心式喷发，由爆发和喷溢交互作用形成，其中构成火山机构主体的碎屑岩层广而薄，层数较多；而熔岩层一般短而厚，层数较少。熔岩与碎屑岩常呈互层，熔岩层在其中起着格架的作用；喷溢相与爆发相交替的序列十分明显。本区复合火山机构个体规模通常较大，相邻火山口的喷出物常常交错叠置，形成较大规模的复式火山机构。

典型代表为徐深5井火山机构。钻井揭示，徐深5井火山岩厚448m，岩石类型有流纹质含角砾熔结凝灰岩、流纹岩、流纹质火山角砾岩、流纹质沉凝灰岩等，其中火山碎屑岩约占82%；岩相序列主要为爆发相与喷溢相交替。

3）碎屑火山机构（碎屑锥）

火山碎屑锥是由火山爆发形成的小规模堆积，坡度通常较大，可达30°左右。几乎全部由火山碎屑岩组成，熔岩含量极少。岩相类型以爆发相的空落亚相和热碎屑流亚相为主，其次为火山通道相的火山颈亚相。

典型代表为徐深1井火山机构。徐深1井火山机构位于断裂边缘，钻遇火山岩259m，岩石类型有流纹质晶屑凝灰岩、流纹质沉凝灰岩、流纹质集块熔岩和流纹岩，其中火山碎屑岩比例高达95%，岩相以爆发相的空落亚相和热碎屑流亚相为主。

4）基性熔岩火山机构

基性熔岩火山机构的主要特征为岩石类型以玄武岩为主，夹玄武安山岩，岩相类型以喷溢相为主，其次为火山通道相，爆发相和侵出相少见。爆发相主要集中在火山喷发中心区，分布范围小，形态上多为丘状、锥状。喷溢相的玄武岩、安山玄武岩分布广，平面规模大，呈大面积溢流特征，厚度较薄，一般为几十米至100m左右。

另外，还包括一些熔岩穹丘火山机构，该类火山机构是由黏度大、流动性差的流纹质、英安质熔岩自火山口缓慢挤出地表形成。常形成于火山喷发旋回的末期，内部可见高角度的流动构造。岩相类型以喷溢相和侵出相为主。侵出相的内带亚相经常会出现大规模的“岩穹内松散体”，它们是大的珍珠岩球体的堆积体，是有利的火山岩储集体（王璞珺等，2003b）。该类火山机构不多见。

典型代表为升深2-1井火山机构。升深2-1井位于构造高点，火山岩厚度为330m，几乎全部为流纹岩，中间夹有薄层流纹质火山角砾岩。岩相组合主要为喷溢相、侵出相和火山通道相。

松辽盆地徐家围子断陷发育的营城组火山机构主要受NNW向徐西、徐中和榆西三条区域大断裂控制，在平面上具有沿断裂呈串珠状展布的特点。通常越靠近基底断裂，火山岩厚度越大。

（二）火山机构与断裂带的关系

火山岩是地幔物质在地史中的地表出露，断裂是火山活动的主要垂向通道，深大断裂发育特别是断裂交叉处极有可能发育火山岩。对现代五大连池火山口分布的形态研究，证明深大断裂发育与次级断裂交叉部位对岩浆上侵通道的控制。对于断陷盆地，有学者认为由于同沉积基底断裂的持续拉张导致地壳减薄，深部岩浆容易突破上覆沉积层沿断裂上涌；也有学者认为是由于走滑断裂导致岩浆上涌引起的。不论基底断裂的性质如何，地震资料上解释的断裂存在明显的火山扰动现象，即断裂作为火山垂向通道的认识是一致认可的，而沟通盆地深部岩浆与盆地火山活动是受大规模活动的基底断裂控制，在区域上火山岩宏观的展布规律与基底断裂有密切的相关性（图3-3）。

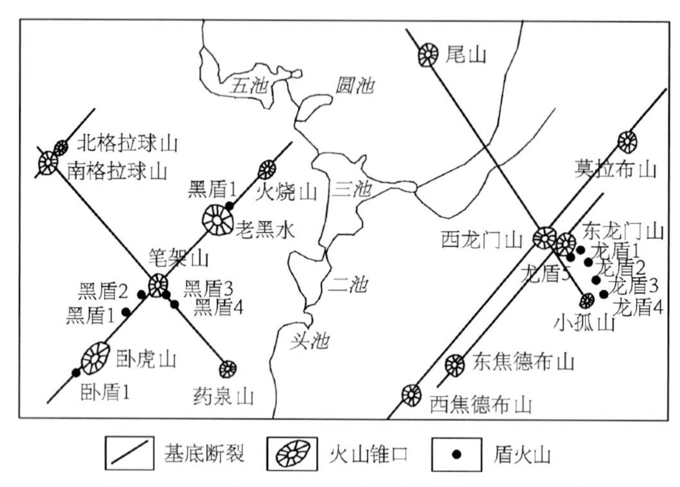

图3-3 五大连池火山口基底断裂及火山分布图

张裂隙常控制了岩墙方位及火山机构（喷口）的分布位置。构造应力场控制岩墙方位，但靠近岩浆房附近，形成放射状岩墙。例如，新西兰Taupo流纹质火山带，出现于断陷盆地内，Taupo流纹质火山岩及其火山口分布受裂谷正断层控制。该区新生代区域构造演化为：记录新生代区域隆升(酸性岩浆上涌)—火山喷发—断陷—火山喷发过程。裂谷带伸展构造应力场及其裂隙系统对火山口和岩墙产状的控制作用，如美国西部Cosco地区第四纪流纹质火山。冰岛裂谷、岩墙及溢流玄武岩，裂隙式喷发受正断层控制，火山口沿断层分布。但是，大型火山上部并不受构造应力控制，而是岩浆本身物理性质起主导作用（图3-4）。

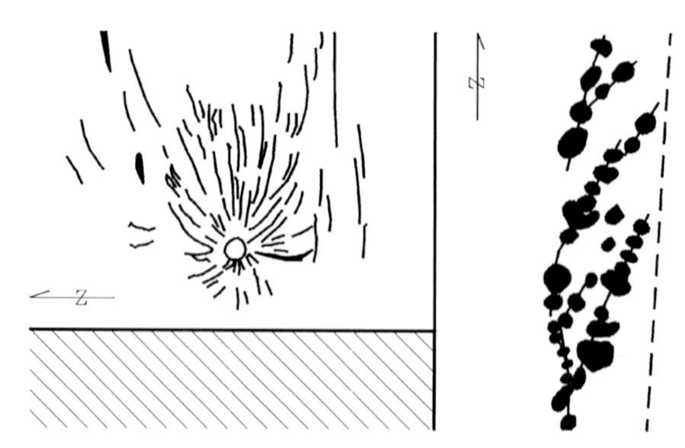

图3-4 断裂对火山机构的控制模式图

火山喷口相对断层的位置，取决于断层倾角，断层倾角越大，火山口离断层迹线越近。断层陡立时火山口邻近断裂分布，而断层倾角变缓时，火山口向下盘方向偏离，远离断层地表迹线，火山口可能受上盘分支断裂通道控制。例如，在亚速尔群岛 San Franciscan 火山群附近，断层倾斜到陡立，火山链平行断裂并靠近断裂分布（图3-5）。

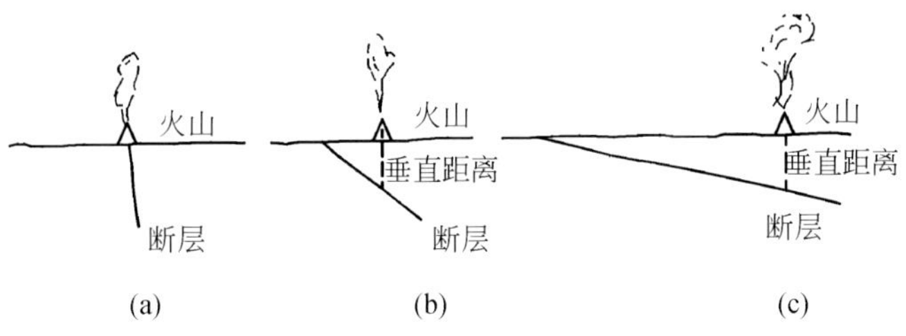

图3-5 火山机构与断裂产状的关系示意图

（三）徐家围子断陷断裂组合特征

徐家围子断陷为陆相火山-沉积岩盆地。断陷内各个构造带都具有火山活动与构造运动双重成因机制，基底断裂及与之匹配的次级断裂和火山活动控制了断陷的构造格局及地层发育。关于徐家围子断陷断裂的构造解释存在两套解释方案，一是存在徐西、宋西和徐东三条断裂（任延广等，2004）；二是存在徐西、徐中和徐东三条断裂（张尔华等，2010）。两种解释方案的相同之处是对于地震反射特征的描述是一致的，不同之处是对基底断裂的性质认识存在差异，第二套方案把先前的徐西断裂和宋西断裂统一解释为低角度的徐西断裂，并提出存在一条 NW-SE 向两盘走滑约 28km 的深大断裂，命名为徐中断裂。关于中部断裂带的特征存在两种不同的观点：依据中部断裂带西侧的断陷期地层存在西倾地震反射特征，认为在兴城地区存在东倾的正断层与西倾的逆断层组合，是受区域挤压应力导致的断弯、断展构造；目前的观点认为，受共轭剪切应力作用在徐中断层发生了大规模的右旋走滑，形成了一个复杂的 NNW 向断裂构造带。

两种解释方案虽各有异同，但对于断裂的分布及地震上的组合形态描述大体相同。为了研究的方便及相关资料的统一性，本书仅采用第二种解释方案来认识本区的基底特征。徐中断裂贯穿整个徐家围子断陷中部，在地震剖面上，断面产状近于直立伸入基底。徐西断裂在徐家围子断陷被徐中断层切割成南北两段，徐西断裂的南段总体走向为 NNW 向，延伸长度 105km，东倾，倾角 16°～45°，其断距在基岩顶面一般为 2217m，最大为 4415m，最小为 954m，平面延伸呈近“S”形。徐东断裂带是由一系列从南向北演化的走滑断裂带构成，走滑断裂带的东侧分支控制了东部斜坡的变形与变位，由于所处构造位置的差异，导致不同位置断裂具有不同的特征，但总体上表现为东侧分支断层规模大。

（四）徐家围子断陷火山喷发类型

徐家围子断陷深部的火山（岩浆）活动主要发生在火石岭组以及营城组沉积时期，

火石岭组是断陷期地层的初始阶段，营城组形成于断拗转换阶段，发育规模较大，并对早期火山活动具有继承、改造作用。根据钻井资料和地震剖面反射特征分析，按照喷发途径，徐家围子断陷营城组火山岩喷发类型主要有三种：①中心式火山喷发，火山喷发物沿颈状管道喷出地面，喷发通道在平面上呈点状。火山通道位于两组或多组断裂交叉点上，喷发物堆积成火山锥。②裂隙式火山喷发，火山喷发物沿一定方向的大断裂喷溢出地表。火山口呈延伸达数十千米的断裂或沿断裂带火山口呈串珠状分布。③复合式火山喷发，裂隙式火山喷发与中心式火山喷发交替出现，两种喷发产物相互叠合形成互层（图3-6）。

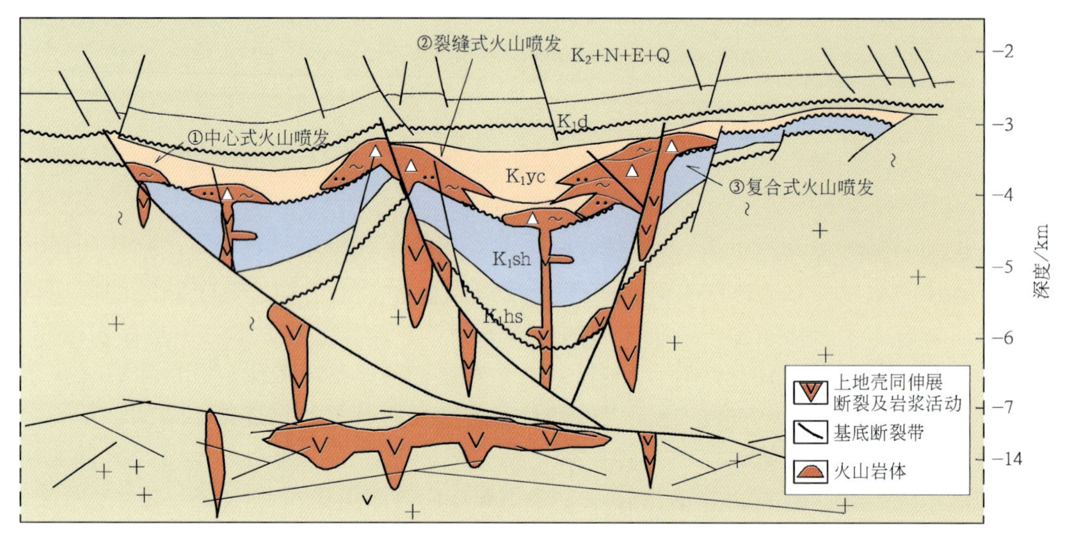

图3-6　徐家围子断陷火山岩宏观喷发模式图

火山（岩浆）活动对徐家围子断陷的地层及构造的影响比较大，从而使深部的地层和构造复杂化（张尔华等，2010），主要体现在如下几个方面：火山活动熔蚀作用对地层的影响；多通道、多期活动以及侧向侵蚀作用对地层的影响；对地层沉积物空间展布的影响；为沉积地层提供一定的物源；对断裂构造的强烈改造作用。火山岩的分布受断裂的控制，同时对断裂构造也起到一定的改造作用。岩浆持续的上涌会对断裂两侧的地层产生挤压和熔蚀作用，使通道扩大，表现为强烈的火山扰动现象，形成楔形火山通道，先存作为火山通道的断裂特征同时被破坏。因此，对火山机构及次级断裂的识别起到了干扰作用。

（五）徐家围子断陷火山喷发模式

火山作用通常表现为爆发、喷溢和侵出三种方式，这三种方式经不同路径运移，形成各种不同类型的喷发模式，不同喷发模式结合交替出现，形成了各种类型的火山机构。

1. 串珠状（层状火山）喷发模式（裂隙式）

火山机构沿陡倾断裂（如徐中断裂、升西断裂）串珠状喷发，断裂控制火山机构及爆发相分布，喷溢相（熔岩）流动由掀斜的断隆肩部向两侧低洼区流动（图3-7）。火山机构形态不对称，并沿着断裂走向迁移，并且火山机构依次斜向叠覆。单个火山机构沿断裂两翼不对称、前进翼加长。

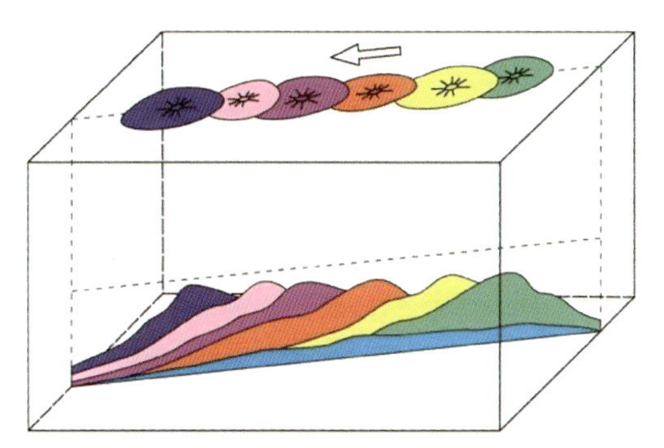

图3-7　串珠状（层状火山）喷发模式图

火山机构沿着断裂走向迁移并侧向叠置，形态不对称，图中箭头指示火山迁移方向

2. 缓倾断层上不对称喷发模式（裂隙式）

火山机构出现于断陷内部（缓倾断裂上盘），受次级正断层控制（徐深7井、升深2-1井、升深203井），火山岩相带不对称，核心出现爆发相，两侧出现喷溢相和沉积相，下降盘喷溢相明显加宽（图3-8）。实例如向东缓倾斜的升西断裂（升深7井以北）。

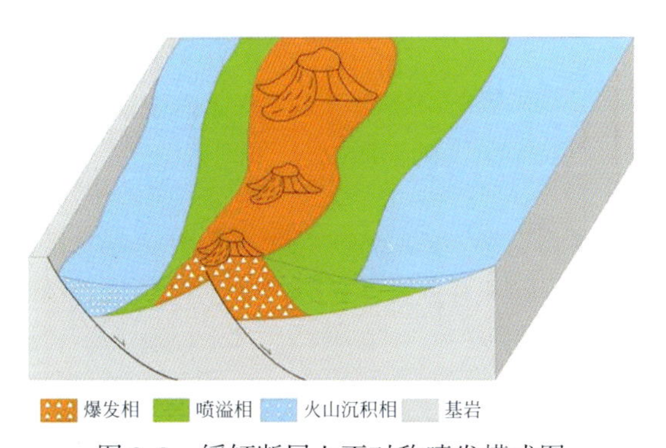

图3-8　缓倾断层上不对称喷发模式图

火山岩相带不对称，核心出现爆发相，两侧出现喷溢相和沉积相，下降盘喷溢相明显加宽

3. 破火山口喷发模式（裂隙式–中心式）

火山机构尺度巨大，顶部保留负地貌；破火山口内及其翼部出现侵出相（图3-9）；破火山口受徐中断裂（徐深3井、徐深5井）或断裂交汇部位控制（徐深10井）。徐中断裂东侧（上盘）的徐东地区破火山口明显增多，并且爆发相的规模和厚度较大。

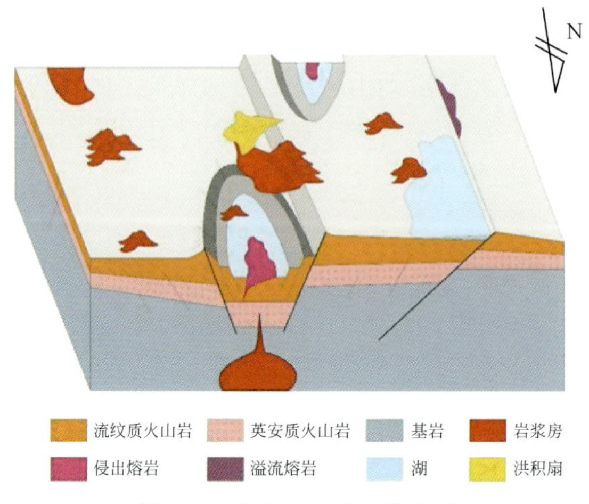

图 3-9　破火山口喷发模式图

火山爆发晚期发生重力垮塌，形成破火山口负地形，爆发相分布规模较大，破火山口内出现侵出相和次级火山锥

（六）徐家围子断陷断裂组合与火山活动的分布特征

火山岩的形成及分布具有“穿层”性，尤其是对下伏地层的改造影响相对较大。因此，针对火山活动对下覆地层的挠动特征来分析火山岩的分布规律及与断裂的关系是一条“有迹可寻”的方法。本书通过在研究区历年的勘探过程中，基于多种地震属性对断陷内营城组两套火山机构的识别和钻探结果，在精细构造解释、火山口识别、火山岩相识别的基础上，根据近火山口岩相带展布、构造位置，确定了三个 NNW 向展布的火山岩圈闭发育带（图 3-10）。

徐家围子断陷基底断裂的性质及与次级断裂的组合关系导致三种不同的岩浆上侵机制。其一，受低角度徐西断裂控制，沿次级断层上侵，火山活动表现为沿次级断裂直接熔穿地层，在平面上呈点状零散分布，表现为中心式喷发特征。主要发育在昌德、徐南地区，以中酸性火山岩为主，火山喷发规模相地较小，火山岩厚度小，典型井为徐深 8 井。但在安达西部地区主要分布晚期的中基性火山岩，推测当时的岩浆活动强度较大，造成安达地区火山岩规模较昌德地区大。其二，受高角度徐中断裂控制，火山活动表现为沿高角度断裂直接上侵并熔穿地层，平面上呈带状分布，表现为裂隙式喷发特征，主要发育在兴城—丰乐地区，典型井为徐深 1 井、徐深 7 井、徐深 9 井等。其三，受徐东花状断裂及分支断裂控制，火山活动表现为沿断裂上侵或直接熔穿地层，纵向上形成多期次喷发，平面上相互叠合，表现为复合式喷发特征。主要发育在徐东地区及安达东部地区，在发生裂隙式喷发过程中伴随着中心式喷发，两种类型叠合在一起（王璞珺等，2008），典型井为徐深 23 井。

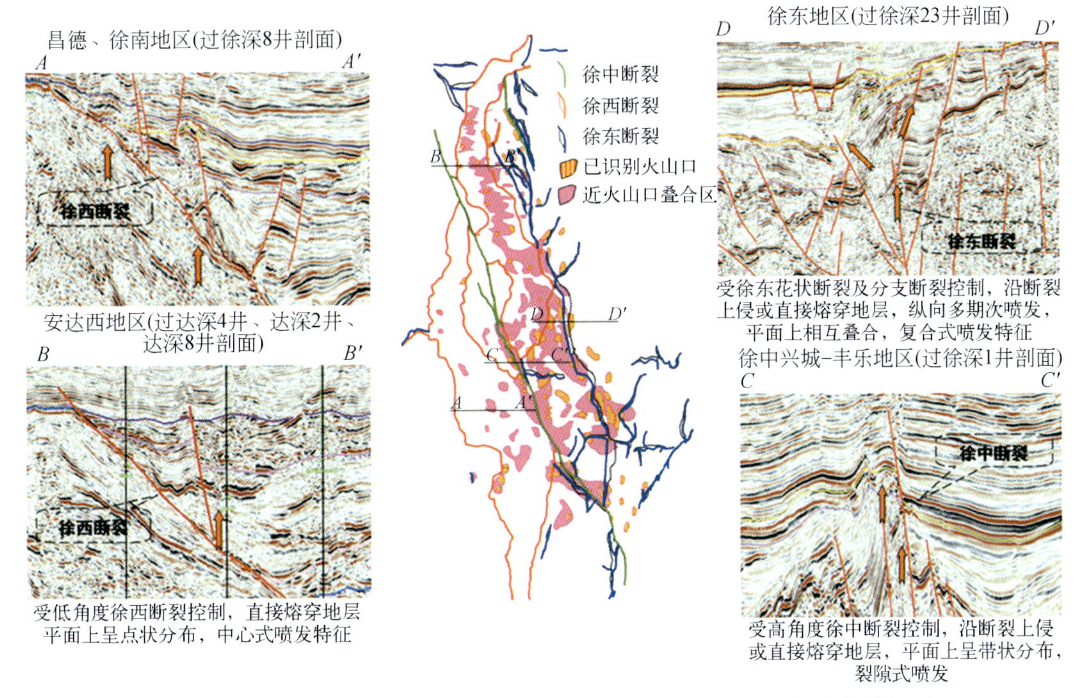

图3-10 徐家围子断陷基底断裂带控制岩浆上侵机制及火山岩分布特征图

二、构造演化与各期火山岩分布特征

在早白垩世时期，东北亚地区广泛发育中小型断陷盆地，松辽盆地北部深层的断陷便是这一区域性断陷群的一部分。早白垩世中期，即登娄库组地层沉积时期，由于东北亚地区地质格局的变革，松辽地区发育了大型拗陷盆地，自此拉开了与周边地区差异性的地质发展历史。晚侏罗世—早白垩世中小型断陷盆地在松辽地区也被埋藏于厚逾数千米的拗陷期地层之下。因此，火石岭组、沙河子组、营城组三套断陷期地层的成因机制、分布规律都存在着明显差异。这种差异意味着断陷期各阶段地质特点的差异。所以，在断陷盆地期（火石岭组—营城组沉积时期）内部，又可进一步划分出初始裂陷期（火石岭期）、强烈断陷期（沙河子期）和断陷萎缩期（营城期）三个阶段，分别代表了断陷盆地的孕育、伸展裂陷和萎缩覆盖三个地质阶段，本书重要说明不同时期的构造对两期火山岩的分布起到控制作用（郭占谦，1998；陈均亮等，1999；陈文涛等，2001；迟元林等，2002）。

（一）初始裂陷的火石岭期火山岩形成规律

初始断裂期系指火石岭组沉积时期，该期是松辽盆地盖层火山岩主要发育时期，其沉积特征是以深水粗碎屑岩及火山岩相分布为主，岩性为火山岩，局部夹黑色泥岩、砂岩、中酸性凝灰角砾岩、凝灰熔岩等。沉积环境主要为火山岩台地，虽有部分断裂活动，但火石岭组并不受控陷断裂控制，其厚度在古地形低凹处较厚，而在古地形较高处则沉积较薄。在这种区域构造背景下，断裂活动并没有控制而形成断陷，只是伴随着基底断裂的活动，在研究区形成了以裂隙式喷发为主的火山岩沉积。此时的构造运动较为动荡，只是在断陷的中心部位相对较稳定，形成了一些细碎屑沉积。

在地震剖面上，火石岭组的反射特征表现为低频强相位与弱反射相间的特点，是火山岩与正常碎屑岩互层的地震响应。该层序顶面的顶削现象明显，而且普遍可见沙河子组地层向火石岭组顶面上超，表明两者之间构造变动的存在。

据近年来的勘探资料，火石岭组在盆地中普遍存在，局部超过千米，火山岩酸性至基性都有发育，其中以中基性火山岩为主，火山岩 K－Ar 同位素年龄为 144.0 ~ 157.1Ma。火山岩大量发育反映火石岭组沉积时期本区壳–幔作用十分强烈。松辽火山岩具如下特征：①成分上具有似双峰特点，以中基性岩浆为主，酸性岩浆次之；②盆地中碱性、亚碱性火山岩系共存，碱性火山岩少，占 36%（76 个样品）；③亚碱性火山岩系列中以钙碱性火山岩为主，约占 73%，拉斑系列火山岩仅为 26%。由此可见，火石岭组火山岩活动时期，盆地既有活动陆缘特点，又有大陆裂谷特征。形成这一特征的根本原因应该是该时期东北板块处于滨太平洋构造域与古亚洲洋构造域的转化时期，近 EW 向挤压与近 SN 向挤压时强时弱的交互变化，使得形成的火山喷发具有活动陆缘与大陆裂谷的双重特征。

钻井资料也反映上述岩性组合的存在。在火石岭组层型剖面上，自下而上由三部分组成：上部和下部是中基性或酸性火山岩，中部是碎屑岩夹煤层。在松辽盆地北部徐家围子地区的芳深 3 井、芳深 10 井、芳深 801 井、朝深 1 井、朝深 5 井、尚深 1 井、尚深 2 井、尚深 3 井、升深 1 井、升深 101 井、升深 5 井、升深 6 井、升深 7 井、卫深 5 井、徐深 1 井等钻遇或钻穿火石岭组的火山岩，徐深 1 井钻遇火石岭组一段。齐家–古龙地区只有同深 1 井和葡深 1 井钻遇火石岭组，主要岩性为流纹质岩屑凝灰岩、含角砾凝灰岩、煌斑岩、紫红色和紫灰色安山玄武岩、安山岩呈不等厚互层，紫红色凝灰质泥岩等。莺山–庙台子地区庄深 1 井、庙深 1 井、三深 1 井、双深 10 井钻遇火石岭组中基性火山岩夹碎屑岩地层。在二深 1 井钻遇的侵入岩为灰绿色、棕灰色花岗岩，绿灰色、灰绿色闪长岩和浅绿色、灰色花岗斑岩。杜尔伯特地区杜 22 井、杜 15 井、杜 14 井等，梅里斯地区杜 13 井等也钻遇火石岭组。在盆地南部，德惠地区万 17 井揭露火石岭组 282.0m，上部岩性为杂色含砂砾岩夹薄层浅灰色泥质粉砂岩；下部为灰绿色、杂色凝灰质角砾岩，紫色、灰色、紫红色玄武岩。万 5 井火石岭组火山碎屑岩与火山熔岩互层厚度达 915m。据地震资料分析该组分布较广泛，最厚可达 1200 余米，直接覆盖在上古生界绢云母石英片岩之上。梨树地区火石岭组地层为一套以火山碎屑岩及火山喷发岩为主的沉积建造，岩性主要为凝灰角砾岩、凝灰岩、安山岩、玄武岩夹凝灰质砾岩，直接覆盖于上古生界浅变质岩之上。

（二）断陷萎缩的营城期火山岩分布特征

断拗转化时期亦即断陷盆地萎缩时期。这里我们强调该时期是断陷盆地的萎缩阶段，是一个老盆地、老构造应力场、老区域地质格局的结束时期，与前人认为的该时期是断陷期向坳陷期的继承性过渡有实质性的区别，其特征体现在以下几个方面。

1. 区域性沉积–沉降格局发生了变化

不仅沙河子期沉积区发生沉积作用，有些隆起地区也下降接受沉积，断陷间隆起区变窄，营城组地层并不严格受控陷断层控制，但与断陷内的控陷断裂关系密切。局部地区，营城组地层最厚处分布于断陷中心部位，但远离断层，这可能是由于继承性火山作用上侵的独特作用。断陷内的基底断裂断距大、切割深，沟通岩浆房，为岩浆底辟、顶蚀的侵位机制提供基础，此时是区域性裂陷逐渐由强减弱的时期，火山活动也由强变弱。

2. 营城期末存在区域性的剥蚀夷平作用

在滨北的林甸–黑鱼泡地区，与其他深层断陷规模发育较大的区域（如徐家围子地区、莺山–庙台子地区等）相比，营城组地层明显变薄。而且地震剖面揭示，营城组火山岩的不整合现象明显，主要表现为营城组的顶削和上覆登娄库组地层的超覆。在滨北的其他地区，营城组地层基本全区缺失，沙河子组（或火石岭组）与上伏泉头组以上地层直接接触。

即使在位于大型坳陷盆地的沉降中心的中央坳陷区，虽然地层呈整合接触，营城期顶面的剥蚀现象在地震剖面上不易识别，但镜质组反射率提供了剥蚀存在的证据。据古龙–徐家围子地区钻井资料，卢双舫等（2002）利用镜质组反射率反演了14口井的埋藏史。根据这14口井的埋藏史，我们统计分析了营城期以来各地质时期的古埋藏深度，结果显示，古龙–徐家围子地区在营城期末的古埋藏深度基本一致，说明即使在古龙–徐家围子地区，营城期末也存在一期较强的剥蚀夷平作用，当时的构造活动微弱。此外，据徐家围子地区钻井资料，对深层地层镜质组反射率与现今埋藏深度的关系统计分析表明，断陷期地层与坳陷期地层间存在一明显的热演化间断，期间镜质组反射率变化很小，这也间接说明了断陷期末发生过剥蚀夷平作用。

在松辽盆地北部，营城组地层分为四段，自下而上岩性特征为：营一段以酸性火山岩为主，常见类型有流纹岩、紫红色和灰白色凝灰岩；营二段为灰黑色砂泥岩、绿灰色和杂色砂砾岩，有时夹数层煤；营三段以中性火山岩为主，常见类型有安山岩、安山玄武岩；营四段为灰黑色、紫褐色砂泥岩，绿灰色、灰白色砂砾岩。

营城组火山岩在北部分布范围广，在松辽盆地北部徐家围子地区肇深5井、肇深6井、肇深8井、肇深9井、肇深10井、芳深5井、芳深6井、芳深7井、芳深8井、芳深9井、芳深10井、芳深701井、芳深801井、芳深901井、昌102井、昌103井、升深2井、升深4井、升深5井、升深7井、升深101井、升深201井、宋深1井、宋深2井、宋深3井、宋深101井、宋3井、汪深1井、卫深3井、卫深4井、卫深5井、卫深501井等均有不同程度的钻遇或钻穿。主要岩性为流纹岩、凝灰岩、安山岩、砂泥岩，个别井出现煤层或煤线。

（三）热收缩拗陷的登娄库组、青山口组时期火山岩分布特征

早白垩世晚期登娄库组时期，火山活动从大面积的溢流、喷发转为局部流溢、喷发，其活动范围变小，主要集中在大兴安岭东坡。岩石组合为一套玄武粗安岩-粗安岩，且与下伏地层呈角度不整合接触。盆地中登娄库组中的火山岩却很少，主要为碱性玄武岩和橄榄玄武岩。该组火山活动无论在数量上和分布范围上均较前两组有较大程度的缩小，且主要集中在大兴安岭东坡，说明其岩浆起源亦有其相对的独立性。

晚白垩世早期的青山口组，盆地以沉积建造为主，只在局部盆地西南部的阜新地区可见晚白垩世火山岩为一套粗面玄武岩组合，该组碱性玄武质岩浆又明显不同于登娄库组的火山岩，其发育的区域亦不同，因此也应视为一独立的岩浆事件。

总之，中生代的火山活动非常强烈，在整个中生代火山旋回过程中，又可分出四个相对次一级的火山旋回，且随着时间的推移每个次一级的火山旋回，无论在活动强度、影响范围、活动区域，还是火山岩的数量上都相对减弱，其岩性也有所变化，说明每个次一级的火山旋回，其岩浆起源具有相对的独立性。

第四章　松辽盆地北部火山岩储层特征及控制因素

第一节　火山岩储层发育特征

一、岩性、岩相特征

（一）火山岩岩石类型和结构构造特征

用火山岩化学全岩分析数据，以 SiO_2 和 K_2O+Na_2O 为横坐标和纵坐标作散点图对火山岩进行化学成分岩石分类。结果显示松辽盆地徐家围子地区深层火山岩岩性复杂多样，从基性到酸性均有产出，但以中基性到酸性为主（图 4-1）。典型岩石类型有玄武岩、安山玄武岩、安山岩、粗面岩、英安岩、流纹岩、凝灰岩及火山碎屑岩八类。

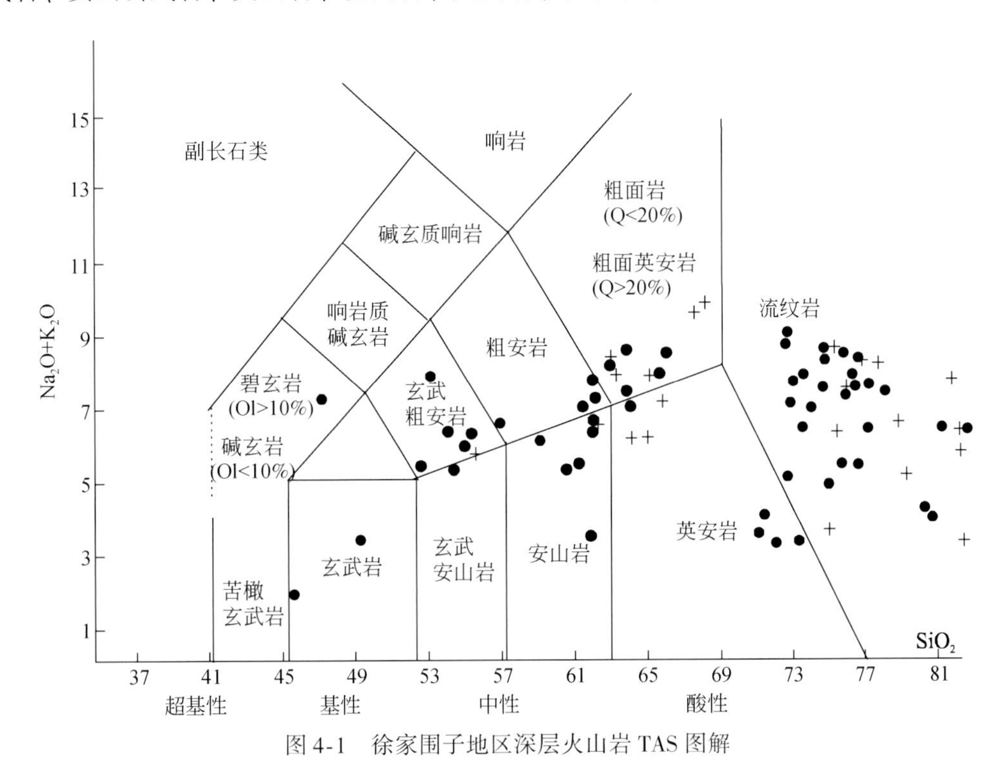

图 4-1　徐家围子地区深层火山岩 TAS 图解

玄武岩：见于朝深 1 井、芳深 6 井、宋深 2 井、双深 10 井、肇深 9 井、庄深 1 井，为基性喷出岩，呈黑色或褐黑色，具块状构造、气孔-杏仁结构、斑状结构，基质常见间粒结构、间隐结构。SiO_2含量为45%～52%，主要以硅酸岩成分出现，很少见石英晶体，长石以斜长石为主，富铁质矿物（图4-2）。

安山玄武岩：见于升深1井、升深7井、宋深1井、宋深2井、双深10井，是安山岩与玄武岩之间的过渡类型，呈黑色或绿黑色，局部可见石英微小晶体，具块状构造、斑状结构，基质为间粒结构、间隐结构（图4-3）。

图4-2　玄武岩（岩屑，宋深2井，3302m，营三段下部，正交偏光）

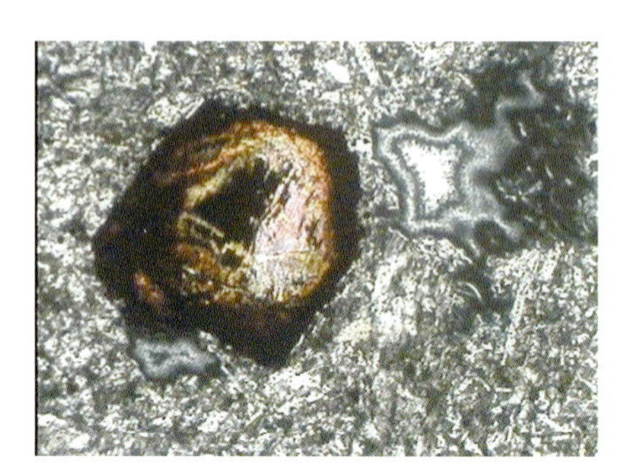

图4-3　安山玄武岩（宋深2井，2965m，营三段顶部，正交偏光）

安山岩：见于朝深1井、朝深5井、齐深1井、双深10井、三深1井、三深2井、尚深1井、升深101井、升深6井、宋深1井、宋深3井、卫深4井、庄深1井，为中性喷出岩，呈黑色、黑褐色、墨绿色，具斑状结构，基质交织结构或玻基交织结构，斑晶主要为斜长石（占长石总量的2/3以上）、角闪石，SiO_2含量为52%～63%，石英常以微晶或隐晶质的形式与斜长石微晶形成交织结构（图4-4）。

粗面岩：见于朝深5井、升深7井、宋深2井，中性喷出岩，与安山岩的区别在于呈浅灰色或浅灰黄色，斑晶中的长石主要为碱长石，其含量占长石总量的2/3以上，基质主要为粗面结构（图4-5）。

图4-4　安山岩（岩屑，升深6井，3910m，火石岭组上段，正交偏光）

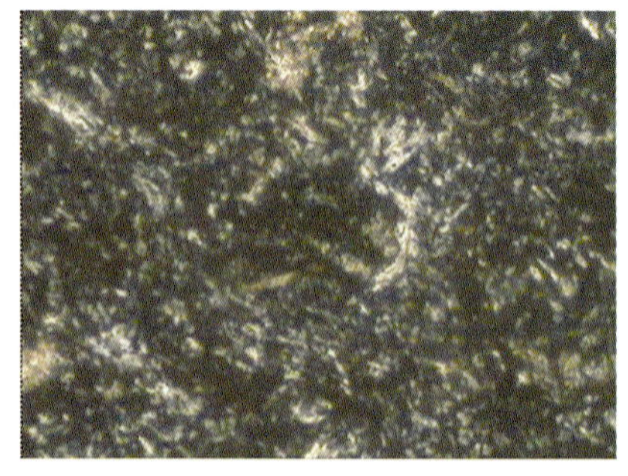

图4-5　粗面岩（朝深5井，3835.69m，火石岭组上段底部，正交偏光）

英安岩：见于朝深1井、尚深1井、升深6井、升深101井、宋深1井、宋深2井、汪903井、双深10井、肇深7井、庄深1井，为安山岩与流纹岩之间的过渡类型，呈灰色、灰绿色，具斑状结构，斑晶以斜长石为主，其次为石英，基质为交织结构，与安山岩的区别在于具有石英晶体，与流纹岩的区别在于含有较多的长石晶体（图4-6）。

流纹岩：流纹岩在徐家围子地区分布广泛，钻遇流纹岩的井主要有朝深1井、朝深4井、朝深5井、朝深6井、芳深7井、芳深9井、升深2井、升深201井、汪903井、徐深1井、肇深6井、肇深8井、肇深10井、庄深1井等，呈灰色、灰白色、灰黄色，流纹构造、气孔构造发育，是深层火山岩气藏的主要储层之一，具斑状结构（斑晶主要为石英、长石晶体）、球粒结构、玻璃质结构（珍珠岩）或隐晶质结构（霏细岩）。徐家围子地区流纹岩中 SiO_2 含量一般均在70%以上，长石为碱性长石和斜长石，暗色矿物含量小（图4-7）。

图4-6　英安岩（宋深2井，3158.00m，营三段中部，正交偏光）

图4-7　流纹岩（升深6井，3328.00m，沙河子组上部凝灰质碎屑岩-火山岩互层段，正交偏光）

凝灰岩：见于朝深1井、朝深2井、朝深3井、朝深5井、朝深6井、二深1井、芳深5井、芳深6井、芳深7井、芳深701井、芳深9井、芳深901井、三深2井、尚深2井、尚深3井、升深201井、升深4井、升深5井、升深6井、升深7井、双深10井、宋深2井、宋深3井、宋3井、肇深5井、肇深9井、庄深1井，呈灰白色、灰色，由火山碎屑构成，优势碎屑粒径在2mm以下，成分以酸性为主，常见类型为玻屑凝灰岩、晶屑凝灰岩、角砾凝灰岩。具凝灰结构，分选差，成层性不明显（图4-8）。

火山角砾岩：见于朝深5井、芳深3井、芳深9井、升深101井、升深201井、升深7井、双深10井、宋深1井、肇深8井、庄深1井，由火山碎屑在原地经成岩作用形成，优势碎屑粒径为2～64mm（图4-9）。

图4-8　凝灰岩（双深10井，2753.00m，营一段中上部，单偏光）

图4-9　火山角砾岩（庄深1井，2820.00m，火石岭组上段，正交偏光）

(二) 火山岩地球化学特征

松辽盆地断陷期层序主要有下白垩统火石岭组中性为主的火山岩—火山碎屑岩(145～157Ma)、下白垩统沙河子组含煤碎屑岩(130～145Ma)和营城组流纹岩为主的火山岩—火山碎屑岩(113～130Ma)。火石岭组火山岩包括安山岩、粗面岩、粗面安山岩、玄武质安山岩、玄武质粗面安山岩、流纹岩。沙河子组主要由碎屑岩和含煤层系组成。营城组以酸性和中酸性岩为主，也有基性岩发育，主要包括流纹岩、英安岩、安山岩、粗面岩、粗面安山岩、玄武粗面安山岩、玄武安山岩及碧玄岩。

火石岭组和营城组火山岩地球化学特征列于表4-1。总的来说，本区火山岩稀土元素含量中高，富集K、Ba、Th、U、Sr等大离子亲石元素，而亏损Nb、Ta、Ti、P、Zr、Hf、Y等高场强元素。

表4-1　松辽盆地断陷期火山岩地球化学特征

地化指标	营城组	火石岭组	岛弧火山岩	大陆裂谷火山岩
TAS	酸性岩为主	中性岩为主	中酸性岩为主	基性岩和碱性岩为主
岩石化学系列	钙碱性为主	钙碱性为主	钙碱性为主	碱性为主
Al_2O_3/(K_2O+Na_2O)	<1	<1	<1	>1
元素/primitive mantle	K正异常	K正异常	K正异常	K负异常
Eu负异常	常见	常见	常见	无
Rb/Sr	0.024～1.753	0.02～0.433	0.018～1.47	0.02～0.05
LREE/球粒陨石	20～200	8～100	5～>100	50～>200
HREE/球粒陨石	6～20	3～15	5～15	10～50
Nb/Zr	0.05～0.18	0.008～0.095	0.01～0.15	>0.15

火山岩的化学成分是火山岩分类和命名的主要依据。火成岩岩石系列、组合称为岩石构造组合，是反映大地构造背景的重要标志。火成岩系列组合常常表征一定的大地构造背景，亦即对应一定的构造位置。火成岩通常划分为拉斑玄武岩系列、钙碱性系列和碱性系列，三个系列火成岩与一定的大地构造环境相对应。

全碱-硅图解(TAS)分类是适合于火山岩分类和命名的最有用的分类方法之一。化学数据Na_2O和K_2O的含量之和(全碱-TA)以及SiO_2的含量(S)直接取自岩石分析数据的氧化物wt%数据。TAS图解是用24000个新鲜火山岩的分析数据绘制的，原始数据中每个岩石均有自己的名称。将相邻岩石重叠最小的边界定义为不同岩石分布区域的界线。

火山岩按K_2O和SiO_2含量可以进一步进行分类。Le Maitre等(1989)提出岩石可分为低钾、中钾、高钾的岩石类型。Shand's图解按Al_2O_3、Na_2O、CaO、K_2O的含量将岩石分为偏铝质、过铝质和过碱质。根据TAS、Si-K和Shand's图解对松辽盆地火山岩化学成分进行分类(图4-10、图4-11)。松辽盆地火山岩主要为中铝系列和高铝系列、中钾系列和高钾系列。

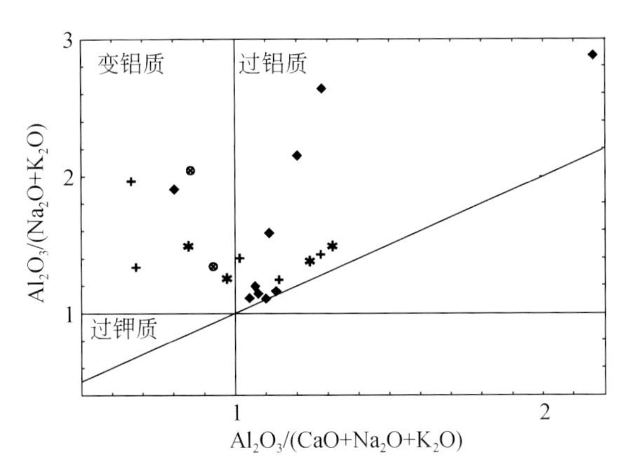

图 4-10　松辽盆地火山岩 Shand's 指数图解

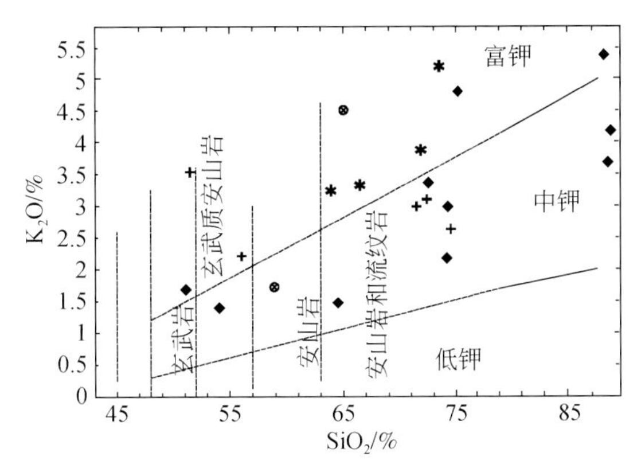

图 4-11　松辽盆地火山岩 K 指数图解

火山岩一般分为碱性和亚碱性系列，亚碱性系列又可进一步分为拉斑玄武岩系列及钙碱性系列。划分碱性与亚碱性系列最方便的就是硅-碱图。划分亚碱性系列中的拉斑玄武岩系列与钙碱性系列，对于中酸性岩，以 AFM 图解较好。松辽盆地火山岩以亚碱性系列为主，也有少量碱性系列，而亚碱性系列中又以钙碱性系列为主（图 4-12）。

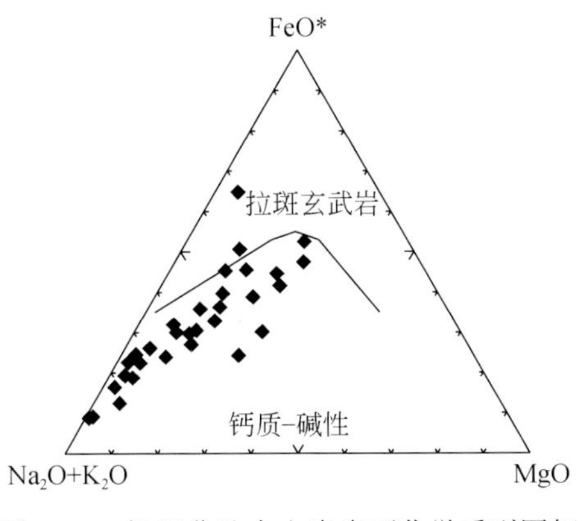

图 4-12　松辽盆地火山岩岩石化学系列图解

松辽盆地火山岩中稀土元素的主要特征是轻稀土元素（La、Ce、Pr、Nd、Sm）相对富集，重稀土元素（Gd、Tb、Dy、Ho、Er、Tm、YB、Lu）相对亏损。铕（Eu）负异常普遍存在（图4-13～图4-16）。轻稀土元素之间分异度大，重稀土元素之间分异度小。岩石主要为钙碱性系列。火石岭组有少量拉斑系列火山岩。火山岩的岩石组合和地球化学属性反映的成岩环境是与俯冲作用有关的活动大陆边缘构造背景。

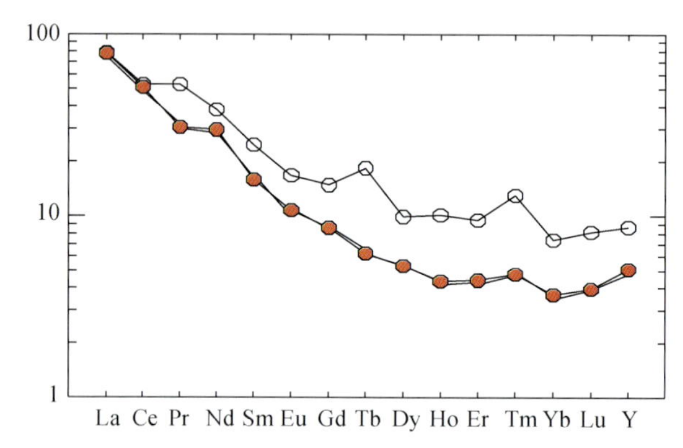

图4-13　松辽盆地火山岩球粒陨石标准化稀土元素配分曲线（安山岩类的典型REE特征）

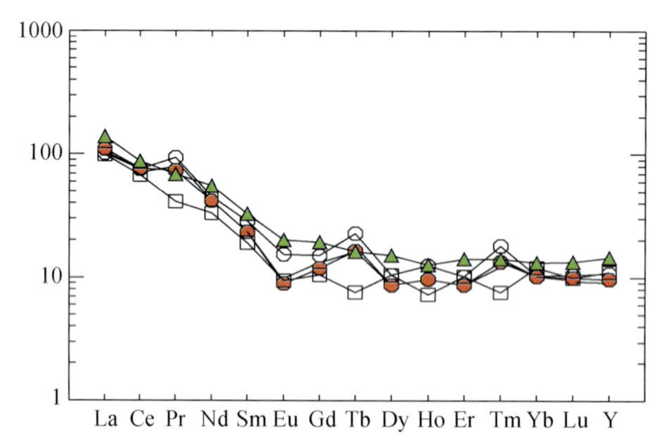

图4-14　松辽盆地火山岩球粒陨石标准化稀土元素配分曲线（粗面岩类的典型REE特征）

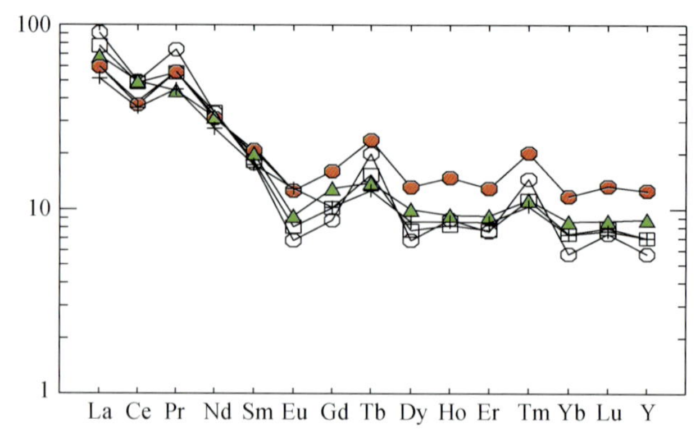

图4-15　松辽盆地火山岩球粒陨石标准化稀土元素配分曲线（英安岩类的典型REE特征）

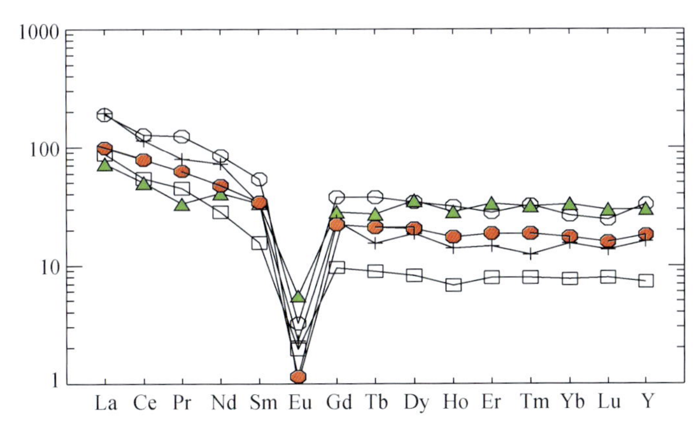

图4-16　松辽盆地火山岩球粒陨石标准化稀土元素配分曲线（流纹岩类的典型REE特征）

（三）火山岩岩相特征

邵正奎等（1999）、陈建文等（2000）和王璞珺等（2006）都从不同角度对松辽盆地营城组及火石岭组火山岩相进行了详细研究，分别将松辽盆地徐家围子断陷内火山岩划分为4～6种岩相类型，包括溢流相、喷溢相、爆发相、火山碎屑流相、基底涌流相和火山-沉积相，但对岩相在不同尺度上的识别标志没有进行详细论述。

从实际应用情况看，目前盆地火山岩相的研究主要是应用已有的剖面火山岩相的分类方案。这样的分类体系主要是依据火山作用方式或喷发-搬运方式，对于研究现代火山作用和火山岩是适合的。在各家的分类方案中对成岩方式论述较少，也未涉及岩相与储层物性的相关性。这样的分类对于以储层建模、评价和预测为主要目的的盆地火山岩相研究而言，已经不能够满足实际需求。

基于岩性和岩石组构等用岩心或岩屑可以观测和准确标示的基本地质属性，强调盆地火山岩研究中的可操作性。将松辽盆地北部火山岩岩相分为5种相、15种亚相。

对于松辽盆地中生界储层火山岩而言，喷后剥蚀改造、后喷披覆、成盆埋藏等一系列地质作用，将对原生火山岩相产生叠加影响。这种后期改造作用往往是决定现今火山岩相特征的重要因素甚至主要因素。

喷溢相是黏度较低的液态（玄武质）岩浆或被挥发分饱和的（安山质、流纹质）岩浆平静地从火山口溢出，在地表有较强的移动能力的熔岩。溢流相的岩性多种多样，从超基性、基性一直到酸性或碱性。熔岩层顶面多孔状，气孔小而密，充填物多，底面发育管状、串珠状、扁平状气孔或气孔带。酸性熔岩冷凝过程中挥发分聚集在岩流的顶部，易形成气孔与孔洞，往往形成泡沫状（浮岩）流纹岩。中部、底部一般不发育气孔。基性熔岩的顶部或上部发育有圆形的、小而多的气孔，气孔带厚。中部气孔为圆形，较大，但数量少，或呈致密块状。底部或下部气孔多，鞋底状或管状、串珠状、人字状，气孔带薄。中性熔岩流的情况基本与基性熔岩流的情况类似。喷溢相是松辽盆地营城组一段火山岩的主要岩相类型。多由细晶流纹岩-流纹构造流纹岩-球粒流纹岩-气孔流纹岩系列组成。岩相垂向分带明显，如肇深6井3529～3626m的火山岩段。

降落（空落）亚相，系指火山爆发形成不同高度的喷发柱，最初受到爆发气流，而后受到大气气流以及风力支撑，在空气介质中搬运的火山碎屑，当初始运能和风速改变时，由于重力作用而下落到地表称为降落，为强调空气作为搬运介质又称空落。空落相主要由玻屑、岩屑（包括浮岩屑）和晶屑等碎屑物组成。一般堆积物孔隙较大、比较松散。空落堆积亚相在营城组一段较常见，主要发育于每个喷发旋回的底部或顶部。在营城组一段珍珠岩相的顶部往往出现火山弹等塑性空落堆积物。

热碎屑流亚相是火山爆发产生的热、气体与碎屑组成的密度流。火山碎屑流由晶屑、玻屑、浮岩和岩石碎屑组成。但其含量变化很大，这主要取决于岩浆的组分和碎屑流的成因。涌流相是由火山碎屑与气体混合组成的密度流。热碎屑流亚相在营城组一段较常见，主要发育于每个喷发旋回的底部或顶部。主要表现为具有各种层理构造的晶屑-玻屑凝灰岩。它们的细粒组分可以成为良好的盖层，中粗粒组分可构成储层，如徐深1井3430～3450m的晶屑凝灰岩段。

侵出相指当岩浆的黏度较大，但气体过饱和程度差，这时火山喷发既不是平静的溢流，也不是猛烈的爆发，而是一些近似固态的黏性熔岩受到内力的挤压，从相对狭小的管道或裂缝中涌出而成丘状、锥状、钟状等较大规则的侵出体，可称为侵出岩穹。侵出相主要见于营城组三段顶部流纹质-安山质-玄武质火山角砾熔岩中，是近火山口相的标志之一，期间经常穿切有隐爆角砾岩的岩脉或契状体。侵出相在钻井中不易鉴别，但根据其塑性-半塑性角砾被流动状熔浆包裹、角砾边缘有烘烤边等特点，仍可以用岩心或岩屑加以鉴定，如肇深8井3536m附近的中酸性角砾熔岩即为侵出相。

火山颈亚相存在于火山管道相组顶部，它只有在火山机构没有破坏前才得以保留。它们是一系列近火山口岩相的组合体。按平面形态可以有圆形、拉长形、裂隙形和变异形火山口，有时还有共轭双轮火山口出现。火山口，尤其是喷火口的直径一般较小，几十米至几百米，1km以上者很少。组成火山口相的岩石以集块岩和火山角砾岩为主，但有时熔岩也不少，在极少的情况下，火山口相可以完全由熔岩组成。最常见的情况是集块岩、火山角砾岩和熔岩（或互层）混合组成。

次火山岩相是火山机构的重要组成部分，形成在火山作用的中、晚期，是熔浆沿火山机构附近的张性裂隙贯入而成。脉岩和熔岩有相似的成分和结构外貌，形成深度介于火山颈相与火山侵入相之间。主要产出形态为环状、锥状和放射岩状岩脉群、平行岩脉群等，复合岩脉和重叠岩脉比较常见。次火山岩相一般位于火山杂岩体的内部或底部，与上覆熔岩的成分比较接近，它可以呈岩床、岩盖、岩盆、岩株、岩枝、岩盘和畸形岩体等产状出现。一般具有浅成至超浅成侵入岩的特征，但常常有熔岩的结构、外貌，与熔岩非常相似。其形成的压力条件，大致相当于侵入深度0.2～2km的压力区间。一般内外接触带的变化较弱，同化混染作用不明显，以机械侵入为主。

次火山岩相在盆地内部较为常见，主要表现为各种次火山岩类，如辉绿岩、闪长玢岩、花岗斑岩等，如芳深9井3900m附近的火山岩即为次火山岩相。

酸性熔岩的内部常具有分带现象。酸性熔岩从底部到上部一个完整的分带可包括：

①珍珠岩质碎屑熔岩带，即珍珠岩的碎屑被次生玻璃质熔岩胶结；②珍珠岩带，珍珠岩（或黑曜岩）与霏细流纹岩条带组成，每个条带厚数毫米到数米；③流纹岩带，往往为斑状流纹岩；④珍珠岩与霏细岩组成的条带；⑤珍珠岩带；⑥顶部带为多孔玻璃质熔岩，甚至出现浮岩。浮岩在中生界火山岩中往往难以保存，多被剥蚀或被埋藏、压实和二次成岩。酸性熔岩的分带性在营一段火山岩中常见。

中基性成分熔岩流分带类似酸性熔岩，但不那么明显，而且气孔构造比较少见，但未完全充填的杏仁构造十分常见，如营三段安山质玄武岩的中部。

由于火山岩一般含有气孔构造，孔隙较大，一旦连通性好，就可以成为储层，所以火山岩具有良好的储集条件，在生油条件和圈闭条件相匹配的情况下是可以形成多种类型的油气藏的。

1. 火山通道相

火山通道相位于整个火山机构的下部，形成于整个火山旋回同期和后期。火山通道相可以划分为火山颈亚相、次火山岩亚相和隐爆角砾岩亚相（表4-2）。

I_1：火山颈亚相。形成于火山作用旋回的各个期，但保留下来的主要是火山旋回后期的产物。大规模的喷发造成地层内部压力显著下降，后期的熔浆由于地层压力的不足，不能喷出地表，在火山通道中冷凝固结。同时，由于热补偿作用，火山口附近的岩层下陷坍塌，破碎的坍塌物被熔浆冷凝胶结，形成火山颈亚相。火山颈亚相直径可达数百米，产状近于直立，通常穿切其他岩层。其代表岩性为熔岩、角砾熔岩和（或）凝灰熔岩、熔结角砾岩和（或）熔结凝灰岩。岩石具斑状结构、熔结结构、角砾结构或凝灰结构，具环状或放射状节理。火山颈亚相的代表性特征是不同岩性、不同结构、不同颜色的火山岩与火山角砾岩相混杂，其间的界线往往是比较清楚的。

I_2：次火山岩亚相。可形成于火山旋回的同期和后期，以后期为主。它是同期或后期的熔浆侵入到围岩中、缓慢冷凝结晶形成的，多位于火山机构下部几百米到1500m，与其他岩相和围岩呈交切状。次火山岩亚相的代表岩性为次火山岩、玢岩和斑岩，具斑状结构至全晶质结构，冷凝边构造，流面、流线构造，柱状、板状节理。次火山岩亚相中常见围岩捕虏体。次火山岩亚相的代表性特征为岩石结晶程度高于其他火山岩亚相，同时又具有熔蚀的斑晶。

I_3：隐爆角砾岩亚相。是岩浆于地下隐伏爆发条件下形成的，可形成于岩浆旋回的同期和后期，以中后期为主。隐爆角砾岩亚相位于火山口附近或次火山岩体顶部，可能穿入其他岩相或围岩，其代表岩性为隐爆角砾岩，具隐爆角砾结构、自碎斑结构和碎裂结构，筒状、层状、脉状、枝杈状和裂缝充填状构造。角砾间的胶结物质是与角砾成分相同或不同的岩汁（热液矿物）或细碎屑物质，是由富含挥发分的岩浆入侵破碎岩石带，产生地下爆发作用形成。隐爆角砾岩亚相的代表性特征是岩石由“原地角砾岩”组成；即不规则裂缝将岩石切割成“角砾状”，裂缝中充填有岩汁或细角砾岩浆，充填物岩性和颜色往往与主体岩性相似但不完全相同。

表 4-2　盆地火山岩相分类和亚相特征(5 相,15 亚相)

相	亚相	搬运机制和物质来源	成岩方式	特征岩性	特征结构	特征构造	相序和相律	储层空间类型
Ⅴ. 火山-沉积岩相(可形成于火山旋回任何时期,与其他火山岩相侧向相变或互层)	V_3. 凝灰岩夹煤沉积	凝灰质火山碎屑和成煤沼泽环境的富植物泥炭	压实成岩	火山凝灰岩与煤层互层或夹煤线	陆源碎屑结构	韵律层理、水平层理	位于距离火山机构穹窿较近的沼泽地带	碎屑颗粒间孔及各种次生孔和缝
	V_2. 再搬运火山碎屑沉积岩	火山碎屑物经过水流作用改造	压实成岩	层状火山碎屑岩-凝灰岩	陆源碎屑结构	交错层理、槽状层理、粒序层理、块状构造	位于火山机构穹窿之间的低洼地带	碎屑颗粒间孔及各种次生孔和缝
	V_1. 含外碎屑火山碎屑沉积岩	以火山碎屑为主可能有其他陆源碎屑物质加入	压实成岩	含外来碎屑的火山凝灰质砂砾岩	陆源碎屑结构	交错层理、槽状层理、粒序层理、块状构造	位于火山机构穹窿之间的低洼地带	碎屑颗粒间孔及各种次生孔和缝
Ⅳ. 侵出相(多形成于火山旋回后期)	$Ⅳ_3$. 外带亚相	熔浆舌前缘冷凝、变形并铲刮和包裹新生及先期岩块,在内力挤压流动	熔浆冷凝熔结新生和先期岩块和碎屑	具变形流纹构造的角砾熔岩	熔结角砾结构、熔结凝灰结构	变形流纹构造	侵出相岩穹的外部	角砾间孔缝、显微裂缝
	$Ⅳ_2$. 中带亚相	高黏度熔浆受到内力挤压流动,堆砌在火山口附近成岩穹	熔浆(遇水淬火)冷凝固结	致密块状珍珠岩和细晶流纹岩	玻璃质结构、珍珠结构、少斑结构、碎斑结构	块状构造,岩体呈层状、透镜状和披覆状	侵出相岩穹的中带	原生显微裂隙、构造裂隙
	$Ⅳ_1$. 内带亚相			枕状和球状珍珠岩		岩球、岩枕构造,产状呈岩穹	侵出相岩穹的核心	岩球间空隙、岩穹内大型松散体

续表

相	亚相	搬运机制和物质来源	成岩方式	特征岩性	特征结构	特征构造	相序和相律	储层空间类型
Ⅲ. 喷溢相(多形成于火山旋回中期)	Ⅲ$_3$. 上部亚相	含晶出物和同生角砾的熔浆在后续喷出物推动和自身重力的共同作用下沿着地表流动	熔浆冷凝固结	气孔流纹岩	球粒结构、细晶结构	气孔构造、杏仁构造、石泡构造	流动单元上部	气孔、石泡空腔、杏仁体内孔
	Ⅲ$_2$. 中部亚相			流纹构造流纹岩	细晶结构、斑状结构	流纹构造	流动单元中部	流纹理层间缝隙
	Ⅲ$_1$. 下部亚相			细晶流纹岩及含同生角砾的流纹岩	玻璃质结构、细晶结构、斑状结构、角砾结构	块状或断续的变形流纹构造	流动单元下部	板状和契状节理缝隙及构造裂缝
Ⅱ. 爆发相(形成于火山旋回早期)	Ⅱ$_3$. 热碎屑流亚相	含挥发分的灼热碎屑-浆屑混合物,在后续喷出物推动和自身重力的共同作用下沿着地表流动	熔浆冷凝胶结+压实作用	含晶屑、玻屑、浆屑、岩屑的熔结凝灰岩	熔结凝灰结构、火山碎屑结构	块状、正粒序、逆粒序,火山玻璃定向排列,基质支撑	火山旋回早期多见,爆发相上部	颗粒间孔,同冷却单元上下松散中间致密,底部可能发育几十厘米松散层

续表

相	亚相	搬运机制和物质来源	成岩方式	特征岩性	特征结构	特征构造	相序和相律	储层空间类型
Ⅱ. 爆发相（形成于火山旋回早期）	Ⅱ$_2$. 热基浪亚相	气射作用的气－固－液态多相浊流体系在重力作用下近地表呈悬移质搬运	压实为主	含晶屑、玻屑、浆屑的凝灰岩	火山碎屑结构（以晶屑凝灰结构为主）	平行层理、交错层理、逆行沙波层理	多在爆发相中下部或与空落相互层，低凹处厚，向上变细变薄	有熔岩围限且后期压实影响小则为好储层（岩体内松散层），晶粒间孔隙和角砾间孔缝为主
	Ⅱ$_1$. 空落亚相	气射作用的固态和塑性喷出物（在风的影响下）做自由落体运动	压实为主	含火山弹和浮岩块的集块岩、角砾岩，晶屑凝灰岩	集块结构、角砾结构、凝灰结构	颗粒支撑、正粒序层理、弹道状坠石	多在爆发相下部，向上变细变薄，也可呈夹层	
Ⅰ. 火山通道相（位于火山机构下部）	Ⅰ$_3$. 隐爆角砾岩亚相	富含挥发分岩浆入侵破碎岩石带产生地下爆发作用	与角砾成分相同或不同的岩汁（热液矿物）或细碎屑胶结	隐爆角砾岩	隐爆角砾结构、自碎斑结构、碎裂结构	筒状、层状、脉状、枝杈状，裂缝充填状	火山口附近或次火山岩体顶部，可能穿入其他岩相或围岩	原生显微裂隙
	Ⅰ$_2$. 次火山岩亚相	同期或晚期的潜侵入作用	熔浆冷凝结晶	次火山岩、玢岩和斑岩	斑状结构、全晶质结构	冷凝边构造，流面、流线构造，柱状、板状节理，捕虏体	火山机构下部几百米至1500m与其他岩相和围岩呈交切状	柱状和板状节理的缝隙、接触带的裂隙
	Ⅰ$_1$. 火山颈亚相	熔浆流动停滞并充填在火山通道，火山口塌陷充填物	熔浆冷凝固结、熔浆熔结各种角砾和凝灰质	熔岩和角砾/凝灰熔岩及熔结角砾岩/凝灰岩	斑状结构、熔结结构、角砾/凝灰结构	环状或放射状节理，岩性分带	直径数百米、产状近于直立、穿切其他岩层	环状和放射状裂隙

2. 爆发相

爆发相形成于火山作用的早期和后期，可分为三个亚相：空落亚相、热基浪亚相、热碎屑流亚相。

$Ⅱ_1$：空落亚相。其主要构成岩性类型为含火山弹和浮岩块的集块岩、角砾岩、晶屑凝灰岩，但是，浮岩由于其孔隙过于发育，在成岩过程中，受压实作用影响非常大，而且，浮岩还特别易于风化，因而，徐家围子地区深层目前还没有发现浮岩层。空落亚相常具有集块结构、角砾结构和凝灰结构，常表现为正粒序，颗粒支撑。空落亚相是固态火山碎屑和塑性喷出物在火山气射作用下在空中做自由落体运动降落到地表，经压实作用而形成的。多形成于爆发相下部，向上粒度变细，有时也呈夹层出现。空落亚相的代表性特征是具有层理的凝灰岩层被弹道状坠石扰动的“撞击构造”。

$Ⅱ_2$：热基浪亚相。其主要构成岩性为含晶屑、玻屑、浆屑的凝灰岩，火山碎屑结构，以晶屑凝灰结构为主，具平行层理、交错层理、逆行沙波层理，是气射作用的气–固–液态多相体系在重力作用下在近地表呈悬移质搬运，重力沉积，压实成岩作用的产物。多形成于爆发相的中下部，向上变细变薄，或与空落相互层。热基浪亚相的代表性特征是发育构造层理构造，尤其是逆行砂波层理（反丘）构造。

$Ⅱ_3$：热碎屑流亚相。其主要构成岩性为含晶屑、玻屑、浆屑、岩屑的熔结凝灰岩，熔结凝灰结构、火山碎屑结构，块状，基质支撑，是含挥发分的灼热碎屑–浆屑混合物，在后续喷出物推动和自身重力的共同作用下沿地表流动，受熔浆冷凝胶结与压实共同作用而形成，以熔浆冷凝胶结为主。多见于爆发相上部。原生气孔发育的浆屑凝灰岩是热碎屑流亚相的对比性岩石。

3. 喷溢相

喷溢相形成于火山作用旋回的中期，是含晶出物和同生角砾的熔浆在后续喷出物推动和自身重力的共同作用下，在沿着地表流动过程中，熔浆逐渐冷凝固结而形成。喷溢相在酸性、中性、基性火山岩中均可见到，一般可分为下部亚相、中部亚相、上部亚相。下面以松辽盆地营城组酸性喷出岩为例，对各种亚相进行介绍。

$Ⅲ_1$：下部亚相。代表岩性为细晶流纹岩及含同生角砾的流纹岩，玻璃质结构、细晶结构、斑状结构、角砾结构，具块状或断续的流纹构造，位于流动单元的下部。喷溢相下部亚相岩石的原生孔隙不发育，但脆性强，裂隙容易形成和保存，所以是各种火山岩亚相中构造裂缝最发育的。

$Ⅲ_2$：中部亚相。代表岩性为流纹构造流纹岩，细晶结构、斑状结构，流纹构造，位于流动单元的中部。喷溢相中部亚相是唯一的原生孔隙、流纹理层间缝隙和构造裂缝都发育的亚相，也是孔隙分布较均匀的岩相带。中部亚相往往与原生气孔极发育的喷溢相上部亚相互层，构成孔–缝“双孔介质”极发育的有利储集体。

$Ⅲ_3$：上部亚相。代表岩性为气孔流纹岩或球粒流纹岩，气孔呈条带状分布，沿流动方向定向拉长，球粒结构、细晶结构，气孔构造、杏仁构造、石泡构造，位于流动单元的上部。上部亚相是原生气孔最发育的相带，原生气孔占岩石体积百分比可高达

25%～30%，原生气孔之间通过构造裂缝连通。由于气孔的影响，构造裂缝在上部亚相中主要表现为不规则的孔间裂缝，而规则的、成组出现的裂缝较少。喷溢相上部亚相一般是储层物性最好的岩相带。

4. 侵出相

侵出相形成于火山活动旋回的后期，其外形以穹窿状为主，划分为内带亚相、中带亚相和外带亚相。

$Ⅳ_1$：内带亚相。内带亚相位于侵出相岩穹的内部，代表岩性为枕状和球状珍珠岩，玻璃质结构，岩球、岩枕构造，总体产状呈穹窿状。该亚相的原生裂缝最为发育，在微观和宏观尺度上原生裂缝均呈环带状。在宏观尺度上玻璃质珍珠岩沿着环带状裂隙破碎成几厘米至几十厘米的火山玻璃球体，这些球状堆积物之间充填着较细的玻璃质碎屑，使得大的珍珠岩球体松散地胶结在一起。由于这种堆积物的骨架坚硬，同时有侵出相中带珍珠岩和外带角砾熔岩作为坚硬的外壳披覆其上，起到保护作用，所以，在一个大的侵出相火山岩穹窿的内部往往发育有大规模的“岩穹内松散体”。这种松散体的物性通常是非常好的。

$Ⅳ_2$：中带亚相。中带亚相位于侵出相岩穹的中部，内带亚相和中带亚相均是由于高黏度熔浆在内力挤压作用下流动，遇水淬火，逐渐冷凝固结，在火山口附近堆砌成岩，常见结构有玻璃质结构、珍珠结构、少斑结构和碎斑结构。代表岩性为致密块状珍珠岩和细晶流纹岩，块状构造，岩体呈层状、透镜状和披覆状。该亚相的岩石脆性极强，构造裂缝极易形成同时也易于再改造，所以总的来看构造裂缝不如喷溢相下部亚相发育。

$Ⅳ_3$：外带亚相。位于侵出相岩穹的外部，其代表岩性为具变形流纹构造的角砾熔岩。它们是熔浆舌在流动过程中，其前缘冷凝、变形并铲刮和包裹新生及先期岩块，在内力作用下流动，最终固结成岩。岩石具熔结角砾结构、熔结凝灰结构，常见变形流纹构造。

5. 火山-沉积岩相

火山-沉积岩相是经常与火山岩共生的一种岩相，可出现在火山活动的各个时期，碎屑成分中含有大量火山岩岩屑，主要为火山岩穹窿之间的碎屑沉积体。火山-沉积岩相主要为冲积扇和山间河流冲积相。松辽盆地北部的火山-沉积岩相中经常含煤，说明有间湾沼泽沉积相。火山-沉积岩相的主要特点可以用沉积岩的沉积相术语加以描述，本书不再详细讨论。

二、孔隙特征

（一）不同类型岩石中主要孔隙类型及特征

通过岩心和铸体薄片的观察，松辽盆地北部主要火山岩孔隙类型包括以下几种：

气孔（包括气孔被充填后的残余孔、杏仁体内孔）、脱玻化孔、矿物溶蚀孔（有原生及次生矿物的溶蚀，包括长石、碳酸盐岩、钠铁闪石等）、火山灰溶蚀孔、粒间粒内孔、球粒周边及粒间收缩缝、裂缝及微裂缝等类型。其中气孔、脱玻化孔、矿物溶蚀孔、火山灰溶蚀孔、裂缝及微裂缝、粒间粒内孔等是主要的孔隙类型。可归纳为三种主要类型：一是与岩石形成后的物理作用有关，如脱玻化孔隙、收缩缝孔等；二是溶蚀孔，这些孔隙的形成主要和岩石形成后的物理化学环境有关，取决于岩石与流体的相互作用；三是与构造应力作用有关的裂缝及微裂缝。实际上可能并不只限于这三种主要类型，还可能有更多的类型。但与岩石演化作用有关的次生孔隙主要为脱玻化孔和溶蚀孔，在火山岩次生孔隙形成机制研究中脱玻化作用及溶蚀作用是其主要作用。以上各类储集空间一般不单独存在，而是以某种组合形式出现。

储集空间与储集岩岩石类型有着密切的关系，不同的岩石类型有着不同类型的储集空间组合。气孔是火山岩最常见的孔隙类型，也是最重要的储集空间之一。气孔的发育为流体提供了通道和空间，因此气孔的发育在一定程度上决定了次生孔隙的发育。气孔中或周边常常生长石英、钠长石、菱铁矿等矿物，堵塞了储集空间，形成残余气孔或无孔隙。气孔可以出现在各种类型的火山岩中，但主要出现在熔岩中。脱玻化孔是重要的储集空间之一，这种类型孔隙虽然很小，但面积大、连通性好，加之与脱玻化产生的长石溶孔结合在一起，因此对于本区储集性能起了重要作用。脱玻化孔主要出现在球粒流纹岩中。长石、碳酸盐岩等矿物的溶蚀为沿节理部分溶蚀，矿物的溶蚀孔可以出现在各种类型的火山岩中。火山灰的溶蚀是熔结凝灰岩、凝灰岩最重要的储集空间之一，火山灰的溶蚀一般情况下形成大量微孔隙，孔隙虽小，但由于数量多，连通性好，因此能形成好的储层，当火山灰强烈溶蚀时，可形成大的溶洞，这时会形成很好的储层。砾内砾间孔为火山角砾岩、集块岩的重要孔隙类型。局部发育的微裂缝可以出现在各种类型的火山岩中，为流体及油气的运移提供了通道。

由上述可以看出储集空间与岩石类型有关，不同的岩石类型具有不同的孔隙类型。气孔、溶蚀孔、微裂缝是各种类型的火山岩共有的孔隙类型，脱玻化孔主要出现在球粒流纹岩中，火山灰的溶蚀及塑变岩屑中存在的气孔、气孔被充填后的残余孔及杏仁体内孔，长石以及碳酸盐矿物溶蚀产生的孔隙，局部发育的微裂缝等主要出现在熔结凝灰岩中。凝灰岩的储集空间除没有塑变岩屑中存在的气孔及杏仁体内孔外，其他均与熔结凝灰岩相同。砾内砾间孔主要出现在火山角砾岩、集块岩中。气孔、长石（碳酸盐）溶孔、微裂缝，主要出现在粗面岩、英安岩、粗安岩、安山岩、玄武岩中。

安达地区火山岩主要岩石类型为流纹岩、英安岩、安山岩、玄武安山岩、安山玄武岩、玄武岩、火山角砾岩、安山质含角砾凝灰岩、流纹质凝灰岩、流纹质熔结凝灰岩。储层岩石类型主要为流纹岩、英安岩、玄武岩、凝灰岩，储集空间主要为气孔、脱玻化孔、长石溶孔、裂缝及少量火山灰溶孔等。

升平地区火山岩主要岩石类型为球粒流纹岩、流纹岩；其次为流纹质熔结凝灰岩、火山角砾岩、流纹质凝灰岩及少量粗面岩。储层岩石类型主要为球粒流纹岩、流纹岩，储集空间主要为气孔、脱玻化孔、长石溶孔、裂缝等类型。

兴城地区火山岩岩石类型主要为流纹岩、流纹质熔结凝灰岩、流纹质凝灰岩、火山角砾岩、粗面岩、粗安岩、英安岩、集块岩等，主要储集岩石类型为流纹岩和流纹质熔结凝灰岩，储集空间主要为气孔、脱玻化孔、火山灰溶孔、长石溶孔、裂缝等。

为了探讨安达、升平、兴城地区火山岩主要孔隙类型分布规律，对49口井的岩石面孔率及其孔隙的主要结构类型的相对含量进行了镜下鉴定，并进行了统计计算，其中安达地区7口井，升平地区9口井，兴城地区33口井，共有742个样品，安达地区85个样品、升平地区156个样品、兴城地区501个样品，获得数据5194个。

首先对安达、升平、兴城地区单井不同岩性原生孔隙、次生孔隙及各主要孔隙类型最大值、最小值及平均值进行统计计算。在此基础上进一步统计计算了安达、升平、兴城地区不同岩性面孔率、原生孔隙、次生孔隙及各主要孔隙类型最大值、最小值及平均值（表4-3～表4-5）。

表4-3　安达地区不同岩性面孔率、原生孔隙、次生孔隙及各主要孔隙类型最大值、最小值及平均值（%）

岩石类型			火山角砾岩	安山岩	玄武岩	流纹岩	凝灰岩	流纹质熔结凝灰岩
面孔率		最小值	0.00	0.00	0.00	0.90	0.10	0
		最大值	4.00	9.00	5.00	6.40	2.00	3.2
		平均值	0.94	3.02	0.70	3.16	0.79	1.65
原生孔隙	气孔	最小值		0.00	0.00	0.00		
		最大值		8.00	4.00	3.50		
		平均值		3.50	0.48	0.70		
次生孔隙	脱玻化孔	最小值				0.00	1	
		最大值				4.00	1	
		平均值				0.92	1	
	长石溶孔	最小值	0	0.00		0.00	0.00	0
		最大值	0.20	2.00		3.00	1.00	2
		平均值	0.07	0.90		0.98	0.22	1.00
	火山灰溶孔	最小值	0.00				0.00	0
		最大值	0.20				0.40	1
		平均值	0.07				0.14	0.40
	砾内砾间孔	最小值	0.40					
		最大值	2.00					
		平均值	1.13					
	微裂缝	最小值	0.00	0.00	0.00	0.00	0.10	0
		最大值	4.00	0.50	1.00	1.80	1.50	1
		平均值	0.58	0.12	0.20	0.55	0.64	0.25

续表

岩石类型		火山角砾岩	安山岩	玄武岩	流纹岩	凝灰岩	流纹质熔结凝灰岩
原生孔隙	最小值	0.00	0.00	0.00	0.00	0.00	
	最大值	0.00	8.00	4.00	3.50	0.00	
	平均值	0.00	2.10	0.48	0.70	0.00	
次生孔隙	最小值	0.00	0.00	0.00	0.00	0.00	0
	最大值	4.00	2.00	1.00	4.00	1.50	2
	平均值	0.57	0.30	0.13	2.17	0.26	1.65
n		10	10	9	37	15	4

由表4-3可以看出安达地区面孔率最大的岩石为安山岩，其面孔率最大值为9%，原生孔隙及长石溶孔最大值为安山岩，分别为8%和2%，脱玻化孔最大值的岩石为流纹岩，其值为4%；火山灰熔蚀孔最大值的岩石为流纹质熔结凝灰岩，其值为1%；砾内砾间孔、微裂缝最大值为火山角砾岩，其值分别为2%和4%。

表4-4　升平地区不同岩性面孔率、原生孔隙、次生孔隙及各主要孔隙类型最大值、最小值及平均值（%）

岩石类型			流纹岩	流纹质凝灰岩	流纹质熔结凝灰岩	火山角砾岩	粗面岩
面孔率		最小值	0	0	0	0.9	1
		最大值	13	5	2	2	3
		平均值	2.22	1.06	0.69	1.63	2.33
原生孔隙	气孔	最小值	0	0	0	0	0
		最大值	11	1.5	1.8	0.5	2
		平均值	1.55	0.11	0.34	0.17	0.83
次生孔隙	脱玻化孔	最小值	0				
		最大值	6				
		平均值	0.46				
	长石溶孔	最小值	0	0	0	0	0.2
		最大值	1	0.5	0.2	0.4	3
		平均值	0.06	0.13	0.06	0.13	1.17
	火山灰溶孔	最小值		0	0	0	
		最大值		4.5	1	1.6	
		平均值		0.64	0.21	0.53	
	砾内砾间孔	最小值			0.4	0	
		最大值			0.4	1	
		平均值			0.06	0.63	
	微裂缝	最小值	0	0	0	0	0
		最大值	1.5	1	0.1	0.5	0.8
		平均值	0.10	0.18	0.01	0.17	0.33

续表

岩石类型		流纹岩	流纹质凝灰岩	流纹质熔结凝灰岩	火山角砾岩	粗面岩
原生孔隙	最小值	0	0	0	0	0
	最大值	11	1.5	1.8	0.5	2
	平均值	1.55	0.11	0.34	0.17	0.83
次生孔隙	最小值	0	0	0	0	0
	最大值	6	4.5	1	1.6	2.8
	平均值	0.62	0.95	0.34	1.47	1.50
n		133	10	7	3	3

由表4-4可以看出升平地区面孔率最大的岩石为流纹岩，其面孔率为13%。原生孔隙最大值也出现在流纹岩中，为11%；脱玻化孔和微裂缝最大值岩石均为流纹岩，分别为6%和1.5%；火山灰熔蚀孔最大值岩石为流纹质凝灰岩，其值为4.5%；砾内砾间孔最大值均为火山角砾岩，其值为1%；长石溶蚀孔最大值岩石为粗面岩，其值为3%。

表4-5 兴城地区不同岩性面孔率、原生孔隙、次生孔隙及各主要孔隙类型最大值、最小值及平均值（%）

岩石类型			流纹岩	流纹质凝灰岩	流纹质熔结凝灰岩	火山角砾岩	粗面岩	英安岩	粗安岩	安山岩	沉凝灰岩
面孔率		最小值	0.00	0.00	0.00	0.00	0.00	0.10	0.00	0.10	0.00
		最大值	10.00	22.00	9.00	14.50	0.60	1.00	0.00	3.00	1.00
		平均值	1.94	4.96	2.76	4.14	0.43	0.53	0.00	1.10	0.34
原生孔隙	气孔	最小值	0.00	0.00	0.00	0.00	0.00	0.10		0.00	0.00
		最大值	10.00	3.00	6.00	10.00	0.40	0.60		2.00	0.00
		平均值	1.38	0.24	1.34	2.17	0.24	0.27		0.80	0.00
次生孔隙	脱玻化孔	最小值	0.00	0.00	0.00	0.00					
		最大值	4.00	1.50	0.40	1.00					
		平均值	0.36	0.11	0.13	0.26					
	长石溶孔	最小值	0.00	0.00	0.00	0.00	0.00	0.00			
		最大值	5.00	6.50	4.00	0.04	0.40	0.40			
		平均值	0.15	0.90	0.52	0.07	0.19	0.40			
	火山灰溶孔	最小值		0.00	0.00	0.00					
		最大值		12.50	6.00	8.00					
		平均值		4.70	1.27	0.79					

续表

岩石类型			流纹岩	流纹质凝灰岩	流纹质熔结凝灰岩	火山角砾岩	粗面岩	英安岩	粗安岩	安山岩	沉凝灰岩
次生孔隙	砾内砾间孔	最小值		0.00	0	0.00					
		最大值		1.00	5	8.00					
		平均值		0.13	2.50	2.80					
	钠铁闪石溶孔	最小值			0.00						
		最大值			1.00						
		平均值			0.16						
	微裂缝	最小值	0.00	0.00	0.00	0.00				0.00	0.00
		最大值	2.60	21.00	2.00	3.00				1.00	1.00
		平均值	0.14	1.52	0.18	0.50				0.30	0.34
原生孔隙		最小值	0.00	0.00	0.00	0.00	0.00	0.10		0.00	0.00
		最大值	10.00	3.00	6.00	10.00	0.40	0.60		2.00	0.00
		平均值	1.34	0.22	1.34	1.86	0.24	0.27		0.80	0.00
次生孔隙		最小值	0.00	0.00	0.00	0.00	0.00	0.00	0.00	0.00	0.00
		最大值	5.00	21.00	6.00	8.00	0.40	0.40	0.00	1.00	1.00
		平均值	0.32	3.95	0.70	2.23	0.19	0.27	0.00	0.30	0.10
n			207	60	170	29	18	3	2	4	8

由表4-5可以看出兴城地区面孔率最大的岩石为流纹质凝灰岩，其值为22%，原生孔隙最大的岩石为流纹岩和火山角砾岩，均为10%；脱玻化孔最大的岩石为流纹岩，其值为4%；火山灰熔蚀孔、长石溶蚀孔及微裂缝最大的岩石为流纹质凝灰岩，其值分别为12.5%、6.5%及21%；钠铁闪石溶孔最大的岩石为流纹质溶结凝灰岩，其值为1%；砾内砾间孔最大的岩石为火山角砾岩，其值为8%。

（二）孔隙形成演化特征

1. 充填作用与孔隙演化

为了定量评价不同类型的孔隙及气孔的充填作用，本书不仅对不同成因的主要孔隙进行了系统观察和确定了它们的含量（如面孔率、气孔、脱玻化孔、长石溶孔、火山灰溶孔、砾间砾内孔、微裂缝），而且对原生气孔（喷发时总的气孔）、残余气孔、充填气孔及气孔的充填物类型（如石英、方解石、菱铁矿、铁质氧化物、长石、绿泥石等）进行了系统观察。由于火山岩的原生孔隙主要为气孔，所以主要研究气孔充填作用对储层的影响，下面将以玄武岩、安山岩、流纹岩为例进行说明。

松辽盆地北部玄武岩发育局限，只出露在达深井区，下面以达深3井的玄武岩为例进行研究。玄武岩样品取自达深 3 井 3240.76～3248.03m 的深度，面孔率变化于 0～4.3%，孔隙主要由气孔和微裂缝组成。原生气孔变化于 1%～10%，残余气孔变化于 0～4%，充填气孔变化于 1%～6%，气孔的充填物为石英、方解石、绿泥石、浊沸石、葡萄石等。由图 4-17 可看出面孔率的变化趋势与气孔含量的变化趋势一致，面孔率主要受气孔含量的制约。充填气孔含量与原生气孔含量的变化趋势一致，充填气孔主要受方解石充填的影响。

安山岩取自达深 4 井 3268.49～3274.49m 的深度，面孔率变化于 0～12%，主要为气孔（0～11%）、长石溶孔、微裂缝，原生气孔变化于 1%～30%，残余气孔变化于 0～11%，充填气孔变化于 1%～19%，气孔的充填物为石英、方解石、绿泥石、浊沸石等。由图 4-18 可看出面孔率的变化趋势与气孔含量的变化趋势一致，说明面孔率主要受气孔含量的影响。充填气孔含量与原生气孔含量的变化趋势一致，气孔主要受石英、方解石充填的影响。原生气孔含量、充填气孔含量、残余气孔含量与面孔率的变化趋势一致，说明面孔率主要受原生气孔含量的影响，这与前面探讨的火山岩岩性-主要孔隙类型-储层物性关系的规律是一致的。

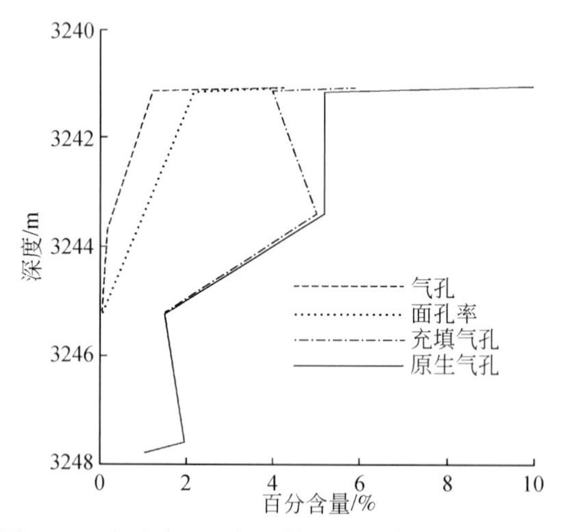

图 4-17　玄武岩（达深 3 井）面孔率与气孔特征图

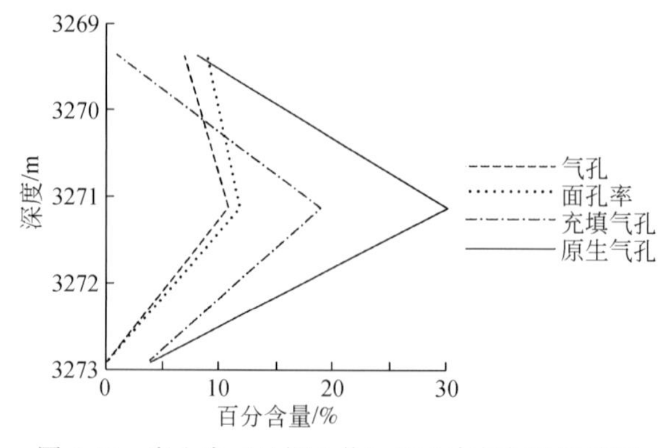

图 4-18　安山岩（达深 4 井）面孔率与气孔特征图

徐家围子断陷内流纹岩广泛出露，下面以徐深302井的流纹岩为例进行研究。流纹岩取自徐深302井4006.86～4013.76m的深度，面孔率变化于1.5%～3.1%，主要为气孔、脱玻化孔、微裂缝，原生气孔变化于10%～12%，残余气孔变化于1.5%～2.5%，充填气孔变化于7.5%～10.5%，气孔的充填物为石英、方解石、长石、绿泥石、铁质氧化物等。由图4-19可看出面孔率的变化趋势与气孔含量的变化趋势一致，说明面孔率主要受气孔含量的制约。充填气孔含量与原生气孔含量的变化趋势基本一致，充填气孔主要受铁质氧化物、石英充填的影响。

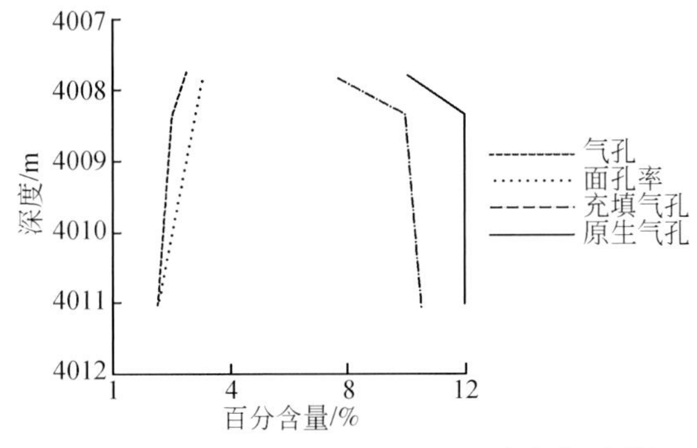

图4-19 流纹岩（徐深302井）面孔率与气孔特征图

同样从徐深9井（图4-20）、达深401井（图4-21）可看出充填气孔含量与原生气孔含量的变化趋势基本一致，面孔率的变化趋势与气孔含量变化趋势一致，面孔率主要由气孔组成，还有其他类型的孔隙。

由上述可知，火山熔岩的面孔率主要受气孔含量的制约，气孔含量又与原生气孔含量和充填气孔含量有关，气孔含量虽受到充填作用的影响，但原生气孔含量是残余气孔含量的基础。

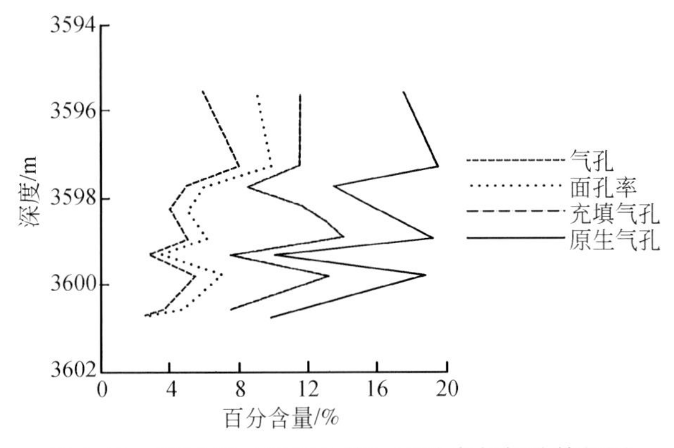

图4-20 流纹岩（徐深9井）面孔率与气孔特征图

2. 孔隙形成演化序列

由前所述火山岩最基本的孔隙类型主要有三大类：原生孔隙、次生孔隙、裂缝。原生孔隙主要为气孔（包括气孔被充填后的残余孔、杏仁体内孔）、粒间收缩孔缝；次

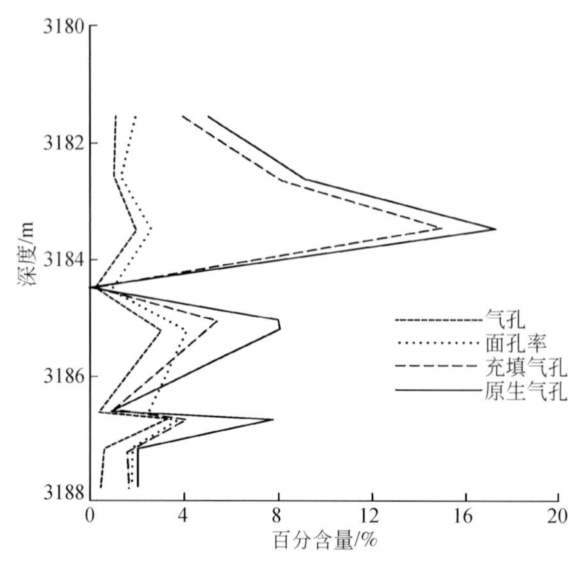

图4-21　流纹岩（达深401井）面孔率与气孔特征图

生孔隙主要有两类：脱玻化孔和溶蚀孔；裂缝有裂缝和微裂缝。火山灰溶蚀孔、砾间砾内孔等孔隙类型可由上述最基本的孔隙组合而成，各种孔隙在储层中起着重要作用。

气孔出现在火山岩形成阶段，所以气孔最先形成。脱玻化孔（包括火山灰溶蚀孔）和长石溶孔是在火山岩原岩的玻璃和矿物中产生的，因此这两种孔隙会在次生孔隙中首先产生。而次生矿物的溶蚀孔是在次生矿物形成之后产生的，因此形成于次生矿物之后。由前面研究已知主要次生矿物有石英、方解石、菱铁矿、钠长石、钠铁闪石、绿泥石、绿帘石、铁质氧化物、黏土矿物、云母和硅质，其次还有黄铁矿、萤石、氟碳钙铈矿等极少量的次生矿物。根据显微镜下的岩石学特征可知溶蚀而形成孔隙的次生矿物主要有方解石、菱铁矿、钠铁闪石、绿泥石、绿帘石，这些次生矿物都是在酸性环境下发生溶蚀的，因此次生矿物的形成顺序在一定程度上代表了次生矿物的溶蚀顺序。根据火山岩的岩石类型、不同类型气层及次生矿物形成的先后关系，表4-6列出了次生矿物的形成顺序。

下面根据显微镜下的岩石学特征为孔隙形成演化顺序提供岩石学证据。

1）脱玻化孔形成于长石溶孔之前

图4-22为球粒流纹岩的脱玻化孔，气孔被石英等矿物充填，脱玻化形成的钾长石穿插在充填于气孔的石英中，说明钾长石形成于石英生成之前。而石英又充填于长石溶孔中，说明石英形成于长石溶孔生成之后。所以推断脱玻化孔形成于长石溶孔之前。另外，从脱玻化作用的地质事实及实验、理论计算可支持这一岩石学证据。温度升高有利于玻璃质中质点的活动及重新排列，直接影响着脱玻化的时间，热可来源于岩浆的喷出、侵入岩的烘烤、热变质、热液活动等。据实验及理论计算资料表明，由玻璃质变为霏细结构，在300℃时需100万年；400℃时只需几千年。压力能促进脱玻化，因为玻璃质变为结晶质，体积变小，因此，静压力，尤其构造应力使火山岩易于脱玻化。压力来自上覆地层及构造活动，火山岩喷出后被埋于地下，受到一定的力，加以

岩浆中的热量等影响，又有一定的温度及水分，更易于脱玻化，可见火山岩喷出地表后用不了多长时间就可发生脱玻化作用。

表 4-6　在不同类型气层中次生矿物形成顺序表

岩性	气层类型	矿物充填顺序	井号	总体特征
安山岩	低产	菱铁矿→绿泥石→玉髓	徐深 13	钠长石、石英→菱铁矿，石英、方解石→菱铁矿
球粒流纹岩	含气水层	石英、钠长石→菱铁矿	升深 2-25	
	工业气层	石英（二次加大）→菱铁矿→铁质矿物	升深 2-1	
		石英→菱铁矿	升深更 2、升深 2-12、徐深 8-1	
		石英→菱铁矿→石英	徐深 903	
		石英→裂缝	升深 2-1	
		菱铁矿→方解石	升深 2-12	
		石英→绿泥石，铁质矿物→绿泥石、钾长石溶孔→绿帘石→绿泥石→绿帘石溶蚀有黑边→铁质	肇深 10	
		钠长石→绿泥石	徐深 3	
	低产气层	石英→菱铁矿、钠长石→钠铁闪石	徐深 6	长石溶孔在先，石英、菱铁矿、方解石充填在后
		石英→菱铁矿→铁矿物	徐深 301	
		钠长石溶孔→铁矿物→气孔→玉髓→脱玻化→石英、碳酸盐化强烈、菱铁矿少	汪 905	
流纹岩	干层	方解石、菱铁矿、石英不发育，黏土矿物	汪 905	

2）钠铁闪石溶孔形成于长石溶孔之后

在徐深 6 等井区广泛发育钠铁闪石，同时在长石溶孔中可见到钠铁闪石（图 4-23），显然钠铁闪石形成于长石溶孔生成之后，在钠铁闪石形成之后发生了钠铁闪石的溶蚀，形成菱铁矿及铁质氧化物。

图 4-22　球粒流纹岩，脱玻化形成的钾长石穿插在充填气孔的石英中，升深 2-1 井，2864. 84～2865m，（-），5×10

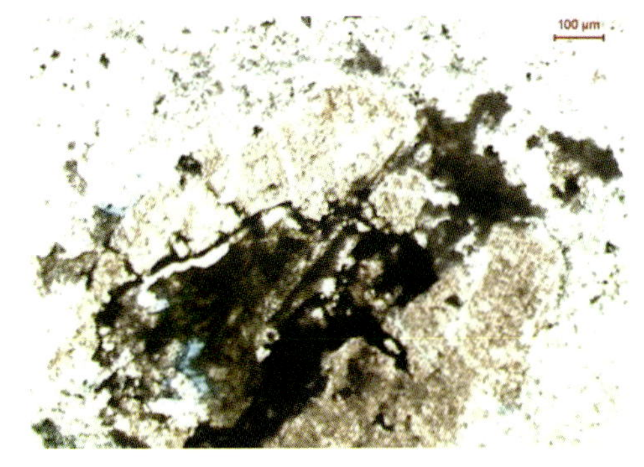

图 4-23　流纹质熔结凝灰岩，长石溶蚀孔被钠铁闪石及菱铁矿、铁质氧化物充填，徐深 603 井，3515. 43m，（-），10×10

3）菱铁矿溶孔形成于长石溶孔之后

菱铁矿溶孔形成于长石溶孔之后的现象是比较常见的，如在徐深603井3515.43m处为流纹质熔结凝灰岩，可见长石溶蚀孔被菱铁矿、铁质氧化物充填（图4-23），由此可见菱铁矿溶孔形成于长石溶孔之后。

4）方解石、菱铁矿溶孔形成于钠铁闪石溶孔之后

在薄片中常常可见到钠铁闪石溶孔内充填方解石（图4-24），另外常可见到钠铁闪石溶孔中充填菱铁矿及铁质氧化物（图4-25），可见方解石、菱铁矿溶孔形成于钠铁闪石溶孔之后。钠铁闪石和菱铁矿及铁质氧化物共生的现象比较普遍，可能是钠铁闪石分解成菱铁矿及铁质氧化物。

图4-24 熔结凝灰岩，钠铁闪石溶孔内有方解石，徐深6-101井，3501.55m，(-)，5×10

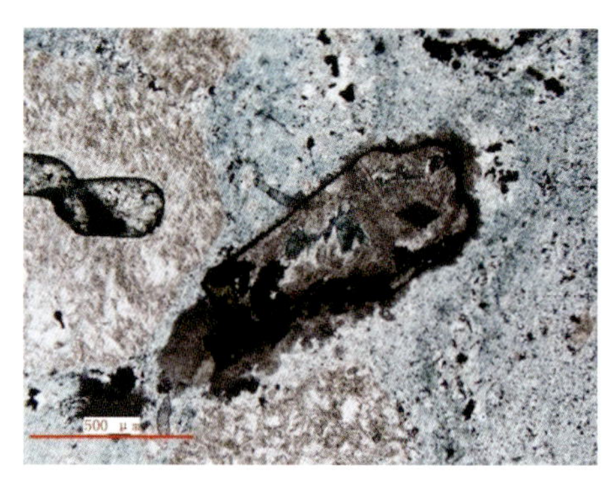

图4-25 熔结凝灰岩，钠铁闪石溶孔内充填菱铁矿，徐深6-101井，3501.55m，(-)，10×10

5）绿泥石形成于菱铁矿之后

绿泥石形成于菱铁矿之后，可在徐深13井4247.32m处看到，该段岩石为安山岩，原生气孔发育，但大部分都被次生矿物充填，气孔充填物的顺序为菱铁矿→绿泥石→玉髓（图4-26）。绿泥石形成于石英之后也可在徐深15井3680.82m处看到，该段岩石为流纹质凝灰岩，岩石中石英脉发育，绿泥石生长在石英上（图4-27）。

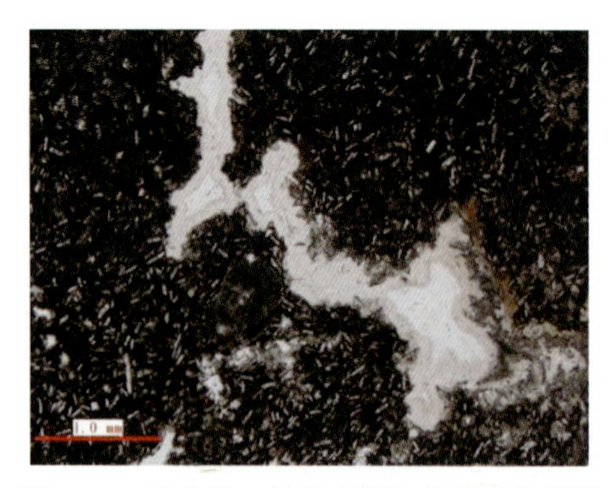

图4-26 安山岩，气孔充填物的顺序为菱铁矿→石英→绿泥石→玉髓，徐深13井，4249.32m，(-)，4×10

图4-27 流纹质凝灰岩，石英脉中绿泥石，徐深15井，3684.82m，(-)，20×10

6）绿帘石形成于绿泥石之前

肇深10井在2880～2898m段为工业气层，岩石类型为球粒流纹岩，在该段岩石中发育了大量的绿泥石及绿帘石次生矿物。绿泥石充填在长石斑晶的溶孔中，在长石斑晶的溶孔中没有见到绿帘石的充填，另外在同一个薄片中可见到长石斑晶溶孔中沉淀绿泥石及岩石中绿帘石发生溶蚀形成溶孔（图4-28）。由此可见，绿泥石形成于长石斑晶溶蚀之后，而绿帘石则未必形成于长石斑晶溶蚀之后，而且当绿帘石发生溶蚀时绿泥石未发生溶蚀，说明绿帘石形成于绿泥石之前。

在大量的铸体薄片观察的基础上，鉴于上述获得的孔隙形成演化顺序为：原生孔隙（主要为气孔）→脱玻化孔→长石溶孔→钠铁闪石溶孔→菱铁矿、方解石溶孔→绿帘石溶孔→绿泥石溶孔。在孔隙形成后不断有矿物充填，尤其是石英和方解石在研究区为面性分布，而且为多期次，如石英可以最早充填在气孔中，也可以充填在菱铁矿溶孔中，充填在菱铁矿溶孔中石英有次生加大的现象说明石英有多次生长（图4-29）。然而在火山岩中只见到石英熔蚀的现象，这是火山岩喷发时形成的，而未见到石英溶蚀的现象，这是由于石英溶蚀的条件与上述矿物不同。安山岩中气孔多为绿泥石、碳酸盐岩、铁锰质、泥质及硅质充填，多呈环带状生长，类似玛瑙状。如图4-30所示气孔中充填物为环状，从气孔中心往外分别为：泥质、方解石、泥质、方解石、绿泥石（呈放射状生长），最外面一层是绿泥石又经溶蚀产生的孔隙。从气孔的外缘至中心代表了充填物的生长顺序，反映了沉积环境的不断变化。方解石也是多期次形成，可以形成于菱铁矿之前也可以形成于菱铁矿之后（图4-31），早期形成的方解石多充填气孔，晚期常充填裂缝和溶孔。

图4-28　球粒流纹岩，长石中生长绿泥石，绿帘石溶孔，肇深10井，2896.0m，（-），20×10

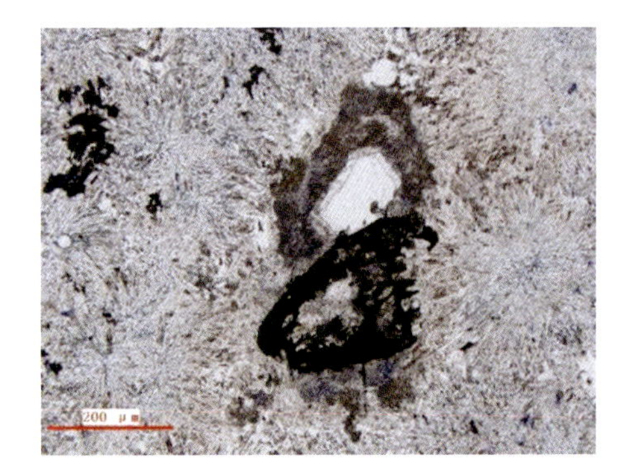

图4-29　球粒流纹岩，菱铁矿溶孔中充填石英，石英有次生加大，升深2-1井，2864.84～2865m，（-），20×10

构造裂缝发育十分不均一，有的区段裂缝十分发育且具多期次，如徐深15井（图4-32）具多期次的裂缝互相切割，晚期的切割早期的，可根据切割关系分出先后顺序。早期的裂缝多已被充填成为无效裂缝；晚期的裂缝规模小，大多没有被充填，属于有一定输导能力的有效裂缝（图4-33）。

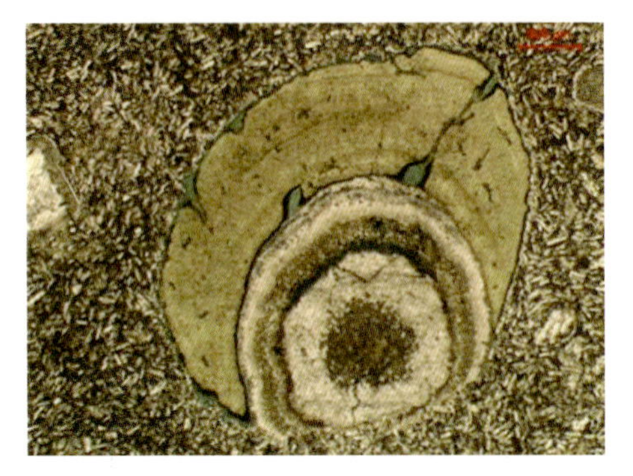

图 4-30　安山岩，气孔被充填，徐深 13 井，4248.55m，(-)，2.5×10

图 4-31　凝灰角砾岩，多期次方解石，徐深 16 井，井深 4004.8m，(+)，5×10

图 4-32　流纹质凝灰岩，多组微裂缝，徐深 15 井，3688.19m，(-)，4×10

图 4-33　流纹质凝灰岩，微裂缝，宋深 5 井，2928.05m，(-)，10×10

3. 影响孔隙含量的主要作用

本区火山岩储层中发生各种成岩作用，改变了孔隙类型和储集物性，主要有充填作用、蚀变和交代作用以及溶蚀作用。它们直接或间接地造成了次生矿物的沉淀或溶蚀，进而影响储层的孔、渗条件。

三、旋回及期次特征

（一）火山事件、喷发旋回及期次分级方案讨论

1. 火山事件、喷发旋回和期次的含义

东北地区大、小兴安岭和张广才岭等发育的火山岩带，也是晚中生代著名的火山岩堆积带，就目前所获得的火山岩同位素年龄来看，其应归入白垩纪大火成岩省。

2008年黄清华等定义东北地区早白垩世火山事件层龙江组、甘河组、火石岭组、营城组、滴道组、裴德组、义县组与全球白垩纪大火成岩省事件具同步响应效应。

英文地质术语辞典中对喷发旋回/周期（eruption cycle）的描述侧重于火山活动的变化，将其解释为“一次火山喷发事件的序列；火山活动期间，喷发方式的规律性变化”。中文地球科学大辞典（基础科学卷）中，将火山旋回定义为“火山活动强弱交替发展的周期性变化过程”。

以往在我国火山岩地区区域地质调查填图工作中，考虑到火山活动的规律性和火山地层的特殊性，提出以岩系-旋回-韵律-期次作为火山地层划分单位。其中一次或多次火山喷发活动，造成成分与活动方式的周期性变化或喷发的间断，就构成喷发韵律。若火山如此周而复始地间歇活动，岩浆成分和喷发强度等在活动中又形成若干个彼此有所区别的变化阶段，这样的变化阶段就称作喷发旋回。一个喷发旋回总是由一个至若干个喷发韵律构成。二者的区别只是在于时间的长短和级别的高低。

谢家莹在对陆相火山岩区火山地层单位与划分的论述中，提出用旋回-组-岩相-层四级作为火山地层划分单位和填图单元，其中旋回对应于火山机构，组对应于火山机构演化阶段，岩相对应于火山喷发类型，层为火山喷发产物的最小地层单位。

2. 盆地内部揭示的火山岩分级方案

火山喷发旋回和期次的定义和划分原则是随着研究目的的不同而变化的。对于区域地质研究而言，旋回和期次就必须是能够反映宏观、区域、大尺度上的岩性岩相演化规律，它们可能相当于群、组等地层单元。由于火山旋回和期次等术语在各种文献中经常使用，而同一术语在不同的场合其内涵是不尽相同的，另外，不同的地质内涵在划分与识别方法上又有相同或相似之处，呈现出同一性与差别性共存的局面。

为了协调各种命名引起的差异，在此将火山岩旋回和期次的界定进行统一。传统意义上的火山喷发旋回、期次的划分方法，主要用于查明火山活动历史、划分火山岩地层层序，随着盆地火山岩气藏勘探开发步伐的加快，不同勘探程度区的定义需求也发生变化，尤其是勘探程度高的地区，这种命名方法已远达不到火山岩储层精细描述和火山机构详细解剖的需求。在松辽盆地火山岩研究过程中，采用火山事件-旋回-期次-岩相四级方案，其中旋回对应于盆地内区域分布的火山岩地层，旋回对应于同源的火山活动，期次对应于火山机构，岩相与火山岩形成的作用方式相对应，由一个或多个火山岩层构成。为了便于盆地内部与区域火山岩对比及满足从寻找火山岩储层勘探的需求方面，本书综合地矿部、油田及各高校的研究成果，重新梳理了大火成岩省内的火山事件、火山岩旋回、火山期次的概念，以求达到符合油田对于火山岩勘探层系命名的需要，大致归为三类。

火山事件，盆地内部揭示的东北地区大岩浆省区域性事件相匹配的同时代火山活动，具有时代事件性，划分为系级。刘嘉麒从火山事件的角度，将东北地区中生代划分为四次重大火山地质事件，分别为第一次火山事件：>175Ma，对应早侏罗世；第二次火山事件：144～175Ma，对应中-晚侏罗世；第三次火山事件：99～144Ma，对应早白垩世；第四次火山事件：80～99Ma，对应晚白垩世。

火山旋回，火山活动强度由平静到强烈再到平静而构成的喷发周期内形成的火山岩组合，它由一系列具有同源性的火山岩构成，一般化学成分接近。代表某一历史时间的活动，不同火山旋回具有不同的时间区段、相互间具有时差性。火山旋回以区域性不整合面为界面，划分为组级。松辽盆地内中生代火山岩主要分布在四个层位，即火石岭组、沙河子组、营城组、泉头组、青山口组。火石岭组及其下部火山岩的时代分别集中在 140 ~ 145Ma 和 165 ~ 175Ma 两个峰值区。葛文春等（2007）对比东北地区火山岩锆石测年，标定营城组火山岩的形成时代主要为 102 ~ 117Ma，在 110 ~ 114Ma 和 103 ~ 105Ma 存在两个峰值，而 107 ~ 110Ma 的年龄结果很少，可能暗示营城组两期重要的火山作用，分别相当于营一段和营三段。在晚白垩世时，在盆内时的泉头组和青山口组钻遇的中基性岩测年分别为（88±0. 3）Ma 和 92Ma（王璞珺等，2007）。因此，通过钻井岩心测试定年及地震层位标定，盆内主要发育四个火山喷发旋回（图 4-34），分别对应东北地区中生代重大火山事件第三期火山事件中的第一、二、三期旋回，以及第四期火山事件旋回（图 4-35）。

地层		代表井/岩性柱	岩性组合描述	K-Ar同位素测年	锆石测年	构造环境	事件	旋回	期次	备注
白垩系	青山口组一段	金6	中基性橄榄粗安岩累计厚度80m	(88±0.3)Ma 据王璞珺(2007)		区域剪切背景下，裂谷作用深切，岩浆上侵形成的被动裂谷型火山岩	4	4	2	*火山事件，盆地内部揭示的东北地区大岩浆省区域性事件相匹配的同时代火山活动，划分为系级 *火山旋回，某一历史时间的活动，不同火山旋回具有不同的时间区段、相互间具有时差性；火山旋回以区域性不整合面为界面，划分为组级 *火山期次，反映一个旋回喷发内的不同时间火山多次喷发，具有不同的岩石组合，限定段级
	泉头组四段	英80	基性：玄武岩两段共计50m GR50～90API	92Ma 据葛文春(2004)		板内环境 盆地凹陷期			1	
	营城组三段	达深1	中基性：黑色、灰色玄武岩238m GR平均50API	112～121Ma Ar-Ar法陈义贤等(1997)	营城组 102～117Ma 营三段 103～105Ma	断陷萎缩阶段	3	3	3, 2, 1	
	营城组一段	徐深1-2	酸性流纹岩150m凝灰岩70m火山角砾岩 GR平均120API	110～130Ma K-Ar法高瑞祺等(1994)	营一段 110～114Ma	断陷期活动强烈大规模喷发		2	3, 2, 1	
	沙河子组 火石岭组	升深6	中性安山岩，中酸性的英安岩、角砾岩及酸性喷出岩厚度300米	130～145Ma U-Pb法 许文良等(2000)	U-Pb法 本次取样测试样品结合最新锆石数据(2008)	区域性热隆作用背景下，大规模拉张活动的前奏期		1	2, 1	

图 4-34　松辽盆地北部重大火山地质事件序列表

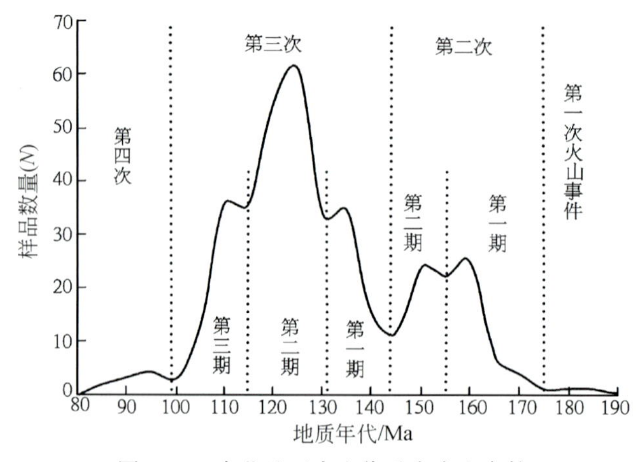

图 4-35　东北地区中生代重大火山事件

火山期次，反映一个旋回喷发内的不同时间火山多次喷发，具有不同的岩石组合。指一个喷发旋回内，一次相对集中的（准连续）喷发而形成的一套火山岩组合，它由一组相序上具有成因联系的火山岩构成，限定段级。由于在松辽盆地内部火山岩定年误差影响，无法用测年数据精确区分不同喷发期次，通过单井岩性及地震解释横向对比，划分营一段存在三个火山喷发期次，营三段也存在三个喷发期次（图4-36、图4-37）。

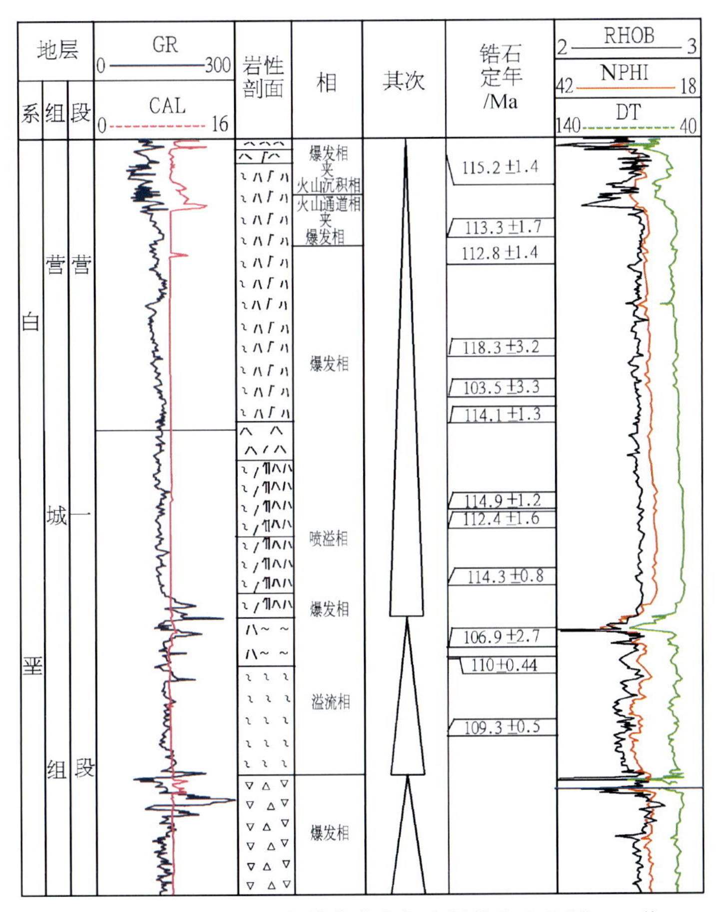

图4-36　营一段火山岩单井喷发期次划分代表徐深1-2井

由于松北各区块勘探认识程度不一，因此，对于徐家围子断陷勘探程度较成熟区，结合地质-地震-钻井-定年数据，可以进行火山岩喷发期次的精细划分。研究选取了两口徐家围于断陷内部标准井，即徐深1-2井、达深1井，进行锆石测年分析。如图4-38和图4-39所示，代表营一段、营三段内火山岩活动的测年数据分别为（115.2±1.4）Ma和（108.9±1.6）Ma。同时结合开发项目做的一些测年数据，来标定营城组两套火山岩的喷发期次存在一些困难。以徐深1-2井为例，单井纵向上取心测年数据存在颠倒的特征，这主要是由于测年数据的误差因素影响，只能表征火山岩喷发旋回级别的年代，而对于一个火山喷发旋回内部进行喷发期次的时间界定仍存在不确定性。

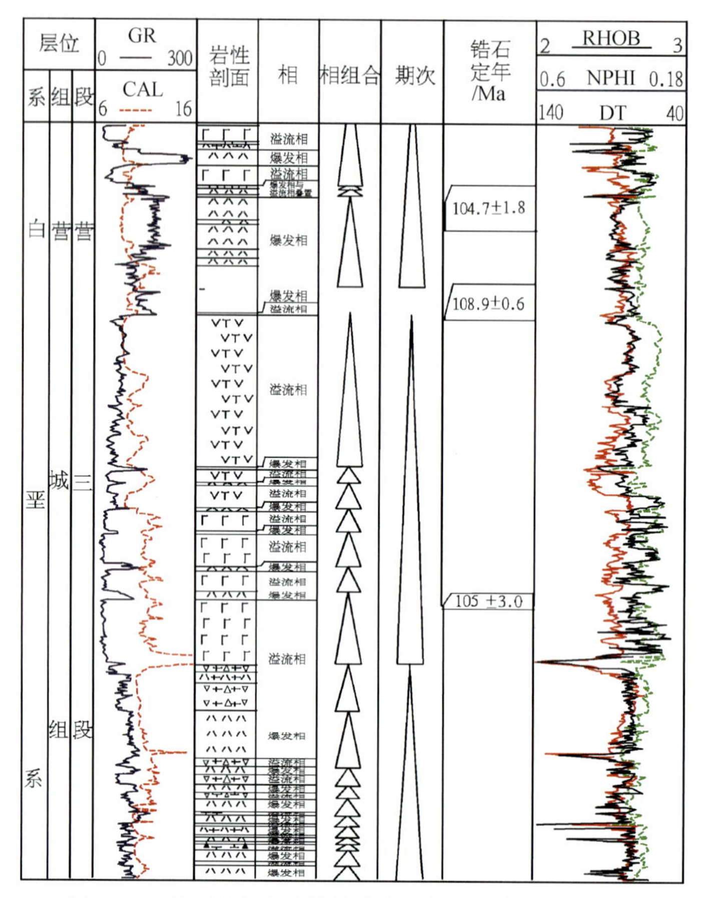

图 4-37 营三段火山岩单井喷发期次划分代表达深 1 井

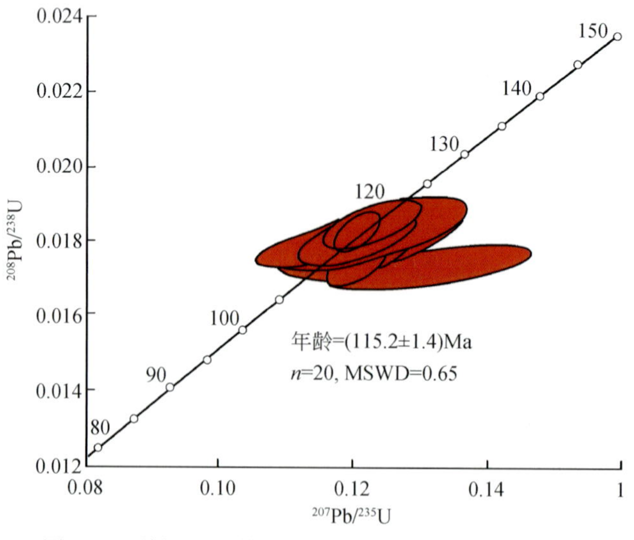

图 4-38 徐深 1-2 井（3483m）火山岩锆石测年数据

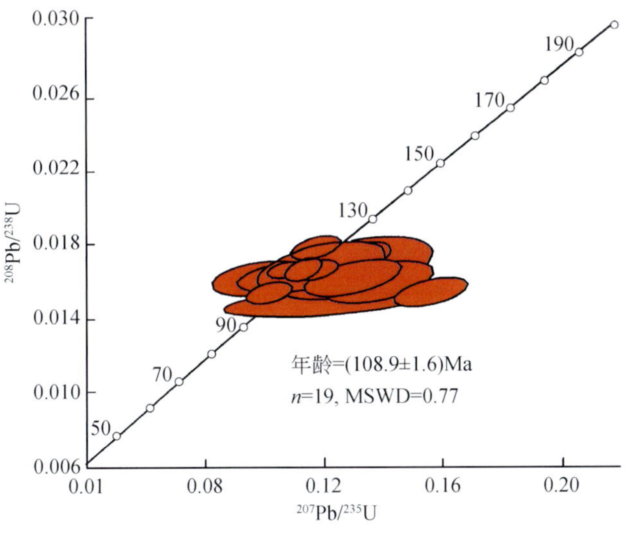

图 4-39 达深 1 井（3336m）火山岩锆石测年数据

整体上，应用火山岩锆石测年数据明显比以往的 K-Ar 同位素测年时代偏新，分析其原因有二，其一，由于测试方法及系列的不同，造成了定年的差异；其二，由于以前的 K-Ar 测年的取心井一般都位于断陷早期勘探的边界，地层界定及岩性受改造特征明显，因此造成测年数据的不一致。

（二）火山岩岩石类型之间的关系讨论

在前人的研究中，大兴安岭地区中生代火山岩被划分成不同的火山岩地层单元并且划分为不同的时代，依据火山岩地层及岩石系列组合的不同将火山岩划分为南北两个部分。其中塔木兰沟组基性火山岩一直被认为是大兴安岭地区层位最低的火山岩地层。对于大兴安岭地区中生代火山岩中不同岩石类型之间的关系，是以往研究中的焦点问题。根据地球化学特征，区内玄武岩和流纹岩被划分成不同的岩石类型并且被认为这些岩石类型之间具有不同的关系（葛文春等，2000）。很多学者注意到在岩石地球化学性质上，大兴安岭地区中生代火山岩表现出双峰式火山岩的特征。例如，在大兴安岭北部地区，伊列克得组玄武岩和上库力组上部的碱性流纹岩类具有大陆裂谷型双峰式火山岩的特点（葛文春等，2000，2001）。葛文春等（2000）认为大兴安岭地区碱性玄武岩类和具有 Ba-Sr 亏损特征的流纹岩类具有双峰式岩浆作用的特点。但同时他们也认为区内亚碱性玄武岩与具有 Ba-Sr 富集特征的流纹岩之间具有连续演化的特征，即大兴安岭地区中生代火山岩的不同岩石类型之间既表现出双峰式的特点，又有连续演化的特点。此外还有很多学者认为大兴安岭中生代火山岩具有双峰式岩浆的特点（郭锋等，2001；高晓峰等，2005）。确认双峰式岩浆的重要基础之一就是不同岩浆形成的同时性，而由于缺乏年代数据的支持，阻碍了深入研究的进行，而新的年代学数据为探讨双峰式岩浆作用以及不同类型岩石之间的关系提供了重要的依据。火山岩的年龄数据表明，除了在火山作用的最初阶段以基性岩浆为主以外，在整个火山作用的过程中都同时形成大量的中基性岩石和酸性岩石。这说明，大兴安岭地区中生代火山岩整体表现了双峰式岩浆作用的特征，但同时也不排除有部分中酸性岩类是由基性岩浆演化而来，而不同成分岩浆之间的混合作用可能也是区内不同类型火山岩之间具有复杂关系的原因之一。

在盆地内部，通过钻井及重磁预测，中生代的火山岩同样具有明显的南北分区性，宏观分布上，盆地北部以中基性岩发育，南部以酸性岩为主。对比大兴安岭地区与松辽盆地内部的火山岩岩石化学成分（图 4-40），具有相同的岩石化学组成，两者的火山岩成分特征上具有相似性（葛文春等，2007）。对于大兴安岭地区与松辽盆地内部火山岩相似性的分析，可以从双峰式岩浆作用方面探讨火山岩的成因机制以及不同类型岩石之间的分布关系提供有力的证据。

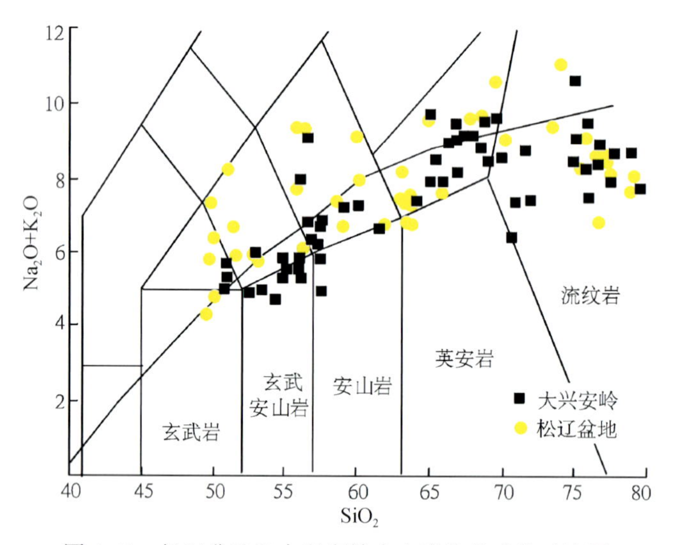

图 4-40　松辽盆地和大兴安岭火山岩化学成分对比图

（三）盆地内火山岩的旋回与期次规律

松辽盆地中、新生代岩浆侵入和喷出活动频繁而强烈，其岩石类型复杂多样，是中国环太平洋火山岩带的重要组成部分。松辽盆地的中、新生代火山岩总体上表现为时间上的多期性、阶段性和空间上的分带性。

1. 中生代火山岩活动的期次划分

松辽盆地北部中生代火山岩主要分布在火石岭组和营城组地层中，根据钻井、野外露头剖面及火山岩 K-Ar 同位素年龄及部分新锆石测定的资料研究表明（表 4-7），松辽盆地深层盆地形成期，火山活动可划分为四次规模不等的火山喷发旋回、五次火山喷发活动。即火石岭期火山旋回（第一旋回）、沙河子期火山旋回（通过地层的统一，归为第一旋回）、营城期一段火山旋回（第二旋回）、营城期一段火山旋回（第三旋回)、泉头期火山旋回（第四旋回)。其中火石岭期、营城期为深层盆地内最大的两次火山喷发（图4-41)。

表4-7　松辽盆地中生代火山岩同位素年龄数据表

序号	组名	采样地点	岩性	年龄/Ma	测试单位
1	青山口组	金6井1854.0m	中基性橄榄粗安岩	80	吉林大学
2	泉头组	英80井2840.0m	玄武岩	92	吉林大学
3	营城组	徐深1-2井3690.06m	凝灰质流纹岩	106.9±2.7	吉林大学
4		达深1井3283.66m	玄武岩	102.21±2.1	吉林大学
5		宋3井2598.0m	安山质凝灰岩	100.5	华北石油地质局地质大队
6		银矿山ZK14孔	沸石化凝灰岩	125.3	吉林省地质科学研究所
7		狼洞山采石场	球泡凝灰岩	132.0	吉林省地质科学研究所
8		长春地区羊草沟煤田	流纹岩	126.0	吉林省地质科学研究所
9		江50井639.0m	安山岩	116.5	国家地震局地质研究所
10		江53井819.0m	玄武岩	114.8	国家地震局地质研究所
11		富63井218.0m	流纹岩	114.4	国家地震局地质研究所
12		富64井226.0m	凝灰岩	114.3	国家地震局地质研究所
13		富61井489.0m	含角砾凝灰岩	114.6	国家地震局地质研究所
14		杜63井1201.0m	凝灰岩	117.3	国家地震局地质研究所
15	沙河子组	德深1井2660.0m	凝灰质砂岩	130.0	吉林省地质科学研究所
16		讷7井323.0m	凝灰质泥岩	134.9	吉林冶金地质公司
17		同深1井3907.1m	闪长玢岩（岩脉）	143.2	华北石油地质局地质大队
18		二深1井3344.5m	闪长玢岩（岩脉）	136.0	华北石油地质局地质大队
19		朝深1井2671.0m	酸性喷发岩	121.8	华北石油地质局地质大队
20		达20井2047.0m	玄武岩	121.4	国家地震局地质研究所
21	火石岭组	庄深1井2449.5m	流纹质角砾凝灰岩	155.4	沈阳地矿所
22		杜13井1721.0m	灰绿色凝灰岩	158.4	吉林省地质科学研究所
23		杜617井1200.0m	玄武岩	147.8	国家地震局地质研究所
24		齐深1井3617.7m	安山岩	157.6	国家地震局地质研究所
25		松基6井4247.0m	安山玄武岩	144.0	中国科学院地质与地球物理研究所
26	大庆群	松基6井	玄武岩	177.2	
27		齐深1井	安山玄武岩	167.5	
28		阳深1井4650.2m	灰绿色晶屑凝灰岩	160.0	沈阳地矿所
29		江47井510.5m	安山玄武岩	160.0	天津地矿所
30		万5井2506.0m	安山岩	169.1	吉林省地质科学研究所
31		齐深1井3074.0m	安山质玄武岩	161.5	沈阳地矿所

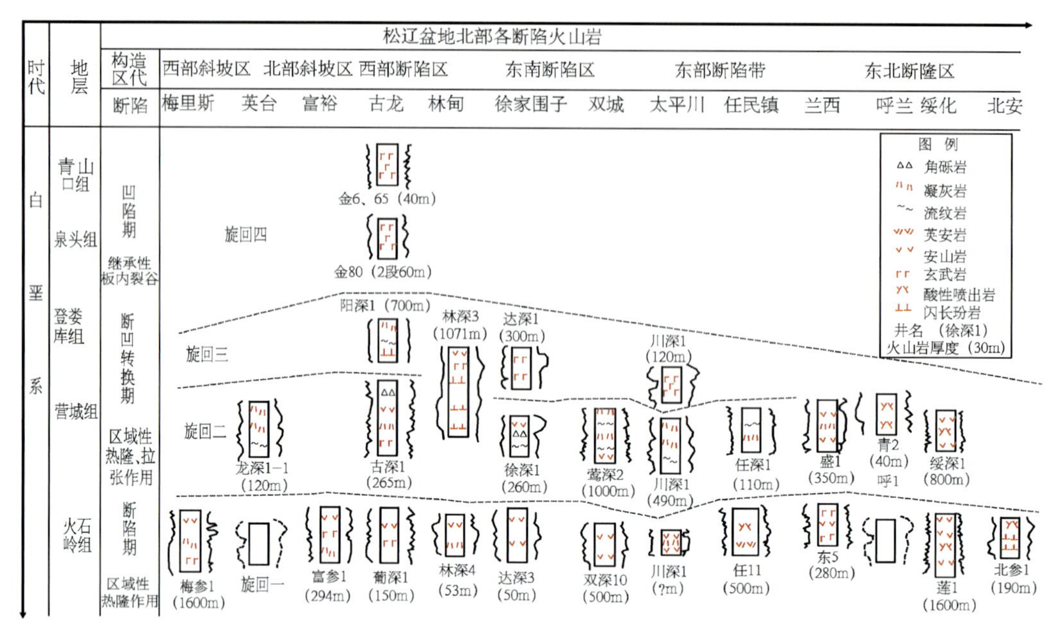

图 4-41　松辽盆地北部钻井揭示火山岩喷发旋回、期次对比图

1）火石岭期火山旋回

火石岭期火山旋回为盆地火山喷发的第一个旋回。高瑞奇等 1998 ~ 1999 年对松辽盆地火山岩通过 K-Ar 同位素年龄测试，营城组火山岩主要集中在 120 ~ 140Ma；火石岭组火山岩同位素年龄为 145 ~ 160Ma。一般情况下，火石岭组不整合于石炭-二叠系浅变质岩之上，下伏于沙河子组沉积碎屑岩地层，活动于断陷初始发育时期，此期火山喷发活动强烈，沿深大断裂附近发育，呈裂隙式喷发，岩性为一套中基性火山岩，以玄武质安山岩、安山岩、安山玄武岩、安山质火山碎屑岩为主，是幔源岩浆喷发的产物，钻井所揭示的岩相主要以溢流相以及溢流+爆发相为主。此外，该期的侵入岩也比较发育，朝深 2、朝深 4、朝深 5、二深 1 等井均有钻遇，岩性主要为闪长岩、花岗闪长岩等。松辽盆地东南部的九台-营城盆地、羊草沟盆地、石碑盆地、新立城盆地及盆地北部的许多深钻井中均有揭示，如松基 6 井、齐深 1 井、庄深 1 井、双深 10 井、升深 6 井、尚深 1 井、尚深 2 井等。野外剖面上，这一期火山岩多呈孤立的盾状。

关于沙河子组是否存在火山岩一直存在争议。由于勘探认识程度的不同，有些地区把火石岭组火山岩归为沙河子组。沙河子期火山旋回暂归属为盆地火山喷发的第一旋回。火山岩同位素年龄为 130 ~ 144Ma。火山岩表现为中心式爆发相和喷溢相两种类型。岩性主要为流纹岩、英安岩和凝灰岩，厚度相对较薄，但在全盆地广泛分布，如德深 1 井、同深 1 井、二深 1 井、朝深 1 井等均有揭示。

2）营城期火山旋回

营城期火山旋回为盆地火山喷发的第二、第一旋回，是松辽盆地内晚侏罗世—早白垩世规模较大、延续时间较长、分布面积较广的一期火山喷发活动。随着盆地内断陷勘探程度的不断加深，在徐家围子断陷、双城断陷的钻井均揭示有两套火山岩，下部以酸性火山岩为主，上部以中基性岩为主的火山喷发。它由多个喷发韵律组成，时间上既保留着火山活动的共性，又显现出局部活动的特色。火山岩 K-Ar 同位素年龄为 116～130Ma，依据葛文春 2007 年最新测试的锆石测年，将营城组一段的第二期火山喷发旋回定年为 111～114Ma，营城组三段的第三期火山喷发旋回定年为 103～105Ma。相比较前人通过 K-Ar 同位素年龄标定营城组两大旋回分别为 130～116Ma 和 120～113Ma，时代上明显偏轻，但旋回的分界性还是比较明显的，仅是因为测试方法的不同，造成了绝对年龄的差异（表 4-8）。

表 4-8　松辽盆地深层中生代火山旋回、期次划分表

统	组	段	火山活动			构造运动
			旋回	期次	绝对年龄/Ma	
白垩统	青山口组、泉头组	一段	4	1、2	75～97（K-Ar 法）	燕山运动
		四段				
	登娄库组	四段				
		三段				
		二段				
		一段				
	营城组	三段	3	1、2、3	103～105（锆石）、113～120（K-Ar 法）	
		一段	2	1、2、3	111～114（锆石）、116～130（K-Ar 法）	
	沙河子组	四段				
		三段				
		二段	1	1	130～144（K-Ar 法）	
		一段				
	火石岭组		1	1	144.0～157.1（K-Ar 法）	
中侏罗统	大庆群			1	155～177.2（K-Ar 法）	
	基底					

营城组火山岩在松辽盆地较发育，一般以喷发相不整合上覆于沙河子组之上，下伏于登娄库组之下。营城期火山喷发可分为两期，构成两个完整的火山喷发旋回。第一次喷发以中性、中酸性火山岩为主。为一套流纹岩、流纹质凝灰岩、熔结凝灰岩、流纹质火山角砾岩、英安岩的酸性火山岩组合，是壳源岩石部分熔融的结果，钻井所揭示的岩相以爆发+溢流相、爆发相为主。营一段几乎遍及整个断陷，厚度较大，上覆于沙河子组、火石岭组及基底之上，储层物性普遍较好。第二次喷发以中基性火山岩系为主，也有酸性火山岩端元，可能为多端元火山岩，以中基性岩为主，常见岩石类型为安山岩、安山质火山角砾岩、安山玄武岩、玄武岩等，在徐家围子北部的安达、宋站地区广泛发育，厚度变化相对较小，以近水平的层状为主，在宋站地区出现盾状、锥状组合。野外剖面上，这两期火山岩多呈层状分布。

3）泉头组、青山口组火山旋回

泉头组火山旋回相对前几期而言，规模和影响程度都要小很多，目前仅在盆地局部地区可见，如盆地西部的英 80 井的泉二段见到 40m 厚的灰色玄武岩。

登娄库组、泉头组、青山口组时期的火山喷发活动，规模较小，分布局限，岩性以中基性火山岩为主，岩相主要为溢流相。

这三期火山岩在工区及其邻区均有钻井钻遇，如葡深 1 井、同深 1 井、同深 2 井、古深 1 井、杏深 1 井、松基 6 井、英 80 井等。但从钻井所揭示的火山岩发育情况来看，火石岭组火山岩、营城组火山岩最发育，拗陷期火山岩和沙河子期火山岩发育零星，分布十分有限。燕山期的花岗岩分布广泛，主要分布在松辽盆地的东部和中部，但花岗岩体的规模相对较小。

中生代火山活动的最后一期时代为 75 ~ 97Ma，岩性主要为基性玄武岩，出现在松辽盆地的青山口组和泉头组地层中，如齐家古龙地区的英 8 井位于孙吴双辽断裂附近，其下部泉二段、泉三段钻遇两层共厚 60. 2m 的玄武岩层（谈迎等，2005），齐家-古龙地区的金 6 井、金 65 井也在泉头组钻遇玄武岩；乾安地区的乾 124 井于青山口组见到超过 60m 的玄武岩。最近通过多阶段激光加热所获大屯的坪年龄为（92. 5±0. 5）Ma 和等时线年龄为（93. 2±2. 4）Ma，坪年龄与全熔年龄（92. 3±0. 3）Ma 吻合，因此（92. 5±0. 5）Ma 代表大屯玄武岩的真实喷发年龄，是青山口期玄武岩活动的证据。总体来看，第四期火山活动较弱，在盆地内分布十分局限。

2. 新生代火山岩活动的期次划分

松辽盆地内部新生代火山岩出露较少，只在盆地边部发现几座新生代火山，如盆地东缘的伊通火山群、大屯火山群，盆地北部边缘的五大连池火山和克东火山，盆地南部的双辽火山和大屯火山等。

1）伊通火山群

吉林伊通-大屯地区火山群有长达 80Ma 的火山喷发历史（刘嘉麒，1987；刘若新等，1992；谢宇平等，1993），玄武岩的地球化学特征随喷发时间具一定的演化趋势。据刘嘉麒（1987）和刘若新等（1992）对伊通火山的 K-Ar 年代测试，东尖山、马鞍山、大孤山、莫里青山、横头山的年龄分别为 9. 9Ma、11. 9Ma（王振中，1994）、12. 8Ma、14. 4Ma、31Ma。

通过多阶段激光加热所获大屯的坪年龄为（92. 5±0. 5）Ma，其相对应的等时线年龄为（93. 2±2. 4）Ma，与坪年龄相当；同时，坪年龄与全熔年龄（92. 3±0. 3）Ma 吻合。因此，伊通-大屯地区的火山岩可以分为三个阶段：92Ma、31Ma 和 9 ~ 15Ma（张辉煌等，2006）。

2）双辽火山群

双辽火山群（又称七星山火山群）位于松辽盆地南缘，共有八座盾状火山熔岩锥，柱状节理发育。其中，勃勃图山、敖（闹）宝山和玻璃山的玄武岩中含有橄榄岩包体，岩性主要是尖晶石二辉橄榄岩，以及少量尖晶石方辉橄榄岩和辉石岩。双辽火山的 K-Ar年代测试显示，双辽火山岩是松辽盆地唯一出露的古近纪火山岩（表 4-9），明显早于东北新生代玄武岩的主要喷发期——中新世（张辉煌等，2006）。

表 4-9　双辽火山群 Ar-Ar 与 K-Ar 年龄结果对比

采样点	样号	岩性	年龄/Ma	测试方法
大哈拉巴山	SL49	碱性橄榄玄武岩	39.9±1.47	K-Ar
	D-2	碱性橄榄玄武岩	47.61±0.56	K-Ar
	DHLB-1	碱性橄榄玄武岩	51.0±0.5	Ar-Ar
小哈拉巴山	SL50	拉斑玄武岩	61.0±1.61	K-Ar
	XHLB-1	碱性橄榄玄武岩	50.9±0.4	Ar-Ar
玻璃山	SL45-1	碧玄岩	48.4±1.74	K-Ar
	SL45-2	碧玄岩	47.4±1.75	K-Ar
	BLS-4	碧玄岩	49.7±0.2	Ar-Ar
勃勃图山	SL43	碧玄岩	49.1±1.68	K-Ar
	B-4	富橄碧玄岩	37.01±0.93	K-Ar
	BBT-1	碧玄岩	50.1±0.8	Ar-Ar
大吐尔基山	TD-5	高铝碱性辉绿岩	86.22±1.07	K-Ar
	DTJ-2	辉绿岩	41.6±0.3	Ar-Ar
小吐尔基山	XTJ-2	过渡玄武岩	43.0±0.4	Ar-Ar
敖（闹）宝山	NBS-4	碧玄岩	48.5±0.8	Ar-Ar

3）五大连池火山

松辽盆地北部的五大连池世界地质公园分布有 14 座孤峰状的火山，即老黑山、火烧山、尾山、莫拉布山、东龙门山、西龙门山、小孤山、东焦得布山、西焦得布山、南格拉球山、北格拉球山、笔架山、卧虎山和药泉山，属闻名全球的环太平洋火山群。其中有 12 座是在第四纪先后火山喷发形成，有两座（老黑山和火烧山）喷发于 1719～1721 年，是中国最新的火山。

综上所述，可将松辽盆地新生代火山活动划分为三个期次：31Ma、9～15Ma 和第四纪。

综合以上研究成果，在松辽盆地北部盆地内部钻井揭示的中新生代火山岩活动划分为两大火山事件、四大旋回、七个期次。其中，中生代火山岩以中酸性喷发岩为主，主要来自壳源岩浆，而新生代火山岩以玄武岩为主，来自上地幔岩浆。

第二节　火山岩储层判别及物性特征

一、火山岩储层的判别

整个松辽盆地火山岩天然气田相对集中地分布在徐家围子断陷、长岭断陷和东部断陷带的东南隆起上。鉴于东南隆起上火山岩天然气藏规模不大，长岭断陷火山岩勘探刚刚起步，徐家围子火山岩规模大，储层研究较深入，有效储层的判别标准主要依据徐家围子断陷火山岩气层的岩石物性、含气性与产能，结合长岭断陷已钻井的实测情况，建立实用的储层评价标准，确定储层孔隙度下限，并依据火山岩的岩相、亚相平面分布预测结果和构造地质特征进行有利储层预测。

对松辽盆地火山岩不同产能井的岩性、物性和产能进行详细调查，并参考不同油田对火山岩储层的分类标准，同时参考国内外火山岩油气田岩石物性与产能情况，在此基础上制定松辽盆地火山岩气藏分类标准（表4-10）。评价指标包括孔隙度、渗透率、面孔率、裂缝宽度、裂缝数量、孔隙组合、孔隙类型、成岩作用和岩相带九项。

表4-10　松辽盆地火山岩储层评价标准参数表

储层类型	孔隙度/%	渗透率/mD	面孔率/%	裂缝宽度/μm	裂缝数量/片	孔隙类型	孔隙组合	成岩作用	岩相带
Ⅰ好储层	≥10	≥1	≥5	≥10	1～2	气孔、杏仁孔、溶孔、微孔、裂缝	气孔-裂缝	气孔和裂缝少部分被自生石英、方解石和氟石类充填，见各类溶孔	喷溢相上部经风化改造的爆发相
Ⅱ较好储层	<10—≥6	<1—≥0.1	<5—≥2	<20—≥10	1～2	气孔、杏仁孔、溶孔、微孔、裂缝	孔隙-裂缝、单一裂缝	气孔和裂缝部分被自生石英、方解石和氟石类充填，见各类溶孔	溢流相上部、下部亚相和爆发相顶部风化带
Ⅲ中等储层	<6—≥4	<0.1—≥0.05	<2—≥1	<10—≥5	0～1	气孔、杏仁孔、溶孔、微孔、裂缝	气孔、杏仁孔-裂缝、溶孔-裂缝	气孔和裂缝约一半被自生石英、方解石和氟石类充填，见各类溶孔	喷溢相上部、下部，爆发相中下部
Ⅳ较差储层	<4—≥2	<0.05—≥0.01	<1—≥0.5	<5	0～1	杏仁孔、溶孔、微孔、裂缝	杏仁孔、溶孔-裂缝	气孔和裂缝绝大部分被自生石英、方解石和氟石类充填，见少量溶孔	喷溢相中部和爆发相的压实成岩的岩石
Ⅴ差储层	<2	0.001	0.5		0～1	微孔、杏仁孔、裂缝	微孔、杏仁孔-裂缝	无孔缝或裂缝基本上被自生石英、方解石和氟石类充填	喷溢相中部、爆发相顶部、次火山岩相

Ⅰ类火山岩储层，一般为喷溢相上部亚相和经过风化改造的爆发相，岩性以气孔构造流纹岩常见，溶孔发育，孔隙度大于10%，渗透率大于0.1mD，为好储层。如长深1井营城组上部为喷溢相上部亚相，是微裂缝发育的角砾状流纹岩，最大孔隙度达9%～11%，裂缝长度小于10.1m/m²，平均为2.89m/m²；裂缝密度小于9.84条/m，平均为1.73条/m，裂缝孔隙度小于0.148%，平均为0.01%。

Ⅱ类火山岩储层，一般为溢流相上部、下部亚相和爆发相顶部风化带，岩性为流纹岩、熔结凝灰岩和火山角砾岩等，气孔和裂缝部分被充填或见较多各类溶孔，孔隙度为6%～10%，渗透率大于0.1mD，为较好储层，如徐深1井营一段149号层熔结凝灰岩夹晶屑凝灰岩段，压裂自喷求产，用 9.53mm 油嘴，50mm 挡板，获得日产 195698m^3/d 工业气流。

Ⅲ类火山岩储层，为中等储层，一般为喷溢相上部、下部，爆发相中下部，岩性为流纹岩、熔结凝灰岩和火山角砾岩等，气孔和裂缝约一半被充填，常见各类溶孔。孔隙度为4%～6%，渗透率大于0.05mD，如朝深5井营一段流纹岩 FME－Ⅱ测试获 2.29m^3/d 的水。

Ⅳ类火山岩储层，为较差储层，一般为喷溢相中部和爆发相的压实成岩的岩石，以凝灰岩为主，发育少量气孔或气孔和裂缝，绝大部分被充填，溶孔较少，孔隙度为2%～4%，渗透率大于0.01mD，如升深7井 FME－Ⅰ+TCP 试气，获气 33m^3/d，压后自喷 4417m^3/d，为低产气流。

Ⅴ类火山岩储层，为差储层，发育少量气孔—无孔缝，或孔缝完全被充填，无次生孔隙，喷溢相中部、爆发相顶部和次火山岩相，以致密安山岩、凝灰岩为主以及次火山岩亚相的代表岩性（玢岩和斑岩）等。孔隙度小于2%，渗透率大于0.001mD，如芳深8井火石岭组安山岩和长深3井酸性花岗斑岩，测井解释或测试结果均为干层。

根据上面的分类标准，可以确定Ⅰ、Ⅱ、Ⅲ类火山岩储层是有效储层，当它们处在有效圈闭中时，均可获得工业气流。

二、储层物性特征

营城组火山岩储层岩石类型多样，主要包括玄武岩、安山岩、英安岩、流纹岩、熔结凝灰岩、凝灰岩、火山角砾岩等，不同地区、不同岩性具有不同的物性条件。

（一）不同岩性物性类型

通过对徐家围子及外围断陷99口井、1156块样品的岩心物性资料分析，结果表明流纹岩、火山角砾岩、凝灰岩物性较好，凝灰熔岩、熔结凝灰岩次之，玄武岩、安山岩等中基性火山熔岩、火山集块岩物性相对较差。

火山角砾岩孔隙度分布范围为0.4%～20.08%，平均值为7.37%。孔隙度在6%～10%的频率为38.46%，大于10%的频率为23.08%。渗透率分布于0.004～4.032mD，平均值为0.196mD。

流纹岩孔隙度分布范围为0.1%～24.19%，平均值为7.05%。孔隙度在6%～10%的频率为31.99%，大于10%的频率为21.43%。渗透率分布于0.001～52.71mD，平均值为0.998mD。

凝灰岩孔隙度分布范围为0.08%～18.1%，平均值为6.86%。孔隙度在6%～10%的频率为35.96%，大于10%的频率为21.18%。渗透率分布于0.001～17.2mD，平均值为0.594mD。

凝灰熔岩孔隙度分布范围为0.17%～15.1%，平均值为6.49%。孔隙度在6%～10%的频率为40.63%，大于10%的频率为16.67%。渗透率分布于0.01～8.32mD，平均值为0. 267mD。

熔结凝灰岩孔隙度分布范围为0. 4% ~20. 2%，平均值为6. 27%。孔隙度在6% ~10%的频率为24. 6%，大于10%的频率为11. 9%。渗透率分布于0. 001 ~5. 57mD，平均值为0. 232mD。

安山岩孔隙度分布范围为0. 2% ~16. 9%，平均值为6. 18%。孔隙度在6% ~10%的频率为18. 18%，大于10%的频率为18. 18%。渗透率分布于0. 013 ~4. 032mD，平均值为0. 196mD。

玄武岩物性普遍较差，孔隙度分布范围为1. 1% ~11. 3%，平均值为4. 71%。孔隙度在6% ~10%的频率为20. 83%，大于10%的频率为4. 17%。渗透率分布于0. 01 ~51. 1mD，由于样品较少，平均值较高为2. 625mD。

火山集块岩物性普遍差，孔隙度分布范围为0. 5% ~7%，平均值为3. 55%。孔隙度小于6%的频率达到96%。渗透率分布于0. 01 ~2. 24mD，平均值为0. 288mD。

（二）不同地区物性特征

1. 安达地区物性特征

该区火山岩类型主要为熔岩类（包括玄武岩、安山岩、流纹岩）和火山岩碎屑岩类（包括凝灰岩、火山角砾岩等），由图4-42可以看出，熔岩类的孔隙度随深度增加没有明显减少的趋势，但也不排除由于同一类型岩石所处岩相部位不同导致其物性发生变化的可能，而火山碎屑岩类的孔隙度随深度增加具有增大趋势，这是由于火山碎屑岩类岩石中孔隙以次生孔隙为主，次生孔隙发育造成了这一现象；熔岩类和火山碎屑岩类的渗透率随深度增加无明显的减小趋势，说明它们的渗透率受埋深影响较小。物性较好的岩类为中基性火山角砾岩、流纹岩、凝灰岩，多为Ⅰ、Ⅱ类好储层，其次为安山岩、玄武岩等中基性熔岩。

2. 徐东地区物性特征

该区火山岩类型主要以酸性火山岩为主，包括流纹岩、凝灰熔岩、熔结凝灰岩、凝灰岩和火山角砾岩。由图4-43可以看出，同一类型火山岩的孔隙度和渗透率随深度增加无明显的减小趋势；物性较好的岩类为熔结凝灰岩、流纹岩，Ⅰ、Ⅱ类好储层相对较多，其他类型火山岩物性多以中等为主。

3. 徐中地区物性特征

该区火山岩类型主要是酸性火山岩，包括流纹岩、凝灰熔岩、熔结凝灰岩、凝灰岩、火山角砾岩和火山集块岩，由图4-44可以看出，同一类型火山岩的孔隙度和渗透率随深度增加无明显的减小趋势；各类型火山岩物性相对较好，形成了Ⅰ、Ⅱ类好储层，特别是该区的凝灰岩，随深度的增加其孔隙度和渗透率有明显的增大趋势，说明凝灰岩中存在起重要作用的次生孔隙，形成了Ⅰ类好储层。

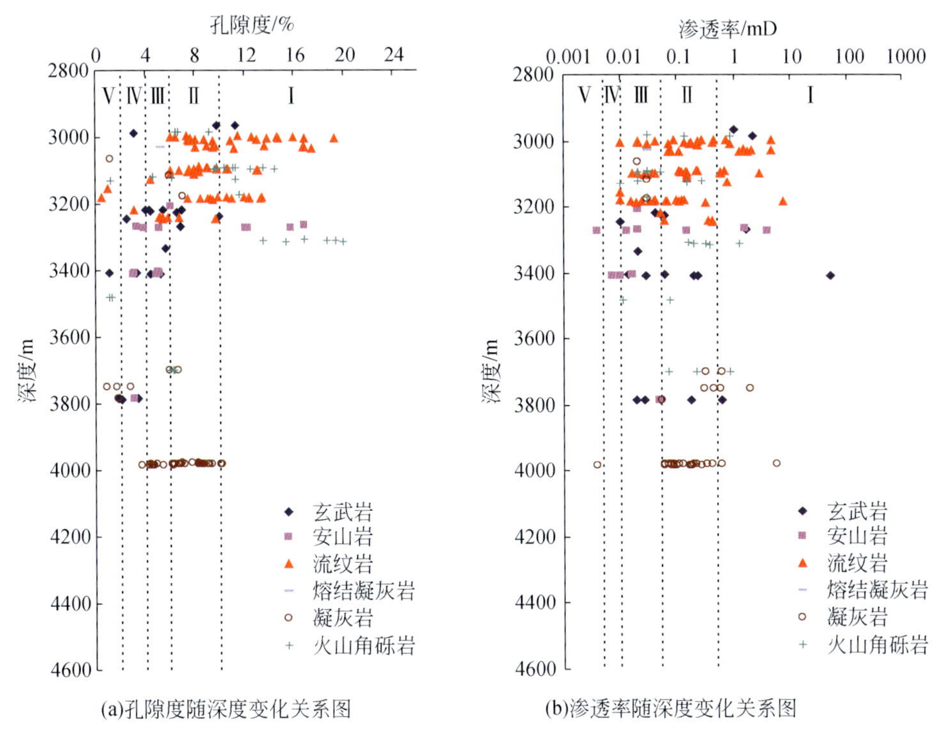

(a)孔隙度随深度变化关系图　　(b)渗透率随深度变化关系图

图 4-42　安达地区火山岩孔隙度和渗透率随深度变化关系图

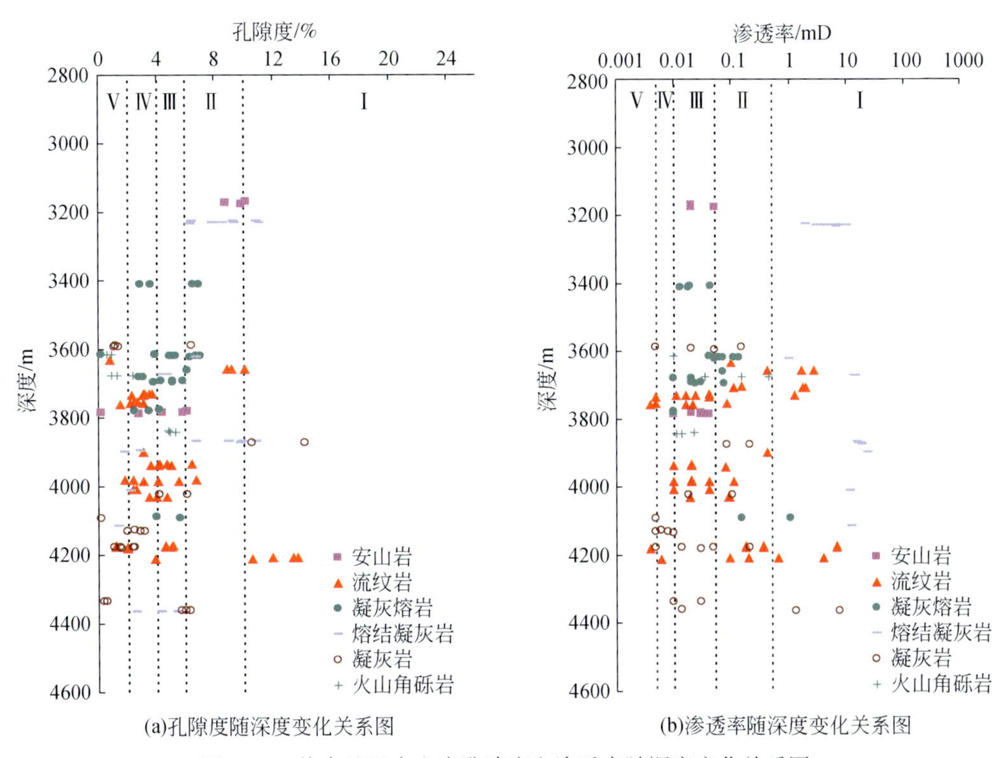

(a)孔隙度随深度变化关系图　　(b)渗透率随深度变化关系图

图 4-43　徐东地区火山岩孔隙度和渗透率随深度变化关系图

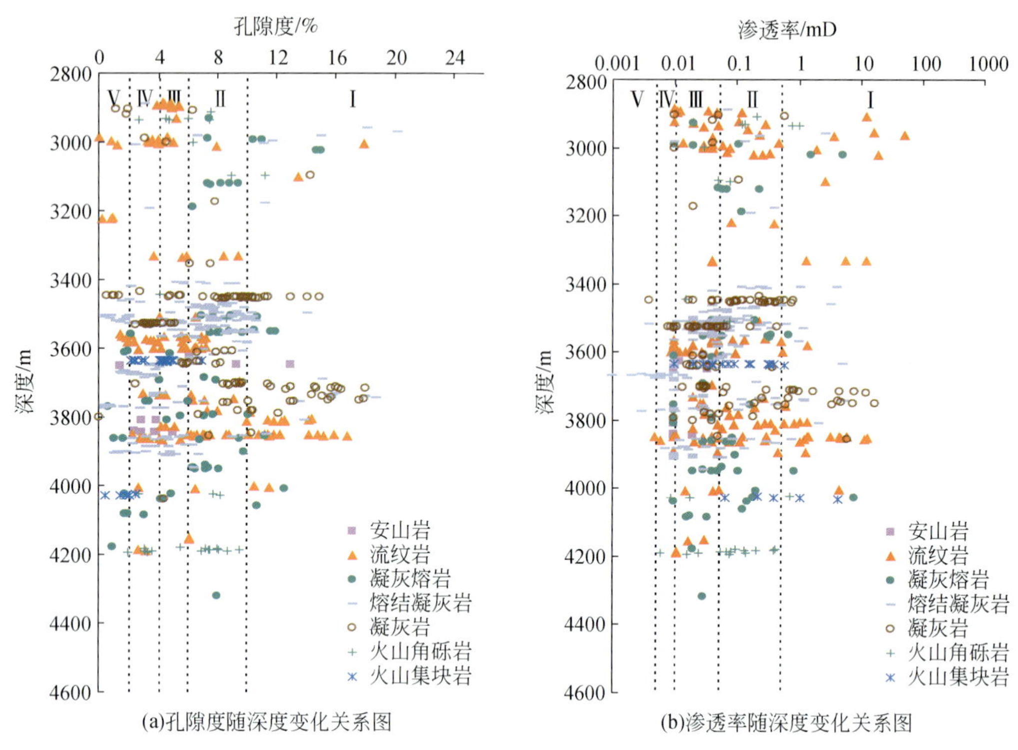

图 4-44　徐中地区火山岩孔隙度和渗透率随深度变化关系图

4. 徐南地区物性特征

该区火山岩类型主要是流纹岩，由图 4-45 可以看出，该区流纹岩储层物性相对较差，Ⅰ、Ⅱ类好储层较少。

5. 外围断陷物性特征

双城断陷火山岩物性整体上较徐家围子断陷差（图 4-46），孔隙度分布于 0.16% ~ 10.2%，平均值为 3.27%；渗透率分布于 0.008 ~ 1.629mD，平均值为 0.485mD。但三深 2 井流纹质熔结凝灰岩次生孔隙发育段孔隙度可达 6% ~ 10.2%，渗透率为 0.02 ~ 1.04mD；莺深 2 井流纹质熔结凝灰岩火山灰微孔发育段孔隙度达 3.9% ~7%，渗透率为 0.05 ~ 1.629mD，属于Ⅲ – Ⅱ类储层。

古龙断陷营城组火山岩物性整体较双城断陷差，孔隙度分布于 0.16% ~6.4%，平均值为 2.21%；渗透率分布于 0.01 ~ 1.92mD，平均值为 0.171mD（图 4-47）。古深 1 井 4680.93 ~ 4685.98m 安山质火山角砾岩孔隙度为 4.5% ~ 6.4%，渗透率为 0.01 ~ 0.11mD，为Ⅲ类储层。

林甸断陷营城组火山岩仅在局部发育，并且物性较差（图 4-48）。林深 3 井钻遇 19.2m 的玄武岩和凝灰岩，林深 4 井钻遇 34m 的安山岩和玄武岩。玄武岩孔隙度分布于 0.47% ~3.2%，渗透率为 0.01 ~ 19.3mD，物性较差，低孔中渗储层，主要原因是强充填作用使原生气孔的空间几乎全部被硅质、绿泥石、方解石等次生矿物填满，岩

石具碎裂，大部分裂隙被硅质充填，见少量微裂隙。

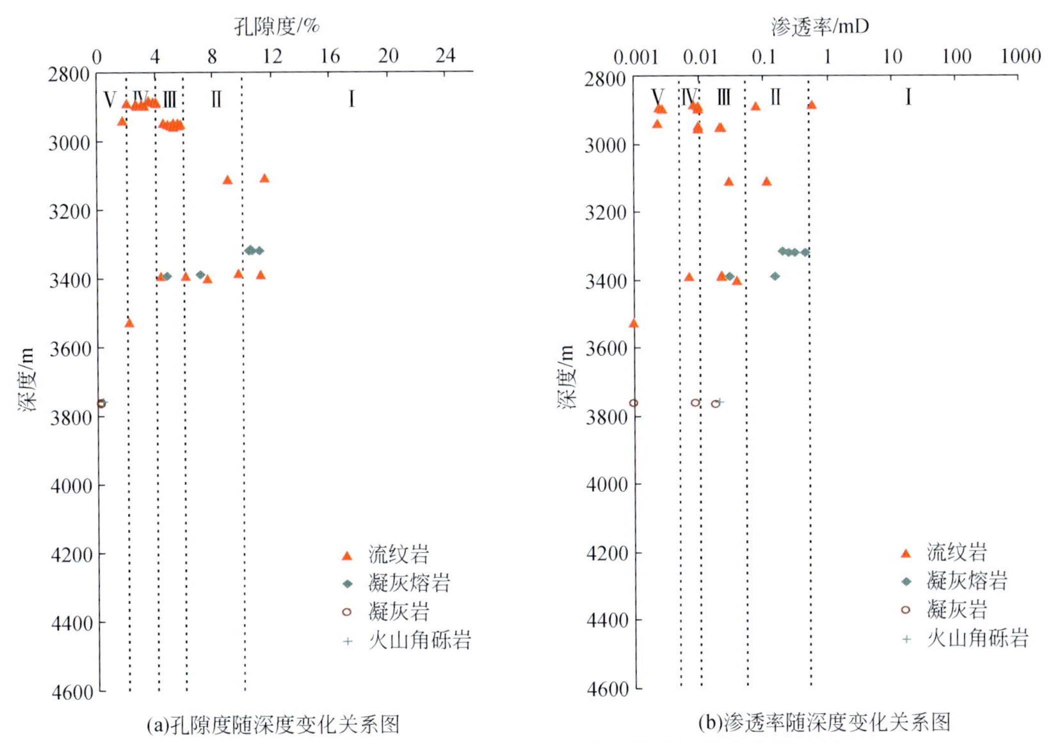

图 4-45　徐南地区火山岩孔隙度和渗透率随深度变化关系图

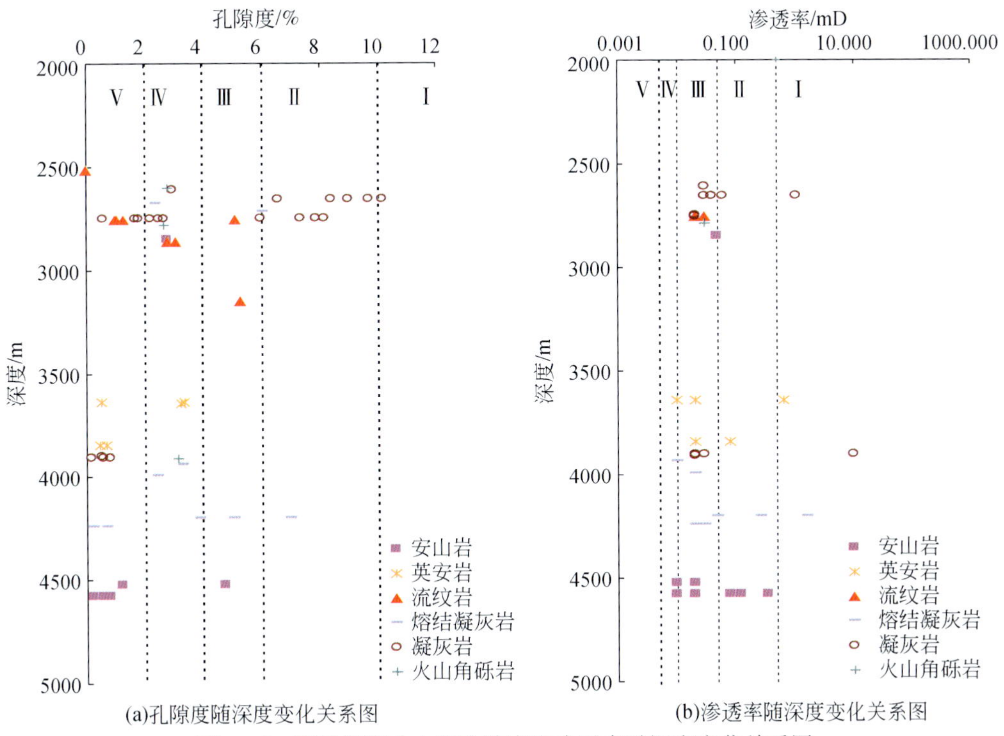

图 4-46　双城断陷火山岩孔隙度和渗透率随深度变化关系图

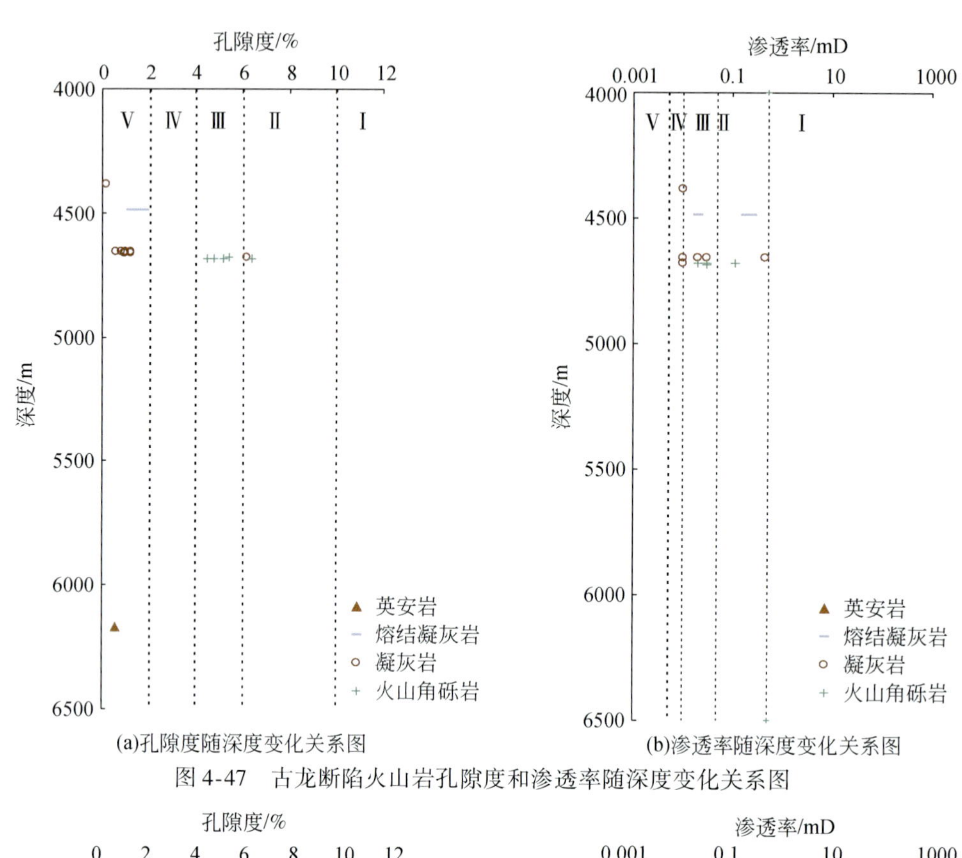

(a)孔隙度随深度变化关系图　(b)渗透率随深度变化关系图

图 4-47　古龙断陷火山岩孔隙度和渗透率随深度变化关系图

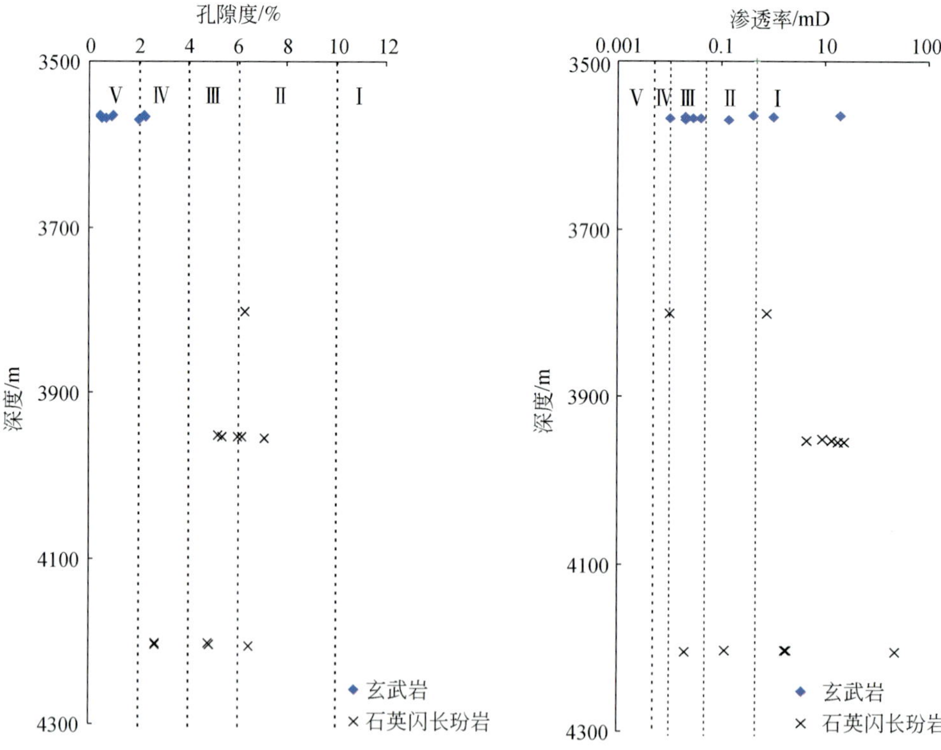

(a)孔隙度随深度变化关系图　(b)渗透率随深度变化关系图

图 4-48　林甸断陷火山岩孔隙度和渗透率随深度变化关系图

第三节　火山岩储层发育的控制因素及成储机制

火山岩储层主要经历三种成岩环境、五种成岩作用，不同作用的时间或强度决定火山岩储层的发育特点和分布规律。

火山岩成岩环境包括同生环境、表生环境和埋藏环境，同生环境主要形成原生孔隙，表生环境形成次生孔隙，埋藏环境中存在整个成岩作用过程（冯子辉等，2008）。

同生环境的成岩作用包括火山作用（火山喷发活动）和热液作用（火山活动后期）。火山作用（火山喷发活动）是由岩浆上升地表脱气、冷凝、固化而形成，主控因素是火山岩相；热液作用（火山活动后期）的成因机理是地层深部热液上升地表或近地表，储层主控因素为火山机构。

表生环境的成岩作用包括表生作用（火山喷发间歇与风化剥蚀），表生作用的成因机理为岩石热胀冷缩、风化淋滤，改善储层，储层主控因素为风化壳结构和风化时间。

埋藏环境形成的成岩作用包括构造作用和深埋压实与胶结溶解作用；构造作用的成因机理是构造应力，储层主控因素为构造部位；埋藏压实与胶结溶解作用的成因机理是垂向压实与不饱和和地层水、含有机酸地层水溶蚀，储层主控因素为成岩阶段。

一、火山作用

储层形成与岩浆上升地表脱气、冷凝、固结有关，火山岩储层分布受火山机构和火山岩相控制。

（一）火山机构对储层的控制作用

火山机构是指一定时间范围内，来自同喷发源的火山物质围绕源区堆积构成的，具有一定形态和共生组合关系的各种火山作用产物的总和，表现为火山喷发在地表形成的各种各样的火山地形及与其相关的各种构造。根据岩性岩相组合特征的火山机构划分方案，按结构特征将火山机构划分为碎屑岩类、熔岩类和复合类，然后按成分分为酸性型和中基性型。松辽盆地营城组以酸性火山机构为主，中基性火山机构次之。

徐家围子断陷营城组火山岩气藏主要集中在熔岩类火山机构（占72%），特别是酸性熔岩火山机构的贡献率达到50%，长岭断陷中基性火山机构中只有熔岩类获得了工业气流。整体而言，松辽盆地酸性火山机构成藏效应好，尤其以熔岩火山机构对气藏的贡献最大。酸性熔岩火山机构的成藏效率较高，徐家围子断陷中基性火山机构的成藏效率高于松辽盆地南部。单井最高产能出现在酸性复合火山机构；中基性火山机构的产能较酸性火山机构低；中基性碎屑岩、熔岩和复合火山机构的产能差别较小，而酸性火山机构的产能差别较大。

火山岩气藏内部特征与火山机构类型关系密切，是因为不同火山机构具有不同的储层特征。各类火山机构发育的储集空间类型存在一定的差别，导致了储层物性的差异。基于606个样品分析得知，熔岩类火山机构的储层物性最好，复合火山机构次之，碎屑岩火山机构排第三。在酸性火山机构中（储层样品为544个），熔岩火山机构的储层物性最好，复合火山机构次之。在中基性火山机构中（储层样品为62个），碎屑岩火山机构的孔隙度最大，复合火山机构次之，熔岩火山机构排第三。熔岩火山机构的渗透率最高，碎屑岩火山机构次之，而复合火山机构最低。储层物性的差别可以导致不同类型火山机构之间产能和气藏内部气层、差气层分布特征的差别。

（二）火山岩相对储层的控制作用

火山岩相主要是指火山活动产物的产出环境及岩相特征，火山岩相对揭示火山岩时空展布规律和不同岩性组合之间的成因联系具有重要意义。不同岩相带具有不同种类的孔隙和裂隙组合特点。以火山作用方式或喷发/搬运方式为依据，考虑岩性-组构-成因可将徐家围子地区火山岩相划分为5相15亚相（王璞君，2003b）。徐家围子地区火山岩可分为爆发相、喷溢相、侵出相、火山通道相及火山沉积相（表4-11，图4-49）。

表4-11　徐家围子火山岩相简表

相	亚相
爆发相	热碎屑流亚相、热基浪亚相、空落亚相
喷溢相	上部亚相、中部亚相、下部亚相
侵出相	内带亚相、中带亚相、外带亚相
火山通道相	火山颈亚相、次火山岩亚相、隐爆角砾岩亚相
火山沉积相	含外碎屑火山碎屑亚相、再搬运火山碎屑沉积岩亚相、凝灰岩夹煤沉积亚相

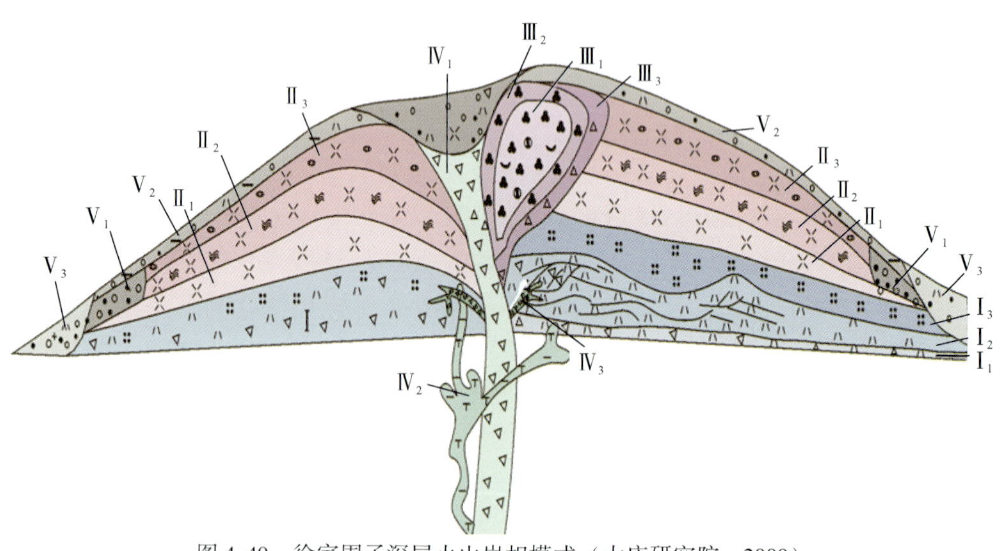

图4-49　徐家围子深层火山岩相模式（大庆研究院，2009）

I_1. 热碎屑流亚相；I_2. 热基浪亚相；I_3. 空落亚相；II_1. 上部亚相；II_2. 中部亚相；II_3. 下部亚相；III_1. 外带亚相；III_2. 中带亚相；III_3. 内带亚相；IV_1. 隐爆角砾岩亚相；IV_2. 次火山岩亚相；IV_3. 火山颈亚相；V_1. 凝灰岩夹煤沉积亚相；V_2. 再搬运火山碎屑沉积岩亚相；V_3. 含外碎屑火山碎屑沉积岩亚相

爆发相形成于火山作用的早期和后期，可分为空落亚相、热基浪亚相、热碎屑流亚相三个亚相。空落亚相是固态火山碎屑和酸性喷出物在火山气射作用下在空中做自由落体运动降落到地表，经压实作用而形成的。多形成于爆发相下部，向上粒度变细，有时也呈夹层出现。主要构成岩性为含火山弹和浮岩块的集块岩、角砾岩、晶屑凝灰岩，空落亚相具有集块结构、角砾结构和凝灰结构，常表现为正粒序、颗粒支撑。空落亚相的代表性特征是具有层理的凝灰岩层被块状坠石扰动的“撞击构造”。热基浪亚相主要构成岩性为含晶屑、玻屑、浆屑的凝灰岩，火山碎屑结构，以晶屑凝灰构造为主，具平行层理、交错层理、逆行沙波层理，是气射作用的气-固-液态多相体系在重力作用下在近地表呈悬移质搬运，重力沉积，压实成岩作用的产物。多形成于爆发相的中下部，向上变薄，或与空落亚相互层。热基浪亚相的代表性特征是发育层理构造，尤其是逆行砂波层理构造。热碎屑流亚相主要构成岩性为含晶屑、玻屑、浆屑、岩屑的熔结凝灰岩，具有熔结凝灰结构、火山碎屑结构，呈块状、基质支撑，是含挥发分的灼热碎屑-浆屑混合物，在后续喷出物推动自身重力的共同作用下沿地表流动，受熔浆冷凝胶结与压实共同作用而形成，以熔浆冷凝胶结为主。多见于爆发相上部。原生气孔发育的浆屑凝灰岩是热碎屑流亚相的对比性岩石。

喷溢相形成于火山作用旋回的中晚期，是含晶出物和火山碎屑物质的熔浆在后续喷出物推动和自身重力的共同作用下，在沿着地表流动过程中，熔浆逐渐冷凝固结而形成。喷溢相在酸性、中性、基性火山岩中均可见到，一般可分为下部亚相、中部亚相、上部亚相。下部亚相代表岩性为细晶流纹岩及含同生角砾的流纹岩，呈玻璃质结构、细晶结构、斑状结构、角砾结构，具块状或断续的流纹构造，位于流动单元的下部。喷溢相下部亚相岩石的原生孔隙不发育，但脆性强，裂隙容易形成和保存，所以在各种火山岩亚相中构造裂缝是最发育的。中部亚相代表岩性为流纹构造流纹岩，呈细晶结构、斑状结构，具流纹构造，位于流动单元的中部。喷溢相中部亚相是唯一的原生孔隙、流纹层理间缝隙和构造裂缝都发育的亚相，也是孔隙分布较均的岩相带。中部亚相往往与原生气孔极发育的喷溢相上部亚相互层，构成孔-缝“双孔介质”极发育的有利储集体。上部亚相代表岩性为气孔流纹岩或球粒流纹岩，气孔呈条带状分布，沿流动方向定向拉长，呈球粒结构、细晶结构，具气孔构造、杏仁构造、石泡构造，位于流动单元的上部。上部亚相是原生气孔最发育的相带，原生气孔占岩石体积百分比可高达25%～30%，原生气孔之间通过构造裂缝连通。由于气孔的影响，构造裂缝在上部亚相中主要表现为不规则的孔间裂缝，而规则的、成组出现的裂缝较少。喷溢相上部亚相一般是储层物性最好的岩相带。

火山通道相位于整个火山机构的下部，形成于整个火山旋回同期和后期。火山通道相可以划分为火山颈亚相、次火山岩亚相和隐爆角砾岩亚相。

侵出相形成于火山活动旋回的后期，划分为内带亚相、中带亚相和外带亚相。

火山沉积相一般可分为再搬运火山碎屑沉积岩亚相、含外碎屑火山碎屑沉积岩亚相和凝灰岩夹煤沉积亚相。

通过钻井及野外岩心观察，火山岩的5类岩相15种亚相中4种亚相是储层有利发育相带。分别为侵出相、喷溢相、爆发相、火山通道相。

徐家围子断陷基性岩至酸性岩的多种岩石类型中均存在流体储集和产出。多种类型火山岩中均发育有效储层，不同地区各类有效储层的分布比例有所不同，整体而言，主要发育四类有效储层，分别是流纹岩、流纹质熔结凝灰岩、粗面岩和玄武岩。流纹岩或流纹质岩类原生气孔最为发育，次生孔隙也较为发育，并且岩石脆性大，易产生裂隙，沟通孤立气孔又是良好渗流通道，有利于次生孔、缝的发育。

根据徐家围子断陷内近百口井试气资料，单层试气结果对比分析，显示酸性岩单层产能最高、产能规模最大，中性岩（主要为粗面岩）单层产能次之，基性岩（主要为玄武岩）单层产能最小，基性岩产能规模大于中性岩。从松辽盆地火山岩气藏勘探和开发的历程来看，酸性岩储层发现的时间最早，目前的研究程度也最高，松辽盆地北部已探明储量主要分布于溢流相（83.9%），火山岩最主要的储集空间是溢流相。

二、热液作用

储层形成与地层深部热液上升地表或近地表有关，储层分布受断裂和火山机构控制。

利用薄片+X衍射鉴定技术，发现火山岩中有钠铁闪石矿物，如徐深6井3726.86m流纹质熔结凝灰岩薄片中发现钠铁闪石矿物，反映火山岩冷凝期存在碱性热液交代现象，利用岩石薄片钠铁闪石X衍射谱图指示火山通道的位置（图4-50）。

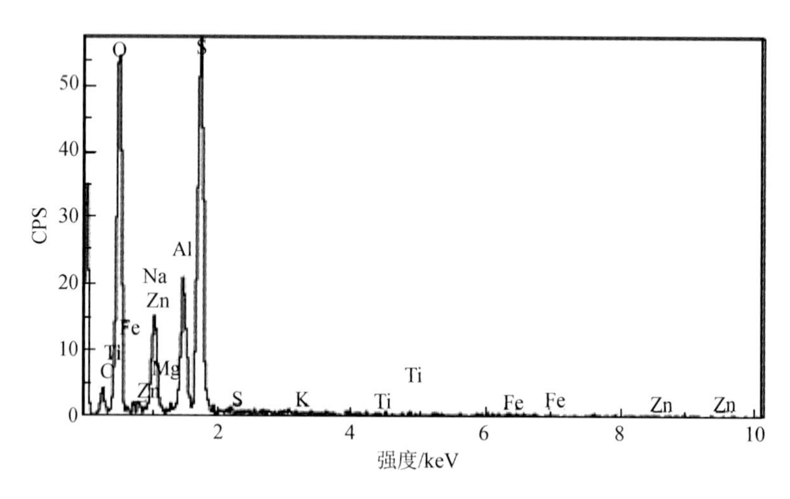

图4-50　火山岩钠铁闪石X衍射谱图

火山岩储层中发现的钠铁闪石沿徐中、徐东断裂带分布，反映火山沿断裂带喷发的特征。

利用薄片+能谱定量检测技术，发现火山岩钠长石化现象，如徐深3井3847m发现钠长石微晶，钾长石发生钠长石化后，晶型呈细棍状排列，既有溶解孔隙也出现晶间孔隙，反映深层发生过富碱性的热液流体活动，从而溶解硅质矿物，改善了储层物性（图4-51）。

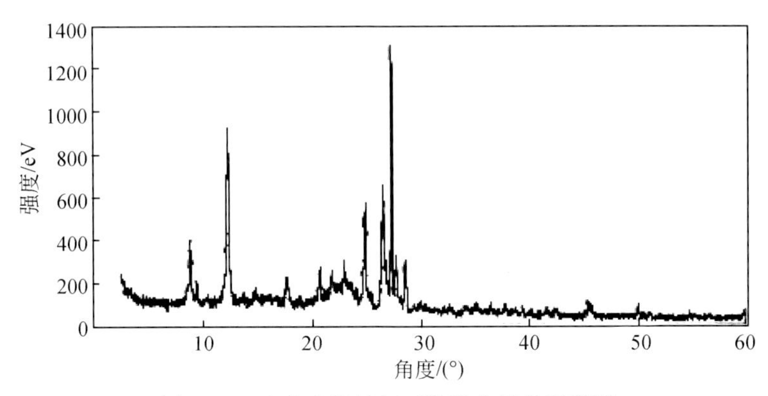

图4-51　火山岩钠铁闪石能谱定量检测谱图

所有气井中均有钠长石段出现，且该段也是气田的主力产层。火山岩储层发生钠长石化作用，可能成为有利储气层。徐家围子徐中及以东地区营城组火山岩储层钠长石化普遍，反映这些储层可能具有良好的储集性能。

三、构 造 作 用

（一）断裂对储层的控制作用

松辽盆地已发现的气田或气藏的分布都存在这样的规律，它们几乎都位于近源古隆起（构造）或深大断裂附近（罗群、孙宏智，2003）。如徐深1井气藏和升平气田主要位于深大断裂附近的古构造中，徐深21井气藏则主要位于深大断裂附近的斜坡带上。所有已发现工业气流的天然气井所处的构造位置均反映出深层的天然气主要分布于近源古隆起（构造）或深大断裂附近，从徐家围子断陷深层火山岩气藏与断裂关系叠合图可以看出（图4-52），已发现的深层气藏多数位于深大断裂两侧或附近的斜坡带上。

徐家围子断陷深层火山岩发现风化壳控制的油气藏，风化壳发育程度较差。风化壳主要分布在构造高部位的古隆起和斜坡带附近。

徐家围子断陷目前已发现的火山岩气藏均沿着徐西、徐中和徐东三条断裂带分布，尤其是徐西和徐中两条断裂带更为明显。火山岩气藏与断裂间的最大距离只有0.70km，最近的只有0.04km（表4-12）。

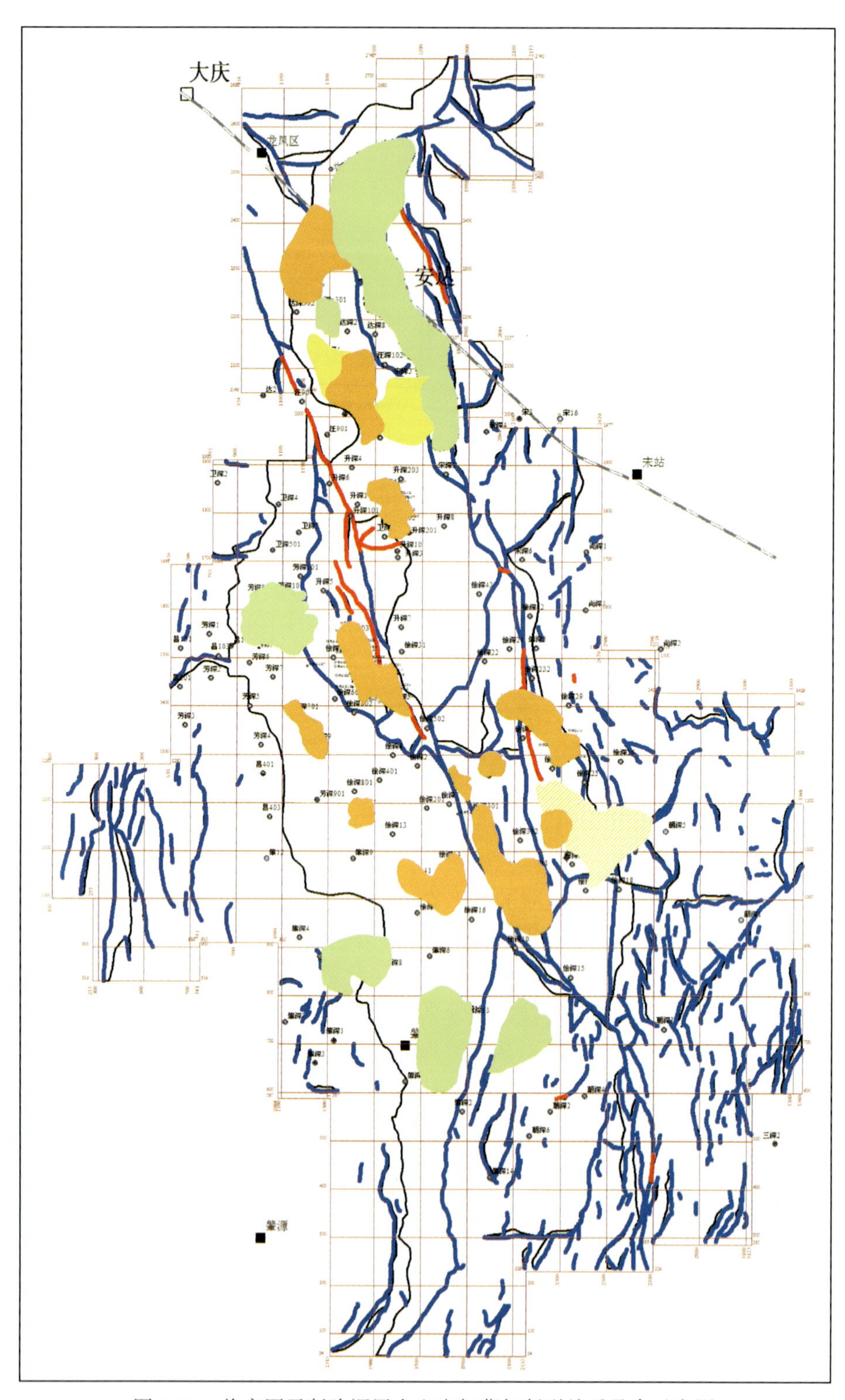

图 4-52　徐家围子断陷深层火山岩气藏与断裂关系叠合示意图

表 4-12　徐家围子断陷火山岩气藏储层火山岩和源岩生气强度与断裂距离特征

工业气流井	层位	储层火山岩相	与沙河子组源岩垂直距离/m	与断层的水平距离/km	源岩生气强度 /10^8(m^3/km^2)
芳深 9	营一段	火山口爆发、喷溢及火山通道叠合相	90	0. 59	10
芳深 701	营一段	远火山口爆发相	0	0. 51	9
芳深 6	营一段	火山口爆发、喷溢及火山通道叠合相	43	0. 43	8
升深 201	营一段	火山口爆发、喷溢及火山通道叠合相	295	0. 16	13
徐深 1	营一段	爆发相	159	0. 12	160
徐深 601	营一段	爆发夹喷溢相	1092	0. 35	210
徐深 1-1	营一段	火山通道相	35	0. 09	190
徐深 6	营一段	喷溢相	243	0. 46	10
徐深 5	营一段	爆发相	412	0. 18	180
徐深 7	营一段	火山口爆发、喷溢及火山通道叠合相	630	0. 14	280
徐深 8	营一段	火山通道相与爆发相及喷溢相夹爆发相	349	0. 7	100
徐深 12	营一段	火山口爆发、喷溢及火山通道叠合相	308	0. 37	90
徐深 14	营一段	近火山口爆发、喷溢叠合相	361	0. 29	160
徐深 9	营一段	喷溢相夹爆发	636	0. 26	100
徐深 301	营一段	火山口爆发、喷溢及火山通道叠合相	420	0. 27	270
徐深 3	营一段	爆发夹喷溢相	957	0. 14	190
徐深 901	营一段	火山口爆发、喷溢及火山通道叠合相	188	0. 51	75
徐深 902	营一段	火山口爆发、喷溢及火山通道叠合相	503	0. 19	20
达深 3	营三段	火山口爆发、喷溢及火山通道叠合相	187	0. 08	15
达深 4	营三段	近火山口爆发、喷溢叠合相	68	0. 21	10
汪深 101	营三段	溢流相	252	0. 19	20
汪深 1	营三段	爆发相	378	0. 29	18
汪 903	营三段	近火山口爆发、喷溢叠合相	84	0. 12	15
徐深 4	营一段	近火山口爆发、喷溢叠合相	174	0. 04	260
达深 2	营三段	火山口爆发、喷溢及火山通道叠合相	184	0. 14	30

徐家围子断陷目前已发现的火山岩气藏的形成与分布除与徐西、徐中和徐东三条断裂带有关外，在一定程度上还要受到古构造高部位的控制，如徐深12井、徐深1井、徐深9井、升深2井和徐深21井等火山岩气藏均分布在古隆起上。这是由于：①这些古隆起一直是徐家围子断陷内沙河子组源岩生成天然气运移进入火山岩储集体后长期侧向运移的指向；②这些古隆起上往往会发育有构造与火山岩体配合或断裂与火山岩体配合形成火山岩构造-岩性圈闭和断层-岩性圈闭，有利于天然气在古隆起上聚集成藏。

（二）裂缝对储层的控制作用

裂缝不仅沟通原生孔隙，又是渗流通道，促进溶蚀孔缝的发育，而且为天然气运移提供通道，并为其聚集储存提供了空间。一般脆性岩石、薄层岩层和火山喷发期次越多，岩性变化越频繁，裂缝越发育。统计表明，流纹岩裂缝最发育，平均裂缝线密度为5.70条/m，其次是流纹质熔结凝灰岩，平均裂缝线密度为5.27条/m。松辽盆地火山岩储层的裂缝按形成动因主要包括构造裂缝、炸裂缝、冷凝收缩缝和溶蚀缝，其中对储层改造强烈的是构造裂缝和溶蚀缝。

徐家围子断陷深层火山岩构造裂缝普遍发育（图4-53），能够起到改善火山岩储层物性的作用。构造裂缝的成因是构造应力，因此构造应力集中的部位容易产生裂缝，如发生构造反转部位或背斜轴部转折端等。基底断裂附近和背斜构造的轴部转折端往往是各类裂缝发育区，背斜顶部也是裂缝发育区，以张性裂缝为主。

(a)

(b)

图4-53　升深202井火山岩岩心裂缝发育特征

由FIR裂缝解释结果统计绘制裂缝发育厚度平面图、裂缝发育厚度与地层厚度比值平面图（图4-54）、裂缝密度加权平均值平面图（图4-55）。

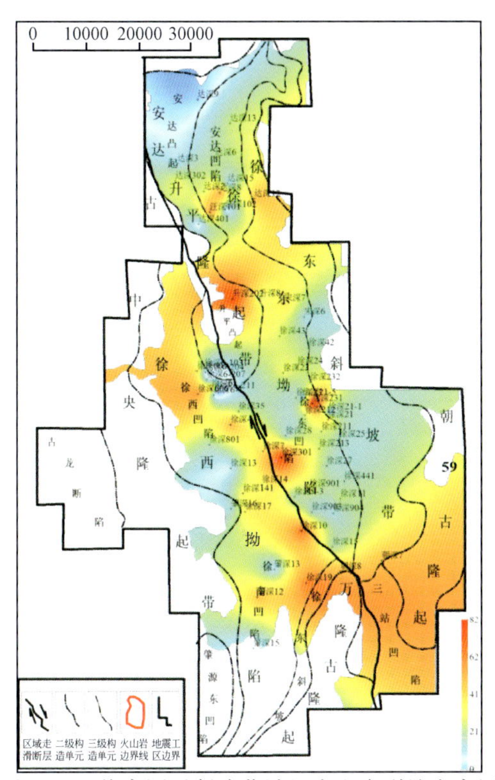

图 4-54　徐家围子断陷营城组火山岩裂缝发育厚度与地层厚度比值平面图

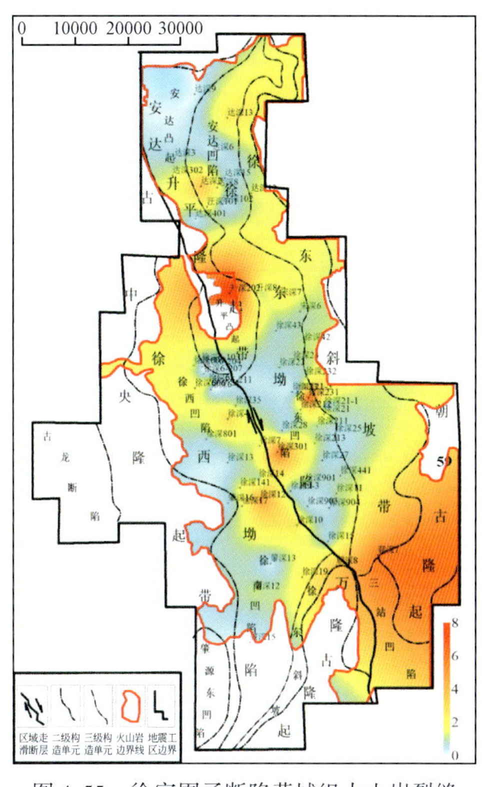

图 4-55　徐家围子断陷营城组火山岩裂缝密度加权平均值平面图

由各类平面图综合分析，发现断陷内营城组火山岩裂缝主要集中发育在升平凸起与徐东斜坡带之间、徐中断裂两侧、朝阳沟古隆起附近。营城组火山岩裂缝发育最大厚度为徐深 19 井所在地层，其裂缝发育厚度达 390m，裂缝发育厚度分布在 0 ~ 280m，主要在 55 ~ 75m。营城组火山岩裂缝发育密度区间为 0 ~ 6.15 条/m，大部分分布在 0.13 ~ 2.4 条/m，加权平均裂缝密度最大值为 8.2 条/m，位于升深 202 井所在地层。营城组火山岩裂缝发育厚度与地层总厚度的比值主要分布区间为 0% ~ 60% 范围内，大部分分布在 14% ~ 20%，最大为徐深 231 井所在地层，裂缝发育厚度与地层总厚度的比值为 82%。

根据钻穿徐家围子断陷营城组火山岩测井报告资料，编制具有四种分布特征的裂缝剖面图（图 4-56 ~ 图 4-59）。

可以发现，徐家围子断陷深层营城组火山岩裂缝较发育，但总体上非均质性较强，裂缝发育部位差异较大，整体上有四种分布特征，即上部裂缝发育、下部裂缝发育、中间裂缝发育和两端裂缝发育。

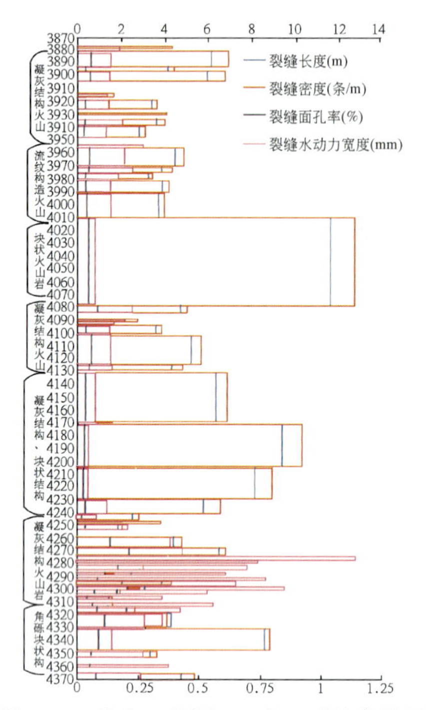

图 4-56　发育（徐深 301 井）裂缝曲线图

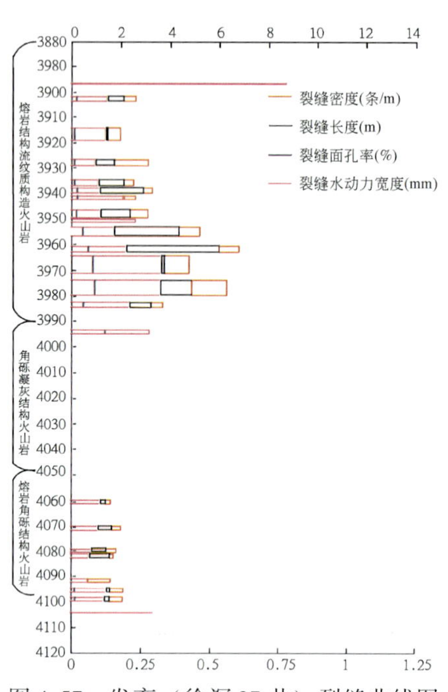

图 4-57　发育（徐深 27 井）裂缝曲线图

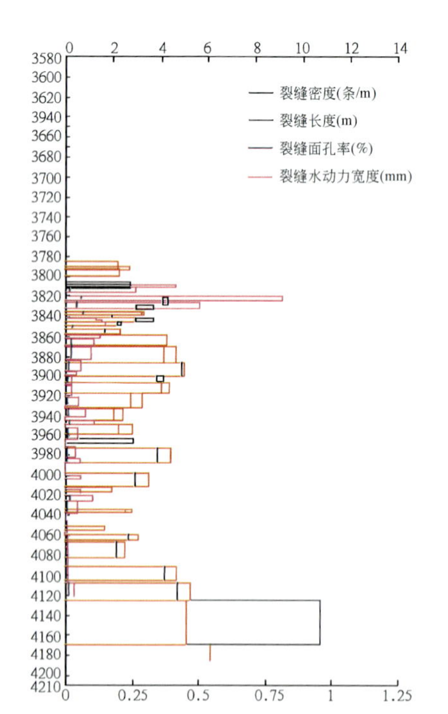

图 4-58　发育（徐深 10 井）裂缝曲线图

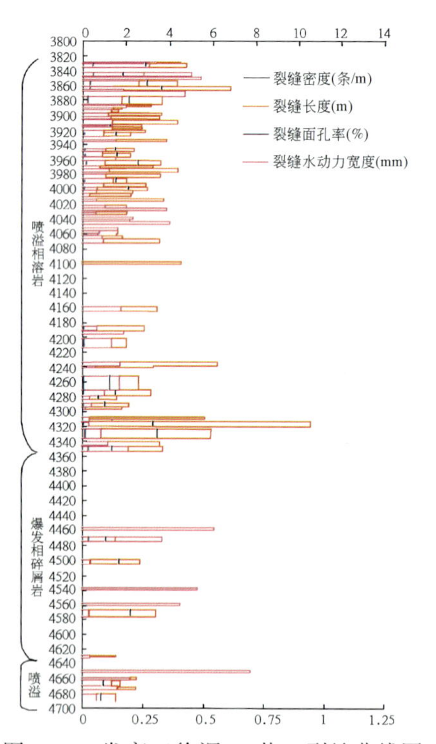

图 4-59　发育（徐深 24 井）裂缝曲线图

四、埋藏胶结与溶解作用

储层形成与碱性、酸性地层水溶蚀有关，储层分布受成岩阶段控制。酸性流纹岩在深埋成岩 A 期发生溶蚀作用，中性安山岩在浅埋成岩 B 期—深埋成岩 A 期发生方解石溶蚀作用，基性玄武岩在浅埋成岩 B 期—深埋成岩期发生方解石溶蚀作用（图 4-60）。

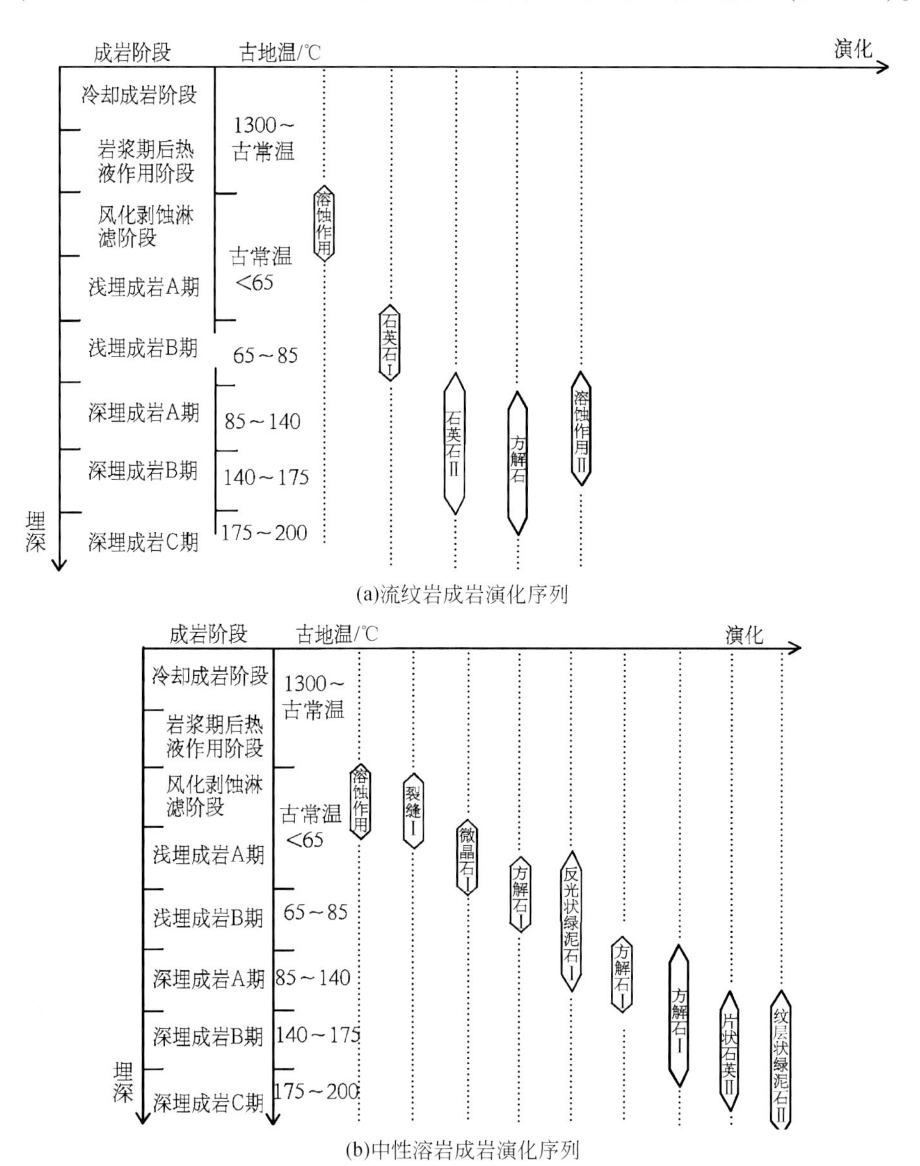

(a)流纹岩成岩演化序列

(b)中性溶岩成岩演化序列

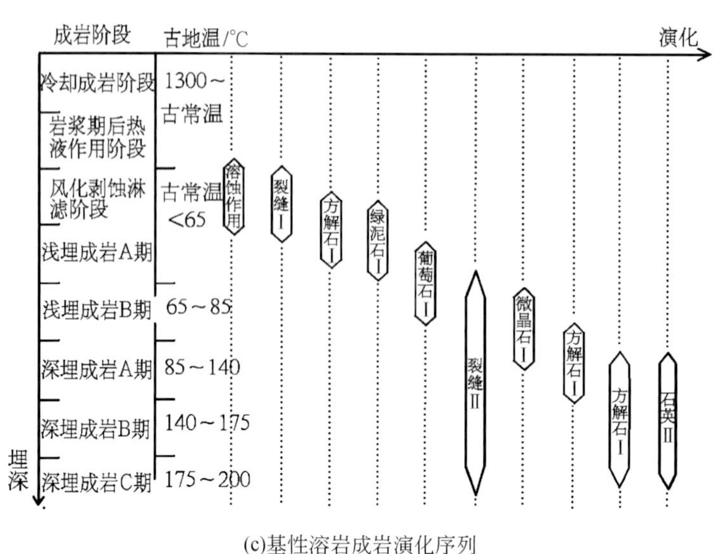

(c)基性溶岩成岩演化序列

图4-60　各类岩性成岩演化序列图

第四节　火山岩储层分布规律

火山岩储层是否有效，关键反映在储层中是否能存储有经济开采价值的油气。火山岩油气成藏的地质条件与砂岩和碳酸盐岩等油气藏的形成有许多共性之处，是生、储、盖、运、圈、保六大要素在时空上的有机匹配。形成火山岩有效储层的地质条件和上面的六大要素密切相关。

（1）火山岩的分布位置要紧邻生油凹陷，保证火山岩可就近捕获油气，使丰富的油气源充注到火山岩储层中，是火山岩有效储层的物质基础。

（2）火山岩储层附近应存在持续活动性的张性断裂，这种张性断裂可作为油气运聚的通道，是火山岩有效储层形成的必要条件。

（3）火山岩储层自身要有储集条件，必须是原生孔隙较为发育的、岩石较为疏松的火山岩类，或者是致密的火山岩经过构造运动及溶蚀作用改造、次生孔隙较为发育。对成功的火山岩油气藏研究表明，火山岩类油气藏中高产井往往分布在火山岩次生裂缝发育的部位，如济阳拗陷的临盘油田火山岩油藏中高产油井分布在帚状断裂体系收敛端与北东向断裂体系交汇处，这个部位是构造裂隙相对发育的部位。

（4）火山岩形成的时期应在主要生排烃期之前，这样有利于湖盆中有机质的聚集和有机质热解向烃类转化。若在油气形成后发生火山活动，则会破坏已形成的油气。例如，盆地南部东南隆起上，勘探数年，虽已发现不少火山岩油气井，但因明水组时期区域应力场改为挤压作用，整个东南部隆褶抬起，构造变化剧烈，对在此之前形成的油气藏有巨大的破坏作用，在这一地区一直没有形成规模较大的火山岩油气勘探局面。

（5）火山岩分布的位置最好在构造部位继承性相对高的地区，这样有利于油气的运移和聚集。

（6）火山岩自身的封堵作用或与其他盖层构造良好的匹配也很重要，它直接关系到油气的聚集和储存。

一、储层纵向分布规律

开发井长井段取心分析资料说明，火山岩在纵向上厚度可达到数百米，但物性均一性较差，孔隙度高值和低值之间可相差 5～10 倍，渗透率相差可达到两个数量级以上，高孔渗带的厚度可以达到几米到几十米，在大段岩相的中部，物性通常比岩相变化较快的部位物性要差，高孔渗带似乎与岩相（包括亚相）的交替变化有关（图 4-61、图 4-62）。

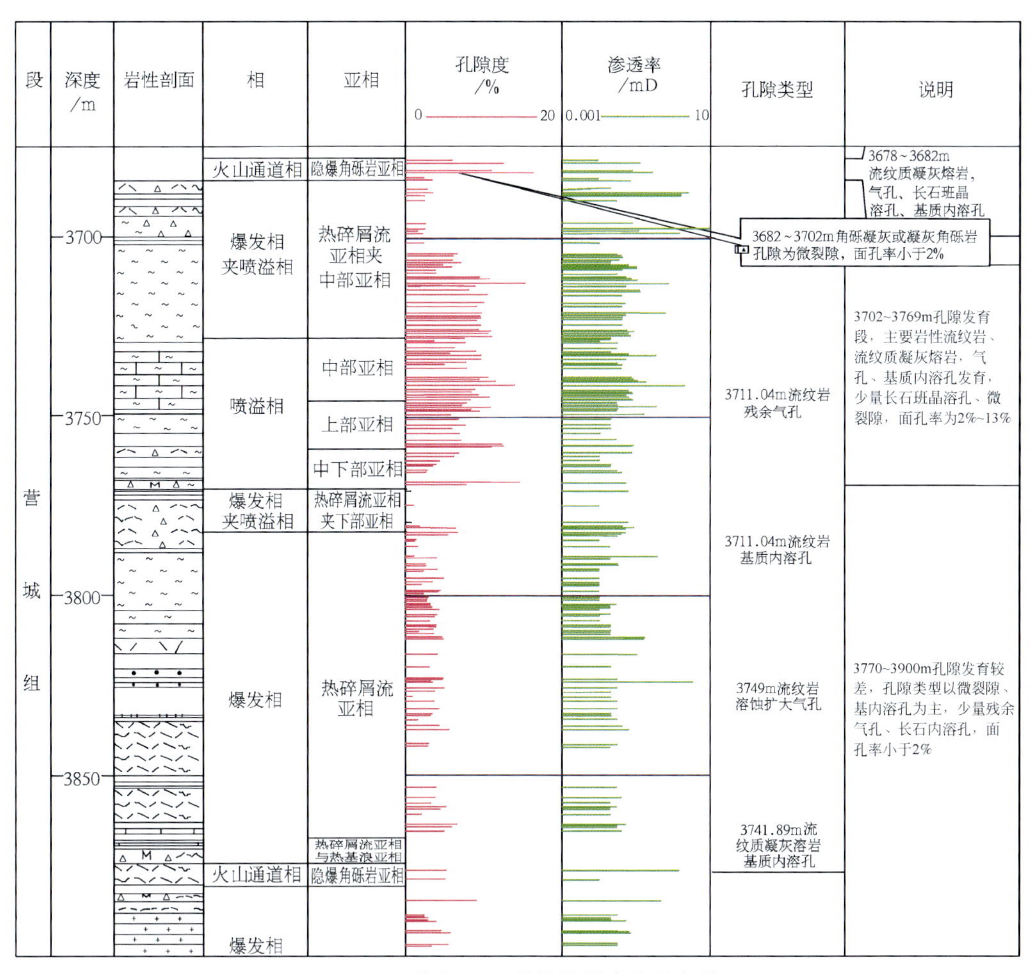

图 4-61　徐深 9-1 井物性纵向变化规律

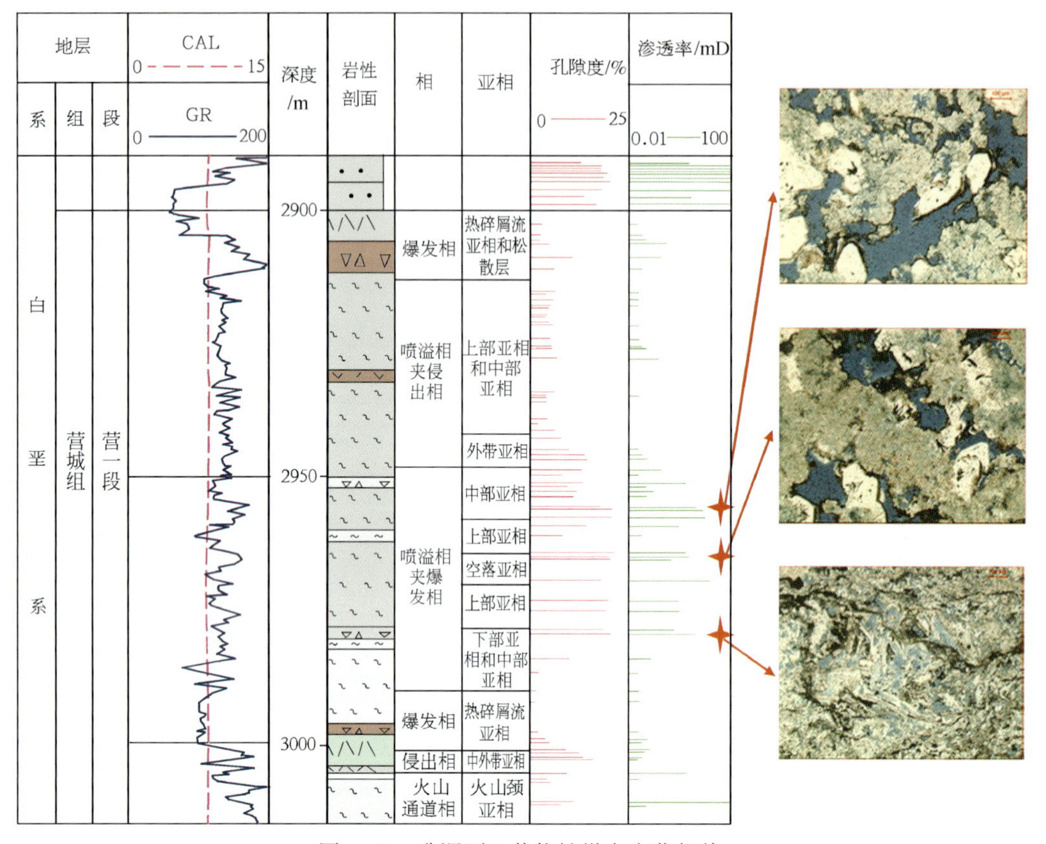

图 4-62 升深更 2 井物性纵向变化规律

铸体薄片观察发现，高孔渗带的次生孔隙很发育，基质和长石斑晶普遍具有溶蚀特征。次生孔隙这一分布规律表明，在岩性或岩相交替部位，由于岩石之间结合相对较弱，所以该部位容易发生风化淋滤作用和后期的溶蚀作用（该部位沟通流体的能力相对强），因此，对于厚度较大的火山岩，其岩性和岩相变化部位应该是有利储层发育部位。

二、储层平面宏观分布规律

通过单井火山岩岩相、火山岩物性、孔隙类型、火山岩厚度和实际产能情况的对比分析，并结合火山岩岩相叠合分布特征、火山岩厚度分布特征，总体上看，徐家围子断陷营三段和营一段火山岩岩体、火山岩储层发育主要受断裂带控制，沿着徐西、徐中、徐东三条断裂带呈 NNW 向或近 SN 向的串珠状分布（图 4-63）。

营三段火山岩分布有限，主要在榆西-安达地区，厚度一般为 200～400m，以安山岩和流纹岩为主，物性普遍较好，孔隙类型是以升深 2-1 井球粒流纹岩为代表的晶粒间孔隙和气孔；达深 3 井玄武岩的气孔和裂缝组合。Ⅰ类储层分布于升深 2、宋深 3 井区，升深 2 井是升平地区营三段火山岩高产代表井；Ⅰ-Ⅱ类储层分布于达深 3、达深

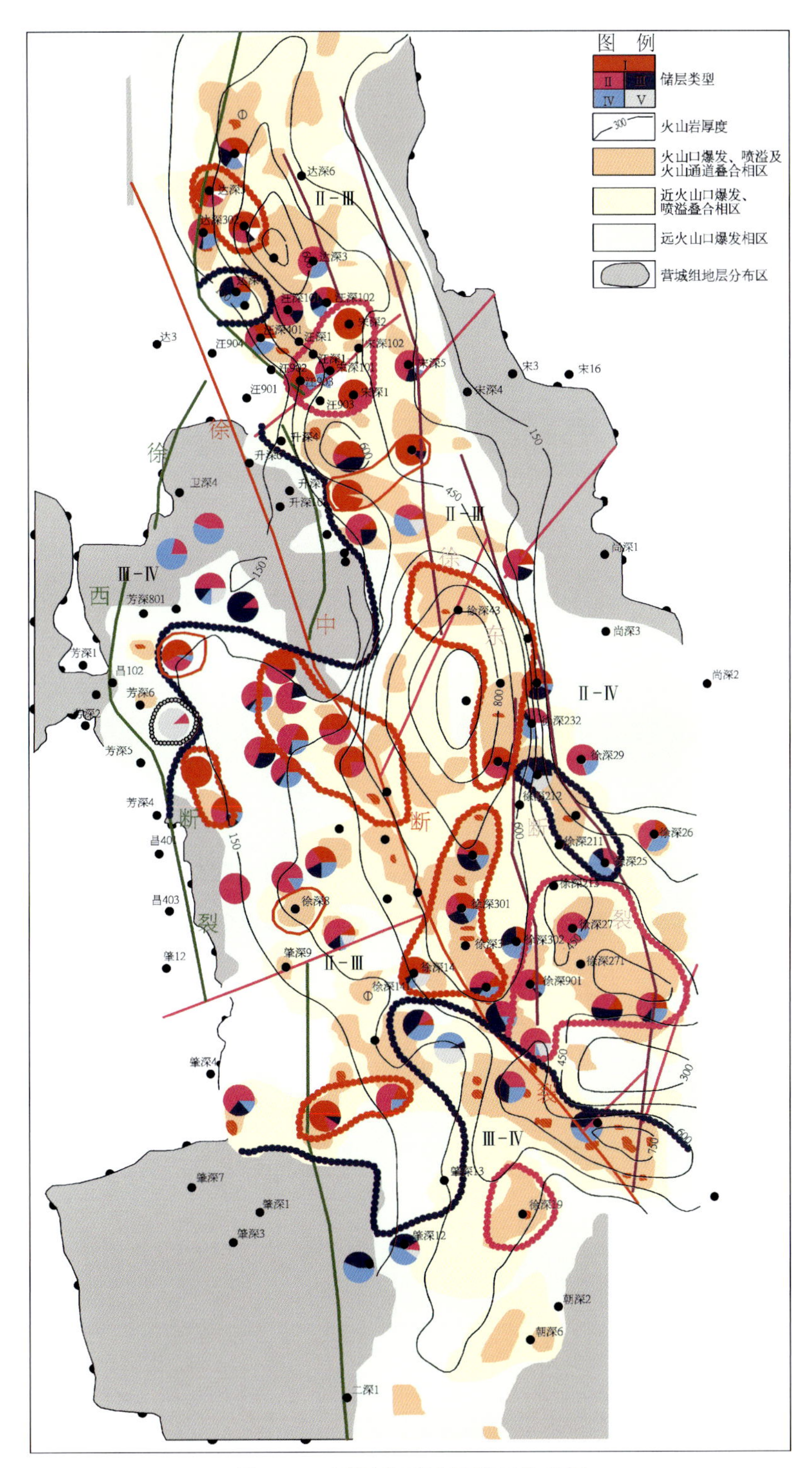

图 4-63　不同类型储层平面分布图

X301、宋深101井区；Ⅱ类储层分布于宋深1井、宋深2井；达深4井、汪深1-2井为Ⅲ-Ⅳ类储层；其他地区为Ⅱ-Ⅲ类储层。

营一段火山岩分布广泛，从兴城、徐东、肇州到朝阳沟地区火山喷发岩具有连片大面积分布的特点，钻井揭示厚度一般为100～250m，地震解释厚度超过千米。岩性主要为喷溢相的流纹岩和爆发相的晶屑凝灰岩、火山集块岩等。孔隙类型有气孔、脱玻化溶蚀孔和角砾间孔等。Ⅰ类储层分布在肇深8井区、徐深8井区；Ⅰ-Ⅱ类储层分布于徐深1-徐深6井区、徐深28-徐深3-徐深9井区、徐深23井区、芳深701井区和肇深6井区；徐深16井为Ⅳ-Ⅴ类储层；徐深21井区和徐深10井以南为Ⅲ-Ⅳ类储层；其他地区为Ⅱ-Ⅲ类储层。

火山岩储层（测井孔隙度大于3%）的厚度与火山口的距离具有负相关性，即离火山口越远，火山岩厚度变小，储层的厚度也越小。但从火山岩储层占火山岩总厚度的比例关系上看，储层的比例与火山口的距离基本无关（图4-64）。这一宏观特征也从另一方面说明，火山岩的次生改造作用是决定火山岩能否成为储层的关键。

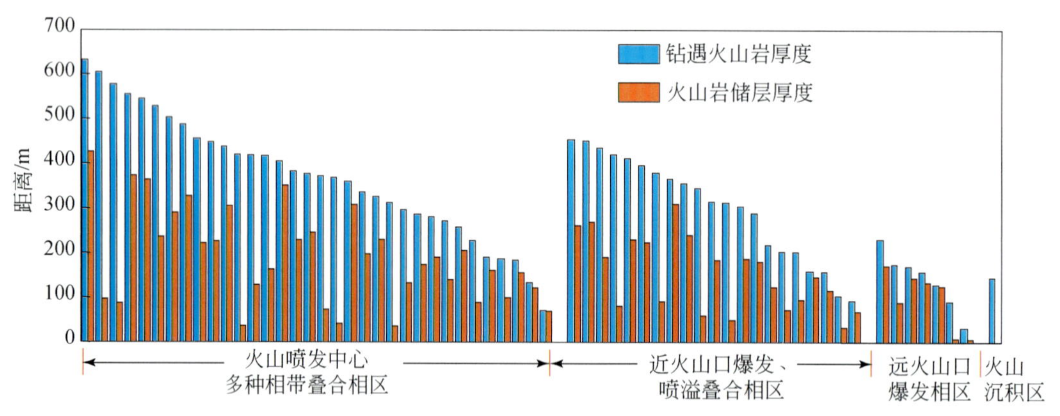

图4-64 储层分布与火山口距离的关系

火山喷发中心区：储层发育比例达到了50%，储层厚度一般为160m以上；近火山口区：储层发育比例达到了51%，储层厚度一般为80m以上；远火山口区：火山岩总厚度小，但也发育一定的储层；火山沉积相区储层不发育

第五章　松辽盆地北部火山岩典型气藏解剖

火山岩油气藏作为一种特殊的油气藏类型，已逐渐成为重要的勘探目标和油气储量的增长点。2002 年以来，我国在松辽盆地北部（大庆）、南部（吉林）和新疆准噶尔盆地先后发现了大量火山岩气藏。截至 2008 年年底，我国火山岩气藏三级储量已超过 $9000\times10^8m^3$，其中探明地质储量达 $4239\times10^8m^3$，控制地质储量达 $1508\times10^8m^3$，预测地质储量达 $3419\times10^8m^3$，是目前世界上规模最大的火山岩气藏发育区。

松辽盆地北部深层已发现大小断陷盆地 18 个，除徐家围子断陷外统称外围断陷。目前，松辽盆地北部深层火山岩气藏勘探主要集中在徐家围子断陷的安达地区、徐东地区和徐南地区，以及外围断陷的双城地区、古龙-林甸地区和滨北的太平川、任民镇小断陷，外围断陷整体勘探程度、认识程度都比较低。徐家围子断陷为松辽盆地北部深层规模较大的断陷，近南北向展布，南北向长达 95km，中部最宽处有 60km，主体面积 $4300km^2$，汪家屯、升平、徐深 1 区块、徐深 8、徐深 9 区块等火山岩气藏分布其中。截至 2008 年年底，徐深气田火山岩储层提交天然气探明地质储量 $2101.9\times10^8m^3$。

第一节　火山岩气藏特征

一、火山岩气藏类型与分布

多年勘探及研究证实，松辽盆地北部深层断陷区发现的火山岩气藏类型十分丰富，从圈闭类型角度可分为构造、岩性、复合型的构造-岩性和岩性-构造气藏；从流体性质角度可分为常压、超压气藏；从气藏演化角度可分为原生、次生气藏；从气源角度可分为不同有机混源、有机无机混源、无机 CO_2 气藏。气藏的分类方案很多，本书重点从圈闭和气源角度来分析火山岩气藏的类型与分布。

（一）圈闭角度分析气藏的类型与分布

松辽盆地北部火山岩气藏类型以勘探程度较高的徐家围子断陷为例，构造、岩性、构造-岩性、岩性-构造四种气藏类型中，以岩性气藏和岩性-构造气藏类型居多（图 5-1）。

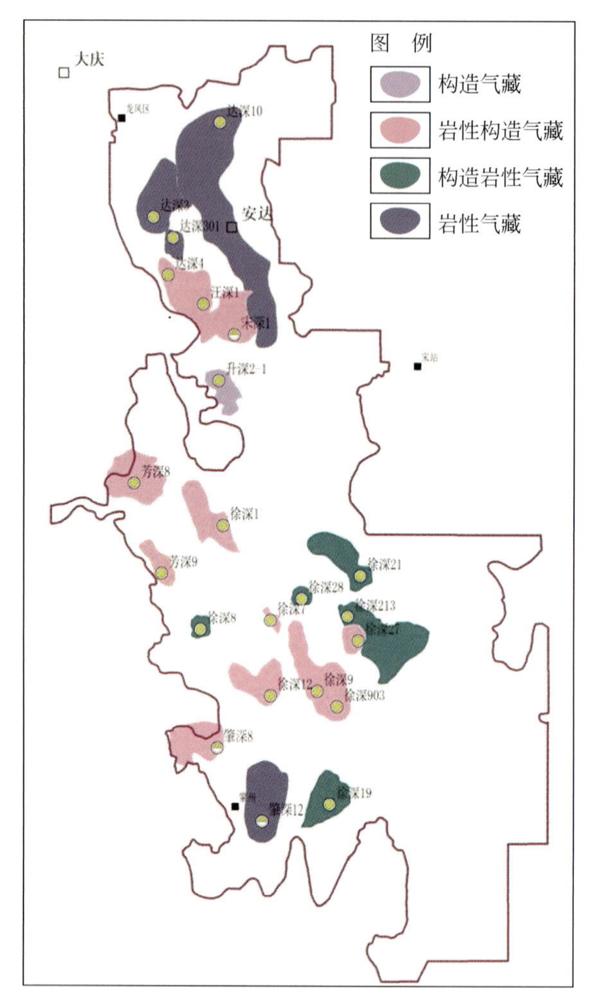

图 5-1　徐家围子断陷火山岩气藏类型分布图

1. 岩性气藏

火山岩储集层的岩性和物性横向变化可以形成岩性气藏。由于岩性变化大、物性差异较大，导致各井气水界面不一致，说明岩性、物性对气藏具有控制作用（姜传金等，2009）。岩性气藏在徐家围子断陷深层较为发育，从下部的火石岭组到上部的登娄库组都有分布，其分布情况为：①营一段火山岩岩性气藏主要分布在芳深 9 井、芳深 701 井、肇深 12 井、徐深 19 井、芳深 6 井、芳深 8 井等；②营三段火山岩岩性气藏主要分布在达深 X301 井区。

2. 构造气藏

火山岩储层纵向连通性较差，在深大断裂及其伴生断裂带的纵向连通及侧向遮挡条件下，天然气可在有效储集层内聚集成藏，形成构造气藏。徐家围子断陷内该类气藏仅见于升平构造带内升深 2–1 井等小部分区域。

3. 构造–岩性气藏

这种气藏类型主要是构造背景控制下的火山岩岩性气藏，气藏高度大于构造幅度，气藏并不受构造圈闭控制，没有统一的气水界面，构造高部位气柱高度大、气水界面高；构造低部位气柱高度小、气水界面低，但上气下水的特征又说明构造位置对含气性具有一定的控制作用。该类气藏分布情况如下：①火石岭组火山岩构造–岩性气藏主要分布在升深 101 井、芳深 10 井等处；②营一段火山岩构造–岩性气藏主要分布在徐深 27 井、徐深 201 井、徐深 3 井、徐深 9 井、徐深 8 井、徐深 13 井、徐深 12–徐深 14 井、徐深 141 井、徐深 17 井、徐深 1 井、徐深 6 井、徐深 15 井、徐深 10 井、芳深 6 井、徐深 401 井、徐深 4 井、徐深 231 井等处；③营三段火山岩构造–岩性气藏主要分布在达深 1–达深 3 井、达深 2 井、汪深 1 井、达深 4 井、宋深 5 井、徐深 23 井、徐深 21 井、徐深 29 井、徐深 28 井等处。这种气藏类型在徐家围子断陷最为发育，火石岭组到登娄库组都有发现，主要分布在徐家围子断陷中部和北部安达地区，是主要的气藏类型。

4. 岩性–构造气藏

这种气藏类型主要发育在背斜构造上，高部位井的气柱高度大，低部位井的气柱高度小，总体呈上气下水的特征，气水界面基本一致，说明构造对含气性具有主要控制作用。但由于构造圈闭内岩性变化大，导致物性差异较大，天然气分布、分异存在一定差异，也说明岩性对气藏具有控制作用。这种气藏类型在徐家围子断陷很少发育，主要发育在升平地区的火石岭组和营一段、营三段的火山岩地层中，其分布情况为：①火石岭组火山岩岩性–构造气藏主要分布在升深 101 井处；②营一段火山岩岩性–构造气藏主要分布在徐深 7 井处；③营三段火山岩岩性–构造气藏主要分布在升深 2–1 井处。

（二）气源角度分析气藏的类型与分布

1. 不同有机混源气藏

徐家围子断陷晚侏罗世—早白垩世地层中的烃源岩均以暗色泥质岩和煤层为主，另外基底石炭–二叠系泥板岩也具有生烃的意义（冯子辉等，2005）。各套烃源岩在空间分布上以沙河子组分布最广、厚度最大，从有机碳含量看，沙河子组达最好烃源岩标准，火石岭组和营城组达好烃源岩标准，登娄库组和石炭–二叠系达较好烃源岩标准。

利用徐家围子断陷烃源岩吸附气重烃色谱指纹参数特征，结合神经网络计算模型（张居和等，2005），研究了不同源岩对天然气成藏的贡献比例（张庆春等，2001）。结果表明，徐家围子断陷中部徐深 5 井区主要发育沙河子组和火石岭组烃源岩，该区天然气的来源也主要与这两套源岩有关；靠近古中央隆起带的芳深 2 井附近主要发育石炭-二叠系源岩，天然气来源比例计算结果反映石炭-二叠系对天然气贡献较大；断陷东部的徐深 22 井区营城组烃源岩发育，天然气来源于营城组的贡献相对较大（冯子辉等，2010）。

2. 有机无机混源气藏

天然气样品地球化学分析结果，甲烷（CH_4）含量为 22.56% ~98.13%，一般在 91%以上，乙烷（C_2H_6）含量一般小于 5%，丙烷（C_3H_8）含量小于 1%，烃类气体组成总体表现偏“干”。部分探井中 CO_2 气含量较高，如芳深 701 井 CO_2 气含量达 86.51%，可能反映有无机成因天然气的加入（霍秋立等，2004）。天然气 CH_4 碳同位素与气组分的关系表明，徐家围子断陷天然气主要为煤型气，有不同成因类型天然气的混合气，如原油裂解气和煤型气混合，煤型气和无机气混合。天然气类型以煤型气为主的特征与断陷中以泥质岩和煤层作为主要烃源岩的事实相吻合，反映二者具有成因关系。

3. 无机 CO_2 气藏

上地幔岩浆是富含挥发分的高温高压岩浆流体，它们有时沿地壳薄弱地带上升至地壳中，在这个过程中，随着压力和温度降低，它们将发生剧烈的脱挥发分作用，其中一个重要的作用就是脱气作用。沿地壳张性深大断裂或裂谷，在较高温度、较高氧逸度和较小压力的热力学条件下，脱出气体主要组分是 CO_2。而在地壳板块碰撞带或俯冲削减带，在较低温度、较低氧逸度和较大压力条件下，脱出气体主要组分是 CH_4 和 H_2。这种脱气作用在火山期后可能仍持续发生，如五大连池所见的脱 CO_2 气作用。松辽盆地深层徐家围子断陷和长岭断陷在侏罗纪—早白垩世时期为裂陷发育阶段，沿深大断裂发生了大规模、多期次的火山喷发活动，为深源无机 CO_2 的形成和富集创造了条件，这种天然气往往富集在沿深大断裂附近的火山岩层中。目前已在昌德东、汪家屯东发现这种成藏模式的气藏。

二、火山岩气藏天然气组成

（一）天然气组分特征

对松辽盆地北部不同地区深层天然气的 213 个样品分析检测，得出天然气组分分布特征如下。

1. 深层天然气以烃类气体为主，主要是干气，湿气含量很少

松辽盆地北部深层天然气烃类组分含量为 0.062% ~99.57%，总烃含量主频为 90% ~100%，反映烃类气体占绝对优势，约 66% 的样品烃类气体含量为 90% ~100%（图 5-2）。值得注意的是约 15% 的样品烃类气体含量小于 20%，这些样品主要分布在

汪家屯气田，并且在双城的三深1、四深1井中也有出现，这些样品具有较高的N_2和CO_2，尤其是在芳深9井中CO_2含量高达93.1%，预示着深源无机气在北部深层具有一定的规模。

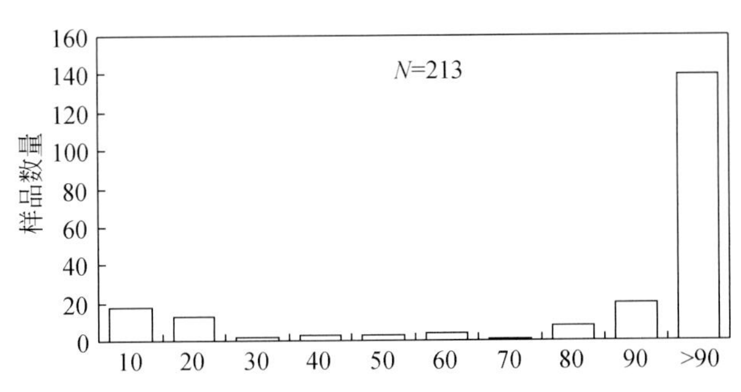

图5-2　松辽盆地北部深层天然气烃类总烃含量分布频率图

2. 天然气主要组分的分布变化较大

松辽盆地北部天然气组分中CH_4含量主要为85%～100%，其中大于90%的样品约占56.5%，大于85%的样品约占69.05%。昌德东气田CH_4含量小于60%的样品有一定的分布，汪家屯-升平气田CH_4含量分布变化较大，各个区间均有分布，昌德东气田、肇深8井区和双城地区CH_4含量集中分布于低值（小于60%）和高值（大于90%）两段，低值段分布预示着北部深层天然气成因和演化的复杂性。

重烃含量为0%～15.823%，多数小于4%。重烃的碳数主要分布于C_2～C_4，只有极少数含有C_6的组分，而且含量只有百分之几。平面上汪家屯-升平气田和肇深8井区重烃含量较大，昌德东气田和双城地区重烃含量较小。

松辽盆地北部天然气干燥系数（C_1/C_2^+）主要为90%～100%，主频率区样品占总样品数的92.38%。85.20%样品干燥系数大于0.95，这些样品主要分布在徐家围子断陷的汪家屯-升平气田、昌德东气田兴城气田。双城地区可能有一定数量的湿气分布。

松辽盆地北部深层天然气中非烃气体种类较丰富，除CO_2和N_2分布普遍外，H_2、O_2和He等均有一定数量的含量，如升深4井O_2含量占非烃气体组分的21.857%，大部分天然气中都含有一定数量的He气。

CO_2含量分布不均一，总体含量不高，主要为0%～2%，占总样品数的61.16%，其他样品主要分布在2%～4%和大于20%两个频率段。在昌德气田的一些井中CO_2含量高达90%。相对而言昌德气田CO_2含量比汪家屯气田要高，昌德气田70个天然气样品中CO_2含量大于20%的样品占到30%。而汪家屯-升平气田的121个天然气样品中CO_2含量均小于20%；肇深8井区有少数井CO_2含量大于20%。

N_2在徐家围子断陷不同气田的分布相似，主要分布于2%～6%，其次有一定数量样品中N_2含量大于20%。

3. 不同地区天然气组成存在差异

（1）兴城地区天然气储集层位主要为营城组，天然气组分较干，CH_4含量分布区为0%～100%，但集中分布于90%～95%；C_2～C_5在0%～9.5%分布，主要分布区间为2.5%～3%；CO_2分布区域为0%～57.5%，主要在0%～5%分布；有少量He气，分布区间为0%～0.106%，主要分布于0.019%～0.038%；C_1/（C_2～C_5）分布区间为0～4000，主要分布于0～100。

（2）昌德东气田天然气储集层位为登娄库组和营城组，比较而言，登娄库组主要为烃类气体，而营城组则主要为CO_2气体。

（3）昌德气田天然气储集层主要为登娄库组和基底，气体组分干，与兴城地区类似。CH_4含量为90%～94%，而C_1/（C_1～C_5）分布于10～160，集中分布于50～130。

（4）汪家屯—升平地区天然气储集层位较多，如泉三段、泉四段、登娄库组、营城组及基底，天然气的组成都表现出干气的特点，CH_4含量都在90%～95%，C_2^+以上的重烃含量低于3%，有少量的He和CO_2存在。

（5）宋站地区天然气主要储集于泉三段、泉四段和营城组中，天然气组成特征为CH_4含量较高，而C_2^+重烃含量低，小于2%。

（6）双城地区天然气比松辽盆地北部其他地区天然气氦气含量略高，达4%～10%。

（二）天然气碳同位素组成特征

松辽盆地北部深层天然气中$\delta^{13}C_1$分布范围为-56‰～-14‰，平均值为-27.8‰，主要分布区间为-32‰～-24‰，以-29‰～-25‰为最多；$\delta^{13}C_2$分布范围为-51‰～-11‰，平均值为-27.7‰，主要分布区间为-34‰～-22‰；$\delta^{13}C_3$分布范围为-37.5‰～-18.5‰，主要分布区间为-33‰～-25‰；$\delta^{13}C_4$分布范围为-44.5‰～-0.5‰，主要分布区间为-34‰～-26‰；$\delta^{13}CO_2$分布范围为-32.5‰～-0.5‰，主要分布区间为-15‰～-2.5‰（图5-3）。松辽盆地北部深层天然气各组分碳同位素分布区间大，指示多种来源。

分层而言，储集于基岩中的天然气较少，主要分布于中央古隆起的汪家屯地区。$\delta^{13}C_1$分布范围为-31‰～-17‰，平均值为-26.1‰，主要分布范围为-27‰～-25‰；$\delta^{13}C_2$分布范围为-35‰～-21‰，平均值为-26.9‰，主要分布范围为-25‰～-23‰；而$\delta^{13}C_3$和$\delta^{13}C_4$的分布区间值较大，分别为-33‰～-24‰和-33‰～-25‰，无主要的分布区间（图5-4）。

但从$\delta^{13}C_1$和$\delta^{13}C_2$来看，储集于基岩中的大部分气体碳同位素值较高。单体碳同位素之间的关系也较复杂，芳深2井天然气碳同位素具有$\delta^{13}C_1>\delta^{13}C_2>\delta^{13}C_3>\delta^{13}C_4$的特征，而汪901、汪902井天然气碳同位素值具有$\delta^{13}C_1<\delta^{13}C_2>\delta^{13}C_3>\delta^{13}C_4$的特征，汪903井天然气则具有$\delta^{13}C_1>\delta^{13}C_2<\delta^{13}C_3>\delta^{13}C_4$的特征（图5-5）。

火石岭组不是深层天然气的主要储集层位，样品分析点少，$\delta^{13}C_1$分布范围为-29.24‰～-26.56‰，$\delta^{13}C_2$分布于-27.74‰～-22.98‰，单体碳同位素值基本具有$\delta^{13}C_1<\delta^{13}C_2>\delta^{13}C_3<\delta^{13}C_4$的特征（图5-6）。

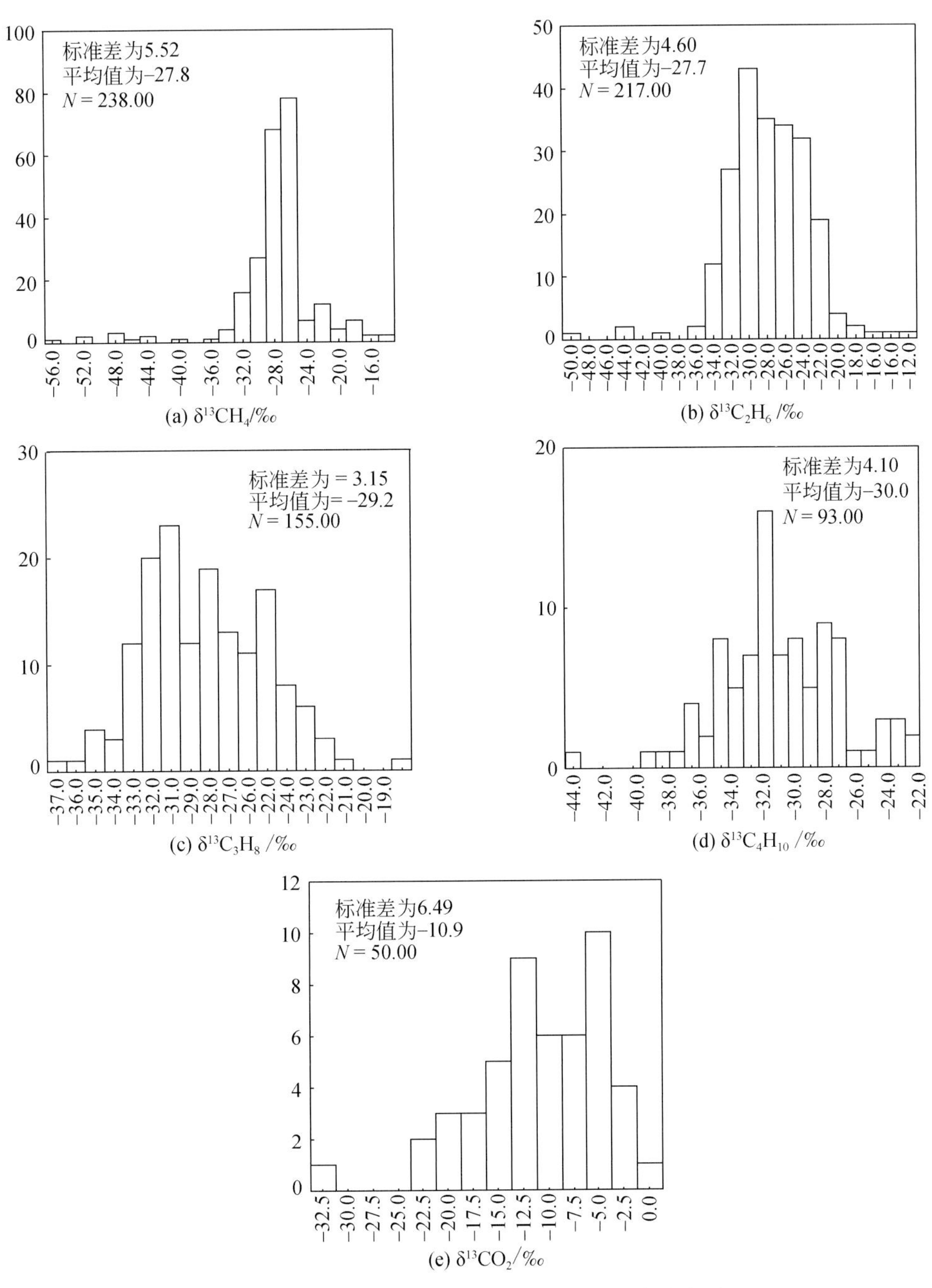

图 5-3　松辽盆地北部深层天然气碳同位素分布图

沙河子组天然气中 $\delta^{13}C_1$ 分布范围为-33‰～-19‰，主要分布区间为-27‰～-25‰，平均值为-27.3‰；$\delta^{13}C_2$ 主要分布范围为-35‰～-23‰，平均值为-29.9‰，主要呈两个区间分布，分别为-27‰～-23‰和-35‰～-29‰，相对而言，$\delta^{13}C_2$ 为后一区间的天然气占大多数。整体来看，沙河子组天然气 $\delta^{13}C_2<\delta^{13}C_1$。$\delta^{13}C_3$ 和 $\delta^{13}CO_2$ 由于样品点较少，无规律可言，主要分布区间为-37.5‰～-20‰和-7‰～0‰。朝深 6 井、

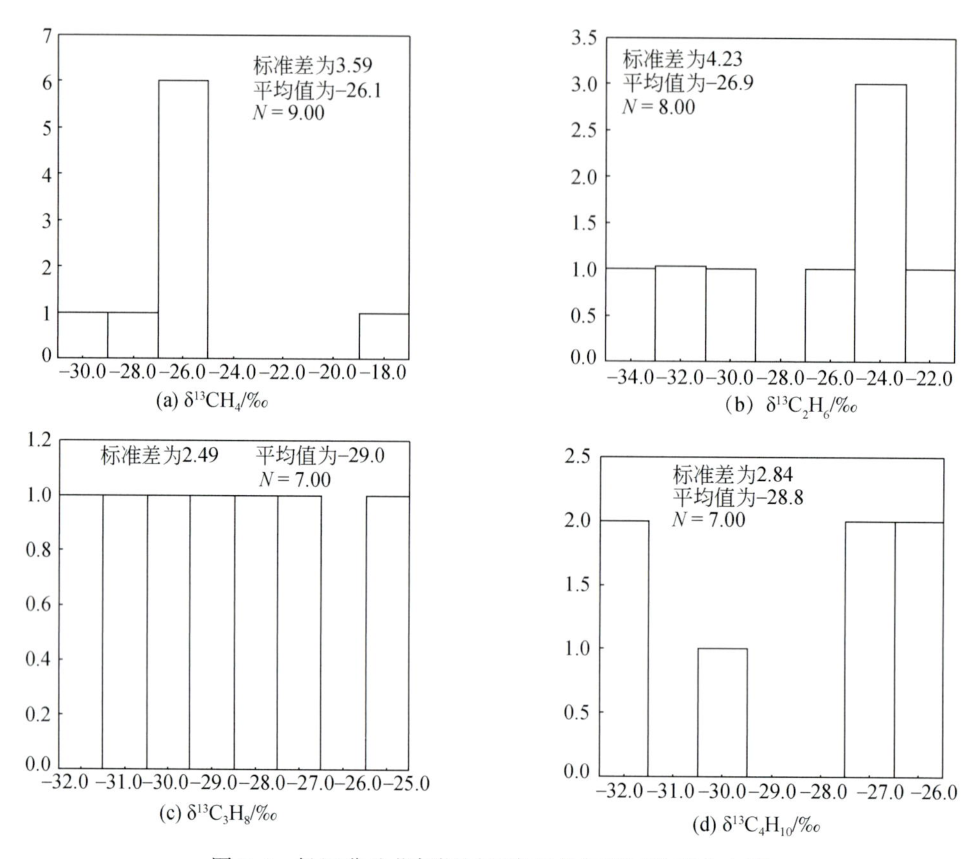

图 5-4　松辽盆地北部深层基底天然气碳同位素分布图

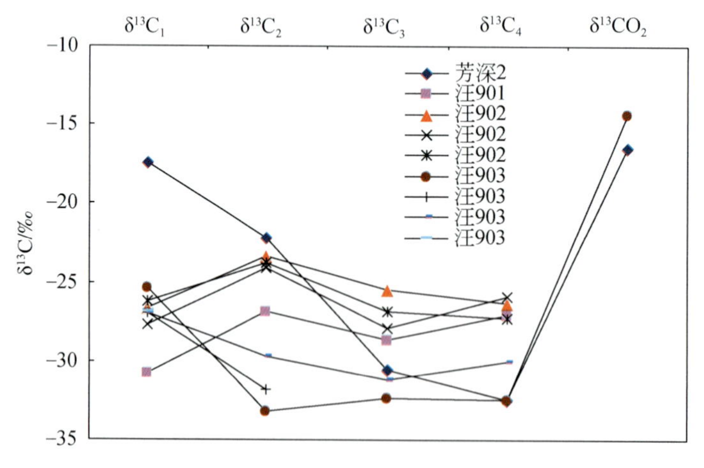

图 5-5　松辽盆地北部深层基底天然气单碳同位素关系图

徐深 801 井、徐深 401 井、沙河子组天然气碳同位素值具有 $\delta^{13}C_1>\delta^{13}C_2<\delta^{13}C_3$ 的特征，其中 $\delta^{13}C_1$ 分布于-26.9‰～-25.00‰，$\delta^{13}C_2$ 分布于-34.96‰～-32.9‰，$\delta^{13}C_3$ 分布于-35.47‰～-31.18‰。而升深 6 井、芳深 701 井、芳深 10 井天然气则基本具有正序的

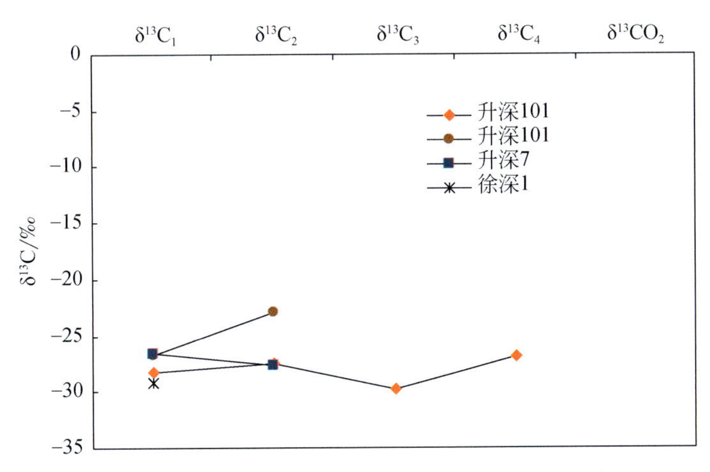

图 5-6　松辽盆地北部深层火石岭组天然气单体碳同位素关系图

特征，$\delta^{13}C_1<\delta^{13}C_2<\delta^{13}C_3<\delta^{13}C_4$。芳深 8 井天然气较为特殊，天然气具有倒序排列的特征，$\delta^{13}C_1>\delta^{13}C_2>\delta^{13}C_3$（图 5-7）。

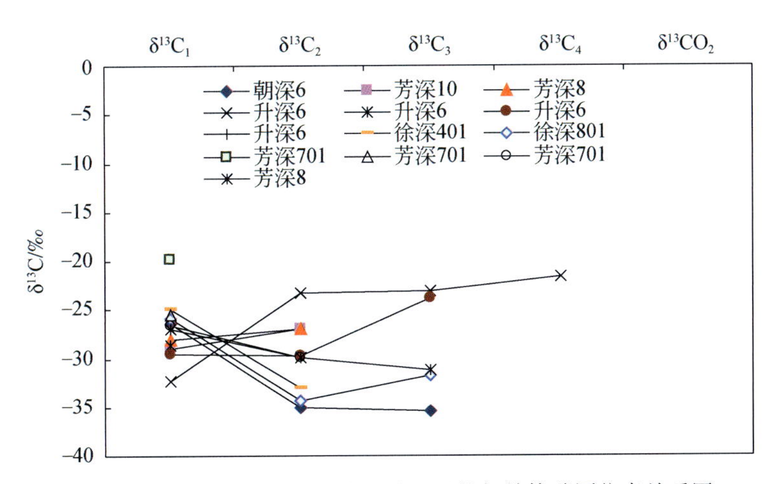

图 5-7　松辽盆地北部深层沙河子组天然气单体碳同位素关系图

营城组为深层天然气的主要储集层，天然气在营一段、营三段和营四段中均有分布。营一段天然气中，$\delta^{13}C_1$分布范围为-34.5‰～-24.5‰，平均值为-25.8‰，主要分布区间与沙河子组类似，为-29.5‰～-25.5‰；$\delta^{13}C_2$分布范围为-34.5‰～-19.5‰，平均值为-29.1‰，主要分布范围为-33.5‰～-28.5‰，与沙河子组类似；$\delta^{13}C_3$分布范围为-34.5‰～-22.5‰，平均值为-30.1‰，主要分布范围为-33.5‰～-25.5‰；$\delta^{13}C_4$分布范围为-36.5‰～-27.5‰，平均值为-31.6‰，主要分布区间为-31.5‰～-27.5‰和-34.5‰～-32.5‰，以-31.5‰～-27.5‰分布区间为主。$\delta^{13}CO_2$分布范围为-32.5‰～-2.5‰，主要分布范围为-12.5‰～-7.5‰，平均值为-12.2‰（图 5-8）。

营一段的天然气在不同地区碳同位素值差异较大，肇州西气田，天然气 $\delta^{13}C_1$分布

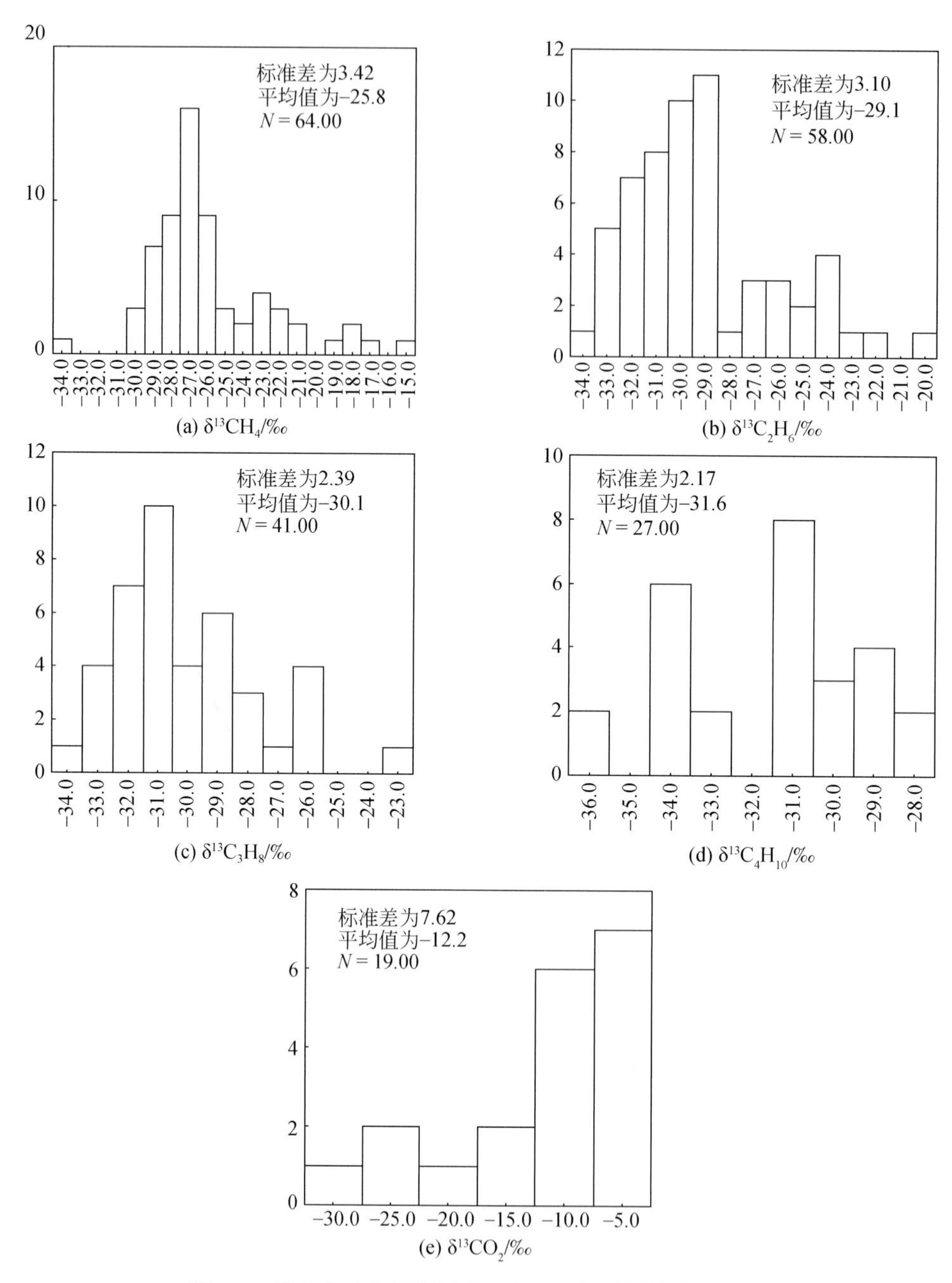

图 5-8 松辽盆地北部深层营一段天然气碳同位素分布图

范围为-29.27‰～-21.64‰，$\delta^{13}C_2$分布范围为-28.95‰～-21.62‰，基本具有$\delta^{13}C_1>\delta^{13}C_2$的特征（图 5-9）。兴城气田在不同井区，天然气碳同位素值有较大的差异，徐深1井区天然气碳同位素值除徐深601井个别点测定为正序排列外，其余井如徐深1井、徐深6井、徐深1-1、徐深603井天然气碳同位素均具有倒序排列的特征，CH_4 碳同位素值的主要分布区间为-29.89‰～-26.83‰，以徐深603井最重，$\delta^{13}C_1$为-22.84‰，徐深601井最轻，$\delta^{13}C_1$为-29.89‰。$\delta^{13}C_2$的主要分布区间为-32.88‰～-25.64‰（图5-10）。徐深2井区碳同位素值分布较为集中，并基本具有倒序特征，$\delta^{13}C_1$分布有两个区间，分别为-28.93‰～-25.94‰和-18.7‰～-17.00‰，但主要分布在前一个区间内。相应地，$\delta^{13}C_2$分布范围为-33.03‰～-29.02‰和-24.50‰～-24.48‰，$\delta^{13}C_3$和$\delta^{13}C_4$的主要分布区间范围分别为-32.63‰～-26.31‰和-33.63‰～-28.25‰（图5-11）。丰乐低凸起上的徐深3井和徐深9井天然气中碳同位素值分布特征较为一致，具有$\delta^{13}C_1>\delta^{13}C_2<\delta^{13}C_3<\delta^{13}C_4$的特征；$\delta^{13}C_1$分布范围为-24.16‰～-21.47‰，只有徐深9井产量低的天然气$\delta^{13}C_1$为-17.69‰；$\delta^{13}C_2$分布范围为-33.86‰～-23.52‰；$\delta^{13}C_3$和$\delta^{13}C_4$分布范围分别为-32.50‰～-30.95‰和-30.21‰～-28.92‰（图5-12）。徐深4井、徐深1井、徐深8井分属三个火山岩体，其天然气碳同位素特征迥异，徐深8井$\delta^{13}C_1$为-26.92‰，$\delta^{13}C_2$为-19.78‰，具有正序特征；而徐深4井和徐深7井天然气碳同位素值具有倒序特征，但徐深4井CH_4、C_2H_6碳同位素值差比徐深7井大，徐深4井$\delta^{13}C_1$为-29.83‰～-27.93‰，$\delta^{13}C_2$为-29.44‰～-29.21‰，$\delta^{13}C_3$和$\delta^{13}C_4$分别为-31.1‰～-29.95‰和-30.86‰，而徐深7井$\delta^{13}C_1$为-22.99‰～-21.37‰，$\delta^{13}C_2$为-33.06‰～-29.89‰（图5-13）。

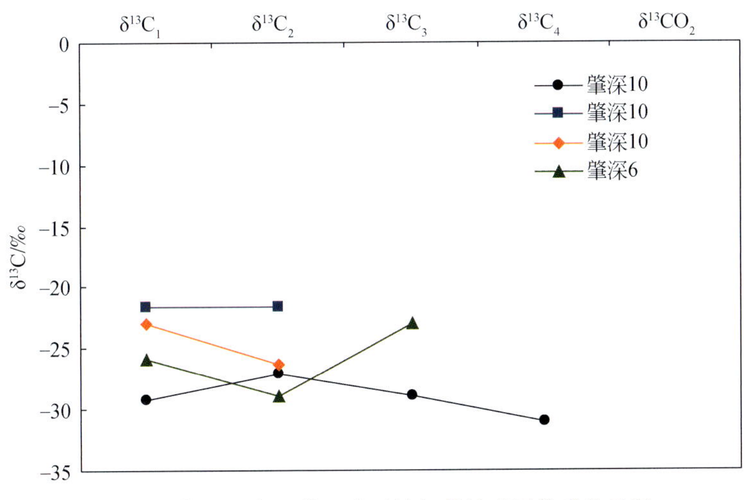

图5-9　肇州西气田营一段天然气单体碳同位素关系图

营三段天然气中$\delta^{13}C_1$分布范围为-47.5‰～-12.5‰，平均值为-27.7‰，主要分布区间为-32.5‰～-22.5‰；$\delta^{13}C_2$分布范围为-47.5‰～-28.5‰，平均值为-24.6‰，主要分布区间为-32.5‰～-12.5‰，集中分布区间为-32.5‰～-18.5‰；$\delta^{13}C_3$分布范围为-38‰～-23‰，平均值为-32.2‰，主要分布区间为-37.5‰～-34‰。$\delta^{13}C_4$分析样品点少，平均值为-34‰；δCO_2分布范围为-21.5‰～-6‰，样品点较分散，无主要分布区间，平均值为-13.3‰（图5-14）。营三段的天然气主要分布于兴城以北的安达、宋站、升平地区，升深2-1井、升深2-25井、升深更2井、升深201井天然气中碳同位素值都非常接近，且基本具有完全倒序的特征。升深4井同一井中天然气分析结果

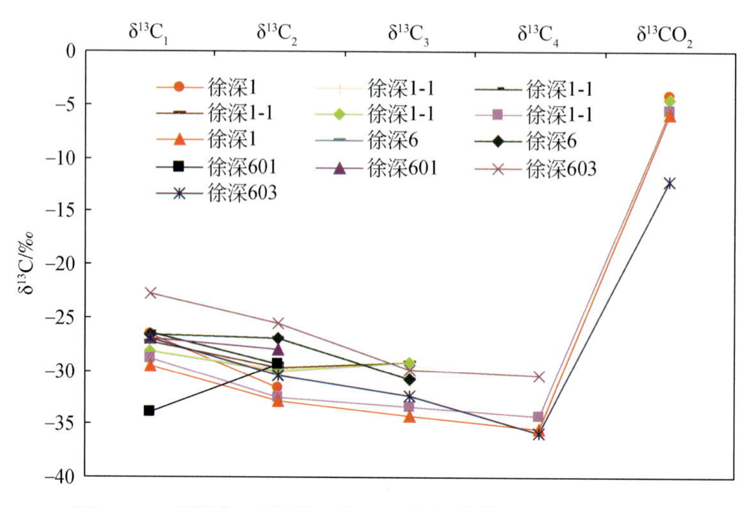

图 5-10 兴城气田徐深 1 井区天然气单体碳同位素关系图

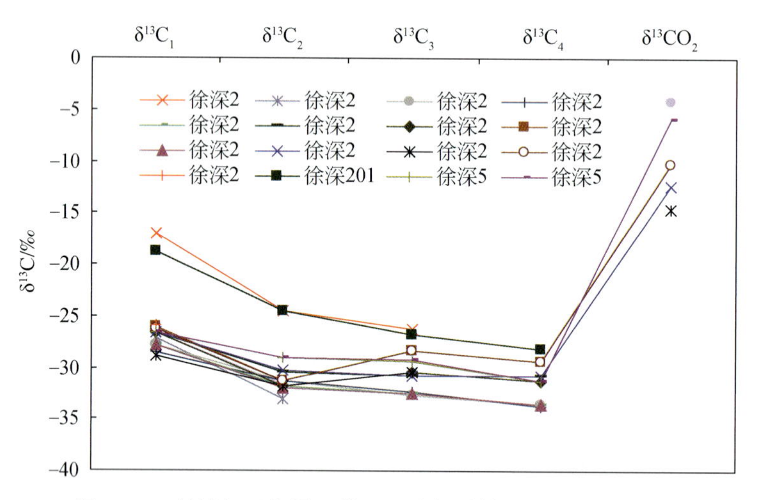

图 5-11 兴城气田徐深 2 井区天然气单体碳同位素关系图

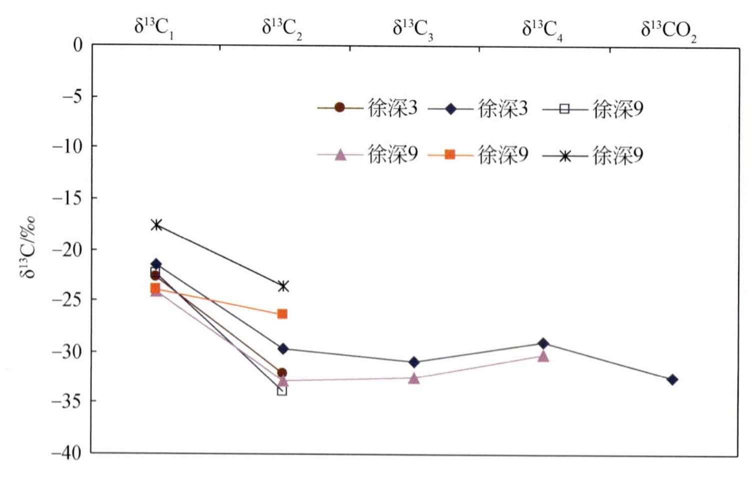

图 5-12 兴城气田徐深 3 井区天然气单体碳同位素关系图

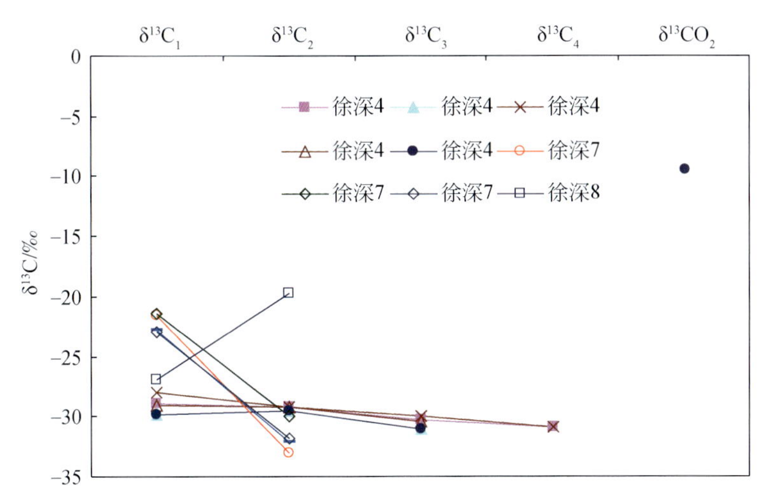

图 5-13　兴城气田徐深 4 井、徐深 7 井、徐深 8 井区天然气单体碳同位素关系图

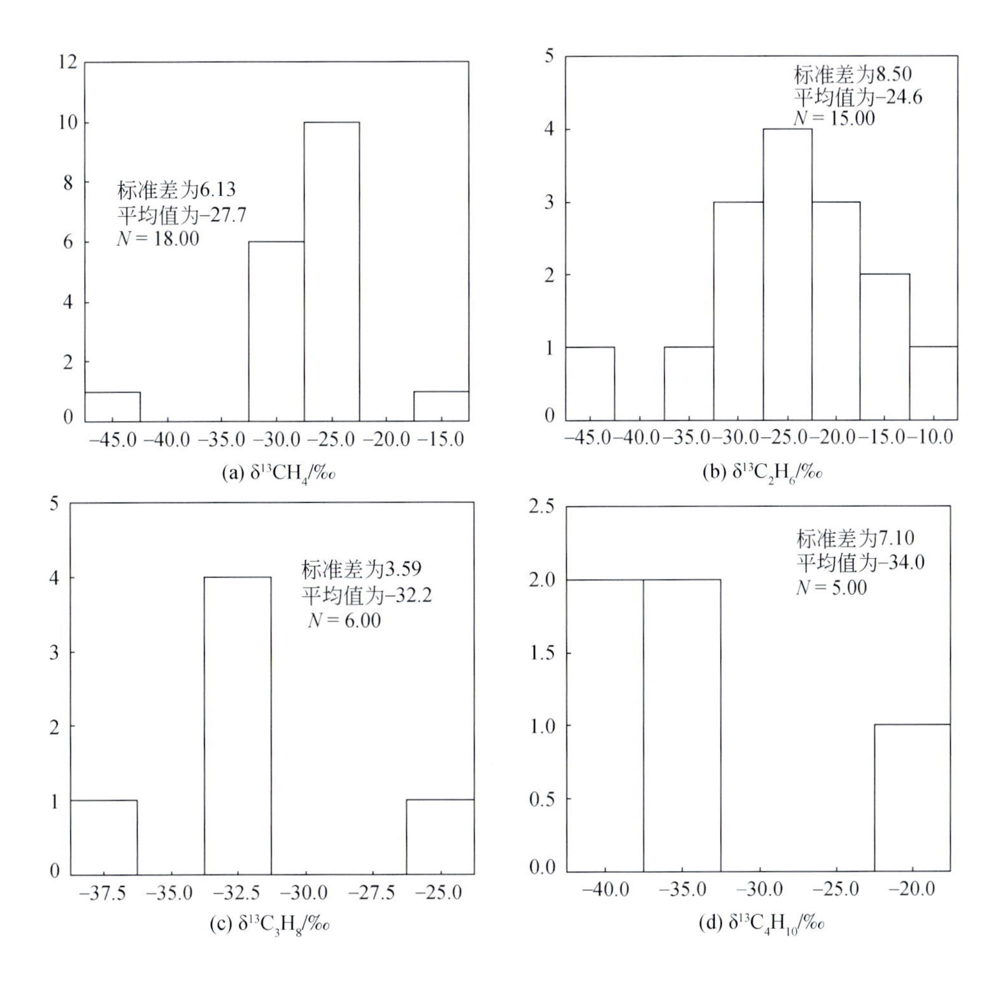

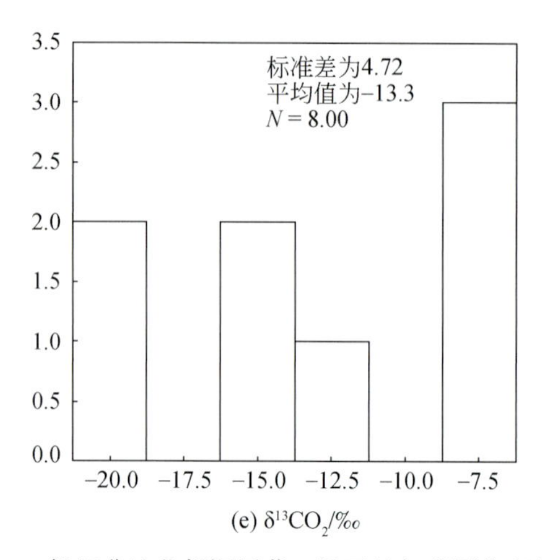

图 5-14 松辽盆地北部深层营三段天然气碳同位素分布图

差异较大；安达地区达深2井天然气则具有 $\delta^{13}C_1<\delta^{13}C_2$ 的特征，表现出 $\delta^{13}C_2$ 特别重，分布于-18.34‰～-11.36‰，宋深101井天然气中 CH_4、C_2H_6 碳同位素值都很重，分别为和-13.84‰和-19.25‰，似乎具有无机气的特征（图5-15）。

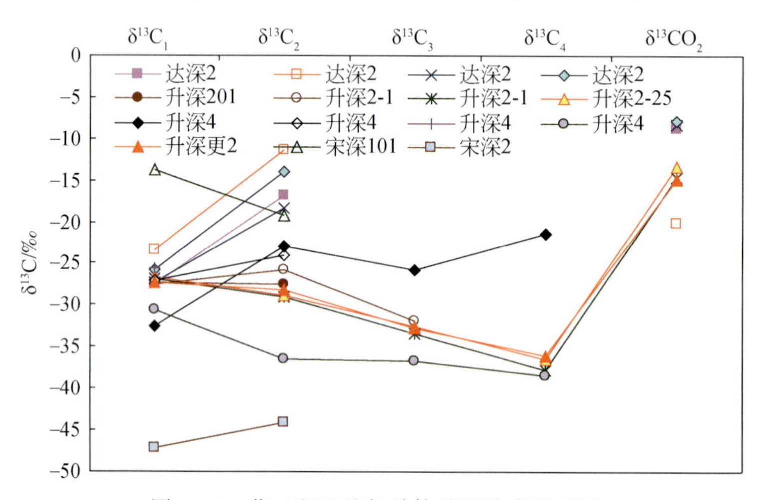

图 5-15 营三段天然气单体碳同位素关系图

营四段天然气中 $\delta^{13}C_1$ 分布范围为-43‰～-24‰，平均值为-28.1‰，主要分布范围为-31.5‰～-24.5‰；$\delta^{13}C_2$ 分布范围为-34.5‰～-21.5‰，平均值为-30‰，主要分布范围有两个区间，分别为-30.5‰～-27.5‰和-33.5‰～-31.5‰。$\delta^{13}C_3$ 分布范围为-35‰～-21‰，平均值为-30.4‰，主要分布范围为-33‰～-29‰；$\delta^{13}C_3$ 和 $\delta^{13}C_4$ 样品点少，值较为分散，分布区间为-35‰～-21‰和-37‰～-23‰（图5-16）。兴城地区营四段天然气除徐深4井（$\delta^{13}C_1$ 为-15‰）和徐深602井（$\delta^{13}C_1$ 为-43.55‰）较为特殊外，$\delta^{13}C_1$ 均集中分布于-30‰～-25‰，且天然气基本具有 $\delta^{13}C_1>\delta^{13}C_2>\delta^{13}C_3>\delta^{13}C_4$ 的特征（图5-17）。升平、宋站地区天然气则具有部分倒序的特征，$\delta^{13}C_1>\delta^{13}C_2\approx\delta^{13}C_3\approx\delta^{13}C_4$（图5-18）。

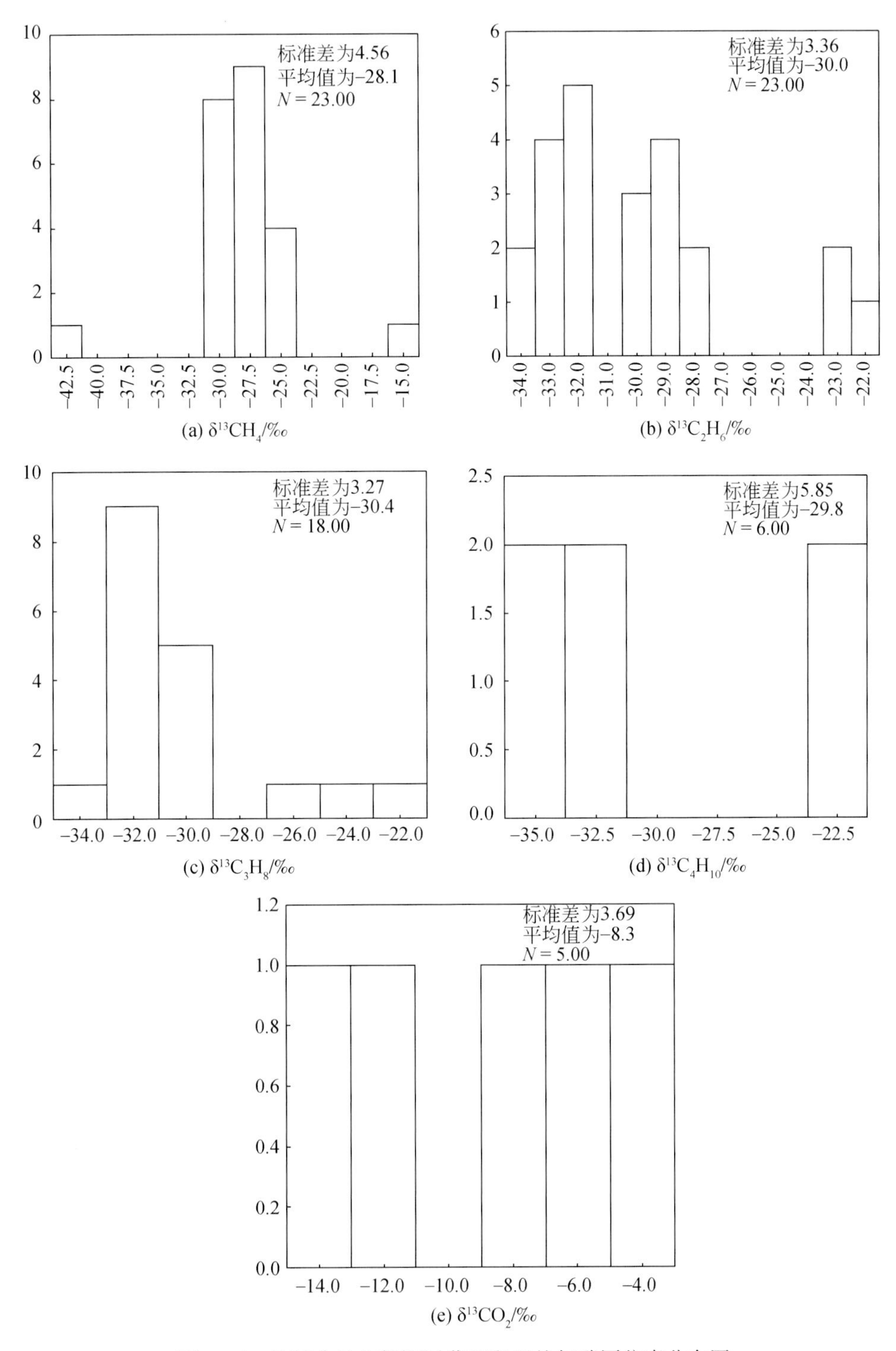

图 5-16 松辽盆地北部深层营四段天然气碳同位素分布图

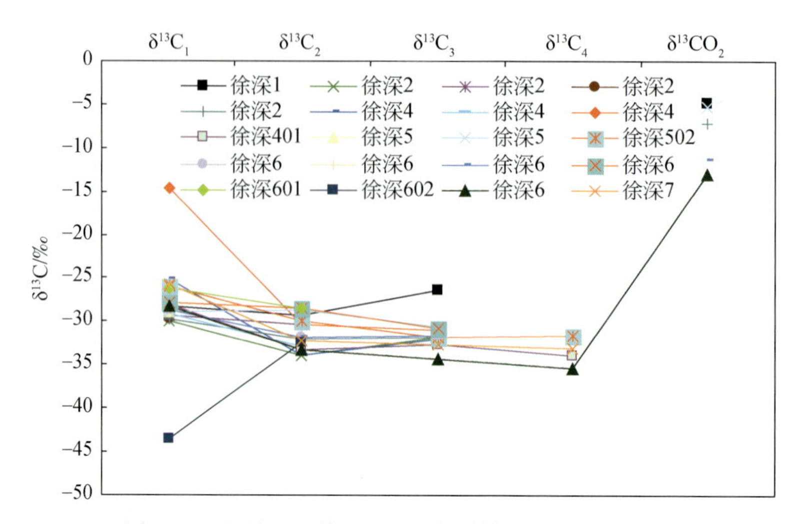

图 5-17　兴城地区营四段天然气单体碳同位素分布图

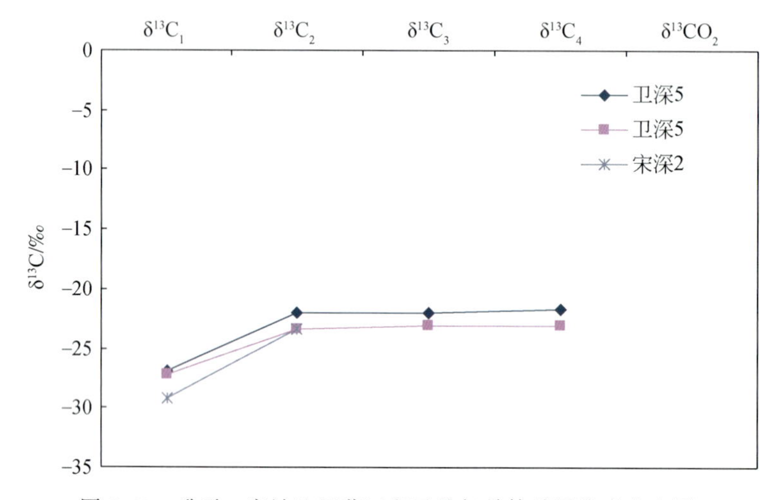

图 5-18　升平、宋站地区营四段天然气单体碳同位素分布图

登娄库组天然气中 $\delta^{13}C_1$ 分布范围为-48.5‰～-16.5‰，平均值为-26.5‰，主要分布区间为-28.5‰～-25‰；$\delta^{13}C_2$ 分布范围为-41‰～-19‰，平均值为-25.9‰，主要分布区间为-29‰～-21‰；$\delta^{13}C_3$ 分布范围为-37‰～-17‰，平均值为-27.7‰，主要分布范围为-31‰～-23‰；$\delta^{13}C_4$ 分布范围为-35‰～-21‰，平均值为-28.5‰，主要分布范围为-33‰～-25‰（图 5-19）。登娄库组天然气主要分布于汪家屯-升平及中央古隆起和徐西斜坡上，中央古隆起和徐西斜坡上天然气单体碳同位素基本具有 $\delta^{13}C_1>\delta^{13}C_2>\delta^{13}C_3>\delta^{13}C_4$ 的特征，$\delta^{13}C_1$ 分布范围为-28‰～-16‰（图 5-20）。汪家屯-升平登娄库组天然气单体碳同位素值则基本具有 $\delta^{13}C_1<\delta^{13}C_2>\delta^{13}C_3<\delta^{13}C_4$ 的特征（图 5-21）。

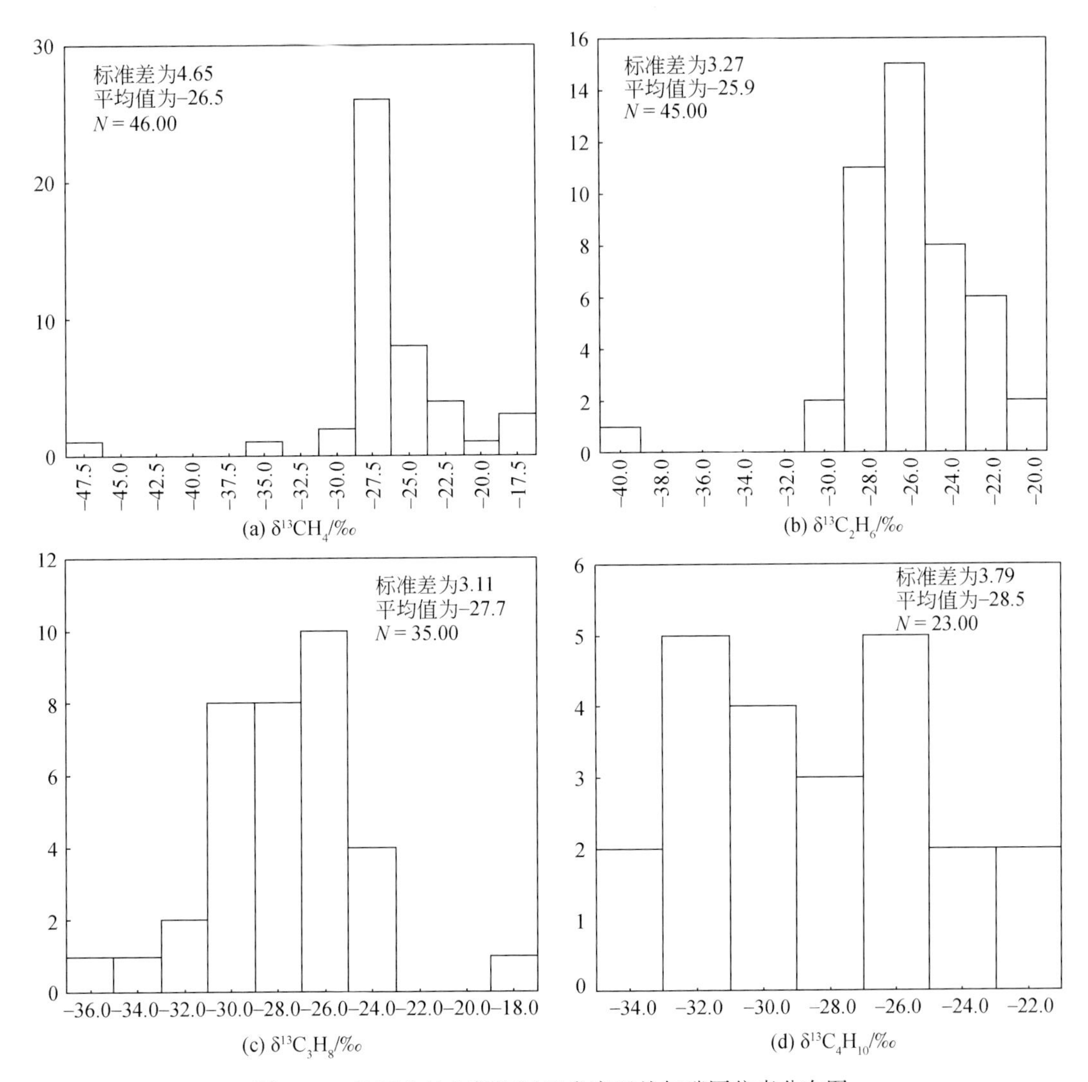

图 5-19　松辽盆地北部深层登娄库天然气碳同位素分布图

泉头组天然气中 $\delta^{13}C_1$ 分布范围为-56.5‰～-19.5‰，平均值为-31.4‰，主要分布区间为-33.5‰～-26‰；$\delta^{13}C_2$ 分布范围为-51‰ ～-17‰，平均值为-27.3‰，主要分布区间为-31‰～-21‰；$\delta^{13}C_3$ 分布范围为-37‰～-17‰，平均值为-27.7‰，主要分布范围为-31‰～-23‰；$\delta^{13}C_4$ 分布范围为-46.5‰～-21.5‰，平均值为-29.9‰，主要分布范围为-33.5‰ ～-26.5‰；δCO_2 分布区间较宽，分布范围为-22.5% ～0‰，主要分布区间为-17.5‰～-7.5‰，平均值为-11.7‰（图 5-22）。

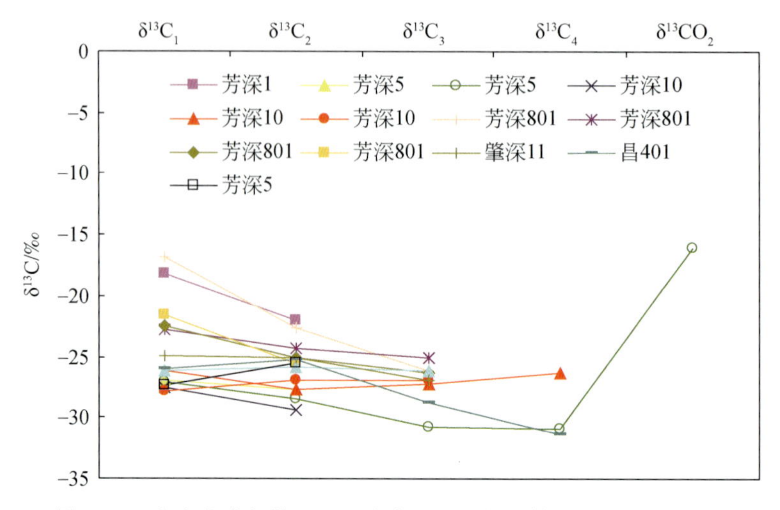

图 5-20　中央古隆起等地区登娄库组天然气单体碳同位素分布图

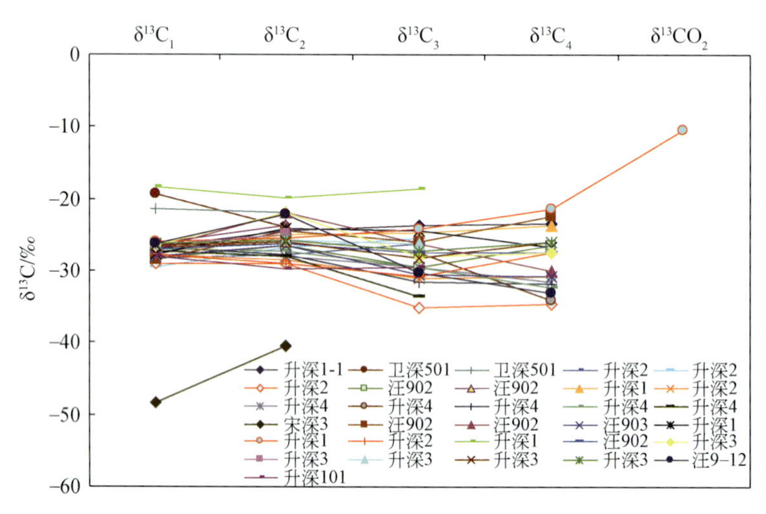

图 5-21　汪家屯-升平地区登娄库组天然气单体碳同位素分布图

$\delta^{13}C_1$、$\delta^{13}C_2$、$\delta^{13}C_3$、$\delta^{13}C_4$总体上具有 $\delta^{13}C_1<\delta^{13}C_2>\delta^{13}C_3>\delta^{13}C_4$的特征。双城地区天然气中 CH_4 碳同位素值分布范围很宽，为-56.5‰～-27‰，除朝 51 井、四 102 井、四 101 井等 CH_4 碳同位素值很轻外，均具有 $\delta^{13}C_1<\delta^{13}C_2>\delta^{13}C_3>\delta^{13}C_4$的特征（图 5-23）。宋站、升平、汪家屯地区天然气 $\delta^{13}C_1$、$\delta^{13}C_2$、$\delta^{13}C_3$、$\delta^{13}C_4$的相互关系则较为复杂，宋 11 井、汪 902 井、升深 101 天然气中单体碳同位素值完全倒序，而汪 7-17 井、汪 903 井、宋 18 井则具有 $\delta^{13}C_1<\delta^{13}C_2>\delta^{13}C_3$的特征（图 5-24）。

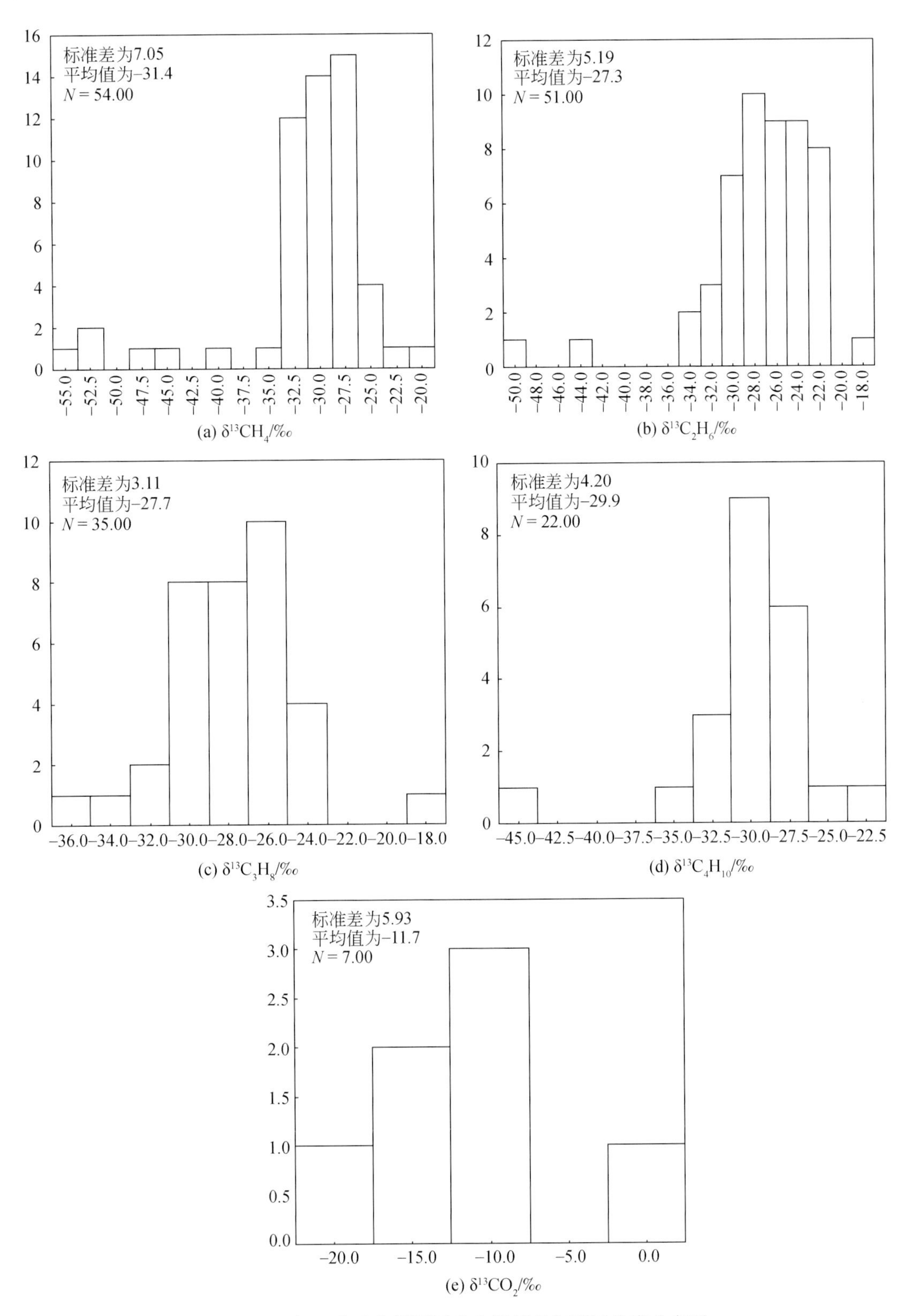

图 5-22　松辽盆地北部深层泉头组天然气碳同位素分布图

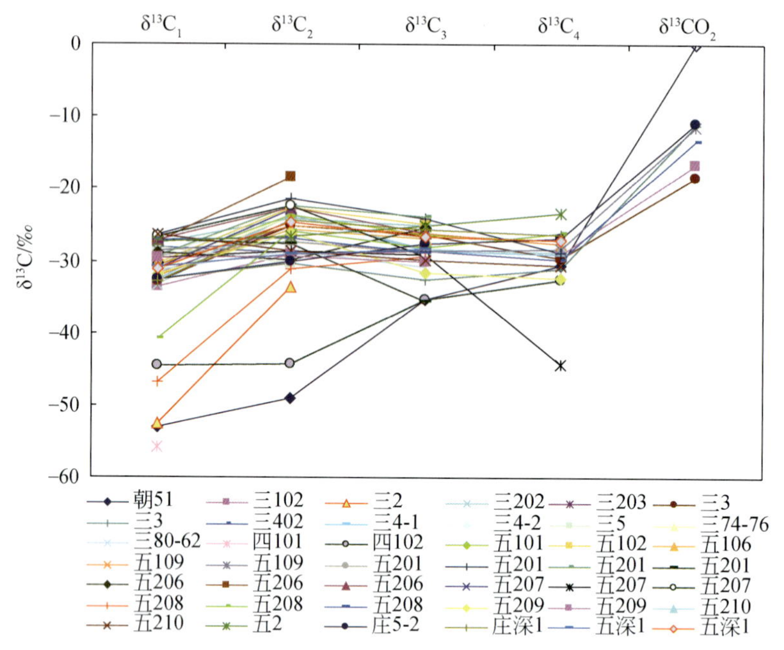

图 5-23　莺山—庙台子地区泉头组天然气单体碳同位素分布图

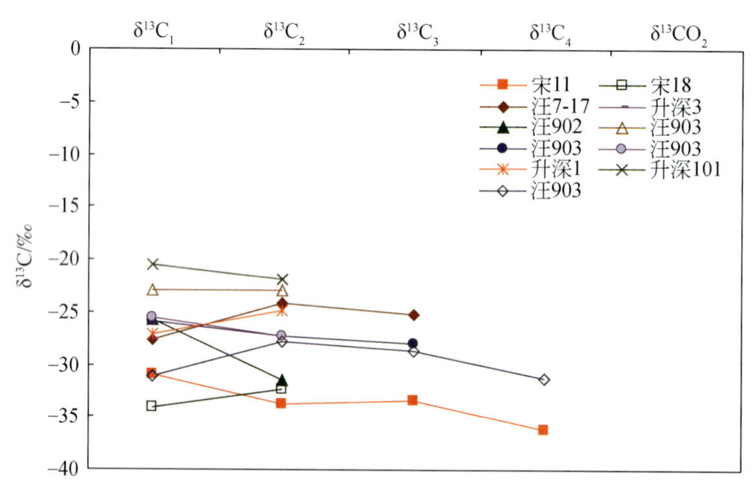

图 5-24　汪家屯—升平地区泉头组天然气单体碳同位素分布图

（三）松辽盆地北部深层天然气轻烃组成特征

通过对松辽盆地深层 35 个样品的轻烃组成进行分析，发现深层天然气轻烃具有如下特点。

1. 轻芳烃不是气源对比的有效指标

轻芳烃如苯和甲苯等化合物，组成含量受环境影响较大，对比2003年和2006年分析的样品后发现（图5-25），同一样品其他组成相近，但苯、甲苯含量迥异。水溶和吸附作用均可造成苯、甲苯等轻芳烃含量的变化。因此可以这样认为，天然气中芳烃含量高的天然气来源于煤或Ⅲ型干酪根，但芳烃含量低的天然气也不能排除来源于煤或Ⅲ型干酪根。

2. 松辽盆地北部深层天然气的轻烃特征可以分为五类

第一类是天然气轻烃组成中正构烷烃的含量相对较高，其次为异构烷烃、环烷烃和芳烃或环烷烃、异构烷烃和芳烃，具有这种分布特征的井有芳深2井、三402井、三3井、长50井、宋18井、宋11井、三2井。

第二类是异构烷烃>环烷烃>正构烷烃>芳烃，具有这类轻烃分布特征的井较多，如芳深701井、五210井、芳深6井、汪深1井、徐深1井、徐深1-1井、徐深6井、徐深603井、升深2-1井、升深2-25井、升深更2井、升69井、升66井等。

第三类是环烷烃>正构烷烃>异构烷烃>芳烃，如五深1井、五109井、四101井、朝51井。

第四类是环烷烃>异构烷烃>正构烷烃>芳烃，如卫深501井、芳深701井、新东2井、庄5-2井、芳深8井、卫深5井等。

第五类是芳烃>环烷烃>正构烷烃>异构烷烃或环烷烃>芳烃>正构烷烃>异构烷烃，如芳深5井、升深1井、芳深9井、芳深1井。

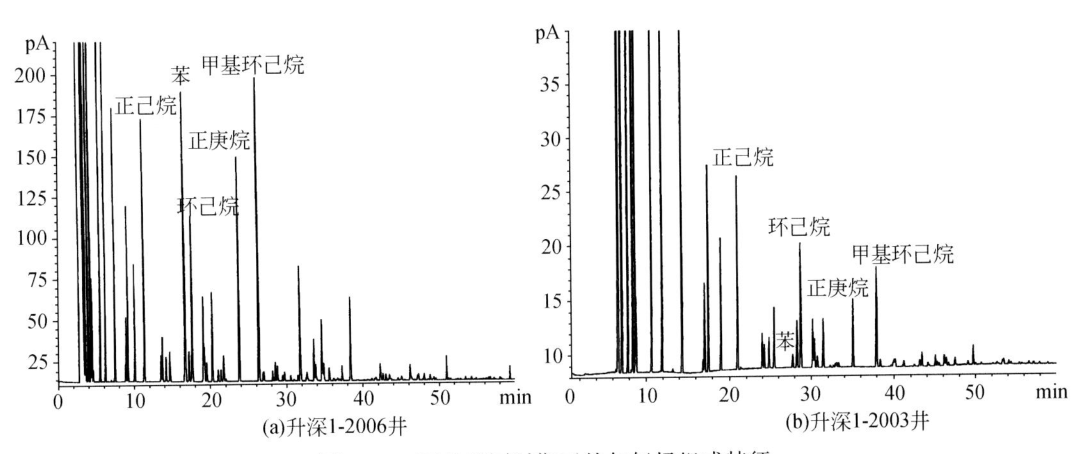

图5-25　同井不同时期天然气轻烃组成特征

轻烃组成变化与原始母质类型密切相关，偏腐泥型（Ⅰ-$Ⅱ_1$）有机质中含有较多的烷基支链，其所生成的轻烃中，正异构烷烃丰度高，芳烃丰度低。偏腐殖型（$Ⅱ_2$-$Ⅱ_1$）有机质和煤型有机质中含有较多的芳环和脂环。其所生成的轻烃中，单环芳烃和环烷烃丰度高，支链烷烃丰度低。蒋助生等曾对单个化合物进行了热模拟实验，表明类似β胡萝卜素分子结构的带有甲基环己烷取代基的有机质是天然气轻烃组分中环己烷和甲基环己烷的重要来源之一，类似角鲨烯长链异戊二烯结构的有机质可能是低分子异构烷烃的重要来源。

岩石热模拟实验反映出，岩石在较低温度下，裂解出大量的异构烷烃，随着温度的增加，异构烷烃含量降低，环烷烃、芳烃含量增加。因此，若天然气轻烃组成中含有较高含量的异构烷烃和环烷烃则表明天然气来源于陆源、类脂化合物或天然气中有成熟度较低的天然气的混入。天然气轻烃组成中，含有较高含量的芳烃和环烷烃，则表明天然气主要来源于陆源高等植物，干酪根母质类型为Ⅲ型。天然气轻烃组成中若正构烷烃含量较高，则表明天然气主要来源于水生生物，干酪根母质类型为Ⅰ-Ⅱ型。松辽盆地深层天然气轻烃组成表明，深层天然气来源较为复杂，母质具有多元化，这与深层具有多套烃源岩，并且煤和泥岩两种类型的烃源岩并存有很大的关系。

（四）松辽盆地北部深层天然气组成与碳同位素具有油裂解气的特征

从松辽盆地开放体系下岩石模拟产物中 $\ln(C_1/C_2)$ 与 $\ln(C_2/C_3)$ 的关系图（图5-26）可以看出，开放体系下岩石热模拟产物（可以称为干酪根裂解气）中 $\ln(C_1/C_2)$ 值变化范围大，而 $\ln(C_2/C_3)$ 值变化范围小，基本与文献所述相符，因此，应用组分的这种变化关系可以对松辽盆地深层天然气是否为油裂解气或混有油裂解气的特征进行判识。

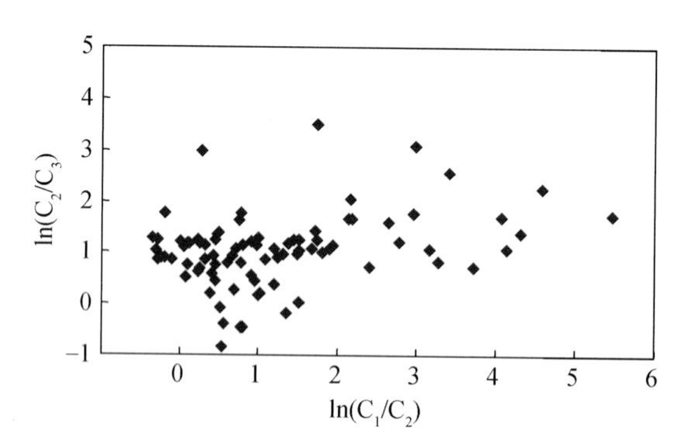

图5-26　松辽盆地深层烃源岩热模拟产物组成 $\ln(C_1/C_2)$ 与 $\ln(C_2/C_3)$ 的关系图

1. 松辽盆地北部深层天然气 $\ln(C_1/C_2)$ 和 $\ln(C_2/C_3)$ 的特征

1）兴城气田天然气 $\ln(C_1/C_2)$ 和 $\ln(C_2/C_3)$ 的特征

天然气组分 $\ln(C_1/C_2)$ 与 $\ln(C_2/C_3)$ 关系图显示天然气 $\ln(C_2/C_3)$ 比 $\ln(C_1/C_2)$ 的变化范围大（图5-27），具有油裂解气的特征。典型油裂解气的区域出现在徐深3、徐深7、徐深9井区域，特征是 $\ln(C_1/C_2)$ 基本不变，而 $\ln(C_2/C_3)$ 变化较大（图5-28）。

2）昌德-昌德东地区天然气 $\ln(C_1/C_2)$ 和 $\ln(C_2/C_3)$ 的特征

昌德东气田营城组和登娄库组天然气组成 $\ln(C_1/C_2)$ 与 $\ln(C_2/C_3)$ 关系不同，营

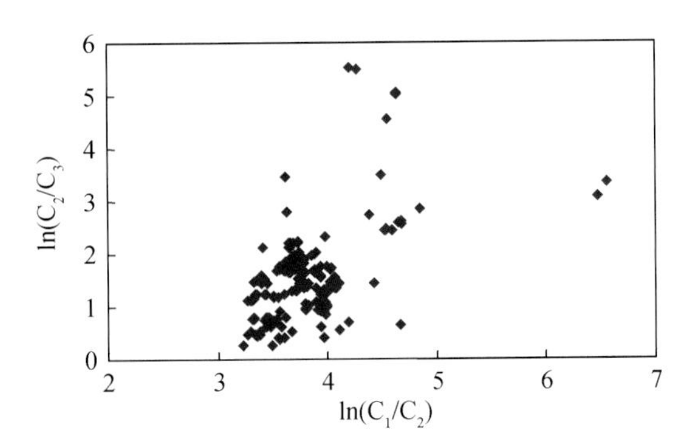

图5-27　兴城气田营城组天然气 $\ln(C_1/C_2)$ 与 $\ln(C_2/C_3)$ 关系图

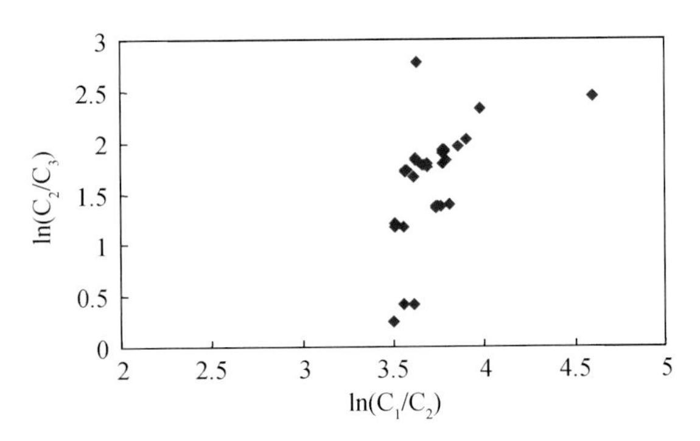

图5-28　徐深3、徐深7、徐深9井区天然气 $\ln(C_1/C_2)$ 与 $\ln(C_2/C_3)$ 关系图

城组天然气的 $\ln(C_2/C_3)$ 变化范围大，具有油裂解气的特征（图5-29），而登娄库组天然气的 $\ln(C_2/C_3)$ 和 $\ln(C_1/C_2)$ 变化范围相近（图5-30）。

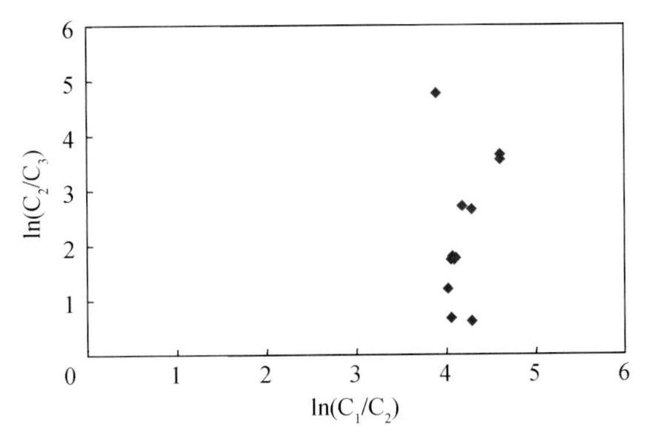

图5-29　昌德东气田营城组天然气 $\ln(C_1/C_2)$ 与 $\ln(C_2/C_3)$ 关系图

昌德气田营城组和登娄库组天然气组成的 $\ln(C_1/C_2)$ 与 $\ln(C_2/C_3)$ 关系差异性变小，登娄库组天然气组成的 $\ln(C_2/C_3)$ 和 $\ln(C_1/C_2)$ 变化范围相近（图5-31），与昌德东气田类似，而营城组至基底天然气的 $\ln(C_2/C_3)$ 变化范围比 $\ln(C_1/C_2)$ 稍大（图5-32）。

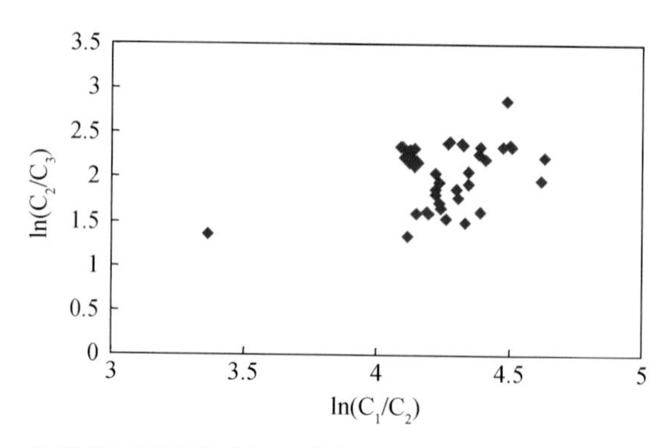

图5-30 昌德东气田登娄库组天然气 $\ln(C_1/C_2)$ 与 $\ln(C_2/C_3)$ 关系图

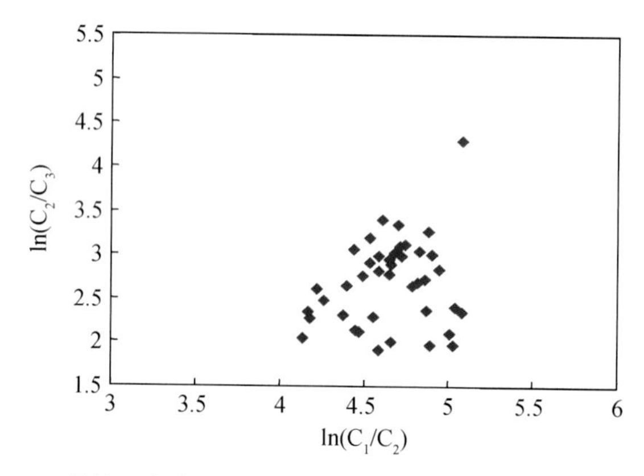

图5-31 昌德登娄库组天然气 $\ln(C_1/C_2)$ 与 $\ln(C_2/C_3)$ 关系图

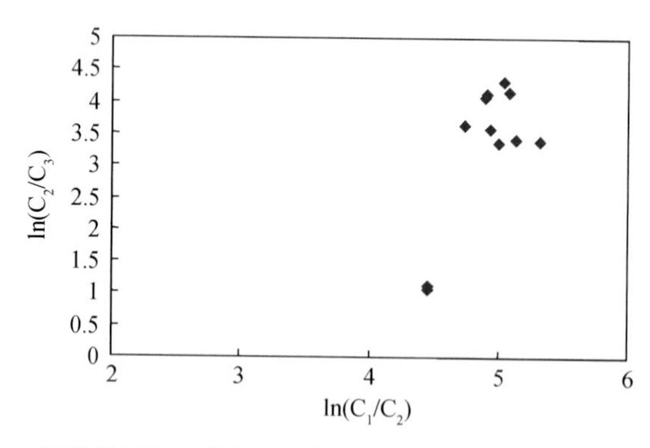

图5-32 昌德营城组—基底天然气 $\ln(C_1/C_2)$ 与 $\ln(C_2/C_3)$ 关系图

3）升平气田天然气 $\ln(C_1/C_2)$ 和 $\ln(C_2/C_3)$ 的特征

升平气田的天然气分布层位广，泉头组、登娄库组和营城组都有分布，泉头组天然气的 $\ln(C_1/C_2)$ 值变化范围比 $\ln(C_2/C_3)$ 大，是干酪根裂解气。而登娄库组和营城组天然气则基本相似，$\ln(C_2/C_3)$ 值变化范围比 $\ln(C_1/C_2)$ 大，有油裂解气混入的特征（图5-33）。

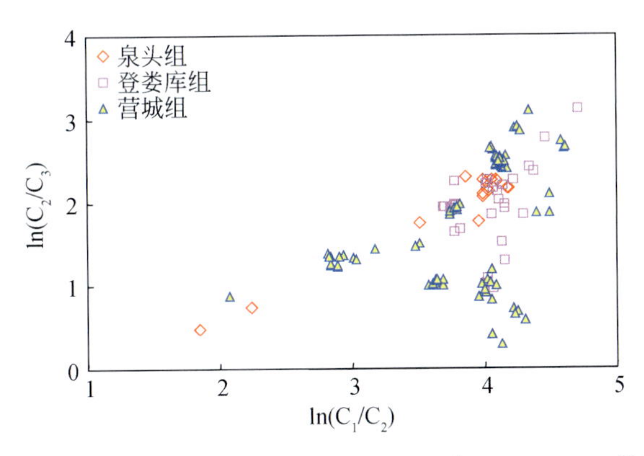

图 5-33　升平气田天然气组分 $\ln(C_1/C_2)$ 与 $\ln(C_2/C_3)$ 关系图

4）汪家屯地区天然气 $\ln(C_1/C_2)$ 和 $\ln(C_2/C_3)$ 的特征

汪家屯地区天然气分布层系较广，天然气中 $\ln(C_1/C_2)$ 值变化范围与 $\ln(C_2/C_3)$ 接近，有油裂解气混入的特征（图 5-34）。

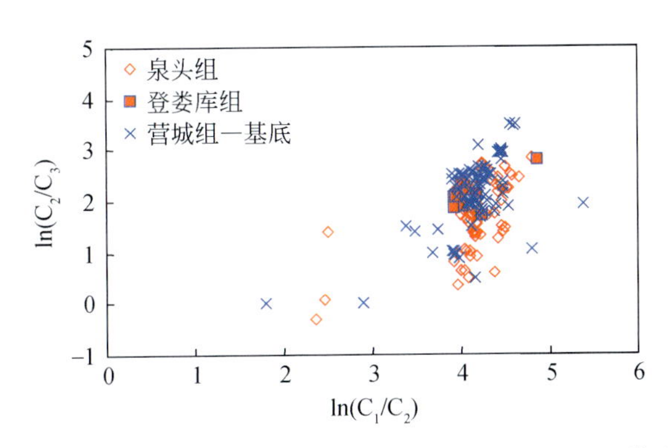

图 5-34　汪家屯地区天然气 $\ln(C_1/C_2)$ 与 $\ln(C_2/C_3)$ 关系图

5）宋站地区天然气 $\ln(C_1/C_2)$ 和 $\ln(C_2/C_3)$ 的特征

宋站地区天然气主要分布于泉头组地层中，泉头组天然气的 $\ln(C_2/C_3)$ 值变化范围比 $\ln(C_1/C_2)$ 大，说明泉头组天然气母质来源较好，这与前面气源对比结果较为一致。而营城组及以下地层天然气的 $\ln(C_2/C_3)$ 值变化范围与 $\ln(C_1/C_2)$ 相近，可能是气体来源众多的指示（图 5-35）。

6）双城地区天然气 $\ln(C_1/C_2)$ 和 $\ln(C_2/C_3)$ 的特征

双城地区天然气 $\ln(C_2/C_3)$ 值变化范围与 $\ln(C_1/C_2)$ 相近，主要为干酪根裂解气（图 5-36）。

2. 天然气 $\ln(C_2/C_3)$ 与 $\delta^{13}C_2-\delta^{13}C_3$ 的关系

前已述及，天然气的 $\ln(C_2/C_3)$ 与 $\delta^{13}C_2-\delta^{13}C_3$ 的关系能区分油裂解气和干酪根裂解气，兴城地区天然气的 $\delta^{13}C_2-\delta^{13}C_3$ 的变化范围大，不符合油裂解气的特征，这似乎与前述的相矛盾，其实不难理解，兴城气田的天然气应该是多源多期的混源气，天然

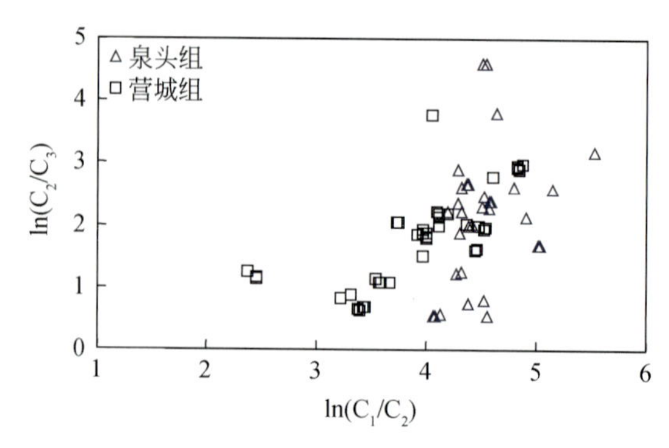

图 5-35　宋站地区天然气 $\ln(C_1/C_2)$ 与 $\ln(C_2/C_3)$ 关系图

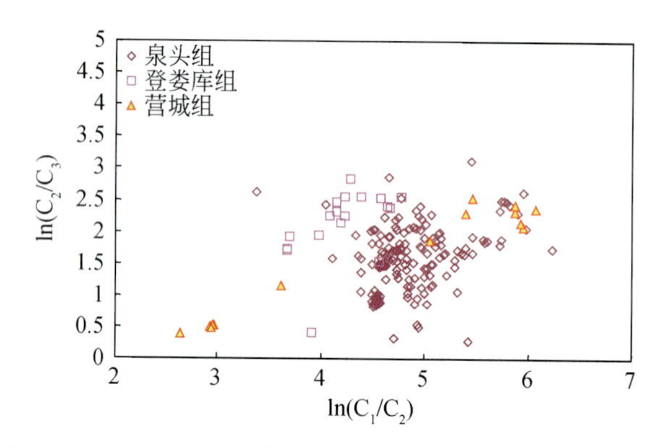

图 5-36　双城地区天然气 $\ln(C_1/C_2)$ 与 $\ln(C_2/C_3)$ 关系图

气中混入部分油裂解气是正常的，但是不可能完全是油裂解气。因此，判识油裂解气的指标会相互产生矛盾，但可以肯定兴城气田的天然气中有油裂解气的混入（图 5-37）。

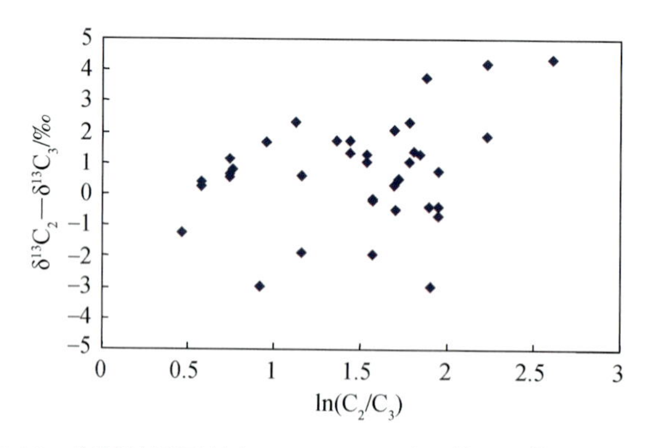

图 5-37　兴城地区天然气 $\ln(C_2/C_3)$ 与 $\delta^{13}C_2-\delta^{13}C_3$ 的关系图

3. 营城组火山岩中的沥青充填现象

徐深 1-2 井（3514.3m）营城组凝灰岩孔洞充填沥青（图 5-38），并有两期充填

(图 5-39)，成熟度达 2.24%，已演化成碳质沥青。说明早期沙河子组泥岩有成油过程，生成的原油聚集在火山岩储层中，随着演化程度的增加，油裂解气最终变成了沥青，后期烃源岩在高过成熟阶段生成的天然气也在相同的储集体中聚集。因此，现今聚集于火山岩储层中的天然气来源多样，不同有机质来源的天然气同时聚集于同一储层中。这也从另一侧面表明，兴城气田天然气保存条件好。

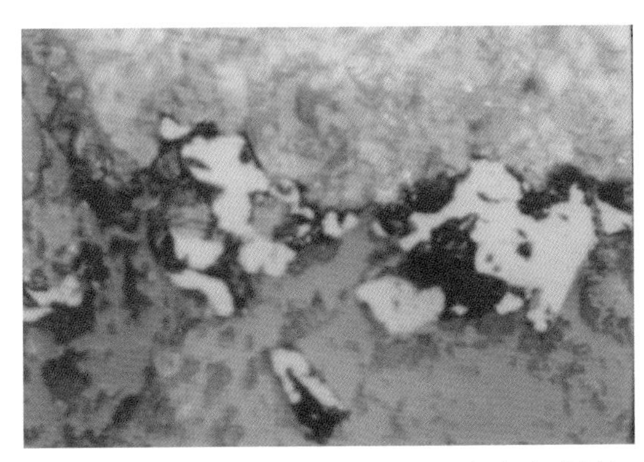

图 5-38 徐深 1-2 井，3514.3m，营城组，凝灰岩孔洞沥青充填

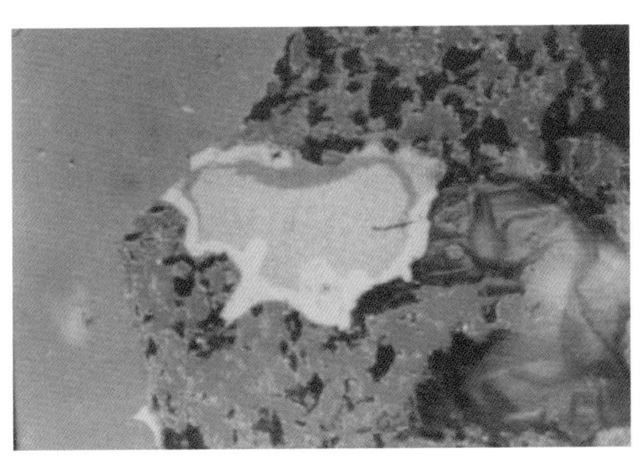

图 5-39 徐深 1-2 井，3514.3m，营城组，凝灰岩孔洞两期沥青充填

4. 深层天然气轻烃中异构烷烃优势特征

天然气轻烃特征表明，徐家围子断陷营城组的天然气普遍具有异构烷烃高的特征，异构烷烃的相对含量远远高于邻近的正构烷烃和环烷烃。分析表明，这可能与沙河子组烃源岩母质类型有关，沙河子组烃源岩在成熟-高成熟阶段生成的天然气具有异构烷烃含量高的特征，但在过成熟阶段，异构烷烃含量降低。从这点上可得出兴城气田的天然气混入了早期的偏腐殖型气，并且长期保存，同后期油裂解气和高-过成熟干酪根裂解气一起形成了兴城气田。

三、火山岩气藏天然气成因类型

（一）烃类气成因类型

松辽盆地北部深层天然气成因类型较复杂，总体表现为煤系裂解气，其化学组成以 CH_4 为主，一般大于 90%，重烃含量极少，$C_1/(C_2+C_3)$ 大于 20，CH_4 碳同位素最重，一般为-25‰～-33‰。

目前发现的深层天然气主要分布在昌德、升平-汪家屯地区和徐中构造带。根据 CH_4 碳同位素和烃气组分的关系划分，深层天然气主要分布在煤型气、油型裂解气和煤型气区域，也有部分落在煤型气和无机气区域（图 5-40）。总体上，深层天然气以有机成因的煤型气为主，并有油型裂解气和无机气存在，其主要依据如下。

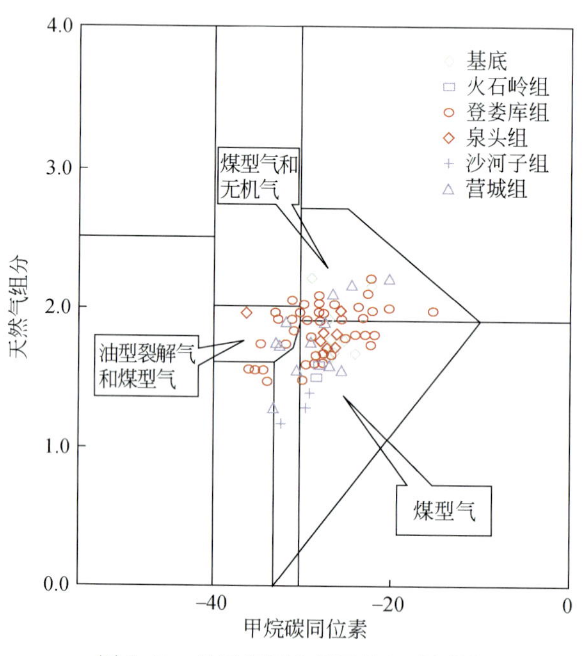

图 5-40　松辽深层北部天然气成因图

（1）松辽盆地 130 口天然气井中，据郭占谦、高瑞祺、杨峰平等（1990～1997 年）资料，CO_2气井属无机成因的，有芳深 9 井、五深 1 井及万金塔气藏，共 3 口井；气井属无机成因的有芳深 1 井、芳深 2 井、芳深 3 井、芳深 4 井、芳深 5 井、芳深 6 井、芳深 7 井、肇深 1 井、肇深 5 井、四深 1 井、卫深 1 井、卫深 3 井、升 66 井、昌 102 井、昌 103 井、昌 201 井、朝 92 井、洲 132 井，共有 18 口井。因此，属无机成因的气井共 22 口，约占 17%；而其余属有机成因的气井则为 108 口，约占 83%。

（2）徐家围子断陷及以东地区 36 口天然气井中，产于沙河子组煤系地层以上的营城组、登娄库组。泉头组等地层中者，有 30 口井，约占 83%，并以工业气流井较多，而产于沙河子组以下的火石岭组及基底碳变质地层中，仅6口井，约占13%，并且工业气流井很少。火山岩系中有机气主要来源于沙河子组煤层及碳质泥岩地层中，由于该区的天然气及具工业价值气层多在气源层沙河子组煤系之上，反映该区的天然气有机成因应是主要的。

（3）天然气井的产量与有机气源层沙河子组的分布面积及厚度大小有关。产量越高者，沙河子组面积、厚度也越大。以厚度为例，徐家围子断陷沙河子组的厚度最大（约2000m），东部莺山断陷沙河子组分布范围及厚度次之（约1500m），西部古龙断陷沙河子组分布范围及厚度最小（约600m）。与之对应的是徐家围子断陷以工业气流井较集中为特征，莺山–庙台子断陷则以低产气流井及气显示井为主，而古龙断陷仅有气显示井。

（4）徐家围子断陷中央隆起以东地区，泉二段以下地层中基本上属于煤成气，大部分天然气为较高成熟度的深层烃源岩生成。其中31%为热解气，69%为裂解气。深层烃源岩除生成气外，还生成液态烃，高温下烃多裂解为天然气，仅个别井（宋3井火山岩中）见轻质油。有机质有动物型，也有植物型，动物型易成油，植物型易成气。本区沙河子组煤系有机质为植物型，在深层高温条件更易于形成天然气。由于本区地处地幔隆起处，地幔与地壳低速层较浅，地温较高，加以深断裂及火山活动强烈，更易使植物型有机质热解及裂解形成天然气。

针对松辽盆地深层天然气成因复杂的特点，通过对松辽盆地深层不同类型烃源岩的热模拟产物的CH_4和C_2H_6碳同位素结果绘制的图版（图5-41），可以看出松辽盆地深层天然气成因类型多样，主要为高成熟煤成气、油型气及两者的混合气，另外局部井位有无机气的存在或无机气的混入，如芳深1井、芳深2井和徐深8井天然气可能为无机成因。

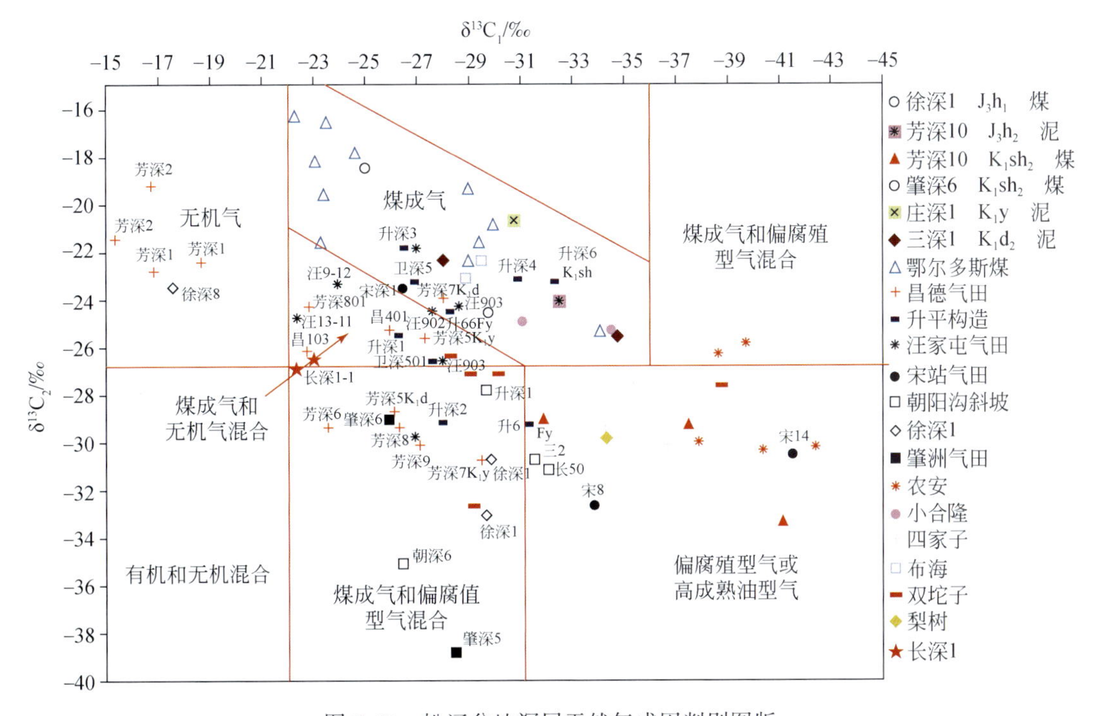

图5-41 松辽盆地深层天然气成因判别图版

综上所述，从松辽盆地深层天然气有机成因的气井多，沙河子组煤系面积、厚度与天然气的产量成正相关关系，沙河子组有机气源层以上地层中天然气产量多，以及天然气属于煤成气为主等，均说明本区松辽盆地深层天然气的成因以有机气为主。

（二）CO_2气成因类型

CO_2在形成过程中继承了其母源物质及形成时的地质地球化学信息，根据CO_2在天然气中的含量、产出特点、碳同位素及所伴生的氦氩同位素地球化学特征，并结合地质条件，可以综合判识与确定CO_2成因。根据成因CO_2可分为三种类型：有机成因CO_2、无机成因CO_2以及有机与无机混合成因CO_2，而无机成因CO_2又可以分为来源地幔深处的幔源成因和碳酸盐岩热分解成因。

1. 有机成因CO_2

有机成因CO_2的含量一般都小于20%，绝大多数CO_2含量小于10%，甚至更小，$\delta^{13}CO_2$小于-10‰。松辽盆地是世界上最大的陆相沉积盆地，烃源岩中有机质丰度高，不同时代沉积层中有机质类型变化较大，同时从嫩江组到侏罗系地层热演化从未成熟到过成熟，在有机质大量裂解生成油气的同时，也伴生出一定量的CO_2，模拟实验表明，无论是煤、泥岩还是原油在裂解过程中均生成一定数量的CO_2，这种类型的CO_2其同位素一般为10‰～39‰。汪家屯地区的汪深903井营城组天然气中CO_2含量为14.22%，但CO_2碳同位素为-14.32‰，显示为有机成因。昌德芳深1、芳深2气藏中CO_2碳同位素分别为-19.52‰和-20.04‰，氦同位素为$6.36\times10^{-7}\sim8.77\times10^{-7}$，表明$CO_2$为有机成因。但是芳深1井、芳深2井$CH_4$同位素很重，为-18.7‰和-16.7‰，且同位素系列倒转，可能为无机成因。

2. 有机与无机混合成因CO_2

芳深7井和徐深9井区CO_2样品显示为有机与无机混合成因，但以幔源成因为主。这是因为与有机烃类气伴生的有机成因CO_2在高含CO_2气藏中与无机成因CO_2发生混合，但其含量一般较小。

3. 无机成因CO_2

松辽盆地CO_2主要为无机成因，CO_2含量大于20%的主要为无机成因。无机成因CO_2的碳同位素为-10‰～-2‰，平均在-5‰左右。大量数据表明，无机成因CO_2中，由碳酸盐岩变质成因CO_2的$\delta^{13}CO_2$值接近碳酸盐岩的$\delta^{13}C$值，为（0±3）‰，而火山-岩浆成因和幔源成因CO_2的$\delta^{13}CO_2$大多在（-6±2）‰，据此可判断松辽盆地CO_2为岩浆成因。

截至2008年9月，徐家围子断陷天然气勘探已提交储量，按其含量折算CO_2气三级累计储量接近$908\times10^8m^3$，其中高含量CO_2（含量大于60%，即为幔源成因的）占整个三级累积储量的95%。

进一步判断CO_2是来自壳源熔融岩浆还是来自地幔岩浆，则需要借助稀有气体He同位素。在$\delta^{13}CO_2$和R/R_a组合图版上可以看出，昌德东芳深9井区、万金塔、孤店、乾安、长深1、兴城气藏中CO_2地化特征与五大连池和长白山天池气苗相似，为典型的幔源成因，来自于上地幔的岩浆脱气（图5-42）。

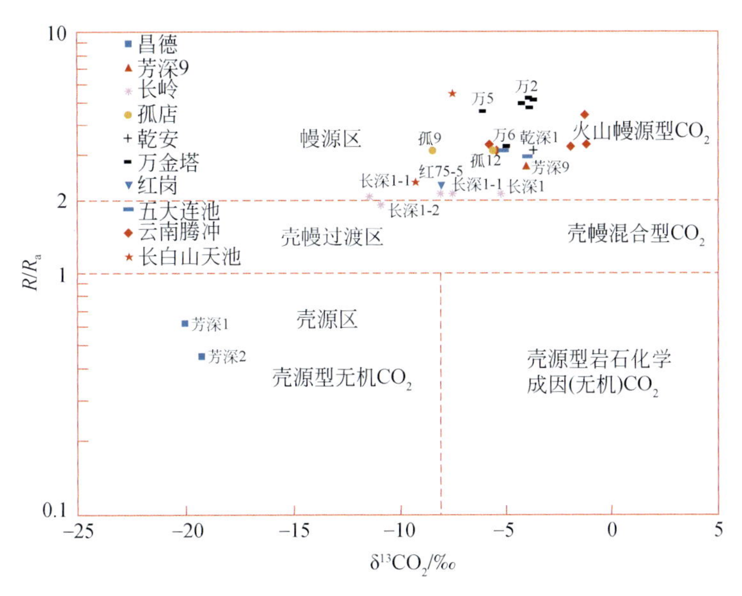

图5-42　松辽盆地CO_2碳同位素与R/R_a组合判别图

$CO_2/^3He$值能够为幔源CO_2鉴别及其在地壳中的演变研究提供很好的约束条件。从图5-43可以看出，我国东部火山温泉气由于没有其他烃类气体的混入，主要是由于CO_2在水中的大量溶解而使CO_2有所损耗，导致其$CO_2/^3He$值为10^8～10^{10}。而长深1、

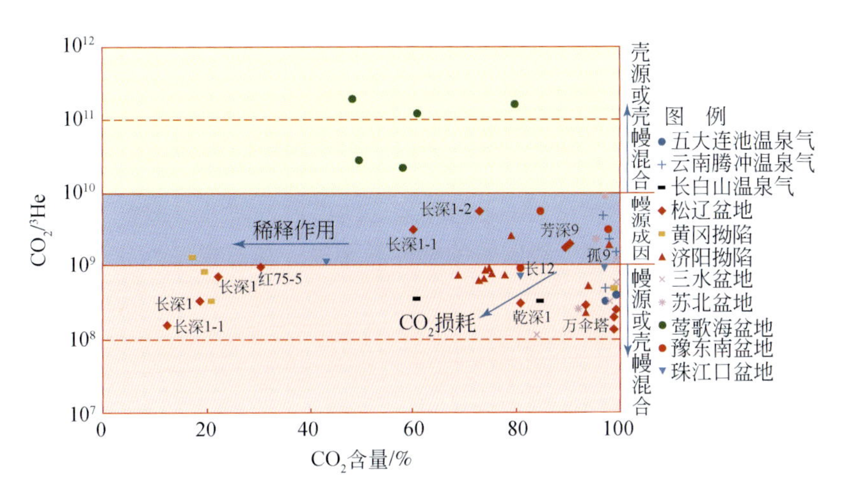

图5-43　东部温泉气及高含CO_2气藏中$CO_2/^3He$值与CO_2含量关系图

长深1-1、黄骅拗陷港西断裂带附近的CO_2气藏由于He的强扩散而导致$CO_2/^3He$值降低，有机烃类气体的大量混入导致其CO_2相对含量变小。而我国东部高含CO_2气藏中的CO_2主要是由于部分消耗而导致其$CO_2/^3He$值有所降低，可见利用$CO_2/^3He$值这个新指标也进一步判断松辽盆地已发现高含CO_2气藏中的CO_2来自于上地幔岩浆脱气，CO_2气藏的形成应与地幔岩浆活动有关。

四、火山岩气藏充注期次与成藏期

不同期次的热流体活动具有不同的温度，热流体被矿物捕获后保存下来。经过后期演化成两相或三相的包裹体，对它加温使它重新均一化，这时的温度就是它当时被捕获的温度。因此，包裹体均一温度可以有效地识别和划分古热流体的活动期次，包裹体均一温度测定是油气成藏期次研究的重要手段。综合分析所检测到的各类盐水流体包裹体和含烃盐水流体包裹体，可以确定出烃类充注事件的发生。用包裹体均一温度研究油气成藏期的一般步骤包括：①与油气包裹体同期的盐水包裹体均一温度测定；②储层埋藏史恢复；③研究区热史恢复，并在埋藏史图上画出不同地温的等温线；④将包裹体均一温度范围对应到画有等温线的埋藏史图上，确定均一温度所对应的地质时间，即油气成藏期。

根据激光拉曼实验分析结果，按照其气相成分组成，松辽盆地北部火山岩流体包裹体大体上可分为五类。

（1）以CO_2（91%）为主，不含CH_4，但含有少量的C_2H_4和C_2H_6（9%）。仅见于芳深701井的石英晶屑中的原生包裹体。

（2）以CO_2（61%～84%）为主，含有一定量的CH_4（12%～36%）。如徐深28井、徐深19井等，包裹体宿主矿物为次生的石英或方解石。

（3）以CH_4（98.1%）为主，不含CO_2。如芳深7井沉凝灰岩，宿主矿物为石英晶屑。

（4）以CH_4（60%～90%）和其他烷烃类（10%～36%）为主，不含CO_2。如芳深9、芳深701、徐深5、芳深6、徐深8等井，其宿主矿物为石英晶屑、孔洞或裂缝中充填的方解石等。

（5）以CH_4（79%～89%）为主，含一定量的CO_2（9%～16%）和少量的其他烷烃及N_2。如徐深22井、徐深23井，其宿主矿物为次生的方解石或石英。

从上述分析可以看出，本区流体充注事件的多样性和复杂性。

（一）烃类为主的天然气充注期次与成藏期

徐家围子断陷经历了复杂的地质演化过程，不仅沙河子组烃源岩经历多期排烃过程，导致多期的天然气充注；而且随着各次构造运动，断裂以及频繁的火山喷发作用，伴随发生了深层天然气的充注事件，从而使得火山岩储层具有多期充注的特征。对于火山岩储层而言，根据成因包裹体可分为原生熔体包裹体和次生流体包裹体两种类型。

原生熔体包裹体是指岩浆岩形成过程中，各种岩浆岩矿物在其结晶生长过程中所捕获的微量天然岩浆珠滴，随主矿物冷却，它们或淬火凝结成玻璃，或进一步结晶出硅酸盐子矿物、金属相和流体相。通过对22口井营城组242个熔体包裹体检测，均一温度主要集中在1000～1050℃温度段，占总测试数的70%，且92%的包裹体均一温度为950～1100℃（图5-44），因而可以推断这批火成岩属于同期次喷发的产物。

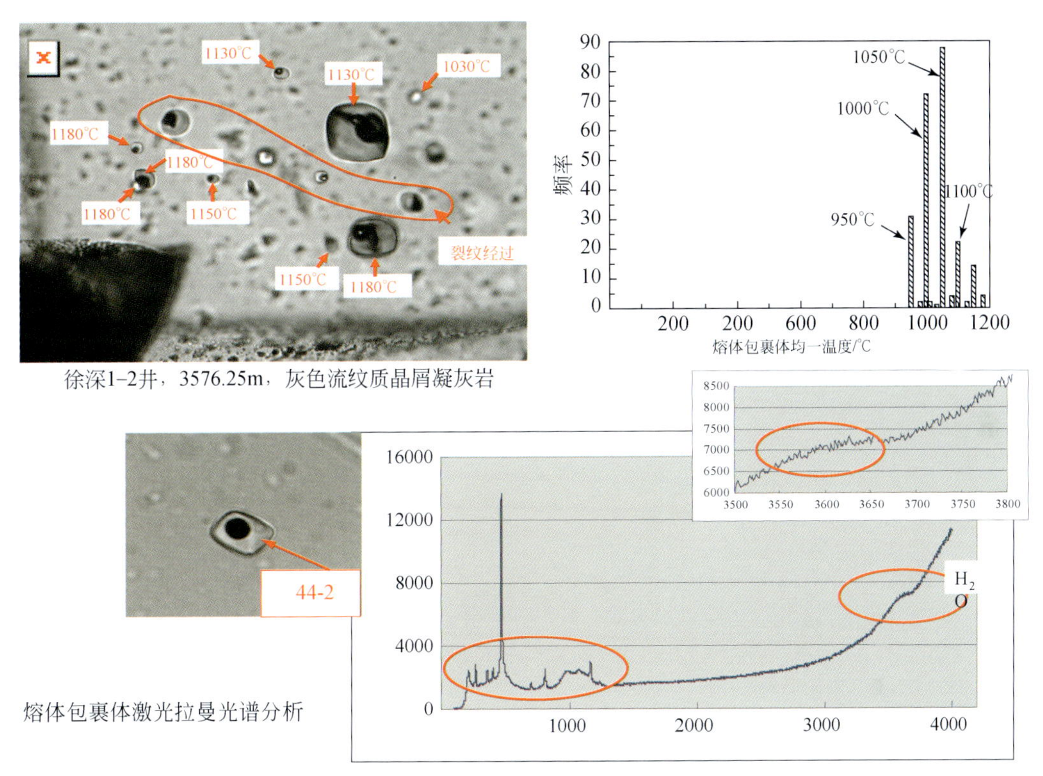

图5-44　兴城气田营城组熔体包裹体测试图

次生流体包裹体是盆地热流体活动过程中被石英或方解石等流体矿物捕获的流体样品（图5-45）。包裹体中的流体有大量盐水及少量气相，其中气相成分主要为CO_2或CO，其次含有少量烃类及H_2S、N_2等无机气体。通过对18口井营城组882个流体包裹体均一温度及盐度的测定，各类盐水流体包裹体可划分为六期（113.0～118.6℃、120.2～139.0℃、140.0～158.9℃、160.3～178.7℃、180.7～231.1℃和238.9～281.3℃），含烃盐水流体包裹体可划分为四期（97.1～114.1℃、121.4～128.3℃、130.5～138.2℃和140.6～156.7℃），也就是说本区共发生了六次热流体活动，并伴随发生了四次烃类气的充注事件。

流体包裹体系统分析的结果与埋藏史研究和热史研究的成果相结合，可以有效地确定所检测到的各期次天然气充注发生的时间。徐家围子断陷区营城组发生的第一次天然气充注成藏是在泉头组沉积的早期，第二次天然气充注成藏发生在泉头组沉积的中期，第三次天然气充注成藏发生在泉头组沉积末期—青山口组沉积中晚期，第四次天然气充注成藏发生在姚家组—嫩江组沉积时期（图5-46）。从时间上看，这四次天然气充注发生在85~120Ma，各次充注的持续时间一般都小于10Ma。

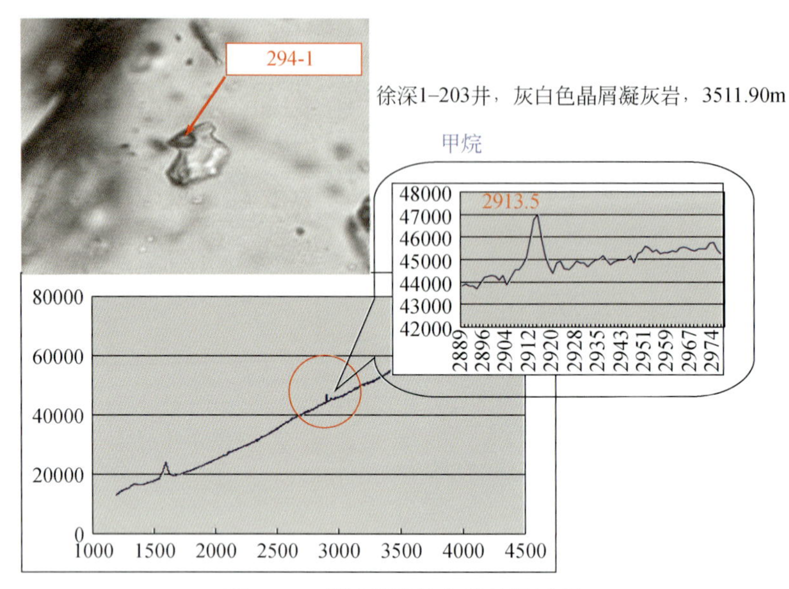

图5-45　营城组流体包裹体测试图

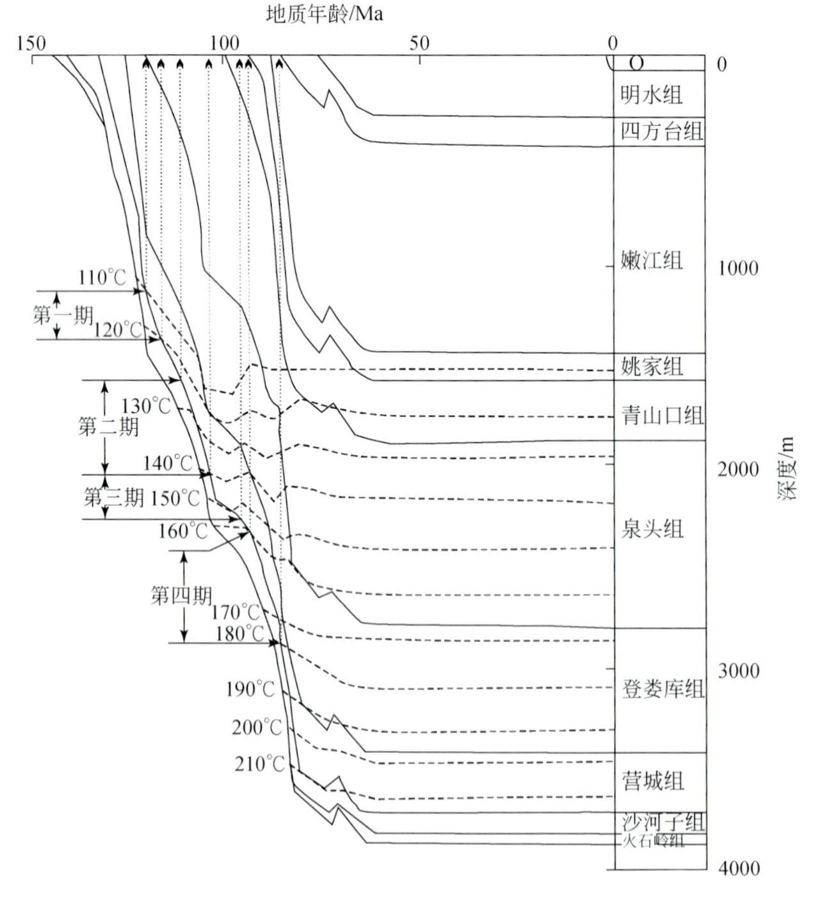

图5-46　徐家围子断陷区营城组天然气充注时期（据付广等，2003）

结合生-储-盖组合进一步分析可知，在第一期天然气发生充注的时期，泉头组这一区域性盖层刚刚开始沉积，因此，该期天然气充注由于封盖条件不成熟而不能形成有效的气藏；在第二期天然气发生充注的时期，泉头组已经沉积了一定的厚度，具有一定的封盖能力，已经可以形成气藏，但此时能封盖住的天然气量很有限；在第三期天然气发生充注的时期，泉头组沉积已到达末期，此时区域性盖层分布广，其封盖能力基本上已经完全形成，能够大量的封盖由烃源岩生成排出的天然气形成有效的天然气藏；在第四期天然气发生充注的时期，虽然封盖能力等均已存在，但由于已处于烃源岩排气高峰期末，也不能形成大规模的天然气藏。

因此，徐家围子断陷区深层天然气成藏的主成藏期为第三期天然气充注期，即泉头组沉积末期—青山口组沉积中晚期，且流体包裹体系统分析表明，第三期含烃盐水包裹体在检测频率统计中最高。

（二）CO_2为主的天然气充注期次和成藏期

在芳深701井凝灰岩晶屑中发现的原生流体包裹体，通过均一温度分析表明流体捕获时的温度为262.5℃，气相激光拉曼成分分析表明其CO_2含量高达91%，同时含有约9%的烃类成分（C_2H_4和C_2H_6）。凝灰岩中的石英晶屑是火山喷发过程中岩浆最晚结晶的矿物，原生流体包裹体的发育记录了火山热液中挥发分的信息，说明本区晚中生代火山活动过程中有大量的CO_2和少量的烃类气体伴生，间接暗示本区的CO_2气藏可能主要来源深部的热流体活动，并且还有无机烃类物质的生成过程。

从均一温度的测试结果可以看出，以CO_2为主的天然气充注过程可以划分为五期（表5-1）。以CO_2为主的天然气充注过程的流体温度普遍较高，一般为217～269℃，结合统计结果可以看出第1期和第3期检测到的包裹体数量最多，其次是第2期和第4期，第5期检测的数量最少。初步分析认为，本区可能至少发生五期以CO_2为主的天然气充注过程，其中第1期和第3期是最主要的两期充注过程，第2期和第4期也有一定的贡献，而第5期则显得十分微弱，对天然气成藏可能贡献不大。如此频繁的CO_2为主的天然气充注过程表明本区来源深部的热流体活动非常活跃，这种活动一方面直接促使工业性CO_2天然气藏的形成，另一方面可能对断陷期发育的烃源岩后期的热演化生烃及排烃过程起到积极作用。

表5-1　徐家围子断陷CO_2充注期次划分及其特征

特征＼期次		1	2	3	4	5
温度/℃		217.5～227.5	235～240	245～255	257.5～258	267～269
成分/%	CO_2	63.9	77.8	84.1	61～62.6	72.3
	CH_4	7.2	20.3	12.7	34.7～36	27.7
	其他烷烃	12.8	0.6	1.4	2.5～3	0
	非烷烃类	16.1	1.1	1.8	0～0.2	0
盐度/NaCl%		15.47	7.17	10.49	10.49～13.94	11.10

松辽盆地高含量的 CO_2 既然是无机幔源成因的，那么这些无机成因 CO_2 的注入一定与区域构造运动和火山活动有关。因此，我们通过区域构造活动分析，对 CO_2 释放期进行一定讨论，自断陷格局形成以来，主要分四期：①断陷期 CO_2 气释放期。此时，断陷期强烈的地壳变形和火山岩活动表明，该阶段是研究壳-幔作用最强烈的时期，也是地幔及地壳内 CO_2 气释放最强烈的时期。由断陷演化可以推断，火石岭沉积期以地幔脱气、地幔岩浆脱气为主；沙河子组沉积期以地幔脱气、剪切变形释放 CO_2 气为主；营城组沉积时期以地幔脱气、地幔岩浆脱气为主。岩浆侵入岩变质脱气主要发育于火石岭组与营城组沉积时期。②拗陷期 CO_2 气释放期。拗陷期是松辽盆地原地幔热沉降过程的产物，火山岩的发育相对较小，故就地球深部放气来说，相对断陷层沉积时期明显减弱，且以地幔深部脱气为主。主要排放期以登娄库组沉积时期和青山口组沉积时期为主。青山口组地层中目前于乾安和金 6 井地区发育玄武岩也证明青山口组沉积时期是一个重要的放气期。③构造反转期 CO_2 气释放期。盆地构造反转期是壳-幔平衡调整阶段，主要以断裂活动为主，故本期是盆地深断裂带附近由于地幔脱气和上侵岩浆释放 CO_2 气的阶段。构造反转期本区主要经历了两次主要的构造变动，即嫩江组末和明水组末两次构造变动。目前松辽盆地南部发育 CO_2 气藏区万金塔构造下部有岩浆侵入体，构造定型期为嫩江组末，红岗构造侵入岩发育于明水组末形成的不整合之下，故表明嫩江组末与明水组末都有 CO_2 气释放，且多为幔源气，是地幔气随岩浆上侵沿断裂放气的产物。④新生代 CO_2 气释放期。新生代古近纪至第四纪是东北乃至中国东部新一轮构造伸展阶段，松辽盆地北部的孙吴地堑、盆地东部的伊通-依兰地堑都有岩浆岩喷发，故这一阶段也应是地球放气的阶段。

CO_2 气释放如果可大面积扩散就不利成藏，因此必须在盆地区域盖层形成以后，盆地区形成的 CO_2 气才有利成藏，故构造反转期以来形成的 CO_2 气才能形成。

总体上来讲，前人对于幔源 CO_2 气藏的形成及时间与构造及岩浆活动有关，而这些晚期构造及岩浆活动在松辽盆地内部也有形迹。古龙地区产 CO_2 的英 80 井产气层的下部泉二段、泉三段即钻遇两层共厚 60.2m 的玄武岩层，而且该井位于松辽中央壳断裂附近。通过分析认为，整个松辽盆地在圈闭形成以后的两次大规模的 CO_2 气释放期内存在着三期大规模的玄武岩喷发期。由于上地幔及地壳内部的岩浆活动一直在进行，不断地向盆地内部及边部进行着脱气，但这三期的玄武岩强烈活动代表着三期幕式的幔源无机成因的 CO_2 的释放成藏期。最新的地球化学分析数据，中国科学院广州地球化学研究所在昌德芳深 9 井区通过 Ar-Ar 法测得 CO_2 气藏的成藏时代为 77.76Ma，大致相当于泉头组时期，与当时形成的玄武岩喷发时期相匹配；同时，浙江大学在徐深 28 井区通过 K-Ar 法测得 CO_2 气藏的成藏时代为（20.6±0.7）Ma，大致相当于第四纪五大连池的喷发时期。同时，对主要含 CO_2 气藏的包裹体激光拉曼成分分析表明，各个主要含 CO_2 气藏内 CO_2 气含量与包裹体含量并不统一，在不考虑地层水等影响条件下，逐一分析，CO_2 气与烃类气的充注有先有后，但总体来看，推测最后一期喜马拉雅期以及大致于第四纪的玄武岩喷发可能对整个深部幔源无机 CO_2 气成藏影响较大。

五、火山岩气藏气源对比

（一）气源对比指标的建立

1. 建立松辽盆地深层天然气气源对比图版的必要性

气源对比常用的指标为天然气单体烃中的 $\delta^{13}C_1$–$\delta^{13}C_4$以及天然气组成等，是根据大量天然气统计出的经验指标，这些指标对于确定天然气来源的大方向很适用，但对于特定的盆地，如松辽盆地，天然气碳同位素的特征与全国其他盆地完全不同，总体上表现为 CH_4 碳同位素值重，而 C_2H_6 碳同位素值轻（表 5-2），并普遍具有倒序的特征。

表 5-2　松辽盆地深层天然气碳同位素分布特征与全国其他盆地类比表

盆地地区	$\delta^{13}C_1$/‰	$\delta^{13}C_2$/‰	碳同位素序列
鄂尔多斯下古	-35.33 ~ -30.85	-33.1 ~ -24.51	$\delta^{13}C_1<\delta^{13}C_2<\delta^{13}C_3<\delta^{13}C_4$
鄂尔多斯上古	-37.34 ~ -29.12	-29.24 ~ -20.75	$\delta^{13}C_1<\delta^{13}C_2<\delta^{13}C_3<\delta^{13}C_4$ $\delta^{13}C_1>\delta^{13}C_2>\delta^{13}C_3<\delta^{13}C_4$
四川盆地	-34 ~ -30	-38 ~ -30	$\delta^{13}C_1>\delta^{13}C_2$
塔里木盆地台盆区	-56.5 ~ -35.3	-38.7 ~ -30.8	$\delta^{13}C_1<\delta^{13}C_2<\delta^{13}C_3$
库车拗陷	-38.4 ~ -17.9	-27.56 ~ -17.87	$\delta^{13}C_1<\delta^{13}C_2<\delta^{13}C_3<\delta^{13}C_4$ $\delta^{13}C_1>\delta^{13}C_2>\delta^{13}C_3<\delta^{13}C_4$
大港千米桥板桥	-44.68 ~ -38.3	-27.22 ~ -25.14	$\delta^{13}C_1<\delta^{13}C_2<\delta^{13}C_3<\delta^{13}C_4$
冀中苏桥文安	-46.54 ~ -29.34	-30.68 ~ -16.33	$\delta^{13}C_1<\delta^{13}C_2<\delta^{13}C_3<\delta^{13}C_4$
崖 13-1	-39.25 ~ -36.19	-27.64 ~ -26.54	$\delta^{13}C_1<\delta^{13}C_2<\delta^{13}C_3<\delta^{13}C_4$
兴城	-33.88 ~ -18.71（>-30）	-33.06 ~ -19.78（-32 ~ -28）	$\delta^{13}C_1>\delta^{13}C_2>\delta^{13}C_3>\delta^{13}C_4$
升平	-32.47 ~ -26.56（>-30）	-29.71 ~ -23.01（-28 ~ -25）	$\delta^{13}C_1>\delta^{13}C_2>\delta^{13}C_3>\delta^{13}C_4$

天然气碳同位素的上述特征应用各位专家的图版进行判识，得出的结论不同。应用张义纲教授的图版（图 5-47），认为徐家围子断陷兴城地区天然气为深层混合气，而升平地区天然气则主要为煤型气，昌德地区天然气为混合气。据戴金星院士的图版（图 5-48），松辽盆地北部深层天然气主要为煤型气和无机气的混合气。产生这种分歧的原因主要是由于松辽盆地天然气形成条件的特殊性，即在火山岩断陷湖盆中形成，沉积的烃源岩有质量较好的沙河子组气源岩，也有煤，还可能沿着深大断裂形

成无机气藏，多种类型天然气的混合，是导致松辽盆地深层天然气碳同位素特殊的重要原因。因此，需要针对各套气源岩的特征进行研究，找出其差异性，并应用于气源对比中。

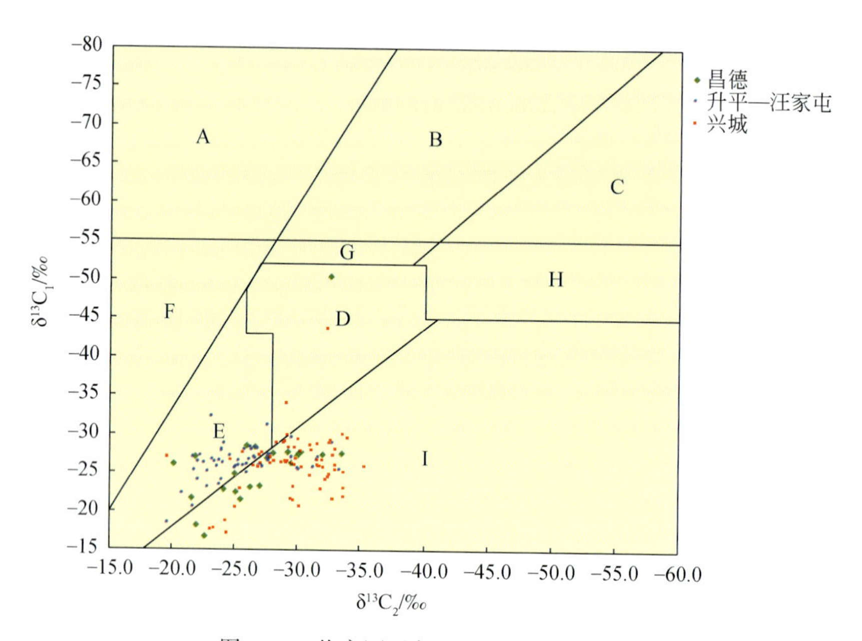

图 5-47　徐家围子断陷天然气类型划分

A. 煤层菌解气；B. 生物气；C. 油层菌解气；D. 油型气；E. 煤型气；F. 后期浅层混合气；G. 浅层混合气；H. 后期浅层混合气；I. 深层混合气

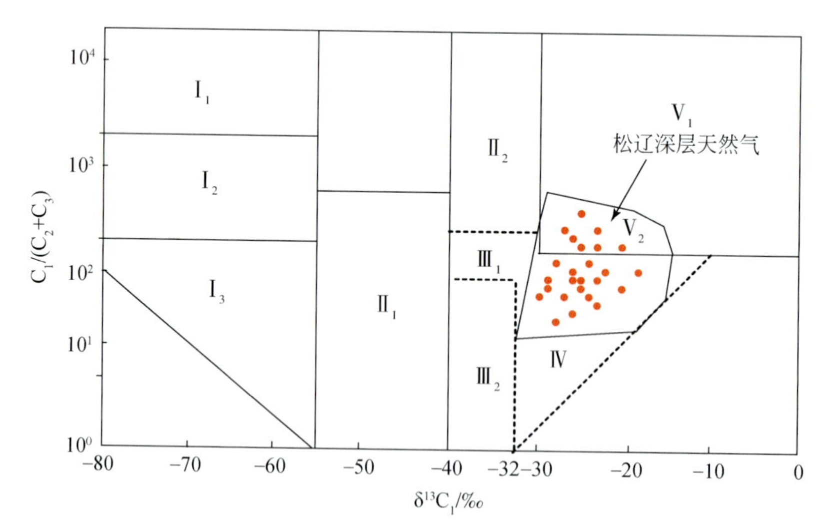

图 5-48　不同类型天然气成因类型划分

I_1. 生物气；I_2. 生物气和亚生物气；I_3. 生物气和亚生物气；II_1. 原油伴生气；II_2. 油型裂解气；III_1. 油型裂解气和煤成气；III_2. 凝析油伴生气和煤成气；IV. 煤成气；V_1. 无机气；V_2. 无机气和煤成气

2. 不同沉积环境源岩热解产物碳同位素组成特征

不同沉积环境决定了有机质的性质，不同的有机质具有不同的碳同位素组成。一般来说由陆相沉积环境腐殖型有机质形成的天然气比海相沉积环境腐泥型有机质形成的天然气更富含^{13}C。松辽盆地以陆相沉积为主，但是存在湖相与沼泽相的区别，导致天然气的碳同位素存在差异。具有湖相沉积的梨南1井较低成熟度黑色泥岩（1997～2005m，成熟度为0.74），其热模拟得到的CH_4碳同位素为-39.8‰～-31.2‰；具有典型深湖相沉积环境的芳深10井泥岩，虽然已达过成熟阶段，但热模拟得到的CH_4碳同位素仍然较轻，为-41.12‰～-31.8‰。而属于沼泽相沉积环境的泥岩即使具有很低的成熟度，其热模拟得到的CH_4碳同位素仍然较重，如榆深2井泥岩（成熟度为0.88）的热模拟CH_4碳同位素为-32.2‰～-18.5‰；沼泽相沉积环境的煤（如梨南1井，2275～2281m）热模拟得到的CH_4碳同位素也较重，为-30.8‰～-18.7‰。

根据松辽盆地深层不同沉积环境不同成熟度烃源岩（煤、泥岩）的热解产物的碳同位素，将各种类型源岩在不同热模拟温度点的CH_4、C_2H_6和C_3H_8碳同位素作相关关系图，建立松辽盆地不同类型天然气的判识图版。

从CH_4和C_2H_6的关系图版来看，认为$\delta^{13}C_1=-17‰$可作为划分松辽盆地无机成因气与有机成因气的界线，$\delta^{13}C_2=-26‰$可作为划分松辽盆地煤型气和偏腐殖型气的界线。在$\delta^{13}C_1$-$\delta^{13}C_2$图版中，区域1为无机气，其碳同位素的范围为$\delta^{13}C_1<-17‰$且$\delta^{13}C_2>-26‰$；区域2为煤型气，其碳同位素范围为$-35‰<\delta^{13}C_1<-17‰$且$\delta^{13}C_2>-26‰$；区域3内的碳同位素范围为$\delta^{13}C_1<-27‰$且$\delta^{13}C_2<-26‰$，虽然同位素的范围落在张义纲图版和戴金星图版上的腐泥气范围但因其热模拟样品的干酪根为偏腐殖的$Ⅱ_2$型干酪根，因此本书称此范围内的天然气为偏腐殖型气；经过对典型煤型气以及偏腐殖型气进行不同百分比含量的混合估算，得出其碳同位素落在图版中的区域5范围内，因此称区域5为煤型气与偏腐殖型气的混合；推测区域6为无机气与偏腐殖型气的混合气。一般沥青裂解产物代表了油型气，本书通过对徐深1-2井营城组沥青进行裂解，发现其CH_4、C_2H_6的碳同位素落在区域3的偏腐殖型气范围内，说明$\delta^{13}C_1$-$\delta^{13}C_2$图版的可应用性（图5-49）。

从C_2H_6-C_3H_8碳同位素关系图来看，将$\delta^{13}C_2=-26‰$和$\delta^{13}C_3=-25‰$作为松辽盆地煤型气和偏腐殖型气的划分界线。左上角的区域为来自沼泽相的煤系源岩的天然气，右下角的区域为来自湖相泥岩的天然气。代表偏腐殖型气的沥青裂解气恰好落在图版右下角区域内，说明$\delta^{13}C_2$-$\delta^{13}C_3$图版的可应用性（图5-50）。

对于同一个样品来说，无论其沉积环境如何，不管是高成熟度还是低成熟度的源岩，其热模拟产物的碳同位素均是随着成熟度的增加而逐渐增重的，CH_4和热模拟温度的关系（图5-51）以及C_2H_6和热模拟温度的关系（图5-52）可以明显看出这个趋势。

3. 深层气源岩热解产物轻烃组成特征差异

深层烃源岩热模拟产物中轻烃的总体分布特征为轻芳烃（苯/甲苯）含量较高。这

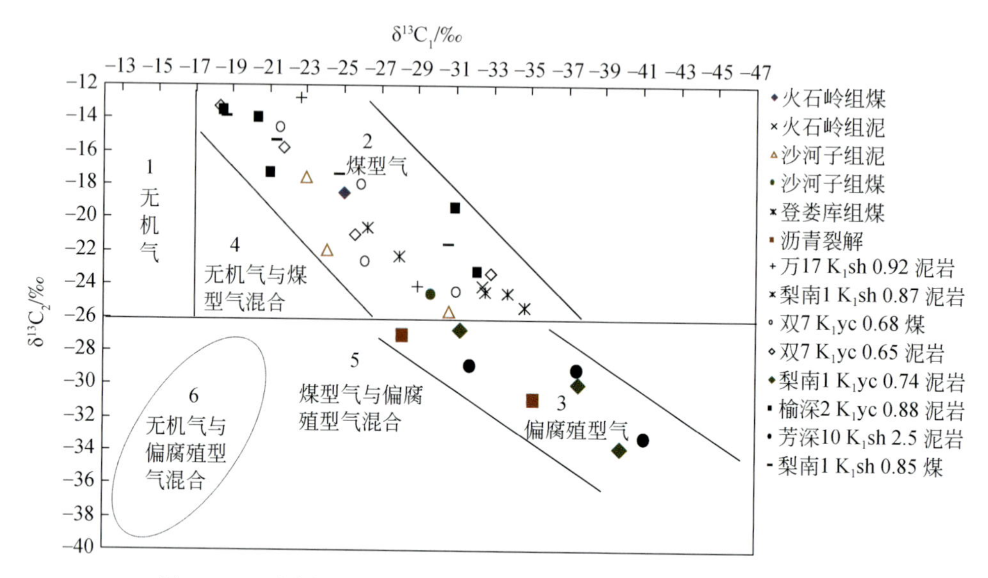

图 5-49　不同成因类型天然气 CH_4–C_2H_6 碳同位素成因判识图版

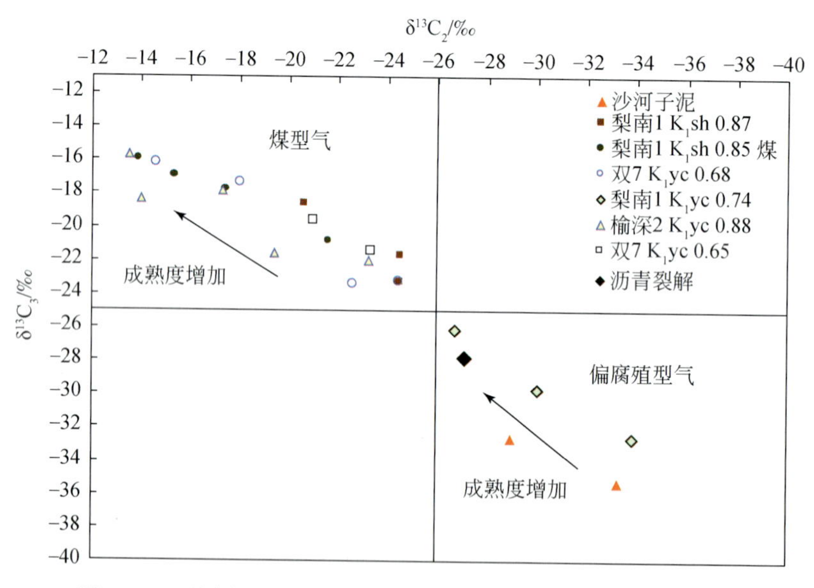

图 5-50　不同成因类型天然气 C_2H_6–C_3H_8 同位素成因判识图版

主要是由于成熟度较高的原因造成，各套源岩模拟产物中芳烃含量均较高，因此，轻芳烃参数在进行源岩识别中只能作为辅助指标。

由于不能一一检出岩石热模拟产物中轻烃组成，因此不能进行许多指标相关性分析。

在分析了各套源岩轻烃参数指标的基础上，筛选出 3–甲基戊烷/正己烷与正庚烷/甲基环己烷，两个指标可以区分出深层各套烃源岩，从图 5-53 可以看出，火石岭组及

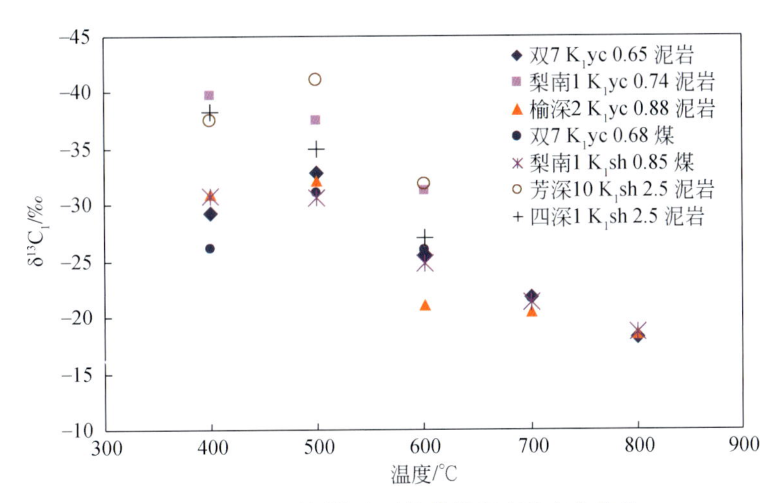

图 5-51　CH_4 碳同位素随热模拟温度的变化趋势

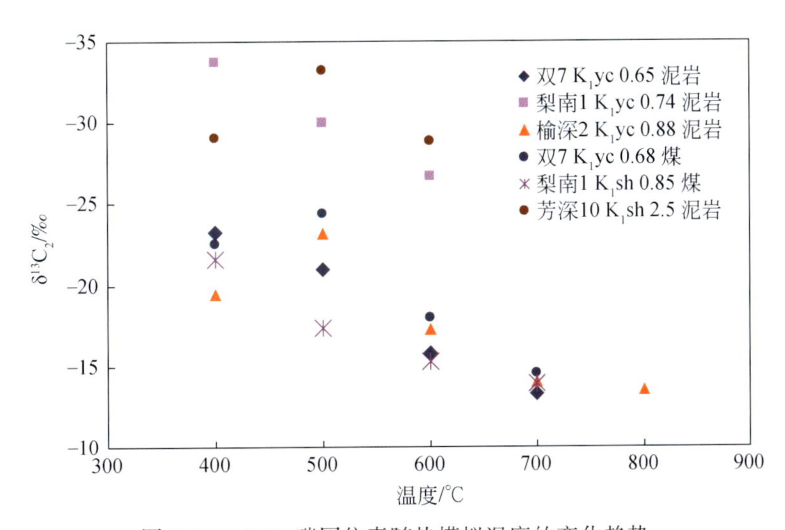

图 5-52　C_2H_6 碳同位素随热模拟温度的变化趋势

C—P 泥岩和部分沙河子组源岩模拟产物中异构烷烃含量均较高，3-甲基戊烷/正己烷含量基本大于 1，其他源岩如 C—P 煤、登娄库组泥岩，营城组泥岩该值基本小于 1。

从正庚烷/甲基环己烷关系图（图 5-54）可以看出，沙一段泥岩、沙二段煤及 C—P煤、火一段泥岩模拟产物中正庚烷/甲基环己烷含量较高，高于 1；营城组泥岩、沙二段泥岩、火二段和登娄库泥岩模拟产物中正庚烷/甲基环己烷含量则较低，低于 1。

火石岭组泥岩模拟产物的重要特征是正庚烷含量较高，而沙河子组泥岩模拟产物中轻烃组成特征是 3-甲基戊烷/正己烷较大。营城组和登娄库组源岩模拟产物中这两项参数值均较小。

不同层位泥岩和煤热模拟产物碳同位素及轻烃组成均有差异，总结于表 5-3 中，这些差异是判识天然气的重要指标。

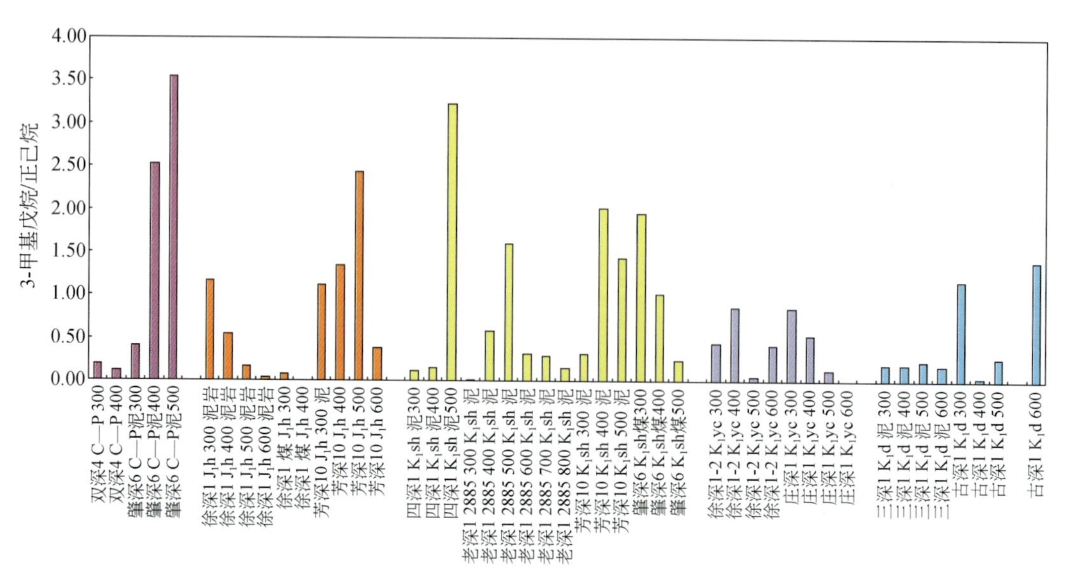

图 5-53　不同层位岩石热模拟产物 3-甲基戊烷/正己烷正庚烷/甲基环己烷分布图

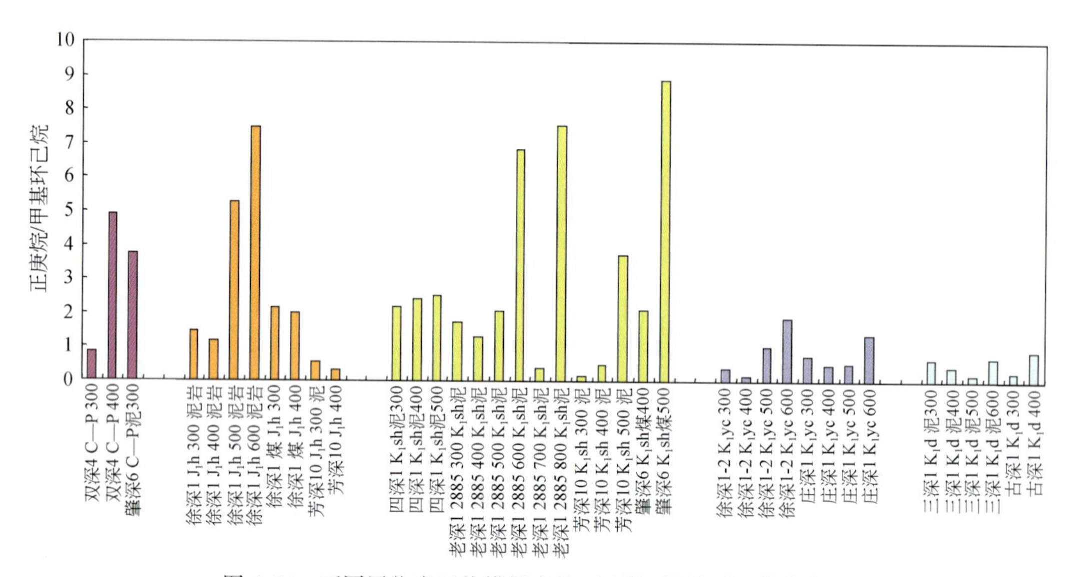

图 5-54　不同层位岩石热模拟产物正庚烷/甲基环己烷分布图

表 5-3　深层源岩模拟产物碳同位素值与轻烃参数表

层位	岩性	产气率	$\delta^{13}C_1$/‰	高成熟阶段 $\delta^{13}C_1-\delta^{13}C_3$	$\delta^{13}C_2$/‰	3-甲基戊烷/正己烷	正庚烷/甲基环己烷
K_1d	泥岩	低	-34.7 ~ -28.0		-25.4 ~ -22.3	低<1	<1
K_1yc	泥岩	低	-42.0 ~ -36.0		-20.7	低<1	<1
K_1sh	泥岩	高	-41.12 ~ -31.18	C_2H_6、C_3H_8 倒转，CH_4、C_2H_6 相近	-33 ~ -28.9	高<1	K_1sh_1>1 K_1sh_2<1
	煤	高	-29.7 ~ -24.2		-24.6	高>1	K_1sh_2>1

续表

层位	岩性	产气率	$\delta^{13}C_1$/‰	高成熟阶段 $\delta^{13}C_1-\delta^{13}C_3$	$\delta^{13}C_2$/‰	3-甲基戊烷/正己烷	正庚烷/甲基环己烷
J_1h	泥岩	高	-39.2 ~ -36		-24.1	高>1	$J_1h_1>1$ $J_1h_2<1$
	煤	高	-34.4 ~ -25			高>1	
C—P	泥、煤	高				高>1	>1

（二）松辽盆地北部深层天然气气源对比

1. 应用 $\delta^{13}C_1-\delta^{13}C_4$ 进行气源对比

天然气中 $\delta^{13}C_1-\delta^{13}C_4$ 是常用的气源对比指标，本书运用 $CH_4-C_2H_6$ 的关系图以及 $C_2H_6-C_3H_8$ 关系图对松辽盆地不同地区、不同层位天然气进行成因及气源对比。下面将松辽盆地不同地区、不同层位的试气产能大于 $100m^3$ 的井中天然气 CH_4、C_2H_6、C_3H_8 的同位素投在图版上，从不同层位来讨论松辽盆地天然气的成因及气源对比。

1）火石岭组天然气气源对比

松辽盆地试气产量大于 $100m^3$ 的来自火石岭组的升深 101 井和升深 7 井天然气在 $\delta^{13}C_1-\delta^{13}C_2$ 图版（图 5-55）中落入煤型气与偏腐殖型气的混合气区域，升深 7 井的 CH_4 和 C_2H_6 碳同位素呈倒序分布特征。从 $\delta^{13}C_2-\delta^{13}C_3$ 图版（图 5-56）看，升深 101 井和升深 7 井的重烃气体落在偏腐殖型气的范围内。综合两个图版来看，松辽盆地升平地区火石岭组天然气主要来自于湖相沉积的偏腐殖型泥岩和煤系来源的煤型气。

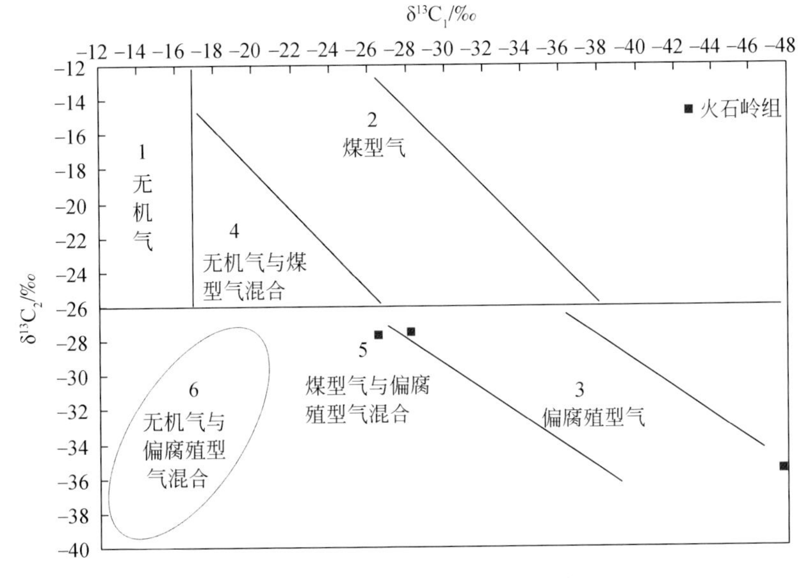

图 5-55　火石岭组天然气与源岩 $\delta^{13}C_1-\delta^{13}C_2$ 对比图

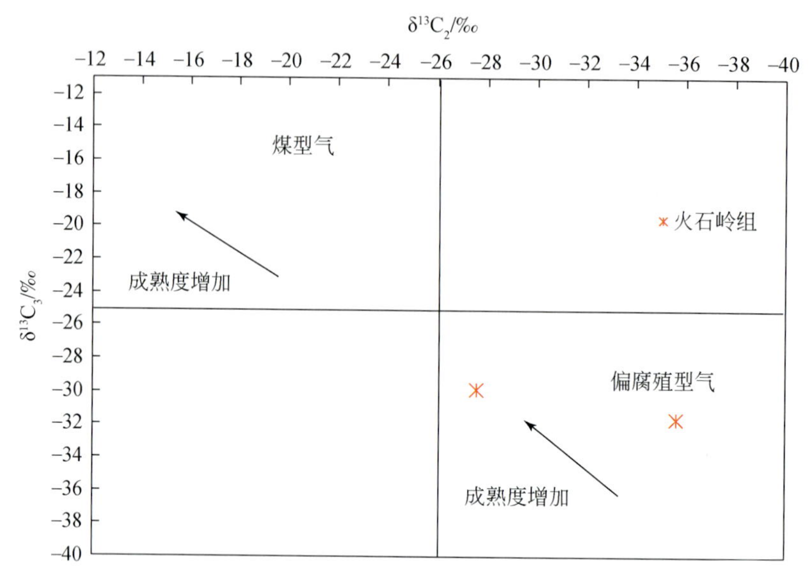

图 5-56　火石岭组天然气与源岩 $\delta^{13}C_2$–$\delta^{13}C_3$ 对比图

2）沙河子组天然气气源对比

松辽盆地沙河子组试气产量大于 100m^{3}的井中天然气的 CH_4 和 C_2H_6 的碳同位素分布在 $\delta^{13}C_1$–$\delta^{13}C_2$图版（图 5-57）中的区域 2（煤型气）、区域 3（偏腐殖型气）和区域 5（煤型气与偏腐殖型气的混合）范围内。升深 6 井部分沙河子组气体分布在 $\delta^{13}C_1$–$\delta^{13}C_2$图版中的低成熟煤型气的范围内；而在 $\delta^{13}C_2$–$\delta^{13}C_3$图版上（图 5-58）落在煤型气区域内，而且 C_1 ~ C_4单体烃碳同位素具有正序分布特征，说明升深 6 井的天然气可能主

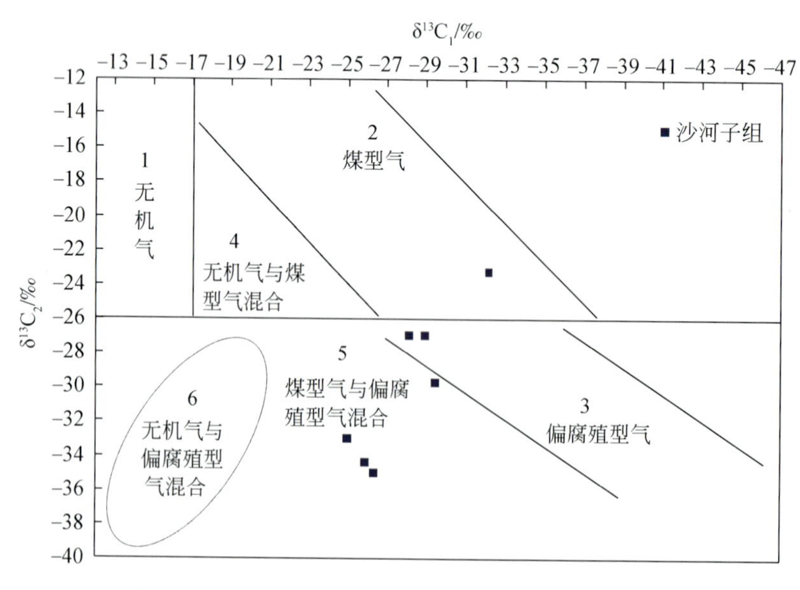

图 5-57　沙河子组天然气与源岩 $\delta^{13}C_1$–$\delta^{13}C_2$对比图

要来源于沼泽相的煤系源岩。芳深8井和芳深10井的沙河子组天然气在$\delta^{13}C_1$-$\delta^{13}C_2$图版中落在了高成熟偏腐殖型气的范围内，CH_4碳同位素为-29.01‰～-28.13‰，C_2H_6碳同位素约为-29.6‰；CH_4和C_2H_6碳同位素呈正序分布特征，因此认为这两口井的天然气主要来源于湖相泥岩。朝深6井、徐深401井和徐深801井天然气碳同位素在$\delta^{13}C_1$-$\delta^{13}C_2$图版中分布在煤型气与偏腐殖型气混合的区域，在$\delta^{13}C_2$-$\delta^{13}C_3$图版上落在偏腐殖型气区域内，且单体烃碳同位素多具有倒序分布特征，因此认为属于混合来源。

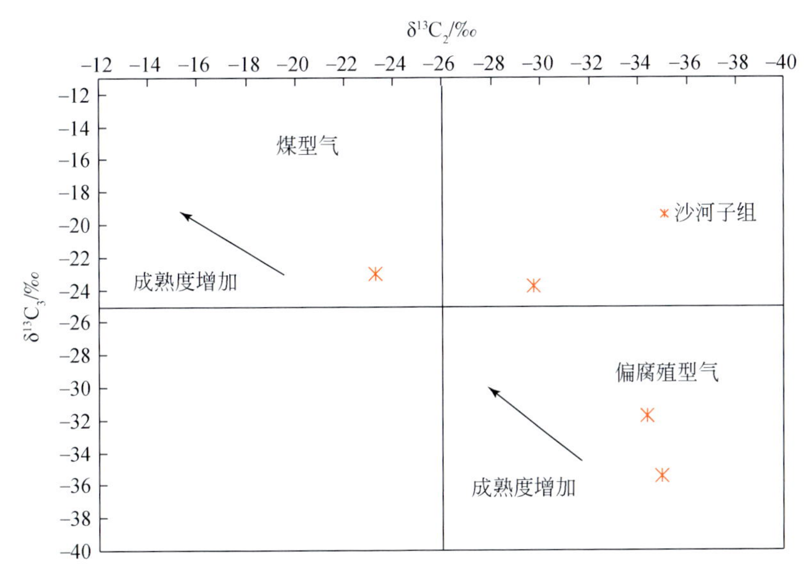

图5-58　沙河子组天然气与源岩$\delta^{13}C_2$-$\delta^{13}C_3$对比图

3）营城组天然气气源对比

松辽盆地营城组营一段、营三段和营四段储层试气产能大于100m^{3}的井在$\delta^{13}C_1$-$\delta^{13}C_2$图版（图5-59）和$\delta^{13}C_2$-$\delta^{13}C_3$图版（图5-60）上表现出不同的特征。

营城组营一段的井中天然气在$\delta^{13}C_1$-$\delta^{13}C_2$图版上分布比较广泛，多数分布在煤型气与偏腐殖型气混合的区域5范围内，另有部分井，如徐深201井、徐深9井、汪深1井和肇深1井明显落入了无机气与煤型气混合的区域4范围内，这些天然气的C_1～C_4单体烃碳同位素多呈倒序分布特征（图5-59）。天然气中重烃气体在$\delta^{13}C_2$-$\delta^{13}C_3$图版上大部分落在偏腐殖型气的区域范围内，只有徐深201井和汪深1井落入偏向煤型气的交叉区域（图5-60）。结合这两个图版说明松辽盆地营一段储层产出的天然气以煤型气和偏腐殖型气的混合气为主，其中少数井中有无机气和偏腐殖型气的混入；徐深201井和汪深1井营一段天然气可能主要来自沼泽相煤系源岩。另外从$\delta^{13}C_1$-$\delta^{13}C_2$图版中可以看出，徐深8井和徐深601井明显分别落在煤型气和偏腐殖型气的区域内，且天然气的C_1～C_4单体烃碳同位素均呈正序分布特征，可能说明徐深8井营一段天然气来自煤系源岩，徐深601井来自湖相偏腐殖型泥岩。

营三段在$\delta^{13}C_1$-$\delta^{13}C_2$图版中主要分布在区域2的煤型气和区域5的煤型气与偏腐殖型气混合的区域内，CH_4碳同位素的分布范围较窄，为-30.49‰～-23.28‰，C_2H_6

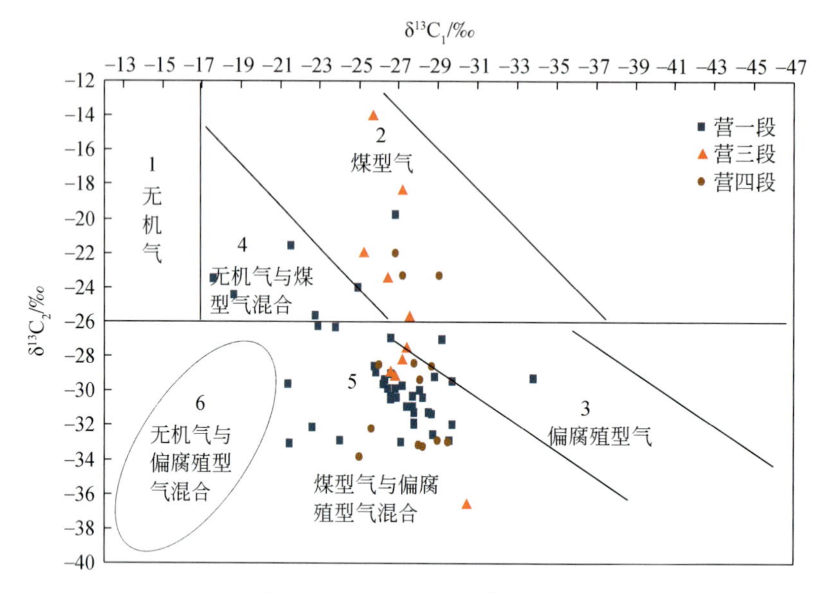

图 5-59　营城组天然气与源岩 $\delta^{13}C_1-\delta^{13}C_2$ 对比图

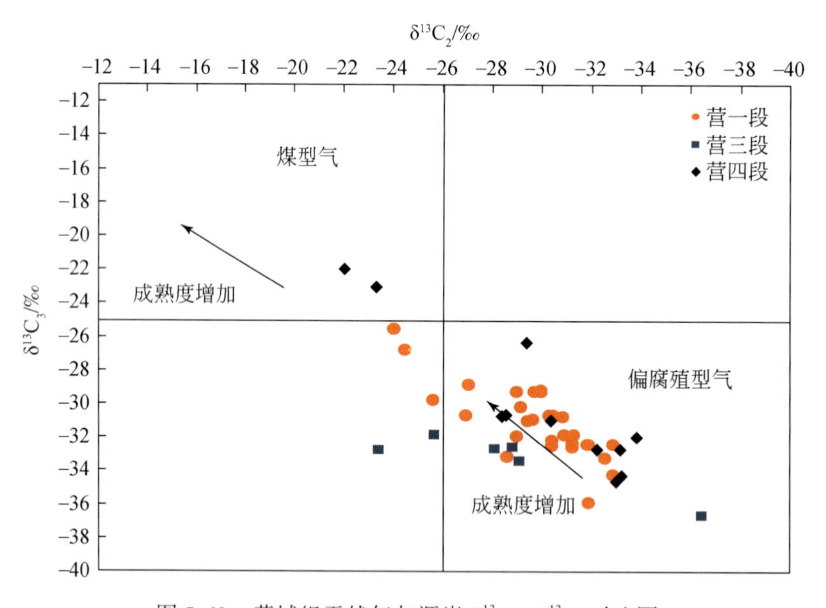

图 5-60　营城组天然气与源岩 $\delta^{13}C_2-\delta^{13}C_3$ 对比图

碳同位素的分布范围较宽，为-36.5‰～-14.03‰。其中升深 2-1 井部分气体、达深 2 井和宋深 1 井的营三段天然气落在了煤型气的区域范围（图 5-59），且单体烃碳同位素呈正序分布特征，可能表明主要来源于煤系源岩；其中升深 2-1 井和宋深 1 井的中重烃气体在 $\delta^{13}C_2-\delta^{13}C_3$ 图版（图 5-60）上落在煤型气和偏腐殖型气的交叉区域。升深 2-1 其他营三段气体，升深 2-25 井、升深 4 井和升深更 2 井营三段天然气在 $\delta^{13}C_1-\delta^{13}C_2$

图版中落在了煤型气与偏腐殖型气混合的区域5范围内，在$\delta^{13}C_2-\delta^{13}C_3$图版上落在偏腐殖型气的范围内，但是单体烃碳同位素呈倒序分布特征，因此推测这些气体为来源于煤系源岩和湖相泥岩的混合气。

营四段在$\delta^{13}C_1-\delta^{13}C_2$图版中主要分布在煤型气（区域2）和煤型气与偏腐殖型气混合（区域5）的区域范围内，CH_4碳同位素的分布也比较窄，为$-29.6‰\sim-25.07‰$，C_2H_6分布在$-33.86‰\sim-22.07‰$（图5-59）。卫深5井和宋深2井在$\delta^{13}C_1-\delta^{13}C_2$图版中落入煤型气区域范围内，重烃气体在$\delta^{13}C_2-\delta^{13}C_3$图版中也落入了煤型气区域范围，而且单体烃碳同位素呈正序分布特征，认为来源于煤系源岩。其他徐家围子气田的样品，如徐深1井、徐深4井、徐深401、徐深5井、徐深6井、徐深601和徐深7井天然气在$\delta^{13}C_1-\delta^{13}C_2$图版中均集中落在煤型气与偏腐殖型气混合的区域5范围内，与营城组营一段的多数气体相叠（图5-59）；重烃气体在$\delta^{13}C_2-\delta^{13}C_3$图版中均落在偏腐殖型气的区域内，虽然$C_1\sim C_4$单体烃碳同位素均呈倒序分布特征，推测营四段的天然气主要来源于沼泽相煤系源岩，部分混有偏腐殖型气（图5-60）。

徐家围子气田天然气碳同位素倒序排列的原因，戴金星综合分析后认为，导致$C_1\sim C_4$单体烃同位素组成变化规律倒转的原因包括：①有机烃气与无机烃气的混合；②煤型气与偏腐殖型气的混合；③同型不同源气的混合或同源不同期气的混合；④烷烃气全部或某些组分被细菌氧化；⑤地温增高。这里徐家围子营城组天然气在$\delta^{13}C_1-\delta^{13}C_2$图版中大多分布在区域5，$CH_4$碳同位素值重于$-30‰$，$C_2^+$以上碳同位素值较轻，基本小于$-29‰$。徐家围子气田天然气主要为干气，$C_2^+$的质量分数较低，加入少量湿气后，对$CH_4$碳同位素的影响比较小，而对$C_2H_6$和$C_3H_8$碳同位素的影响较大，如过成熟煤型气与低成熟偏腐殖型气混合时，混合后的天然气重烃碳同位素主要取决于偏腐殖型气的特征，而CH_4碳同位素取决于两者的相对质量分数。虽然不能准确确定出煤和泥岩所贡献的比例，认为天然气为来源于煤系源岩和沙河子组泥岩的混合气还是正确的。碳同位素的倒转认为可能主要因为煤型气与偏腐殖型气混合的原因，天然气仍然以有机成因为主，但不排除无机气的混入。

4）登娄库组天然气气源对比

松辽盆地登娄库组试气产能大于$100m^3$的井中天然气碳同位素范围比较集中，CH_4碳同位素为$-29.59‰\sim-16.76‰$，C_2H_6碳同位素为$-29.39‰\sim-19.78‰$。其中芳深1井、卫深501井、芳深801井和升深1井的登娄库组气体在$\delta^{13}C_1-\delta^{13}C_2$图版（图5-61）中均落在了无机气与煤型气的混合区域范围，单体烃碳同位素均呈倒序分布特征；升深1井的重烃气体在$\delta^{13}C_2-\delta^{13}C_3$图版（图5-62）中落在了煤型气的区域范围内，可见这部分气体主要来源于沼泽相煤系源岩，混入了部分无机气体。其他登娄库组气体在$\delta^{13}C_1-\delta^{13}C_2$图版中集中分布在区域2、区域3与区域5相交的范围，部分井如芳深5井、升深2井和芳深10井的天然气单体烃碳同位素呈倒序分布特征；在$\delta^{13}C_2-\delta^{13}C_3$图版中主要分布在煤型气和偏腐殖型气的交叉区域，因此认为这部分井的登娄库组天然气为湖相泥岩和煤系源岩。

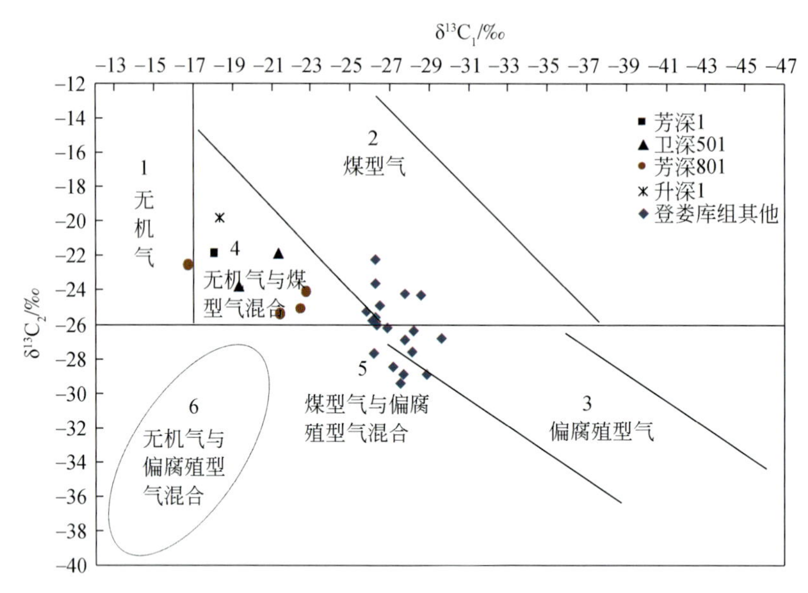

图 5-61 登娄库组天然气与源岩 $\delta^{13}C_1$–$\delta^{13}C_2$ 对比图

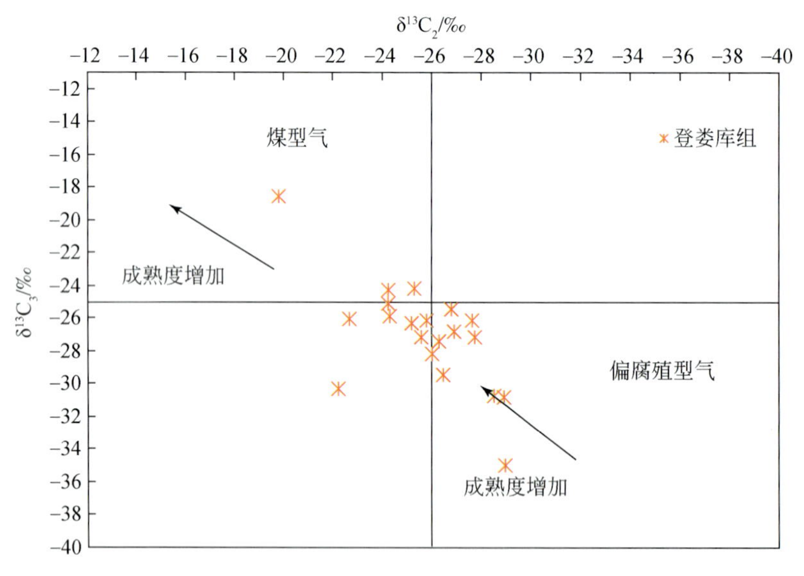

图 5-62 登娄库组天然气与源岩 $\delta^{13}C_2$–$\delta^{13}C_3$ 对比图

5）泉头组天然气气源对比

松辽盆地三站、四站、五站、宋站地区以及升深 1 井、汪 902 井、汪 7–17 井、庄深 1 井泉头组试气产能大于 100m^{3}的井中天然气在 $\delta^{13}C_1$–$\delta^{13}C_2$图版（图 5-63）中大部分落在了区域 2 的较低成熟煤型气区域和区域 3 的较高成熟偏腐殖型气区域以及区域 5 的煤型气与偏腐殖型气混合范围内。在 $\delta^{13}C_2$–$\delta^{13}C_3$图版（图 5-64）中主要分布在偏腐殖型气以及煤型气与偏腐殖型气混合的交叉区域。汪 903 井、升深 101 井和汪 13–11

井的泉头组天然气在 $\delta^{13}C_1-\delta^{13}C_2$ 图版中均落在了无机气与煤型气混合的区域范围内，且单体烃碳同位素均呈倒序分布特征。因此松辽盆地三站、四站、五站、宋站、汪家屯、升平地区泉头组天然气属于来源于不同成熟度的湖相泥岩和煤系源岩的混源气体。

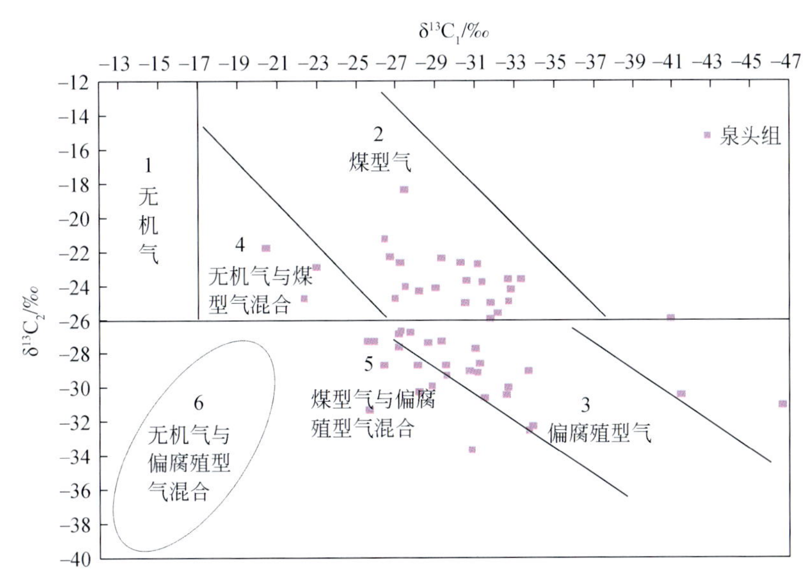

图 5-63　泉头组天然气与源岩 $\delta^{13}C_1-\delta^{13}C_2$ 对比图

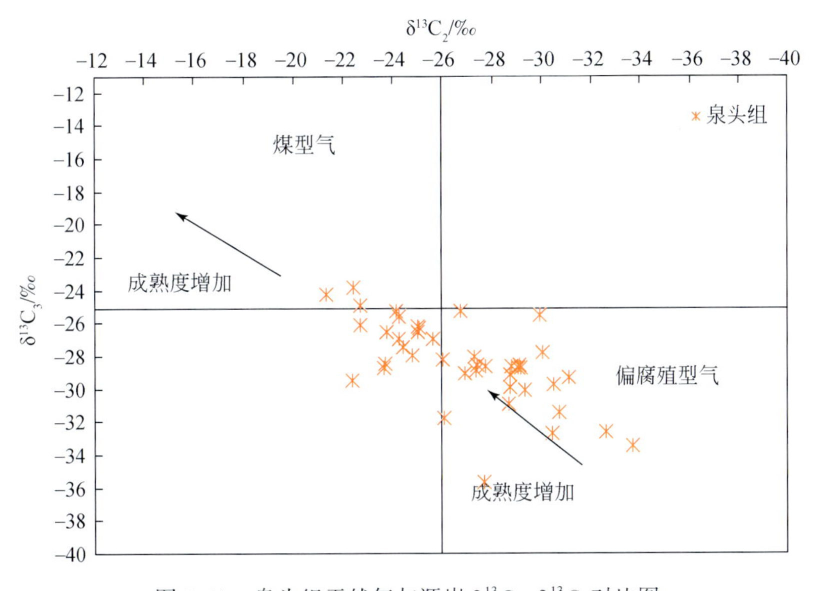

图 5-64　泉头组天然气与源岩 $\delta^{13}C_1-\delta^{13}C_2$ 对比图

6）松辽盆地北部深层天然气碳同位素总体变化特征

从 $\delta^{13}C_1-\delta^{13}C_2$ 图版（图 5-65）来看，松辽盆地深层天然气主要分布在低成熟煤型气、高成熟偏腐殖型气以及煤型气与偏腐殖型气的混合区域，部分气体的单体碳同位素发生倒转，认为是煤系源岩与湖相泥岩来源气的混合，为有机成因气。部分气体如来自芳深2井基底储层，徐深201井、徐深9井、汪深1井和肇深1井营一段储层，升深1井、芳深1井、卫深501井和芳深801井的登娄库组储层的天然气分布在无机气与煤型气的混合区域，气体的单体碳同位素全部倒转，所以得出天然气中混入了无机气或以无机气为主，混入少量煤型气。

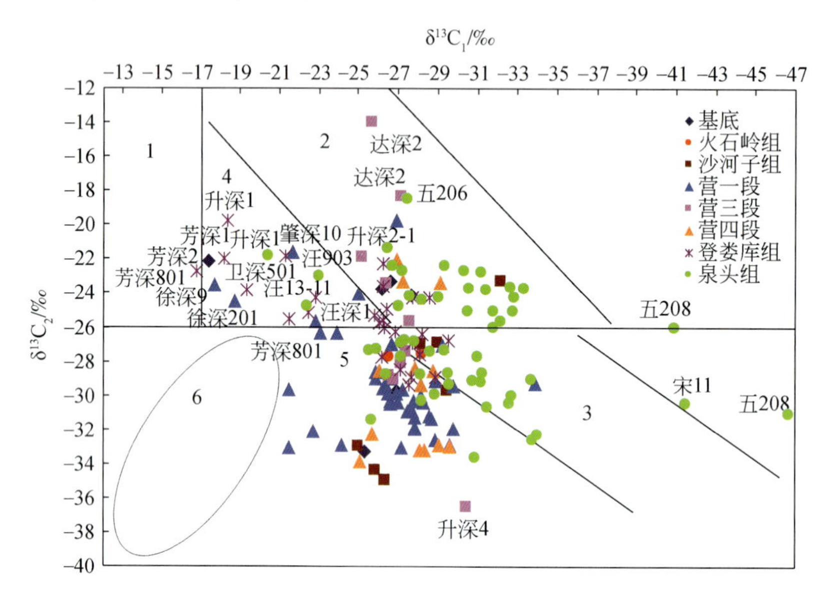

图5-65　松辽盆地深层不同层位不同地区天然气的 $\delta^{13}C_1$–$\delta^{13}C_2$ 关系图

1. 无机气；2. 煤型气；3. 偏腐殖型气；4. 无机气与煤型气混合；5. 煤型气与偏腐殖型气混合；6. 无机气与偏腐殖型气混合

从 $\delta^{13}C_2$–$\delta^{13}C_3$ 图版（图5-66）来看，天然气大部分分布在偏腐殖型气区域以及煤型气与偏腐殖型气的交叉区域，因为如果过成熟煤型气与低成熟偏腐殖型气混合时，

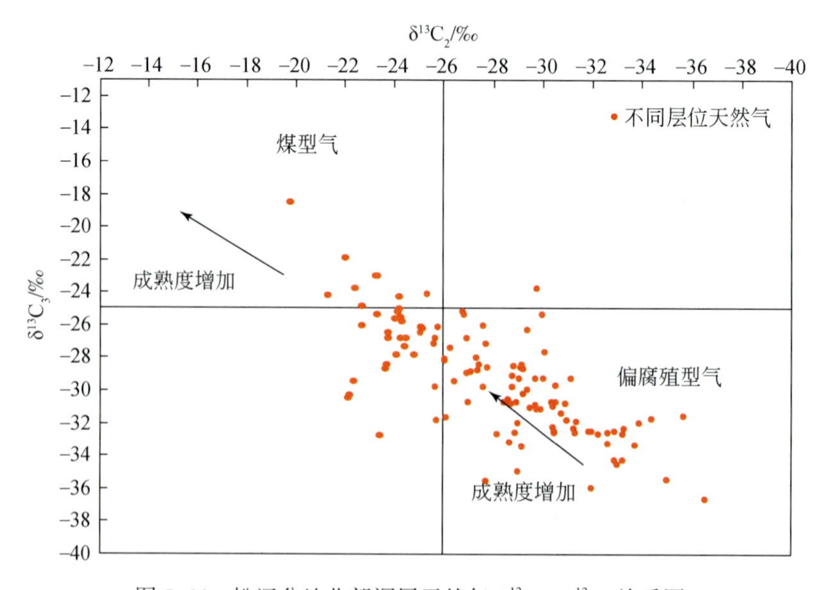

图5-66　松辽盆地北部深层天然气 $\delta^{13}C_2$–$\delta^{13}C_3$ 关系图

混合后的天然气重烃碳同位素主要取决于偏腐殖型气的特征，因此认为松辽盆地天然气中重烃气体的碳同位素可能主要受偏腐殖型气混入的影响。认为判断天然气的成因类型以 $\delta^{13}C_1$–$\delta^{13}C_2$ 图版为主。

2. 应用天然气轻烃碳同位素值进行对比

应用天然气中甲基环己烷与环己烷碳同位素值的关系图将松辽盆地北部徐家围子地区和双城地区的天然气分为两种类型（图5-67），其中卫深501井、徐深1井、芳深5井、升深1井天然气中甲基环己烷和环己烷碳同位素值均较重，分布范围为–21‰~–19‰，反映出煤型气的特征，主要来源于煤；三2井、长50井天然气中甲基环己烷和环己烷碳同位素值最轻，分布范围为–31‰~–28‰，为典型的泥岩来源的偏腐殖型气；其他井的天然气中甲基环己烷与环己烷碳同位素的关系均处于中间区域，为混合气。

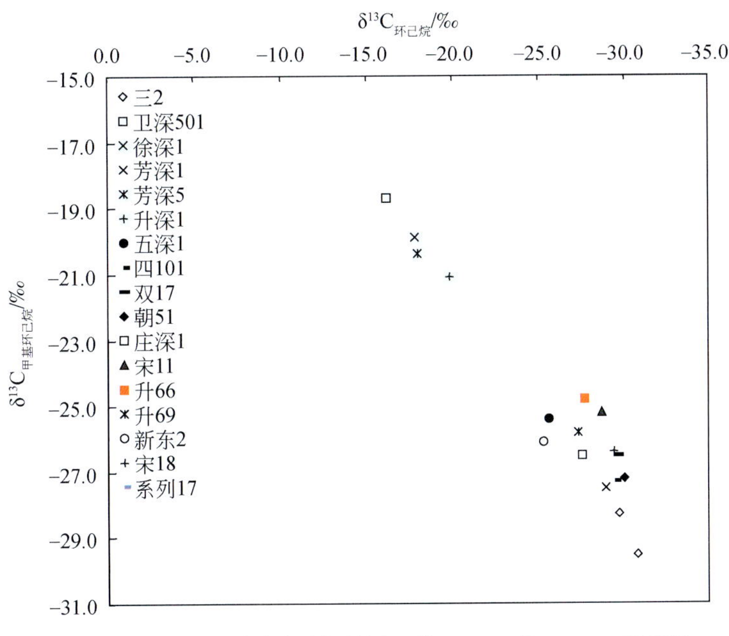

图5-67　松辽盆地产部深层天然气 $\delta^{13}C_{环己烷}$–$\delta^{13}C_{甲基环己烷}$关系图

3. 应用天然气轻烃组成特征进行对比

对松辽盆地岩石热模拟产物轻烃分析研究得出正庚烷/甲基环己烷和3–甲基戊烷/正己烷烃与正构烷烃的比值可应用于深层天然气气源对比。根据上述两类指标作出了相关图（图5-68），从中看出松辽盆地北部天然气分为三种类型，三2井、长50井天然气中正庚烷/甲基环己烷值最高，为典型的偏腐殖型气；徐深1井、徐深603井、升深2井等天然气中3–甲基己烷较为丰富，反映来源于深部沙河子组泥岩的特征；其余井的天然气则处于混合区域。

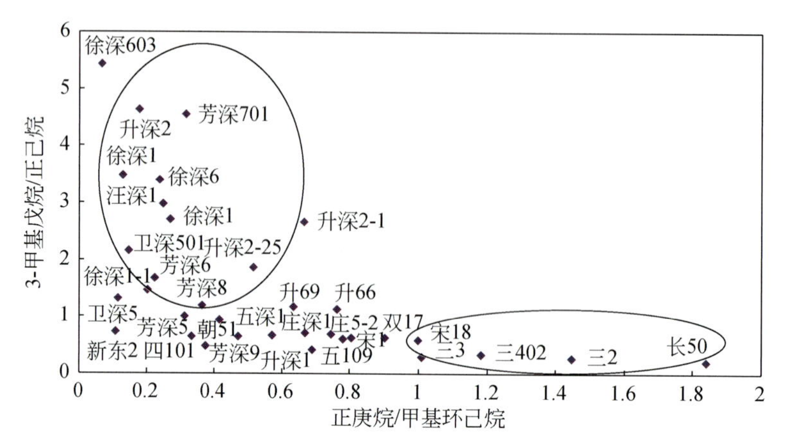

图 5-68　松辽盆地北部深层天然气正庚烷/甲基环己烷与 3-甲基戊烷/正己烷关系图

4. 松辽盆地北部地区天然气气源综合对比

应用各种指标对松辽盆地北部天然气进行气源对比（图 5-69），徐家围子断陷主要

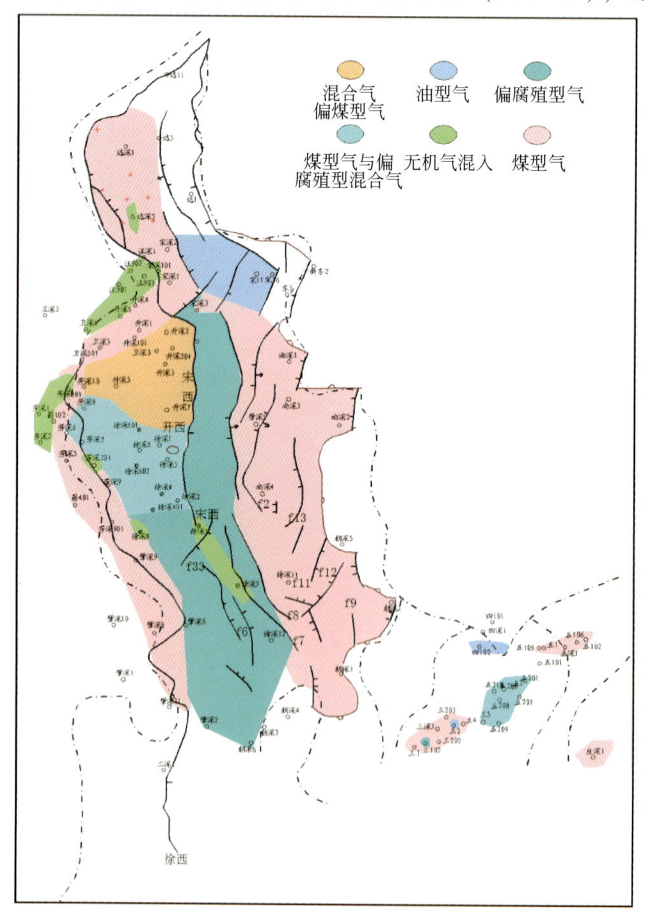

图 5-69　松辽盆地北部深层天然气成因类型平面分布图

为煤型气和偏腐殖型气的混合气，从北至南，偏腐殖型气的比例在加大，而在断陷的边部则基本为局部地区有无机气的混入。宋站泉头组天然气主要来源于类型较好的泥岩，具有油型气的特征；双城地区的天然气来源则较为丰富，在埋深小于1000m的地区还有生物改造作用天然气的存在。与高含CO_2气伴生的烃类气的成因类型多样。有以无机气混入为主的，主要分布在断陷西部边缘的昌德地区和汪903地区以及断陷中部的徐深7-徐深9井区。在断陷西部和东部边缘以煤成气为主，在断陷中部以偏腐殖型气为主，而在昌德东以西的兴城地区则以煤型气和偏腐殖型气形成的混合气为主。以上充分说明了气源岩条件决定了烃类气的成因及其分布，而CO_2只是后期混入的结果。

第二节　典型火山岩烃类气藏解剖

松辽盆地北部深层探明天然气储量累计$2457.45\times10^8m^3$，三级储量累计$4228.04\times10^8m^3$，主要集中在徐家围子断陷内部营城组火山岩地层及边部隆起区。在对深层火山岩气藏长期勘探并取得巨大突破的同时，也了解到深层火山岩气藏类型复杂，类比性差，储层（特别是有效储层）的连通性、气水分布等都具有很大的差别。针对火山岩气藏的复杂性，通过对徐家围子断陷典型火山岩气藏的详细解剖，才能深入认识火山岩气藏的形成条件、储盖组合、圈闭类型及其成藏机理和分布规律。本节在盆地演化背景的基础上，通过对徐家围子断陷典型气藏的解剖，分析火山岩气藏的储盖组合及演化、圈闭类型及演化和天然气的成因类型及地球化学特征，并分析火山岩气藏形成的主控因素，为建立火山岩气藏成藏模式和分布预测奠定基础。

目前徐家围子断陷内部火山岩气藏主要位于升平、兴城、安达和徐东，已发现的气藏类型主要为岩性-构造气藏、构造-岩性气藏和岩性气藏，储集层主要为营城组火山岩，储层物性受岩性特征影响较大，非均质性较强，横向连通性较差，区域性盖层为登二段泥岩。

一、升平地区火山岩气藏解剖

（一）基本概况

升平气藏位于黑龙江省安达市境内，构造位置位于徐家围子断陷兴城隆起带北部。产气层位主要为营三段火山岩、登娄库组和泉头组。2005年升深2-1区块申报Ⅱ类天然气探明地质储量$128.32\times10^8m^3$，含气面积$18.48km^2$。目前，在升平气田已经部署了12口评价井，包括一口新设计的水平井——升深平1井，年产气$3.05\times10^8m^3$。

（二）气藏地质特征

1. 地层发育特征

升平凸起深层自基底之上发育下白垩统火石岭组、沙河子组、营城组、登娄库组和泉头组地层。基岩主要有汪901井、汪902井、汪904井、升深201井钻遇，根据钻井揭示和高精度重磁解释结果，汪家屯基岩凸起和升平基岩凸起的东部为动力变质岩发育区，升平凸起西部为板岩、千枚岩发育区，汪家屯与升平凸起之间为片岩发育区。火石岭组地层升深6井和升深101井钻遇，升深6井为中酸性火山岩夹黑色泥岩，升深101井为灰绿色、灰黑色安山岩，厚度达512m。沙河子组为一套碎屑岩沉积建造，升深6井揭示地层比较完整，为砂砾岩、砾岩夹灰黑色和黑色泥岩，厚度为300～400m，与上覆营城组地层呈不整合接触。营城组本区以中酸性火山岩为主，主要有流纹岩、凝灰岩、安山岩。其中升深201、升深2-1井揭示地层厚度大，达200～600m。登娄库组主要为一套河流三角洲沉积的砂泥岩互层组合，厚度在400m左右；泉一段、泉二段主要为灰白色、浅灰色粉砂岩与紫红色、暗褐色泥岩互层，厚度为300～480m。

2. 构造特征

升平-兴城构造带为徐家围子断陷内长期继承性发育的构造，其局部为一受徐中断裂控制的鼻状构造，可进一步分成两个SN向背斜构造。第一个SN向背斜构造为升深101、升深1井区，该构造以-2780m等值线为圈闭线，构造幅度为153m，高点在升深101井附近。第二个SN向背斜构造是升深2、升深201井区，该构造以-2850m等值线为圈闭线，构造幅度为120m。浅层构造受深部的基岩凸起、沿断裂分布的火山机构控制，在各期断层的切割下形成了众多的断背斜、断鼻和断块圈闭。升平构造是由升深2-1断背斜、升深2-21断背斜及升深更2断鼻组成的一个复式背斜构造，有升深202、升深更2和升深2-7三个构造高点，代表三个火山锥体位置。该背斜长轴近NW向，长度为7.3km，短轴方向近北东向，长度为5km。构造最高点位于升深2-12井附近，高点埋深-2680m，最外圈闭线为海拔-2810m，构造幅度160m，背斜面积总计24.24km^2。

3. 储层特征

1）火山岩相特征

区内升深2-1区块有16口井钻遇营城组地层，目的层营三段火山岩具有相变快、分布范围不稳定、连片性较差的特征。研究表明，升平区块平面上存在四个火山口区，纵向可划分为四个喷发旋回，四个旋回组合主要为喷溢相中的上、下部亚相和爆发相中的热碎屑流亚相。整体上以受断裂控制的裂隙式喷发为主，即以裂隙喷发为主，中心喷发为辅，火山口的纵向幅度低。本区发育四种岩相类型——火山通道相、侵出相、爆发相、喷溢相。岩相分布主要受徐中断裂控制，岩相以喷溢相为主，夹爆发相和火山沉积相；垂向上成层分布，下部为喷溢相，中部为爆发相，上部为喷溢相-爆发相；横向上离火山口由近到远为火山通道-侵出相、喷溢相、爆发相、火山沉积相。喷溢相在火山口附近的堆积厚度最大，随着离火山口距离的变远而减薄，锥体的坡度也随之减缓（图 5-70）。

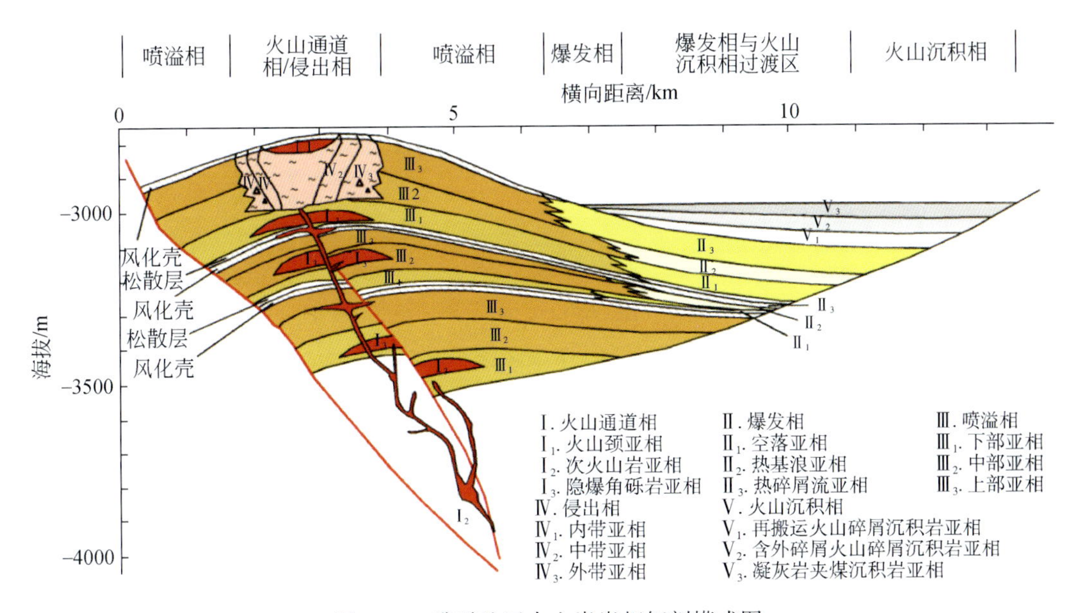

图 5-70　升平地区火山岩岩相解剖模式图

升平地区火山岩有火山熔岩和火山碎屑岩两个大类。火山熔岩主要岩石类型有球粒流纹岩、流纹岩、（粗面）英安岩、粗面岩等；火山碎屑岩主要有流纹质熔结凝灰岩、流纹质（晶屑）凝灰岩、流纹质角砾凝灰岩、流纹质火山角砾岩和集块岩。其中流纹岩占总取心岩性的 73.4%，其次为流纹质熔结凝灰岩占 9.38%，火山角砾岩占 5.23%，凝灰岩占 4.51%。

2）储集空间类型

在本区的火山岩储层中，常见的孔隙类型主要有原生气孔、杏仁体内孔、流纹岩中的脱玻化孔、长石的溶蚀孔、基质中的微孔隙、球粒周边收缩缝和裂缝等类型。构造裂缝与上述各类孔隙空间连通构成了连通喉道，成为该类储层的孔隙结构特征，其中气孔、气孔与微裂缝这两种组合类型是该区的主要储集空间类型。

3）储层物性特征

通过对升深 2-1 等 9 口井 262 个火山岩样品的岩心物性分析资料统计表明，储层孔隙度为 4.0% ~27.5%，平均为 8.4%，其中孔隙度大于 12% 的样品占 37.79%，小于 6% 的样品占 25.19%；渗透率为 0.006 ~ 319mD，平均为 1.19mD，主要分布在 0.01 ~ 1mD；其中渗透率大于 1.0mD 的样品占 27.39%，渗透率为 0.1 ~ 1mD 的样品占 40%；测井解释孔隙度为 4.0% ~28.0%，平均为 8.0%，渗透率为 0.1 ~ 10.0mD，平均为 0.52mD。综合分析认为，该区块属于低孔、低渗储层，致密段相对发育微裂缝-裂缝，气孔段裂缝不发育，薄片中可见少量微裂缝、网状缝（图 5-71、图 5-72）。

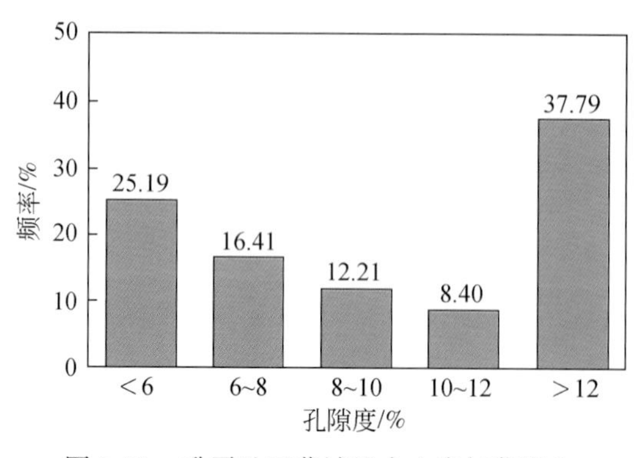

图 5-71　升平地区营城组火山岩气藏岩心孔隙度分布频率图

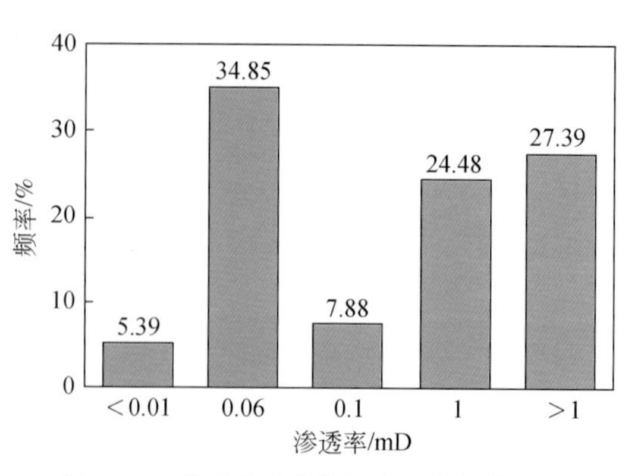

图 5-72　升平地区营城组火山岩气藏岩心渗透率分布频率图

（三）气藏特征

1. 气体性质

通过含气面积内 9 口气井试气天然气组分分析资料的统计分析，营城组天然气 CH_4 含量为 88.253% ~94.79%，平均为 91.39%；CO_2 含量为 2.38% ~5.40%，平均为 4.92%；天然气相对密度为 0.5955。天然气干燥系数较大，为干气。天然气中 CH_4、C_2H_6 碳同位素值较重，部分天然气具有倒转的特征。气源分析认为，升深 7、升深 2、升深 201 及升深 4 井天然气来源相近，均为煤和泥岩的混合气，但相对于兴城气田来说，煤的贡献更大。

2. 地层温度、压力特征

升深 2-1 井区升深 1 井、升深 2-7 井、升深 1-1 井均有实测的地层压力资料，计算地层压力系数为 0.97 ~1.08，地温梯度为 3.29℃/100m，为正常温压系统。

3. 火山岩气水分布及气藏类型

从试气及测井资料分析来看，营城组火山岩气水分布主要受构造高低控制，其次受火山岩体控制，构造对天然气的聚集起主要的控制作用。位于构造高部位的升深 202 井、升深 2-25 井、升深更 2 井、升深 2-17 井、升深 2-12 井、升深 2-1 井和升深 2-6 井的上部井段表现为产纯气，下部井段表现为气水同产，以产水为主；在构造较低部位的升深 201、升深 203 和升深 2-7 井气水同产，以产水为主。升深 2-1 井区块内各井气底在-2846.0 ~ -2737.0m，气底之下存在一个气水同层的过渡带。气藏总体表现为上气下水，大致具有统一的气水界面，气水界面在海拔-2840m 附近。

综上所述，升平营三段火山岩气藏为正常温压系统，具明显的气水分异，具有统一的气水界面及压力系统，表现为上气下水的特征。气藏分布主要受构造、岩性控制，为含边底水的岩性-构造气藏（图 5-73）。

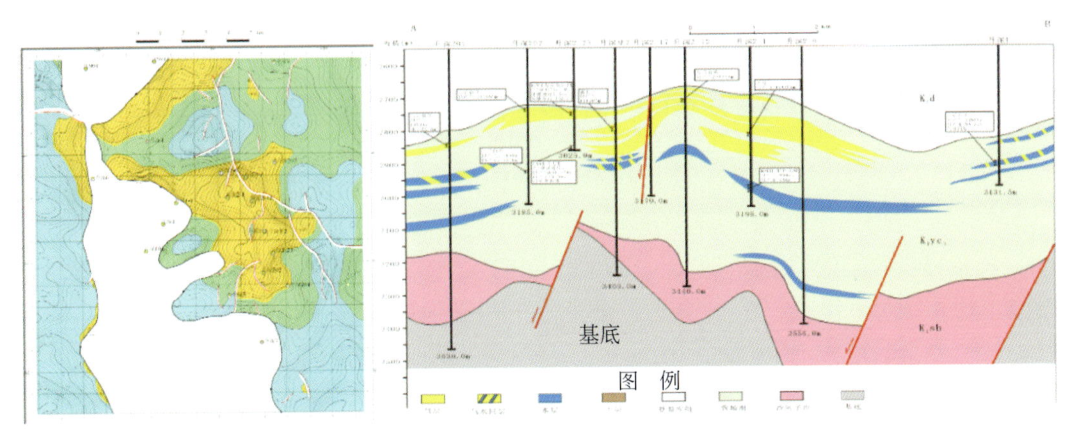

图 5-73　徐深气田升深 2-1 井区营城组气藏剖面图

二、兴城地区火山岩气藏解剖

（一）基 本 概 况

徐深 1 区块营城组气藏位于黑龙江省大庆市肇州县境内，构造位置位于徐家围子断陷升平-兴城隆起带上。2005 年提交探明地质储量 $459.84\times10^8m^3$，叠合含气面积 $41.70km^2$。含气层位为下白垩统营城组营一段火山岩和营四段砾岩。截至目前，兴城地区共有探井和评价井 38 口井，5 座集气站，建成产能 $7.9\times10^8m^3/a$。目前已完钻直井 36 口，水平井 2 口，完成直井试气 35 口，2 口水平井正试气，其中徐深 1-平 1 井 2008 年 12 月 11 日采用 7.94 油嘴，41.28 挡板试气，日产气 $8.8\times10^4m^3$；徐深 1-平 2 井 12 月 10 日采用 9.53mm 油嘴，57.15mm 挡板试气，日产气 $26.0\times10^4m^3$。

（二）气藏地质特征

1. 地层发育特征

兴城地区深层自上而下依次有泉头组泉二段、泉一段，登娄库组登四段、登三段、登二段，营城组砂砾岩、火山岩，沙河子组、火石岭组和基底。通过徐深 1 井、芳深 9 井、芳深 901 井钻探揭示本区泉二段、泉一段为暗紫色和灰绿色泥岩、粉砂质泥岩与灰色和紫灰色泥质粉砂岩、粉砂岩呈不等厚互层。登娄库组中、上部为灰色细砂岩夹灰绿色和暗紫色泥岩、粉砂质泥岩；下部为暗紫色泥岩、粉砂质泥岩与灰色泥质粉砂岩、粉砂岩呈不等厚互层。营城组火山岩为本区主要目的层，多口井揭示其上部主要为厚层杂色流纹质砾岩夹薄层灰黑色泥岩，中部主要为大段灰色和深灰色及灰白色流纹质晶屑凝灰岩、流纹质熔结凝灰岩、流纹质含凝灰溶结角砾岩等呈不等厚互层，下部为灰色和灰白色流纹质火山角砾岩、流纹质晶屑凝灰岩、流纹岩、流纹质集块岩等。

沙河子组上部主要为灰黑色泥岩、粉砂岩与灰色泥质粉砂岩、粉砂质泥岩呈不等厚互层，中部主要为灰黑色泥岩、粉砂质泥岩与灰色泥质粉砂岩、粉砂岩、杂色砂砾岩、深灰色安山质火山角砾岩、灰黑色煤层呈不等厚互层，下部主要为灰黑色泥岩与灰色砾岩、灰黑色煤层呈不等厚互层。

2. 构造特征

升平–兴城隆起带为一个受徐中断层控制的 NNW 向延伸的构造带，总体表现为向南倾没的大型鼻状隆起，区内构造多受沿徐中断裂喷发的火山体控制。其营一段现今顶面构造形态表现为 NNW 向，向南倾没的鼻状构造，北高南低，轴线方向明显，具有中间部位高、构造发育，东西两侧低、构造形态较为简单的特点，工区的北部为兴城凸起，属剥蚀区，鼻状构造的高点位于徐深 1–1 井附近，高点海拔–3000m 左右。总体上构造形态受断裂和火山岩体共同控制，形成了一系列的断鼻和断背斜构造，从构造图上看，构造幅度受火山岩体高度影响较大，局部构造发育。

营城组顶面构造与营一段构造形态相似，均表现为南倾的鼻状构造，但徐中断裂下盘地层产状变得极舒缓。

3. 储层特征

1）火山岩相特征

兴城气藏目的层营一段以酸性火山岩为主。酸性岩浆的黏性大、流动性差、爆发强度大，多以爆发相为主，形成延伸距离小而厚度大的火山岩层。其顶底为两个区域上的不整合面，其内部中上部发育一个沉积岩段，据此可划分出两个大的火山喷发期次，其中以第二喷发期次火山喷发为主，火山岩厚度大，影响范围广。其火山岩段与夹层段层状展布，交替出现。在两次大的火山喷发期次内部火山岩体并不是层状展布，它们是不同火山喷发期次的产物，不同岩相的火山岩体相互叠置，成层性差，相互之间关系复杂（图 5-74）。

营一段的三个火山喷发期次总体表现为低处充填特征，较早的火山岩充填于构造低部位，分布范围较小，较晚的火山岩充填范围逐渐扩大。

2）储层物性特征

徐深气田火山岩主要储集岩类有酸性熔岩、熔结火山碎屑岩、普通火山碎屑岩和火山碎屑熔岩，主要发育孔隙型、裂缝–孔隙型和孔隙–裂缝型、裂缝型四种储集类型。营一段火山岩储层中，各类孔隙是储集空间，而各类裂缝在一定条件下可成为主要的储集空间，同时更是主要的渗流通道。储集层中，物性最好的是角砾熔岩（有效孔隙度达 12%，总渗透率为 22.97mD），属于火山通道相，但发育厚度最小（有效厚度为 88.5m）；气层厚度最大的是熔结凝灰岩（有效厚度为 407.5m），物性也是仅次于角砾熔岩；物性较差的是火山角砾岩（有效孔隙度为 4.88%，总渗透率为 0.49mD）和熔结角砾岩（有效孔隙度为 5.35%，总渗透率为 0.32mD），这与角砾岩储集空间类型相对较少有关。

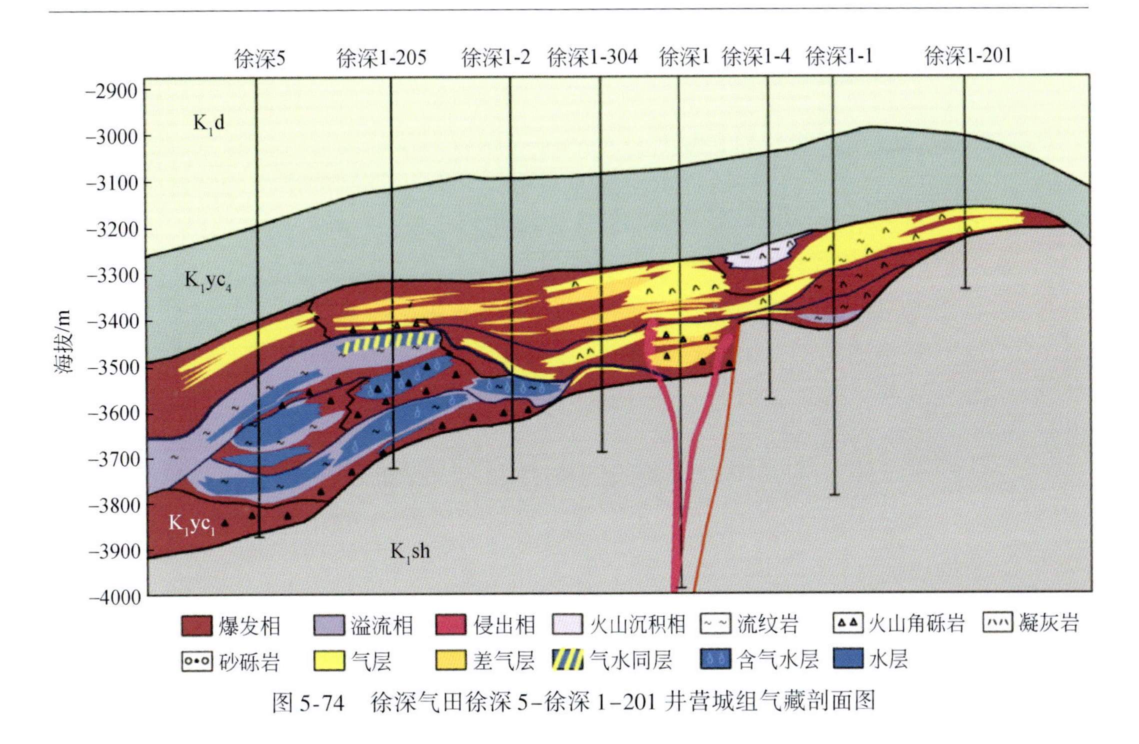

图 5-74　徐深气田徐深 5-徐深 1-201 井营城组气藏剖面图

（三）气藏特征

1. 流体性质

兴城气田天然气的化学组成中，CH_4 含量为 90.90% ~ 95.16%，平均含量为 92.97%，C_2H_6 含量为 1.12% ~ 2.50%，平均含量为 2.30%，C_3H_8 含量为 0.17% ~ 0.91%，平均含量为 0.44%，其他烃类只占 0.29%，N_2 平均含量为 2.27%，CO_2 平均含量为 1.67%，具有明显的干气特征。

根据 CH_4 碳同位素、C_2H_6 碳同位素和干燥系数划分成因类型，徐深 1 井、徐深 1-1 井、徐深 6 井营城组天然气主要分布在煤型气区域（深源混合气区，张义纲）。徐深 601 井、徐深 602 井样品表现为油型气或叫原油伴生气、凝析油伴生气特征。

营一段火山岩储层下部多口井均见到地层水，除徐深 8 井外，Cl^- 含量为 628 ~ 2992mg/L，平均为 1420mg/L，总矿化度为 7513 ~ 13343mg/L，平均为 10095mg/L。

2. 地层温度、压力特征

本区实测地层温度 29 层，地层温度为 134.4 ~ 162.2℃，温度梯度为 3.624 ~ 4.081℃/100m，平均为 3.837℃/100m，属较高温度梯度。

营一段火山岩实测压力 11 层，压力为 37.86 ~ 40.90MPa，压力系数为 1.000 ~ 1.128，压力系数平均为 1.054，属正常压力系统。

3. 气水分布及气藏类型

根据试气、试采及测井综合解释，本区块气水分布受构造影响较为明显，在构造高部位气井为纯气柱型，向构造低部位逐步过渡为上气中部同层下部水层或上气下水型，在构造边部，气井一般只是大段水层之上存在的几米小气帽，气底海拔为-3574～-3278m，构造高部位气柱高度大。从平面分布看分为徐深1和徐深6-105两个含气区，构造高部位为纯气区，低部位存在一个气水同层过渡带，总体来看气藏主要受岩性控制，断层和构造遮挡次之，形成岩性气藏和构造-岩性气藏。但对于单一的火山岩圈闭来讲，气水仍受构造的主导控制，多为岩性-构造气藏。

三、徐东地区火山岩气藏解剖

（一）基本概况

徐东火山岩气藏位于徐家围子断陷徐东斜坡带，沿徐东断裂带SN向展布的火山岩圈闭先后部署了20口探井，其中徐深21等六口井获工业气流。1988年钻探的肇深5井在营四段砾岩获得低产气流，并且在沙河子组地层钻遇厚层泥岩，展示了徐东斜坡带巨大的勘探潜力。2006年在精细构造解释、火山口识别、火山岩相预测和储层反演预测的基础上，根据火山岩相带展布和构造特征，确定了徐东凹陷三个NNW向展布的火山岩圈闭发育带，第一个带位于本区东部，距烃源略远，为近火山口-远火山口相带，构造位置较高（海拔-3400m以上）；第二个带位于本区中部，距烃源近，以火山口和近火山口带为主，构造深度居中（-4000～-3400m），为突破的首选区带；第三个带位于本区的西部深拗陷区，距烃源近，西带的南北两侧火山岩相带有利，但整体构造位置低（-4000m以下），埋藏深度大。2006年，对中部和西部地区实施三口探井，即徐深21井、徐深22井、徐深23井。徐深21井于沙河子组完钻，完钻井深4273m。钻遇营城组火山岩厚度577m，划分有效厚度66.5m。对营一段火山岩储层3674.0～3703.0m井段（223号层）射孔测试获日产气206446m^3的高产工业气流。对砂砾岩储层3536.0～3545.0m（215号层）井段压裂测试，压后获日产气6389m^3的低产气流。徐深23井于井深4414m的营城组完钻。钻遇营城组火山岩厚度555m（未穿），主要岩性为流纹岩，划分有效厚度121.2m。2006年对营城组火山岩储层3909.0～3943.0m井段压后测试，获日产气188244m^3的工业气流。2007年年底徐深21井区提交探明地质储量182.55×10^8m^3，含气面积32.40km^2。

（二）气藏地质特征

1. 地层发育特征

本区仅尚深3井钻穿火石岭组地层，并揭示该期地层为245.5m厚火山岩，总体具有断陷沉积的特点。工区中部北西向宽幅带状区地层厚度为600～2600m，且呈现出

“厚薄”相间的格局，向 WS 呈超覆状尖灭，向 EN 经过徐东断裂带时，地层厚度呈跳跃式减薄，之后呈缓慢减薄之状，工区东北部地层厚度变化小，一般厚度为 150～200m；工区西北部地层厚度变化较大，大多为 900～1400m，地层被徐中断层错开后，因存在较大的水平位移，局部缺失火石岭组地层。沙河子组地层在本区徐深 902-徐深 21-肇深 5 井以东地区遭受了严重的剥蚀，残存的主要是沙一段下部的地层，工区西北（升平凸起边部）升深 7 井及其以北约 $60km^2$ 范围，缺失该期地层，主要原因可能是沉积间断所致。该期地层大体有西厚东薄的趋势，工区东北部和东南部徐深 901 井所在小范围内，一般地层厚度为 150～350m；工区中北部徐深 22 设计井所在约 $100km^2$ 范围和工区西南部徐深 201-徐深 5 井带状区，为本区沙河子组地层厚度最大区，最大厚度达 2000m，一般厚度为 1300～1800m；向工区西南角方向，地层厚度呈线性减薄至 250m；向 WN 迅速减薄至尖灭；工区中南大部分地层厚度为 600～1100m，且厚度变化不规则。营一段地层是发育于沙河子组地层剥蚀面之上，以火山岩为主的地层，工区东北部小范围内为沉积岩，本区该期地层厚度呈等值线变化趋势，相似于向斜构造等值线变化趋势，整体表现为中部厚，四周薄，中部 SN 向“足面”形的带状区地层厚度大，一般厚度为 900～1200m，最大厚度位于工区中部徐深 301 井之北 5km，厚达 1500m；自厚度大值区，向东、西两侧减薄，且减薄速率由大迅速变小，之后保持较低的减薄速率。从中北部地层最大厚度区，向 WN 快速减薄至尖灭。工区西南、东南部地层最小厚度仅 200m，西南部一般厚度为 350～550m，东南部一般厚度为 480～680m。营二段、营三段地层在本区主要分布于工区中北部徐深 502–肇深 5 井呈 SN 走向展布，平面分布形态相似于“舌尖偏东的不对称舌形”，厚度形态呈不规则的椭球状透镜体，从 T_{4C}–T_4层等厚图看，最大地层厚度达 2250m，位于工区北部徐深 22 设计井西偏南 1.5km 附近，即本区营二段、营三段地层分布的中心区，自此中心区向四周地层厚度以较快的速率减薄，地层厚度从 2250m 减至约 375m 之后，进入营二段、营三段地层的缺失区（仅存营四段地层的区域），地层厚度横向变化较小，工区西南部一般厚度为 180～230m，工区南部和西南部徐深 3 井、徐深 902 井、徐深 11 井所在的营一段火山锥体区，营四段地层厚度较薄，一般为 10～50m；工区东北部一般地层厚度为 100～130m。

2. 构造特征

从徐东地区各层构造图来看，其构造形态继承性良好，均表现出近 SN 走向较完整的向斜形态，且向斜的东翼比西翼更完整；工区 EN 方向向尚家鼻状构造的倾没端已伸入本区约 6km；从深至浅向斜幅度逐步减小，向斜中心向 SN 迁移。本区大部分地区处于徐家围子负向构造区，仅工区东北小部分地区伸入尚家鼻状构造倾没端，工区东南小范围接近朝阳沟背斜西翼的末端（远离背斜核部）。因此，本区深层局部构造不发育，各层主要以断层为遮挡形成为数不多的断背、断块局部构造，单纯的背斜局部构造主要依托火山锥体而存在，且数量少。全区被徐中断裂贯穿，断裂延伸长度大于 30km，走向为 NNW 向，断距自北向南由 1000m 减小到 50m，中部断距 200m 左右。徐中断裂东部为徐东斜坡带，徐深 21 井、徐深 22 井、徐深 23 井和徐深 25 井位于斜坡带的二台阶上，各井点处均为局部构造圈闭的高点，圈闭面积为 $1km^2$ 左右，向东抬升形成肇东-朝阳沟背斜带。区内断层 SN 向，长度为 3 ~ 12km。

3. 储层特征

1）火山岩相特征

徐东地区营城组火山岩全区广泛分布，共分为营一段、营三段上下两套。火山以多期次、多火山中心叠合式喷发为主，火山岩岩相规模小，主要发育爆发相、喷溢相和局部火山通道相，爆发相主要位于徐东断裂一带，代表岩性主要有火山角砾岩、浆屑凝灰熔岩、晶屑凝灰岩；喷溢相主要分布于徐深 212 井、徐深 213 井、徐深 25 井一带，代表岩性主要为气孔流纹岩、流纹岩、英安岩；火山通道相主要位于徐深 28 井区、徐深 22-肇深 5 井区，典型岩性主要有隐爆角砾岩、火山角砾岩、次火山岩。其中储集条件以爆发相热碎屑流亚相为最好，其以基质收缩缝和斑晶溶蚀孔为主，主要发育于爆发相上部。在火山间歇期或构造抬升期易遭受风化淋滤作用，加上深部流体的活动，形成次生溶孔。喷溢相和爆发相的其他亚相也有一定的储集能力，特别是在裂缝的配合下，也可作为好储层。

2）储层物性特征

徐东地区钻遇营城组火山岩地层的 24 口井进行火山岩岩性与储层厚度的统计结果表明，徐东地区火山岩储层岩性主要以酸性火山岩类为主，其中流纹岩占 40.1%，流纹质凝灰岩、流纹质熔结凝灰岩和流纹质角砾凝灰岩占 39.4%，火山角砾岩占 12.7%，中基性岩所占比例不足 1%。主要岩性中储层发育比例的顺序为流纹岩 50%、凝灰岩类 35%、火山角砾岩 15%。

通过对徐东地区重点探井的储层物性数据分析发现（表 5-4），徐深 21 区块火山岩储层孔隙度小于 4% 的占 73.17%，渗透率为 0.01 ~ 0.1mD 范围内的占 57.69%，为中低孔特低渗储层。进一步对其岩心分析表明流纹质晶屑熔结凝灰岩物性较好，平均孔隙度为 8.9%，渗透率为 0.24mD（图 5-75、图 5-76）。物性最好的球粒流纹岩仅占钻遇火山岩厚度的 4.77%。

表 5-4　徐东凹陷营城组火山岩储层物性表

井号	火山岩				
	钻遇火山岩厚度/m	全直径样品数	孔隙度/%	水平渗透率/mD	垂直渗透率/mD
徐深 21	577	3	2.3 ~ 10.1	0.036 ~ 2.758	0.005 ~ 2.562
徐深 22	1291	1	1.4	0.022	0.003
徐深 23	555	2	1.8 ~ 9.2	0.029 ~ 1.399	0.014 ~ 0.474
徐深 43	427	2	1.8 ~ 2.9	0.003 ~ 0.006	0.001 ~ 0.003
徐深 25	434	6	1.96 ~ 6.17	0.02 ~ 0.1	0.03 ~ 0.1
徐深 27	274	12	2.6 ~ 6.2	0.007 ~ 0.221	0.004 ~ 0.234
宋深 6	85.4				
肇深 5	210				

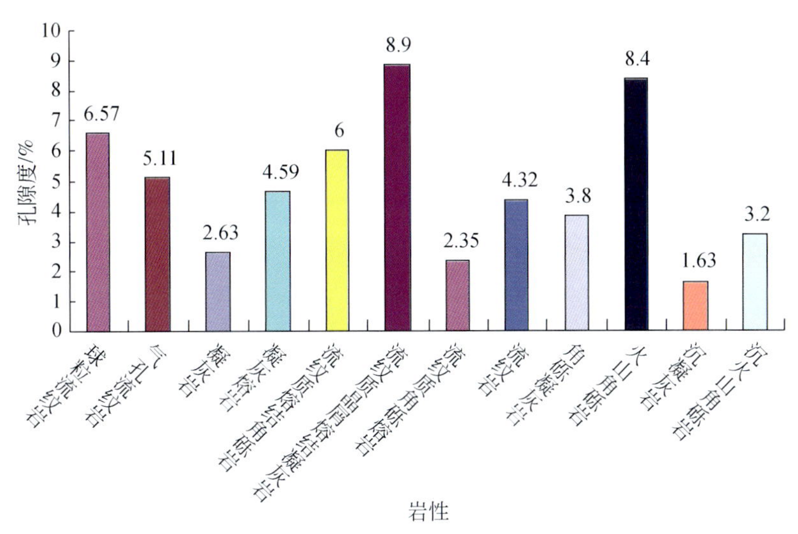

图 5-75　徐深 21 区块火山岩岩性与孔隙度关系图

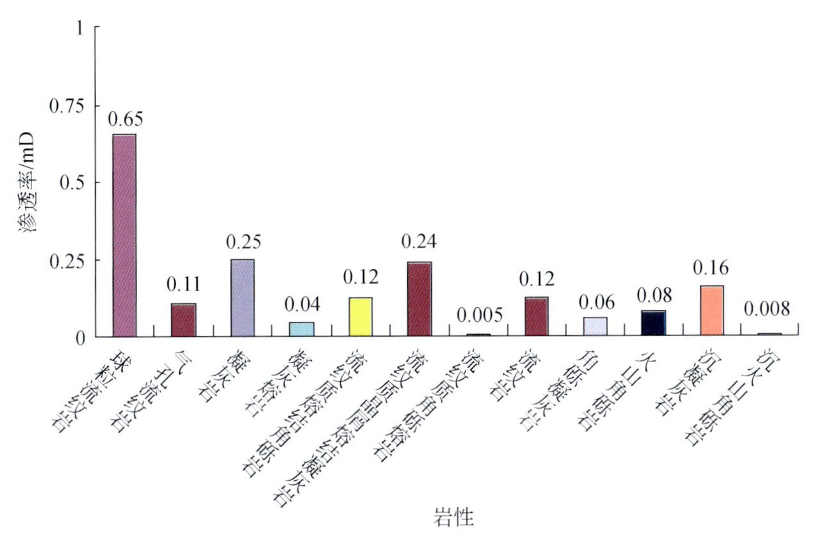

图 5-76　徐深 21 区块火山岩岩性与渗透率关系图

（三）气藏特征

1. 流体性质

徐深 21 井营城组火山岩储层天然气组分分析结果表明，平均天然气相对密度为 0.6157，CH_4 含量为 91.527%，C_2H_6 含量为 2.091%，CO_2 含量为 4.093%，属于干气，略含酸性气体。

徐深 23 井营城组火山岩储层天然气组分分析结果表明，平均天然气相对密度为

0.6824，CH_4 含量为 84.108%，C_2H_6 含量为 2.648%，CO_2 含量为 10.014%，属于略含酸性气体的干气。

根据 CH_4 碳同位素、C_2H_6 碳同位素和干燥系数（C_1/C_2+C_3）划分成因类型，徐深 21 井区营城组天然气主要分布在煤成气区域（张义纲，1991），属于有机成因气范畴，主要来源于沙河子组的湖相泥岩、煤层。

2. 温度、压力特征

徐深 21 井在 3688.5m 井深的实测压力为 40.63MPa，压力梯度为 1.102MPa，属于正常压力系统。徐深 23 井在 3926m 井深的实测压力为 41.14MPa，压力梯度为 1.048MPa，属于正常压力系统。

徐深 21 井区含气面积内实测地层温度 3 口井 6 层，地层温度为 142.5～154.2℃，算术温度梯度为 3.970～3.830℃/100m，平均为 3.908℃/100m，属较高温度梯度。

3. 气水分布及气藏类型

营城组火山岩气藏流体分布具有明显的上气下水的特点（图 5-77）：整体上构造高部位、近源物性好的徐深 21 井区和徐深 23 井区气水分异明显、气柱高度大且产能高，呈上气下水的特点；南北两端离主要生烃凹陷略远位置，气水分异差，尤其是在有物性遮挡层段测井解释表现为多套气水系统。

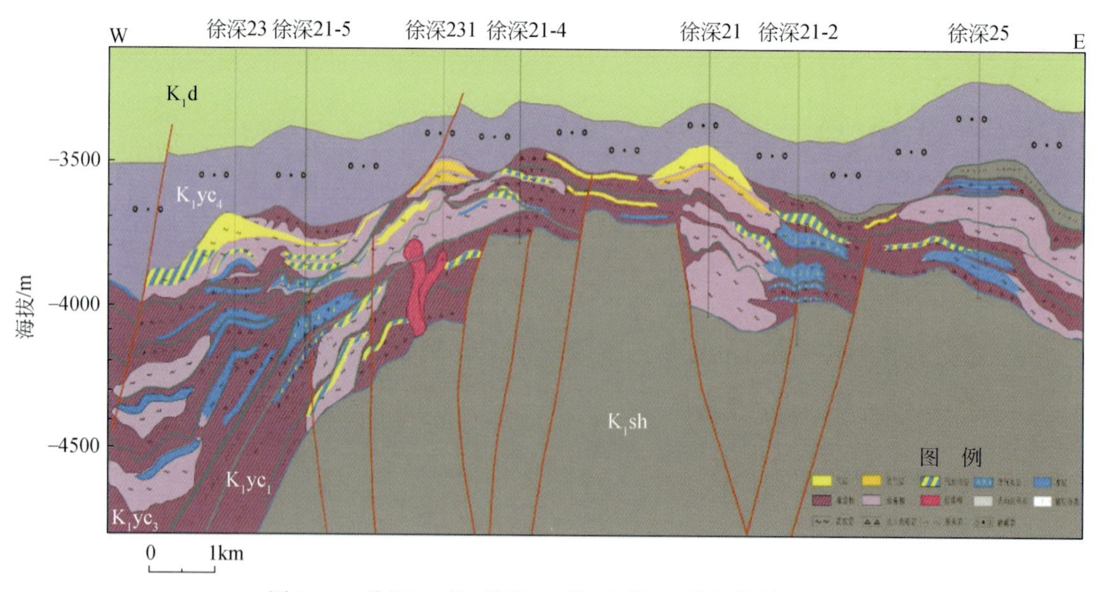

图 5-77 徐深 23 井–徐深 21 井–徐深 25 井气藏剖面图

各井区没有统一的气水界面，岩性圈闭是火山岩气藏成藏的主控因素：根据火山岩岩相带展布、各井的试气成果及测井资料综合分析，徐深 21 区块各井区营城组火山岩气藏没有统一的气水界面，构造高部位气柱高度大、气水界面高；低部位气柱高度小、气水界面低。预测结果显示火山岩地层和储层均连续分布，储层错叠连片，含气范围覆盖全区，气藏分布主要受源岩分布范围和生烃强度以及火山岩岩相、岩性控制，源控和相控成藏明显，以构造-岩性气藏为主。

四、安达地区火山岩气藏解剖

（一）基本概况

安达地区位于徐家围子断陷北部，为一 NNW 向的洼陷，西断东超，主体断陷区面积约为 650km^2。1997 年，在汪家屯地区营城组火山岩取得突破后，针对安达地区深层完成了 2km×4km 测网二维地震重新处理、解释。1999 年，在安达断陷中部部署了第一口井——达深 1 井，该井营城组火山岩 186、187、188 号层 3245. 2 ~ 3300. 0m，压后获 8382m^3/d 的低产气流。2003 年安达地区开展了针对深层的三维地震勘探，进一步落实了安达凹陷构造、地层及火山岩发育情况。同年，在安达凹陷南部部署达深 2 井。该井营城组 87 号层 3102. 0 ~ 3093. 0m，压后获日产气 42065m^3、日产水 134. 4m^{3}的工业气流。2005 年在安达断陷中西部隆起区分别部署了达深 3 井和达深 4 井。对达深 3 井 186 Ⅲ、187 号层 3256. 5 ~ 3283. 0m 井段采用 MFE-Ⅱ试气，获日产气 56017m^{3}的工业气流。达深 4 井营城组 191、192 号层 3268 ~ 3291m 井段，压后获日产气 41044m^3、日产水 28. 8m^{3}的工业气流。达深 3 井、达深 4 井火山岩岩性为安山岩、玄武岩类，这是徐家围子断陷首次在营城组中基性火山岩获得产能突破。2006 年为扩大勘探成果，在达深 3 井北部部署了达深 X5 井。该井显示好，划分有效厚度 58. 1m，压裂后日产气 42090m^3，获得工业气流。在安达次洼东部部署的达深 6 井火山岩厚度较薄，以溢流相为主，压裂后获日产气 1988m^{3}的低产气流。

2006 年 11 月，经过初步的气藏描述和储量研究，在达深 3 区块提交了天然气预测地质储量 197. 84×10^{8}m^3，含气面积 45. 74km^2。2007 年部署两口探井（达深 X7 井、达深 8 井），四口评价井（达深 X301 井、达深 302 井、达深 401 井、汪深 102 井）。其中达深 401 井采用 TCP+MFE-Ⅱ方式测试，获日产气 132417m^{3}的工业气流；达深 X7 井压后日产气 43024m^3，获工业气流。达深 302 井压后日产气 12976m^3。达深 X301 井钻遇火山岩厚度 405. 7m，采用 TCP+MFE-Ⅱ方式测试，获日产气 65657m^{3}的工业气流。达深 8 井揭示火山岩厚度 401m，压后日产气 3341m^3。

（二）气藏地质特征

1. 地层发育特征

区内地层发育较全，根据钻井揭示和地震解释，深层断陷期地层厚 1000 ~ 4500m，其中沙河子组地层全区大面积分布，主要发育深湖-半深湖相的暗色泥岩以及滨浅湖、沼泽相的煤系暗色泥岩及煤层，厚度最大达 2300m，火石岭组厚度最大为 2400m，主要位于达深 1 井东侧，岩性主要为中基性的安山岩，营城组火山岩在安达地区仅发育营三段，北部以中基性安山岩、基性玄武岩发育为主，其厚度为 0 ~ 900m，最厚处位于凹陷的中心部位，南部汪家屯地区以酸性的流纹岩为主，厚度平均为 200 ~ 500m，全区缺失营一段、营二段，营四段局部发育。断陷沉积条件与徐家围子断陷基本相近。

2. 构造特征

安达凹陷位于徐家围子断陷最北部，受徐西断裂北段控制的 NNW 向展布的西断东超型箕状断陷（图 5-78）。营城组顶面构造格局基本为 NNW 向的洼陷带，北部为安达向斜，南部为汪家屯凸起，西部为古中央隆起带，西北部为一个宽缓的鼻状构造，其上发育有卧里屯构造群。营城组顶面构造海拔为 -3300 ~ -2800m，海拔最低位于安达

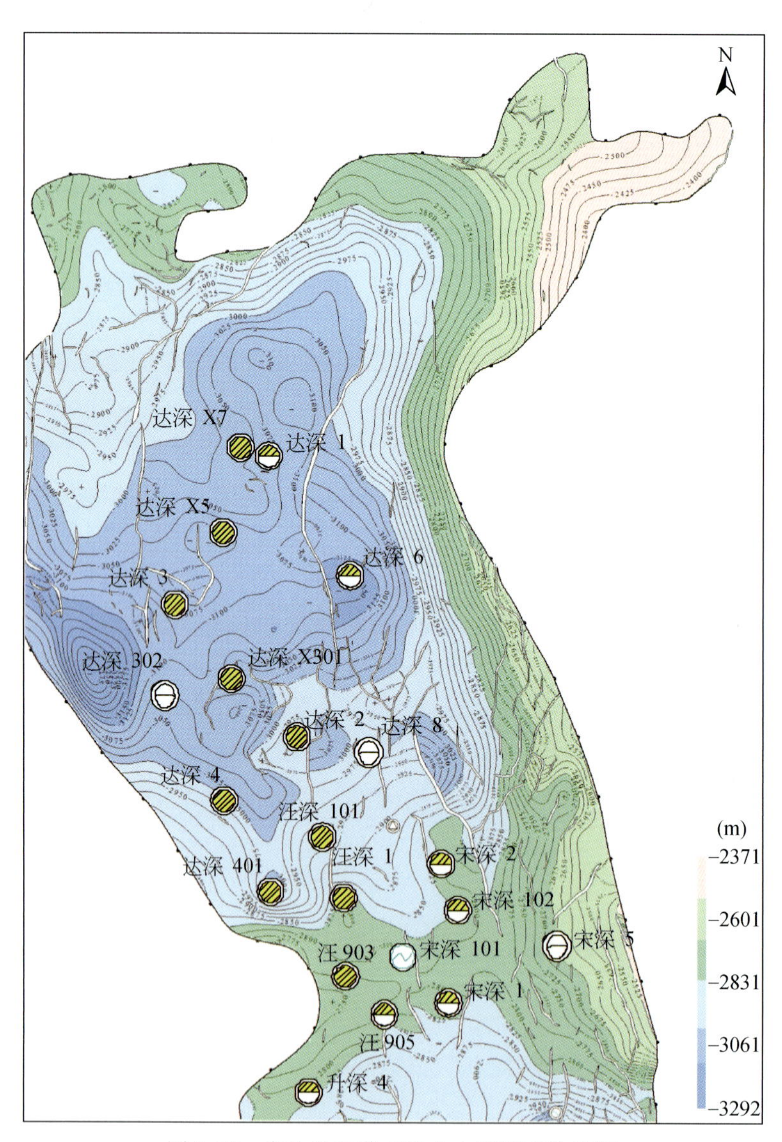

图 5-78　安达地区营三段火山岩顶面构造图

次洼西部达深3井区西侧，最低海拔为-3300m，汪家屯地区为宋站低隆起带向安达凹陷过渡的斜坡，其上发育一些小型正向构造及微幅鼻状构造。区内断层多为NNW向展布，与深层区域构造走向一致，一般延伸长度为2～5km，断距一般为10～50m，呈雁列式排列。

火山岩顶面构造与营城组顶面特征基本一致，但展布范围上较营城组地层整体范围要小，在汪家屯—宋站地区宋深4井以东区域火山岩不发育。火山岩顶面的最高点位于汪903井区。

火山岩底面构造显示出明显的北低南高的特征。在卧里屯地区，达深1-达深2井一带形成三个洼槽，附近火山岩发育得最低，此处也是火山岩发育最厚的位置，而在汪家屯、宋站地区，火山岩发育的位置较高，特别在汪903井、汪905井、宋深101井和宋深1井之间显现隆起形态。

区内断层较发育，西部断层较少，主要为NNW向，与深层区域构造走向一致。东部断层分布较密，延伸较长，为NNE向，断层一般延伸长度为2～5km，断距一般为20～50m。个别断层规模较大，长度达12km以上，断距超过200m。断层的发育为气体的运聚提供了通道，也改善了储层的储集和渗流能力。

3. 储层特征

1）火山岩相特征

安达凹陷营城组火山岩是由多期火山喷发叠置而成，早期的火山岩分布范围较广，主要为中基性火山岩喷发，总体表现为西部火山岩发育相对较薄、东部发育相对较厚，工区内火山岩相以溢流相为主；中期的火山岩分布范围较广，厚度较大，主要为中酸性火山岩喷发，火山岩相以爆发相为主，是火山多次爆发叠加的结果，主要集中在中西部；晚期的火山岩仍以基性火山岩喷发为主。就火山岩相分布特征而言，西部以爆发相为主，东部以溢流相为主。本区汪905-汪903-汪深1-汪深101-达深2井火山岩岩相主要为爆发相和溢流相叠置区，也是储层最有利的发育区，向东西方向逐渐过渡为溢流相较多的近火山口相带及远火山口火山沉积相为主的火山岩相带。

2）储层物性特征

本区火山岩孔隙类型复杂，根据岩心、岩石薄片和铸体薄片观察，研究区火山岩主要存在7种孔隙类型：气孔（残余气孔）、石泡空腔孔、斑晶溶孔、脱玻化孔、晶间孔、基质溶孔、次生矿物溶孔；四种裂缝类型：构造缝、结晶冷凝收缩缝、粒内（孔）缝、粒间（孔）缝。总体来看以溶孔和残留气孔为主，次生孔隙面孔率大，裂缝面孔率占总面孔率的8.64%（图5-79）。

根据铸体薄片观察，不同的岩石类型，其孔隙类型不同。112个铸体样品中，20个样品面孔率为0，其中中基性火山岩12个、酸性火山岩1个、辉绿岩7个，其余平均面孔率为2.54%。中基性火山岩面孔率一般小于3%，酸性火山岩大于3%者居多（图5-80）。流纹质熔结凝灰岩、流纹岩和流纹质火山角砾岩面孔率大，玄武岩和安山岩面孔率小（图5-81），石泡空腔孔和脱玻化孔只发育于酸性火山岩中。

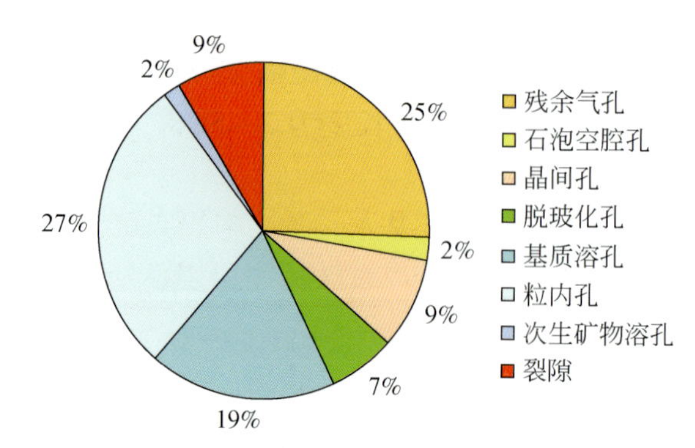

图 5-79　安达地区营城组火山岩孔隙类型及所占比例

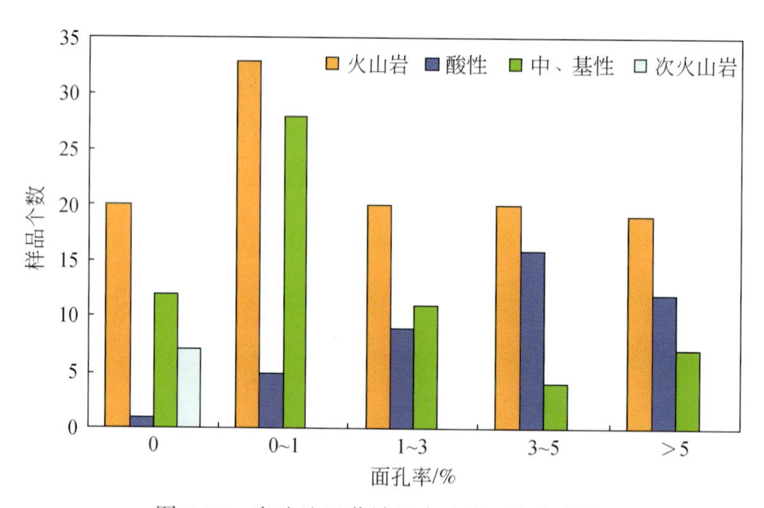

图 5-80　安达地区营城组火山岩面孔率分布

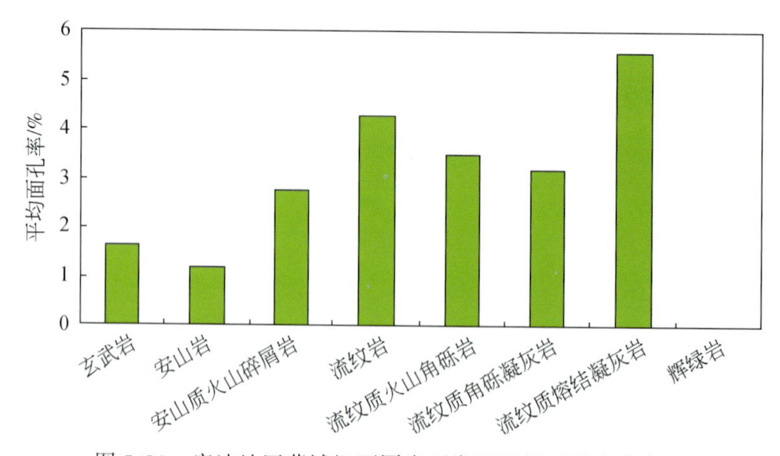

图 5-81　安达地区营城组不同岩石类型平均面孔率直方图

（三）气藏特征

1. 流体性质

达深3井区营城组CH_4含量为93.95%～96.42%，平均含量为95.21%；C_2H_6含量为1.79%～3.04%，平均含量为2.47%；C_3H_8含量为0.16%～0.66%，平均含量为0.34%；CO_2平均含量为0.88%；N_2平均含量为0.86%。含0.05%以下的N_2和H_2；不含H_2S；具有明显的干气特征。根据CH_4碳同位素、C_2H_6碳同位素和干燥系数（C_1/C_2+C_3）划分成因类型，达深3井区营城组天然气主要分布在煤成气区域（深源混合气区，据张义纲），属于有机成因气范畴，主要来源于沙河子组的湖相泥岩和煤层。达深3井区地层水Cl^-平均含量为318.0～2177.9mg/L；总矿化度含量为2358.2～8316.7mg/L；水型为$NaHCO_3$，与区域水性一致。

2. 温度、压力特征

达深3井区营城组地层实测地层温度两层，地层温度为125.9～130.7℃，算术温度梯度为3.834～3.850℃/100m，平均为3.842℃/100m，属较高温度梯度。

3. 气水分布及气藏类型

本区营城组气层纵向上气水分布主要有两种形式：①全段纯气，如达深X5井、达深X7井、达深302井等为纯气层；②上气下水（或气水同层），如达深2井、达深3井、达深4井、达深401井等。从气水分布来看，本区营城组火山岩气藏的流体分布总体上遵循重力分异原则，以上气下水为主。说明构造位置对含气性具有一定的控制作用。

根据本区火山岩相带展布、各井的试气成果及测井资料分析，本区营城组气藏没有统一的气水界面，构造高部位气柱高度大、气水界面高；低部位气柱高度小、气水界面低（表5-5）。区内预测火山岩地层连续分布，储层错叠分布，横向连通性差，含气范围覆盖全区，气藏主要受岩性、岩相控制。综合分析认为，达深3井区营城组火山岩气藏为构造-岩性气藏（图5-82）。

表5-5　达深3井区气水界面确定依据表

井区	层位	气藏类型	井名	测井解释	气水界面深度/m		
					试气验证	压力推算	选值
达深3	K_1yc_3	构造-岩性	达深1	3300.4	无		3300.4（-3147.0）
			达深3	3312.0	无	3497.0	3312.0（-3161.0）
			达深X5	无	无	4244.4	4244.4（-3456.6）

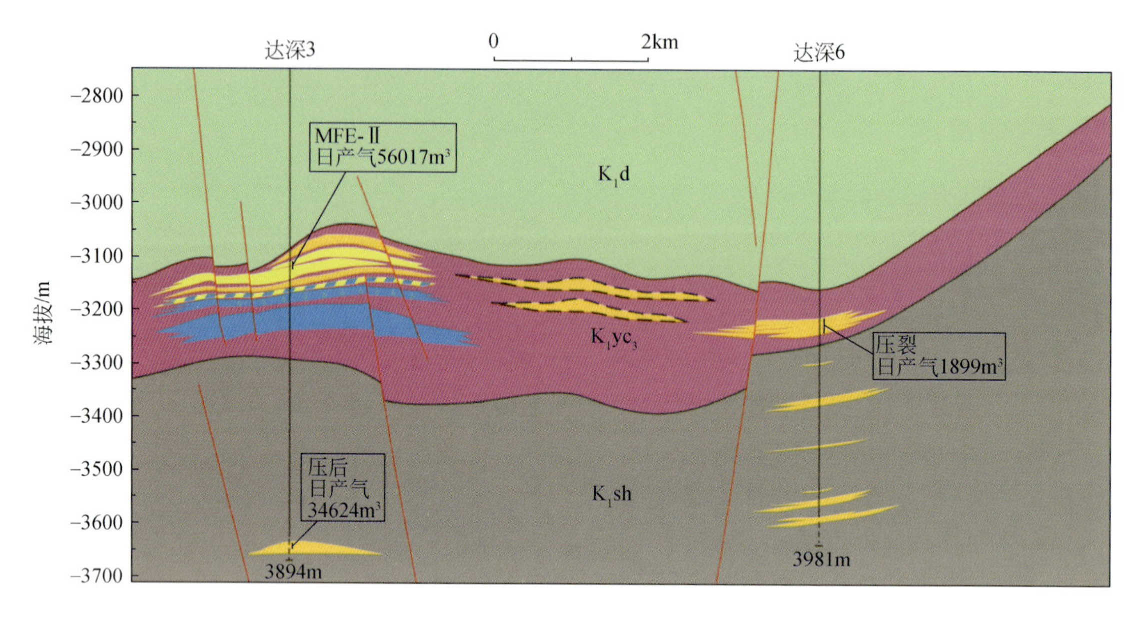

图 5-82　安达地区达深 3—达深 6 井气藏剖面图

第三节　典型火山岩烃类开发气藏解剖

一、升平地区火山岩开发气藏解剖

（一）流体性质

1. 天然气和地层水组分

根据试气分析，本区天然气以干气为主，存在一定的非烃气，CH_4 含量为 88.253% ～94.79%，平均为 91.39%；CO_2 含量为 2.38% ～5.40%，平均为 4.92%；天然气相对密度为 0.5955；其他组分见表 5-6。从单井试气情况看，CO_2 含量随着气层深度的增加有增大的趋势；同时，升深 2 井长期生产反映出 CO_2 含量随生产时间增长有增高的趋势。为此，建议采气工艺与地面工程应注意下井油套管及地面设备的防腐。

表 5-6　升平区块天然气组分统计表

井号	层位	井段/m	C_1/%	C_2/%	C_3/%	iC_4/%	nC_4/%	iC_5/%	nC_5/%	H_2/%	N_2/%	CO_2/%	相对密度	备注
升深2	K_1d+K_1yc	2571~2904	92.909	1.215	0.108	0.010	0.021	0.011		0.001	3.591	2.114	0.597	试气
升深2	K_1d+K_1yc	2571~2904	98.439	0.913	0.038	0.003						0.606	0.565	投产后
升深2	K_1d+K_1yc	2571~2904	94.362	1.576	0.125	0.013	0.023	0.009			2.263	1.629	0.589	
升深2	K_1d+K_1yc	2571~2904	96.217	1.574	0.113	0.010	0.014					2.071	0.584	
升深2	K_1d+K_1yc	2571~2904	91.432	1.558							3.946	3.065	0.608	
升深2	K_1d+K_1yc	2571~2904	87.930	2.851	0.207	0.020	0.036	0.000			3.497	5.458	0.639	
升深2	K_1d+K_1yc	2571~2904	87.930	2.851	0.264						3.497	5.458	0.639	
升深2	K_1d+K_1yc	2571~2904	87.930	2.850	0.260						3.500	5.460	0.639	
升深2-1	K_1yc	2860~2995	94.421	1.374	0.253	0.048	0.026	0.068	0.154			2.405	0.600	投产后
升深201	K_1yc	2890~2898	91.976	1.422	0.128	0.012	0.022			0.005	3.368	3.022	0.606	试气
升深201	K_1yc	3013~3008 3005~3002	92.900	1.434	0.121	0.013	0.023				3.123	2.340	0.599	
升深201	K_1sh	4045~4038	93.170								1.952	4.737	0.609	
升深202	K_1yc	3090~3082	92.630	1.483	0.120						3.316	2.362	0.600	
升深202	K_1yc	2890~2898	93.680	1.491	0.114						3.466	1.183	0.589	
升深203	K_1yc	3002~3240	91.519	0.940	0.061	0.000	0.009			0.097	3.718	3.597	0.610	
升深2-12	K_1yc	2868~2876	92.925	1.507	0.110	0.017	0.024	0.000	0.000	0.000	3.589	1.827	0.596	
升深2-7	K_1yc	2942~2949 2967~2974	94.089	1.568	0.111		0.025	0.000	0.000	0.000	1.550	2.572	0.595	
升深2-25	K_1yc	3013~3021	82.878	0.866	0.063			0.000	0.000	0.000	2.345	3.848	0.704	
升深2-25	K_1yc	2909~2917	93.092	1.535	0.124	0.012	0.025	0.000	0.000	0.000	2.689	2.455	0.599	
升深更2	K_1yc	2955~2965	92.375	1.537	0.126	0.028	0.014			0.000	3.220	2.622	0.603	

营城组地层水氯离子含量为734.23~1059.6mg/L，平均为896.9mg/L，总矿化度为8701.16~13200mg/L，平均为10950.6mg/L，为$NaHCO_3$型（表5-7）。

表 5-7　营城组地层水分析统计表

井号	井段/m	水型	pH	阳离子/(mg/L)			阴离子/(mg/L)				总矿化度/(mg/L)
				K^++Na^+	Ca^{2+}	Mg^{2+}	Cl^-	SO_4^{2-}	CO_3^{2-}	HCO_3^-	
升深201	3002~3013	$NaHCO_3$	8.10	6990	120.00	407.00	5900	860	0	9730	24000
升深201	3002~3013	$NaHCO_3$	7.93	7740	90.20	334.00	6350	692	0	10700	25900
升深201	3002~3013	$NaHCO_3$	7.94	7860	80.20	213.00	6140	716	0	10700	25700
升深201	3002~3013	$NaHCO_3$	8.38	5090	20.00	13.40	2620	605	148	8060	16600

续表

井号	井段/m	水型	pH	阳离子/(mg/L)			阴离子/(mg/L)				总矿化度/(mg/L)
				K^++Na^+	Ca^{2+}	Mg^{2+}	Cl^-	SO_4^{2-}	CO_3^{2-}	HCO_3^-	
升深201	3002～3013	$NaHCO_3$	8.36	5100	20.00	14.60	2610	634	178	8000	16600
升深201	3002～3013	$NaHCO_3$	8.39	5090	20.00	14.60	2610	610	148	8060	16500
升深202	2890～2898	$NaHCO_3$	8.16	2510	12.00	14.60	560	394	0	5290	8780
升深202	2890～2898	$NaHCO_3$	8.10	2510	12.00	14.60	560	394	0	5290	8780
升深202	2890～2898	$NaHCO_3$	8.14	2520	13.00	14.00	560	418	0	5290	8820
升深203	3002.08～3240	$NaHCO_3$	8.20	3720	13.00	7.90	983	634	0	7450	12800
升深203	3002.08～3240	$NaHCO_3$	8.25	3720	14.00	7.29	997	610	0	7450	12800
升深203	3002.08～3240	$NaHCO_3$	8.28	3760	13.00	7.90	1010	634	0	7520	12900
升深2-1	3132～3152	$NaHCO_3$	7.74	3820	8.02	7.29	1059	52	0	8266	13200
升深2-25	3013～3021	$NaHCO_3$	8.10	3270	27.20	4.47	1030	249	0	6650	11200

2. 天然气含水气量估算

通常在一定地层温度和压力下，天然气中含有一定量的水气。水气的多少与气层的温度、天然气组分中 CO_2 及 H_2S 的含量成正比，与气层压力、地层水中含盐量及天然气中 N_2 含量成反比。

根据试采井地面分离器工作压力和温度，通过查天然气含饱和水气量图版，经天然气相对密度和含盐量校正，初步估算地层条件下每万方气饱和水气含量为 0.32m^3，地面分离器为 0.17m^3，因此，经分离器分离后，每万平方米气约产出凝析水 0.15m^3。

3. 天然气水化合物形成条件

天然气水化合物是天然气中某些组分与液态水在一定温度和压力下形成的冰雪状复合物。这种水合物有可能堵塞井筒、管线、阀门和设备，从而影响天然气的开采和输送。

水合物形成的主要条件是存在气体膨胀、自由水、低温和高压，此外，气体的高速流动和压力波动等因素也会加速水合物的形成。

应用统计热力学方法计算了升深2-1区块天然气水合物的形成条件（图5-84）。由图看出，曲线左侧是水合物可能生成的区域。可见在地层、井筒中，由于其温度很高，因而不可能生成水合物。

升深2-1井试采期间产气（7.0～12.0）×$10^4m^3/d$，对应的实际井口温度为25～33℃，井口压力为24～26MPa。根据图5-83，井口温度为25～33℃时生成水合物的最低压力为29.7～70.3MPa，比升深2-1井试采期间井口压力高。说明生产期间井口形成水合物的可能性很小。

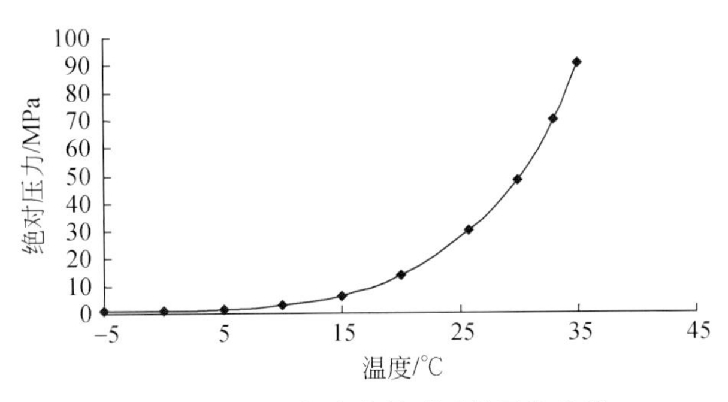

图 5-83　天然气水合物形成的平衡曲线

（二）气藏温度

录取到升深 2 井、升深 2–1 井和升深 201 井等共九井次的温度测试资料，利用这些数据，回归得到的温度与深度的关系曲线，方程为

$$T=0.0329H+28.636 \tag{5-1}$$

地温梯度为 3.29℃/100m，属于正常温度的范畴。

（三）气藏压力

对营城组的原始地层压力实测资料回归整理得到压力与深度关系曲线，关系方程为

$$P=0.018D+26.5 \tag{5-2}$$

其平均地层压力系数为 1.07，压力梯度为 0.18MPa/100m，属于正常压力系统（表 5-8）。

表 5-8　升平开发区升深 2 井区地层静压测试表

序号	井号	层位	测点			压力系数	试气结论	备注
			深度/m	海拔深度/m	压力/MPa			
1	升深 2–1	营三段	2908.50	–2747.56	31.30	1.08	低产气层	
2	升深 2–1	营三段	2955.00	–2794.06	31.80	1.08	工业气层	
3	升深 2–1	营三段	3056.33	–2895.39	32.20	1.05	含气水层	
4	升深 4	营三段	3052.70	–2897.00	32.31	1.06	水层	
5	升深 2–7	营三段	2972.02	–2811.08	31.49	1.06		MDT 测试
6	升深更 2	营三段	2959.99	–2796.65	31.58	1.07		MDT 测试
7	升深更 2	营三段	2965.02	–2801.68	32.00	1.08		MDT 测试
8	升深更 2	营三段	2985.03	–2821.69	31.68	1.06		MDT 测试

续表

序号	井号	层位	测点			压力系数	试气结论	备注
			深度/m	海拔深度/m	压力/MPa			
9	升深更 2	营三段	3027.01	−2863.67	31.86	1.05		MDT 测试
10	升深更 2	营三段	3101.99	−2938.65	32.56	1.05		MDT 测试
11	升深更 2	营四段	2880.05	−2716.71	31.44	1.09		MDT 测试
12	升深更 2	营四段	2883.01	−2719.67	31.45	1.09		MDT 测试
13	升深更 2	营四段	2886.01	−2722.67	31.46	1.09		MDT 测试
14	升深更 2	营四段	2897.04	−2733.70	31.47	1.09		MDT 测试
15	升深更 2	营四段	2900.03	−2736.69	31.48	1.09		MDT 测试
16	升深更 2	营四段	2902.99	−2739.65	31.49	1.08		MDT 测试
17	升深 202	营三段	2884.85	−2722.25	31.11	1.08	气层	
18	升深 203	营三段	3121.04	−2953.59	32.88	1.05	水层	
19	升深 2-25	营三段	3119.4	−2954.49	32.17	1.03	水层	
20	升深 2-7	营三段	2899.05	−2733.87	32.18	1.11	气层	
21	升深 2-12	营三段	2827.2	−2665.21	31.34	1.11	差气层	

（四）气水界面分析

气水界面是气层与水层的交界面，划分单井气水界面是绘制油藏剖面、判断气藏类型、计算储量及部署井网、进行气层开发的基础。因此，气水层识别在工区储层评价中具有非常重要的作用。

1. 测井划分

由于气水层在不同测井曲线上有不同的响应特征，根据试气结果，绘制了气水层解释图版，选取对气水层响应特征明显的电阻率、密度和声波曲线，同时参考录井气测资料，定性地识别气水层，划分气水界面。

2. 气水界面划分结果

以试气结论为依据，结合录井显示、气测数据和压力测试等资料，在定性识别气水层的基础上，根据测井解释结果，对升平气田 12 口井进行了气水层识别和气水界面的划分，划分结果见表。从中可以看出：各井气底在−2846～−2737m，气底之下存在一个气水同层的过渡带，工区内具有大致统一的气水界面，气水界面在海拔−2840m 附近（表 5-9）。

表 5-9 气底水顶界面统计表

井号	试气		测井解释	
	气底/m	水顶/m	气底/m	水顶/m
升深 2-1	-2834.1	-2971.6	-2836.1	-2971.3
升深 201	-2837.8	-2837.8	-2837.8	-2837.8
升深 202	-2735.4	-2919.4	-2810.0	-2855.4
升深 203	-2835.0	-2835.0	-2835.0	-2835.0
升深更 2	-2801.7		-2825.7	-2840.7
升深 2-25	-2765.1	-2848.1	-2820.1	-2820.1
升深 2-17			-2816.1	-2822.7
升深 2-12	-2714.0		-2737.0	-2814.0
升深 2-6			-2846.3	-2846.3
升深 2-7			-2808.8	-2833.8

(五) 气藏圈闭条件及气水分布

升平构造总体呈近 EW 向长轴背斜，中间高，四周低。构造最高点位于升深 2-12 井附近。东部、南部以断层遮挡，西北受火山岩相控制的岩性遮挡，东南部和西部有气水界面形成构造遮挡，整体为岩性-构造圈闭。圈闭面积为 20.6km^2，营三段火山岩储层平面上由不同期次喷发的多个火山岩体组成，相互叠置连片，但从地震、地质资料来看，不同火山岩体之间互不连通。属于低孔低渗，储层非均质性强。储层分布在构造背景下，主要受岩性、岩相和物性等因素的影响。

目前钻遇营城组火山岩储层有 12 口井，从试气及测井资料分析来看营城组火山岩气水分布主要受构造高低控制，其次受火山岩体控制，构造对天然气的聚集起主要的控制作用，气藏类型为岩性-构造气藏。位于构造高部位的升深 202 井、升深 2-25 井、升深更 2 井、升深 2-17 井、升深 2-12 井、升深 2-1 井和升深 2-6 井七口井的上部井段表现为产纯气，下部井段表现为气水同产，以产水为主；在构造较低部位的升深 201 井、升深 203 井、升深 2-7 井和升深 4 井四口井气水同产，以产水为主。表现为上气下水，大致具有统一的气水界面，在海拔-2876.7 ~ -2814.01m。综合分析认为气藏应为含边底水的岩性-构造气藏。

(六) 气藏的连通性及隔夹层特征

营三段火山岩储层岩性、岩相变化快，分布范围不稳定，横向连通性较差，纵向存在隔夹层非均质性强的特点。火山岩储层由不同期次喷发的多个火山岩体相互叠置连片形成，受岩性、岩相、构造等因素影响，其连通程度低、规律性差。各喷发旋回在全区均有发育，各旋回之间无稳定的沉积岩隔层，在各旋回之间有岩性致密的火山岩层起到一定的隔挡作用，但横向延伸距离短，且升深更2等井岩心观察得出：在有些致密的火山岩层段裂缝发育，使气藏在纵向上连通，隔夹层的隔挡作用较差，甚至起不到隔挡作用。

本区火山岩夹层主要是致密流纹岩夹层，其次为凝灰岩和熔结凝灰岩，厚度为4～101.5m，变化范围较大，有效孔隙度为0.17%～3.0%，渗透率为0.005～1mD，裂缝发育，渗透率较高。致密流纹岩夹层，具有“高伽马、极高电阻率、高密度、低中子、低声波”的特点，流纹岩可见流纹构造。营三段火山岩夹层出现的频率低，但厚度大。夹层厚度最大的是升深2-1井，其次是升深2-12井和升深202井，升深2-25井和升深2-7井夹层不发育；由于火山岩总体厚度很大，夹层频率普遍不高（表5-10）。

表5-10　升平地区火山岩储层的夹层情况统计表

井号	隔层顶深/m	隔层底深/m	厚度/m	岩性	孔隙度/%	密度/(条/m)	裂缝情况
升深201	2963.0	2998.0	35.0	流纹质熔结凝灰岩	0.67	2.59	无资料
升深202	2882.5	2888.0	5.5	流纹质凝灰岩	0.17	2.62	无资料
升深202	2972.6	3018.0	45.4	流纹岩	2.21	2.56	发育
升深更2	2989.0	3000.4	11.4	流纹质凝灰岩	1.29	2.58	发育
升深2-17	2925.0	2929.0	4.0	含角砾凝灰岩	0.18	2.61	较发育
升深2-12	2899.0	2976.0	77.0	流纹岩	2.42	2.56	少量
升深2-1	2868.5	2923.5	55.0	流纹岩	2.06	2.57	较发育
升深2-1	2945.0	2953.0	8.0	流纹质熔结凝灰岩	2.06	2.57	少量
升深2-1	3031.5	3133.0	101.5	流纹岩夹熔结凝灰岩	3.00	2.53	无资料
升深2-6	2900.0	2937.0	37.0	流纹岩	1.65	2.57	少量

综上所述，营三段火山岩气藏为正常温压系统，具明显的气水分异，具有统一的气水界面及压力系统，表现为上气下水的特征，气藏分布主要受构造、岩性控制，为含边底水的岩性-构造气藏。

二、兴城地区火山岩开发气藏解剖

（一）流 体 性 质

1. 天然气性质

徐深1区块火山岩层有六口井取了128个气样。根据天然气组分分析资料可知：火山岩储层天然气中CH_4含量为89.97%～95.69%，平均为93.50%；C_2H_6含量为2.06%～2.44%，平均为2.25%；C_3H_8含量为0.19%～0.49%，平均为0.34%；CO_2

含量为0.33%～3.92%，平均为1.78%。天然气相对密度为0.5789～0.8147，平均为0.5961。

上述特征表明，火山岩储层天然气为干气气藏，并含有一定的CO_2，少数井层的CO_2含量超过3%，因此，应注意入井设备及地面设备的防腐。

2. 地层水性质

徐深1区块有两口井（徐深5井、徐深6井）、三个层产地层水。结合兴城开发区其他三口井的地层水资料分析结果表明：该区地层水的总矿化度为5796～11336mg/L，平均为9047.5mg/L；Cl^-含量为143～2008.3mg/L，平均为994.8mg/L；pH为7.29～8.73，平均为7.91。水型为$NaHCO_3$型。

（二）气藏温度与压力系统

1. 气藏温度系统

根据录取到的徐深1、徐深1-1、徐深5、徐深6、徐深601、徐深602井共21井次的温度实测资料，将所有数据作在海拔深度与地层温度关系图上（图5-84），回归得到地层温度与海拔深度的数学表达式为

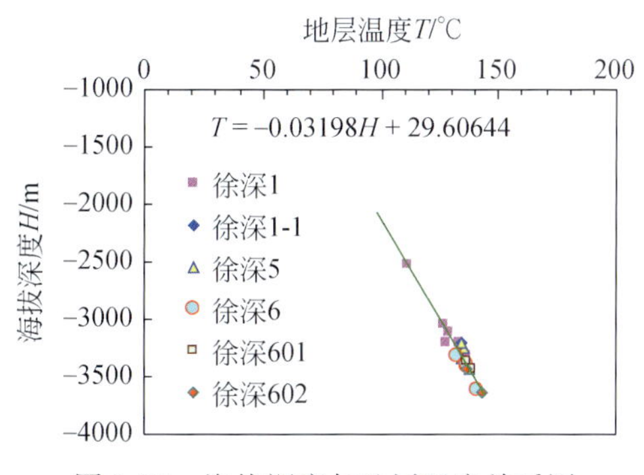

图5-84　海拔深度与地层温度关系图

$$T=29.60644-0.03198H \tag{5-3}$$

式中，H为海拔深度，m；T为海拔深度为H处的地层温度，℃。

地温梯度为3.198℃/100m，属于正常的温度系统。

2. 气藏压力系统

徐深1区块原始地层压力数据主要来源于试气资料和系统试井资料。截至2005年12月底，试气七口井16个层，其中五口井10个层取得了比较可靠的地层压力数据。砾岩层储层的地层压力系数为1.0667～1.1364，平均为1.0961。火山岩储层的地层压力系数为1.0378～1.1303，平均为1.0765。砂砾岩和火山岩均属正常压力系统。

通过砂砾岩和火山岩储层实测地层压力数据与海拔深度的关系图（图5-85）可知：

各井的气层压力数据点比较分散，没有明显的趋势，这表明虽然各井的压力系数比较接近，而且为正常的压力系统，但是基本上为各自独立的压力系统。

其原因主要在于：①火山岩储层岩性复杂，岩相变化快、储层受火山岩体控制，相互叠置互不连通，如徐深6井区第Ⅲ期火山岩体叠置在徐深1井区第Ⅱ期火山岩体之上，互不连通。②不同的火山岩体具有不同的气水界面，如徐深5井和徐深6井分属不同的火山岩体，其气水界面分别为海拔-3575.1m和-3493.9m；尽管是同一个火山岩体也可能具有各自不同的气水界面，如徐深6井和徐深602井属于同一个火山岩体，其气水界面分别为海拔-3493.9m和-3586.1m。③三口试采井（徐深1、徐深1-1、徐深6）的动态特征差异大，如徐深1-1井和徐深1井间仅距1.1km，其动态特征差异较大。根据目前的地质认识和动态研究成果表明：徐深1区块火山岩储层基本上是各自独立的压力系统。

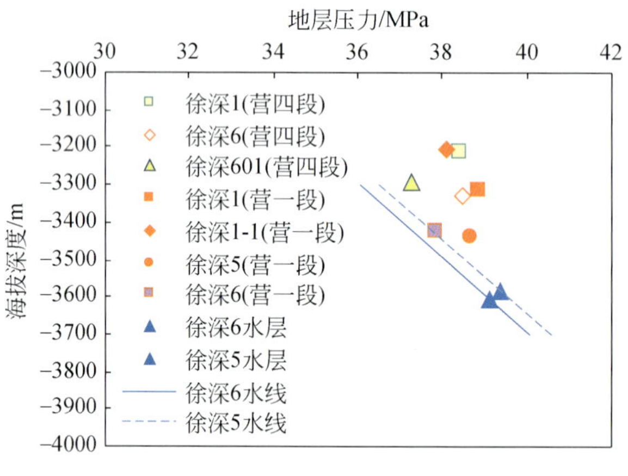

图5-85　实测地层压力与海拔深度的关系图

（三）气水分布及气藏类型

1. 营四段砾岩气藏

兴城开发区营四段砾岩气藏位于徐家围子断陷中部升平-兴城构造带上，为向南、向西倾没的大型鼻状隆起，东部受宋西断裂控制，构造总体上呈南北高、中间低的趋势，气藏主要受岩性控制，断层遮挡次之。徐深1区块构造高点位于徐深1-1井以北，高点埋深为-2950m，构造幅度350m，即构造圈闭深度为-3300m。但根据徐深6井砾岩储层气底位于-3447.5m，远远超出构造圈闭深度。说明营四段以岩性圈闭为主。兴城开发区内有22口完钻井，其中17口井发育砾岩储层，砾岩储层均未见水，根据测试结果、气测录井及测井解释结果，总体认为工区内营四段砾岩储层为纯气，无边底水（图5-86、图5-87），主要受岩性、物性控制。

综合分析认为，营四段砾岩气藏为构造背景下的岩性气藏。

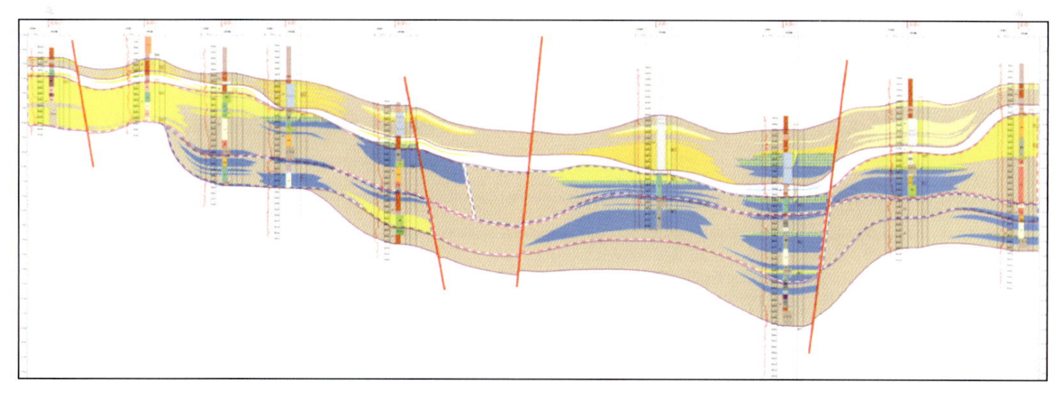

图 5-86 徐深 603-徐深 8 井气藏剖面示意图

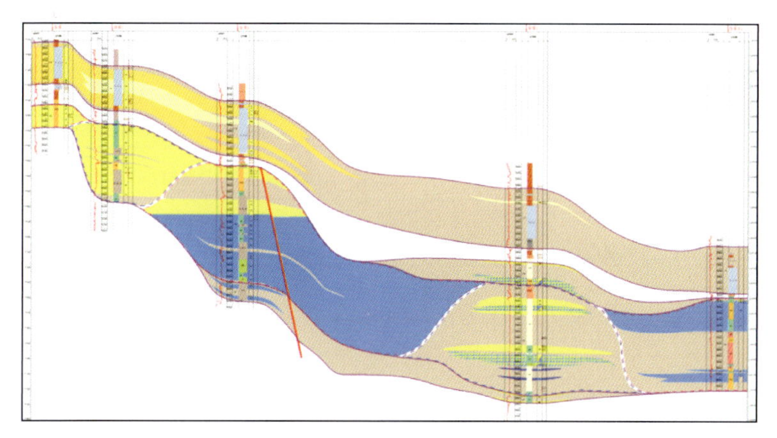

图 5-87 徐深 1-1-徐深 201 井气藏剖面示意图

2. 营一段火山岩气藏

兴城开发区营一段火山岩气藏构造为向西、向南倾没的大型断鼻构造，总体上呈南北高、中间低的格局。由于火山喷发形成多个火山口，地形高差较大，整体高点在徐深 1-1 井附近，同时各个火山口分别形成局部高点。

以气、水、干层的测井响应机理为基础，根据试气资料建立气水层识别模式，结合气测、录井显示、压力分析等资料，对 22 口井进行了气、水、干层的综合识别。结果表明：兴城开发区营一段火山岩气藏气水系统复杂，但整体上具有上气下水的流体分布特点。气水系统平面上的分布主要受火山岩体控制，不同的火山岩体相互之间不连通，属于不同的气水系统；而纵向上，在同一个火山岩体内，又发育多个气水系统。气水系统分布具有“平面上以火山岩体为单元，纵向上以喷发期次为单元”的特点。

徐深 1 区块构造高点位于徐深 1-1 井北偏西，高点埋深-3100m，圈闭幅度 400m，即构造圈闭深度为-3500m。从试气和测井解释结果来看，该区块火山岩气藏具有明显的上气下水的流体分布特点，除构造高部位的徐深 1、徐深 1-1、徐深 1-3、徐深 601、徐深603井火山岩储层为纯气层以外，其他各井试气或测井解释都是上部为气层，下部为水层。徐深1区块西侧和南部含气面积边界与构造等高线大体一致，气水界面-3575.1～-3493.9m，说明构造对含气性具有重要的控制作用，同时由于火山岩储层平面相变快、物性差异大，所以各井的气水界面不一致（表5-11）。总体上构造高部位含气高度大、富集高产，构造低部位气柱高度小、气水分异差，说明构造和岩性是控制流体分布的主要因素。

表5-11　徐深1区块营一段火山岩气藏气水系统划分结果

序号	储集单元	包含井	气水界面（海拔）/m	含气高度/m			备注
				顶	底	含气高度	
1	徐深1-1井	徐深1-1井		3382.4	3459.2	>76.8	第二期
2	徐深1井	徐深1井、徐深1-3井		3447.0	3683.0	>236	第二期
3	徐深5井	徐深5井	-3575.1	3595.0	3754.6	159.6	第二期
4	徐深6井北	徐深603井、徐深601井、徐深6-2井、徐深1-3井		3500.0	3666.4	>166.4	第三期
5	徐深6井	徐深6井	-3493.9	3623	3658.2	35.2	第三期
6	徐深602井	徐深602井	-3586.1	3732.4	3760	27.6	第三期

兴城开发区营一段火山岩气藏总体上为构造-岩性气藏。

徐深1区块内根据试气资料、测井解释、火山岩体和喷发期次划分情况，可以划分为4个火山岩体，认为存在6个气水系统，并初步确定了气水界面海拔和含气高度（表5-11）。其中徐深1-1井、徐深1井（含徐深1-3井）和徐深5井分属不同的火山岩体，互不连通，认为是3个独立的气水系统。虽然徐深603井、徐深601井、徐深6井、徐深6-2井、徐深1-3井、徐深602井气层同属一个火山岩体，但是根据测试、解释结果，徐深6井、徐深6-2井、徐深602井产水，并且气水界面不统一，认为徐深602井（-3586.1m）、徐深6井（-3493.9m）是单独的气水系统，其他井（徐深603井、徐深601井、徐深6-2井）为一个气水系统（表5-11）。

营一段火山岩气藏分为6个气水系统，其中徐深1井、徐深1-1井、徐深6井北部三个系统为纯气藏，含气饱和度主要受物性控制；徐深5井、徐深6井、徐深602井三个系统都有比较明确的气水界面，气柱高度不大，含气饱和度随构造位置的高低而变化，构造高部位含气饱和度高，构造低部位含气饱和度低，气水界面以下为水层。

（四）气藏的连通性及隔夹层特征

兴城开发区营城组气藏包括营一段和营四段两套储层，其中营一段为火山岩相，营四段为扇三角洲沉积，都是相变快、分布范围不稳定、连片性较差的岩相类型，因此都具有横向连通性较差、纵向隔夹层发育、非均质性强的特点。

1. 气藏的连通性

主要通过井点处有效厚度的变化、气水界面的差异、动态生产特征，结合地震剖面上地层的连通状况来评价营一段火山岩和营四段砂砾岩气藏的连通性。

1）营一段火山岩气藏连通性

营一段火山岩储层由不同期次喷发的多个火山岩体相互叠置连片形成，受岩性、岩相、构造等因素影响，其连通程度低。

（1）火山岩体空间展布。

兴城开发区营一段火山岩储层平面上由不同期次喷发的多个火山岩体组成，相互叠置连片，不同区块具体情况也不相同。徐深1区块、徐深4区块、徐深8区块、徐深2井、徐深201区块均处于宋西断裂西侧上升盘，但各区块分属于不同的火山岩体，相互之间互不连通；徐深502区块、徐深7区块处于宋西断裂东侧下降盘，紧邻宋西断裂，分属于不同的火山岩体，相互之间互不连通；而处于兴城开发区南部的徐深3区块和徐深9区块，地震剖面上表现为杂乱反射特征，认为这两个区块分属于不同的火山岩体，相互之间互不连通。

徐深1区块内发育两个SN向的火山岩条带，其中徐深1井区火山岩体沿徐深1-1—徐深1—徐深5一线呈条带状分布，形成时期相对较早，以第二个喷发旋回为主；徐深6井区火山岩体沿徐深603—徐深601—徐深6-2—徐深6—徐深602一线呈条带状分布，以第三个喷发旋回为主（图5-88）。

徐深1井区的火山岩条带虽属同一火山喷发旋回，但其内部是由不同的火山岩体相互叠置而成。从地震剖面（图5-89）可以看出：徐深1-1井、徐深1井、徐深5井分属于不同的火山岩体，相互叠置连片，互不连通；徐深6井区由三期喷发的火山岩体叠置而成，各期次火山岩体没有明显的火山头特征，为层状分布，各期次之间互不连通，但内部连通性较好。

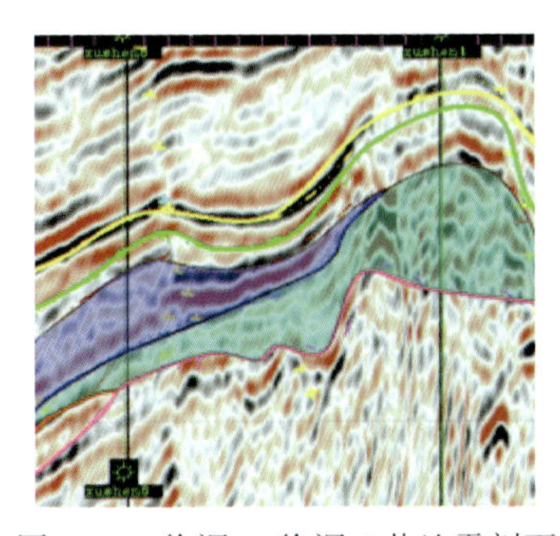

图5-88　徐深1-徐深6井地震剖面

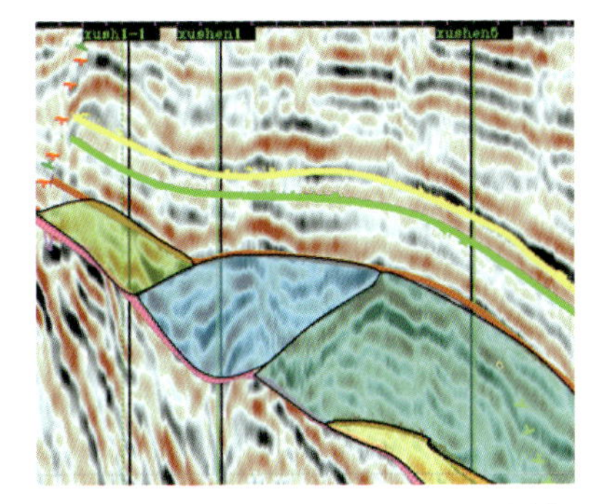

图5-89　徐深1-1-徐深5井地震剖面

（2）气水关系。

兴城开发区营一段火山岩气藏气水关系相当复杂，平面上气水系统的分布主要受火山岩体控制，不同的火山岩体相互之间不连通，属于不同的气水系统；纵向上，在同一个火山岩体内，又发育多个气水系统。

各区块之间分属于不同的火山岩体，互不连通，从气水界面看，各区块之间气水界面各不相同，差异较大，也说明各区块之间互不连通。

徐深1区块各井经综合测试、测井和动态资料分析，处于构造较低部位的徐深5井、徐深6井、徐深602井、徐深6-2井见水，整体表现为明显的上气下水特征。徐深5井和徐深6井分属不同的火山岩体，各自具有不同的气水界面，徐深5井、徐深6井的气水界面为海拔-3575.1m和-3493.9m；徐深6井和徐深602井尽管属于同一个火山岩体，但气水界面明显不同，徐深602井的气水界面为-3586.1m，说明徐深6井和徐深602井在同一个火山岩体内也是不连通的。

（3）动态特征。

兴城开发区只有徐深1区块内的3口井（徐深1井、徐深1-1井、徐深6井）进行了短期试采。徐深1-1井和徐深1井相邻，井距仅1.1km，但徐深1井和徐深1-1井的生产动态特征差异较大，其中徐深1井压力和产量递减比较缓慢，产量变化月递减率为5.6%，井底流压平均月递减0.57MPa；徐深1-1井压力和产量递减较快，产量变化月递减率为25.7%，井底流压平均月递减4.8MPa。从生产动态上说明徐深1井、徐深1-1井之间不连通的或者连通性很差。

综上所述，各区块之间分属于不同的火山岩体、气水界面差异大、生产动态特征不一致，相互之间不连通。徐深1区块内部火山岩储层在横向上受火山岩体控制，相互叠置的火山岩体之间互不连通；徐深6井、徐深602井尽管在同一火山岩体内，相距2.55km，但气水界面明显不同，是不连通的；徐深1井、徐深1-1井之间相距1.1km，分属不同的火山岩体，生产动态特征不一致，也是不连通的。

2）营四段砾岩气藏连通性

兴城开发区营四段砾岩气藏砾岩储层分布面积大，连片性好，断陷中部厚度大，向边部减薄，分布较为稳定，其分布主要受沉积相带和岩性的控制。目前徐深气田完钻各类井22口，其中17口井营四段砾岩解释有气层；平面上，营四段砾岩气层主要分布在徐深1区块，其次是徐深4区块、徐深7区块和徐深8区块，纵向上，营四段砾岩气层主要分布在营四段上部旋回，即yc_4^1亚段。其中徐深1区块砾岩储层砂砾岩发育，连片性好，多为水下分流河道沉积，徐深1井区砾岩厚度大于徐深6井区。

总体上兴城开发区营四段砾岩气藏砾岩储层分布面积大，连片性好；营一段火山岩储层由不同期次喷发的多个火山岩体相互叠置连片形成，受岩性、岩相、构造等因素影响，连通程度低。探测半径砂砾岩储层在467～475.4m，火山岩储层在17.78～219.4m。表明火山岩储层的探测半径小，连通范围小；砂砾岩储层探测半径大，连通范围较大。总体上营四段砾岩连通性好于营一段火山岩。

2. 隔夹层分布规律

隔夹层分布是影响气藏开发方法及开发方式的关键地质因素，低渗透夹层的垂向渗透性和分布范围对开发射孔段的选择及开发指标预测起着重要作用，因此，低渗透夹层是开发地质工作中的一项重要内容。

1）隔层分布

营四段砂砾岩储层与营一段火山岩储层之间发育一套以粉砂岩和泥岩为主的地层，厚度为4.8～117m，在全区稳定分布；其有效孔隙度为0.1%～1.4%，渗透率为0.001～0.028mD，属于非储层，裂缝不发育，为砂砾岩与火山岩储层之间的隔层。徐深1区块该套隔层平均厚度为28.7m，徐深1-3井厚度最薄，其东边（徐深1-1—徐深5井一线）相对较厚（平均为49.9m），其西边（徐深603—徐深602井一线）则相对较薄（平均为21.7m）。

营一段火山岩内部三个大的喷发期次之间常发育一套沉火山碎屑岩或砂泥岩地层，在全区大部分地区都有发育，其厚度为8.8～168.4m，有效孔隙度为0.1%～2.3%，渗透率为0.001～0.08mD，裂缝发育程度低。在各火山喷发期次内部，局部发育厚度大于50m的英安岩或致密流纹岩地层，裂缝发育段所占比例小，对气水分布能起到较好的隔挡作用。徐深1井区以徐深602井第三–第二喷发期次间的粉砂岩隔层厚度最大。

2）营四段砂砾岩夹层类型及特征

营四段共发育四种夹层：①泥岩夹层，平均厚度为1.3m，10口井中共发育21层；②粉砂岩夹层，常与泥岩组成厚度较大的互层夹层，平均厚度为18.4m，4口井中发育4层；③细砂岩夹层，平均厚度为4.6m，只有2口井共发育3层；④致密砂砾岩和砾岩夹层，平均厚度为12.1m，10口井中发育16层。其中，泥岩和粉砂岩夹层为主要的岩性夹层，其余为物性夹层。

营四段砂砾岩储层以泥岩夹层（夹层数占56.8%，厚度占32.7%）和砂砾岩夹层（夹层数占36.4%，厚度占62.8%）为主，粉、细砂岩夹层不发育。相对而言，泥夹层的物性最差、裂缝不发育，对储层的纵向连通性影响最显著，但相对较薄；砂砾岩夹层物性最好、厚度相对较大、裂缝发育程度低，对储层的纵向连通性也有一定影响，但封隔能力相对较弱。

3）火山岩夹层类型及特征

火山岩夹层可以分为五种：①泥岩及粉砂岩夹层，与营四段同类夹层特征类似；②英安岩夹层，平均厚度为114.2m，五口井中共发育六层；③玄武岩夹层，平均厚度为23m，仅在徐深401井发育2段；④致密流纹岩，平均厚度为26.7m，11口井中共发育29层；⑤火山碎屑岩夹层，包括晶屑凝灰岩、火山角砾岩、熔结角砾岩、熔结凝灰岩及各种沉火山岩夹层，平均厚度为10m，17口井中共发育47层。同样，泥岩和粉砂岩夹层为主要的岩性夹层，其余为物性夹层。

营一段火山岩以火山碎屑岩夹层为主（夹层数占44.3%，厚度占22.1%），流纹岩夹层次之（夹层数占28.9%，厚度占36.7%），玄武岩夹层不发育。相对而言，泥岩夹层物性最差、裂缝不发育，对储层的纵向连通性影响最大，但相对较薄；英安岩夹层致密、厚度最大、裂缝延伸浅且发育段所占比例小，流纹岩和火山碎屑岩夹层也属于物性夹层，厚度变化大、物性较差、裂缝发育段所占比例小，除玄武岩夹层外，若无较大断裂的沟通，都能起到较好的封隔作用。

4）夹层分布规律

营四段单井夹层最多的是徐深6井和徐深601井，厚度最大的则是徐深5井，夹层频率最高的是徐深601井，夹层密度最大的是徐深6-2井。夹层发育程度与沉积环境有关，平面上以徐深1区块夹层最发育，其次是徐深8区块。

营一段单井夹层最多的是徐深3井，厚度最大的也是徐深3井，火山岩夹层频率普遍较小，夹层密度最大的是徐深201井。夹层发育程度与火山岩厚度有关，平面上以南部的3、9井区夹层最发育。

因此可以看出：营四段夹层厚度薄、出现频率高；营一段火山岩夹层频率低、厚度大。

（五）水体能量与驱动类型

由于目前气藏水层测试资料少，此处只能根据已有的资料，结合地质研究成果进行初步分析和判断。初步研究表明，气藏属于具有边底水的构造-岩性气藏，且边底水不活跃。

1. 水体类型

根据电测解释和地质综合研究表明，营四段砂砾岩层目前未见水层，初步判断砂砾岩层为无水气藏。

地质综合研究和试气试采结果表明，从总体上看营一段火山岩构造高部位为纯气层，构造低部位为气水同层或水层，所以初步判断徐深1区块的气水分布与构造紧密相关，为上气下水分布，水体呈现边底水特征。但从局部看，气水分布受火山岩体分布控制，所以火山岩气藏的局部水体属于底水特征。

2. 水体大小

目前从动态无法对水体的大小进行评价和估算，而只能根据地质综合研究结果给出初步的估算。由于只有火山岩段存在水层，所以下面对水体大小的论述主要针对火山岩层。

1）区块总水体

徐深1区块水体体积为$2.87\times10^8m^3$。天然气地下体积为$1.00\times10^8m^3$，水体体积倍数为2.86倍，可见相对于天然气而言，水体体积较小。

2）气藏有效水体

徐深1区块根据火山岩条带的分布，又分为东侧的徐深1井区和西侧的徐深6井区。由于气层和水体的分布均受火山体控制，所以按照各个条带火山体的空间分布范围和形态对水体大小进行估算，其中与气层紧邻的水体因为在开发过程中可能对气层生产产生影响称为有效水体。

徐深1井区只有徐深5井钻遇水层，下覆水体又被厚隔层分为四个层段，其中受水体影响的天然气体积为$0.128\times10^8m^3$，有效水体相对于紧邻气层体积的倍数为9.73倍。徐深6井区下覆水体又被厚隔层分为三个层段，其中有效水体地下体积为$0.1\times10^8m^3$，有效水体相对于紧邻气层体积倍数为1.17倍。

由此可见，无论是区块总水体，还是各个气藏有效水体，相对于气层体积而言均较小，对气层开发影响不大。

3. 水体活跃程度

火山岩段是徐深1区块目前主要的含水层段。虽然目前试采井段属于纯气层，不能采用试采资料对水体动态特征进行详细评价，但根据目前试气资料可初步评价水体的动态特征。

1）水体受火山岩体控制，横向连通性差，水体体积小，供给范围小

从火山岩体的空间展布看，水体在横向上受火山岩体控制，平面连通性差，供给范围小。水体大小研究也表明，有效水体倍数小。

2）纵向上隔夹层发育，隔层裂缝不发育，对水体上升有较强的阻挡作用

纵向上水体内部及水层与气层之间存在隔夹层，隔层裂缝不发育，这些隔夹层对水体上升有较强的阻挡作用，使水体在垂向上的传导能力很弱，底水上升很困难。

3）水层渗透率低，传导率小

水层的平均渗透率范围为0.069～0.6mD，绝大部分小于0.1mD，总体上表现出低孔低渗特征。由于水体渗透率低，所以其自身传导率很小。

4）水层产能低

自喷测试的水层中，只有徐深6井产水稍高。徐深6井水层的产水量为$18.2m^3/d$，单位压差产水量为$2m^3/(d\cdot MPa)$。其余井压裂前水层自喷测试时基本上不产水，说明水层自喷产能低。

总之，水层测试表明，整体上水层的产能均较低。

综上所述，气藏在开发过程中由于有效水体小、能量弱、水体不活跃，气藏的动态特征会表现出定容气藏特征。但需要指出的是，由于目前水层测试资料少，对水体活跃程度的判断还存在较大的不确定性，所以在开发过程中要密切监测水体的动态情况。

4. 驱动类型

营四段砂砾岩储层总体上属于无水气藏，地层压力为38MPa，由于天然气极易膨胀，压缩系数是岩石和水压缩系数的数十倍。因此，砂砾岩气层驱动类型主要属于干气弹性驱动。

营一段火山岩储层总体上存在边底水，但由于气层和水体分布受火山岩体控制，横向连通范围小，水层自身渗透率低，加之隔夹层的存在使垂向传导率很小，而且有效水体体积本身较小，所以，总体上水体能量弱，动态上表现出不活跃水体特征，在开采过程中其主要作用仍然是干气和岩石弹性膨胀驱动，水驱作用很小，属于弹性气驱—弱水驱。但鉴于目前水层测试资料少，对水体特征认识有限，所以在开发过程中应密切监测水体的活跃程度。

第四节　典型火山岩 CO_2 气藏解剖

松辽盆地在对烃类天然气长期勘探并取得巨大突破的同时，也意外地发现了一些高含 CO_2 气藏。通过对这些典型含 CO_2 气藏的详细解剖，才能深入认识松辽盆地 CO_2 气藏的形成条件、储盖组合、圈闭类型及其成藏机理和分布规律。

截至2007年年底，松辽盆地北部深层探明天然气储量累计 $2273.58\times10^8m^3$，三级储量累计 $2650.25\times10^8m^3$，主要集中在徐家围子断陷内部及边部隆起区。目前，徐家围子断陷内部提交 CO_2 气藏三级储量总计 $891.49\times10^8m^3$。其中，昌德地区芳深9井区，CO_2 含量为89%，提交 CO_2 探明储量 $58.01\times10^8m^3$；徐深28井区，CO_2 含量为89.82%，提交 CO_2 探明储量 $143.98\times10^8m^3$；徐深19井区，CO_2 含量为94.97%，提交 CO_2 预测储量 $269.05\times10^8m^3$，为 CO_2 气藏；在徐深8井区，CO_2 含量为22.77%，提交 CO_2 探明储量 $33.15\times10^8m^3$，为含 CO_2 气藏；在安达地区新钻井达深X301井试气显示 CO_2 含量达76.25%，在营城组火山岩底部148号层TCP+MFE（Ⅰ）试气自喷 $65657m^3/d$，提交 CO_2 预测储量 $387.3\times10^8m^3$，为高含 CO_2 气藏。已发现气藏类型主要为构造-岩性气藏，储集层主要为营城组火山岩，储层物性受岩性特征影响较大，非均质性较强，横向连通性较差，其中登二段泥岩为区域性盖层。

一、昌德地区含 CO_2 天然气藏解剖

（一）基本概况

昌德气田位于松辽盆地北部古中央隆起带中段宋芳屯构造（昌德气藏）及其东侧徐家围子断陷西翼斜坡地带上（昌德东气藏），主要目的层为下白垩统登娄库组砂砾岩和营城组火山岩气层，该区天然气成因类型十分复杂，既有有机成因天然气，又有无机成因天然气，并在昌德东芳深9、芳深7、芳深6、芳深701等井的营城组火山岩储层中发现了高含 CO_2 气藏。而芳深9井则在营一段获 CO_2 工业气流，自喷日产气 $50938m^3$，CO_2 含量为93.083%，CH_4 为6.153%。芳深9井的发现，为深层开辟了寻找非烃类气藏的新领域，于是开展了老井复查工作。在芳深7井3473.0～3482.0m测试气日产气 $214m^3$，CO_2 含量为32.90%，芳深6井在3302～3409.8m测试日产气 $8066m^3$，CO_2 含量为7.47%。1998年于芳深9区块下白垩统营一段提交了天然气预测地质储量 $116.25\times10^8m^3$，含气面积 $83.9km^2$。1999～2000年又先后部署钻探了芳深701井和芳深901井。芳深701井在营一段3575.8～3602.0m压后自喷产气 $60682m^3/d$，CO_2 含量为84.9%。芳深901井在3607～3621m测试为干层。为了开发利用芳深9气田 CO_2 资源，建立了宋芳屯 CO_2 液化站，并于2002年投产。2003年钻探芳深9-1井，于3663.38～3668.29m测试日产气2200～$2400m^3$，CO_2 含量为89.3%。松辽盆地北部昌德气田芳深9区块，天然气Ⅱ类探明地质储量为 $65.18\times10^8m^3$，含气面积 $13.6km^2$。含气层位为下白垩统营一段，储层岩性为流纹质晶屑凝灰岩。

（二）气藏地质特征

1. 地层发育特征

营城组由下至上分为四段，本区研究的主要对象为营一段，岩性以泥质粉砂岩、杂色砂砾岩夹火山喷发岩为主，储层为火山岩。本区缺失营二段、营三段地层，营四段致密的火山碎屑岩可作为本区的局部盖层。

2. 储层特征

通过对芳深701井岩心观察和薄片鉴定、全岩分析结果，综合确定岩性为以流纹质晶屑凝灰岩、沉凝灰岩为主的酸性火山岩，储层岩性为流纹质晶屑凝灰岩。综合岩心观察和微观研究成果，本区火山岩储层的孔隙类型主要有粒间毛细孔、粒内溶孔、构造裂缝（图5-90）。芳深9井火山岩储层测井解释孔隙度最大为16%；芳深9-1井岩心分析资料统计结果显示：储层孔隙度最大可达9.4%。储层基质渗透率较低，一般为0.001～0.13mD。

(a) 芳深701井，−3584m，03-1，正交(1.25×)，晶屑凝灰岩

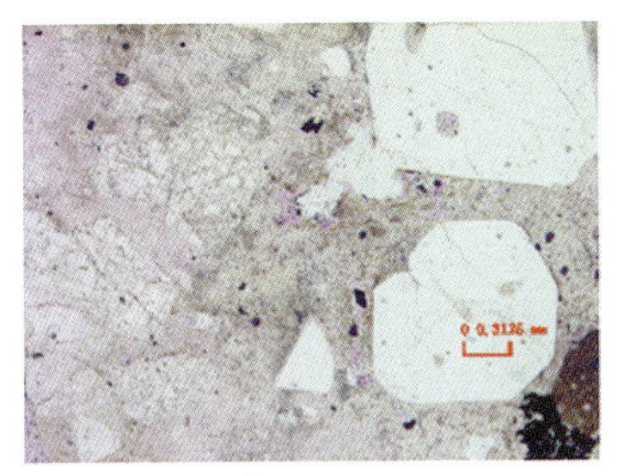

(b) 芳深701井，−3584m，03-2，单偏(4×)，粒间毛细孔及粒内溶孔

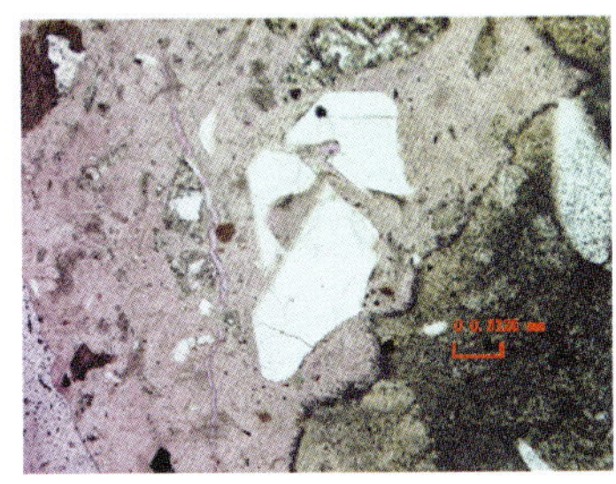

(c) 芳深701井，−3582m，03-3，单偏(4×)，岩石裂隙及粒内溶孔

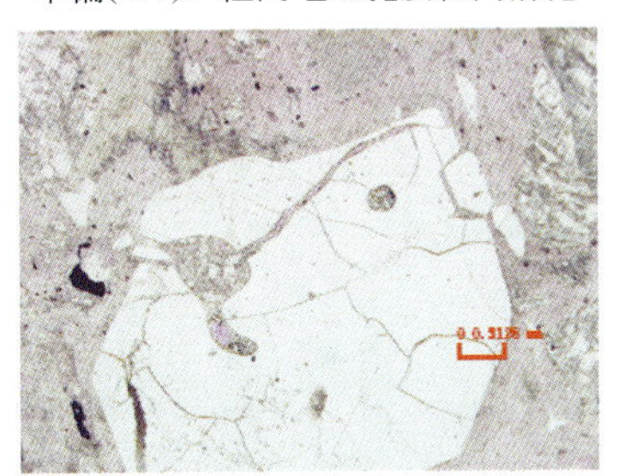

(d) 芳深701井，−3584m，03-3，单偏(4×)，石英晶屑炸裂纹及粒内溶孔

图5-90　芳深9区块储层特征（铸体薄片）

根据该工区内火山岩储层的特点，采用地震储层特征反演方法研究火山岩储层展布。根据火山岩储层厚度预测结果，本区火山岩大面积分布，火山岩储层主要分布在芳深9井、芳深701井附近，尤以芳深9井周围发育。

3. 构造特征

从火山岩储层顶面构造图可以看出，整体呈区域东倾单斜。西部披覆于古中央隆起，向东逐渐向徐家围子断陷倾伏，本区最深处在芳深9井东北，埋深-3680m左右。区内断层发育具有两个特点：一是发育方向与控陷断层相近，主要为NNW向；二是断层多发育在靠近控陷断层部位。断层的发育为气体的运聚提供了通道，也控制了储层的裂缝发育，改善了储层的储集和渗流能力。

4. 气藏特征

1）营城组气水分布及气藏类型

沿芳深7井—芳深701井—芳深9井一线，营一段气层为CO_2与烃类的混合气层。根据芳深701井、芳深9井两口井实测压力、深度等资料推测的气水界面为海拔-4134m。综合分析录井、测井资料及试气成果，芳深701井、芳深9井两口井产气的同时，产了少量的水，分析认为所产的水为压力降低后CO_2释放的溶解水；芳深6井、芳深7井下白垩统营一段均未产水。

综上所述，昌德气田芳深9区块营一段火山岩气藏聚集在火山岩圈闭中，储集条件主要受岩性的控制。因此，本区下白垩统营一段气藏类型为火山岩岩性气藏（图5-91、图5-92）。

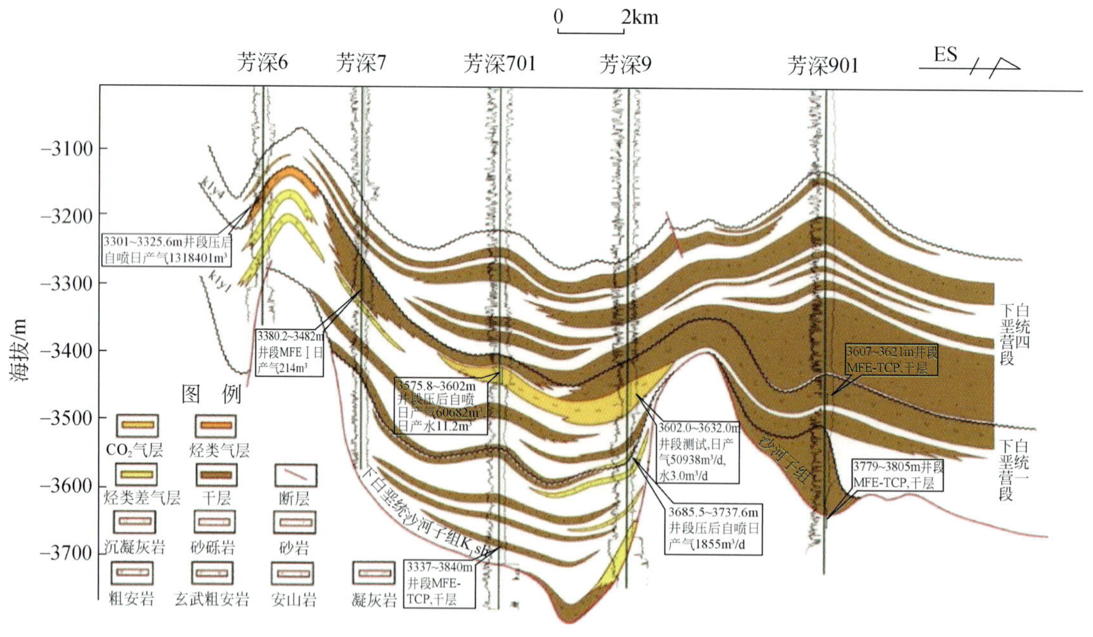

图5-91 昌德地区芳深6-芳深901井CO_2气藏剖面图

2）气体性质

通过对芳深9井气样分析，天然气CH_4含量为6.15%，C_2H_6含量为0.18%，C_3H_8含量为0.08%，CO_2含量为93.08%，N_2含量为0.51%，相对密度为1.465。沿

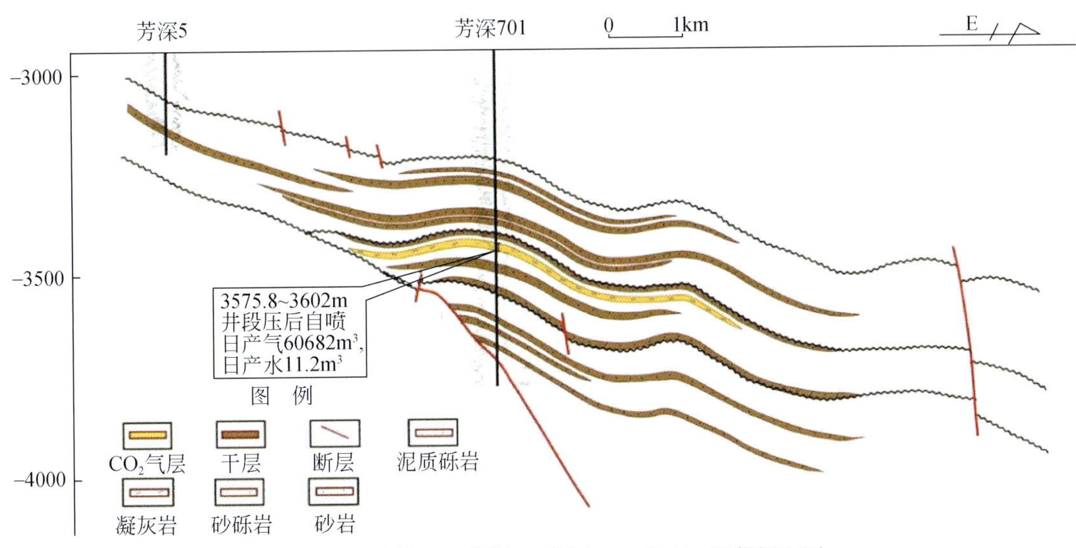

图 5-92　昌德地区芳深 5-芳深 701 井 CO_2气藏剖面图

芳深 9 井—芳深 701 井—芳深 7 井—芳深 6 井一线，营一段气层组内存在着 CO_2与烃类的混合气层，且 CO_2与烃类气体存在着重力分异，垂向上由深到浅 CO_2含量由高到低（图 5-93）。芳深 9 井 CO_2含量为 93.08%，芳深 701 井 CO_2 含量为 84.90%，在已经探明储量区的气藏内，CO_2含量基本一致。开发井试气成分分析表明，总体 CO_2含量趋于一致，平均含量为 88.99%（图 5-94）。

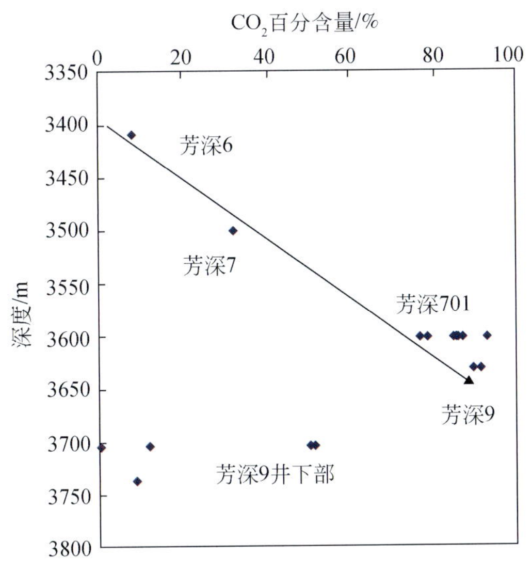

图 5-93　芳深 9 区块 CO_2百分含量-深度关系图

芳深 9 井 3602.0~3632.0m 井段天然气 CO_2 的碳同位素为-8‰~-4‰、$^3He/^4He$ 为（3.9~4.5）$\times10^{-6}$，近幔源成因，且芳深 9 区块 CO_2产自下白垩统火山岩气藏。综合分析结果，芳深 9 区块 CO_2为幔源无机成因气（图 5-95）。

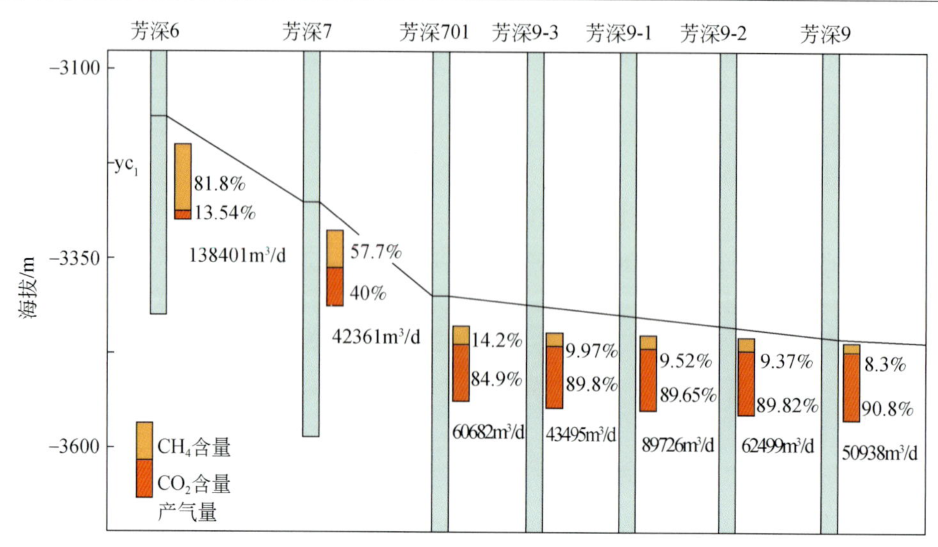

图 5-94　昌德地区气藏 CH_4 和 CO_2 含量随高点海拔深度的变化

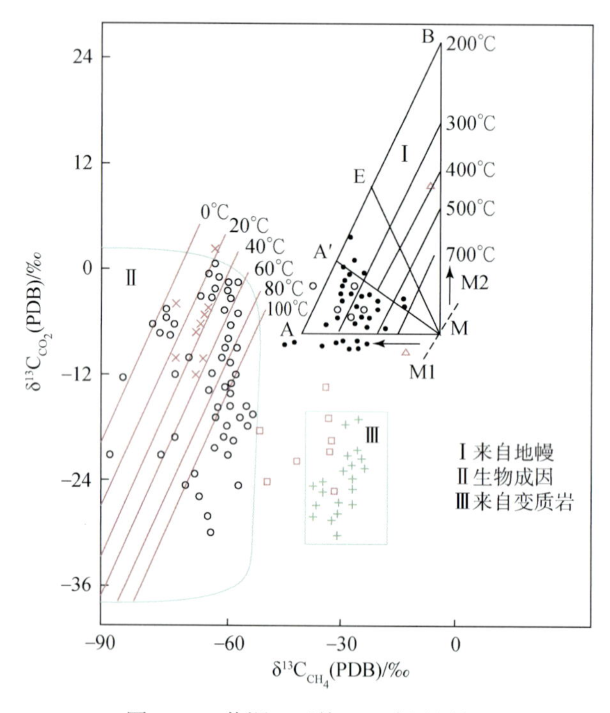

图 5-95　芳深 9 区块 CO_2 成因图版

3）地层温度、压力特征

芳深 9 区块芳深 7 井、芳深 701 井、芳深 9 井均有实测的地层压力资料，计算地层压力系数为 1.06～1.07，地温梯度为 3.89～4.10。

（三）CO_2 气与烃类气分布关系

通过对芳深 9 井-芳深 9-1 井-芳深 701 井区和芳深 6-芳深 7 井区分析认定，本区无论是天然气组分、碳同位素特征，还是温度、压力变化系统都具有明显不同的特征。其一，本区CO_2含量达到60%以上才称之为CO_2气藏，按此标准，只有芳深9井、芳深9-1井、芳深701井CO_2含量大于60%，可称之为CO_2气藏，而芳深7井、芳深6井CO_2含量均小于60%，分别为39.9%和15.32%，只能称为高含CO_2气藏。其二，芳深9井CH_4含量为8.34%～10.93%，CH_4碳同位素为-27.11‰～-27.25‰，且具有负碳同位素系列特征，为典型的无机成因烃类气，应与该气藏中的CO_2为同一来源，均为幔源成因。芳深9井天然气中N_2含量低，仅0.6%～4.0%，但芳深9井在火山岩储层中原生包裹体气相组分中也含有N_2，故可认为该气藏中的N_2也是无机成因的。与芳深9井处于同一火山岩体的芳深9-1井、芳深701井天然气组分和碳同位素与芳深9井表现为相同特征，也应为纯的无机成因天然气。而芳深7井CH_4含量为57.68%，虽然CH_4碳同位素也较重，但根据国内外已发现无机成因烃类气在气藏或包裹体中组分含量数据（一般都低于20%），其不是纯的无机成因气，考虑到与之伴生CO_2为无机成因，且烷烃气碳同位素系列局部倒转，即$\delta^{13}C_1>\delta^{13}C_2>\delta^{13}C_3<\delta^{13}C_4$，推测芳深7井烃类气可能为煤成气和无机成因气的混合气。芳深6井CH_4含量达到81.79%，目前只测了CH_4和C_2H_6碳同位素，推测其与芳深7井一样，也是无机成因气和煤成气混合成因。其三，从实测地层温度和压力数据看，芳深9井、芳深9-1井、芳深701井为同一温度、压力系统；而芳深6井、芳深7井则处于另一温度、压力系统，两者并不连通。其四，芳深6-芳深7井和芳深9-芳深701井分别处在两个不同的火山喷发岩体上，其间被远源火山碎屑沉积分割，由于凝灰岩比较致密，可能将两者分割开来成为不同的储集系统。

从芳深9-芳深9-1井、芳深701井、芳深7井、芳深6井构造部位逐渐变高（图5-96），但CO_2含量却出现有规律的减小，前人认为这是因为芳深7井和芳深6井的CO_2是从芳深9井运移而来，其亲水性及重力分异作用使得CO_2含量随着运移距离的增加而减少，并认为幔源CO_2气源位于芳深9井处，在该井附近地区存在气源断裂或火山脱气口（霍秋立等，1998）。对于这种CO_2含量变化情况，谈迎等（2005）认为这种CO_2含量的差异是幔源火山岩吸附气脱气作用造成的。这种CO_2含量变化的确是CO_2从构造低部位向高部位运移的结果，但却是在两个不同的气藏中。从图5-97可以看出，农安村气藏中CO_2含量随深度的变化趋势与芳深7井、芳深6井区CO_2含量的变化趋势不一致，这也进一步说明了其为两个不同彼此分割的气藏。芳深6井、芳深7井区和芳深9井区分属两个相互分离的火山岩体，彼此之间并不相连通。由于每个气藏中的所有井都处于同一压力系统，彼此相互连通，CO_2含量变化只能是从CO_2从低部位向高部位运移和重力分异造成的，而不可能像谈迎等（2005）认为的是由不同岩性火山岩吸附气脱气作用造成的。据此可知，昌德东地区具有两个幔源CO_2气释放点，其一位于芳深9井附近，另一个位于芳深7井附近。芳深9井区火山岩相-火山机构预测结果也恰好说明了这点，幔源CO_2气释放点紧靠深大断裂且位于火山口附近。

芳深9井区与芳深6井区营城组火山岩气藏天然气组分和同位素差异主要是火山岩体与主控深大断裂的组合配置关系决定的。芳深9井区主控断层徐西断裂断层倾角较缓，火山岩体以中心式喷发为主，沙河子组生成的煤成气并不能有效地通过断层进

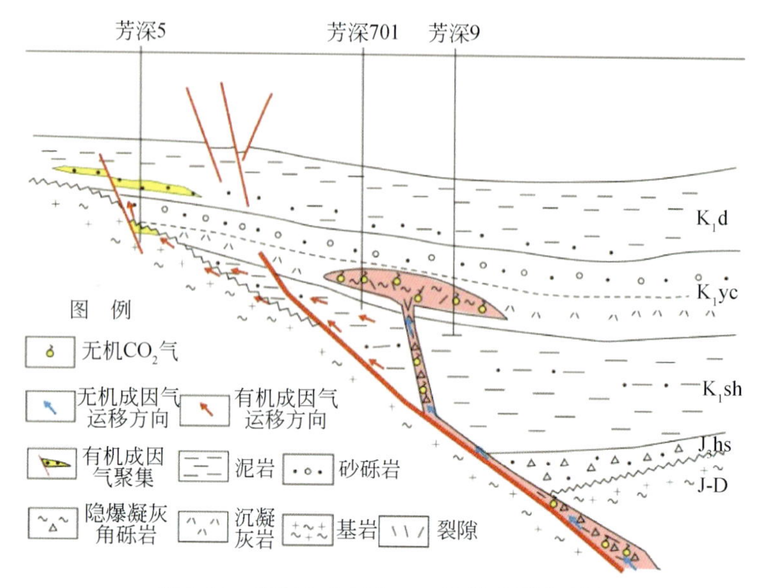

图 5-96 芳深 9 井区含 CO_2气藏成藏模式图

入该火山岩体，而青山口沉积中后期的深部岩浆热液活动导致深部高压且富含 CO_2的热液流体顺着火山通道裂缝进入该火山岩体中，产生爆裂进一步改善了储层并形成了 CO_2气藏聚集。而芳深 6 井区主控断层徐西断裂倾角较陡，火山岩体受徐西断裂控制呈裂隙式喷发，一方面，沙河街组生成的煤成气能通过断层进入该火山岩体储层中，另一方面，青山口沉积中后期的岩浆热液活动也可使 CO_2热液流体通过断裂或火山通道裂缝系统进入该火山岩体中，从而形成含 CO_2气的混合气藏（图 5-97）。部分 CO_2气通过小

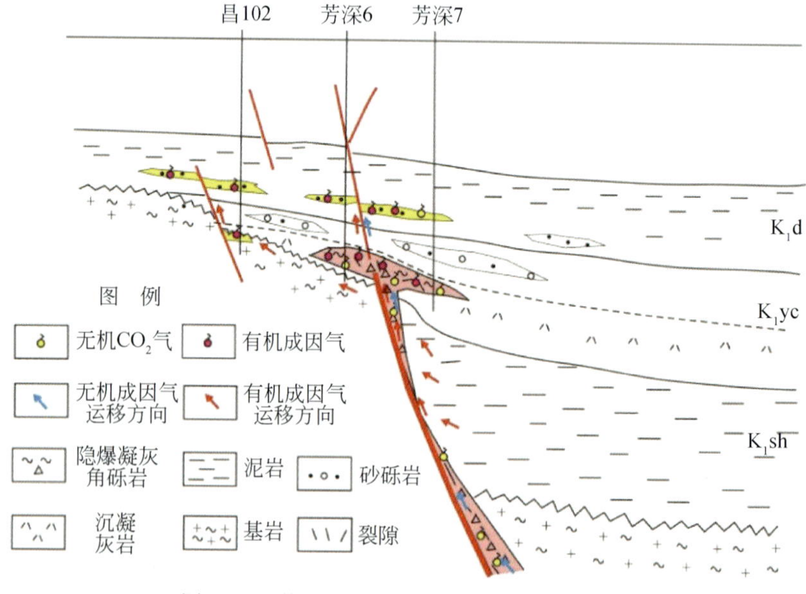

图 5-97 芳深 6 井区含 CO_2气藏成藏模式图

断裂进入上部登娄库组储层中，如芳深7井登二段试气CO_2含量为10.9%左右。另外，芳深9井气藏存在低部位富CO_2的现象，这也与重力分异有关。

二、徐东地区含CO_2天然气藏解剖

（一）基本概况

徐东地区的各层构造形态、继承性良好，均表现出近南北走向较完整的向斜形态，且向斜的东冀比西冀更完整，工区东北方向尚家鼻状构造的倾没端已伸入本区约6km；从深至浅向斜幅度逐步减小，向斜中心向南西方向迁移，且至T_4层再次出现分化。本区大部分地区处于深层徐家围子洼地负向构造区，仅工区东北小部分地区伸入尚家鼻状构造倾没端，工区东南小范围接近朝阳沟背斜西翼的末端（远离背斜核部）。因此，本区深层局部构造不发育，各层主要以断层为遮挡形成为数不多的断背、断块局部构造，单纯的背斜局部构造主要依托火山锥体而存在，且数量少。徐深28井完钻于营城组，完钻井深4427m，钻遇营城组火山岩383m，划分有效厚度215.8m。2007年对4271.5～4284.5m井段（195Ⅴ、195Ⅵ号层）射孔，射开厚度10m，MFE－Ⅰ测试，日产气106m^3；对4167.0～4201.0m火山岩储层段（195Ⅰa、195Ⅰb号层）射孔，射开厚度15m，MFE－Ⅱ测试，获日产气105876m^3的工业气流，CO_2平均含量为89.82%。断陷最南部的凹陷呈窄条状NNE向展布，为受徐西断裂所控制的单断箕状断陷，断陷西侧为NNW走向的古中央隆起带基岩凸起，东侧为近NE走向的肇东－朝阳沟背斜。徐深19井2007年6月4日完钻，完钻井深4257m，营一段火山岩划分有效厚度97.1m。对营一段火山岩185Ⅹ号层3984～3995m井段进行试气，采用28mm挡板垫圈流量计测气，日产气4295m^3。对营一段火山岩185Ⅱ、Ⅳ号层3778～3819m井段进行试气，采用10mm油嘴、26mm挡板临界流量计测气，获得日产气82161m^3的工业气流，压裂后获日产气289509m^3（中间成果）的工业气流。此外，在兴城—丰乐地区的徐深8井区、安达地区的达深2井区、升平地区升深2井区也相继有含CO_2天然气藏，但含量较徐深28井、徐深19井区少。

（二）气藏地质特征

1. 地层发育特征

本区仅尚深3井钻穿火石岭组地层，并揭示该期地层为245.5m厚火山岩，总体具有断陷沉积的特点。工区中部北西向宽幅带状区地层厚度为600～2600m，且呈现出“厚薄”相间的格局，向西南方向呈超覆状尖灭，向东北方向经过榆西断层时，地层厚度呈跳跃式减薄，之后呈缓慢减薄之状，工区东北部地层厚度变化小，一般厚度为150～200m；工区西北部地层厚度变化较大，大多为900～1400m，地层被宋西断层错开后，因存在较大的水平位移，局部缺失火石岭组地层。沙河子组地层在本区徐深

902—徐深21-肇深5井以东地区遭受了严重的剥蚀，残存的主要是沙一段下部的地层，工区西北（升平凸起边部）升深7井及其以北约60km²范围，缺失该期地层，主要原因可能是沉积间断所致。该期地层大体有西厚东薄之趋势，工区东北部和东南部徐深901井所在小范围内，一般地层厚度为150～350m；工区中北部徐深22设计井所在约100km²范围和工区西南部徐深201-徐深5井带状区，为本区沙河子组地层厚度最大区，最大厚度达2000m，一般厚度为1300～1800m；向工区西南角方向，地层厚度呈线性减薄至250m；向WN迅速减薄至尖灭；工区中南大部分地层厚度为600～1100m，且厚度变化不规则。营一段地层是发育于沙河子组地层剥蚀面之上，以火山岩为主的地层，工区东北部小范围内为沉积岩，本区该期地层厚度等值线变化趋势相似于向斜构造等值线变化趋势，整体表现为中部厚，四周薄，中部南北向“足面”形的带状区地层厚度大，一般厚度为900～1200m，最大厚度位于工区中部徐深301井之北5km，厚达1500m；自厚度大值区，向东、西两侧减薄，且减薄速率由大迅速变小，之后保持较低的减薄速率。从中北部地层最大厚度区，向WN快速减薄至尖灭。工区西南、东南部地层最小厚度仅200m，西南部一般厚度为350～550m，东南部一般厚度为480～680m。营二段、营三段地层在本区主要分布于工区中北部徐深502-肇深5井呈SN向展布，平面分布形态相似于“舌尖偏东的不对称舌形”，厚度形态呈不规则的椭球状透镜体，从T_{4c}-T_4层等厚图看，最大地层厚度达2250m，位于工区北部徐深22设计井西偏南1.5km附近，即本区营二段、营三段地层分布的中心区，自此中心区向四周地层厚度以较快的速率减薄，地层厚度从2250m减至约375m；之后，进入营二段、营三段地层的缺失区（仅存营四段地层的区域），地层厚度横向变化较小，工区西南部一般厚度为180～230m，工区南部、西南部徐深3井、徐深902井、徐深11井所在的营一段火山锥体区，营四段地层厚度较薄，一般为10～50m；工区东北部一般地层厚度为100～130m。

2. 储层特征

徐深气田营城组火山岩岩性的分布，南北具有明显不同，其火山机构、相带展布和储层发育规律也不尽相同。徐深气田火山岩岩石类型有火山熔岩和火山碎屑岩两大类，火山熔岩主要岩石类型有球粒流纹岩、流纹岩、（粗面）英安岩、粗面岩、粗安岩、玄武粗安岩、安山岩、玄武岩等，酸性岩、中酸性岩、中性岩、基性均有分布。火山碎屑岩主要有流纹质熔结凝灰岩、流纹质（晶屑）凝灰岩、流纹质角砾凝灰岩、流纹质火山角砾岩、火山角砾岩、集块岩和安山质凝灰角砾岩等。

徐深气田徐东地区火山岩储层以球粒流纹岩为主，同时发育流纹质熔结凝灰岩和流纹质凝灰岩，徐深28井主要为流纹岩，熔蚀孔隙特别发育（图5-98）。徐家围子南部火山岩岩石类型有火山熔岩和火山碎屑岩两大类，火山熔岩主要岩石类型有流纹岩、粗面岩等；火山碎屑岩主要有流纹质熔结凝灰岩、流纹质（晶屑）凝灰岩、流纹质角砾凝灰岩、流纹质火山角砾岩、火山角砾岩等。

应用岩心、录井和测井综合解释岩性的结果，综合确定了单井的火山岩岩性。在对岩性组合进行综合分析的基础上，建立了区域上的火山岩相模式，依据单井标定地

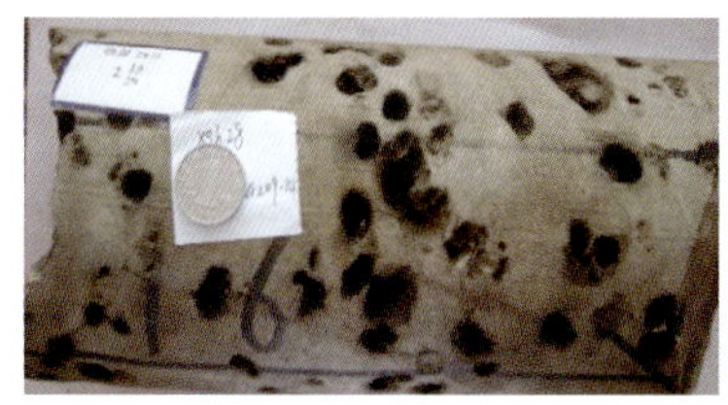

(a) 4209m, 球粒流纹岩

(b) 4212.73m, 灰色流纹岩

图 5-98　徐深 28 井营城组火山岩储层孔隙特征（岩心标本）

震骨干剖面，经过三维组合划分了徐家围子营城组火山岩相。构造与火山岩相关系非常密切，构造高部位多发育火口相，低部位则以远火口火山沉积相为主，而斜坡区多为过渡的近火口相。徐深 28 井营城组一段火山岩属于近火山口区，以火口相与近火口相为主。

3. 火山岩分布

徐家围子断陷的营城组火山岩全区广泛分布，以中心式喷发为主，利用地震响应特征和波阻抗反演结果预测火山岩分布。徐东地区从营城组火山岩厚度分布图上看，在徐中断裂以东地区构造深部位厚度大，厚度最大位于徐深 22 井区，可达 2400m 以上，一般为 100 ~ 900m，向四周火山岩厚度变薄。火山岩厚度分布呈现明显横向突变，较大的厚度一般都是处于局部构造高点。

4. 构造特征

徐中断裂贯穿全区，断层延伸长度大于 30km，走向为 NNW 向，断距自北向南由 1000m 减小到 50m，中部断距 200m 左右。徐中断裂东部为徐东斜坡带，徐深 21 井、徐深 22 井、徐深 23 井和徐深 25 井位于斜坡带的二台阶上，各井点处均为局部构造圈闭的高点，圈闭面积为 $1km^2$ 左右，向东抬升形成肇东–朝阳沟背斜带。区内断层南北走向，长度为 3 ~ 12km。

5. 气藏特征

1）营城组气水分布及气藏类型

徐深 28 井部署于徐家围子断陷中部徐中断裂西侧构造低位置，火山岩顶面海拔 –3859. 8m，预测火山岩厚度 1200m。该井于 4427m 完钻，完钻层位为营城组，含气层厚度大，气底超出构造圈闭溢出点；储层岩性为流纹岩，物性好，为典型的构造–岩性气藏。火山岩储层非均质性强，横向变化快，错迭连片但连通性较差，岩性非均质导致气水分异差，岩性是火山岩气藏成藏的主控因素。

2）气水性质

徐深 28 井营城组分析 CO_2 含量为 89. 82%，CH_4 含量为 9. 25%，CO_2 碳同位素为 –7. 08‰ ~ –7. 3‰。利用 CO_2 成因类型图版划分，均落入无机成因 CO_2 气区范围（图 5-99）。

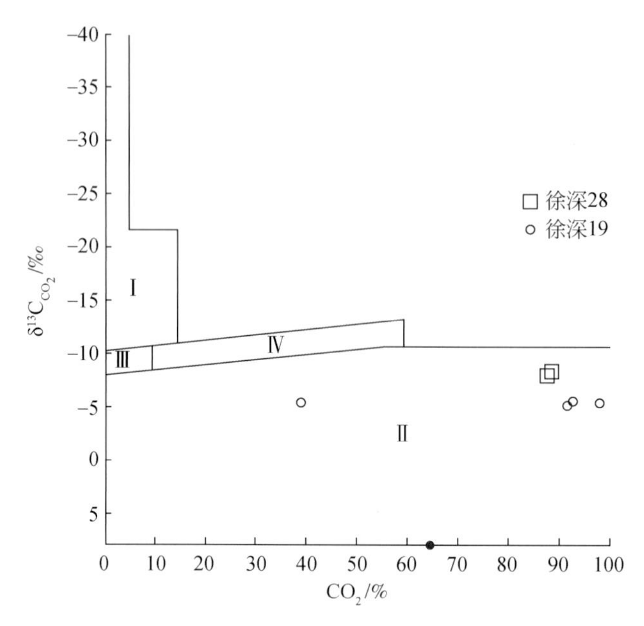

图 5-99　徐深 28 井、徐深 19 井营城组天然气 CO_2 成因鉴别图

Ⅰ. 有机成因 CO_2 区；Ⅱ. 无机成因 CO_2 区；Ⅲ. 有机成因与无机成因 CO_2 共存区；Ⅳ. 有机无机成因 CO_2 混合区

3）地层温度、压力特征

徐深 28 井在井深 4184m 实测压力为 44.69MPa，压力梯度为 1.068MPa /100m；属于正常温压系统；火山岩储层在井深 4184m 实测温度为 164.41℃，温度梯度为 3.930℃/100m。

（三）CO_2气与烃类气分布关系

1. 组分特征

徐深气藏天然气气藏的 CO_2 含量差别比较大，CO_2 含量最大的井有徐深 19 井、徐深 10 井、徐深 28 井，CO_2 含量在 80% 以上，徐深 8 井营城组气藏含量也较高，为 22.77%，其余气藏 CO_2 含量较低。徐深 1 井气藏 CO_2 含量为 0.22% ~5.77%，平均含量为 1.68%，徐深 9 井区 CO_2 含量为 2.51% ~93.85%，平均含量为 4.68%，升深 2-1 井气藏 CO_2 含量为 0.39% ~3.17%，平均含量为 2.02%。

2. 碳同位素特征

从徐深气田同位素组成可以看出，徐深气田 CH_4 碳同位素多数分布大于-30‰，只有徐深 19 井、徐深 28 井、徐深 601 井、徐深 602 井小于-30‰，表明 CH_4 是以煤成气成因为主的有机成因气；徐深 6 井 CO_2 同位素为-11.37‰，其余的均大于-8‰，由此可见，徐深气藏烃类气以有机成因为主，但也有部分无机成因的天然气，如徐深 602 井、徐深 601 井出现烃类气同位素系列倒转说明有无机气的混入；CO_2 气同位素表明，徐深6井和徐深9井同位素值较轻，小于-10‰，具有有机成因气特点，其他多数同位素偏重，大于-8‰，显示是无机成因的CO_2。而本区的徐深28井、徐深19井区CO_2气藏则主要为无机成因。

3. CO_2气差异分布关系

徐深气田是有机气和无机气混合的典型气田，CH_4和CO_2的分布极不均衡，在同一构造背景下，成藏基本地质条件也相差无几，CO_2含量除了个别井含量高外，多数气井普遍不高，出现了局部富集CO_2的格局，总的来看还是比较复杂的。从徐深28井与徐深22井联井气藏剖面上可见，徐深22井营城组火山岩地层是该区最厚的地区，而徐深28井正处于推测大的营城组火山喷发中心以南地区，火山岩厚度相对徐深22井较薄。统计营城组火山岩厚度与产气量的关系可以发现，作为储层的火山岩厚度越大往往其试产产量不高，它们呈线性递减关系。由于CO_2气与烃类气均受“源”控的影响，气源来自于营城组火山岩下部，因此，在长距离运移过程中，气量可能由于在运移路径上分流或是散失，造成本区局部有利区CO_2气高含高产。因此，把徐东地区的CO_2气藏的分布类型归纳为差异聚集型。

三、徐南地区含CO_2天然气藏解剖

（一）基本概况

从深层构造位置看，本区跨越松辽盆地北部东南断陷区徐家围子断陷带和肇东-朝阳沟背斜带两个二级构造单元，工区大部分地区处于徐家围子断陷带的南部，本区西北部与安达-肇州背斜带相邻，东南部与莺山断陷带相接。徐深19井2007年6月4日完钻，完钻井深4257m，营一段火山岩划分有效厚度97.1m。对营一段火山岩185Ⅹ号层3984～3995m井段进行试气，采用28mm挡板垫圈流量计测气，日产气4295m^3。对营一段火山岩185Ⅱ、Ⅳ号层3778～3819m井段进行试气，采用10mm油嘴、26mm挡板临界流量计测气，获日产气82161m^3的工业气流，压裂后获日产气289509m^3的工业气流。此外，在兴城-丰乐地区的徐深8井区、安达地区的达深2井区、升平地区的升深2井区相继有含CO_2天然气藏，但含量较徐深28井、徐深19井区少。

（二）气藏地质特征

1. 地层发育特征

从深到浅，本区各期地层厚度的变化，基本反映了从断陷到拗陷沉积的特点。火石岭组地层主要分布于工区中部，呈NNE向展布，明显表现出断陷早期沉积的特点，在断陷内，其厚度呈不对称的楔状，其中部比南、北两端薄，总体上厚度向北有增厚的趋势，厚度一般为500～800m，工区北部最大厚度为1150m，南部最大厚度为800m；

该期地层从北东向最大厚度的轴线区向西超覆于徐西断裂面之上快速减薄至尖灭，向东超覆于基岩之上缓慢减薄，减薄速率约为西侧的五分之一。沙河子组断陷期沉积的特点也较清楚，工区东部朝深2井及其SN向一定区域内缺失该期地层。工区中部厚度大于500m的地层呈南北向分布，略显向北张口的喇叭状，其厚度变化不均，略显向北增厚的趋势，最大厚度为1350m。向西地层厚度减薄较快，西部最小厚度仅50m；向东地层减薄的速率较低。营一段火山岩远不及北面临区丰乐-兴城地区的发育，工区中南大部地层主要为沉积岩。本区该期地层厚度变化较大，东部朝深2-朝深4井区缺失营一段地层。工区东北部徐深15井钻遇营一段火山岩940m，该井所在营一段火山岩发育区，地层厚度最大，最厚部位于徐深15井东约2.5km处，厚达1050m；自最厚区向南，地层厚度迅速减薄，超覆于基岩凸起之上尖灭。本区中偏西，肇深2井所在的营一段地层厚度大于350m的NNE向宽幅（宽约7km）条带区，其间厚度变化较大，且有中部薄南北厚的趋势，一般厚度为400～500m，最大厚度为800m，最薄仅350m；从该条带区向西地层厚度经过2～3km的距离迅速减薄后，减薄趋势明显变缓，西北最薄地层近50m，位于西北角区；从该条带区向东地层减薄速率较缓，经过朝深6井接近朝深2井地层尖灭。该期沉积地层厚度变化反映了断拗早期断陷沉积为主的特点，工区北部不规则锥状厚度区，为火山岩的沉积区。营四段地层厚度为40～330m，东北部徐深15井所在的营一段火山岩发育区，营城组沉积岩厚度最薄，往东北方向可能缺失营四段沉积岩。工区中偏西部地层较厚，厚度在200m以上的地层平面上呈NNE向的曲折带状，宽3～5km，其间厚度变化也很不均，自该厚值区向东西两侧经短距离快速减薄后，缓慢递减。工区西部最薄地层约70m，东南部最薄约110m，东部薄荷台凸起区朝深4井附近最薄约85m。这种地层厚度的变化格局与断陷末期的古构造和火山体分布密切相关，古地形较高的区火山锥所在区沉积岩则较薄。

2. 储层特征

徐深19区块以流纹岩为主，孔隙类型以溶孔、残余气孔和微裂隙为主（图5-100）。应用岩心、录井和测井综合解释岩性的结果，在对岩性组合进行综合分析的基础上，建立了区域上的火山岩相模式，依据单井标定地震骨干剖面，经过三维组合划分了徐家围子营城组火山岩相。从分布图上可以看出，构造与火山岩相关系非常密切，构造高部位多发育火口相，低部位则以远火口火山沉积相为主，而斜坡区多为过渡的近火口相。徐深19区块营一段火山岩属于近火山口区，以火口相与近火口相为主。

对徐南地区储层预测结果表明，营一段火山岩有利储层厚度分布有两个高值区，一个位于肇深6井附近，最大厚度达220m，另一个位于徐深15井附近，最大厚度为240m。局部高点的火山口处厚度相对较大。

3. 火山岩分布

徐家围子南部营一段火山岩主要分布在徐西断裂带以东地区，厚度最大位于徐深10井、徐深15井区，可达1000m以上，一般为300～700m，西侧在古中央隆起带处逐

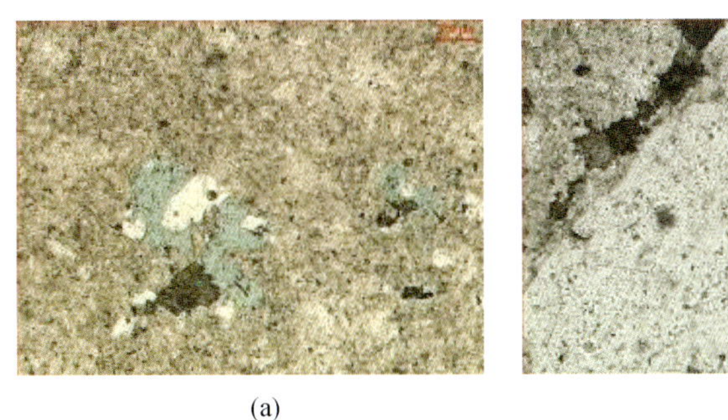

(a)　　(b)

图 5-100　徐深 19 井营城组火山岩储层孔隙特征（薄片标本）

渐减薄尖灭，东侧朝阳沟背斜带厚度变薄尖灭。火山岩厚度分布呈现明显的突变性，较大的厚度一般都是处于局部构造高点。

4. 构造特征

徐家围子断陷最南部的凹陷呈窄条状 NNE 向展布，为受徐西断裂所控制的单断箕状断陷，断陷西侧为 NNW 走向的古中央隆起带基岩凸起，东侧为近 NE 走向的肇东-朝阳沟背斜。徐南地区总体上断裂比较发育，断层走向主要为近 SN 向，其次为 NNE 向和 NNW 向，延伸长度大于 2km 的断层有 200 多条。其规模大致可分为三类，分别为控陷断裂、控带断裂和三级断裂。

5. 气藏特征

1）营城组气水分布及气藏类型

火山岩储层非均质性强，横向变化快，错迭连片但连通性较差，岩性非均质导致气水分异差，岩性是火山岩气藏成藏的主控因素。位于本区北部构造较高部位的肇深 8 井、肇深 6 井、徐深 10 井、徐深 15 井在纵向上试气或综合解释均为上气下水，但是各井无统一的气水界面；中南部构造较高部位的肇深 12 井、徐深 19 井均产纯气，构造对气水分布没有明显的控制作用，为岩性气藏（图 5-101）。

2）气水性质

徐深 19 区块天然气组分中，CH_4 含量为 3.909%，C_2H_6 含量为 0.034%，N_2 平均含量为 1.067%；CO_2 平均含量为 94.965%，CO_2 碳同位素为 5.41‰～5.13‰。利用 CO_2 气成因类型图版划分，均落入无机成因 CO_2 气区范围。

3）地层温度、压力特征

徐深 19 井营城组地层实测地层压力两层，地层压力为 52.5～53.86MPa，压力系数为 1.35～1.38MPa/100m，平均压力系数为 1.37MPa/100m；营城组地层实测地层温度两层，地层温度为 156～159.3℃，温度梯度为 3.88～3.91℃/100m，平均温度梯度为 3.89℃/100m。

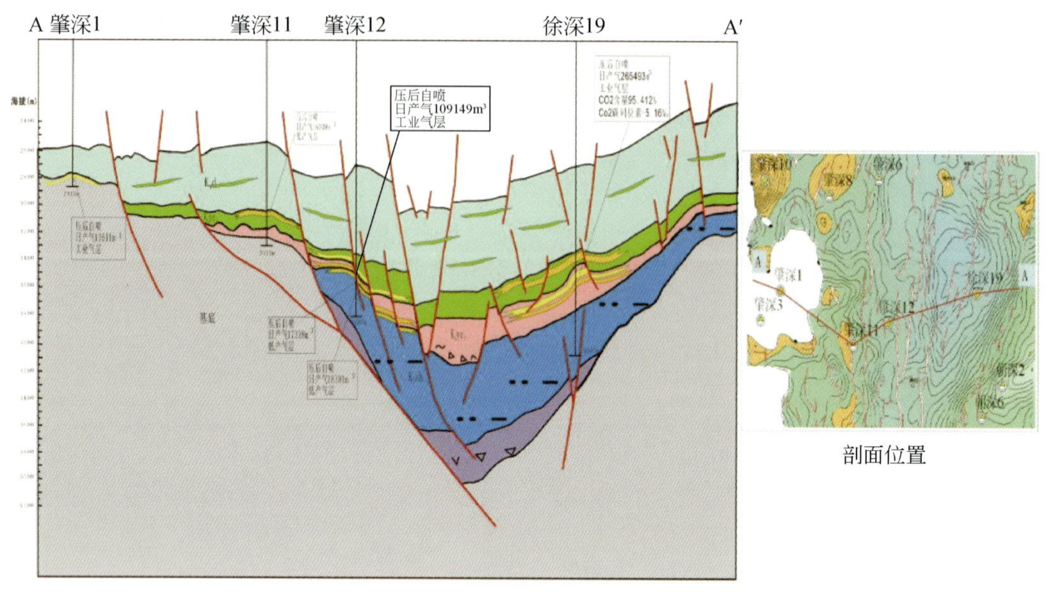

图 5-101　徐南地区肇深 1-徐深 19 井 CO_2 气藏剖面示意图

（三）CO_2 气与烃类气分布关系

按股份公司标准 SY/T6168/1995 的规定，气藏压力系数为 1.3～1.8MPa/100m，属于超压气藏。徐家围子大部分地区气藏压力属于正常压力系统，但特别要强调的是徐家围子断陷内部目前已发现仅四口井存在超压现象，分别是徐深 1 井在火石岭组内气藏，测试压力 64.71MPa，压力系数 1.53MPa/100m；肇深 12 井在营四段砾岩气藏，测试压力 49.89MPa，海拔深度-3490.65m，压力系数 1.37MPa/100m；徐深 19 井营一段火山岩气藏内存在两层，分别为测试压力 53.86MPa、海拔深度-3831.9m、压力系数 1.35MPa/100m 和测试压力 52.5MPa、海拔深度-3641.9m、压力系数 1.38MPa/100m；徐深 10 井位于营一段火山岩气藏内，测试压力 53.35MPa，海拔深度-3573.089m，压力系数 1.42MPa/100m。徐家围子断陷内部，尤其是徐南地区在区域上多口井存在超压现象，推测受徐南地区东部的朝阳沟背斜带活动的影响，构造应力直接作用于气藏，引起的气藏超压力现象，把这一类典型的 CO_2 气藏归纳为晚期构造控制型。

四、安达地区含 CO_2 天然气藏解剖

（一）基本概况

安达次凹面积为 950km²，位于徐家围子断陷北部，东部、北部均为隆起区，西南为古中央隆起带，南部为徐家围子断陷主体。汪家屯-宋站隆起与丰乐低隆起把该断陷

分隔成安达次凹、杏山次凹和肇州次凹。安达次凹构造格局基本为SN向的凹陷带，中部为安达向斜，东侧为斜坡区，西北部为一个宽缓的鼻状构造，其上发育有卧里屯构造群，南部为汪家屯凸起，西部为古中央隆起带，东南部为宋站低隆起。该次凹大部分地区完成三维地震勘探，最北部的卧里屯北工区196km^{2}的三维地震资料正在进行解释。

（二）气藏地质特征

1. 地层发育特征

基底为泥板岩、千枚岩等变质岩和花岗岩等侵入岩。火石岭组形成于断陷盆地初期，底部为一套碎屑岩，中上部发育火山岩及喷发间歇期间的滨浅湖相沉积。下白垩统沙河子组为断陷盆地发育的鼎盛时期，形成断陷期主要烃源岩和局部盖层。断陷内普遍发育，以暗色泥岩为主，夹煤层、泥质砂岩、砂砾岩，是本区的主要烃源岩。营城组沉积期内基底断裂活动频繁，火山活动强烈，在断陷内，形成了大范围分布的火山喷发岩。在徐家围子断陷内营城组分为四段，营一段在升平–宋站南以南发育，主要岩性为流纹岩、球粒流纹岩、流纹质凝灰岩、流纹质凝灰岩熔岩、凝灰质火山角砾岩和集块岩等酸性火山岩，局部发育有中基性的粗面岩、安山岩、安山质角砾岩、安山质玄武岩等。营二段地层在断陷内发育较薄，为湖相暗色泥岩和滨浅湖相沉积，主要分布在杏山凹陷。营三段为灰白色流纹质角砾岩、流纹岩、凝灰岩和中基性的安山岩、安山质角砾岩、安山质玄武岩、玄武质安山岩和玄武岩，厚度为200～700m，发育在升平、宋站凸起、安达凹陷及徐东凹陷北部。营四段为两套砂砾岩与含凝灰质的砂泥岩互层，在升平、兴城地区砂砾岩局部发育，是该区的有利储层之一，但厚度很薄，一般为含凝灰质的砂泥岩互层。本区发育营三段火山岩，缺失营一段火山岩，营四段地层局部发育、厚度薄。登娄库组为由断陷向拗陷过渡期，与下部地层呈不整合接触。本区登娄库组地层沉积厚度受古地理条件控制，总体缺失登一段地层，登娄库组总厚度为300～460m，岩性以河流相的砂泥岩互层为主。登三段、登二段地层的砂体比较发育，为紧密叠置的多期河流沉积的产物，可形成有效的储集层。泉一段、泉二段沉积时期，为稳定拗陷阶段，以滨浅湖、河流相的暗紫色泥岩夹泥质粉砂岩、粉砂岩为主，地层总厚度为300～500m，分布稳定，具有较好的封闭能力，形成深层天然气藏的区域盖层。

2. 储层特征

安达地区火山岩岩性较为复杂，除流纹岩、流纹质集块岩、流纹质晶屑凝灰岩、英安岩等酸性火山岩类外，还分布安山岩、安山质火山角砾岩、粗安质角砾凝灰岩、安山质玄武岩、玄武质安山岩、玄武岩等中基性火山岩类。达深X301井成像资料显示，本井火山岩与达深3井安山质角砾岩十分相似，成像资料可清楚看到较强的角砾溶蚀现象，且高导裂缝和微裂缝非常发育，因此分析认为本井储集空间主要为角砾内溶蚀孔及裂缝。

3. 火山岩分布

根据对岩性组合分析基础上划分的单井火山岩相，并结合火山岩内部反射结构特征可以看出，安达凹陷营城组火山岩是由多期火山喷发叠置而成，早期的火山岩分布范围较广，主要为中基性火山岩喷发，总体表现为西部火山岩发育相对较薄、东部发育相对较厚，工区内火山岩相以溢流相为主；中期的火山岩分布范围较广，厚度较大，主要为中酸性火山岩喷发，火山岩相以爆发相为主，是火山多次爆发叠加的结果，主要集中在中西部；晚期的火山岩以基性火山岩喷发为主。就火山岩相分布特征而言，西部以爆发相为主，东部以溢流相为主。本区汪905—汪903—汪深1—汪深101—达深2井上部火山岩岩相主要为爆发相和喷溢相对储层最有利的火山岩口相带处，向EW逐渐过渡为溢流相较多的近火山口相带及远火山口火山沉积相为主的火山岩相带。达深X301井单井火山岩相主要为爆发相空落亚相，该井区在常规地震剖面上可见沟通深断裂的火山通道及火山活动的扰动痕迹，顶部具有明显火山口特征，周围为近火山口特征，属有利火山岩相带。

汪深1区块营三段火山岩在本区具有连片大面积分布的特点，厚度一般为200～500m，最大700m。火山喷发岩最厚区带呈近南北向分布于达深1井、达深3井、达深2井、汪深1井、汪903井、汪905井一线；北部火山岩厚度分布呈现西部厚、东部变薄，南部中部厚、向东西两侧变薄的趋势，在达深1井、达深2井、宋深1井附近火山岩最为发育，整体上向西侧古隆起处逐渐减薄尖灭，向东部厚度逐渐减薄。达深X301井钻遇火山岩405.7m，未钻穿，地震预测火山岩厚度465m。

4. 构造特征

汪家屯–宋站低隆起与丰乐低隆起把该断陷分隔成安达凹陷、杏山凹陷和肇州凹陷。后期发育的徐中断裂贯穿全区，断层延伸长度大于30km，走向为NNW向，断距自北向南由1000m减小到50m，中部断距200m左右。徐中火山岩构造带，自升平凸起深入断陷中部，向南连接丰乐低隆起，将中央凹陷区又分割为东西两部分，使得徐家围子断陷整体表现为东西分带，南北分块的构造格局。

5. 气藏特征

1）营城组气水分布及气藏类型

安达地区南北岩性及火山机构不同，因此决定南北气藏特征存在差别。南部酸性岩类区储层错叠连片，气水分布受不同火山机构控制，总体为上气下水；在达深302—达深X301—达深6一线向北部中基性岩类区储层平面分布稳定，产纯气，基本不含水。总体上本区营城组气藏没有统一的气水界面，气藏主要受岩性、岩相控制，为岩性气藏。从达深X301井区气水分布及流体性质来看，达深2井压后日产水134.4m^3，气水界面3111.3m，气分析结果CO_2气含量为33.401%；达深X301井不产水，气底3722.6m，CO_2气含量为75.539%；达深3井试气未产水，测井解释气水界面3308.8m，气分析结果CO_2气含量为2.327%。达深X301井位于达深2井、达深3井两口井中部，其气水分布规律及流体性质与它们相差甚远，说明达深 X301 井为一单独火山机构控制的岩性气藏。

2）气水性质

达深 X301 井区不产地层水，无水分析资料。邻井达深 2 井营三段火山岩储层见到地层水，氯离子含量平均为 4361.36mg/L，总矿化度平均为 30284.97mg/L，确定水型为 $NaHCO_3$。与区域水性相比，总矿化度偏高。该井天然气组成中，CO_2 含量为 33.401%，推测 CO_2 溶于水导致矿化度偏高。

3）地层温度、压力特征

达深 X301 井营城组地层实测地层压力两层，地层压力为 39.76～40.25MPa，压力系数为 1.132～1.158MPa/100m，平均为 1.145MPa/100m，属正常压力系统，算术温度梯度为 3.789～3.797℃/100m，平均为 3.793℃/100m，属较高温度梯度。

（三）CO_2 气与烃类气分布关系

安达地区目前仅有探、评井共 8 口，其中达深 2 井、达深 3 井、达深 X301 井共三口井为含 CO_2 气井，含量分别 35.34%、76.25% 和 2.434%，试气产量分别为 42065m^3、56017m^3 和 65657m^3。达深 X301 井与达深 2 井、达深 3 井相比，营城组火山岩顶面深度分别为 3544.0m（斜深）/3475.0m（垂深）、3073.0m、3234.5m，达深 X301 井构造位置在三口井中最低。本井营城组火山岩岩性以石英粗安岩为主，达深 2 井以安山岩、凝灰岩、流纹岩为主，达深 3 井以玄武岩、火山角砾岩为主。达深 X301 井气测录井资料从全烃值对比反映本井含气性差于达深 2 井、达深 3 井，储层物性较邻井差，但含气厚度在三口井中最厚。达深 3 井营城组火山岩段 186Ⅲ、187 号层 MFEⅡ+自喷测试，日产气 56017m^3；达深 2 井营城组火山岩段 87 号层压后自喷，日产气 42065m^3（CO_2 占 34.57%），日产水 134.0m^3，达深 X301 井营城组火山岩含气厚度大，试气获较高产能，有较高的 CO_2 气组分，从气藏剖面图上看，纵向上重力分异明显，为构造-岩性气藏，受储层物性影响明显。由于 CO_2 溶于水的能力是 CH_4 的 34 倍，因此，在存在地层水等条件下，CO_2 气更容易以 HCO_3^- 的形式存在，造成气藏内地层水的矿化度偏高。因此，达深 2 井、达深 X301 井较相近，深部 CO_2 向上运移在两处均成藏，全是由于达深 2 井为气水同层，大量 CO_2 气溶于水，造于该井区的 CO_2 气的含量较达深 X301 井偏低，我们把这种 CO_2 气藏类型归纳为气水分异型。

通过气藏分析，我们总结了徐家围子地区针对成藏特征存在四种成藏模式，一为重力分异型，主要位于昌德地区的芳深 9 井区，其气藏的 CO_2 含量在同一气藏内底部含量高，顶部含量相对低。这可能是由于 CH_4 的分子直径和密度均小于 CO_2，其向外界扩散能力强于 CO_2；二为差异聚集型，主要为徐东地区的徐深 28 井区，其气藏分布范围和气藏类型，主要由火山机构以及火山岩有利储层控制。徐深 28 井区为分支火山口，以火山熔孔为主，物性较好，CO_2 含量为 89.12%，产量为 105876m^3。而邻井区的徐深 22 井，为多期火山岩叠合区，物性较差，CO_2 含量为 32.1%，产量仅为 4467m^3；三为晚期构造控制型，主要为徐南地区的徐深 19 井，由于晚期构造活动的影响，沟通了深部断裂，压力直接作用于气藏形成超压气藏；四为气水分异型，主要位于达深2井区，试气结果为气水同层，产气42065m^3，产水134.4m^3，CO_2含量为35.34%。达深X301井位于达深2井西北侧，目前正在试气，自然产能18868m^3，产水1.2m^3，CO_2含量为76.257%，HCO_3^-为744mg/L。在地层孔隙中烃类气的运移能力强于CO_2，而溶于水后CO_2运移能力强于烃类气，因此分析认为溶于水中的CO_2气在储层中气水分异的结果。

第六章　松辽盆地北部火山岩气藏成藏与分布规律

火山岩气藏成藏地质条件在很大程度上不同于一般人们所见到的沉积岩，从岩石类型、储集性能、分布及相带展布、油气圈闭、成藏模式等方面区别很大，探寻火山岩气藏的分布规律就必须弄清火山岩气藏的成藏条件、控制因素，分析建立火山岩气藏成藏模式，进一步认识火山岩气藏，查明分布规律，为勘探部署提供指导。

第一节　火山岩气藏成藏条件

火山岩气藏与常规油气藏的成藏都需要生、储、盖、运、圈、保六大成藏要素的有机组合和匹配（高瑞祺、蔡希源，1997；高兴有，2008；舒平等，2008；王贵文等，2008）。由于保存条件与高层质量和构造运动导致的断裂等因素密切相关，可在断裂和输导体系中涉及。因此，本节重点讨论松辽盆地北部火山岩气藏的生、储、盖、运、圈五大成藏要素。

一、烃源岩条件

松辽盆地北部火山岩气藏基本分布在生气中心及其周缘，烃源岩是火山岩气藏形成的前提和基础，烃源岩的发育及分布直接关系到气藏的富集程度和分布规律的研究评价，对深层气藏勘探具有重要意义。

（一）烃源岩发育与分布

据钻井揭示，松辽盆地深层存在四套烃源岩，从上到下分别是下白垩统登娄库组、营城组、沙河子组和火石岭组，其中沙河子组湖相泥岩和煤系地层是深层最主要的烃源岩，其暗色泥岩基本遍布了整个断陷，呈断陷中间厚边缘薄的趋势；火石岭组暗色泥岩分布范围较大，在徐家围子断陷靠近徐西、徐中断层地区暗色泥岩发育，断层控制因素明显；营城组主要发育滨浅湖沉积，暗色泥岩厚度较小，区域性发育；登娄库组主要发育辫状河三角洲平原，暗色泥岩发育局限，且厚度薄（王志宏等，2008）。

1. 火石岭组烃源岩分布特征

火石岭组煤层主要发育在徐家围子断陷，分布范围小，主要集中在徐深6井、徐深1井附近，最大厚度约35m；徐家围子断陷暗色泥岩厚度一般为50～200m。双城断陷暗色泥岩一般为100～200m，最大厚度在300m左右（图6-1）。

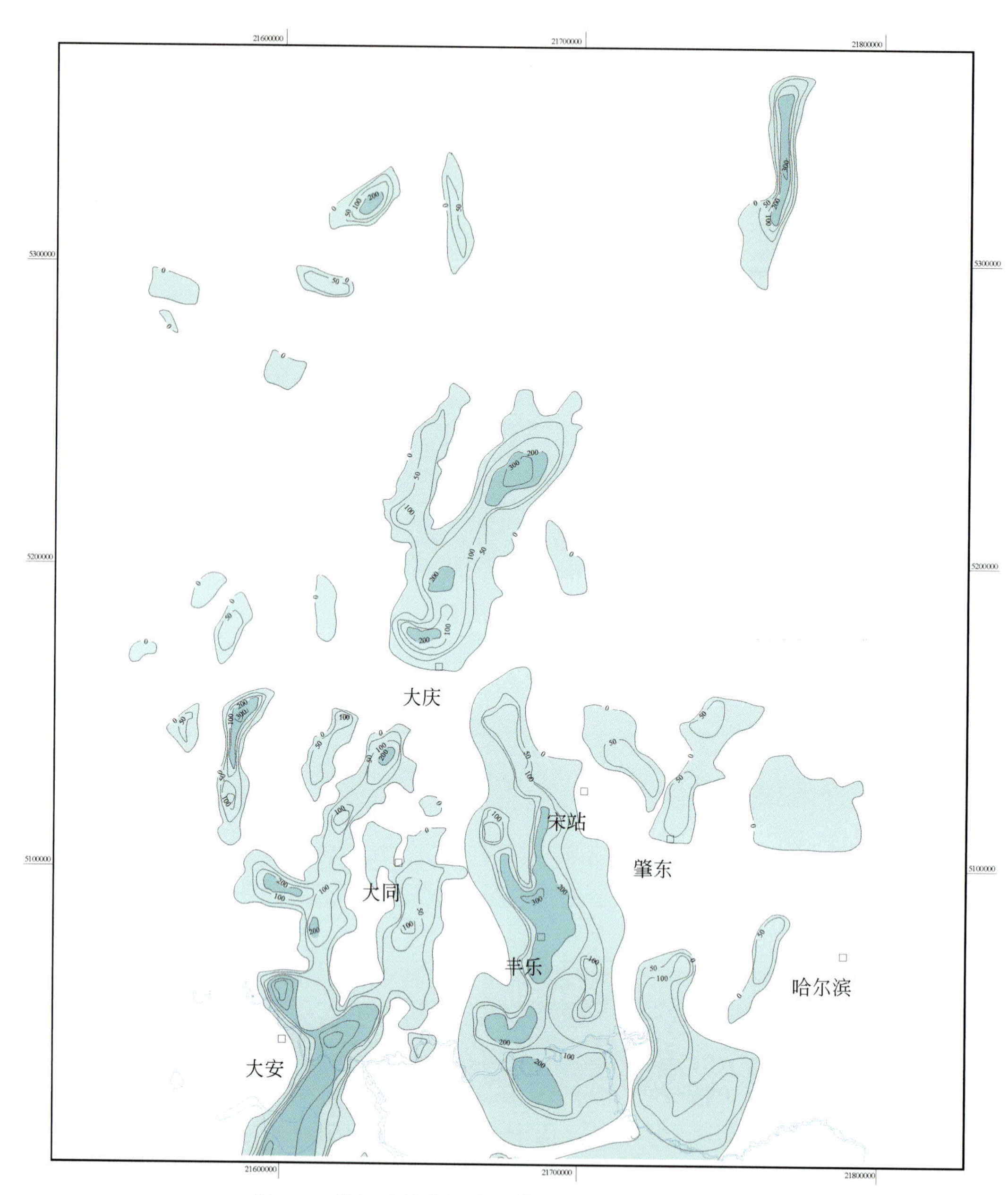

图 6-1　松辽盆地北部火石岭组烃源岩厚度等值线图

2. 沙河子组烃源岩分布特征

沙河子组下部沉积环境为深湖–半深湖相，发育的暗色泥岩为较好的烃源岩，可具有生成液态烃、气态烃（裂解气）的能力；上部沉积环境为冲积平原沼泽、滨浅湖–半深湖，发育的煤及暗色泥岩不具备生成液态烃的能力，但可以作为良好的气源烃（煤成气）。

沙河子组烃源岩是深层最主要的烃源岩，在各断陷盆地中均广泛分布，并具有有效烃源岩厚度大的特征。钻井揭示，烃源岩岩性以深灰色–黑色泥岩、煤线、深灰色–黑色粉砂质泥岩为主，发育少量灰色泥岩。钻遇暗色泥岩最厚的为三深 2 井，厚度达 771m。预测烃源岩的最大厚度在 900m 以上，主要分布区间为 300 ~ 500m。

从沙河子组烃源岩分布看，与现今残存的沙河子组地层分布有相似性，西部边界以徐西断层为边界断层，在断层上升盘的古中央隆起上缺失，分析主要是原始沉积就未发育；西部边界的范围较沙河子组地层边界范围略小；东部斜坡基本都有分布，从南到北，在尚家鼻状凸起、宋站凸起的西翼地层薄或缺失；在断陷内万隆凸起、升平凸起缺失烃源岩。在南北方向上，从徐家围子断陷南部边缘到北部边缘均有分布，具有边部较窄、中部宽的分布特征；沙河子组烃源岩分布范围广，几乎全区覆盖，沙河子组的发育主要受古沉积环境的影响。从现今厚度看，具有 SN 走向的条带状分布特征。在整体东西两翼薄中部厚的分布特点之下，南部（肇深 13 井以南）和北部（达深 1 井以北）相对较中部薄，南部最厚位于肇深 14 井以南，为 600m；北部达深 1 井以北，厚度最大达 700m。中部地层总体较厚，厚度大于 600m 的分布范围大，厚度最大位于徐深 213 井区和宋深 3 井区，为 1350 ~ 1400m，是沙河子组最发育井区（图 6-2）。

3. 沙河子组煤层分布特征

沙河子组煤层在徐家围子断陷、双城西断陷中均钻遇。厚度分布在 3 ~ 103m，煤层分布极不稳定，主要分布于徐深 1 井以北地区。钻井揭示，煤层集中发育在三个区域内：宋深 3 区域，煤层最大厚度达 102m；徐深 1 区域，煤层最大厚度达 96m（徐深 1–1 井）；徐深 25 区域，煤层最大厚度达 21.5m（徐深 25 井）。此外，在安达地区也有煤层集中发育区，最大煤层厚度达 11m（达深 1 井）。本区的煤层在分布上有一定的面积，同时具有一定的厚度。煤层分布在徐深 11 井以北，范围较小。

预测沙河子组煤层集中发育区有三个。

第一，宋深 3 井区，预测煤层最厚为 115m，钻井揭示最大厚度为 102.6m，厚度大于 30m 的分布范围为 146km^2；

第二，徐深 1–1 井区，预测煤层最厚为 115m，钻井揭示最大厚度为 96m，厚度大于 30m 的分布范围为 150km^2；

第三，徐深 213 – 徐深 25 井区，预测煤层最厚为 65m，钻井揭示最大厚度为 21.5m，厚度大于 30m 的分布范围为 59km^2。研究区北部达深 2 井以北，煤层相对较薄，预测厚度大于 10m 的分布范围为 64km^2，最大位于达深 1 井北，为 20m。

钻井揭示紧邻煤层发育区气源充足，已发现兴城气田、升平气田、汪家屯气田及徐深 7 气藏、徐深 28 气藏、徐深 213 气藏、徐深 27 气藏、徐深 23 气藏等，煤层是徐家围子北部重要的气源层。

4. 营四段烃源岩厚度预测及分布特征

烃源岩主要发育在营四段下部地层中，烃源岩百分含量和边界主要以钻井统计结果为主，在无控制点的井区设置虚拟井，烃源岩比例根据地震属性、沉积相与同类地

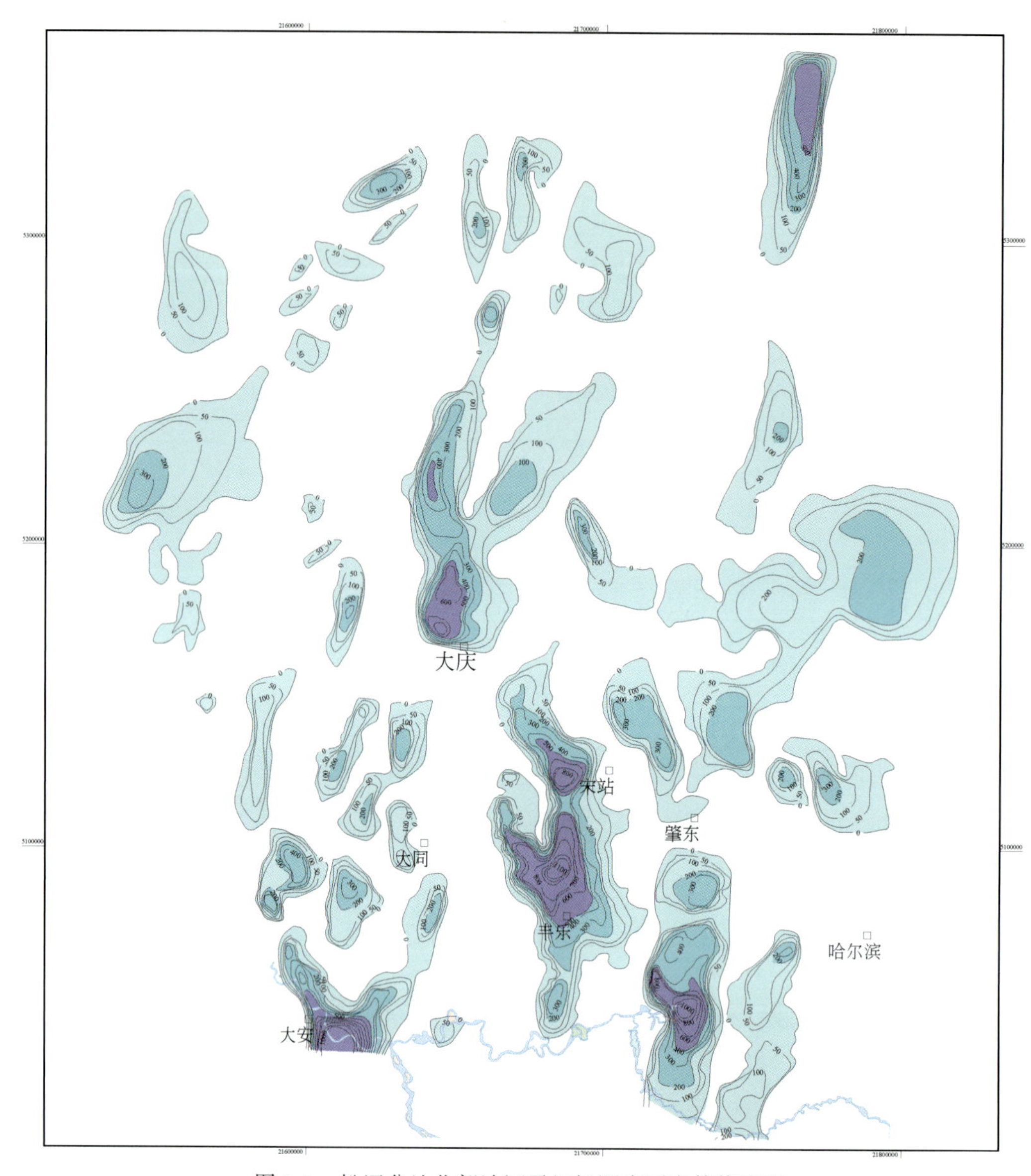

图6-2　松辽盆地北部沙河子组烃源岩厚度等值线图

区一致。同时沉积相分析也认为营四段下部泥岩段234km^{2}发育浅湖-半深湖相，中上部以发育粗相带的岩性为主。

从徐家围子断陷营四段烃源岩分布看（图6-3），分布范围较营四段地层分布范围小，升深5-升深3井以北不发育烃源岩；在中南部肇深14—徐深10—徐深18—朝深5一线发育一个NE走向的粗岩性发育带，在该带不发育烃源岩，将营四段烃源岩分成南北两块，北块形成以徐深42-徐深22-徐深31井为烃源岩发育中心，具有向周边减薄的分布特点，烃源岩最厚为160m；粗岩性发育带以南发育以肇深14井和朝深3井两井区为中心的烃源岩发育区，向周边减薄的分布特点，肇深14井区和朝深3井区烃源岩最厚分别为165m和125m。全区揭示烃源岩厚度大于90m的井为肇深14井、徐深22井、朝深3井、徐深31井、徐深502井，厚度分别为154m、139.1m、123.4m、95m、90.3m。营四段烃源岩分布范围受构造因素控制，局部缺失，区域内分布范围较广，占营四段地层分布范围的75%左右。

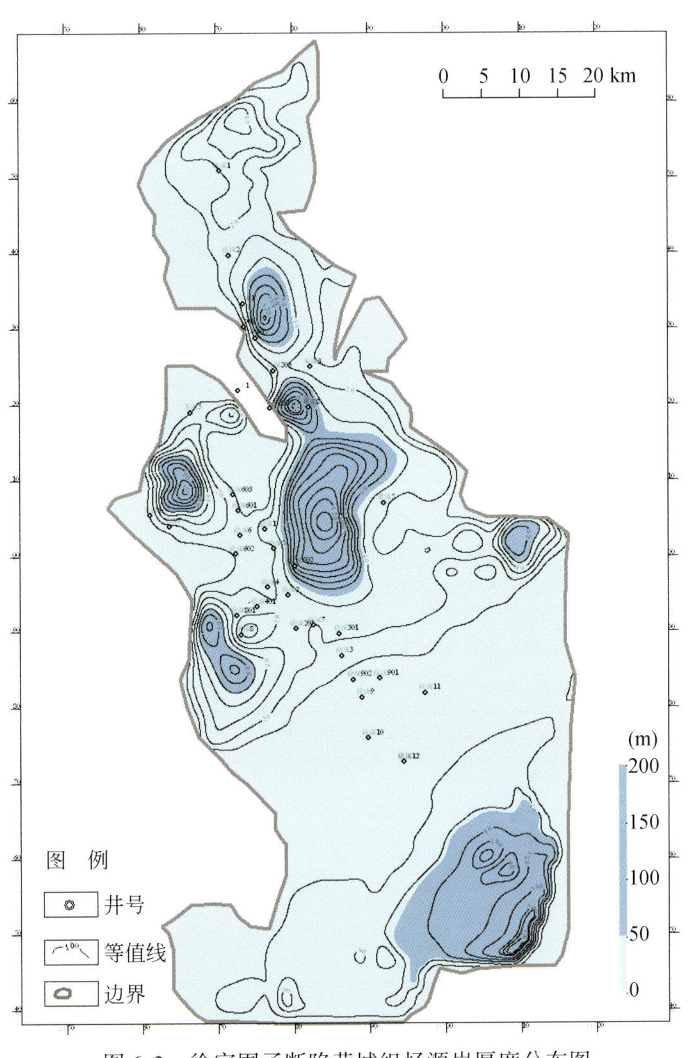

图6-3　徐家围子断陷营城组烃源岩厚度分布图

5. 登娄库组烃源岩厚度预测及分布特征

登娄库组烃源岩主要发育在双城断陷、古龙断陷，该层段发育有紫红色、灰绿色、灰色、深灰色及黑色泥岩，氧化色泥岩基本没有生烃能力，只需将深灰色–黑色泥岩进行统计。其中古龙断陷暗色泥岩厚度最大值为200m（图6-4），主要以河流、滨浅湖相为主，暗色泥岩不很发育，厚度相对营城组、沙河子组小。从气源岩的分布情况看，营城组、沙河子组和火石岭组比登娄库组更为有利。

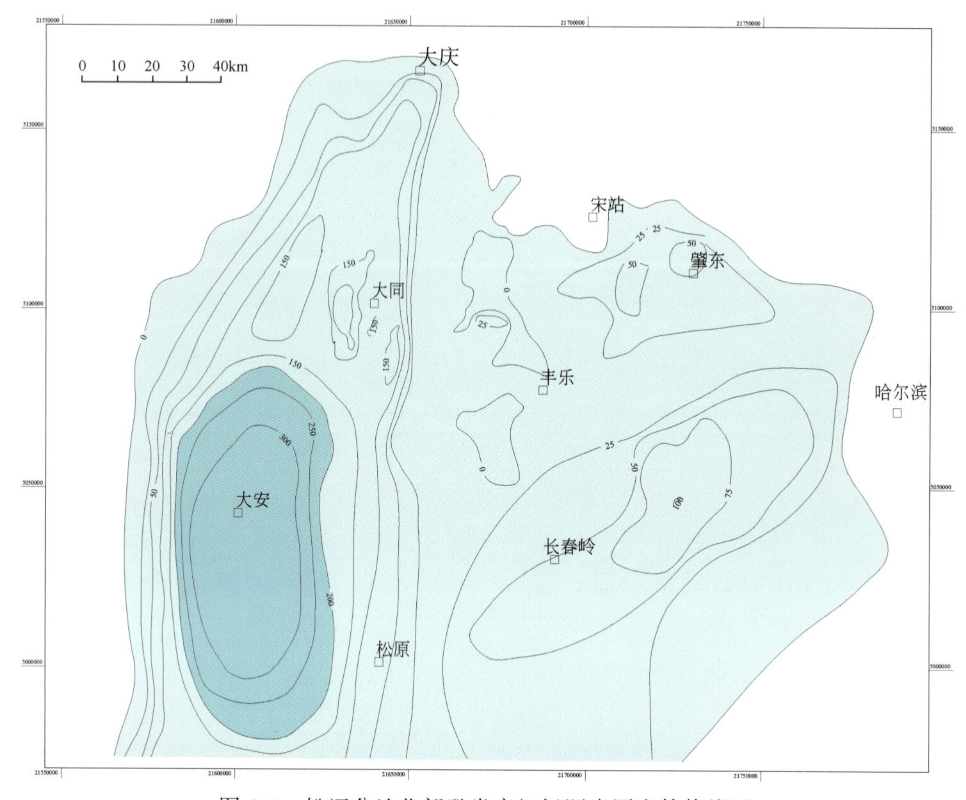

图 6-4　松辽盆地北部登娄库组烃源岩厚度等值线图

从登娄库组各层段烃源岩平面分布可以看出，徐家围子断陷暗色泥岩主要分布在中西部及东南部。登二段灰色-黑色泥岩累计厚度最厚部位主要位于研究区南部徐深9-朝深6井区（最厚为55m）、研究区中西部的芳深901-芳深10井区（最厚为60m），还有研究区北部的安达地区（最厚为55m），在中央隆起带之上以及研究区东部隆起带，灰色-黑色泥岩不发育或趋于尖灭。其中深灰色-黑色泥岩分布范围（剔除灰色泥岩后）主要分布在芳深901井、徐深903井、尚深3井、达深6井区，最大厚度为30～60m，分布面积较广。登三段灰色-黑色泥岩累计厚度最厚区域主要位于研究区南部朝深3-肇深14井区，最大厚度可以达到120m左右。北部芳深8井区最大厚度也可达到50m左右，在中央隆起带和东部隆起带逐渐减薄，在安达地区北部隆起区基本没有暗色泥岩发育。根据深灰色-黑色泥岩统计，可以看出登三段时期的深灰色-黑色泥岩分布仅限于芳深901井、升深1井和尚深3井区，最大累计厚度为40m左右，分布面积较小。登四段灰色-黑色泥岩主要分布在徐家围子断陷南部，最厚为140m左右，中西部芳深8井区为局部厚值区，累计最大厚度为70m。根据深灰色-黑色泥岩统计，该层段深灰色-黑色泥岩仅发育在芳深901井、徐深903井区，累计最大厚度约为70m。

通过总体累加，整个登娄库组在研究区南部的朝深3井区钻遇巨厚的灰色泥岩，累加厚度可以达到300m，断陷西部的芳深901井附近最大烃源岩厚度可以达到108m（以深灰色泥岩为主），芳深8井-芳深2井区暗色泥岩厚度最大可以达到140m。在卫深501—升深5—升深7—宋深6井一线以北一直到安达地区基本不发育烃源岩；在研究区东部的尚深2井-徐深26井附近烃源岩也基本不发育。在研究区南部，肇深2—肇深10—昌401井一线以南，烃源岩也发育很少，平均烃源岩厚度一般在20m以下。

前人研究表明，灰色泥岩的生烃能力较差，所以从深灰色-黑色泥岩统计结果看，登二段是登娄库组最主要的烃源岩发育层段，最大厚度为55m，其次为登三段的烃源岩，最大厚度为40m，登四段—泉二段的深灰色-黑色泥岩发育很少，不具备生烃能力。

（二）烃源岩有机质丰度

有机质丰度是烃源岩生烃与排烃的物质基础，不仅直接决定其油气生成的数量，而且也影响油气生成的潜量。通常用有机质丰度来代表岩石中所含有机质的相对含量，衡量和评价岩石的生烃潜力。运用我国现行的陆相烃源岩有机质丰度评价标准和泥质气源岩的评价标准（表6-1），利用有机碳含量、氯仿沥青“A”、生烃潜量等分析结果对徐家围子断陷深层烃源岩进行评价。

表6-1　泥质气源岩评价标准

有机质丰度	非气源岩	差气源岩	中等气源岩	较好气源岩	好气源岩
TOC/%	<0.1	0.1～0.4	0.4～0.6	0.6～1.0	>1.0
IH/(mg/g)	<20	20～100	100～300	>300	>300

徐家围子断陷主要发育以含煤岩系为主的烃源岩，包括火石岭组、沙河子组、营城组、登娄库组，其中沙河子组为主力烃源岩。

1. 火石岭组有机质丰度

徐家围子断陷火石岭组钻遇暗色泥岩，最大厚度为110m，且发育局限，钻井揭示较少，暗色泥岩有机碳平均值为1.16%，氯仿沥青“A”平均值为0.0203%，生烃潜力（S_1+S_2）平均值为2.2mg/g，氢指数IH平均值为13mg/g，综合评价为差气源岩（表6-2）。

表6-2　徐家围子断陷火石岭组烃源岩地化分析数据统计

层位	残余有机质丰度				成熟度		综合评价
	氯仿沥青“A”/%（2口）	TOC/%（4口）	S_1+S_2/(mg/g)（4口）	IH/(mg/g)（4口）	T_{max}/℃（4口）	R_o/%（5口）	
火石岭组	0.0002～0.0389 0.0203（9）	0.1～4.96 1.16（7）	0.05～19 2.2（12）	3～84 13（12）	457～596 573（29）	2.08～3.47 3.22（46）	差气源岩 高成熟-过成熟阶段

2. 沙河子组有机质丰度

据徐家围子断陷沙河子组地化分析数据统计（表6-3），沙河子组暗色泥岩有机碳平均值为11.29%，氯仿沥青“A”平均值为0.049%，生烃潜力（S_1+S_2）平均值为5.02mg/g，氢指数（IH）平均值为38.8mg/g，从目前勘探程度较高的徐家围子断陷来看，钻井揭示沙河子组暗色泥岩最大厚度为384m，烃源岩有机质丰度较高，综合评价沙河子组烃源岩为差-好气源岩。

表6-3　徐家围子断陷沙河子组烃源岩地化分析数据统计

层位	残余有机质丰度				成熟度		综合评价
	氯仿沥青“A”/%（21口）	TOC/%（30口）	S_1+S_2/(mg/g)（29口）	IH/(mg/g)（29口）	T_{max}/℃（29口）	R_o/%（29口）	
沙河子组	$\frac{0.0007\sim0.4776}{0.049(63)}$	$\frac{0.12\sim84.44}{11.29(196)}$	$\frac{0\sim71.48}{5.02(186)}$	$\frac{0\sim468}{38.8(178)}$	$\frac{315\sim595}{501(170)}$	$\frac{1.27\sim3.56}{2.31(162)}$	差-好气源岩高成熟-过成熟阶段

3. 营城组有机质丰度

徐家围子断陷钻井揭示营城组暗色泥岩最大厚度为118m，暗色泥岩有机碳平均值为11.29%，氯仿沥青“A”平均值为0.0322%，生烃潜力（S_1+S_2）平均值为1.23mg/g，氢指数（IH）平均值为41mg/g（表6-4），有机质丰度较高，按气源评价标准划分属差-好气源岩，但暗色泥岩厚度相对较薄，埋藏较浅，表明营城组烃源岩为深层气贡献较小。

表6-4　徐家围子断陷营城组烃源岩地化分析数据统计

层位	残余有机质丰度				成熟度		综合评价
	氯仿沥青“A”/%（18口）	TOC/%（29口）	S_1+S_2/(mg/g)（29口）	IH/(mg/g)（29口）	T_{max}/℃（29口）	R_o/%（22口）	
营城组	$\frac{0.0008\sim0.261}{0.0322(40)}$	$\frac{0.08\sim4.73}{1.40(88)}$	$\frac{0\sim14.7}{1.23(93)}$	$\frac{0\sim360}{41(82)}$	$\frac{401\sim560}{491(78)}$	$\frac{1.36\sim2.80}{2.14(64)}$	差-好气源岩高成熟-过成熟阶段

4. 登娄库组有机质丰度

登娄库组暗色泥岩有机碳平均值为0.79%，氯仿沥青“A”平均值为0.0076%，生烃潜力（S_1+S_2）平均值为0.1mg/g，氢指数（IH）平均值为21mg/g（表6-5），综合评价为差气源岩。

表 6-5　徐家围子断陷登娄库组烃源岩地化分析数据统计

层位	残余有机质丰度				成熟度		综合评价
	氯仿沥青“A”/%（25 口）	TOC/%（32 口）	S_1+S_2/(mg/g)（32 口）	IH/(mg/g)（32 口）	T_{max}/℃（32 口）	R_o/%（18 口）	
登娄库组	0.0005～0.0802 0.0076（129）	0.13～4.69 0.79（10）	0.01～0.32 0.1（10）	3～67 21（8）	427～568 518（8）	1.13～2.37 1.89（61）	差气源岩 高成熟阶段

由于徐家围子断陷深层烃源岩大多已达到高成熟–过成熟阶段，氢指数指标不再适用，可以用有机碳来判别原始气源岩级别。由此判别，徐家围子断陷沙河子组和火石岭组有机质丰度较高，营城组次之，登娄库组最低，但火石岭组暗色泥岩发育局限且厚度不大，综合评价沙河子组是徐家围子断陷深层天然气最有利的烃源岩。

（三）烃源岩有机质类型

不同类型的有机质（干酪根）具有不同的生烃潜力，形成不同的产物，这种差异与有机质的化学组成和结构有关。泥岩中通常含有比较丰富的有机质，准确地区别有机质的类型是烃源岩研究的关键问题。一般来说，Ⅰ型干酪根以生油为主，Ⅱ型干酪根既可以生油也可以生气，Ⅲ型干酪根以生气为主，可生成少量油。当然，无论什么类型的原油，在高成熟–过成熟阶段均可以裂解生气。

徐家围子断陷深层由于埋藏较深，热演化程度高，干酪根元素组成反映母质类型较差（图 6-2），而用有机岩石学方法确定有机质类型最为有效。有机岩石学方法受成熟度的影响比较小，可以用于高成熟–过成熟烃源岩的有机质类型划分。该方法通过在显微镜下观察干酪根的显微组成，确定有机质的类型，在有机质显微组成上，煤系烃源岩主要由镜质组（大于 60%）、惰质组（大于 20%）和少量壳质组（主要是孢子体，小于 4%）组成，反映生物来源主要为陆源植物。泥质烃源岩主要由镜质组（小于 25%）、腐泥组（小于 20%，包括少量藻类体）、壳质组（小于 20%）和惰质组（大于 50%）组成，反映生物来源既有陆源植物又有湖相生物。

1. 登娄库组有机质类型

徐家围子断陷登娄库组有机质类型从镜下鉴定主要为Ⅲ型，但埋藏相对较浅，可能成为有利的浅层气来源，达深 1 井干酪根类型镜下鉴定为Ⅰ型，生油潜能较大，但由于登娄库组样品数量较少，不能划分区域性分布。

2. 营城组有机质类型

徐家围子断陷营城组共取 12 口井的 19 块样品，样品覆盖范围较广，镜下鉴定Ⅰ型、Ⅱ型、Ⅲ型均有。

3. 沙河子组有机质类型

徐家围子断陷沙河子组共取 21 口井的 62 块样品，取样覆盖范围广，镜下鉴定有机质类型为Ⅱ-Ⅲ型，样品类型丰富，且埋藏深，综合反映沙河子组烃源岩具有最好的生气条件。

4. 火石岭组有机质类型

火石岭组只有徐深1井的六块样品，有机质类型镜下鉴定为Ⅲ型，且成熟度较高，具备生气条件（表6-6）。

表6-6　徐家围子断陷火石岭组干酪根镜下鉴定

井号	井深/m	层位	类型指数	干酪根类型	腐泥组/%	壳质组/%	镜质组/%	惰质组/%
徐深1	4141	火石岭组	-18	Ⅲ	40	0.7	4.3	55
徐深1	4141	火石岭组	-46.8	Ⅲ	26	0	4.67	69.33
徐深1	4414.91	火石岭组	-99.3	Ⅲ	0	0	3	97
徐深1	4415.41	火石岭组	-99.5	Ⅲ	0	0	2	98
徐深1	4415.91	火石岭组	-99.3	Ⅲ	0	0	3	97
徐深1	4416.21	火石岭组	-99.5	Ⅲ	0	0	2	98

分析结果表明，在徐家围子断陷深层烃源岩中，有机质类型以Ⅲ型为主，少部分为Ⅰ型和Ⅱ型。有机质类型的多样性表明，松辽盆地深层烃源岩沉积环境和母源输入是复杂多变的。在徐家围子断陷沙河子组烃源岩中，某些具有生油潜力的显微组分含量相对较大，反映烃源岩具有生油生气的双重潜能。

（四）烃源岩有机质热演化程度

沉积岩中有机质的丰度和类型是生成油气的物质基础，但是有机质只有达到一定的热演化程度才能开始大量生烃。勘探实践证明，只有在成熟烃源岩分布区才有较高的油气勘探成功率。所以烃源岩的成熟度评价也是决定油气勘探成败的关键。成熟度是表示沉积有机质向油气转化的热演化程度，常用镜质组反射率 R_o 判定有机质成熟度。镜质组反射率与成岩作用关系密切，热变质作用越深，镜质组反射率越大。测定烃源岩中有机质或煤层的镜质组反射率，可以预测油气分布。

从徐家围子断陷镜质组反射率统计结果看（表6-7），徐家围子断陷火石岭组地层 R_o 平均值达到3.22%，已达到过成熟阶段；沙河子组地层在徐家围子断陷热演化程度差异比较大，R_o 为1.27%～3.56%，处于高成熟-过成熟阶段；营城组烃源岩在徐家围子断陷处于高成熟-过成熟阶段；徐家围子断陷登娄库组地层 R_o 平均值为1.89%，处于高成熟阶段。

表6-7　登娄库组—火石岭组镜质组反射率统计结果

地区	R_o/%			
	登娄库组（18口）	营城组（22口）	沙河子组（30口）	火石岭组（5口）
徐家围子断陷	1.13～2.37 / 1.89（61）	1.36～2.80 / 2.14（64）	1.27～3.56 / 2.31（162）	2.08～3.47 / 3.22（46）

根据徐家围子断陷沙河子组162块样品镜质组反射率统计，R_o≤2.0%的只有46个点，均值为1.61%，均分布在3500m以上，处于高成熟–过成熟阶段；其余114个采样点R_o均大于2.0%，处于有机质过成熟阶段，在3500m下部镜质组反射率明显变大，反映沙河子组内部在3500m左右不同的热演化事件。由于沙河子组暗色泥岩处于高成熟–过成熟阶段，综合评价沙河子组暗色泥岩为深层天然气的主力烃源岩（图6-5）。

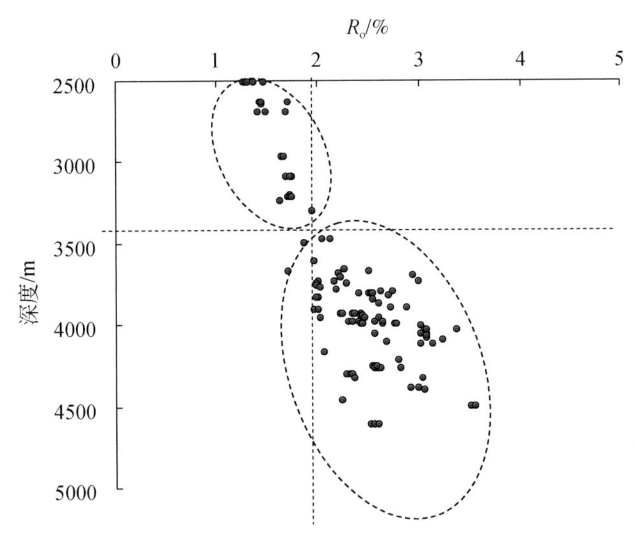

图6-5　徐家围子断陷沙河子组镜质组反射率随深度变化图

（五）烃源岩有机质生烃潜力评价

1. 泥质烃源岩生烃潜力评价

1）烃源岩有机质类型

腐泥型有机质由于氢含量较高，最终的生气潜力较腐殖型有机质大得多。根据以往的研究成果，徐家围子断陷深层烃源岩有机质以腐殖型为主。

近年来，在徐家围子断陷中部的兴城地区发现了更大规模的天然气藏。多口井天然气样品的地球化学分析结果表明，该地区天然气与昌德地区和升平–汪家屯地区的成因类型存在明显差异。三个地区天然气的CH_4碳同位素几乎没有任何差别，大都分布在–30‰～–20‰。然而，兴城地区的C_2H_6碳同位素却明显轻于昌德地区和升平–汪家屯地区。

目前国内外学者普遍认为，C_2H_6碳同位素受热演化程度影响较小，比CH_4更能反映源岩的母质类型。据张义纲的研究结果，C_2H_6碳同位素$\delta^{13}C_2$=–28‰可以作为区分油型气和煤型气的粗略界限。刚文哲等通过碳酸盐岩、泥岩、油页岩和煤的加水热模拟实验，发现腐泥型热解气的C_2H_6碳同位素小于–29‰，腐殖型热解气的C_2H_6碳同位素大于–29‰，因此把C_2H_6碳同位素–29‰作为区分油型气和煤型气的标准。当然如果

天然气中 CH_4 和 C_2H_6 有不同的来源，用该标准的判别结果只是 C_2H_6 的成因类型。

若采用 $\delta^{13}C_2=-29‰$作为划分标准，昌德地区 C_2H_6 为油型气的天然气样品所占比例为 30.4%，升平–汪家屯地区 C_2H_6 为油型气的天然气样品所占比例为 18.8%，兴城地区 C_2H_6 为油型气的天然气样品所占比例高达 68.9%。可能的解释如下：徐家围子断陷中部湖相烃源岩中腐泥型组分所占比例高于断陷边部，使得兴城地区天然气中 C_2以上重烃大部分来自腐泥型有机质。由于该断陷天然气横向运移距离不大，造成兴城地区天然气中 C_2H_6 碳同位素轻于昌德地区和升平–汪家屯地区。兴城地区天然气中的 CH_4 也含有比昌德地区和升平–汪家屯地区更多的腐泥型有机质生成的成分，由于源岩成熟度较高导致碳同位素变重。

2）泥质烃源岩综合评价

传统的烃源岩评价一般包括三方面内容，即烃源岩残留有机质的丰度、类型、成熟度，其最大的局限性是没有考虑烃源岩排烃量的大小。庞雄奇根据物质平衡法创建了排烃门限理论，认为烃源岩只有生烃量 Q_p大于残留烃临界量 Q_{rm}时才能排烃，排烃量 Q_e为

$$Q_e=Q_p-Q_{rm} \tag{6-1}$$

他还认为，只有满足式（6-1）排烃量的大小才能真正反映烃源岩的品质，用烃源岩综合评价指数 SRI 可以定量划分烃源岩的级别。

$$\mathrm{SRI}(i)=\frac{Q_p(i)-Q_{rm}(i)}{Q_{em}(i)}\times 100 \tag{6-2}$$

式中，i 为不同烃组分，即为油或气；Q_{em}为标准烃源岩层（即最好烃源岩层）的排烃量，庞雄奇选择了松辽盆地青山口组地层。烃源岩具体划分标准见表 6-8。

表 6-8　SRI 指标的烃源岩评价标准

烃源岩类型	最好源岩	好源岩	中等源岩	差源岩	非源岩
等级划分	A	B	C	D	E
SRI	>75	50～75	25～50	0～25	<0

用 SRI 指标对徐家围子断陷沙河子组泥质烃源岩进行了评价，并在平面上划分了级别（图 2-7）。该断陷沙河子组暗色泥岩在大部分区域内达到最好气源岩标准，在断陷的边部为好气源岩或中等气源岩。

2. 煤岩的生气潜力研究

徐家围子断陷已有多口探井在沙河子组钻遇煤层，其中宋深 3 井煤层累计厚度达到 105.5m。煤的有机质丰度一般相当于泥岩的几十倍，其生烃能力不可低估。由于徐家围子断陷煤的热演化程度已达高成熟–过成熟阶段，现今的生烃能力很低，无法反映原始生烃潜力。为了客观评价松辽盆地深层煤的生气潜力，作者到吉林省长春附近的营城煤矿采集了低成熟沙河子组煤样（5–9）。其 R_o 为 0.56%，处于低成熟阶段，为长焰煤，适合于做生气模拟实验。S_1+S_2/TOC 为 181mg/g，相当于 233mL 烃气/g TOC（空气密度为 1.293g/L，天然气的相对密度取 0.6），该值可以看作最大生气率。根据王春江建立的

煤的生烃潜量评价标准，为一般生气型腐殖煤（表6-9）。

表6-9　营城煤矿煤样的地球化学性质

TOC/%	氯仿沥青"A"/%	热解参数				显微组分/%		干酪根类型	R_o/%
		S_1/(mg/g)	S_2/(mg/g)	T_{max}/℃	IH/(g/mg)	无结构镜质体	丝质体		
67	0.48	2.77	118.78	426	177	96.7	3.3	Ⅲ	0.56

生气热模拟实验条件分开放体系和封闭体系。在开放体系条件下，液态烃过早排出未继续裂解导致最终生气量过小；在封闭体系条件下，反应釜内生成的气态烃不能及时排出，抑制了干酪根和液态烃的继续裂解，也使产气率偏低。为了解决这一有机地球化学界始终没有攻克的难题，我们设计了一种新的实验方案：300～550℃进行六个温度点的封闭体系模拟，每个温度点恒温48小时结束，收集气态产物，如果产气量较大，釜中岩石样品继续重复加热48小时，直到没有明显的产气后，取出釜内样品进行 R_o 等项目分析。

300℃和350℃生气量较少，只进行一次加热，400～550℃每一温度点实际加热两次。从模拟实验结果看（表6-10），400℃以上各温度点，第二次加热均有明显的生气。如500℃时，第二次加热的生气量占总生气量的22.7%。显然，与传统实验方法相比，这样的模拟过程与地下实际的开放体系生烃过程更为接近，避免了气态产物对裂解反应的抑制作用，使产气率较一次加热有明显的增加。

表6-10　煤岩样品的热模拟产气量数据

加热温度/℃	装样量/g	加热次数	恒温时间/h	产气量/(mL/g煤)	烃气含量/%	烃气产量/(mL/g煤)
300	25	第一次	48	0.76	5.35	0.04
350	25	第一次	48	13.06	22.85	2.99
400	25	第一次	48	35.56	58.89	20.94
		第二次	48	11.61	62.23	7.22
450	25	第一次	48	62.95	66.10	41.61
		第二次	48	14.83	62.70	9.30
500	25	第一次	48	89.16	72.71	64.82
		第二次	48	32.20	59.12	19.04
550	25	第一次	48	114.60	74.30	85.15
		第二次	48	36.70	55.67	20.43

将每个温度点多次加热的产气量相加，折算成单位重量有机碳的烃气产量，再与镜质体反射率建立相关关系，即得到该煤样烃气产率曲线（表6-11，图6-6）。图中最后一组数据（R_o=4.0%）的烃气产率并非来自模拟实验，而是取自热解得出的（S_1+S_2）/TOC（233mL烃气/g TOC）。

表 6-11 煤岩样品在不同成熟阶段的烃气产率

加热温度/℃	R_o/%	烃气产量/(mL/g 煤)	烃气产量/(mL/g TOC)	第一次加热产量/(mL/g 煤)	第一次加热产量/(mL/g TOC)
300	0.66	0.0407	0.0608	0.0407	0.0608
350	0.82	2.9850	4.4553	2.9850	4.4553
400	1.12	28.1612	42.0317	20.9390	31.2523
450	1.68	50.9084	75.9827	41.6109	62.1058
500	2.25	83.8583	125.1616	64.8217	96.7489
550	2.91	114.2912	170.5839	85.1541	127.0957

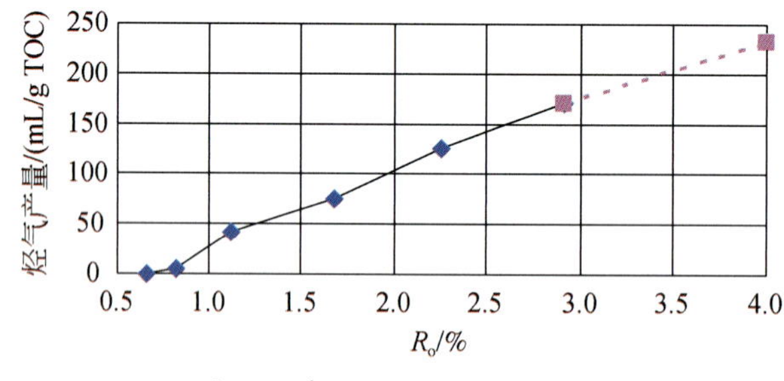

图 6-6 煤样拟生气率曲线图

以往计算徐家围子断陷煤的生气量采用的是其他盆地煤的生气模型，产气率和生烃期都不十分合适。由于本次模拟实验采用的是松辽盆地南部断陷时期沉积的煤岩，可以客观地反映松辽盆地深层煤的生气模式，对徐家围子断陷煤生气潜力评价具有重要意义。

二、火山岩储层条件

火山岩储层作为低孔低渗双重介质储层，不同于正常的碎屑岩储层，它有很强的非均质性，其孔隙结构一般都十分复杂，存在裂缝及其不同组合的孔隙类型。火山岩储层储集能力与埋深关系不是很大，物性与岩性、岩相的关系密切，不同岩性、岩相条件从根本上决定了储集空间的发育程度与规模，因此在埋藏较深的部位仍可找到较好的火山岩储层（蒙启安等，2002；邵红梅等，2006；舒萍等，2007，2008）。

火山岩的岩性决定了原生孔隙的类型，岩性是影响火山岩储集性能的直接因素，从基性、中性熔岩到酸性熔岩，岩石的黏度、脆性逐渐升高。深层火山岩储层从中性的安山岩到酸性的流纹岩均见产气层，但绝大多数工业气流井岩性为酸性火山岩。

火山岩相，特别是火山岩亚相，不同岩相、亚相具有不同的孔隙类型，其物性参数值可能会有天壤之别。因为各相和各亚相之间岩石结构和构造存在较大差别，它们控制着原生和次生孔缝的组合与分布。总体上，喷溢相上部亚相和爆发相热碎屑流亚相的孔隙度与渗透率相对略高，物性较好；喷溢相中部亚相、爆发相热基浪亚相的孔隙度与渗透率相对略低。

三、盖层条件

盖层是天然气聚集成藏的重要组成部分，其封闭性能是宏观发育特征与微观封闭能力的综合体现，不仅反映盖层的发育程度、分布区域、形成环境，而且强调盖层内部微观结构和特点。

（一）盖层类型及分布特征

1. 盖层类型特征

徐家围子断陷深层天然气盖层主要有三种类型，即泥岩、火山岩、泥质砾岩。火山岩又可分为高声波时差火山岩及低声波时差火山岩。泥岩主要分布在泉一段、泉二段、登四段、登三段、登二段及营四段，火山岩主要分布在营一段及营三段，泥质砾岩主要分布在营四段。

火山岩盖层的岩性是多种多样的（图6-7），高声波时差火山岩盖层岩性主要为凝灰岩、火山角砾岩，其次为流纹岩、角砾熔岩，安山岩及酸性喷发岩相对较少。低声波时差火山岩盖层岩性主要为流纹岩，其次为凝灰岩、熔结凝灰岩及火山角砾岩，安山岩、玄武岩相对较小。

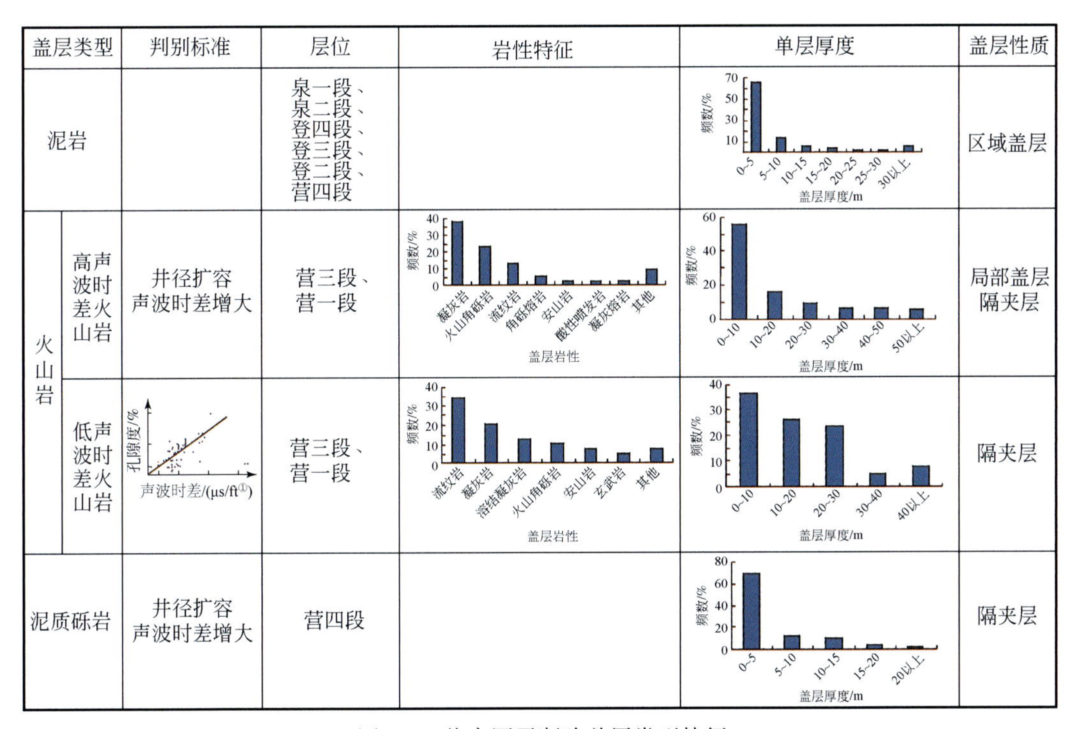

图6-7　徐家围子断陷盖层类型特征

① 1ft=0.3048m，英尺。

各种盖层的单层厚度也不尽相同，泥岩单层厚度主要集中在0～5m；高声波时差火山岩单层厚度较泥岩大，主要为0～10m，其次为10～20m；低声波时差火山岩单层厚度最大，0～10m达到38%，10～20m达到25%，20～30m可达到25%；泥质砾岩单层厚度小，主要集中在0～5m。

徐家围子断陷两种类型火山岩盖层具有明显不同的特征，高声波时差火山岩盖层判别主要用测井曲线，表现为高声波时差、井径扩容，与泥岩具有相似的声波时差特征，据此特征由测井曲线上极易识别。而低声波时差火山岩盖层，其声波时差虽然低于火山岩储层的声波时差值，但二者的差异并非十分明显，用肉眼难以分辨，由徐家围子断陷天然气勘探实践可知，如果火山岩的孔隙度大于3%，那么它就具有储集工业价值天然气的能力。换句话说，如果火山岩的孔隙度小于或等于3%，那么它就不能成为天然气的储集层。然而，当火山岩孔隙度小于或等于3%时，虽不能成为天然气的储集层，但它却可以成为天然气的封盖层，故可以将3%作为低声波时差火山岩盖层的孔隙度下限值。徐家围子断陷低声波时差火山岩声波时差值与其孔隙度之间具有良好的正比关系，即随着低声波时差火山岩声波时差增大，孔隙度增大，反之则减小。由图6-8可以得到与孔隙度等于3%对应的声波时差值约为56μs/ft，即声波时差值等于56μs/ft可作为低声波时差火山岩盖层判识的标准，如果低声波时差火山岩声波时差值小于或等于56μs/ft，那么其便可以成为天然气的盖层；反之则不能成为天然气的盖层。

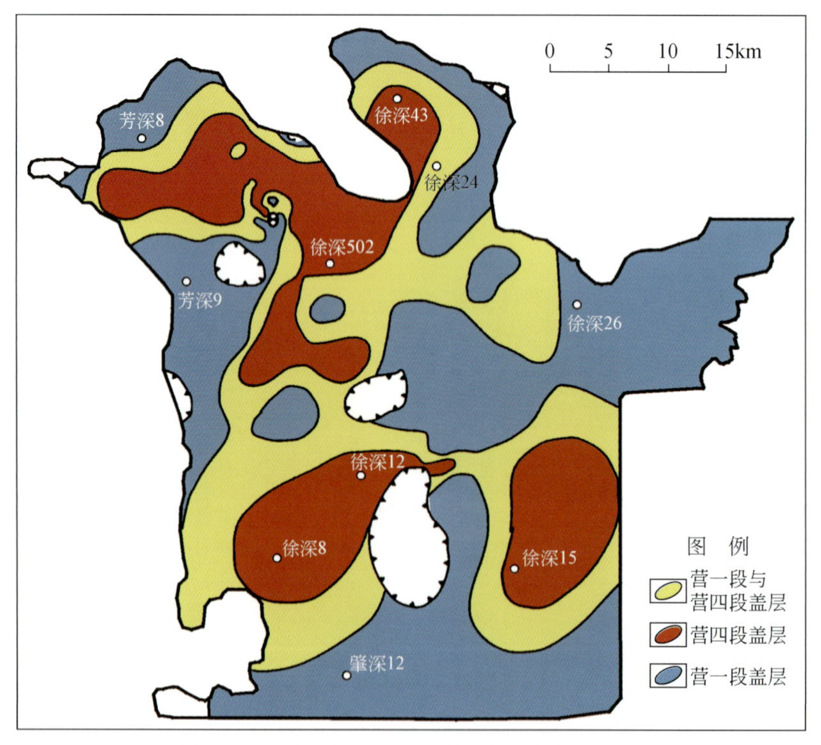

图6-8　徐家围子断陷局部性盖层模式分布图

泥岩主要为徐家围子断陷深层天然气的区域性盖层，营城组火山岩顶部高声波时差火山岩以及营四段的泥岩共同构成了徐家围子断陷深层营城组天然气顶部局部性盖层，对营城组天然气的富集起到了重要的作用。高声波时差火山岩、低声波时差火山岩以及泥质砾岩均可作为天然气的夹层。

营城组火山岩顶部局部盖层在测井曲线上具有明显特征：高声波时差、低电阻率、井径扩容。岩性主要有三种类型：营四段泥质砾岩及泥岩（Ⅰ型）、营城组高声波时差火山岩（Ⅱ型）、营城组与营四段的高声波时差火山岩及泥质砂砾岩（Ⅲ型）。营城组火山岩盖层分布范围相对较广，其次为营四段与营城组火山岩盖层，营四段砂砾岩及泥岩相对较小。徐深1区块主要为Ⅰ+Ⅲ型，徐东斜坡带主要为Ⅱ+Ⅲ型，丰乐地区和芳深9区块主要为Ⅰ+Ⅱ+Ⅲ型。

2. 不同类型盖层分布特征

已发现的油气藏研究表明，泉一段、泉二段及登二段为区域性盖层，岩性主要为泥质岩；营城组火山岩顶部与营城组火山岩顶部之间地层构成了徐家围子断陷南部气藏的局部性盖层，岩性主要为高声波时差火山岩和泥岩；火山岩以及泥质砾岩为夹层，在工区分布范围较小。

1）不同层位盖层

徐家围子断陷泥岩盖层主要分布在登二段、登三段、登四段、泉一段、泉二段，其中登二段以及泉一段、泉二段为徐家围子断陷深层天然气的区域性盖层。

登二段泥岩盖层累计较厚、较大，约有一半地区泥岩累计厚度为100～200m，高值区主要分布在断陷中部偏东地区，徐深25井附近泥岩累计厚度最大，达到205.41m；另外，在中部以西地区泥岩累计厚度也较大，局部泥岩累计厚度能达到170～180m。以断陷中部东西向为轴线，向南北两侧泥岩累计厚度有逐渐减小的趋势。但在凹陷内泥岩累计厚度也有较低值，在断陷北部的达深3井处泥岩累计厚度仅有39m（图6-9）。登二段泥地比普遍较大，泥地比在0.2～0.8变化，高值区位于中部地区，可以达到0.8以上，以断陷中部为轴线，向工区四周泥地比有逐渐减小的趋势，低值普遍也达到0.4以上（图6-10）。登二段泥岩小层厚度分布图显示，登二段泥岩小层厚度比较小，主要为0～1m、1～2m，泥岩横向连续性相对较弱（图6-11）。

登三段泥岩盖层累积厚度相对不大，总体上高值分布在断陷的中部以及以西地区，在这两个高值部分连线的东北方向泥岩累计厚度迅速降低，再往北又有升高的趋势，在达深5—达深6井一线以北地区泥岩累计厚度增大到100m以上，而WS方向缓慢降低趋于平缓。在徐深9井和徐深301井附近泥岩累计厚度较高，达到200m，为登三段泥岩累计厚度的高值区，在其北部的升深8井附近泥岩累计厚度降低到50m以下，为该层泥岩累计厚度的低值区（图6-12）。登三段泥地比登二段相对较低，泥地比在0.3～0.7变化，高值区位于中部及北部地区，可以达到0.7以上，以断陷中部为轴线，向工区四周泥地比有逐渐减小的趋势，低值普遍也达到0.4以上（图6-13）。从登三段泥岩小层厚度分布图可以看出，登三段泥岩小层厚度比较小，主要为0～1m、1～2m，泥岩横向连续性相对较弱（图6-14）。

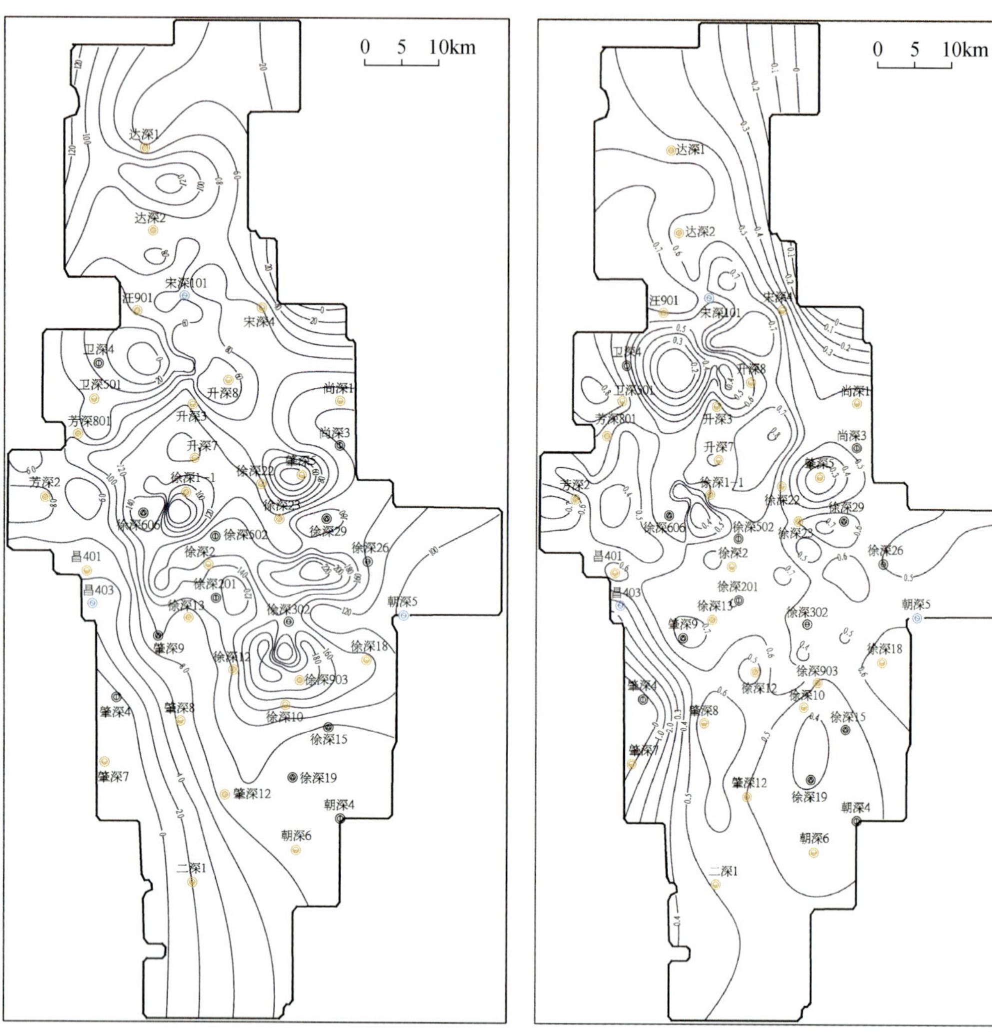

图 6-9　徐家围子断陷登二段泥岩厚度等值线图　　图 6-10　徐家围子断陷登二段泥地比等值线图

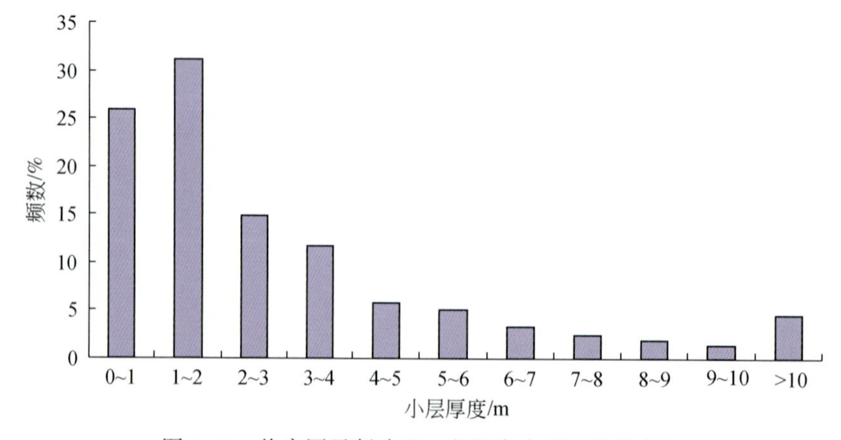

图 6-11　徐家围子断陷登二段泥岩小层厚度分布图

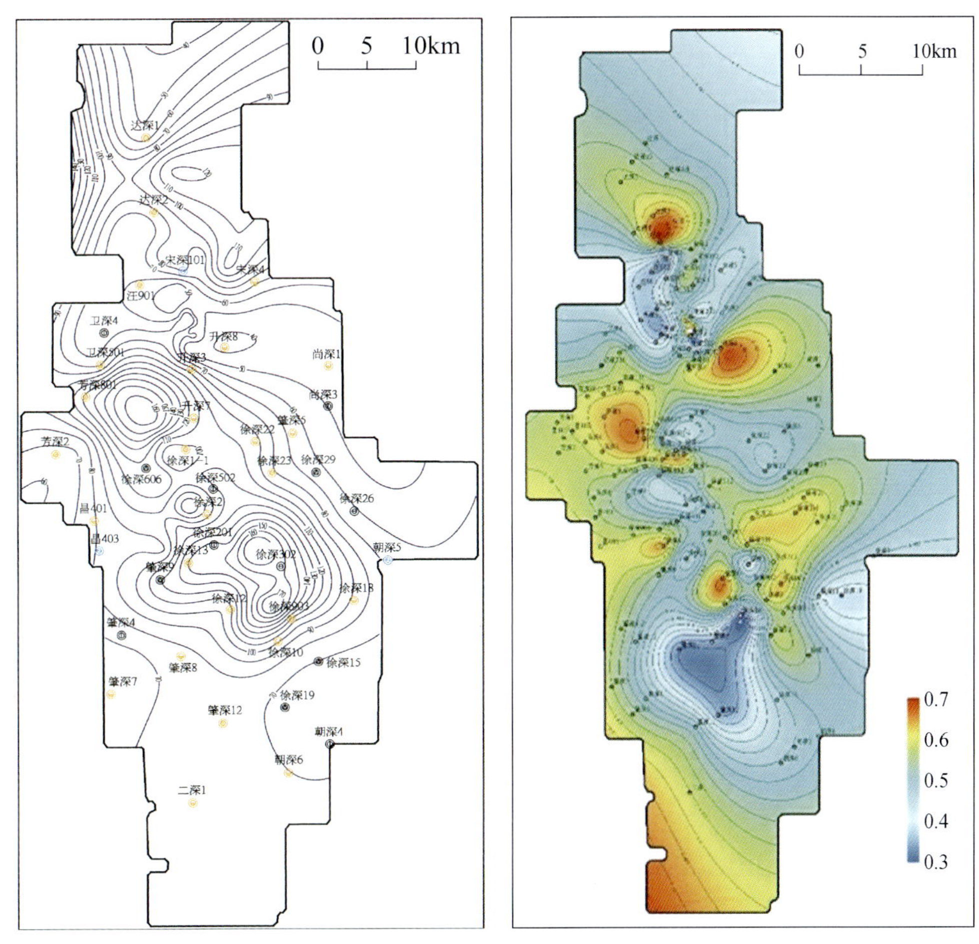

图6-12　徐家围子断陷登三段泥岩累计厚度平面图　图6-13　徐家围子断陷登三段泥地比等值线图

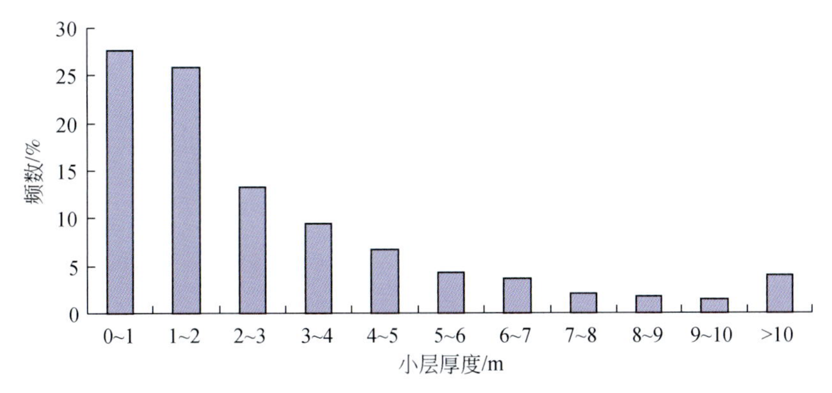

图6-14　徐家围子断陷登三段泥岩小层厚度分布图

登四段泥岩盖层累计厚度整体较小，断陷中部泥岩累计厚度小，由中部向南北两侧泥岩累计厚度逐渐增加，徐深601—徐深1—徐深5—徐深4—徐深801井一线、卫深5-升深202井及达深2-汪深101井附近泥岩累计厚度均小于50m，为低值区；而在宋深102、肇深9-徐深13井、徐深902-徐深16井及肇深12井附近，泥岩累计厚度相对较大，其值均在100m以上，为登四段泥岩累计厚度的高值区，但仅有徐深902井附近泥岩累计厚度超过150m，相对于其他层位仍然很低（图6-15）。登四段泥地比登二段相对较低（图6-16），泥地比在0.3～0.7变化，高值区位于中部及北部地区，可以达到0.7以上，以断陷中部为轴线，向工区四周泥地比有逐渐减小的趋势，低值普遍达到0.4以上。从登四段泥岩小层厚度分布图（图6-17）可以看出，登四段泥岩小层厚度比较小，主要为0～1m，其次为1～2m，泥岩横向连续性相对较弱。

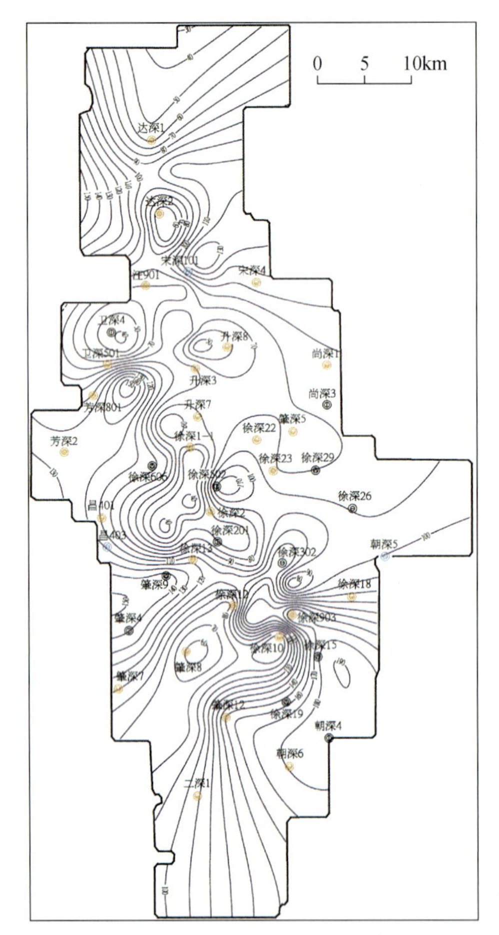

图6-15　徐家围子断陷登四段泥岩累计厚度平面图

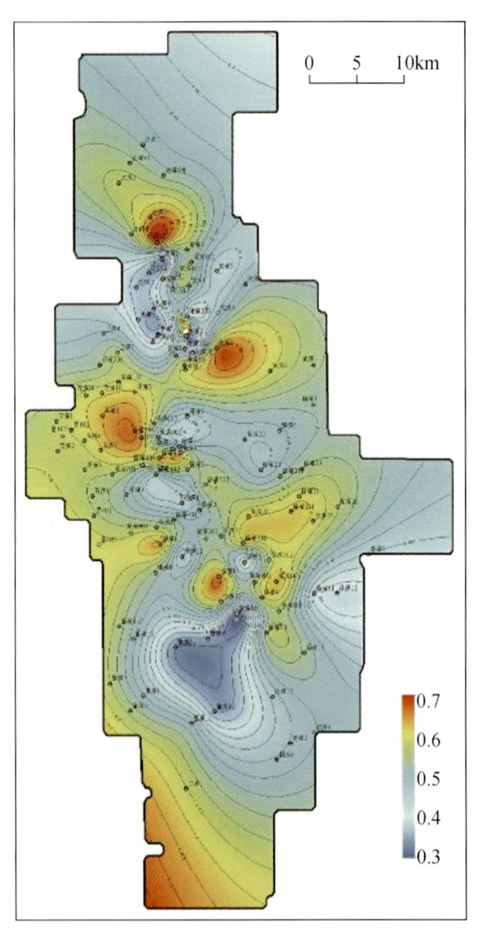

图6-16　徐家围子断陷登四段泥地比等值线图

泉一段、泉二段泥岩累计厚度相对较大（图6-18），绝大部分泥岩累计厚度都在250m以上，高值集中在工区的中部，泥岩累计厚度可达到600m以上，低值区位于工区的东北部及西南部，但厚度也达到300m左右。泉一段、泉二段泥地比相对较大（图6-19），泥地比在0.5～1变化，高值区位于中部地区，可以达到0.8以上，以断陷中部东西向为轴线，向南北两侧泥地比有逐渐减小的趋势，低值达到0.5以上。从泉一段、泉二段泥岩小层厚度分布图（图6-20）可以看出，泉一段、泉二段泥岩小层厚度比较小，主要为0～1m，其次为1～2m，大于10m泥岩小层可达到7%左右，泥岩横向连续性相对较好。

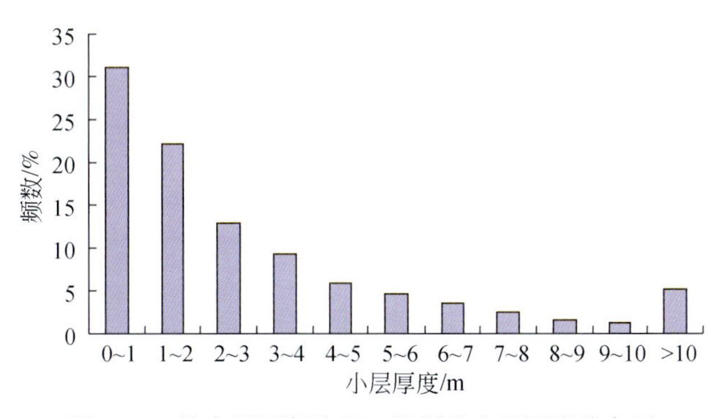

图6-17　徐家围子断陷登四段泥岩小层厚度分布图

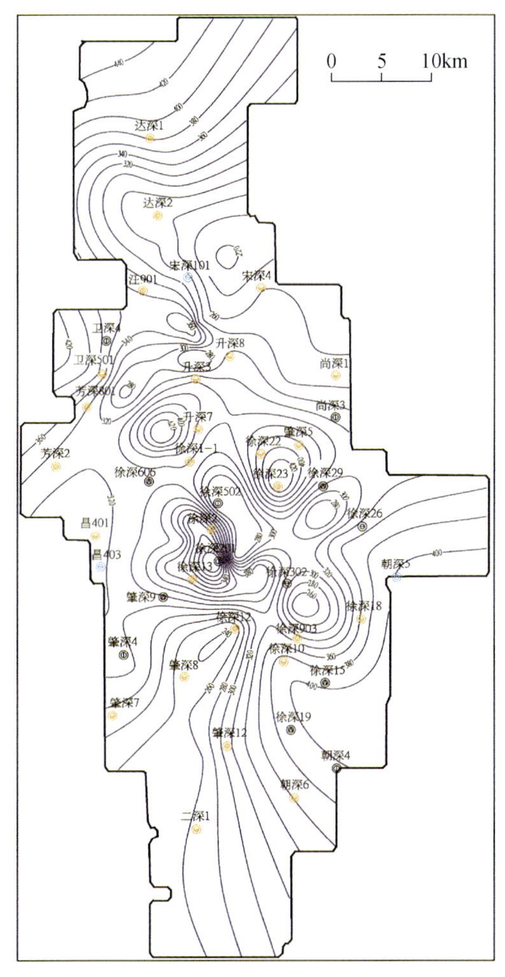

图6-18　徐家围子断陷泉一段、泉二段泥岩累计厚度等值线图

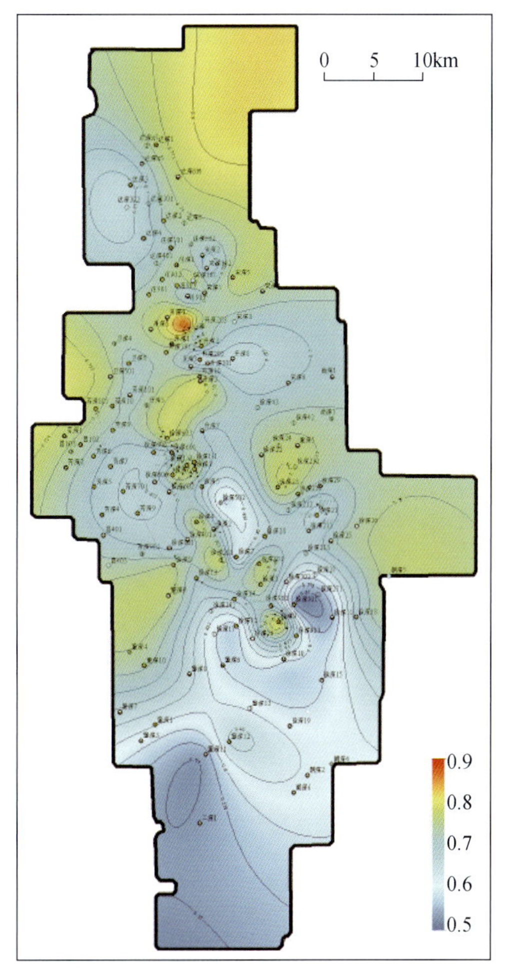

图6-19　徐家围子断陷泉一段、泉二段泥地比等值线图

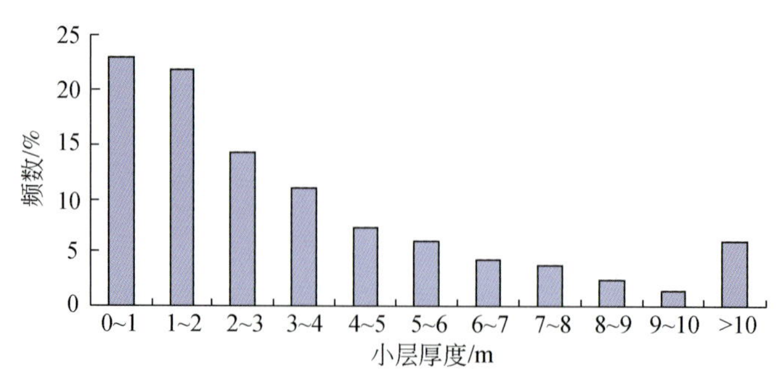

图6-20　徐家围子断陷泉一段、泉二段泥岩小层厚度分布图

总观这四个层位的泥岩累计厚度、泥地比及小层厚度得出，泉一段、泉二段泥岩累计厚度最大、泥地比最高、小层厚度相对较大；其次为登二段，泥岩累计厚度高值区面积相对较小，泥地比相对较高、小层厚度相对较大；之后为登三段及登四段。泉一段、泉二段和登二段为工区的主要区域性盖层。

2）局部盖层

火山岩主要分布在营一段和营三段地层中，岩性为高声波时差火山岩和低声波时差火山岩。大部分高声波时差火山岩主要发育在营一段气藏的顶部，少部分高声波时差火山岩和低声波时差火山岩分布在营一段或营三段地层内部。

营一段气层顶部高声波时差火山岩与营四段泥岩共同构成徐家围子断陷一套局部性盖层，横向上据有可对比性，且在徐家围子断陷南部地区普遍分布。利用测井曲线的特征规律得到徐家围子断陷局部性盖层厚度等值线图（图6-21），从图中可以看出，盖层厚度相对不大，在0～140m变化，高值区分布在徐深43井区以及502井区附近，盖层厚度可以达到120m以上，以高值区为中心向南部逐渐减小，徐深10井、徐深3井、徐深301井区缺乏这套高声波时差火山岩盖层。这套盖层岩性相对较为复杂，用细粒物质与粗粒物质的比值作出类泥地比等值线图（图6-22），可以看出类泥地比变化较大，高值区位于徐深23井、徐深27井、徐深12井、肇深12井及芳深9井区附近，可以达到0.7以上，向四周泥地比有逐渐减小的趋势，在徐深10井、徐深3井、徐深301井区达到0。

3）夹层

营一段气藏内部发育少量高声波时差火山岩与低声波时差火山岩盖层，为气藏内部的夹层。从徐家围子断陷营一段夹层层数平面分布图（图6-23）可以看出，夹层仅呈局部分布，高值区位于徐深9井区、徐深3井区及徐深213井区附近，可达到5层以上，向四周逐渐减小，徐深42井、徐深1井、徐深5井、徐深15井、肇深8井、肇深12井及芳深8井层数减少为1层，直至为零。从徐家围子断陷营一段夹层累计厚度等值线（图6-24）可以看出，高值区位于徐深9井区、徐深3井区及徐深213井区附近，厚度可以达到60m以上，徐深42井、徐深1井、徐深5井、徐深15井、肇深8井、肇深12井及芳深8井区厚度可达到20m左右，向四周逐渐减小，直至为零。

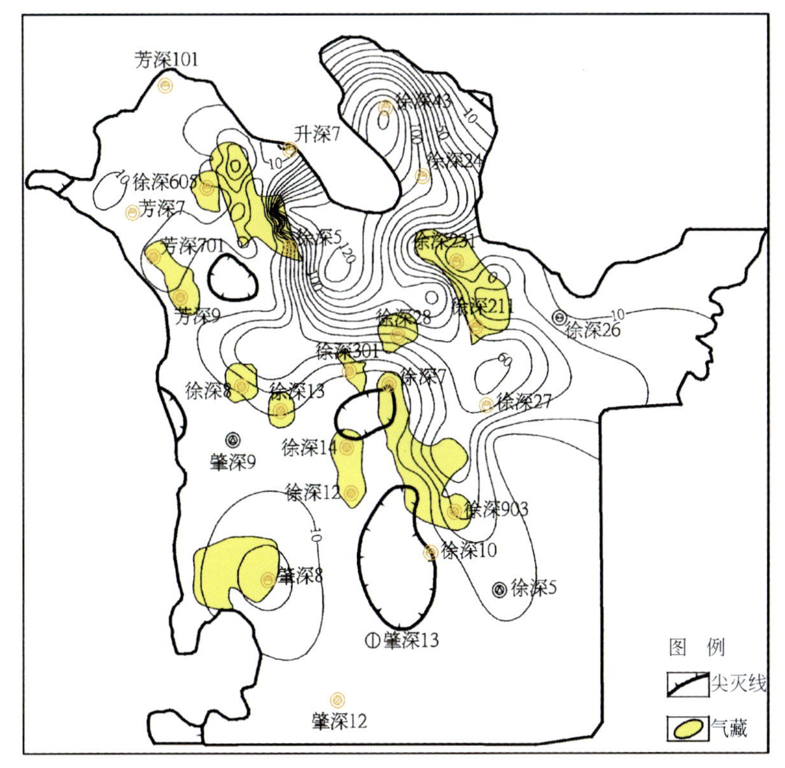

图 6-21 徐家围子断陷营城组火山岩顶部局部性盖层厚度等值线图

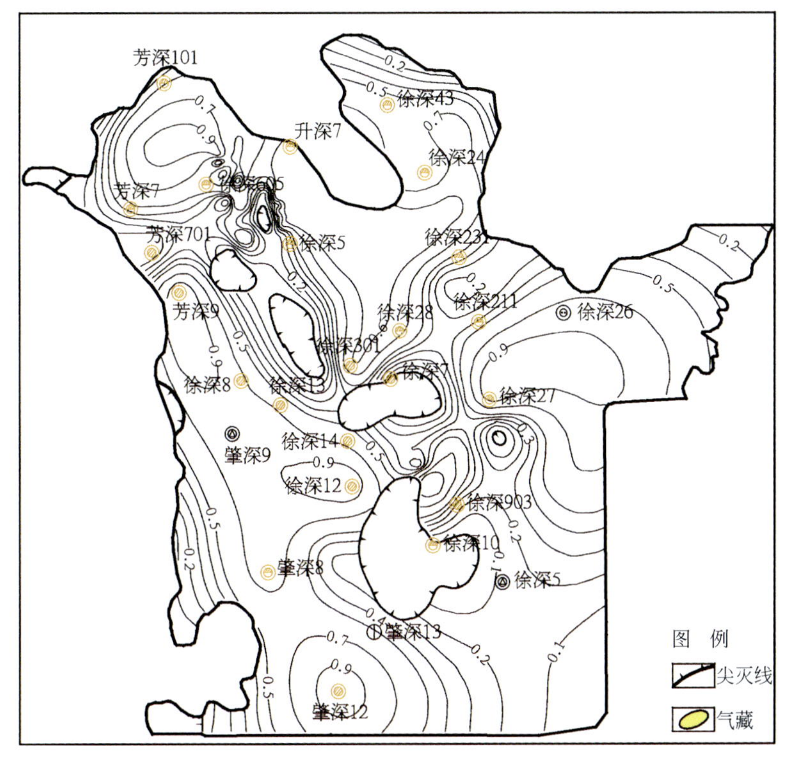

图 6-22 徐家围子断陷营城组火山岩顶部局部性盖层泥地比等值线图

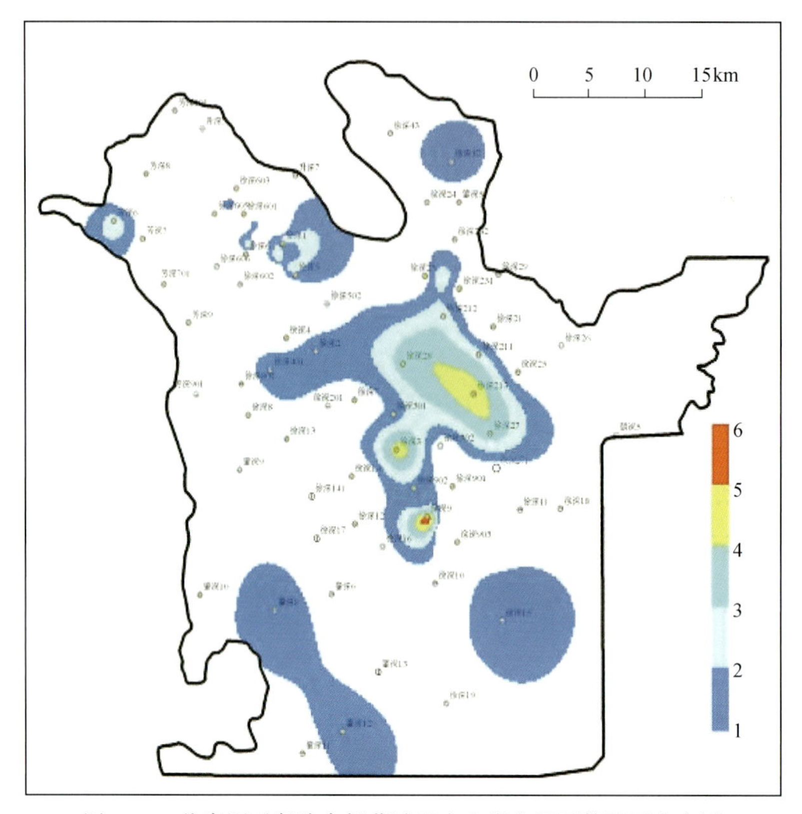

图 6-23　徐家围子断陷南部营城组火山岩夹层层数平面分布图

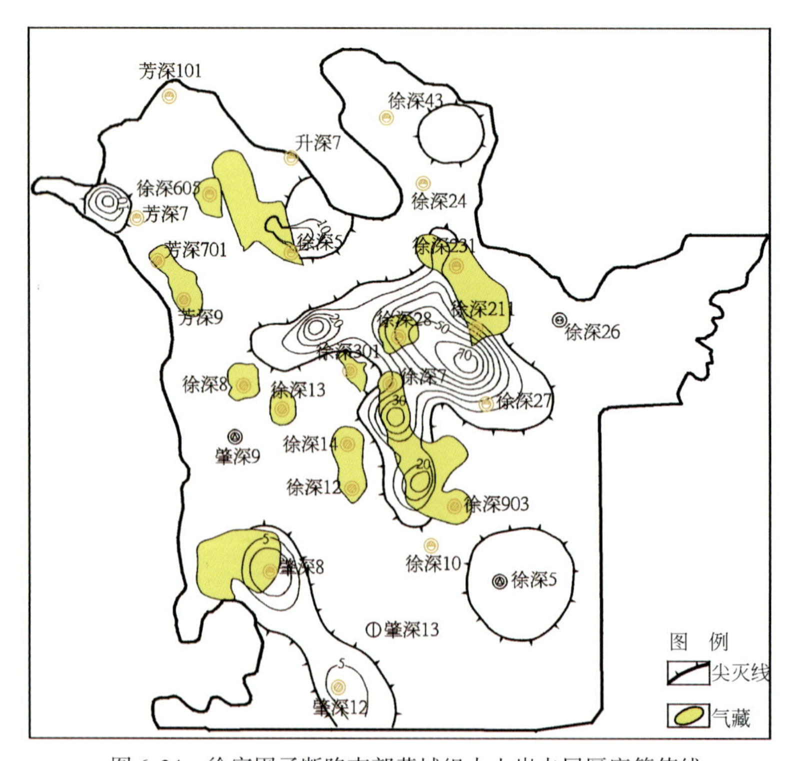

图 6-24　徐家围子断陷南部营城组火山岩夹层厚度等值线

营三段气藏内部发育少量高声波时差火山岩与低声波时差火山岩盖层，为气藏内部的夹层。从徐家围子断陷营三段夹层层数平面分布图（图6-25）可以看出，夹层仅呈局部分布，高值区位于宋深1井、达深X5井、升深4井、达深4井区附近，可达到5层以上，层数最高可以达到七层，向四周逐渐减小，直至为零。从徐家围子断陷营三段夹层累计厚度等值线（图6-26）可以看出，高值区位于达深X5井区附近，厚度可以达到100m以上，宋深1井、达深X5井、升深4井、达深4井区厚度可达到20m左右，向四周逐渐减小，直至为零。

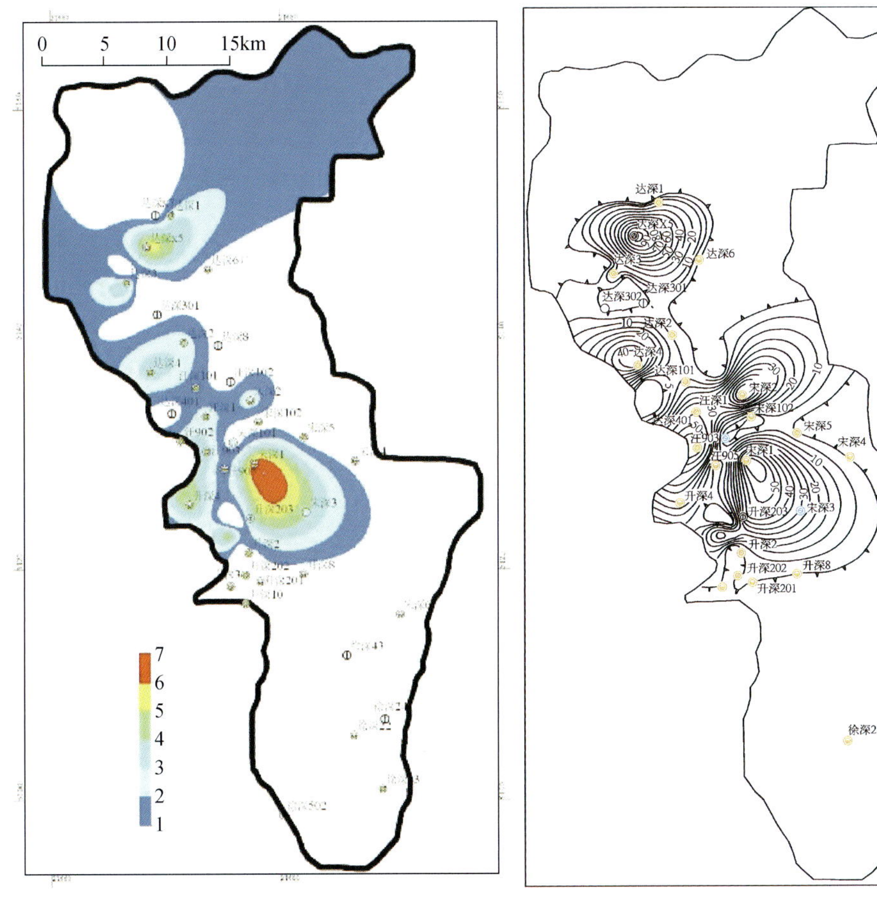

图6-25　徐家围子断陷营三段夹层层数平面分布图

图6-26　徐家围子断陷营三段夹层厚度等值线

高声波时差砾岩夹层主要分布在徐家围子断陷营四段地层中，单层厚度小，主要集中在0～5m，在平面分布范围小、连续性及稳定性差，不能对营四段天然气藏起到封盖作用，仍可对营四段天然气起到一定的遮挡作用（图6-27、图6-28）。

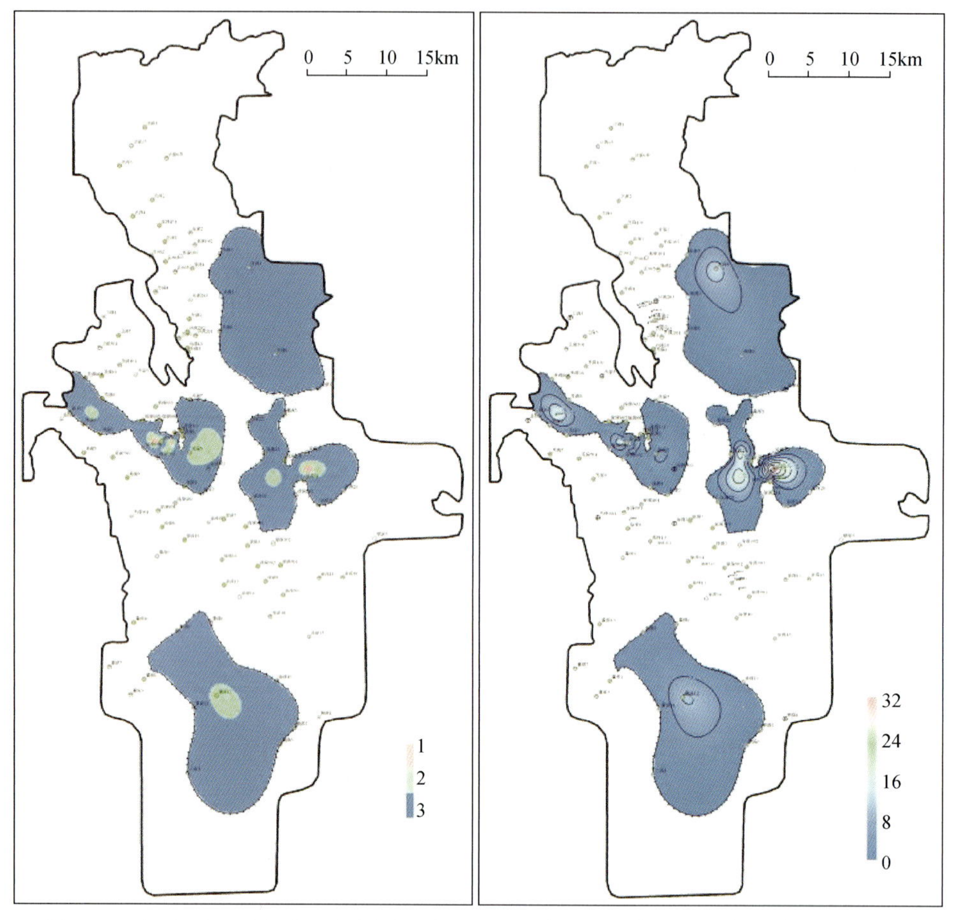

图 6-27　徐家围子断陷营四段夹层层数平面分布

图 6-28　徐家围子断陷营四段夹层厚度等值线

（二）断裂对盖层的破坏作用

1. 断裂对盖层破坏程度的定量评价方法

油气勘探的实践表明，断裂对盖层的破坏作用程度主要取决于断裂断距和盖层厚度之间的相对大小，如果断裂断距大于盖层厚度，盖层被断裂完全错开，不仅失去空间分布的连续性，而且失去封闭能力，故这种情况可认为断裂对盖层为完全破坏。相反，如果断裂断距小于盖层厚度，虽然断裂将盖层错断，但未使盖层失去空间分布的连续性，这种情况可认为断裂对盖层为部分破坏（图 6-29）。

按图 6-30 可用式（6-3）定义的评价参数来反映断裂对盖层的破坏程度。

$$a=\frac{H_{盖}-L_{断}}{H_{盖}} \tag{6-3}$$

式中，a 为断裂对盖层破坏程度评价参数；$H_{盖}$ 为盖层厚度，m；$L_{断}$ 为断裂断距，m。

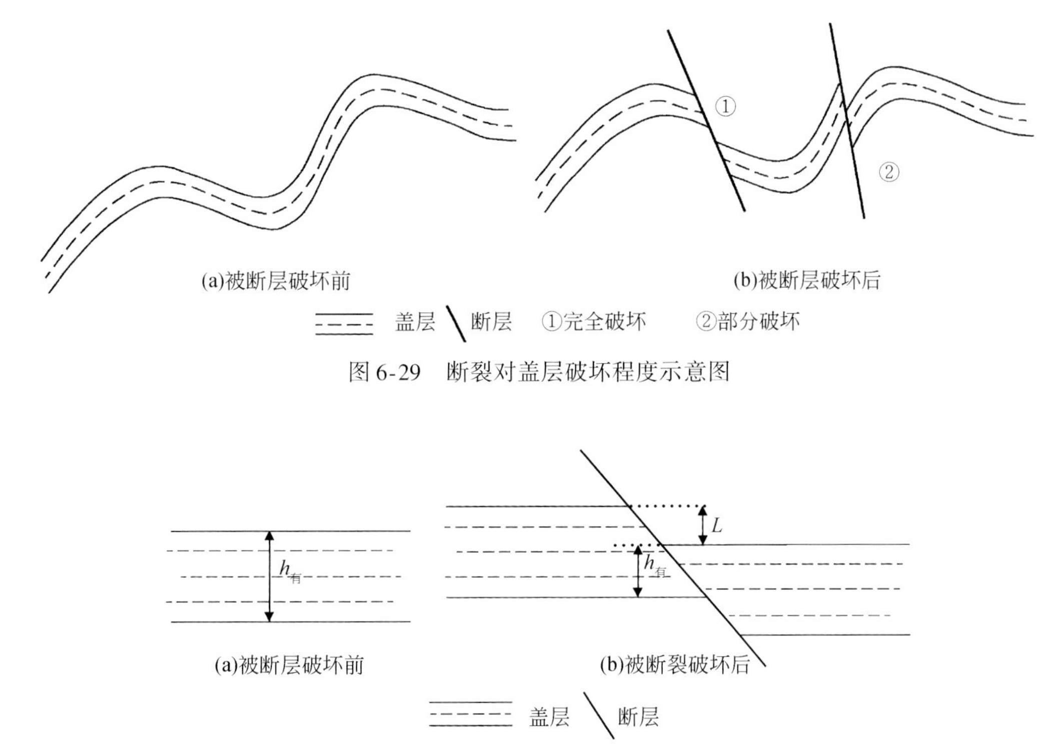

图 6-29 断裂对盖层破坏程度示意图

图 6-30 断裂对盖层有效厚度破坏程度示意图

由式（6-3）可以看出，a 值越大，表明断裂断距相对于盖层厚度越小，盖层被错断后保留下来的厚度越大，封盖油气能力越强，断裂对盖层破坏程度越小；反之则越大。由此看出，a 值可以定量地反映断裂对盖层的破坏程度。按照表 6-12 等级划分标准，利用评价参数 a 大小，便可对断裂对盖层的破坏程度进行定量评价。

表 6-12 断裂对盖层的破坏程度等级划分标准

断裂对盖层的破坏程度评价等级	大	较大	中等	小
评价参数（a）	<0. 25	0. 50 ~ 0. 25	0. 75 ~ 0. 50	>0. 75

2. 断裂对盖层的破坏程度评价

根据上述研究方法，首先根据徐家围子断陷主要断裂在登二段、登三段、登四段、泉一段及泉二段盖层内的断距资料和各段泥岩盖层厚度资料，利用图 6-29 对徐家围子断陷主要断裂对五套区域性盖层的破坏程度进行了判别，其次由式（6-3）对徐家围子断裂对登二段泥岩的破坏程度的评价参数 a 值进行了计算，并按表 6-1 中的标准对这些主要断裂对各套区域性盖层的破坏程度进行了评价。

断裂对泉一段、泉二段断层对盖层的破坏程度在全区均为小等级，这主要是由于泉一段、泉二段盖层厚度大造成的。断裂对登四段盖层有效厚度的破坏程度主要以小级别为主，在中南部大范围内零星分布有破坏程度为较小级别的断裂。在宋西北段断裂构造带中间部位存在一条破坏程度较大的断裂，在安达东坡北端横向分布几条破坏程度为大级别的断裂。断裂对登三段盖层有效厚度破坏程度主要为小级别，同时全区伴有破坏程度为较小级别的断裂只有小部分为中等级别。破坏程度较大的断裂主要分布在宋西北段断裂构造带、徐西北段断裂构造带和丰乐低隆起及其以南部分，极少分布在工区中部。破坏程度大的断裂主要分布在丰乐低隆起西北部、薄荷台凹陷西北及工区南端。完全破坏的断裂在徐西南段断裂构造带南部有零星分布。登二段断裂破坏主要以小级别为主，全区伴有中等级别破坏程度的断裂，较大破坏程度的断裂主要分布在工区的西部和南部，且南部较多。具有大破坏程度和完全破坏性质的断裂主要分布在升平兴城构造带和徐西南段断裂构造带内。断裂对营城组火山岩顶部盖层以完全破坏为主，仅在榆西断裂构造带附近存在破坏程度为中等、较大和大的断裂。

（三）盖层微观封闭能力

1. 排替压力获取及校正

排替压力是评价盖层封闭能力的最根本参数，该断陷不同岩性天然气盖层排替压力的获取方法是不同的，泥岩主要采用的是直接驱替法，火山岩主要采用的是压汞方法。由盖层封闭机理可知，直接驱替法所获得的排替压力，再经过校正才符合地下盖层岩石封闭油气的实际情况，而压汞法获得的排替压力是饱和汞的排替压力，不符合地下的实际情况，在用其评价盖层的封闭能力时，必须对其进行校正。按照排替压力意义，可以得到压汞法获得的排替压力与直接驱替法所获得的排替压力之间的关系。

$$\mathrm{Pd(Hc)}=\frac{\sigma_{\mathrm{Hc}}\cos Q_{\mathrm{Hc}}}{\sigma_{\mathrm{Hg}}\cos Q_{\mathrm{Hg}}}\mathrm{Pd(Hg)} \tag{6-4}$$

式中，Pd(Hc) 为直接驱替法获得的饱和水岩石的排替压力，Pa；Pd(Hg) 为压汞法获得的饱和汞的排替压力，Pa；Q_{Hc}为烃、水和岩石三相润湿角，实验室条件下可以近似地看作0℃；Q_{Hg}为汞、水和岩石三相润湿角，实验室条件下约为140℃；σ_{Hc}为烃、水界面张力，实验室条件下约为0.07N/m；σ_{Hg}为汞、水界面张力，实验室条件下约为0.048N/m。

由式（6-4）将上述已知参数代入得到两者之间的近似简化关系式为

$$\mathrm{Pd(Hc)}\approx 2.05\mathrm{Pd(Hg)} \tag{6-5}$$

由压汞曲线含汞量10%所对应的排替压力值，代入式（6-5）便可以将压汞法获得的排替压力校正为饱和水的排替压力值。

2. 排替压力特征

1）不同岩性排替压力特征

（1）泥岩。

利用工区及邻区泥岩样品实测排替压力值与声波时差值数据（表6-13），进行拟合可得到图6-31，可以看出徐家围子断陷泥岩排替压力与声波时差值之间具有明显的反比关系，即随着声波时差值增大，泥岩排替压力减小；反之则增大。

表 6-13　徐家围子断陷泥岩实测排替压力与声波时差值

井号	埋深/m	排替压力/MPa	声波时差/(μs/ft)	井号	埋深/m	排替压力/MPa	声波时差/(μs/ft)
古 621	1115.9	0.48	92	升深 101	2507	6.5	60.5
古 621	1118.2	0.65	85.75	朝深 5	3160.2	7.2	62.5
古 621	1133.33	1.33	88.73	朝深 5	3267.93	7.5	63.38
古 622	1091.16	2.19	111.63	朝深 6	2875.3	7.3	66.57
古 622	1110.1	0.67	94.75	树 113	2008.06	9.6	70.73
升深 2	3008	7.5	59.89	升 402	2154.43	8.5	76.19
茂 5	1612.33	3.8	80.82				

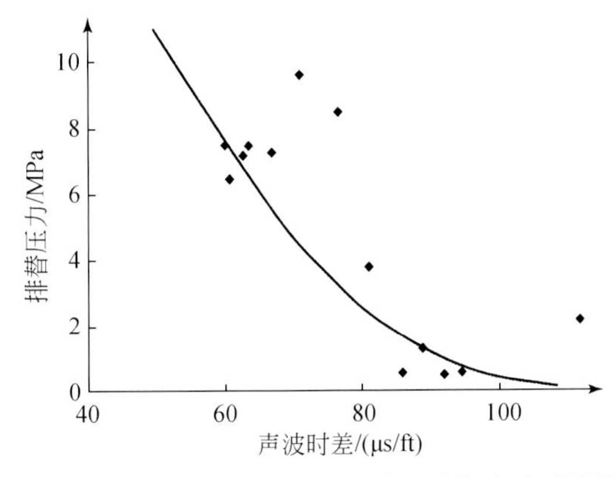

图 6-31　徐家围子断陷泥岩盖层排替压力与声波时差关系图

（2）高声波时差火山岩。

由于这种类型的火山岩盖层明显不同于低声波时差火山岩盖层，具有与泥岩相似的声波时差值，孔隙特征应具有与泥岩相似的特征，故其排替压力与声波时差之间的关系应与泥岩相似。因此不能用低声波时差火山岩盖层的排替压力与声波时差之间关系来求取高声波时差火山岩盖层的排替压力值，但可用泥岩排替压力与声波时差之间的关系来研究高声波时差火山岩盖层的排替压力。由图 6-30 可以看出，徐家围子断陷高声波时差火山岩排替压力与声波时差值之间具有明显的反比关系，即随着声波时差值增大，高声波时差火山岩排替压力减小；反之则增大。

（3）低声波时差火山岩。

利用压汞法获得的低声波时差火山岩盖层的排替压力值与其对应的声波时差值之间作图（图 6-32）可以看出，二者之间具有明显的反比关系，即随着低声波时差火山岩盖层声波时差值增大，排替压力减小；反之则增大。

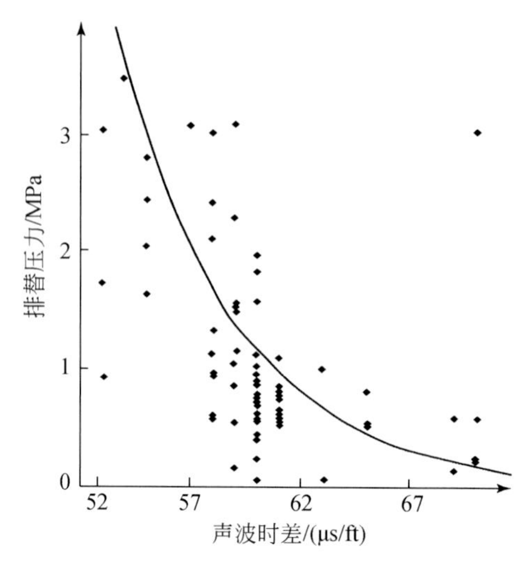

图 6-32 徐家围子断陷低声波时差火山岩盖层排替压力与声波时差关系图

（4）泥质砾岩。

由于这种类型的泥质砾岩盖层明显不同于其他砾岩，具有与泥岩相似的声波时差值，孔隙特征应具有与泥岩相似的特征，故其排替压力与声波时差之间的关系应与泥岩相似，因此可用泥岩排替压力与声波时差之间的关系来研究泥质砾岩的排替压力。徐家围子断陷泥质砾岩排替压力与声波时差值之间具有明显的反比关系，即随着声波时差值增大，泥质砾岩排替压力减小；反之则增大。

2）不同层位排替压力特征

登二段排替压力在该断陷西部边缘徐深 13 井、徐深 25 井附近最大，可达 11MPa 以上，由断陷中部向四周降低至 7～10MPa。

登三段排替压力在该断陷西部边缘徐深 13 井附近最大，可达 10.5MPa 以上，由断陷中部向西、东两端排替压力逐渐减小至 7～9MPa；向南北降低又上升至 9.5MPa。

登四段排替压力在升深 3 井南部最大，可达 12.5MPa，向四周降低至 5.5～8.5MPa；在徐深 13 井附近排替压力也很高，达到 10MPa 左右，向四周降低至 6.5～9MPa。

徐深 201 井附近排替压力最大，达 9.5MPa 以上，东、南、西方向为 6～8MPa，向北降至 8MPa 以下，在向北又增至 9MPa 以上。

徐深 201 井附近排替压力最大，达 9.5MPa 以上，向东、南、西变小为 6.5～8MPa，向北边变小约至 7.5MPa，又增至 9.5MPa 左右。

这套局部盖层排替压力值普遍很高，可达到 5MPa 以上，徐深 1 区块附近排替压力最大，达 9MPa 以上，向四周逐渐减小，最低值可以达到 0MPa。

（四）气藏盖层封闭特征及封闭效应

1. 气藏盖层特征

1）盖层岩性特征

盖层岩性特征不同会影响盖层的封闭能力，因此研究气藏的盖层岩性特征可以区别不同盖层的封盖保存能力。由图6-33可知，徐家围子断陷盖层以泥岩为主，仅有很少部分为流纹岩和凝灰岩。

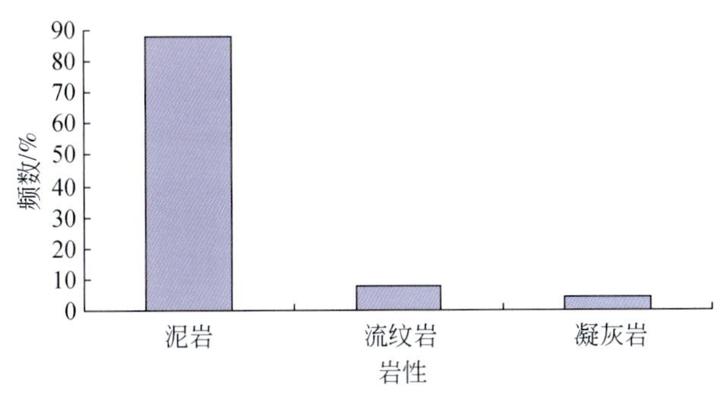

图6-33　徐家围子断陷气藏盖层岩性分布特征表

2）厚度特征

盖层厚度是影响气藏封盖保存天然气能力的重要参数之一，它不仅控制着盖层空间展布范围的大小，而且还在一定程度上影响着盖层封闭的质量。盖层厚度越大，其空间展布面积越大，封闭保存天然气能力越强，越有利于天然气的聚集与保存，反之则不利于天然气的聚集与保存。由徐家围子断陷23个井区气藏盖层厚度可以看出，不论盖层岩性如何，是泥岩还是火山岩，其厚度大小不等，变化较大。气藏盖层厚度最厚的井区是徐深903井区，厚度为50.5m，最薄的为芳深1井区，盖层厚度仅为1.5m。徐家围子断陷天然气藏盖层厚度主要分布在0～10m，其次是10～20m，再次是大于20～30m和30～40m，其他厚度相对较少（图6-34）。

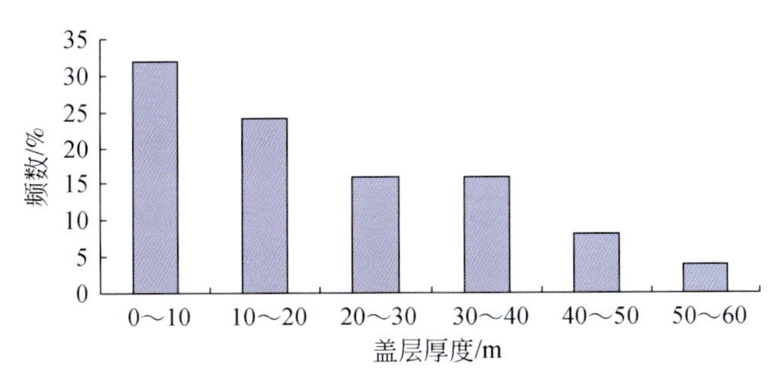

图6-34　徐家围子断陷气藏盖层厚度分布图

3）盖层排替压力特征

排替压力是影响气藏封盖保存天然气能力的根本参数。排替压力越大，气藏封盖保存天然气能力越强，越有利于天然气的聚集与保存；反之则不利于天然气的聚集与保存。由徐家围子断陷23个井区气藏的天然气盖层的排替压力统计结果得到，排替压力差异较大，最大的芳深9井区气藏盖层排替压力可达到8.32MPa，最小的汪深1井盖层排替压力只有2.8MPa。由图6-35可以看出，徐家围子断陷天然气盖层排替压力主要分布于6～7MPa和7～8MPa，其次是5～6MPa和4～5MPa，再次是2～3MPa、3～4MPa和8～9MPa。

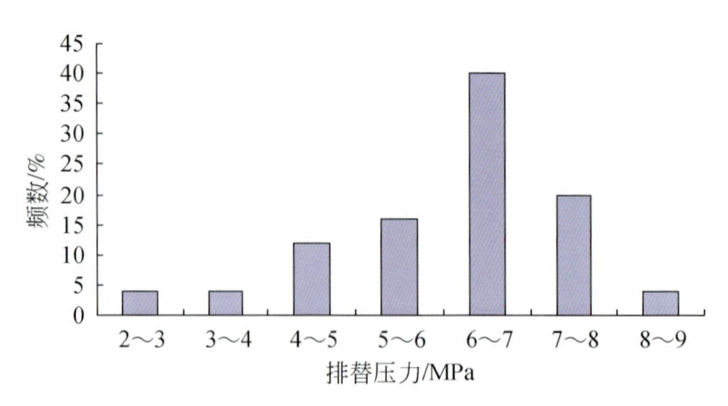

图 6-35　徐家围子断陷气藏盖层排替压力分布图

4）气藏剩余压力特征

气藏剩余压力是指气藏的压力与同等深度下地层静水压力的差值。它与气藏本身的能量有关，气藏能量越大，剩余压力越大，赋存在气藏内的天然气也就越有可能穿过气藏盖层向上扩散散失。徐家围子断陷气藏剩余压力最大的是徐深 9 井区的气藏，剩余压力为 4.46MPa；最小的为芳深 2 井和汪 902 井区的气藏，剩余压力为 0MPa。如图 6-36 所示，各气藏剩余压力多集中在 0～3MPa，很少为 4～5MPa。

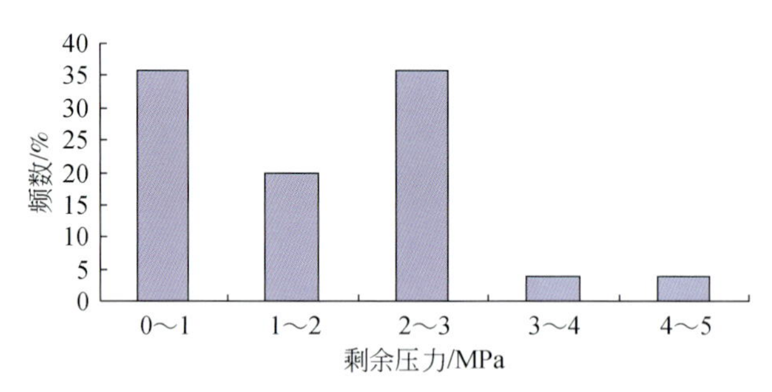

图 6-36　徐家围子断陷气藏剩余压力分布图

2. 封闭效应

天然气气藏盖层封闭天然气能力的好坏不仅与盖层的排替压力有关，而且还与气藏的能量大小和储集层排替压力大小有关。如果盖层的排替压力与储集层的排替压力差较储集层的剩余压力大，则说明盖层能够封闭住富集在其下的天然气；反之，则不能。其差值大小表示气藏盖层封闭能力的好坏，相差越大封闭效果越好。

据上面所述，统计了徐家围子断陷内的 23 个气藏的盖层排替压力、气藏剩余压力和储集层排替压力。统计结果如表 6-14 所示。由表可以看出，盖层与储集层的排替压力差值均较气藏的剩余压力大，且均相差较大，说明这些气藏的盖层能够封闭住富集在其下的天然气，而且封闭天然气的效果较好。

表 6-14　徐家围子断陷气藏盖层封盖保存能力统计表

气田	井区	气藏层位	盖层排替压力/MPa	储层排替压力/MPa	气藏剩余压力/MPa	储层能量/MPa	封闭效应
昌德	芳深 1	K_1d_3	7.01	0.44	0.59	1.03	封闭
	芳深 2	K_1d_2	5.91	0.51	0	0.51	封闭
	芳深 6	K_1yc_1	6.67	1.42	1.08	2.5	封闭
升平	升深 2	K_1d_2	7.52	0.08	2.27	2.35	封闭
	升深 2	K_1d_3、K_1d_4	6.56	0.57	1.76	2.33	封闭
	升深 2-1	K_1yc_3	6.02	0.53	1.6	2.13	封闭
昌德东	芳深 9	K_1yc_1	8.32	0.88	0.15	1.03	封闭
	芳深 8	K_1yc_1	7.41	0.17	0.59	0.76	封闭
徐深	徐深 1	K_1yc_4	6.82	1.69	2.33	4.02	封闭
		K_1yc_1	6.51	2.01	3.02	5.03	封闭
	徐深 8	K_1yc_1	3.94	0.64	2.23	2.87	封闭
	徐深 9	K_1yc_1	7.61	1.8	4.46	6.26	封闭
	徐深 7	K_1yc_4	6.07	1.76	0.76	2.52	封闭
		K_1yc_1	6.54	1.51	0.79	2.3	封闭
汪家屯	汪 902	K_1q_1	4.96	0.08	0	0.08	封闭
	汪 902	K_1d_2、K_1d_3	6.85	0.57	0.52	1.09	封闭
汪家屯东	宋深 1	K_1yc_3	4.69	0.89	0.63	1.52	封闭
	汪 903	K_1yc_3	5.38	0.36	2.52	2.88	封闭
安达	达深 3	K_1yc_3	4.9	0.07	1.86	1.93	封闭
	汪深 1	K_1yc_3	2.8	0.06	1.4	1.46	封闭
徐东	徐深 21	K_1yc_1	6.31	0.08	2.54	2.62	封闭
丰乐	徐深 12—徐深 14	K_1yc_1	6.39	1.3	2.62	3.92	封闭
	徐深 13	K_1yc_1	7.12	1.84	2.63	4.47	封闭
	徐深 903	K_1yc_1	5.23	2.19	2.82	5.01	封闭
//	肇深 8	K_1yc_1	5.59	0.1	2.45	2.55	封闭

（五）区域盖层封闭天然气能力评价

1. 盖层封气能力综合评价指标

气藏封盖保存条件的优劣主要受到盖层厚度、排替压力、气藏内部压力、断裂对盖层破坏程度和天然气本身性质（流动黏度）的共同影响。因此，用盖层封盖保存能力综合评价指标 a 来综合反映上述五个因素对盖层封盖保存能力的作用，即

$$a = f\frac{P_{d}H\mu}{kz} \tag{6-6}$$

式中，a 为气藏盖层封气能力综合定量评价指标，MPa · s；P_d为盖层排替压力，可由压汞资料直接读取，再进行饱和介质转换便可得到，MPa；H 为盖层厚度，可由钻井资料直接读取，m；μ 为天然气黏度，可据气藏温度和压力资料，由天然气黏度与温度、压力关系求得，Pa · s；k 为气藏压力系数，可由实测压力除以静水压力求得；z 为气藏埋深，可由钻井资料直接读取，m；f 为断裂对盖层的破坏程度（为 0 ~ 1 的小数），破化程度越高，f 值越小，反之越大。

由式（6-6）可以看出，a 值与盖层自身厚度、排替压力、断裂对盖层的破坏程度和天然气流动黏度成正比，与气藏内部压力成反比，它既可以反映气藏盖层本身特征对其封盖保存能力的作用，又可以反映气藏内部能量和天然气性质对其封盖保存能力的作用，是一个综合指标。a 值越大，表明气藏封盖保存能力越强；反之则越弱。按照气藏封盖保存能力综合评价指标 a 值大小，本书对气藏封盖保存能力的评价等级进行了划分，见表 6-15。

表 6-15　气藏封盖保存能力综合定量评价等级划分标准

评价等级	好	较好	中等	差
气藏封盖保存能力综合评价指标/(MPa · s)	>0.75	0.5 ~ 0.75	0.25 ~ 0.5	<0.25

2. 不同性质盖层封气能力综合评价

通过对徐家围子断陷全区内探井的盖层厚度、排替压力、储层压力系数和天然气黏度数据整理与计算，由式（6-3）对徐家围子断陷区域盖层（登二段、登三段、登四段、泉一段和泉二段）和局部性盖层（营城组火山岩顶部）天然气封闭保存能力进行了综合评价。

泥岩盖层天然气封盖保存条件最好的为泉二段；其次为泉一段；再次为登二段；最差的为登三段和登四段。徐家围子断陷登二段泥岩好盖层仅分布于徐深 502 井、徐深 4 井、徐深 28 井、徐深 21 井、徐深 25 井、徐深 211 井区附近，徐东斜坡带和丰乐地区为较好盖层分布区，向四周封盖能力逐渐减弱，在工区边部由于受到断裂的控制，此套盖层失去封盖能力；徐家围子断陷登三段泥岩好盖层仅零星分布，主要为较好盖层和中等盖层，分布在整个工区的中部，向四周封盖等级逐渐降低，在工区的南部由于断裂的存在，丧失封盖能力；徐家围子断陷登四段泥岩好盖层仅在朝深 6 井区附近零星分布，主要为较好盖层和中等盖层，徐深 1 区块、升平 2-1 区块及肇深 8 井区附近，盖层封盖能力为差等级；徐家围子断陷泉一段泥岩盖层封盖能力较强，主要为较好盖层和中等盖层，工区西部地区为好盖层；徐家围子断陷泉二段泥岩盖层封盖能力最强，主要为好盖层和较好盖层，在徐深气田、汪深 901 井、升深 4 井及卫深 6 井区附近，封盖能力最强。

局部性盖层累计厚度相对区域性盖层较低，所以此套盖层封盖能力相对较低，仅为差等级，且在肇深 3 井及徐深 10 井区附近受断裂影响，丧失保存能力。但此套盖层直接覆盖于储集层之上，对天然气的封盖还是起到了至关重要的作用。

（六）生-储-盖组合条件

徐家围子断陷除了发育登二段、泉一段、泉二段区域性泥质岩盖层之外，在营四段底部与营一段地层还存在局部性盖层，其主要封盖徐家围子断陷南部气藏，岩性主要为高声波时差火山岩和泥岩，火山岩以泥质砾岩为夹层，在工区内分布范围较小。区域性盖层决定徐家围子气田具有满拗含气的特点，而局部性盖层决定气藏类型的丰富性，气藏呈现上下错叠、立体成藏的特征。总体来说，徐家围子断陷共有三套生储盖组合（图 6-37）。

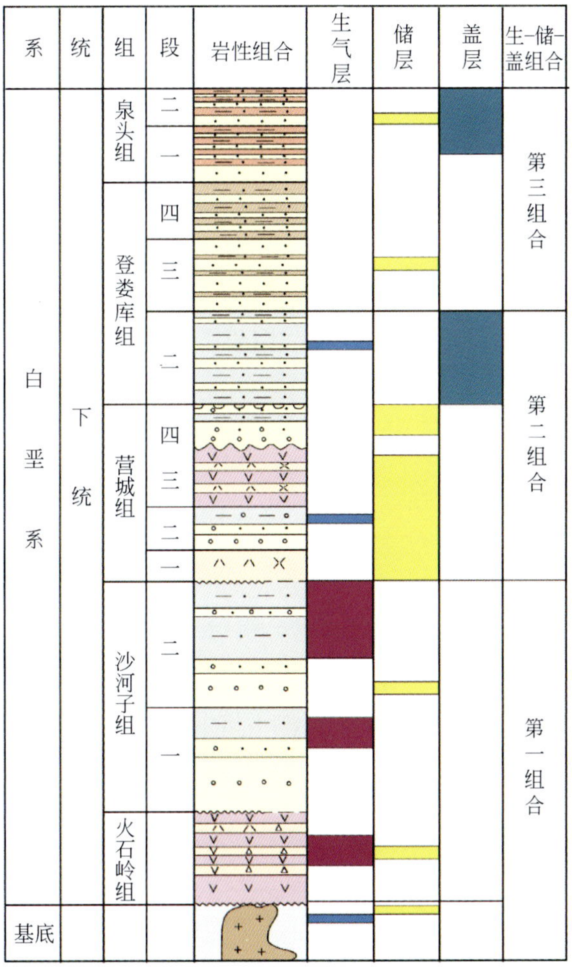

系	统	组	段	岩性组合	生气层	储层	盖层	生-储-盖组合
白垩系	下统	泉头组	二					第三组合
			一					
		登娄库组	四					
			三					
			二					第二组合
		营城组	四					
			三					
			二					
			一					
		沙河子组	二					第一组合
			一					
		火石岭组						
基底								

图 6-37 徐家围子断陷生-储-盖组合分布图

第一套组合其生气层位主要为 C—P 海相地层，其储集层主要为基岩风化壳，主要分布位置为古中央隆起带，其上覆地层为登娄库组沉积地层，区域盖层为登二段泥岩。

该组合目前获得工业气流的井仅汪904井，基岩风化壳以动力变质岩和花岗岩为有利储层。

第二套组合为徐家围子断陷主要勘探层系，其生气层主要为沙河子组暗色泥岩和煤层，储集层主要为营一段、营三段火山岩和营四段砂砾岩，上覆区域盖层为登娄库组地层。该套组合在徐家围子断陷内部均有分布，其中火山岩储层尤以近火山口爆发相和喷溢相为好，其岩性主要为火山角砾岩、流纹岩等，孔隙度一般为7%～8%。

第三套组合其生气层位主要有营城组火山岩内部泥质夹层和登二段薄层暗色泥岩，储集层位主要为登三段砂岩、泉二段砂岩，盖层为泉一段、泉二段泥岩，该套组合相对来说对于气藏的贡献要小。

四、输导条件

从运移角度来看，不整合和层状储层有利于油气侧向运移，而火山岩储层在断层的配合下更适合油气垂向运移（郭占谦等，1996）。徐家围子断陷西侧为隆起带，断陷西坡为平缓的控陷断裂断面，盖层断层发育相对少；适于沿储层和不整合面侧向运移。断陷东坡和断陷内凸起带上，受晚白垩世—古近纪松辽盆地反转作用波及，断层作用活跃，油气更易于沿断层及储层复合向上垂向运移。深源气以控陷断裂为通道，沿偏靠断裂根部从基底向上运移，在盖层中沿盖层断层垂直上升，就近富集。深源天然气藏分布在断坡或断陷内断隆上。从两种气源的运移指向来看，有机气易从断陷中心向西运移，或在断陷内向凸起上聚集。无机成因深源气，在断陷西坡和中部向上运移。

NE向断裂带除有利深源气上升外，还对深层气藏有一定的破坏作用，有利于深层气向扶、杨油层运移并在下部组合富集成藏。如汪家屯气田和羊草气田位于芳深1井–宋深1井变换带及其延伸方向。宋站气田新东2气藏和东63井、升53井、升55井扶、杨油藏均位于芳深9井–东22井变换带及其延伸方向上。

五、火山岩圈闭条件

徐家围子断陷圈闭的主要类型及其发育特征，随目的层段与所在构造位置不同呈现出明显差异。主要圈闭类型有营一段火山短背斜圈闭、营四段披覆背斜圈闭和营城组上超尖灭或基岩风化壳不整合遮挡圈闭。其中营城组上超尖灭圈闭位于断陷的边部或基底隆起部位，而营一段火山断背斜圈闭和营四段披覆背斜圈闭发育部位常位于断陷的中心部位，沿深大断裂带呈裂隙–中心式和中心式喷发的火山岩体处，分布面积广，为徐家围子断陷最重要的勘探目标。

1. 火山岩岩性圈闭

在火山岩中并非一定要有火山构造才能形成气藏，只要存在合适的火山岩性圈闭，也可构成较好的天然气储集的气藏。最常见的火山岩性圈闭是火山岩系中不整合面、风化壳层，还有火山岩中受断块所限的气孔带、节理带、碎屑带、破碎带、溶解带等，不仅有利于天然气的运移，也均可形成好的气藏。

2. 火山岩构造圈闭

徐家围子断陷火山岩构造圈闭有两种类型：①直接圈闭。主要为火山机构，是指以火山通道为中心，由火山直接喷出引起的构造（环状、放射状断裂，裂隙）及岩石（喷出相、火山通道相、次火山岩相岩石）组成的等轴或长形隆起。常见的是火山穹窿、火山背斜、火山锥、火山堤、火山穹丘，以及破火山口、火山断谷中的火山锥、火山穹丘等可以构成火山构造圈闭。②间接圈闭。由于火山活动等引起的构造断隆带及断隆区。断隆带范围通常大而长，常与断陷盆地共生。相间排列，尤其是较大的断陷盆地边缘的断隆带；而断隆区多呈不大的等轴形。前者以“古中央隆起”为代表；后者多为盆地内部古正突起的“拗中隆”。它们常受两侧或四周断层圈闭而隆起，由于隆起时间长，断裂发育，因此风化剥蚀强，风化壳、不整合面发育，而且基岩碎裂及次生节理也发育，常是很好的构造圈闭。

第二节　火山岩气藏成藏主控因素与成藏机理

按气体组分含量徐家围子断陷深层存在三种类型气藏：烃类气藏、含 CO_2 烃类气藏和含烃类 CO_2 气藏，由于成因机制不同，烃类气藏与 CO_2 气藏成藏模式存在很大的差异。而烃类气藏分布的层位及控制因素复杂，成藏模式差异很大。

一、火山岩气藏成藏主控因素分析

（一）烃类气藏成藏主控因素分析

以徐家围子断陷为例，总体来说，徐家围子断陷火山岩气藏成群、成带分布；纵向上多套气层叠置，气水关系复杂；气藏非均质性强，连通性差，受不同火山机构控制；构造高部位气柱高度大，低部位气柱高度小，受火山岩体和构造双重控制。火山岩气藏的特征决定了火山岩气藏成藏主控因素的特殊性。

1. 烃源岩发育区控制火山岩气藏的宏观分布范围

徐家围子断陷已发现的火山岩气藏均分布在沙河子组烃源岩有利发育区内，只有肇深 8 井气藏分布在沙河子组气源岩区边部（图6-38）。这表明，只有位于气源岩有利区内及其附近的火山岩圈闭，才能捕获到丰富的天然气，有利于聚集成藏；否则火山岩圈闭条件再好，也难以形成大规模的富集。通过徐家围子断陷目前已发现的火山岩气藏与源岩区关系的统计发现，该断陷火山岩气藏得以形成的基本条件是离沙河子组烃源岩近，一般不超过 10km。

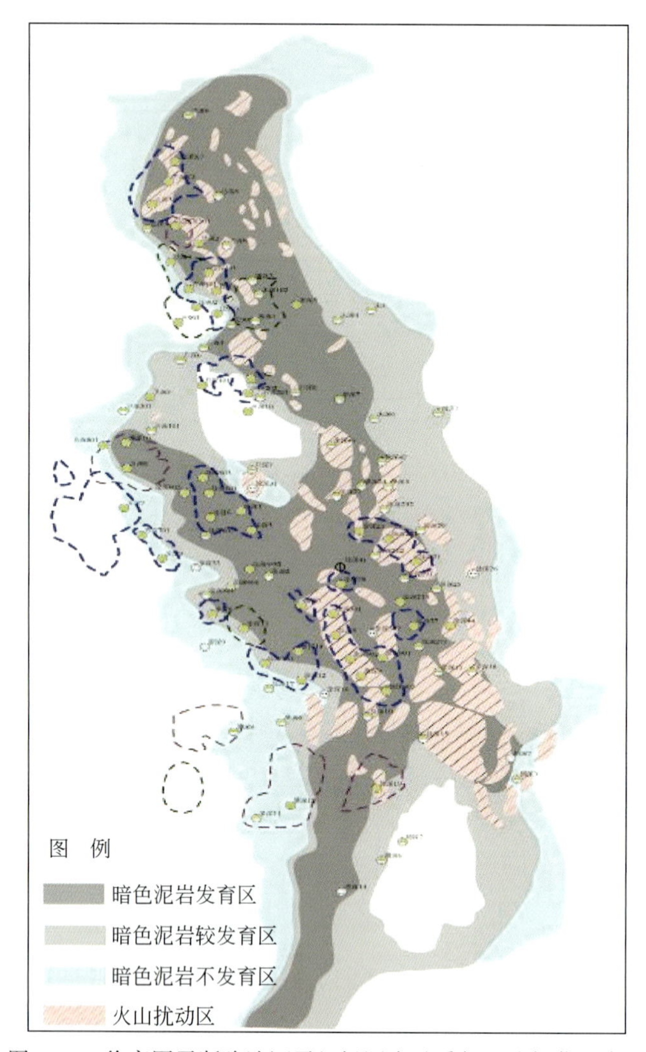

图 6-38 徐家围子断陷沙河子组烃源岩品质与天然气藏叠合图

2. 优质火山岩储层控制着火山岩气藏的富集和高产

1）火山岩有利相带控制了火山岩储层的发育，进而控制了火山岩气藏的富集

徐家围子断陷不同类型的火山岩相的火山岩储集物性特征差异很大，火山通道附近及爆发相和多个火山口交汇集处的溢流相是最有利的火山岩相，其次为近火山口溢流相区，在这些有利相带中，火山岩厚度大，储集物性好，天然气优先在此富集，断陷内多口井获工业气流，也是主要储量提交区（图 6-39、图 6-40）。

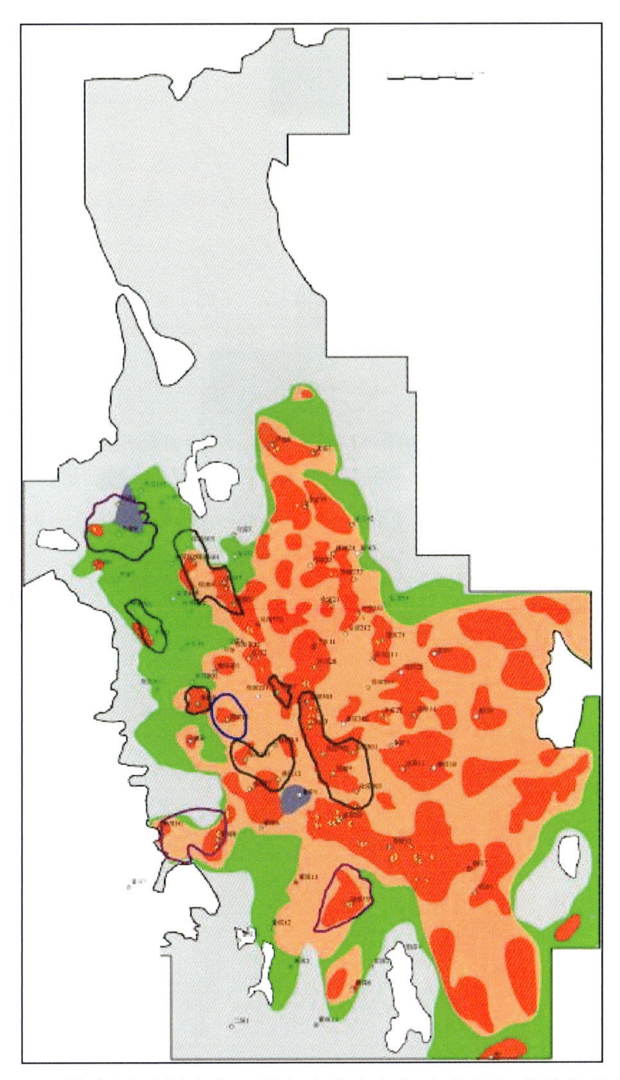

图 6-39　徐家围子断陷营一段火山岩岩相与火山岩气藏叠合示意图

2）火山岩喷发期次控制了储层的展布，影响了气藏的分布

徐家围子断陷火山岩通常具有多期次喷发的特征，通过对比分析发现，营一段火山由北向南依次喷发，营三段火山由南向北依次喷发，在徐东地区火山岩喷发期次最多可分为 11 期。每一期次火山喷发的上部其储层均比较发育，而中部和下部相对要差，因此，火山喷发期次直接控制了火山岩储层的发育部位，因而也最终影响了气藏的分布。

部低声波时差火山岩盖层而言，不仅厚度大，而且分布于整个断陷的南部，对封盖天然气向上逸散起着重要作用。正是由于这两套盖层的存在，下伏沙河子组烃源岩生成排出的天然气通过断裂运移进入营城组火山岩储集层后，在向上运移的过程中，必然受到这两套盖层的封盖，使天然气在其下的营一段和营三段火山岩储集层中大规模聚集成藏。第二，登二段和营城组火山岩顶部两套盖层距沙河子组气源岩距离最近，最有利于封盖沙河子组源岩生成排出的天然气，这也是造成营一段和营三段天然气富集的又一重要作用。

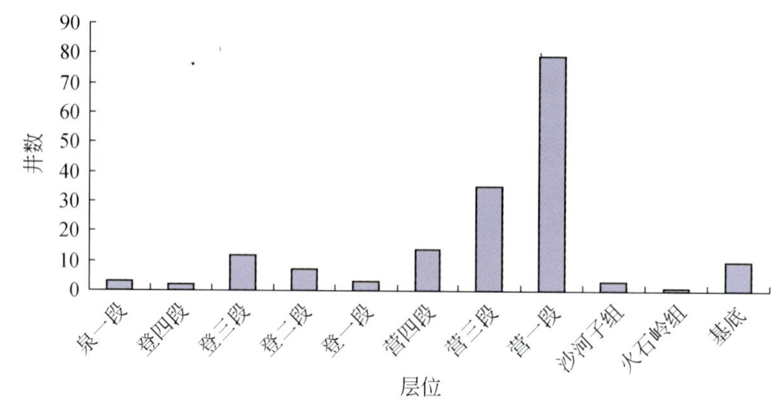

图6-43　徐家围子断陷工业及低产气层分布图

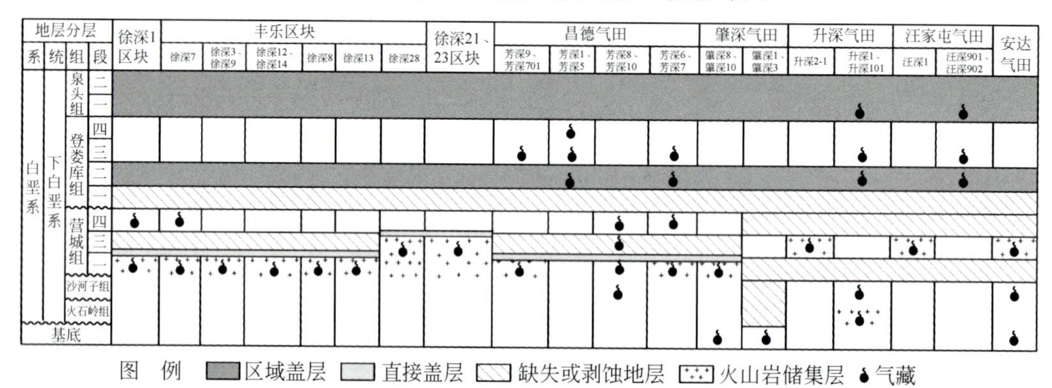

图6-44　徐家围子断陷气层分布图

3）盖层分布层位差异造成断陷南北具有不同的天然气储-盖组合，天然气富集程度不同

由上可知，徐家围子断陷天然气主要盖层登二段盖层全区分布，而营城组火山岩顶部盖层仅分布在断陷南部，正是这一差异造成徐家围子断陷南部和北部具有不同的储-盖组合（图6-45）。断陷南部发育登二段和营城组火山岩顶部两套盖层，营城组火山岩顶部盖层是营一段火山岩储层中的天然气盖层，二者构成下部储-盖组合。断陷北部由于缺失营一段和营四段地层。仅发育一套登二段盖层，封盖着下伏火山岩储层中的天然气，二者只能构成一套储-盖组合。由此看出，由于盖层的分布差异造成徐家围子断陷南部较北部多一套天然气的储-盖组合，也正是这一差异，造成徐家围子断陷南部天然气储量较北部富集（图6-46）。

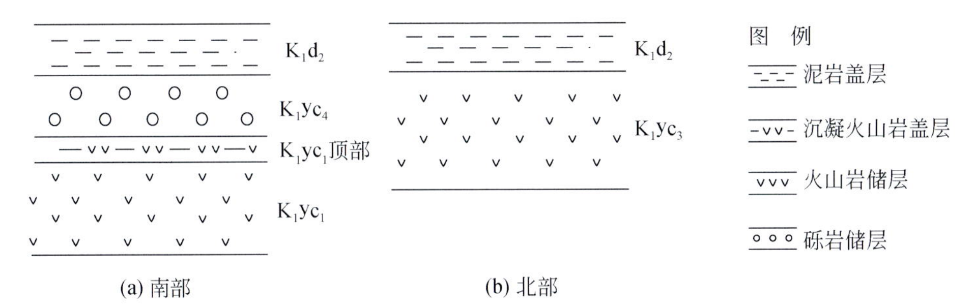

图 6-45　徐家围子断陷天然气储-盖组合示意图

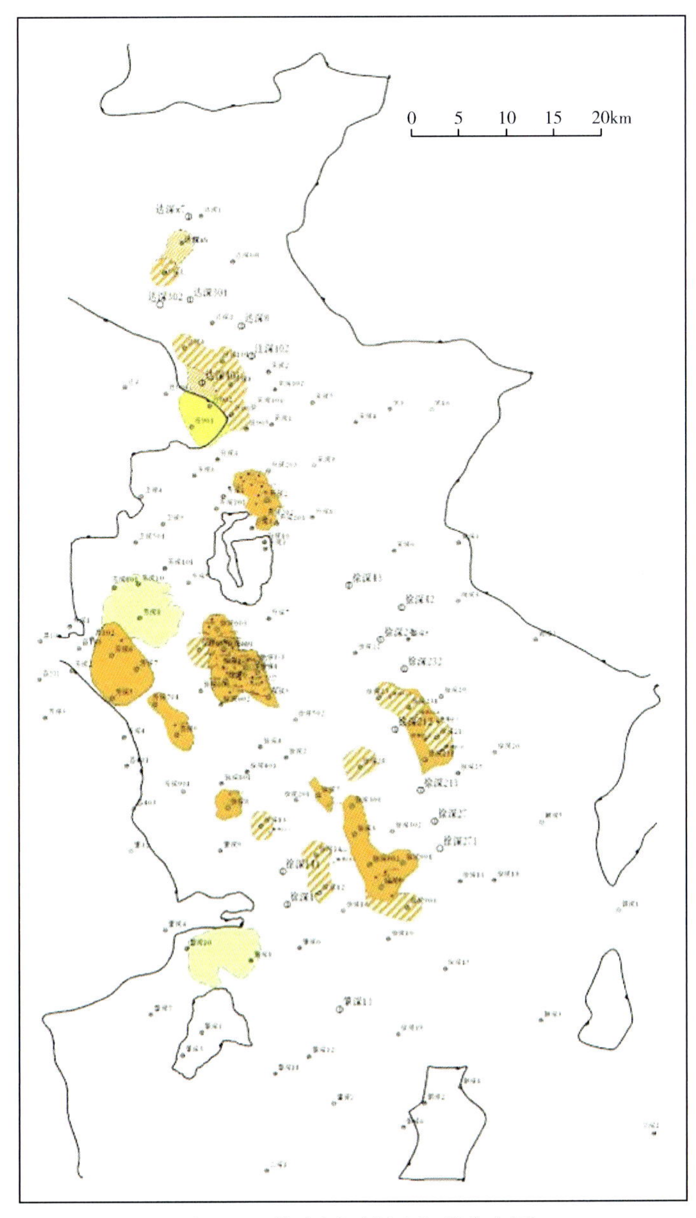

图 6-46　徐家围子断陷气藏分布图

断陷盆地期沉降量最小的古龙地区，成为新格局中沉降量最大的主沉降轴。徐家围子地区厚度较均一的登娄库组地层沉积，应该是由于断陷期地层较厚引起的重力均衡作用造成的。自登娄库组沉积开始，虽然不能排除与先期构造格局的继承性，但一个与先期构造沉降格局完全不同的新盆地开始发育的证据是不容置疑的。因此，自登娄库组沉积开始，松辽地区大型拗陷盆地的发育拉开了序幕，盆地类型、沉降机制都与断陷盆地具有截然不同的样式。

在松辽盆地，地震剖面显示，局部地区可见营城组与登娄库组间明显的低角度不整合现象，不整合下伏的多为沙河子末或营一段末挤压形成的局部构造，在登娄库组沉积前，这些局部构造仍保存完好，在登娄库期后的构造运动中，这些局部构造并没有进一步发育或遭受破坏。

（3）拗陷期稳定沉降对深层天然气成藏的影响。

松辽盆地深层断陷的现今埋藏格局，主要取决于大型拗陷盆地发育过程中的构造沉降幅度。在断陷盆地萎缩期（营城期）后，松辽盆地的古地形地貌起伏不大，营城期末存在区域性的剥蚀夷平作用。断陷期地层现今的埋藏深度，除受到断陷期沉降幅度的一定影响外，主要受拗陷期的沉降幅度和大型拗陷盆地反转萎缩期的构造反转的控制。

青一段末的构造运动对松辽盆地造成一期强烈的伸展作用，主要表现为 T_2 地震反射层一系列伸展正断层的形成。这期伸展构造作用，一方面形成了大量的构造裂缝，改善了深层天然气储层的储集条件，另一方面沟通了天然气运移通道，破坏了深层天然气藏的保存条件。

（4）反转萎缩期构造活动对深层天然气成藏的影响。

在大型拗陷盆地反转萎缩阶段（四方台组—依安组），松辽盆地在浅部构造层都见到了嫩江组末、明水组末、依安组末的挤压褶皱形迹，对深层天然气成藏的保存条件造成了较大破坏。特别是双城地区长春岭背斜构造带的形成，深层原生天然气藏的保存条件遭到了严峻的考验，长春岭背斜扶杨层系中深源天然气藏的发现就是有力的证据。这些浅部层系的天然气藏，气源来自于深部，是深层原生天然气藏遭受破坏后在浅部再聚集而形成的次生天然气藏。

2）构造作用对天然气运移、聚集的影响

（1）构造作用对天然气运移的影响。

①断陷构造类型决定了天然气运移指向。

单断型断陷，缓坡区为天然气主要运移指向区，聚集天然气资源量大。断坡区为次要运移指向区，聚集资源量较小。缓坡区聚集天然气资源量的大小与生气强度和地层坡度成正比，如徐北凹陷东部榆西断展褶皱带聚集资源量最大。

双断型断陷，中央隆起带为天然气主要运移指向区，聚集天然气资源量最大，断坡区为次要运移指向区，如双城断陷中央隆起区。

复式断陷内，天然气运移指向复杂多变，其中断隆区常常是天然气主要运移指向区，聚集天然气资源丰富，缓坡区及断坡区为次要运移指向区，如徐家围子断陷升平兴城转换斜坡。

②每次构造运动都是天然气调整分布、再次运移聚集成藏的时期。

松辽盆地深层经历了四期对天然气成藏有重要影响的构造运动，即营城组末期运动、登娄库组末期运动、嫩江组末期运动和明水组末期运动。这几期构造运动特别是明水组末期构造运动造成了深层断陷保存条件的迥异。

③古隆起、古构造或古斜坡是天然气运移聚集的重要指向区。

断陷中或两断陷之间的古隆起以其优越的地理位置具有双向供烃的有利条件，同时形成早，构造圈闭发育，各种成藏条件最为有利，是有利的油气富集场所，如丰乐低凸起、中央古隆起等。深部领域成藏主要受控因素之一是大型古斜坡，斜坡区为天然气长期运移指向区，而且沿上倾尖灭方向易形成地层-岩性圈闭，也是天然气成藏的有利场所。深部领域成藏主要受控因素之二是古构造，古构造处于烃源岩中，可以长期聚集源岩所生成的天然气，并且保存条件好，此类气藏天然气常具有连续充注的特征。

(2) 反转构造一方面形成大量圈闭，为油气聚集提供场所，另一方面造成油气的重新分布，甚至导致油气藏破坏。

松辽盆地北部深层不同时间的反转对油气聚集的影响不同，沙河子组末和营城组末的挤压造成的反转作用，利于形成圈闭和进行储层的改造，如升平-兴城转换斜坡，有利于深层天然气的成藏。但成藏期后的反转作用，则是对先期形成的气藏的破坏，已聚集成藏的油气经破坏后，可能会在新形成的圈闭中再次聚集成藏，但更多的情况是油气遭到破坏，资源散失，如长春岭背斜构造带，不利于天然气成藏。

(3) 断层是深层油气纵向运聚的通道。

断层一方面是深层油气运移的通道，使断陷期烃源岩形成的油气沿断层、不整合等运移至营城组、登娄库组等较浅层位形成气藏，同时断层又能起遮挡作用形成圈闭，如汪家屯登娄库组气藏。断层既可改善深层储层储集条件，有利于油气成藏，同时也对深层气藏破坏有一定的作用，汪家屯、三站、五站地区深层气藏就是受断层的破坏，使部分已聚集的天然气运移至中浅层扶杨油层形成气藏。

①断层作为天然气运移通道，连接源岩与圈闭。

断层作为天然气运移的通道，主要是通过其内及其附近的裂缝网络系统进行的。它可使纵向上相距较远的源岩与圈闭连接起来，尤其是穿层系源岩与圈闭连接的桥梁，是天然气在纵向上穿层系长距离运移的重要途径。断层作为天然气垂向运移的通道，可以直接连接源岩和圈闭使天然气成藏，如昌德构造登娄库组背斜气藏、汪家屯构造登娄库组断块气藏、薄荷台构造登娄库组断鼻气藏、四站构造登一段岩性-构造气藏、昌五构造登娄库组岩性-断层气藏均是由断层连接源岩与圈闭形成的天然气藏。断层还可以与砂体或不整合面配合连接源岩与圈闭使天然气成藏，如汪家屯构造泉头组一段背斜气藏、昌德构造登娄库组背斜气藏、汪家屯构造登娄库组的断块气藏、三站构造泉二段断鼻气藏、薄荷台构造登娄库组断鼻气藏、四站构造登一段岩性-构造气藏、昌五构造登娄库组岩性-断层气藏均为由断层与砂体或不整合面配合连接源岩与圈闭形成的天然气藏。

（二）CO_2气藏成藏主控因素分析

从目前松辽盆地CO_2气藏、CO_2气见气井分布规律与深断裂、火成岩的空间分布、气藏地球化学特征可以看出，松辽盆地北部目前CO_2气的聚集主要受如下因素控制。

1. 莫霍面上隆区及低速高导层控制CO_2气藏分布区域

大量分析资料表明，深部存在大量CO_2、CH_4和H_2O等资源。由于莫霍面附近强烈的壳-幔相互作用，如岩石相变、重结晶等，形成在高温、高压下稳定的岩相、矿物，同时伴随脱水、脱气、脱挥发分以及岩浆形成等作用。中地壳的基底拆离带存在类似的作用过程。深部作用脱离出来的轻物质构成了深部资源库。其中包括：二氧化碳、氦、烃类、稀有稀土元素及贵重金属元素等；现代火山活动所携带的物质可充分地证明这一点，松辽盆地芳深9井在侏罗纪发现的深源CO_2气藏，表明深部资源的存在。同时，富含资源的软流圈的直接表现就是相对位置的莫霍面上隆起区域。

松辽盆地所处地壳块段依重力资料可以分为密度不同的三个地壳圈层，上地壳为密度$2.6\times10^3kg/m^3$的圈层，厚16～20km；中地壳密度为$2.75\times10^3kg/m^3$的圈层，厚7～9km；下地壳密度为$3.1\times10^3kg/m^3$，厚9～13km的圈层；但在上中地壳间存在一厚约3km密度仅为$2.45\times10^3kg/m^3$的低密度层段，推测这种低密度层段可能是上地幔发生部分熔融析离出来的流体相，在静压力作用下上升，穿过莫霍面后在下地壳上部或中地壳内聚集成岩浆房，由于上覆地层岩石的静压力作用，这种岩浆房（体）都是扁平的。这种流体相岩浆房在重力资料上为低密度，在地震资料上为低速度，在大地电磁资料上具有低阻高电导的特性。这种低速高导的岩浆房（体）为离析形成CO_2气创造气源条件，推测可能是距离盆地最近的CO_2气有利聚集区。

2. 地壳内部结构及断裂控制CO_2气藏运移方向

深大断裂不仅控制了盆地的形成和演化，部分断裂与深部岩浆房沟通，成为岩浆上涌的通道，也成为岩浆内无机CO_2析出运移上升的通道，沟通了深部无机气源与浅部各类圈闭的联系。

松辽盆地CO_2气主要为幔源成因，无论以哪种脱气方式灌入盆地，深大断裂皆为CO_2的主要运移通道，因此深大断裂与基底断裂的结合，共同控制了CO_2的运移、聚集和分布。但也并不是所有的基底断裂都能控制CO_2的气源、运移和聚集。研究表明，控制CO_2气藏的断裂多为规模较大、低角度的控陷断层，走向以近SN向和NNE向为主，断层倾角平缓，一般为20°～50°，断距大，最大垂直断距为5000m，一般为500～2500m，延伸距离大，最大延伸长度为156km，一般为10～40km。这些控制断陷的基底大断裂向下倾角逐渐变缓，并最终以近于水平的韧性剪切方式消失于拆离带内。在岩石圈上部巨大的压力作用下，呈现韧性状态的拆离带是良好的封盖层。由于拆离带的作用，使得沿岩石圈下部裂缝上升的岩浆和气体等在拆离带的下部聚集而形成岩浆房（或称低速体）或热流底辟体。这些低速体或热流底辟体就是幔源CO_2的气源供应

第七章　火山岩气藏勘探的地球物理技术

松辽盆地火山成因序列主要发育于下白垩统营城组，包括火山熔岩、火山碎屑岩和凝灰质砂砾岩，它们是重要的勘探目的层，已有百口探井获工业气流或见气显示，展示出火山岩地层的良好储集性能和可观的勘探前景（冯志强，2006；冯子辉等，2010）。但火山岩一般分布在2700m以下，具有埋藏深、温度高、岩层厚度横向变化大、岩性岩相变化大、岩石成岩作用强、密度大、裂缝发育、非均质性强等特征，在火山岩油气藏的识别与刻画方面仍面临着诸多地球物理技术难题（李明等，2002；刘光鼎、祝靓谊，2003；刘光鼎等，2006）。火山岩及其储层预测结果与实钻效果比对，还存在着较大差异，如达深9井在营城组火山岩发育段，钻遇了上百米的大套沉积岩地层，原来预测为火山岩（姜传金等，2009），反映出已有火山岩预测方法的局限性。目前还没有可靠的手段去直接发现火山岩油气藏（姜传金等，2007）。深层火山岩储层非均质性强，岩性、岩相横向和垂向变化大，多期次的火山岩相互叠置，造成了火山岩地震响应特征的复杂化，给地球物理技术提出了新的挑战，同时也带来了难得的发展机遇。经过十多年的技术攻关，在徐家围子断陷连片高分辨率三维地震资料提供了清晰的火山岩建造、地层结构、相带边界等多种地球物理特征的基础上，形成了深层火山岩气藏勘探技术系列，从准确刻画火山岩储层的几何属性、物性特征，实施钻探、增储增产等方面取得了重大突破（罗静兰等，2003；滕吉文等，2010；张尔华等，2010；张元高等，2010）。

第一节　火山岩成像技术

一、针对深层火山岩的三维地震采集技术

松辽盆地北部徐家围子断陷深层天然气勘探目的层埋深大都在3000m以下，埋藏深、地层倾角大、断裂分布复杂和岩性非均质性强而致成像难。地震采集方法和技术，除了现场地震仪器分频扫描质量监控、现场处理和频谱分析、时频频时分析以及信噪比分析技术外，应用的主要关键技术包括：①模型正演辅助分析确定观测系统设计，优化设计参数；②超千道、中小面元、宽方位角接收提高记录精度；③采用垂直叠加提高激发能量；④高覆盖次数、大炮检距。新采集的高分辨率三维地震资料，满覆盖次数为96次以上，炮检距418km，面元25m×50m，采样率1ms，满足了深层火山岩勘探的需要。

二、针对深层火山岩的三维地震资料处理技术

在针对深层火山岩目的层的三维地震资料处理过程中，应用了以下主要技术。

1. 折射波静校正

对全区统一进行初至波拾取、统一计算，反演出地下低降速带的厚度和速度场，进而求出各炮点、检波点的静校正量，解决地形起伏产生的影响，消除野外静校正的异常。

2. 地表一致性振幅补偿技术

可以有效地补偿炮点、检波点等分量上的振幅差异，消除能量横向不一致性。

3. 保持动力学特征的压噪技术

应用复杂构造的非线性空间变换的 F-X 域去噪方法，把小波多尺度变换与 SVD 滤波有机地结合起来，形成新的地震资料去噪方法——多维多空间去噪方法。这种方法既能很好地保持波的动力学特征，又能适用于低信噪比地震资料去噪。

4. 高分辨率处理技术

（1）子波处理技术（时频域有色谱校正、子波整形处理、组合反褶积逐级压缩子波）。

（2）时、空变反射系数有色成分补偿技术。

（3）相关排序同相叠加技术。

（4）分频叠加技术。

5. 叠前深度偏移技术

基于水平层状介质的叠后时间偏移方法不能很好适应高精度成像要求，对于深层复杂的火山岩地质体，叠前深度偏移能够同时实现共反射点的叠加和绕射点的归位，是一种真正的全三维叠前成像技术。偏移后的地震剖面信噪比明显提高，反射能量增强，波组特征突出，断点、地层接触关系清晰，火山岩喷发特征清楚可辨。更好地实现了深层营城组火山岩及其覆盖下的复杂构造特征的正确成像，为下一步整体解剖该构造带，精细刻画气藏特征奠定了基础。

第二节　火山机构-岩相带地震识别技术

大量的油气勘探实践表明，火山岩气藏分布与火山岩储层密切相关，而火山岩储层发育情况又受到火山机构、火山岩相带的影响。火山机构指一定喷发时限内同源火山喷出物的堆积体（王璞珺等，2007），不同喷发类型的火山作用会导致不同架构和内

部组成的火山机构（王璞珺等，2010）。按照离火山喷发中心的距离和结构构造特征，火山机构可进一步划分为中心、近源和远源三个相带和5相15岩相（王璞珺等，2003；唐华风等，2007）。钻探结果表明，松辽盆地火山机构和岩相分别在大尺度和中等尺度上控制了储层的发育（王璞珺等，2006）。本节围绕火山机构和岩相这两个影响储层的主要地质主控因素，充分利用高精度的三维地震，以钻探成果为刻度，综合应用多学科、多技术相结合的办法，建立松辽盆地四种典型火山机构-岩相带的地震响应特征。

一、火山机构的地震响应

1. 火山机构的地震-地质特征

徐家围子断陷井-震联合揭示的特征表明，火山机构发育部位往往具有多种地震反射特征及其配套的震相特征。归总起来主要表现在三个方面。

一是火山机构外形为上凸下凹或上凸下平，同相轴以中部杂乱为中心，呈扇形向外发散成断续层状分布，火山机构内部地震响应常表现为强振幅、低频、杂乱、空白反射。当火山通道发育时，具有自下而上呈放射状的反射结构，为火山机构提供了一目了然的震相特征（图7-1）。

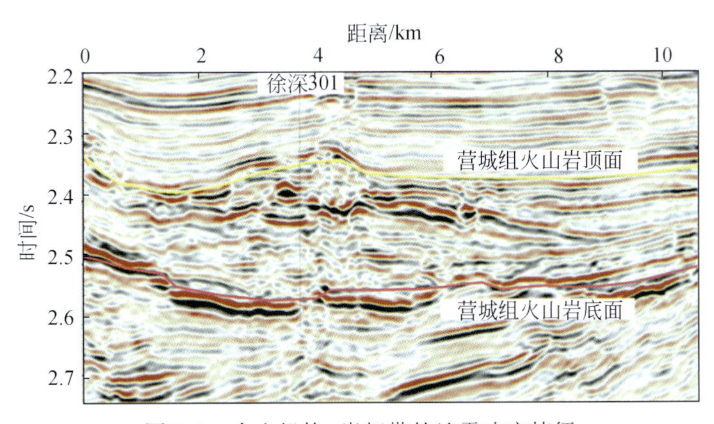

图7-1　火山机构-岩相带的地震响应特征

二是火山岩与围岩具有明显的波阻抗差异特征。火山岩为地表热冷凝成岩，岩性致密坚硬，在其内部常发育断裂、气孔、溶洞、裂缝等，因此其一定与上下左右的沉积岩有内在差别，火山地层总体的速度一般为5200m/s，密度在2.6g/cm^{3}左右，而深层沉积岩的速度一般为4850m/s，密度在2.5g/cm^{3}左右。

三是火山岩与上覆沉积地层之间具有清晰的接触关系。火山喷发的物质，在短时间内形成地貌上的正地形，后期地层在火山侧向部位沉积形成地层超覆，在其上部形成披覆背斜，另外由于火山岩体为刚性，围岩（沉积岩）相对为塑性，后期的差异压实作用在其周围和上部的沉积岩中常常产生张性应力调节正断层，形成地堑或半地堑构造，因此在火山岩发育部位往往形成地层超覆、披覆构造以及火山岩体与上覆地层“镜像”关系（图7-2）。

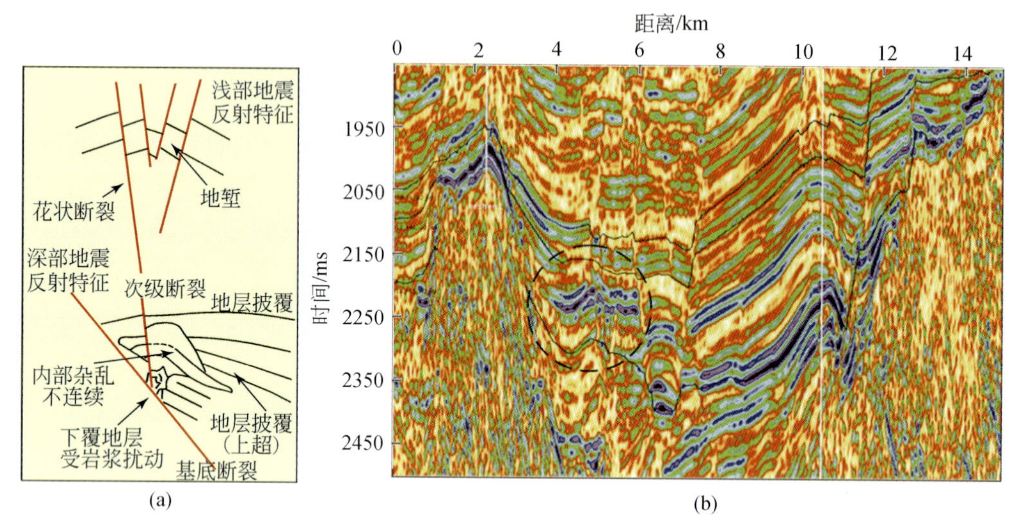

图7-2　火山机构在地震反射剖面识别模式图

2. 火山机构-岩相带的地震识别

火山机构-岩相带是指按照距火山口远近分为中心、近源和远源三个岩相组合带。中心相带以火山通道和侵出相为主，近源相带以喷溢相和爆发相为主，远源相多以火山沉积相为代表。火山机构发育区内部反射结构一般呈杂乱状、断续层状，而且越接近火山口越杂乱。根据这种特征，可以利用三维地震数据体的相干性识别出各种火山机构-岩相带。地震相干体是通过三维数据体来比较局部地震波形、相位的相似性，并应用统计学方法从不相干性、随机的同相轴中，勾绘出相干的空间同相轴变化，如断面、岩性的反射等。由于断层的存在和岩性岩相的变化，使逐道相干的数据突然中断，产生弱相干的轮廓。由于从火山机构中心向外，岩性和岩相组合、断裂和节理发育特征等呈现规律性变化，这些变化特征与相干性、瞬时频谱和分频振幅等地震特征具有一定的响应关系，通过钻井标定就可确定各种地震响应的地质属性。

二、四种基本火山机构-岩相带的地震响应

1. 火山口穹窿多种岩相的叠合带

火山口穹窿多种岩相叠合带主要位于火山喷发中心。火山岩相以火山通道相、爆发相和二者混合相为主，纵向上多期的火山通道相和爆发相在空间上相互叠置。主要发育集块岩、（隐爆）角砾岩、熔结凝灰岩等多种岩石类型。从测井曲线来看，其密度值为2.15～2.6g/cm^3，平均为2.48g/cm^3，GR曲线为100～250API，呈钟形。

该相带代表了火山碎屑岩穹窿的特征，内部火山物质快速堆积，岩相变化较大。地震同相轴呈现丘形、短轴杂乱−空白反射、断续、中弱振幅的响应特征。如徐深1井区，钻井揭示为多种岩相叠合的火山穹窿发育区（图7-3）。平面上，在沿层振幅切片上火山口穹窿多种岩相叠合带呈现强振幅特征，与周围相带之间可见明显的界线，在相干切片上呈现团状的切片特征（图7-4）。

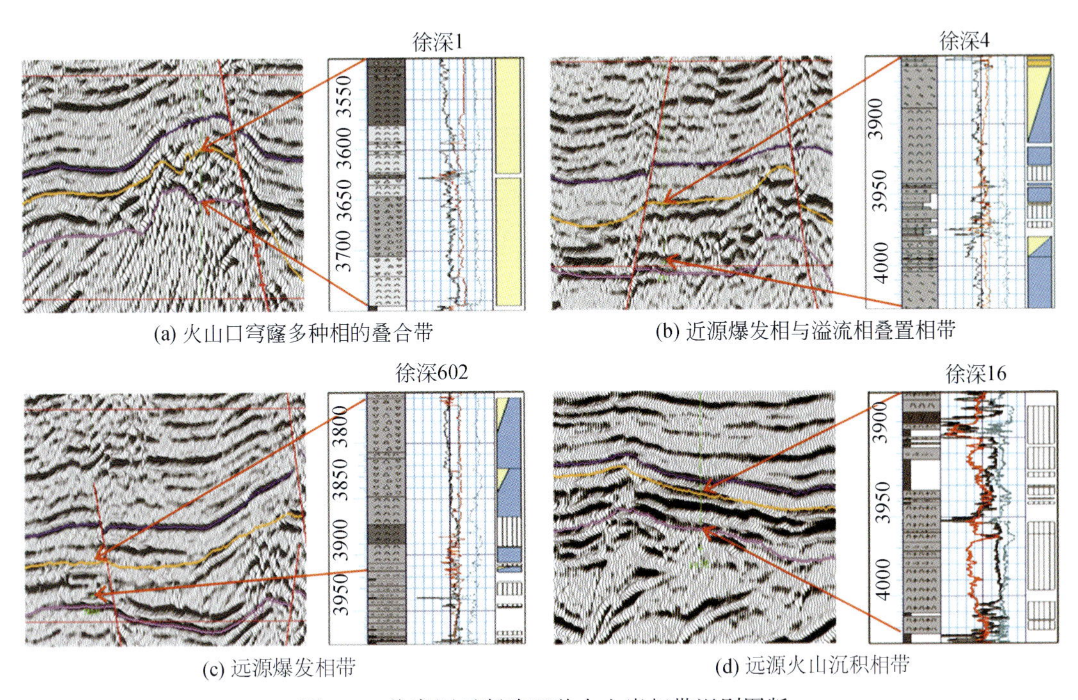

(a) 火山口穹窿多种相的叠合带　(b) 近源爆发相与溢流相叠置相带

(c) 远源爆发相带　(d) 远源火山沉积相带

图7-3　徐家围子断陷四种火山岩相带识别图版

2. 近源爆发相与溢流相叠置相带

近源爆发相与溢流相叠置相带主要发育于火山喷发中心的周边部位，呈条带状围绕火山口穹窿分布。火山岩相以爆发相、溢流相二者混合为主，空间上相互叠置，岩性以流纹岩、熔结凝灰岩等为主，含少量的集块岩、角砾岩等多种岩石类型，其测井曲线密度值为2.2～2.65g/cm^3，平均为2.50g/cm^3，GR曲线为100～300API，常呈锯齿状。

由于火山岩相带的相互叠置，火山物质受堆积和溢流作用，大范围内火山岩岩性单一，总体表现为地震同相轴接近似层状、弱连续反射特征，在单一旋回内部呈现中弱振幅、弱连续的响应特征，旋回间出现强振幅、中高连续反射。如徐深4井区，钻井揭示为近火山口爆发相与溢流相叠置区（图7-3）。平面上，在沿层振幅切片上近火山口爆发相与溢流相叠置相带的特征反映相对较明显，呈现中−强振幅特征，与外部相带之间可见明显的界线，由上向下等间隔切片，反映同心圆层的范围逐渐变大，勾画了火山锥体垂向上的立体演变特征，在相干切片上其地震属性相干性或强或弱，波动性大，多数呈现非线状或非规律性片状的相干体切片特征（图7-4）。

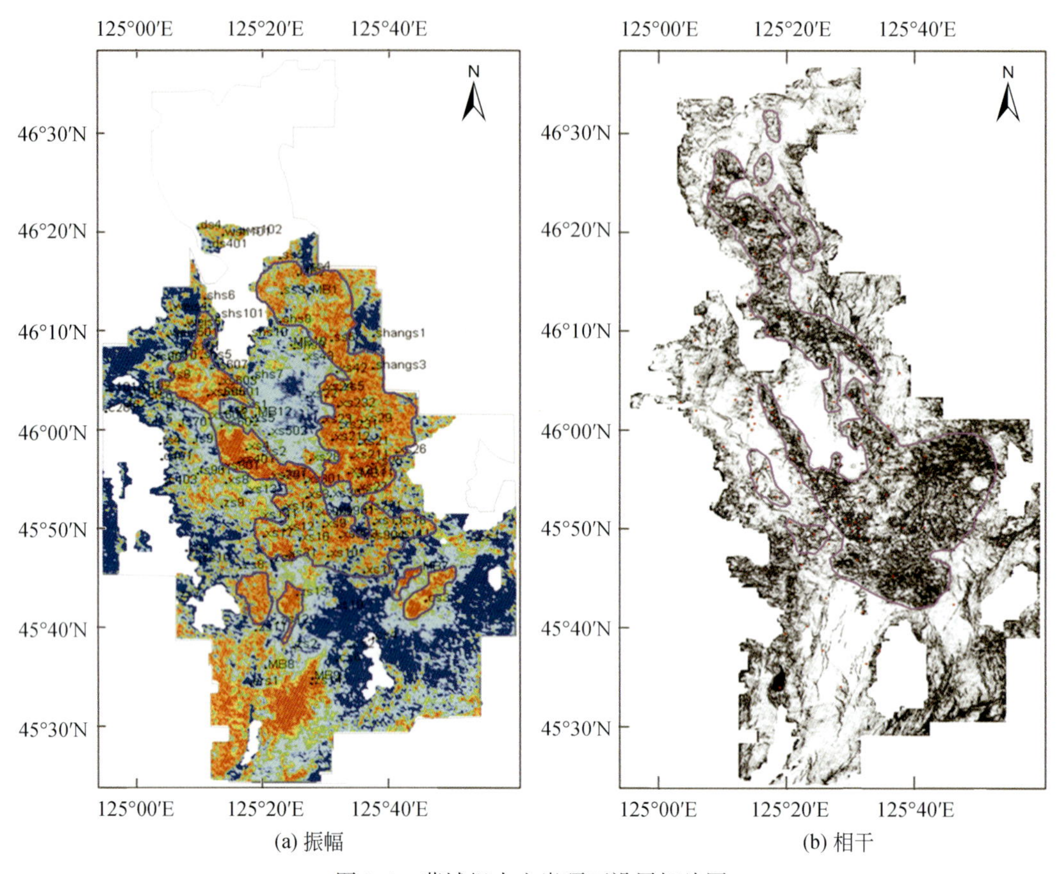

(a) 振幅　　　　(b) 相干

图 7-4　营城组火山岩顶面沿层切片图

3. 远源爆发相带

远源爆发相带主要发育于距火山喷发中心相对较远的部位，火山岩相以爆发相为主，纵向上以单一旋回的火山爆发相为主，岩性以含晶屑、玻屑、浆屑、岩屑的熔结凝灰岩和细粒火山碎屑岩为主，其测井曲线密度值为 2.4 ~ 2.62g/cm^3，平均为 2.51g/cm^3，GR 曲线为 70 ~ 300API，凝灰质含量越高，GR 值越大，平均为 150API 左右，呈钟形特征。

该火山岩相带主要以远离岩浆源的火山爆发相为主，火山物质在重力作用下堆积压实成岩，大范围内火山岩岩性单一，内部岩性变化相对较小，造成地震同相轴接近板状外形、中强振幅、连续反射的地震响应特征。如徐深 602 井区，钻井揭示为远源爆发相带（图 7-3）。平面上，远源爆发相带在水平振幅切片上反映相对较弱，呈现中弱振幅特征，相干切片上其相干性较弱，与近源爆发与溢流相叠置相带差异特征不明显（图 7-4）。

4. 远源火山沉积相带

远源火山沉积相带距火山口较远，经过地面径流和其他水流搬运改造、通常有非火山碎屑混入的岩相，多数以沉积火山岩为主，岩性主要为凝灰岩、火山沉积岩，岩性变化较稳定，储层物性差。测井曲线密度值一般达2.6g/cm^3，因凝灰质含量高，GR值通常较大，曲线常呈锯齿状。地震同相轴表现为薄板状，强振幅、连续反射的地震响应特征。如徐深16井区，钻井揭示为远源火山沉积相带（图7-3）。平面上远源火山沉积相带分布于火山机构边部，范围较为局限，振幅属性为弱振幅，相干性差（图7-4）。

三、火山机构-岩相带地震响应机理探讨

徐家围子断陷营城组上部发育沉积岩，围岩与火山岩存在较大的波阻抗差，因此在三维地震数据中，营城组火山岩的外部几何形态和顶面反射特征清楚，如顶面表现为强振幅的反射特征。此外，由于火山喷发的阶段性和规模的差异性，导致火山岩的岩性多样性和堆积结构的复杂多变性，构成不同的岩性岩相组合和物性的明显差异，形成各具特色的地震反射特征。火山岩的地震反射连续性受火山喷发方式和岩相组合的影响，在一定范围内表现为连续反射或断续反射。大规模、大范围分布的单一结构火山碎屑岩或熔岩层，表现为连续反射，通常出现在远源相带。岩性岩相及其层结构变化快、分布范围小，就会出现递变或断续反射，越靠近火山口这种现象越明显。从火山口穹窿多种相叠合相带过渡到远源火山沉积相带，震相也是由乱丘状杂乱反射逐渐变为层状连续反射。

火山口穹窿多种相叠合相带的岩性主要是由粒径大小不等的火山集块、角砾和凝灰质组成，是火山强烈喷发的产物。杂乱的地震相表现是火山碎屑大小混杂堆积的结果，也是多期丘型火山堆积体相互叠合的结果（如徐深301井区），这种叠合无论属何种岩性和岩相组合均可形成乱丘状、低频的地震反射。近源爆发相与溢流相叠置相带既可能由大套熔岩或火山碎屑岩组成，也可是熔岩与火山碎屑岩的交互构成，属于火山多次喷发的结果。多期相互叠置形成碎屑流与熔岩流的互层，产生了似层状断续厚层的震相特征。远源爆发相带和远源火山沉积相带地层的倾角变小直至变平，反射振幅由强弱相间变化、变成单一强或弱振幅，直至消失于一般正常平行反射之中；这反映火山碎屑喷发降落物的侧向分选性，即粗碎屑多靠近火山口发育，而细碎屑趋于远离中心相带出现，直至完全变为火山灰并混合于陆源碎屑沉积中。

第三节　井点火山岩储层描述解释技术

对火山岩储层的认识，与通常的砂泥岩地层存在较大的差别，必须综合岩心的实验室微观分析、宏观描述和测井等资料进行分析研究。

一、岩心分析描述技术

岩心是地下油气钻探取得的第一手、最可靠、最直观的资料。对岩心资料进行室内微观分析和宏观细致的观察，是进行储层岩性、岩相和物性认识研究的基础。录井

现场快速制片，建立岩性显微图像库和标准样品剖面，现场录井岩性定名基本准确。实验室各种微观分析技术的发展对火山岩的认识描述起到了重要作用。火山岩储层的微观分析技术常用的有薄片和铸体薄片分析、荧光薄片分析、包裹体分析、扫描电镜分析、全直径岩心孔渗分析等。应用这些分析技术结合细致的岩心观察，形成了岩心化学成分分析 TAS 法定岩类，结合宏观结构定名等。有效地对火山岩储层的岩性、岩相、储集空间类型、成岩作用、物性的控制因素等特征进行了识别判断。岩心分析描述结果为储层的敏感性预测和压裂改造提供了重要的基础资料，为测井、地震等宏观资料的解释应用起到了重要的指导标定作用。

二、测井解释技术

在火山岩测井解释过程中，除了应用常规系列的测井资料外，还应用了放射性、元素俘获谱、核磁测井、FMI 和 X-MAC 等特殊测井资料。应用岩心化学成分分析标定放射性、元素俘获谱等资料，岩心结构标定电阻率成像资料，结合成分、结构指数的神经网络法确定岩性，与取心岩性剖面的符合率达到 87%。利用元素测井确定岩石骨架参数，结合核磁测井，准确计算孔隙度。利用电成像与 X-MAC 结合识别开启裂缝，定量评价裂缝孔隙度（綦敦科等，2002）。测井资料的综合应用，形成了一套适合火山岩测井解释技术，对正确认识火山岩岩性岩相特征、内部结构和物性特征起到重要作用。

第四节　火山岩储层地震预测技术

火山岩是由多期次、多个火山口爆发而形成的，火山岩厚度和岩相横向变化大，岩性复杂，非均质性强，火山岩储层物性纵向和横向都有很大的变化，难以寻找分布规律。针对火山岩气藏研究难点，确定了构造特征、火山岩分布、火山口识别、火山岩相分布、火山岩有利储层、火山岩有效储层，逐步开展研究工作。利用探井的岩心资料，分析测井信息与地震资料的内在联系，依据一定指标建立地质-测井-地震的解释模型，对火山岩储层分布特征进行识别和预测，可以增强地震预测的可靠性（姜传金等，2007）。

1. 用岩性解释技术和地震反射特征识别技术结合预测火山岩厚度分布

火山岩空间分布的预测是火山岩油气藏预测的前提。无论是裂隙式喷发、中心式喷发还是多期次喷发的火山岩，在常规地震剖面和地震特殊处理剖面上，与周围其他岩性的围岩相比，都有其独特的地震反射特征。

储层岩性解释技术，是在工作站上用人机交互的方式，在地震数据体剖面上，对目标地质体进行精细圈定，使地质体在剖面上形态可见，用解释结果提取地质体参数进行成图。

利用地震响应特征和波阻抗反演结果，进行火山岩岩性解释，识别火山岩体。

2. 用构造趋势面分析技术与三维切片技术结合识别火山口

火山口的识别，对火山岩油气藏的勘探开发具有十分重要的作用。火山口控制着火山岩体的相带分布，而且也常常是火山岩有利储层的发育区，油气的高产区。

火山喷发，其外部形态常常具有近似对称的背形反射结构（局部物源），也常呈现上部为地堑，下部为背形构造带。火山口处特有的地震波反射结构，为识别火山口提供了更直观的信息。

通过对构造趋势面和古构造发育史的分析，研究局部构造起伏来识别火山口发育情况。地层界面的趋势变化是区域构造背景的反映，而在此背景上由于构造运动、沉积作用、压实作用及火山活动等原因造成了地层界面的局部变化，凸起或下凹。利用三维体切片技术进一步识别和确定火山口的分布情况。

3. 应用地震聚类波形分析与单井火山岩相结合预测营一段火山岩相分布

地震波形是地震勘探最可靠最直接的地下信息，也是地下地层岩性岩相等发生变化可视的最直接反映。同一种相态的火山岩理论上应该具有相同或相似的波形。利用自组织的神经网络计算，对地震波形进行聚类分析，形成相图和相关图，通过观察图上颜色分布，就可以划分火山岩的地震相。

应用钻探资料进行单井火山岩相划分。结合火山岩地震相、火山口的平面分布和单井相的划分结果，就可以划分火山岩的相带展布。

4. 用波阻抗和密度反演预测火山岩有利储层厚度及孔隙度的分布

地震反演技术是储层预测的核心，基于模型地震反演技术以测井资料丰富的高频信息和完整的低频成分补充地震有限带宽的不足，获得合理的地层信息（王凤兰等，2004）。火山岩储层与非储层在波阻抗和密度上特征比较明显，通过地震反演技术，可以较准确地描述储层厚度和几何形态，以及孔隙度的分布。

5. 用地震能量衰减梯度预测火山岩储层的含气性

理论上，当储层中孔隙比较发育而且富含气时，地震波中高频能量衰减要比低频能量衰减大。由于气的黏滞系数大于水，因此含气储层造成的衰减要大于含水储层。通过提取度量高频能量衰减程度的衰减梯度属性，可以检测储层的含气性。该方法用于火山岩储层含气检测，效果较好。

6. 利用地震有利储层预测和钻井气水界面相结合预测火山岩有效厚度平面分布

将钻井气水界面深度数据进行时深转换成时间域地震层位数据，在气水界面层以上提取有利储层厚度，其值比较接近有效厚度值，然后用单井有效厚度值校正即得到地震预测有效厚度分布。

第八章　火山岩气藏成藏模拟和资源潜力认识

第一节　火山岩气藏成藏模拟

一、成藏期研究

包裹体均一温度是油气成藏期研究广泛采用的指标。用包裹体均一温度研究油气成藏期的一般步骤是：①与油气包裹体同期的盐水包裹体均一温度测定；②储层埋藏史恢复；③研究区热史恢复，并在埋藏史图上画出不同地温的等温线；④将包裹体均一温度范围对应到画有等温线的埋藏史图上，确定均一温度所对应的地质时间，即油气成藏期。在上述步骤中，难度最大的就是热史恢复。热史恢复是否正确，直接影响成藏期恢复的可靠性。

古地温梯度恢复的难度不亚于剥蚀厚度的恢复，是世界级难题。以往进行热史研究主要采用古温标，如镜质组反射率、磷灰石裂变行迹、包裹体均一温度等，尤其以镜质组反射率应用更为普遍。用古温标反演沉积盆地的热史，存在的最主要不确定因素是难以确定样品经历实测古地温时的时间和埋深，因而无法恢复确切地质时间的古地温梯度，即无法恢复盆地的热历史。对于单一成分的气体包裹体，该气体在激光拉曼谱图上的出峰位置（峰位）与包裹体内气体的压力具有相关性。基于以上原理，可以通过在储层中寻找单一组分气体包裹体，并通过峰位来确定包裹体内气体压力。

1. 徐深 1-203 井古地温梯度恢复

对徐深 1-203 井样品进行了包裹体激光拉曼检测，共检测到六个纯 CH_4 包裹体，峰位相对较为一致，平均为 2913.17cm^{-1}。共生盐水包裹体均一温度范围为 135.5 ~ 141.5℃，平均值为 137.8℃（表 8-1）。

表 8-1　徐深 1-203 井纯 CH_4 气包裹体拉曼光谱分析数据表

井号	井深/m	层位	检测编号	峰位/cm^{-1}	同期盐水包裹体均一温度/℃	主矿物
徐深 1-203	3526.36	营城组	DH125	2913.20	137.5	方解石
			DH126	2913.15	138.5	长石
			DH139	2913.15	135.5	石英
			DH332	2913.18	137.5	方解石
			DH333	2913.20	141.5	方解石
			DH334	2913.15	136.5	方解石
			平均	2913.17	137.8	

根据 CH_4 包裹体激光拉曼峰位与压力关系，峰位 2913.17cm^{-1}对应的包裹体压力为 16MPa。这是包裹体在实验条件下（20℃）的压力，包裹体形成时的地层温度（包裹体均一温度）为 137.8℃，当时包裹体内的气体压力应该大于 16MPa。根据理想气体状态方程，在包裹体体积不变的情况下，压力与温度的比值是常数。由此计算，包裹体形成时的压力为 22.4MPa，即当时的气藏压力。假设当时气藏没有超压存在，即压力系数为 1，则气藏形成时的深度为 2240m。

由以上讨论可知，徐深 1-203 井样品包裹体形成时，温度为 137.8℃，深度为 2240m。设当时年平均地表温度为 10℃，恒温层深度为 50m，则当时的古地温梯度为 5.8℃/100m。由徐深 1-203 井埋藏史可知，营城组中部（样品位置）埋深 2240m 的时间为距今 93Ma。所以，距今 93Ma 时，徐深 1-203 井区的地温梯度为 5.8℃/100m。可见，松辽盆地的古地温梯度远高于现今地温梯度（大约 4℃/100m）。

2. 芳深 9 井古地温梯度恢复

对芳深 9 井两块样品进行了包裹体激光拉曼检测，共检测到九个纯 CH_4 包裹体，该井现今为 CO_2 为主的气藏，CH_4 成藏时 CO_2 尚未充注，峰位相对较为一致，平均为 2913.39cm^{-1}。共生盐水包裹体均一温度平均值为 124.35℃（表 8-2）。

表 8-2 芳深 2 井纯 CH_4 气包裹体拉曼光谱分析数据表

井号	井深/m	检测编号	CH_4 峰位/cm^{-1}（1800 光栅）	均一温度平均值/℃
芳深 9	3697.88	DH422	2913.7	124.35
		DH423	2913.48	
		DH424	2913.29	
	3699.25	DH426	2912.84	
		DH427	2913.48	
		DH428	2913.48	
		DH429	2913.48	
		DH430	2913.48	
		DH431	2913.27	
		平均值	2913.39	

根据 CH_4 包裹体激光拉曼峰位与压力关系，峰位 2913.39cm^{-1}对应的包裹体压力为 14.8MPa。这是包裹体在实验条件下（20℃）的压力，包裹体形成时的地层温度（包裹体均一温度）为 124.35℃，根据理想气体状态方程计算，包裹体形成时的压力为 20.07MPa，即当时的气藏压力。假设当时气藏没有超压存在，即压力系数为 1，则气藏形成时的深度为 2007m。

芳深 9 井样品包裹体形成时，温度为 124.35℃，深度为 2007m。设当时年平均地表温度为 10℃，恒温层深度为 50m，则芳深 9 井区当时的古地温梯度为 5.9℃/100m。由芳深 9 井埋藏史，营城组底部（样品位置）埋深 2007m 的时间为距今 100Ma。所以，距今100Ma时，芳深9井区的地温梯度为5.9℃/100m。

3. 达深401井古地温梯度恢复

为了研究安达地区古地温梯度、深层天然气成藏期以及成藏过程，采集达深401井营城组火山岩样品（3183.69m），进行了包裹体激光拉曼和均一温度分析。该样品只检测到一个纯CH_4气体包裹体，峰位2913.4cm^{-1}，与其共生的盐水包裹体均一温度为115.35℃。

根据CH_4包裹体激光拉曼峰位与压力关系，峰位2913.4cm^{-1}对应的包裹体压力为14.3MPa。换算到包裹体形成时的地层温度115.35℃，当时地层压力为18.95MPa，即包裹体形成时的埋深为1895m。设当时年平均地表温度为10℃，恒温层深度为50m，则安达地区当时的古地温梯度为5.7℃/100m。由达深401井埋藏史可知，营城组中上部（样品位置）埋深1895m的时间为距今93Ma。所以，距今93Ma时，安达地区的地温梯度约为5.7℃/100m。

可见，徐家围子断陷古地温梯度高于现今，而且断陷内不同地区的古地温梯度基本相同。

二、成藏过程研究

在徐家围子断陷已经发现的天然气储量中以烃类气为主，并多处探明CO_2气藏。研究表明，在气藏中纯度大于50%的CO_2均属无机成因，源于地幔脱气。多年来，CO_2气藏的成藏规律不清一直困扰着深层天然气的勘探。搞清徐家围子断陷烃类气和CO_2的成藏次序，有助于深入认识该断陷烃类气和CO_2的成藏规律，提高烃类气的勘探成功率。

在大多数情况下，烃类气和CO_2的充注过程中，会在储层中形成相应的气体包裹体。如果能够鉴定出包裹体中气体成分，并确定不同成分的气体包裹体形成次序，就能正确分析并得出烃类气和CO_2气的成藏先后顺序。

激光拉曼光谱分析能够实现单个气体包裹体成分鉴定，是天然气成藏研究的重要手段。本节对15口井53块包裹体样品进行拉曼光谱分析，分析1500点。

（一）烃类气藏的成藏过程研究

在现今为烃类的气藏中，选取卫深5井、达深401井和徐深1-203井，进行包裹体激光拉曼鉴定，并结合矿物生长次序的镜下鉴定和包裹体均一温度检测，综合研究天然气成藏过程。

卫深5井2块样品18个气体包裹体的激光拉曼检测结果，只有CH_4气体（表8-3）。这说明卫深5井营城组只经历过烃类气成藏。

达深401井营城组样品的镜下观察结果，在凝灰岩孔洞中有重结晶石英，在重结晶石英生长过程中，形成了液烃包裹体。更晚在孔洞中心发育的亮晶石英充填物中，发育气包裹体，经激光拉曼检测，这些气包裹体的成分是 CH_4。由此可见，达深401井区营城组先后经历了油和烃类天然气的成藏过程。

表 8-3　卫深 5 井包裹体激光拉曼分析数据

井深/m	层位	检测编号	CH_4峰强度	CO_2峰强度	CH_4含量/%
3088.63	营城组	DH74	920	0	100
		DH75	472	0	100
		DH76	1748	0	100
		DH77	1884	0	100
		DH78	513	0	100
		DH452	9512	0	100
		DH453	8463	0	100
		DH454	1934	0	100
		DH455	6102	0	100
		DH456	3192	0	100
		DH457	4464	0	100
		DH458	3923	0	100
		DH460	12616	0	100
		DH461	10267	0	100
		DH462	14115	0	100
3072.59		DH464	6706	0	100
		DH465	3110	0	100
		DH467	10673	0	100

徐深 1-203 井共 36 个气或气液包裹体检测到了流体成分（表 8-4），既有纯 CH_4 包裹体，也有 CH_4-CO_2包裹体，未检测到纯 CO_2 包裹体。

表 8-4　徐深 1-203 井包裹体激光拉曼分析数据（3526.36m，K_1yc）

检测编号	峰面积		CH_4含量/%	包裹体类型	检测编号	峰面积		CH_4含量/%	包裹体类型
	CO_2	CH_4				CO_2	CH_4		
DH55	64	3535	92	气	DH123	22	1099	92	气
DH57	320	2546	64	气	DH124	32	923	86	气-液
DH58	42	3566	95	气	DH125	0	625	100	气
DH120	415	2743	59	气	DH126	0	1267	100	气
DH121	53	3725	94	气	DH127	915	860	17	气
DH122	185	721	46	气	DH128	1031	650	12	气

续表

检测编号	峰面积		CH_4含量/%	包裹体类型	检测编号	峰面积		CH_4含量/%	包裹体类型
	CO_2	CH_4				CO_2	CH_4		
DH129	336	285	16	气	DH142	919	1424	25	气-液
DH130	252	144	12	气	DH143	81	3339	90	气
DH131	778	499	12	气	DH144	73	4317	93	气
DH132	552	707	22	气	DH145	68	5323	95	气
DH133	1077	655	12	气-液	DH146	0	132	100	气-液
DH134	443	417	17	气	DH332	0	557	100	气
DH135	53	5997	96	气	DH333	0	8708	100	气
DH136	42	6242	97	气	DH334	0	346	100	气
DH138	0	306	100	气	DH335	249	1879	62	气
DH139	0	1782	100	气	DH336	228	9026	90	气
DH140	130	7098	92	气	DH337	53	3649	94	气
DH141	100	5871	93	气	DH338	0	1059	100	气

孔洞方解石中与气包裹体同期发育的盐水包裹体均一温度为123.4～130.6℃，条带方解石中与气包裹体同期发育的盐水包裹体均一温度为133.7～145.7℃，因此，孔洞方解石中的包裹体生长早于条带方解石中的包裹体。另外，从孔洞方解石照片可以看出，方解石从下边的核部开始向上生长。

在孔洞方解石的生长方向上，包裹体中 CH_4 含量逐渐增大，从46.24%到100%。另外，发育较晚的条带方解石中的包裹体气体成分均为 CH_4。由此可见，徐深1气藏首先充注 CO_2，然后烃气充注，最后成为烃类气藏。

（二）CO_2气藏的成藏过程研究

在现今为 CO_2 的气藏中，选取芳深9井、徐深19井和徐深28井，进行了包裹体激光拉曼鉴定，并结合矿物生长次序的镜下鉴定和包裹体均一温度检测，综合研究天然气成藏过程。

1. 芳深9井

检测了芳深9井三块样品16个气体包裹体成分（表8-5），既有 CH_4、CO_2混合气包裹体，也有纯 CH_4包裹体和纯 CO_2包裹体。

表 8-5　芳深 9 井包裹体激光拉曼光谱分析数据

井深/m	检测编号	峰面积			相对摩尔浓度/%			包裹体类型
		CH_4	CO_2	N_2	CH_4	CO_2	N_2	
3581.76	DH101	0	54.85	0	0	100	0	气
3699.25	DH239	3300.06	0	489.66	49.81	0	50.19	气
	DH240	3789.01	3179.96	0	20.73	79.27	0	气
	DH241	3282.49	0	689.89	41.2	0	58.8	气
	DH242	2900.49	0	515.45	45.32	0	54.68	气
	DH243	1017.75	0	239.07	38.54	0	61.46	气
	DH244	1539.88	489.57	0	40.84	59.16	0	气
3697.88	DH246	1083.17	996.45	360.09	13.42	56.28	30.3	气
	DH247	1028.76	781.55	379.59	14.35	49.69	35.96	气
	DH251	11196.4	670.61	78.79	75.72	20.67	3.62	气
	DH252	4947.26	317.59	63.48	72.48	21.2	6.31	气
	DH253	0	2332.21	0	0	100	0	气
	DH256	4243.59	0	0	100	0	0	气
	DH445	1346.74	1891.53	343.9	10.95	70.07	18.98	气
	DH446	318.98	325.19	56.03	14.62	67.94	17.44	气
	DH447	743.99	636.12	177.37	15.35	59.8	24.85	气

从包裹体薄片照片看，芳深 9 井营城组火山岩成岩期发育三期矿物：其一为透明度较差的成岩早期方解石胶结物；其二为成岩中期石英颗粒次生加大边；其三为成岩晚期亮晶细晶方解石胶结物。这三期矿物中均发育气体包裹体。另外，还发育更晚的切穿石英颗粒及其加大边的成岩期后裂隙气体包裹体。

从激光拉曼检测结果看，在成岩期的三期矿物中，发育纯 CH_4 包裹体，而成岩期后的裂隙中只发育纯 CO_2 包裹体。由此可见，芳深 9 井气藏首先经历了烃类气成藏，CO_2 后期注入成藏。

2. 徐深 19 井

徐深 19 井分析结果，既没有检测到纯 CH_4，也未检测出纯 CO_2，20 个包裹体的 CH_4 和 CO_2 相对含量连续变化（表 8-6）。

表 8-6　徐深 19 井包裹体激光拉曼光谱分析数据

检测编号	CO_2 峰面积	CH_4 峰面积	C_6H_6 峰面积	$CH_4/(CH_4+CO_2)$ /%
DH289	4160	803	0	4
DH290	4151	847	0	4
DH291 气	6308	1129	0	3
DH291a 液	5974	1263	0	5

续表

检测编号	CO_2峰面积	CH_4峰面积	C_6H_6峰面积	$CH_4/(CH_4+CO_2)$ /%
DH292	1101	15986	291	76
DH293	677	10142	258	77
DH294	686	11734	183	79
DH295	2079	1151	0	11
DH296	388	5851	119	77
DH297b	113	870	0	63
DH298	1117	14948	213	75
DH299	1977	21707	547	71
DH300	1988	21381	654	70
DH301	2668	8630	202	42
DH302	1286	1724	0	22
DH303	988	1094	0	19
DH304	2157	430	0	4
DH305	3074	724	0	5
DH306	987	494	0	10
DH307	3415	14557	358	48

照片里方解石中发育的盐水包裹体均一温度为145℃，石英裂隙中发育的盐水包裹体均一温度为123℃。所以，该石英裂隙中发育的包裹体形成较早。

与上述盐水包裹体同期发育的石英裂隙中检测的包裹体CO_2浓度为46.5%，方解石中检测的包裹体CO_2浓度为95.3%，后者大于前者。因此，徐深19井烃类先充注，CO_2后成藏。

3. 徐深28井

徐深28井营城组火山岩储层样品包裹体激光拉曼分析结果（表8-7），大部分包裹体的气体成分以CO_2为主，CH_4含量最高只有23.87%。同一张薄片中盐水包裹体均一温度相差较大，与均一温度130℃盐水包裹体共生的气体包裹体中CO_2浓度为76.13%，与均一温度155℃盐水包裹体共生的气体包裹体中CO_2浓度为92.25%。由此可见，较早形成的包裹体中CO_2浓度较低。因此，徐深28井气藏的成藏次序是烃类先充注，CO_2后成藏。

表8-7　徐深28井包裹体激光拉曼分析（4211.34m，K_1yc）

检测编号	CO_2峰面积	CH_4峰面积	CO_2相对摩尔浓度/%	CH_4相对摩尔浓度/%	包裹体类型
DH477	3780.47	598.37	96.64	3.36	气-液
DH478	3978.21	1119.78	94.18	5.92	气
DH479	1628.47	422.05	94.62	5.38	气

续表

检测编号	CO_2峰面积	CH_4峰面积	CO_2相对摩尔浓度/%	CH_4相对摩尔浓度/%	包裹体类型
DH480	787.49	182.45	95.16	4.84	气
DH481	2621.42	112.47	99.07	0.93	气
DH482	2060.98	116.16	98.78	1.22	气-液
DH483	3272.39	812.82	94.83	5.17	气
DH484	2193.96	2150.34	82.30	18.70	气
DH485	1891	2701.35	76.13	23.87	气
DH486	2555.74	2812.82	80.55	19.45	气
DH487	2320.83	2494.18	80.92	19.18	气
DH488	1656.52	2310.27	76.57	23.43	气-液
DH489	431.8	371.44	84.12	15.88	气
DH490	2683.63	1303.27	90.37	9.63	气
DH491	354.86	90.9	94.68	5.32	气-液
DH492	358.69	240.49	87.17	12.83	气-液
DH493	1575.06	0	100.00	0.00	气-液
DH494	477.9	294.94	88.07	11.83	气
DH495	2995.11	1119.78	92.42	7.58	气
DH496	1628.47	422.05	94.62	5.38	气
DH497	476.66	182.45	92.25	7.15	气
DH498	2621.42	112.47	99.07	0.93	气-液

三、含油气系统模拟

多年来，传统的一维盆地模拟得到的生排烃强度平面图，一直作为资源评价的主要成果，在油气勘探中发挥重要的指导作用。由于烃类从源岩排出后，经过在输导层中的二次运移后才能到达圈闭，形成油气藏，生烃中心往往不是油气分布中心，因此传统盆地模拟得到的生烃强度平面图并不能直接指出油气的分布；在油气运移过程中和成藏以后，都会有散失，散失的数量无法由传统盆地模拟定量求出。采用斯伦贝谢公司 PetroMod 含油气系统模拟软件，定量恢复油气从源岩到圈闭的全过程，包括油气在三维空间中的运移、聚集和散失等，直接得到深层天然气在圈闭中的聚集位置，并实现气藏分布的三维可视化。

一般而言，判断一个盆地模拟系统的优劣可从如下五个方面考虑：①输入参数的种类和数量尽可能多；②模型数目齐全，即一维系统应由上述前五个模型组成，二维和三维系统应由上述六个模型组成；③各模型的方法正确，技术先进；④输出图件的种类齐全，精确实用；⑤具有参数敏感性与风险分析的功能。实际应用时，各模型所采用的维数应取决于勘探程度。在高勘探程度阶段（即有较多的井和地震覆盖），盆地的三维模拟通常可在较大程度上反映地质实际过程。

油气运移、聚集和保存受多方面地质条件的控制，如生烃灶的位置、生烃量的多少、输导层（储层）的孔隙度和渗透率、输导层（储层）的顶面构造形态、圈闭发育、断层发育情况等。因此，油气运移、聚集模拟需要综合各种地质资料，而且地质参数的精度将直接影响模拟结果的可靠性。成因法基于徐家围子断陷三维地质模型，结合盆地的热史，烃源岩特征、构造演化史及沉积相分布特征，在 PetroMod 11.0 油气系统模拟软件上计算天然气资源量、模拟天然气的运移方向、聚集特征和散失特征。

（一）天然气运聚模拟的地质、地球化学基础

1. 建立三维地质模型

建立盆地模拟的三维地质模型，是进行天然气运移和聚集模拟工作中的重中之重。模型采用最新的三维地震解释成果，地质格架（包括构造、地层厚度、沉积相）和烃源岩分布结果是其中核心。烃源岩包括沙河子组泥岩、沙河子组煤层及营四段泥岩。储层包括沙河子组、营城组火山岩（营一段和营三段）、营城组砂砾岩（营四段）和登娄库组。区域盖层为泉头组和登娄库组，营城组火山岩也具有封盖能力。

在建立徐家围子断陷的三维地质模型过程中，精细的地层格架和储层沉积相模型刻画是模拟研究取得成功的关键，模拟成果如图 8-1 所示。

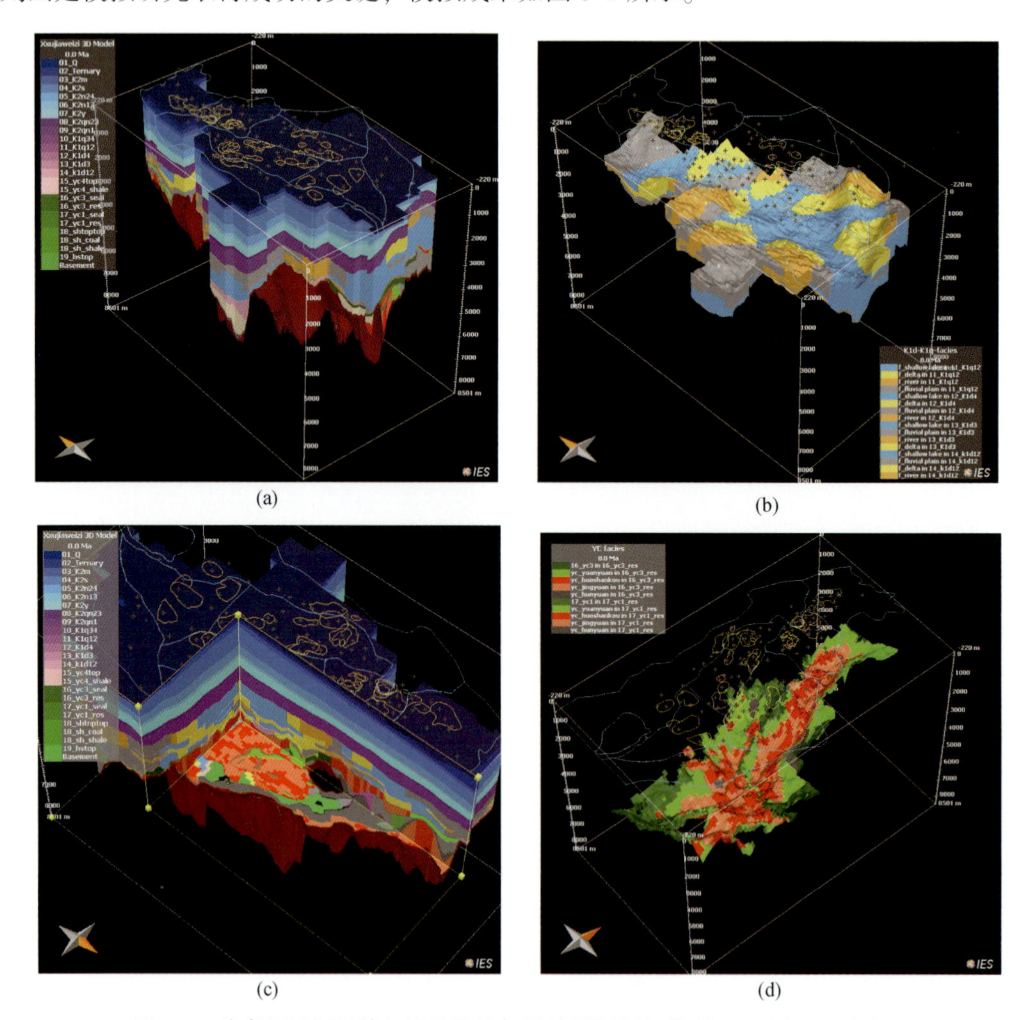

(a) (b) (c) (d)

图 8-1 徐家围子深层精细的地层格架及储层沉积相模型（25 层，39 个相）

2. 烃源岩生气强度

根据烃源岩的生气量，可计算得到徐家围子深层不同构造单元的生气强度。

从分层生气强度分布图上看（图 8-2），沙河子组泥岩几乎在整个断陷的生气强度均大于 $20\times10^8\mathrm{m}^3/\mathrm{km}^2$，最大值达到 $500\times10^8\mathrm{m}^3/\mathrm{km}^2$，为徐家围子断陷最主要的气源岩。沙河子组泥岩的主要生气区在断陷的北部，三个生气中心分别为徐东凹陷、徐西凹陷和升平–宋站隆起。

沙河子组煤层的生气范围小于泥岩，生气强度最大值在宋站地区，达到 $300\times10^8\mathrm{m}^3/\mathrm{km}^2$（图 8-3）。沙河子组煤层的主要生气区也在断陷的北部，三个生气中心分别为徐东凹陷、徐西凹陷和升平–宋站隆起。

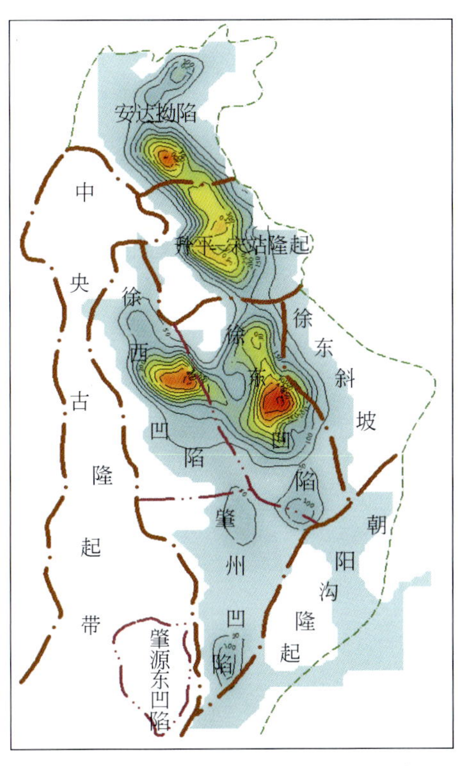

图 8-2 徐家围子断陷沙河子组泥岩生气强度等值线图

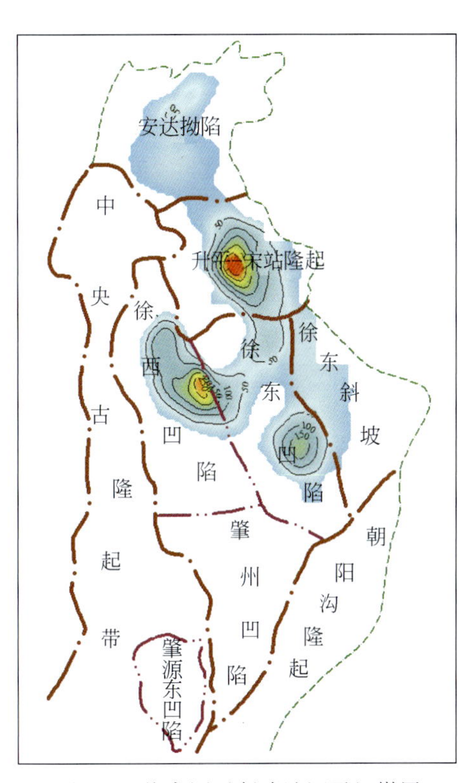

图 8-3 徐家围子断陷沙河子组煤层生气强度等值线图

营城组生气范围较小，只局限在徐东凹陷的北部和肇州凹陷的南部，生气强度小于 $60\times10^8\mathrm{m}^3/\mathrm{km}^2$。因此，营城组只在局部地区对深层天然气有所贡献。

（二）天然气运移聚集模拟

油气成藏过程数值模拟结果的好坏，在很大程度上受油气运移、聚集和保存多方面地质条件的限制。因此，在油气运移、聚集数值模拟中模拟结果的可信与否，在很大程度上受三维地质模型地质约束条件的控制，如生烃灶的位置及其与油气藏的分布关系、生烃量的多少、储层发育情况及输导体系的分布、孔隙度和渗透率、输导层（储层）的顶面构造形态、圈闭发育程度、断层发育情况等。

在成藏模拟研究中，重点加强了下述五个方面的精细刻画工作：一是构造格架的精细描述，尽可能地将三维地震解释成果植入到三维地质模型中；二是建立精细的储层沉积相模型，包括砂砾岩、火山岩的分布与相变等，它们不仅是油气的储存场所，也是重要的运载层和输导层；三是充分考虑断层在油气运移过程中的作用；四是重点刻画火山岩的相变特点；五是着重分析所生成的天然气资源与已探明的天然气资源的分布关系，不断校验油气成藏的数值模拟结果。

1. 建立精细的储层沉积相模型

精细的储层沉积相模型如图 8-4 所示。尽管研究是以火山岩的运移成藏过程为主，实际的地质过程中，火山岩与砂砾岩的成藏过程是密不可分的。

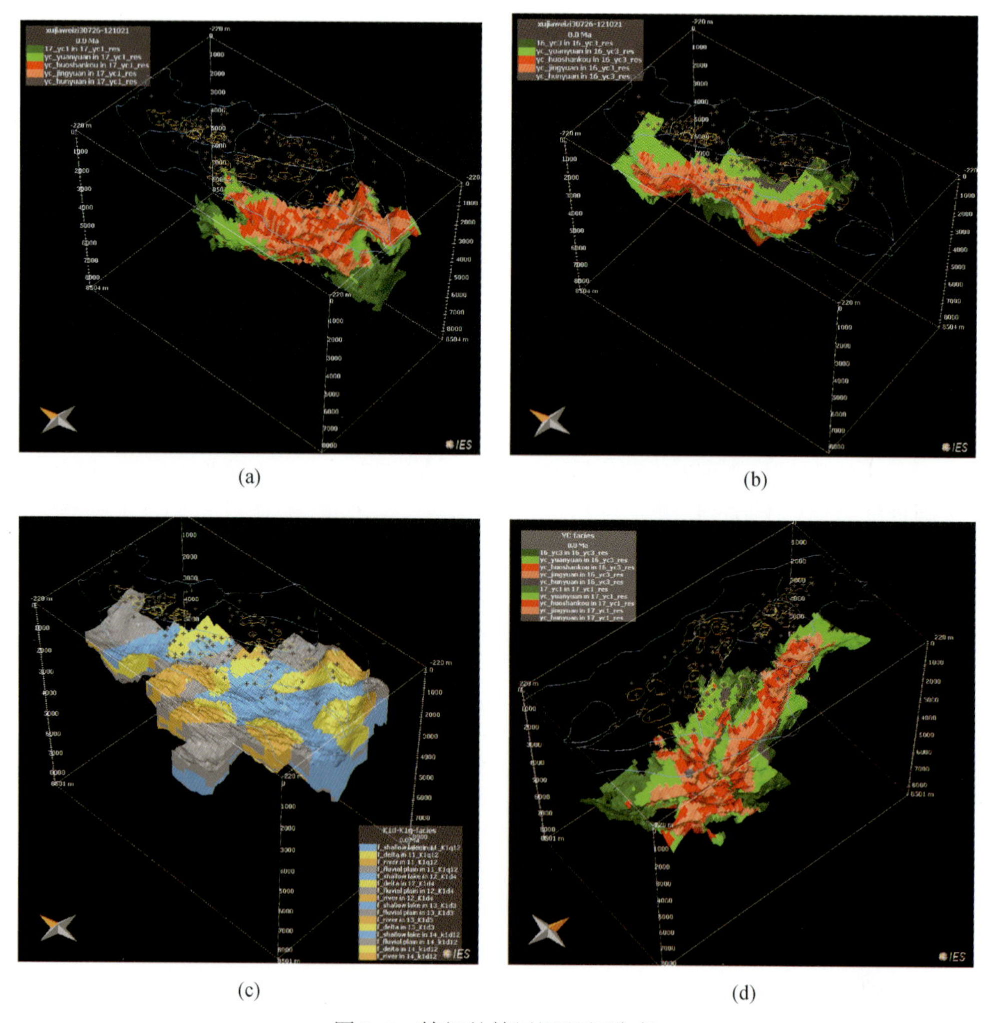

图 8-4　精细的储层沉积相分布

2. 火山岩的分布特征

徐家围子火山岩主要分布在营一段和营三段。火山岩体平面上的分布主要与深大断裂的发育有关，火山机构一般沿着深大断裂发育。在纵向（层段）上看主要发育在营城组和火石岭组，以营城组分布最广。储层岩石类型多样，介质类型也比较复杂。从成分看，从中基性的玄武岩、安山岩到酸性的流纹岩均见产气层。升平以南地区的徐深1井以流纹质凝灰角砾岩、熔结凝灰岩和集块岩为主；汪家屯东升深101井、宋深2井为中性安山岩、安山玄武岩；安达地区的达深4井、达深302井等见玄武岩气层；汪903井、升深4井为流纹质火山碎屑岩；宋深1井既有安山岩储层，也有流纹岩储层；昌德东地区火山岩储层以酸性喷发岩为主；肇州东肇深6井取心见流纹岩储层。从平面分布来看，营城组酸性岩主要分布在汪家屯以南的地区，中基性岩主要分布在安达凹陷。

徐家围子地区火山岩相可划分为爆发相、喷溢相、侵出相、火山通道相及火山沉积相五种火山岩相类型，各火山岩相的分布特征如图8-5和图8-6所示。火山岩储层具有五种储集岩类型、四种储集空间类型。熔岩类包括玄武岩和安山岩；火山碎屑岩包括流纹岩、凝灰岩和火山角砾岩。其中，玄武岩、安山岩和流纹岩为溢流相火山岩，凝灰岩为火山沉积相，而火山角砾岩包括爆发相和侵出相；四种储集空间可以区分为两大类型，即原生型和次生型，孔隙空间包括孔隙型和裂缝型。

从火山岩的规模分析，营一段范围大，而营三段规模明显较小。就火山岩体系的成藏作用过程而言，火山口爆发、喷溢及火山通道叠合区应是油气运移的主要区域。从现已探明天然气资源的分布来看，均跟这一叠合区域有关。可见，在天然气的运移过程中，这一叠合区域起到了极其重要的作用。

3. 断层的分布与作用

由于火山岩储层的特殊性，天然气很难进行长距离运移，通常是通过断层垂向运移。因此，天然气运移聚集模拟必须考虑断层。本次建模加入了徐家围子断陷27条主要断层（图8-7）。断层既可作为油气运移的通道，也可作为阻挡形成断块油气藏。

油气运移分析中，断层的开启、封闭属性主要体现在排烃期及后期油气藏的破坏上。目前，排烃期断层的开启、封闭并没有直接的研究方法。当前评价断层封闭性的方法，如泥岩涂抹系数（SGR）主要基于当前断层的特征，因此其结论并不适用于评价历史时期断层在油气运移中的作用。评价断层在油气运移中的作用以间接的方法为主，即根据实钻井的含油气性质，反过来验证断层在油气生排烃期的封闭性。如徐家围子深层天然气运移模拟中，根据目前气藏的分布，徐中断层下部为开启性，作为输导层沟通了下部烃源岩与储层之间的联系；断层的上部作为阻挡，起到了圈闭天然气的作用。

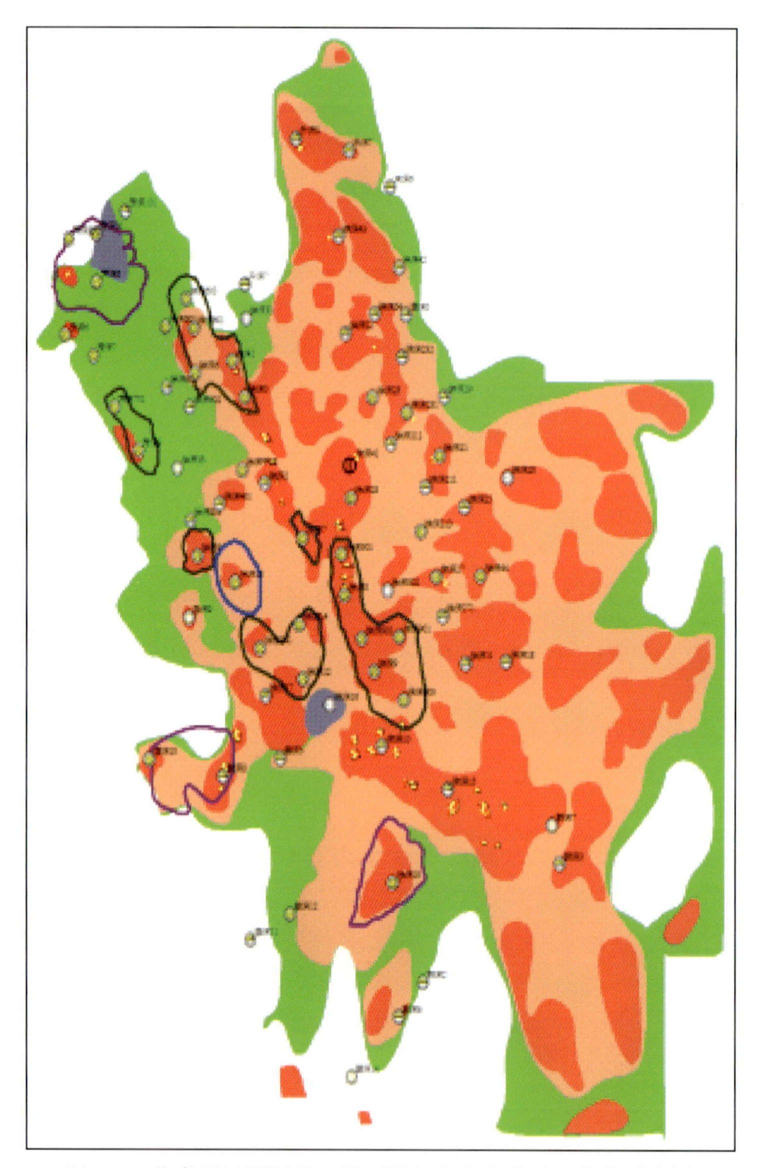

图 8-5　徐家围子深层营一段不同相态火山岩平面分布示意图

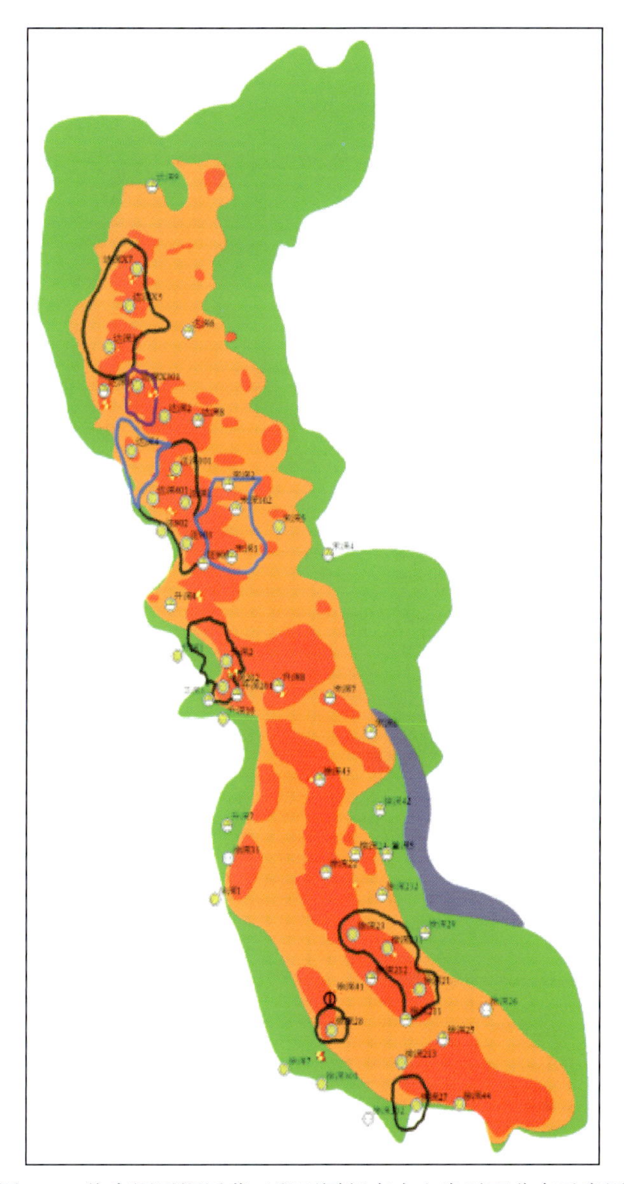

图 8-6　徐家围子深层营三段不同相态火山岩平面分布示意图

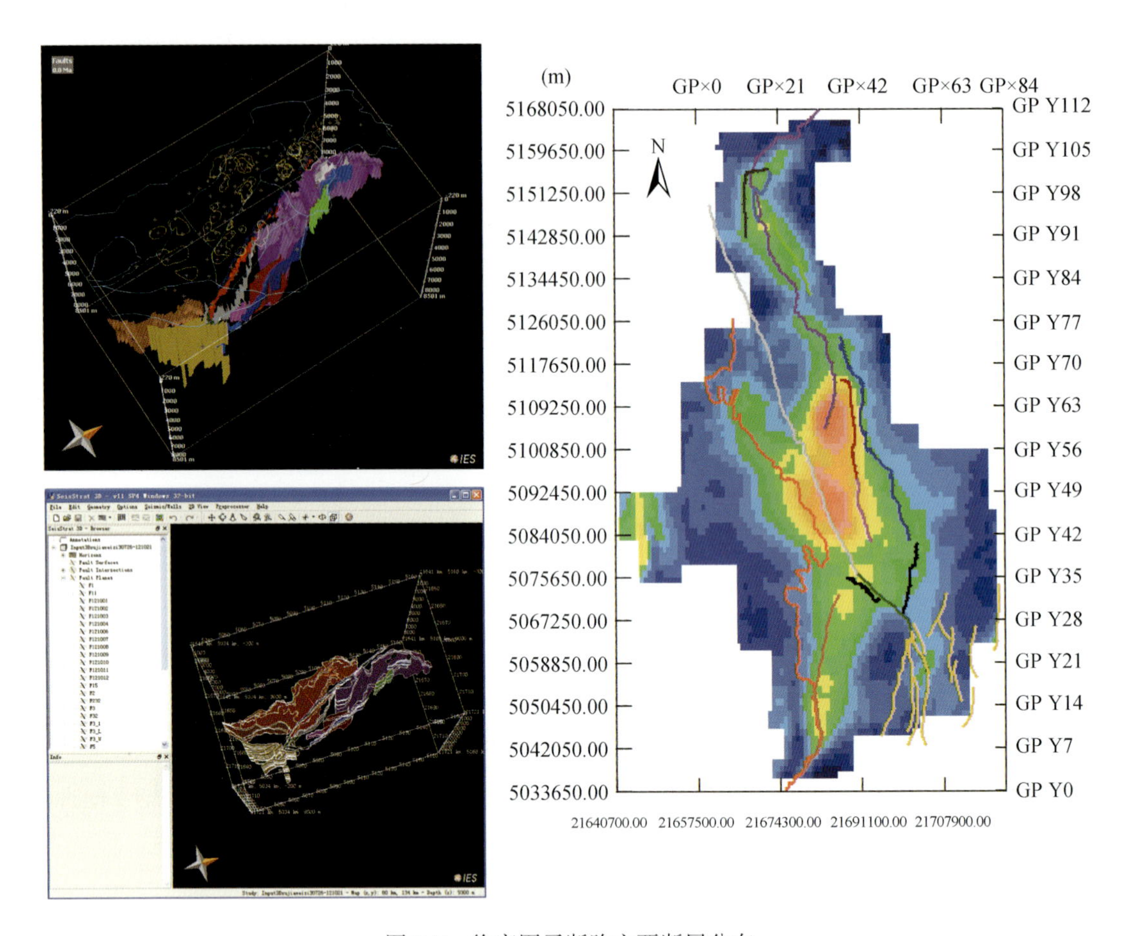

图 8-7　徐家围子断陷主要断层分布

4. 生气强度与天然气分布的关系

天然气成藏过程可将灶、藏关系分为三种基本类型，其中灶-藏紧密型和灶-藏分离型是两种基本的灶-藏关系类型。前者天然气运移距离很近，而后运移距离明显较远。就徐家围子深层天然气而言，其灶、藏关系无疑属于灶-藏紧密型。

通过生气强度与天然气藏的分布关系（图 8-8）可以看出，已探明天然气藏的分布，与生气强度具有较好的对应关系。说明这些天然气藏中的天然气，主要来自于与其相邻的天然气灶，同时，也为天然气的运移路径模拟提供了鉴借。

5. 天然气运移方向模拟及其结果

油气运移的基本动力是浮力，毛细管力是基本阻力。目前油气运移的算法主要有流线法（flowpath）、达西流（darcyflow）及逾相渗流法（Inversion Percolation, IP）。混合运移法（hybrid）是流线法与达西流的结合，在低渗的地方采用达西流计体。无论是裂陷盆地形成的简单剪切变形模式还是分层拆离组合伸展模式，都认为这些伴生断层往下延伸最终只能收敛于主干伸展断层，即其延伸深度不会超过主干伸展断层。因此只有主干伸展断层即控陷基底大断裂才能成为CO_2的气源断裂。由于岩石圈下部韧性层的伸展量大于上部脆性层的伸展量（陈福巨等，1997），韧性伸展是一个渐变的过程，上地壳断裂则是幕式活动的，当下部伸展量超过一定限度时即会导致上地壳断裂的活动和伸展；由于拆离带分布于脆性地壳和塑性地壳的分界面附近，脆性地壳的突然伸展必然会导致拆离带的剧烈拉张并发生暂时性破裂，从而导致低速体内的岩浆和气体沿着基底大断裂上升，并最终运移到沉积盆地中聚集和成藏。

目前所见CO_2气藏和气井都分布于盆地断裂带上，如昌德CO_2气藏分布于徐西基底断裂上，从松深大剖面Ⅰ东侧，可以看到徐西基底断裂最终收敛于地壳的拆离带中，预测可能为长期活动的基底断裂。因此，对于收敛于地壳中拆离带的断裂或活动控陷的断裂是深部CO_2气向上运移的主要有利通道。对于松辽盆地北部，通过松深大剖面地质综合解释，结合重磁手段识别的哈拉海岩石圈断裂、松辽中央壳断裂、滨洲断裂，以及徐西基底断裂均是这一类或控陷或消失于拆离带的断裂。

3. 中生代火山岩控制CO_2气藏的储层

深层天然气勘探证实，松辽盆地中生代火山岩主要发育于火石岭组和营城组，岩性复杂多样，从基性到酸性均有产出，但以中酸性为主。由于中生代火山岩主要来源于壳源岩浆，且是喷发岩，故不能作为CO_2的主要气源。中生代火山岩厚度大，分布广泛，储集物性好，是松辽盆地深层天然气的重要储层。火山岩冷凝产生原生气孔和收缩裂隙，后期通过淋滤、再埋藏溶蚀和裂缝改造等作用形成优质储层。由于火山岩脆性强应力易集中，构造强烈时容易遭受破坏形成渗透性好的裂缝，使储渗性明显提高。因此火山岩储层物性不像碎屑岩储层那样容易受到深度的影响和控制。从松辽盆地北部火山岩孔隙度随埋深变化上可以看出，火山岩的孔隙演化基本不受埋深的控制，火山岩的次生孔缝、构造裂缝较容易发育，在深度4000多米时储层物性仍很好，从而能成为深部天然气储集层。

火山岩相控制了火山岩储层的发育和气藏的富集。不同类型的火山岩相的火山岩储集物性特征差异很大，火山通道相附近及爆发相和多个火山口交汇集处的喷溢相是有利的火山岩相。在这些有利相带中，储集物性好，多口井获得工业气流。由于近火山口爆发相储层常沿基底大断裂成带分布，位于基底大断裂的幔源气体释气点处的近火山口爆发相储层中就会捕获幔源成因CO_2气。从徐家围子断陷深层已发现高含CO_2井位与营城组火山岩相叠合说明目前已发现的高含CO_2井位基本上都位于火山口爆发、喷溢及火山通道叠合相区或其临近地区。充分说明了火山岩相对深层CO_2富集的控制作用。

4. 新生代火山岩控制CO_2气藏的气源

高纯CO_2气体来自于上地幔，是由于上地幔的岩浆上升，压力减小，岩浆中的CO_2气体逸出，在有利于气体聚集的地带成藏。

地壳内部的岩浆由于组成成分不同，其温度也存在很大的差别。玄武岩浆温度最高为1000～1200℃；安山岩浆为900～1000℃；酸性岩浆温度最低为700～800℃。熔浆中挥发性溶解度随压力的增高而增加，当岩浆上升时，压力随之降低，溶解度明显减小，使挥发分由液相转变为气相。大量气体的产生，形成岩浆上升的强大压力，当压力大于上覆岩层压力时，岩浆即可冲破顶板岩层而喷出，以火山岩体存在于地壳中。判断新生代火山岩浆活动控制了松辽盆地的CO_2气源。主要有以下几个方面的理由。

（1）对松辽盆地CO_2的地球化学指标分析表明，目前已发现高含CO_2气藏中的CO_2为幔源成因，未遭受壳源物质的混染作用，与五大连池气苗相似。松辽盆地中新生代虽然发生多期岩浆火山活动，但只有新生代岩浆来自于上地幔，且并未受地壳物质的混染。

（2）在断陷期，火山岩多以喷发岩的形式产出，加上断层活动强烈，CO_2不易保存下来。而新生代岩浆活动时，沉积盖层厚，各套区域盖层均已形成，断裂活动减弱，有利于CO_2气的保存。另外断陷期火山岩全盆广布，但只是在局部地区的火山岩体中发现高含CO_2气，而大部分火山岩中则是以烃类气为主，CO_2含量很低，这明显说明断陷期火山岩并不能为CO_2气藏的聚集提供气源。

（3）从火山岩CO_2气藏中包裹体研究发现，火山岩储层中具有五期，并且次生包裹体数据远大于原生包裹体，温度高，说明与深部热流体活动事件有关。松辽盆地与构造及岩浆活动有关，CO_2充注期比此更晚，推测其发生在新生代反转构造活动时期。

（4）松辽盆地已发现的中浅层CO_2气藏，如万金塔、孤店、乾安、红岗等气藏皆与反转构造有关，该区反转构造主要有三期，分别是嫩江组末、明水组末和新近纪末，其成藏期肯定在嫩江组末甚至更晚，即新生代时期。

（5）与松辽盆地构造背景相似的渤海湾盆地也发现了大量CO_2气藏，前人研究表明，渤海湾盆地CO_2气藏的形成主要与新近纪时期的碱性橄榄玄武岩浆活动有关，CO_2气藏同样具有晚期成藏的特征。

5. 盖层控制含CO_2气成藏聚集的层位

1）登二段泥岩是松辽盆地北部深层良好的区域性盖层

由松辽盆地北部深层勘探程度较高的徐家围子地区，天然气的聚集层位主要集中在区域盖层之下。同样CO_2气的聚集也与区域性盖层有关，昌德东CO_2气藏分布在登二段盖层之下，万金塔CO_2气藏分布于泉四段泥岩层之下。

2）良好的盖层是CO_2气聚集的必要条件

断裂作为CO_2气向上运移的重要通道，CO_2气又聚集在断层相邻的断块、褶皱之中，故也是CO_2气聚集的重要因素，它的封闭性活动强度、时序对CO_2气的聚集乃至保存起着重要作用。由此可将断裂（断层）分为供气断层、输气断层、遮挡断层与破坏断层。供气断层往往是深大断裂，向上延伸为区域性大断层，故多为长期活动断层，其封闭性较差，CO_2气在近主断裂部位聚集保存难度大。输气断层为深断裂之上的大型分支断层，它起着沟通深断裂与圈闭间的作用。遮挡断层是深断裂向上延伸主干断裂的次级断裂，它的封闭性直接影响断块、断层–岩性圈闭的圈闭能力，如汪家屯构造泉一段气藏、薄荷台登娄库组气藏、四站气藏等，如果地层反转一侧没有较好的封闭性，就不会有气藏的聚集。同样万金塔 CO_2 气藏都分布于断块之中，断层的封闭性显然对气藏的形成具有重要影响。破坏断层是发育于气藏之上的断层。此类发育数量、封闭性对 CO_2 气的保存具有极为重要的作用。由目前深层天然气勘探来看，T_2—T_3—T_4 层有相连断层，或断层数量较多地区，天然气藏在纵向上具有“层楼式”分布特点，如升平汪家屯气田（基岩、营城组火山岩、登娄库组、泉一段、泉二段）、昌德气田（基岩、营城组、登娄库组）。而上部连通性断层相对较少的地区，如肇洲西仅于基岩见气藏。由此可见，遮挡断层封闭性与破坏性断层的封闭性与活动强度是气藏聚集成藏的重要因素。CO_2 气作为一种气藏也不例外。

3）圈闭的发育时间是气藏聚集的重要条件

CO_2 气由输气断层向上运移到合适圈闭中才能聚集起来，故圈闭的发育与供气断层的活动时间必须匹配，即圈闭形成必须较供气断层早或同时，造成局部水动力不活跃区。

6. 受晚期及岩浆活动控制含 CO_2 气成藏时期

部分基底大断裂具有长期继承性活动的特点，这些断裂在拗陷期也持续活动或活动停止，而在嫩江组沉积末期的构造运动中，上盘地层沿断裂面逆冲回返，形成反转构造，断层性质发生转化，由正断层变为逆断层。这种由基底断裂控制的正反转构造带是中浅层 CO_2 聚集和分布的有利地区。典型实例如万金塔、孤店、乾安、红岗等中浅层 CO_2 气藏都分布在反转构造带上。而对于深部的 CO_2 气藏主要与各期地层的玄武岩浆活动相匹配。

综合前面所述的控制含 CO_2 天然气成藏的因素，对松辽盆地北部含 CO_2 天然气进行有利区预测来讲，我们可以归纳为以下重要的三点：①莫霍面上隆区控区；②玄武岩发育的深大断裂与基底断裂沟通处控带；③沟通深部岩浆活动的连通火山机构控藏。

二、火山岩气藏成藏机理

我国东部火山岩发育于中、新生代陆内裂谷盆地，火山岩与上覆沉积岩基本连续充填，火山岩岩石类型与喷发规模在空间分布上具有原位性特点，对应的油气藏称为原位火山岩油气藏。

通过成藏条件分析和已开发火山岩油气藏解剖，明确了我国东部火山岩油气藏的形成机制，首次提出我国东部原位火山岩油气藏的形成具有“断控体、体控相、相控储、储控藏”的发育模式。即深大断裂样式控制火山岩喷发方式，决定火山岩体及气藏分布；火山岩体控制火山岩相带的展布空间，决定火山岩油气藏规模；火山岩相控制储层物性的优劣，决定油气层的有效厚度；火山岩储层物性控制油气藏类型，决定火山岩油气层产能。

我国火山岩油气藏普遍具有“相面控储、断壳运移、复式聚集”的成藏机制。

（一）相面控储

不整合面或火山旋回、期次界面控制优质储层的形成，进而控制了火山岩油气藏的分布。火山岩油气藏多位于火山喷发旋回顶部，其分布受旋回界面控制。

1. 火山机构类型控制岩性、岩相，进而控制储层及气藏

火山机构是指一定时间范围内，来自同喷发源的火山物质围绕源区堆积构成的，具有一定形态和共生组合关系的各种火山作用产物的总和，表现为火山喷发在地表形成的各种各样的火山地形及与其相关的各种构造。根据岩性岩相组合特征的火山机构划分方案，按结构特征将火山机构划分为碎屑岩类、熔岩类和复合类，然后按成分分为酸性型和中基性型。松辽盆地营城组以酸性火山机构为主，中基性火山机构次之。

据统计结果（图 6-50），徐家围子断陷营城组火山岩气藏主要集中在熔岩类火山机构（占 72%），特别是酸性熔岩火山机构的贡献率达到 50%，长岭断陷中基性火山机构中只有熔岩类获得了工业气流。整体而言，松辽盆地酸性火山机构成藏效应好，尤其以熔岩火山机构对气藏的贡献最大。酸性熔岩火山机构的成藏效率较高，徐家围子断陷中基性火山机构的成藏效率高于松辽盆地南部。单井最高产能出现在酸性复合火山机构；中基性火山机构的产能较酸性火山机构低；中基性碎屑岩、熔岩和复合火山机构的产能差别较小，而酸性火山机构的产能差别较大。

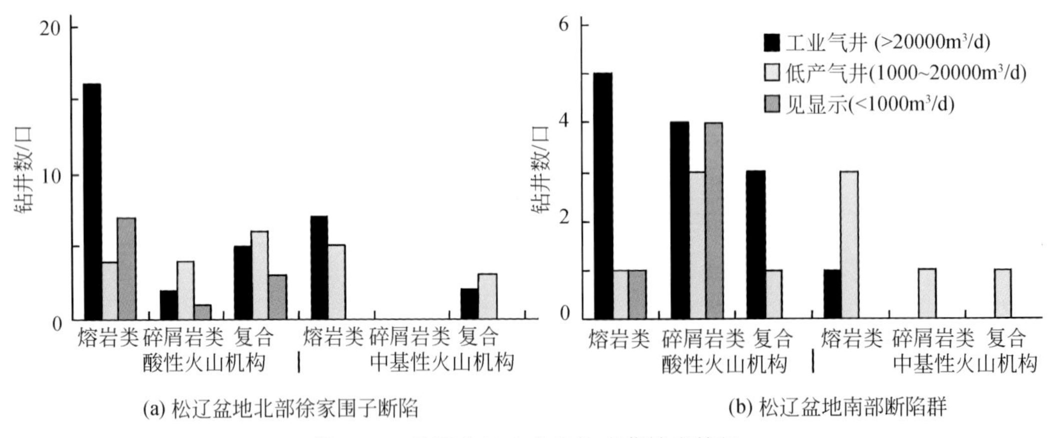

图 6-50 松辽盆地火山机构成藏效应特征

火山岩气藏内部特征与火山机构类型关系密切，是因为不同火山机构具有不同的储层特征。各类火山机构发育的储集空间类型存在一定的差别，导致储层物性的差异。基于 606 个样品分析得知，熔岩类火山机构的储层物性最好，复合火山机构次之，碎屑岩火山机构排第三。在酸性火山机构中（储层样品为 544 个），熔岩火山机构的储层物性最好，复合火山机构次之。在中基性火山机构中（储层样品为 62 个），碎屑岩火山机构的孔隙度最大，复合火山机构次之，熔岩火山机构排第三。熔岩火山机构的渗透率最高，碎屑岩火山机构次之，而复合火山机构最低。储层物性的差别可以导致不

同类型火山机构之间产能和气藏内部气层、差气层分布特征的差别。

从典型火山机构气藏成藏要素、成藏效率和储层物性的分析可知，火山岩勘探方向应该聚焦在具有烃源岩和通源断层的区带，首先针对酸性火山机构，其次是中基性火山机构。

2. 火山机构相带影响气藏的平面分布

火山机构相带是依据火山堆积物距火山口源区的远近分为火山口–近火山口、近源和远源三个相带或相组合带，它们在垂向上具有各自的序列特征，在平面上呈现围绕火山口由近及远呈环带状分布的趋势。

火山口–近火山口相带火山岩厚度大，由于火山喷发物近源快速堆积，火山穹窿作用频繁发生，导致岩性、岩相复杂，火山口附近属构造薄弱带，也是后期断裂、热液活动多发地带，火山期后高压热液流体导致围岩炸裂、发生角砾岩化、形成大量角砾间孔和裂缝，易于形成良好的孔隙和裂缝配置，储集性能最佳，并且其储层建造和改善作用早于烃类运移，含气性最好，近源相次之，而远源相中有效储层所占比例极小。火山口–近火山口相带地层倾角多为40°~70°，常形成原生构造古隆起，是天然气长期运移的指向区，易发育岩性–构造圈闭。

勘探实践总体上呈现为钻井位置离火山口越近成藏的概率越大，越远成藏的概率就越小、单井产能越低的趋势。这为火山岩勘探提供了一个重要线索——寻找火山机构中心相带。

3. 火山机构旋回、期次的顶部是气藏分布的有利部位

火山喷发间歇期，在暴露面顶部发生的风化淋滤作用形成的裂缝，常与溶蚀缝和构造裂缝交错相连，将岩石切割成大小不同的碎块；同时，风化裂缝为后期构造裂缝复杂化或进入深埋藏阶段后再次受到热液溶蚀作用创造了有利条件；另外，在旋回的顶部常发育拱张裂缝。所以在火山喷发期次的顶部尤其在旋回顶部或底部（有松散层存在)，具备形成好的火山岩储层的有利条件。

火山岩在喷出地表后，冷凝速度较快，能够保留大量的原生气孔和长石等斑晶的晶间结构。徐家围子断陷营城组火山岩具有多期次喷发的特点，岩心观察表明，每一期次喷发熔岩顶部储层相对较为发育（图6-51）。这是因为每一期次喷发时，含有大量气液包裹体的火山物质喷出地表后，气液包裹体受到浮力的作用向上浮动，从岩浆中溢出。由于温度降低，岩浆冷凝固结，部分未来得及溢出的气液包裹体被封闭在熔浆内部，这些被封闭的气液包裹体所占据的空间如果没有被后期外来的物质所充填，就形成了气孔，主要分布在火山岩体每一期次喷发的顶部，从而也决定了气藏在垂向上分布于每一期次火山岩的上部。

火山岩喷发期次多少和多岩性的互层叠置控制火山岩物性好坏。通过对松辽盆地探井资料的统计发现，中基性火山岩是否发育有利储层还与多旋回喷发、多岩性互层叠置有关。喷发期次和旋回越多，岩性互层叠置越频繁，火山岩的物性越好，如达深3井等。相比较而言，单一厚层火山岩储层相对不发育，如德深7井等。

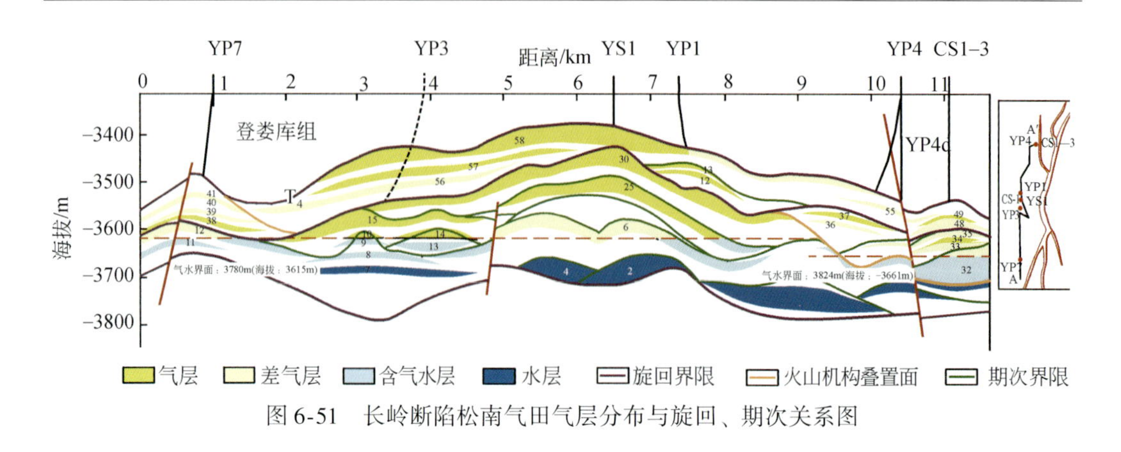

图 6-51　长岭断陷松南气田气层分布与旋回、期次关系图

4. 不整合面对气藏的控制

不整合面在油气运移和聚集中起重要的作用，徐家围子断陷深层不整合非常发育，各组地层之间均为不整合接触，部分地层内部也发育不整合。其中基底与火石岭组之间、火石岭组与沙河子组之间、沙河子组与营城组之间（T_{41}）、营城组与登娄库组之间（T_4）的不整合面在整个断陷内发育，营一段与营三段、营三段与营四段之间的不整合局部发育。除营四段与登娄库组之间不整合面上、下地层均由沉积岩组成外，其余五个不整合面上、下地层均至少有一层为火山岩，其中营一段与营三段不整合面上、下地层均为火山岩。

沙河子组与营城组之间（T_{41}）的不整合为全区发育，不整合特征明显，大范围内为角度不整合，该不整合面与源断裂配合可成为连接源岩与储层的有利通道。该不整合面顶板岩石为火山岩，半风化岩石为沉积岩，对徐家围子 19 口井不整合面上下地层岩石孔隙度和渗透率统计结果表明：当火山岩作为不整合顶板岩石时，其孔渗性极差，远低于最差火山岩储层的标准，基本没有输导能力，具有垂向封堵能力。而火山岩顶板岩石下的沉积岩风化剥蚀层则具有很好的孔渗性而具有较强的天然气疏导能力。

营城组火山岩顶面（T_{4a}）与营四段之间为局部不整合。该不整合面顶板岩石有泥岩或砂砾岩，风化岩石为火山岩。火山岩作为风化岩层时具有一定的特殊性，对新疆北部钻遇完整石炭系火山岩风化壳的 42 口井研究表明，火山岩风化壳自上而下发育土壤层、水解带、溶蚀带、崩解带和母岩五层结构。土壤层是火山岩完全强蚀变后的产物，成土状，多由次生矿物组成，储集性能差；水解带是火山岩强蚀变后的产物，以火山岩细小颗粒和泥岩为主，储集性能较差；溶蚀带是火山岩较强蚀变后的产物，以火山岩碎块为主，次生孔隙和裂缝发育；崩解带是火山岩中等蚀变产物，以较大火山岩碎块为主，次生孔隙和裂缝较发育，但裂缝和气孔常被充填或半充填；母岩是未蚀变的原状火山岩。且通过物性分析数据发现，新疆北部石炭系火山岩风化壳土壤层平均孔隙度为 2.3%、水解带平均孔隙度为 4.8%、溶蚀带平均孔隙度为 17.6%、崩解带平均孔隙度为 11.5%、母岩的平均孔隙度为 5.4%。土壤层及水解带物性较差一般不具有有效储集性能，约占整个风化壳厚度的 30%，风化壳储层物性由好到差的顺序为溶蚀带、崩解带、水解带、母岩、土壤层，而水解带、溶蚀带、崩解带、母岩的厚度比例约为 1∶3∶3.5∶5.2。在新疆北部石炭系火山岩风化体最大厚度可达 450m，断裂发育处风化体厚度更大。此外对火山岩风化壳也进行了大量的研究工作。综合分析结果表明，火山岩风化壳一般具有以下两个特点：①无论风化黏土层是否缺失，水解带对下伏油气藏可起到较好的封盖作用；②溶蚀带或崩解带不但可作为天然气有效运移通道，同时也为火山岩天然气提供了有效的储集空间。火山岩风化壳的这两大特点可为石油及天然气藏的聚集成藏提供盖层和储层两大有利条件。

对徐家围子断陷营城组火山岩顶面风化带淋滤现象及对火山岩储集性能提高的重要作用做了相关研究。实际分析表明火山岩风化壳对火山岩天然气成藏具有重要的控制作用，火山岩风化壳的形成一般与古构造、火山锥、断裂裂缝的发育程度有着直接的联系，形成后的火山岩风化壳对储层物性分布规律有着极强的控制作用，并且结构完整的火山岩风化壳自身具备盖层结构，火山岩风化壳的这些特殊性使其成为火山岩天然气成藏的主控因素之一。

纵向上风化体厚度与风化淋滤时间呈指数关系，松辽盆地徐家围子断陷营城组火山岩顶面火山岩风化淋滤时间相对较短（徐家围子断陷营城组火山岩风化体一般在200m以内）。横向上风化壳的发育程度受断裂及古构造的控制。风化体结构的完整性主要受古构造控制，低洼区具备完整的风化壳五层结构，古构造高部位一般缺失土壤层或土壤层和水解带同时缺失。

由于火山岩风化壳有着特殊的风化结构，这种结构使火山岩风化壳具备以下特点。

（1）火山岩原生孔隙连通性差，而火山岩风化溶蚀带物性得到了大幅度提高，且该溶蚀带发育厚度一般较厚，这可作为天然气聚集的有利场所。

（2）完整火山岩风化结构的上层具有致密的黏土层或火山岩水解带，可作为下部溶蚀带的有效盖层。

（3）火山岩风化壳发育程度受古构造、断裂、裂缝及风化淋滤时间控制。

（4）火山岩风化壳结构受古构造位置控制。

排查徐家围子地区178口井，主要针对徐家围子地区南部的营一段火山岩进行火山岩风化壳识别，发现60口井上存在风化壳，结合岩性特征和测井特征，识别出风化壳中溶蚀带和崩解带的厚度。在这60口井中，统计了距风化壳顶部的不同距离的单井产量，并绘制各井段试气产量与试气段顶部距风化壳顶部的距离关系图（图6-52）；可以看出距离风化壳顶面100m内，单井日产气量较高。

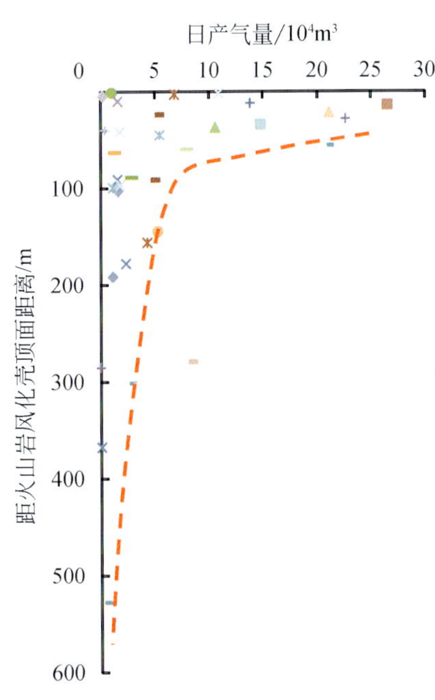

图6-52　各井段试气产量与试气段顶部距风化壳顶部的距离关系图

其中，汪深1井深度2955～2989m，日产气量202190m³，是该汪家屯地区产量最高的井；升深202井深度2884.5～2890m，日产气量237997m³，是该升平古隆起地区产量最高的井；徐深902井深度3753～3770m，日产气量211127m³，是该地区产量最高的井；徐深603井深度3514～3521m，日产气量 260357m^3，是该徐深气田地区产量最高的井之一（图 6-53）。

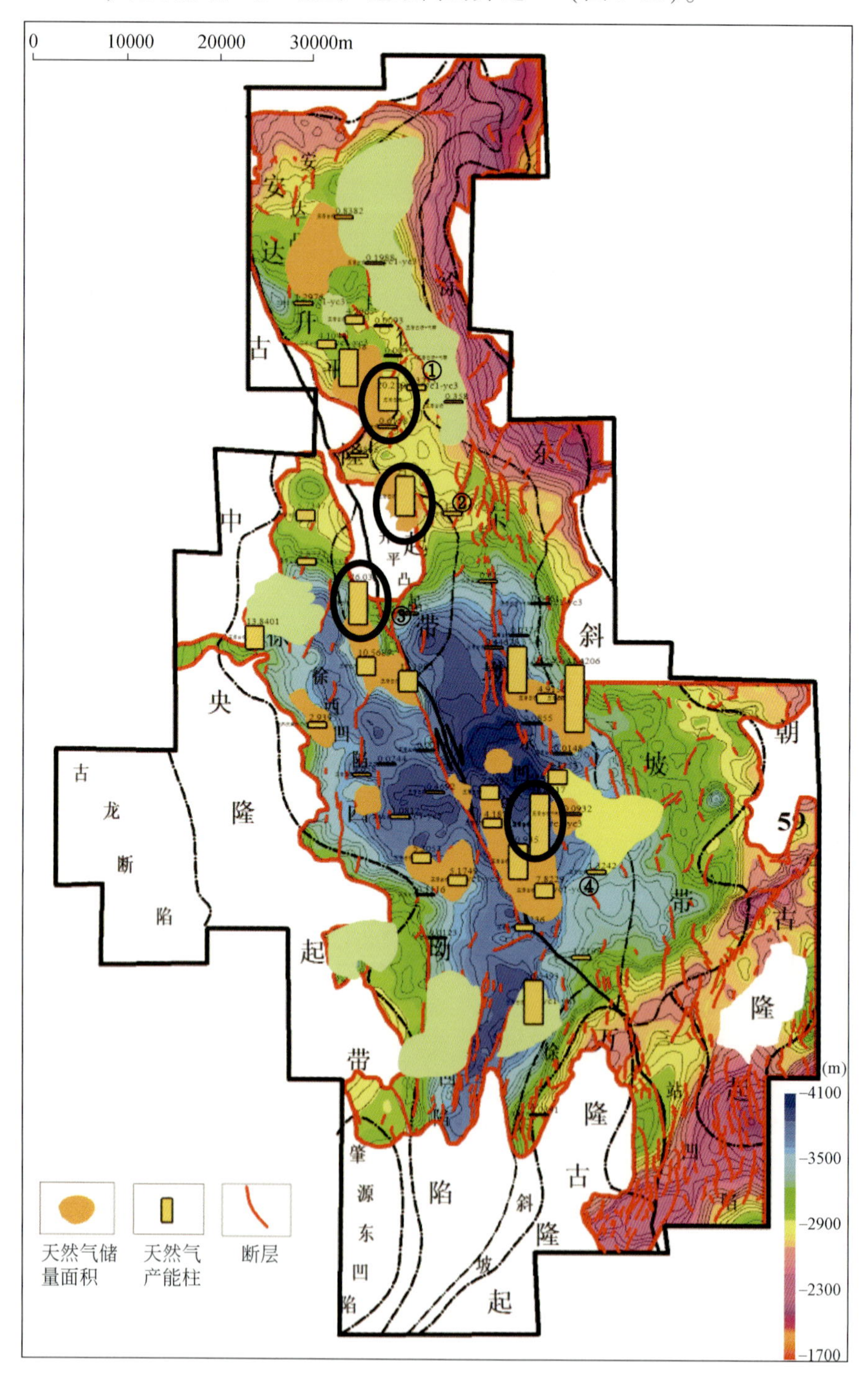

图 6-53　风化溶蚀厚度控制天然气藏分布范围

（二）断壳运移

在我国东部火山岩油气成藏过程中断裂和风化壳发挥了重要作用，其中油源断层控制垂向运移（图6-54）。

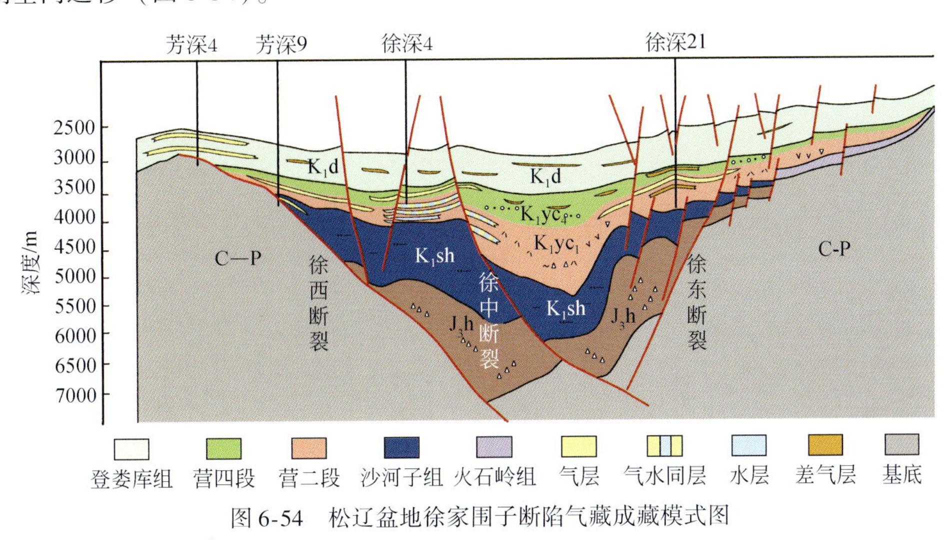

图6-54 松辽盆地徐家围子断陷气藏成藏模式图

断裂空间延伸层位控制着天然气在垂向上运移的最大距离，在一定程度上也就决定了天然气在空间上运聚成藏的范围。徐家围子断陷营城组火山岩中的天然气主要来源于下伏沙河子组煤系源岩，空间上营城组上部火山岩储层和沙河子组气源岩被不同物性的火山岩相带相隔，尤其是火山喷溢相的中部和下部、火山通道的空落亚相和热基浪亚相，火山岩储集物性差。沙河子组源岩生成的天然气难以穿过这些火山岩孔隙向上部火山岩圈闭中运移聚集，而只能通过断裂才能使沙河子组源岩生成的天然气向上运移至上覆营城组的火山岩圈闭中。通过统计得到徐家围子断陷发育557条从沙河子组断至营城组火山岩中的断裂，这些断裂在泉头组晚期—青山口组沉积时期活动开启，此时正是沙河子组源岩大量排气期，沙河子组源岩生成的天然气沿着这些断裂向上运移进入火山岩圈闭中聚集成藏，所以断裂延伸层位控制着天然气的富集层位。断穿不同层位的断裂分布控制着不同层位火山岩气藏的分布：徐家围子断陷只断穿沙河子组和营一段的断裂最多，沙河子组源岩生成的天然气沿其进行运移，只能进入营一段火山岩中聚集成藏，形成的工业气流井数最多；而断穿沙河子组至营三段的断裂明显少于南部断至营一段的断裂，沙河子组源岩生成的天然气沿其运移，只能进入营三段火山岩储层中聚集成藏，形成的工业气流井数明显较南部要少。断穿沙河子组至营四段的断裂尽管以断穿沙河子组至营三段的居多，但较断穿沙河子组至营一段的要少，沙河子组气源岩生成的天然气向上运移进入营一段储集层聚集后，继续向上运移进入营四段的储集层中聚集，但营四段中天然气的储量规模不及营一段。

断裂活动时期控制着天然气的垂向运聚时期。断裂只有处在活动时期时，才可成为天然气大量运移的通道，因此，源岩大量生烃期后的断裂活动时期是天然气垂向运移时期。沙河子组—营城组气源岩在泉二段沉积末期达到生气高峰。此后断裂主要的活动时期有三期：泉头组沉积末期—青二段和青三段沉积中期、嫩江组沉积末期和明水组沉积末期。这三个时期为源岩大量生烃期后的断裂活动期，是该区天然气垂向运移的主要时期。泉头组沉积末期—青山口组沉积中期，该区登二段盖层此时已经具备封闭能力，泉一段、泉二段区域性盖层开始具封闭能力，且源岩开始进入大量生排气期，有利于沙河子组—营城组天然气在登二段、泉一段、泉二段盖层下面运聚成藏，为该区天然气的主要聚集期。嫩江组和明水组沉积末期，几套盖层均已形成封闭能力，此时气源岩的大量生排气期已过，排出的天然气不能在深层形成大规模的天然气聚集，只能造成原生气藏的破坏和油气的重新聚集和分配，是该区中浅层的主要天然气聚集期。

（三）复式聚集

同一聚集带发育多层、多种类型火山岩油气藏。如徐家围子、长岭断陷，纵向上发育下白垩统火石岭组、沙河子组、营城组烃源岩；继而发育火石岭组、营一段、营三段多套火山岩储层；火山岩气藏在凹陷都有分布，存在构造-岩性型、岩性型多个不同类型气藏（图6-55）。

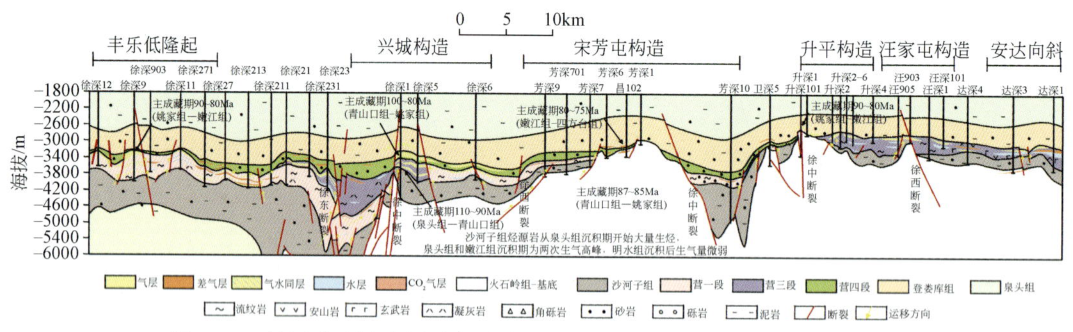

图6-55 松辽盆地徐家围子断陷徐深12井-达深1井火山岩成藏大剖面

第三节 火山岩气藏成藏与分布规律

我国东部火山岩发育于中、新生代陆内裂谷盆地，火山岩与上覆沉积岩基本连续充填，火山岩岩石类型与喷发规模在空间分布上具有原位性特点，对应的油气藏称为原位火山岩油气藏。东部地区渤海湾、松辽以及二连、海拉尔、苏北、江汉等含油气盆地，火山岩油气藏主要发育在其断陷时期，如渤海湾盆地古近系、松辽盆地下白垩统；同时断陷盆地的结构也控制了火山岩的空间分布，即火山岩大部分分布在断陷盆地内，因此在纵向上和平面上火山岩储层都与生烃层系或生烃中心紧密接触，形成近源型成藏组合。如松辽盆地深层徐家围子断陷，火山岩储层与烃源岩分布基本重叠，是典型的近源成藏组合。东部断陷以近源组合为主，火山岩与烃源岩互层，主要分布在生烃凹陷内或附近，因此在高部位形成爆发相为主的构造岩性油气藏，在斜坡部位形成喷溢相为主的岩性油气藏（刘成林等，2007）。

中国东部地区火山岩油气藏以岩性、构造-岩性型为主，成藏受生烃中心、深大断裂和火山结构联合控制。

徐家围子地区构造-岩性气藏为构造背景控制下的岩性气藏，气藏高度大于构造幅度，气藏并不受构造圈闭控制，没有统一的气水界面，构造高部位气柱高度大，气水界面高；构造低部位气柱高度小，气水界面也低，但上气下水的特征又说明构造位置对含气性具有一定的控制作用（唐建仁等，2001；王贵文等，2008）。如营一段火山岩气藏：徐深27井、徐深201井、徐深3井、徐深9井、徐深8井、徐深13井、徐深12井、徐深14井、徐深141井、徐深17井、徐深1井、徐深6井、徐深15井、徐深10井、芳深6井、徐深401井、徐深4井、徐深231井等。营三段火山岩气藏：达深1-3井、达深2井、汪深1—达深4井、宋深5井、徐深23井、徐深21井、徐深29井、徐深28井等，都属于这种气藏类型。

岩性-构造气藏主要发育在背斜构造上，高部位井的气柱高度大，低部位井的气柱高度小，总体呈上气下水的特征，气水界面基本一致，说明构造对含气性具有主要控制作用。但由于构造圈闭内岩性变化大，导致物性差异较大，天然气分布、分异存在一定差异，也说明岩性对气藏具有控制作用。这种气藏类型在徐家围子断陷发现很少，主要发育在升平地区的火石岭组和营一段、营三段的火山岩地层中（图6-56），其分布情况为：①火石岭组火山岩气藏，如升深101井；②营一段火山岩气藏，如徐深7井；③营三段火山岩气藏，如升深2-1井。

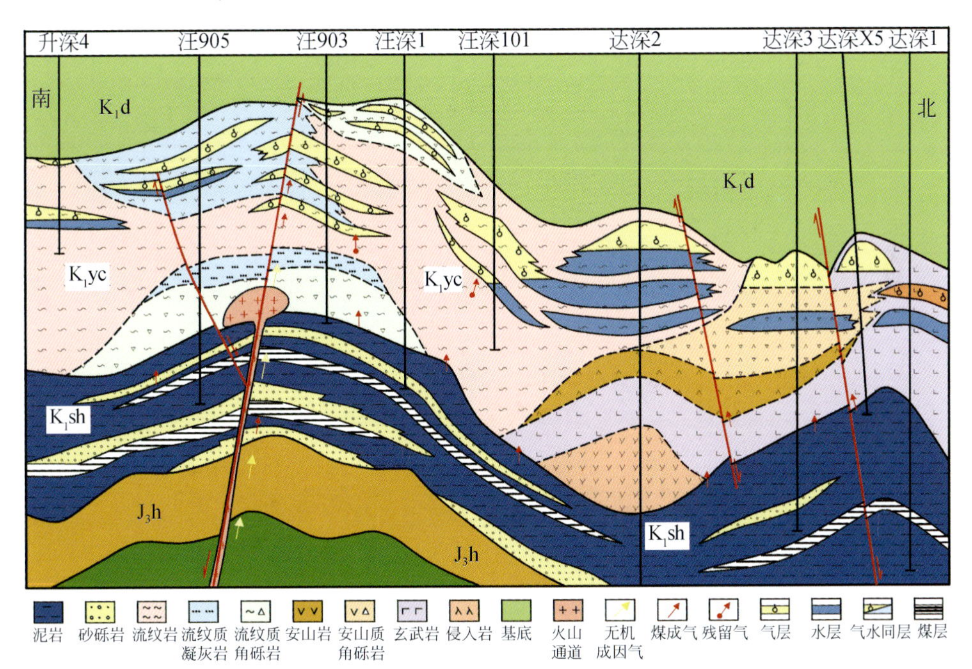

图6-56　松辽盆地徐家围子断陷安达地区营城组气藏剖面图

根据 CH_4 碳同位素值、C_2H_6 碳同位素值和干燥系数三个方面的天然气成因类型划分结果，开展的气源对比表明，营城组烃类主要分布在煤成气区域（深源混合气区，张义纲），属于有机成因气范畴，天然气主要来源于沙河子组的湖相泥岩和煤层。全区的气井揭示，CO_2 的含量不等，但一般都低于10%，但徐深28井 CO_2 的含量为

89.82%、达深X301井CO_2的含量大于75%、徐深10井CO_2的含量为89%~93%，其CO_2来源于无机成因的地幔。徐家围子断陷全区的气井揭示，在徐家围子断陷深层有六个层系发现气藏：基岩风化壳、火石岭组火山岩、沙河子组砂砾岩、营一段火山岩和砂砾岩、营三段火山岩、营四段砂砾岩。

徐家围子断陷四套烃源岩和四套储层间互，构成有利的生-储-盖组合条件（图6-57）。徐家围子断陷深层勘探已证实作为主要储集层的登一段，营城组、沙河子组和火石岭组砂砾岩、火山岩储层，二者均具有较好的储集条件；尤其是断陷期火山岩储层，孔隙度一般为7%~8%。芳深8井于井深3778m处的火山岩孔隙度达到11%，储集介质以孔隙-裂隙双重介质为主。登二段与泉一段、泉二段分布稳定，泥岩沉积厚度与营城组火山岩和砂砾岩构成了下储上盖的储-盖组合。另外，营城组火山岩内部爆发相火山角砾岩、流纹岩与上覆凝灰岩等可构成下储上盖的储-盖组合。

通过成藏条件分析和已开发火山岩油气藏解剖，得出松辽盆地北部火山岩油气藏具有不同的形成机制，松辽盆地北部原位火山岩油气藏的形成具有“断控体、体控相、相控储、储控藏”的发育模式。即深大断裂样式控制火山岩喷发方式，决定火山岩体及气藏分布；火山岩体控制火山岩相带的展布空间，决定火山岩油气藏规模；火山岩相控制储层物性的优劣，决定油气层的有效厚度；火山岩储层物性控制油气藏类型，决定火山岩油气层产能。

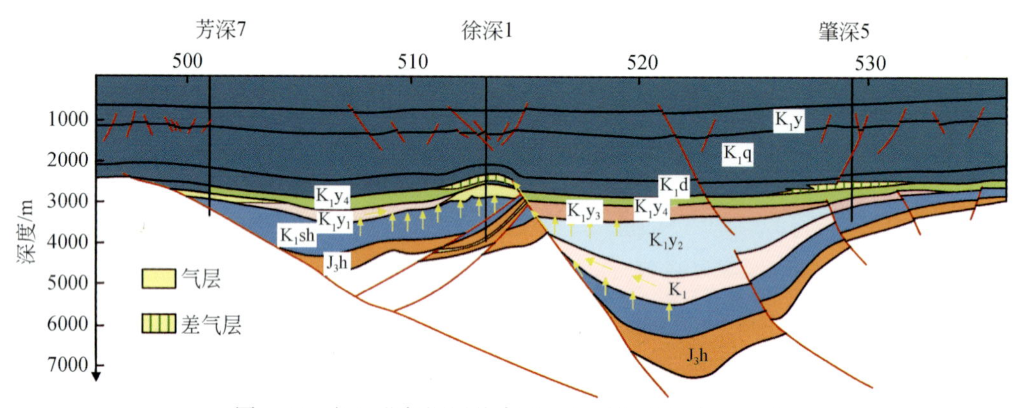

图6-57 松辽北部深层徐家围子生-储-盖组合剖面图

一、断裂样式决定火山岩体及气藏分布

火山岩油气富集成藏条件研究证实，烃源岩与火山岩圈闭空间配置是成藏关键。徐家围子断陷是沙河子组作为烃源岩，断裂作为疏导体系，火山岩储层作为圈闭体构成的成藏系统。天然气主要成藏期为晚白垩世，岩浆侵入体或喷出的火山岩体形态多样，但岩浆活动通道大都与断裂有关（杨辉等，2006）。中心式喷发，岩浆多沿交叉断裂交汇处喷发，易形成火山锥；裂隙式喷发，岩浆缓和地沿裂隙流出，火山口多呈线状排列，可形成熔岩被或熔岩台地。徐家围子断陷不同断裂样式可能构成了不同的岩浆喷发通道，其中拉张断裂构成了点状喷发通道，走滑断裂构成了线状喷发通道。徐中断裂火山岩从北向南逐期喷发以及徐东断裂火山岩从南向北逐期喷发的过程，是火

山岩沿走滑断裂通道线状喷发的反映。因此，断裂样式既控制了火山岩的喷发方式，也决定了火山岩体的形态和分布范围。这些火山岩体与烃源岩和断裂的不同匹配关系最终控制了原位火山岩气藏的分布特征（图6-58）。

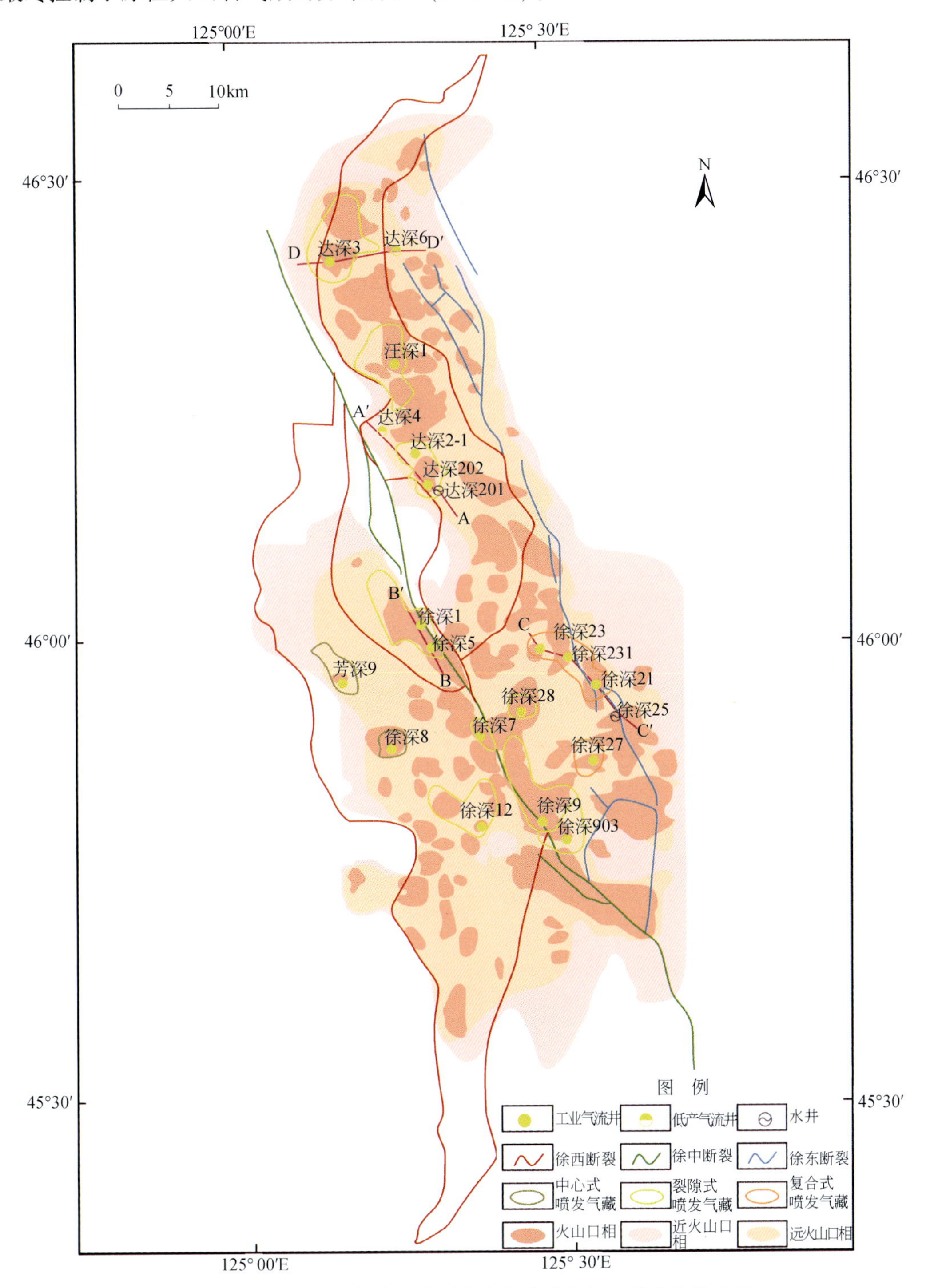

图6-58　徐家围子断陷断裂带及火山岩岩相与气藏分布关系图

徐西断裂为早期控陷断裂，控制沙河子组烃源岩的发育与分布范围，因此这个地区烃源条件优越，气藏形成的关键是火山机构。该地区由于火山岩为中心式点状喷发，火山喷发规模小，火山岩厚度薄。局限分布的火山机构在断层的沟通下，形成孤立分布的气藏，目前共发现两处零散分布的小型气藏。

徐中断裂带近邻烃源岩，气源相对丰富。这个地区由于火山为裂隙式喷发，火山机构沿断裂带呈条带状展布，火山岩分布广、厚度大。优越的储集条件和充足的气源条件为火山岩大气藏的形成奠定了坚实的基础。这个地区呈条带状发育的火山机构体在大型走滑断裂的沟通下，有利于形成沿断裂分布的火山岩气藏，目前共发现八处呈带状分布的大型气藏，为徐家围子断陷主力产气区。

徐东断裂带相对远离烃源岩区，同时火山岩受到多期次、多通道的复合式喷发的影响，裂隙式喷发带状分布的火山岩和中心式喷发零散分布的火山岩横向连片纵向叠置，导致火山喷发规模大，火山机构极为发育，成藏关键在于火山机构与源岩的有效匹配。复合式喷发形成的火山机构规模一般较小，且各火山机构连通性差，只有在源岩发育且有断裂沟通的火山岩体中才能发育气藏，且有一体一藏的特征，目前主要发现三处小型气藏。

二、火山岩体控制岩相和气藏规模

火山岩体上发育火山口相带、近火山口相带和远火山口相带，有利的油气储集体主要发育于前两个相带，反映火山岩体的大小、岩相带的展布范围与气藏的规模密切相关。火山岩体的大小既与喷发方式有关，也受岩性的影响。原因是基性岩 SiO_2 含量低，喷出时温度高、黏度低、流动性好，火山岩体一般分布面积大、厚度薄；酸性岩 SiO_2 含量高，喷出时温度低、黏度大、流动性差，岩浆在火山口处堆积，火山岩体分布面积小、厚度大，受到喷发方式和岩性的双重影响，不同地区分布的火山岩体，火山口相带和近火山口相带发育空间各异，从而决定了不同规模的火山岩油气藏。

徐家围子断陷徐西、徐中断裂形成的营一段火山岩以酸性岩为主，主要分布于杏山凹陷，向凹陷南部有部分中基性火山岩。徐东断裂形成的营三段火山岩，在杏山凹陷东部以酸性岩为主，向北到安达凹陷主要为中基性火山岩。各地区不同喷发方式和不同岩性的火山岩体，形成了不同规模的火山岩气藏（表 6-16）。中心式点状喷发火山机构，凝灰岩作为储层，火山口相带和近火山口相带分布范围小，一般为 $20km^2$ 左右，火山岩储层厚度薄，范围为 52.3 ~ 160.5m，以形成小型气藏为主。气藏面积为 7.5 ~ $13.6km^2$，有效气层厚度为 27.5 ~ 94.6m，气藏估算资源为 65×10^8 ~ $145\times10^8m^3$。裂隙式喷发火山机构，流纹岩作为储层，火山口相带和近火山口相带分布范围中等，范围为 10.3 ~ $58.7km^2$，火山岩储层厚度大，范围为 109.7 ~ 315.7m，以形成大中型气藏为主。气藏面积为 4.1 ~ $44.4km^2$，有效气层厚度为 24.6 ~ 86.5m，气藏估算资源为 36×10^8 ~ $357\times10^8m^3$。安山岩和玄武岩作为储层，火山口相带和近火山口相带分布范围达 $67.7km^2$，火山岩储层厚度为 94.2m，以形成大型气藏为主。气藏面积为 $44.4km^2$，有效气层厚度为 48.3m，气藏估算资源为 $418\times10^8m^3$。复合式喷发火山机构，火山碎屑岩和熔岩互层，火山口相带和近火山口相带分布范围为15.2～58.4km²，储层发育厚度为173.1～408.8m，以形成中型火山岩气藏为主。气藏面积为6.1～32.4km²，有效气层厚度为44.8～116.1m，气藏估算资源为129×10⁸～182.55×10⁸m³。

表6-16　火山岩喷发方式与火山岩气藏特征数据表

喷发方式	储量区块	储层岩性	火山口和近火口面积/km²	储层厚度/m	有效气层厚度/m	孔隙度/%	含气面积/km²	估算资源/10⁸m³
中心式	徐深8	凝灰岩	20.6	160.5	94.6	10.7	7.5	145
	芳深9	凝灰岩	26.7	52.3	27.5	7.6	13.6	65
裂隙式	徐深12	流纹岩	46.2	142	24.6	7.2	29.5	86
	徐深1	流纹岩	48.0	159.8	86.5	6.9	34.5	357
	徐深7	流纹岩	10.3	310.2	82.6	6.7	4.1	36
	徐深9	流纹岩	58.7	315.7	60.1	6.1	38.1	234
	徐深903	流纹岩	20.9	220.4	46.4	5.6	17.1	74
	升深2-1	流纹岩	27.7	220.4	52.5	8.1	18.4	128
	达深3	安山岩、玄武岩	67.6	94.2	48.3	12.5	44.4	418
	汪深1	流纹岩	53.3	109.7	29.7	8.7	34.0	147
复合式	徐深21	流纹岩	58.4	173.1	44.8	7.1	32.4	182
	徐深27	凝灰岩	15.2	168.5	77.3	8.4	10.4	129
	徐深28	流纹岩	16.4	408.8	116.1	9.1	6.1	160

三、火山岩相控制储层物性和气层厚度

火山岩喷发的初期过程决定储层的孔隙度和渗透率，表现为不同的火山岩相具有不同的储集能力。火山口相带主要为火山通道相、爆发相和喷溢相叠置区，近火山口相带以爆发相和溢流相叠置为主，远火山口相带有爆发相和火山沉积相，各火山岩相带的岩相组合差异，决定了不同的储集物性。火山口相带储集物性通常较好，如火山口爆发相形成的火山碎屑角砾岩，发育大量的孔隙和裂隙，尽管这些孔隙和裂隙可能被后期喷发的次生矿物所充填，但随后的溶解作用可以带走这些矿物并恢复或使孔隙增大。随着远离火山口，火山岩孔隙的发育程度和溶解作用呈减弱趋势，各火山岩相带的储层厚度在不断减薄的同时物性也逐渐变差，从而影响了油气层的发育程度。

据安达地区已钻探井统计结果（表6-17），火山口相储层厚度为78.2～578.2m，储地比为0.53～0.86，孔隙度为2.1%～14.8%，渗透率为0.012～0.43mD。由于储层厚度大、物性好，气层较发育，其中气层厚度为24.0～294.6m，差气层厚度为14.0～141.4m。近火山口相储层厚度为7.6～106.0m，储地比为0.04～0.91，孔隙度为3.7%～10.6%，渗透率为0.028～0.795mD。由于储层厚度变薄、物性变差，含气厚

度减小。其中气层厚度为16.6～61.2m，差气层厚度为7.4～106.0m。远火山口相储层不发育，厚度范围为12.8～124.8m，储地比为0.07～0.71，孔隙度为1.7%～8.7%，渗透率为0.008～0.181mD。由于储层厚度薄、物性差，气层不发育，其中气层厚度为3m，差气层厚度为12.8～64.8m。

表6-17 火山岩相带与气层和储层特征数据表

井号	火山岩相带	喷发旋回	储层岩性	气层/m	差气层/m	孔隙度/%	渗透率/mD	储层厚度/m	储地比
达深8	火口	三	流纹岩		59.4	5.3	0.012	325.0	0.86
达深12	火口	三	粗面岩	39.6		8.5	0.034	578.2	0.84
达深301	火口	三	角砾凝灰岩	294.6	99.7	7.1		394.3	0.86
汪深101	火口	三	流纹岩	45.4		8.1	0.116	159.4	0.81
达深3	火口	二	安山岩	33.8	14.0	14.6	0.390	78.2	0.77
达深4	火口	二	玄武岩		23.0	10.2		62.8	0.55
达深10	火口	二	玄武岩	24.0	141.4	7.1	0.068	165.4	0.59
达深X5	火口	二	玄武岩		119.2	2.1	0.430	119.2	0.53
达深401	近火口	三	流纹岩	42.4		10.6	0.067	64.0	0.91
汪903	近火口	三	流纹岩	61.2	7.4	6.4		68.6	0.42
汪深1	近火口	三	流纹岩	16.6		7.6	0.795	16.6	0.04
达深6	近火口	二	玄武岩		78.0	3.7	0.081	78.0	0.76
达深302	近火口	二	玄武岩		101.0	8.1		101.0	0.63
升深1	近火口	二	玄武岩		7.6	8.7		7.6	0.04
升深102	近火口	二	安山岩		106.0	9.7	0.028	106.0	0.80
汪深102	近火口	二	玄武岩		38.8	7.8		38.8	0.48
达深1	远火口	三	凝灰岩		41.0	1.4	0.008	41.0	0.43
达深302	远火口	三	凝灰岩		12.8	6.5		12.8	0.35
升深1	远火口	三	流纹岩	3.0	32.4	4.5		35.4	0.12
升深5	远火口	三	凝灰岩		47.8	5.8	0.181	47.8	0.45
升深102	远火口	三	凝灰岩		13.6	2.2	0.019	13.6	0.08
达深9	远火口	二	玄武岩		16.2	8.1		16.2	0.33
达深11	远火口	二	凝灰岩		23.8	8.6		124.8	0.71
达深13	远火口	二	沉凝灰岩		20.0	5.1		20.0	0.07
达深9	远火口	一	凝灰岩		64.8	8.7		64.8	0.47

四、火山岩储层物性控制气藏类型和气层产能

油气成藏机理研究表明，储层孔隙度、渗透率或孔喉半径决定油气的渗流方式和油气藏类型。储层孔隙度大、渗透率高，油气受到的浮力大于毛细管力，油气运移动力以浮力为主，油气藏类型以构造油气藏为主。储层孔隙度小、渗透率低，油气受到的浮力小于毛细管力，油气运移动力以超压驱动，油气藏类型为岩性油气藏或非常规油气藏。徐深气田火山岩储层物性总体偏差，所形成的原位火山岩气藏大都与岩性有关。

受到储层物性的控制，徐深气田大体有四种气藏类型（图6-59）：第一类是构造气藏，以升平气藏为例，储层岩性主要为酸性流纹岩、流纹质熔结凝灰岩等，储层孔隙度为9.97%，渗透率为1.45mD，地层压力系数为0.97～1.08。由于储层物性相对较好，气水分布主要受构造高低的控制，气藏具有统一气水界面及压力系统，气层产能15万～30万m^3/d。这类气藏分布局限，一般在基岩突起的构造高部位。第二类是岩性-构造气藏，以兴城气藏为例，储层岩性主要为酸性流纹岩、流纹质晶屑凝灰熔岩等，储层孔隙度孔隙度为7.2%，渗透率为0.35mD，地层压力系数为1.0～1.12。受储层物性控制，构造高部位为纯气，低部位存在气水同层过渡带，表现为气藏受构造和岩性的双重影响，气层产能19万～53万m^3/d。这类气藏分布广泛，一般在断陷内凹中隆或构造高部位。第三类是构造-岩性气藏，以徐东气藏为例，储层岩性主要为酸性流纹岩、流纹质凝灰岩、火山角砾岩等，储层孔隙度为5.9%，渗透率为0.28mD，地

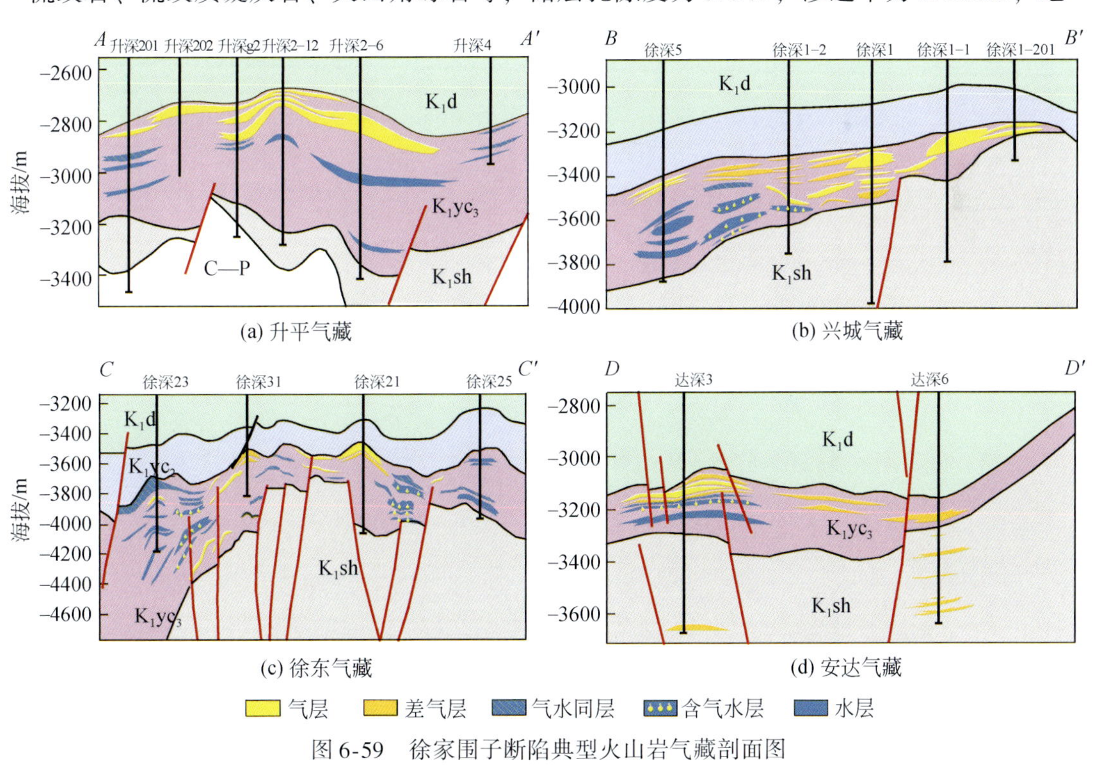

图6-59　徐家围子断陷典型火山岩气藏剖面图

层压力系数为1.04~1.1。由于储层物性相对较差，气藏各井区没有统一的气水界面，构造高部位气柱高度大、气水界面高，低部位气柱高度小、气水界面低，气水分布主要受岩性控制，气层产能5万~20万m^3/d。这类气藏局部分布，一般在深凹斜坡区。第四类是致密岩性气藏，以安达气田为例，储层岩性主要为基性玄武岩、安山质火山角砾岩等，储层孔隙度为6.5%，渗透率为0.26mD。由于储层岩性致密，气层纵向一般不含水或具有上气下水的特点，横向分布不受构造圈闭的限制，气层产能5.6万m^3/d。这类气藏主要分布在断陷的次级凹陷中部。据13个气藏统计结果，一至四类气藏所占比例分别为8%、61%、23%、8%。

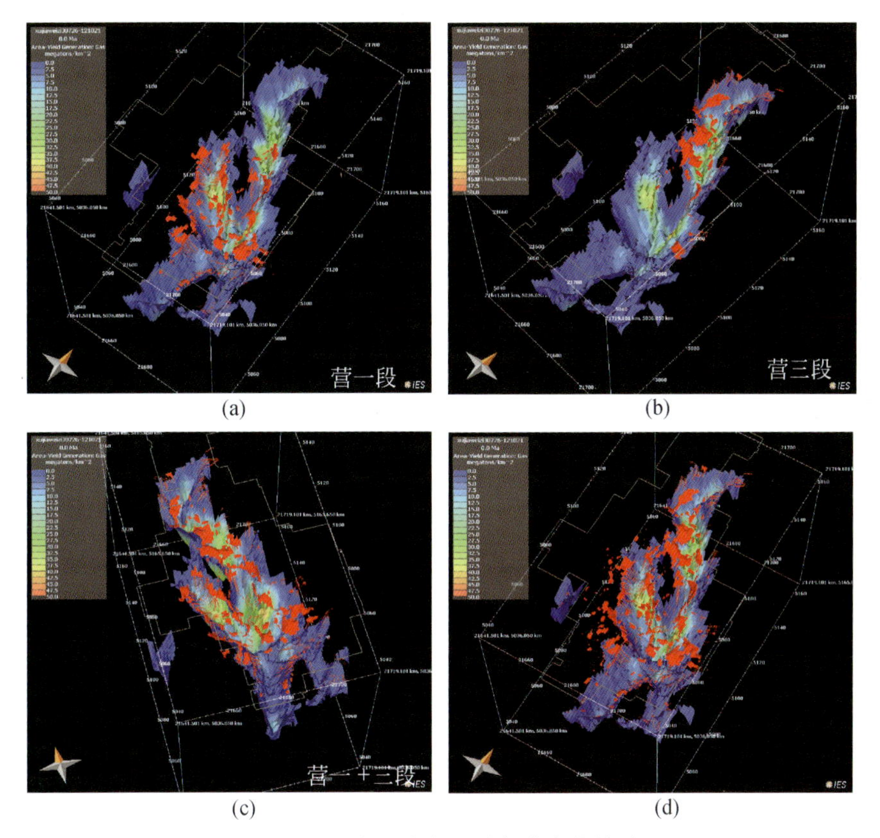

图 8-8　生气强度与天然气分布的关系

算运移，在输导层及储层等高渗透率的位置采用流线法以优化整体的计算时间。考虑到地质体的复杂性，往往需要将不同算法得到的结果进行叠加。在徐家围子深层天然气的运聚分析中，通过不同算法之间的对比，发现 IP 算法对于比较复杂的岩性圈闭拟合的结果较好，但会损失一些构造圈闭。因此，研究通过与混合运移算法的运算结果进行叠加。

通过前述研究，可以计算得到不同地质历史时期天然气资源的生成量，这些生成的天然气资源，在诸多运移约束条件下［如构造构架、储层沉积相、生烃灶的位置及其与油气藏的分布关系、生烃量的多少、储层发育情况及输导体系的分布、孔隙度和渗透率、输导层（储层）的顶面构造形态、圈闭发育程度、断层发育情况等］发生运移作用。通过油气运算法中的逾相渗流法（IP 算法）和混合运移算法的叠加，可得到不同地质时期天然气的运移流线图，结果如图 8-9 ~ 图 8-12 所示。

从天然气的运移流线图可以看出，徐家围子深层天然气以垂向运移作用为主，横向运移范围相对较小。说明断层、火山口爆发相、喷流相和火山通道相叠合区是天然气垂向运移的主要通道。天然气的横向运移则主要存在于运载层（如砂砾岩层）与垂向运移通道沟通的局限区域。

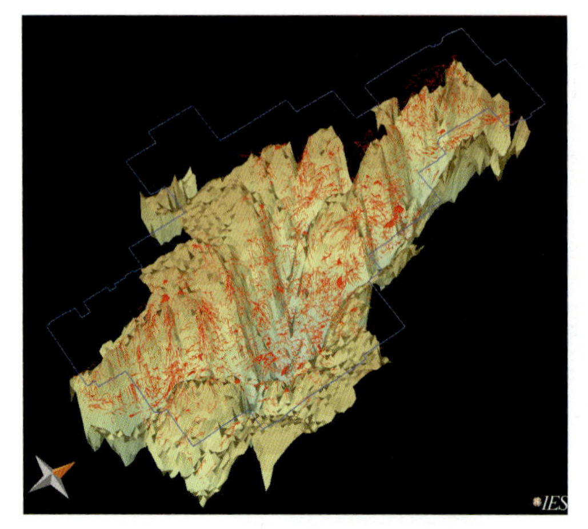

图 8-9　徐家围子断陷深层天然气运移流线图（距今 112Ma）

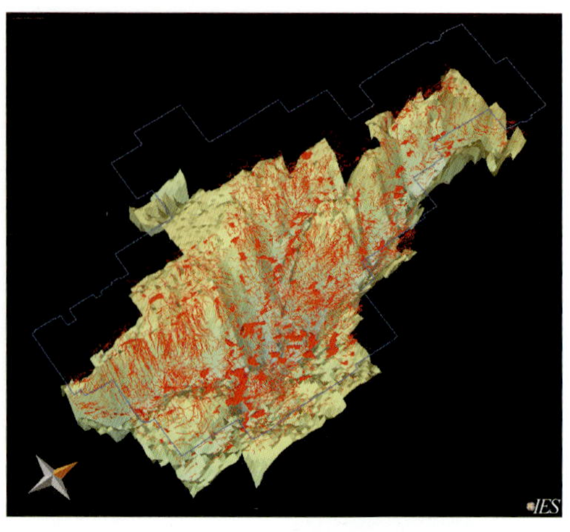

图 8-10　徐家围子断陷深层天然气运移流线图（距今 100Ma）

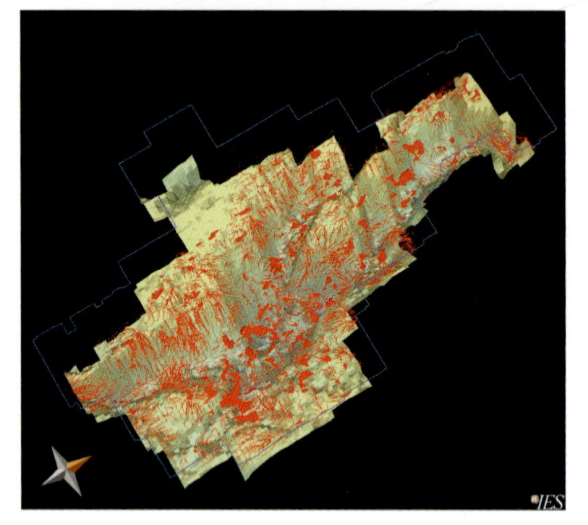

图 8-11　徐家围子断陷深层天然气运移流线图（距今 84Ma）

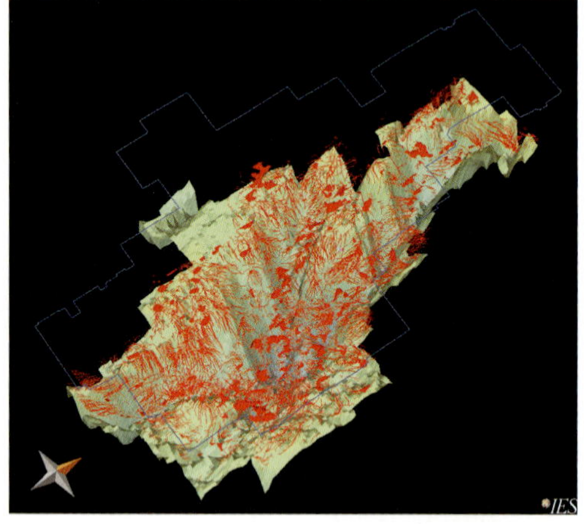

图 8-12　徐家围子断陷深层天然气运移流线图（距今 73Ma）

从烃源岩在 130Ma 发生有效的生烃作用开始，在距今 112Ma 的地质历史时期，天然气已发生了产效的运移和聚集作用，但整体规模较小，与现今的天然气资源分布也存在较大差别（图 8-13）。

对比可以看出，天然气在 73Ma 运聚图与现今的运移十分相似，说明徐家围子深层在嫩江组沉积末期天然气的充注作用基本完成。

6. 天然气逸散作用的模拟

就天然气的逸散损失作用过程而言，不仅其地质过程是较为复杂的，影响因素也十分繁杂。盖层排驱压力的差异，地层的抬升与剥蚀、断层封闭性能的变化、压力条件的变化等，都在很大程度上决定了早期形成的天然气藏在保存时间内的保存条件。就现阶段而言，还没有十分有效的定量模拟方法。现阶段天然气损失量的模拟主要基于达西流的微渗漏运移损失模拟方法。

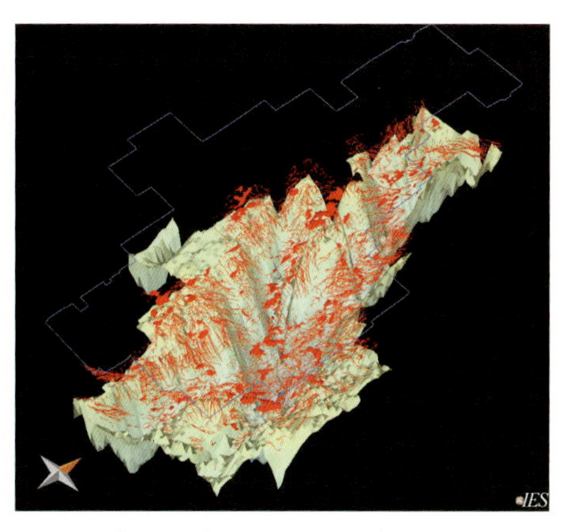

图 8-13　徐家围子断陷深层天然气现今运移流线图

从模拟结果来看（图 8-14），在朝阳沟隆起带和古中央隆起带天然气的逸散相对严重，保存条件较差。其他的损失量，则需要根据具体的地质资料进行综合分析与研究。

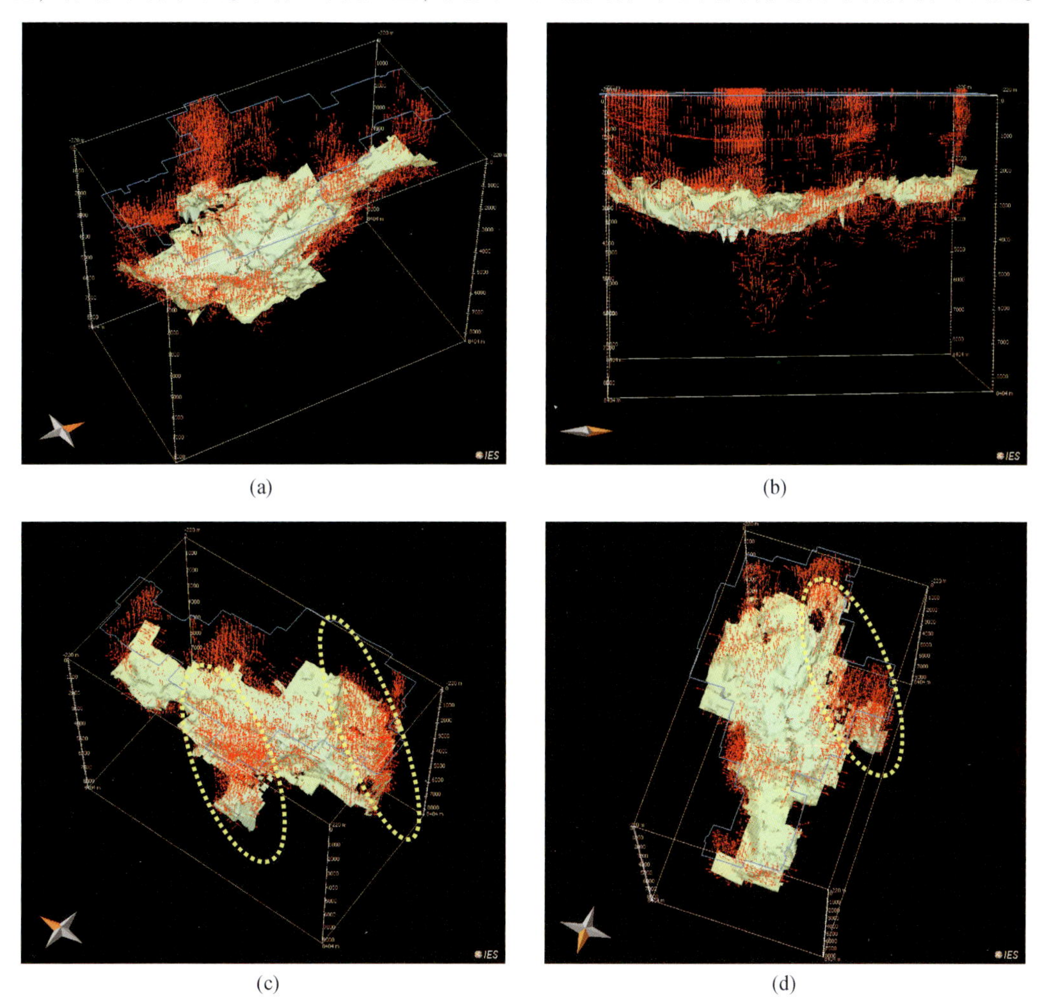

(a)　(b)　(c)　(d)

图 8-14　基于达西流的运移损失图

7. 天然气聚集场所的模拟

天然气聚集场所的模拟结果，实际上是天然气运移模拟结果的综合。根据天然气资源的现今分布结果（图 8-15），对聚集场所的模拟结果进行校验。

徐家围子深层天然气的聚集场的模拟结果如图 8-16 ~ 图 8-18 所示。

在 124Ma 和 100Ma 天然气聚集场所的模拟结果来看，与天然气资源的现今分布结果具有一定的差异。天然气现今聚集模拟的现今结果，则与天然气资源的分布具有较好的对应关系，说明天然气运移、聚集模拟结果可以在较大程度上反映天然气的运移、成藏过程。

值得说明的是，天然聚集场的模拟应该充分考虑天然气资源的损失量的模拟结果。由于天然气损失量的影响因素较多，实际模拟的数值结果可能只能定性。

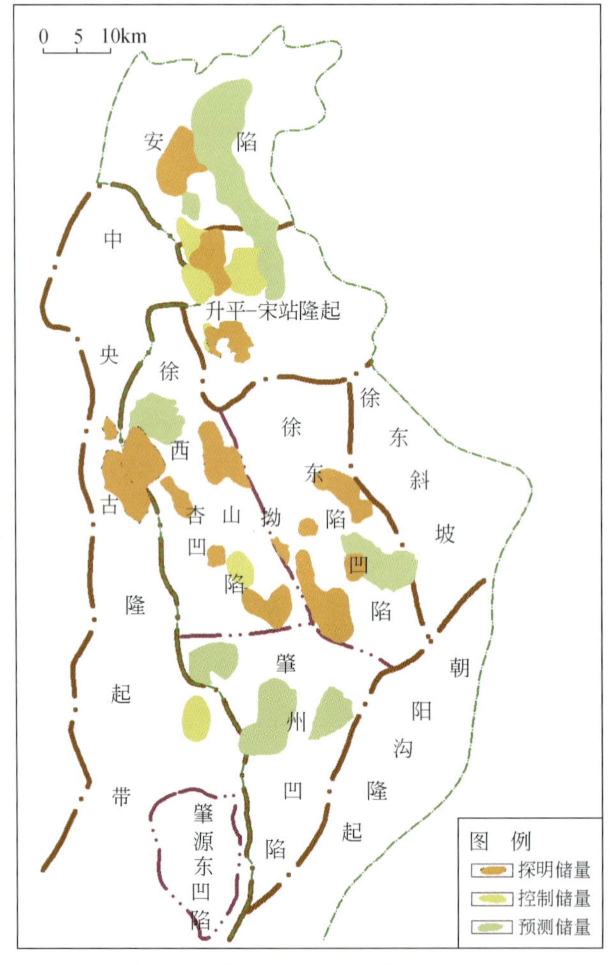

图 8-15 徐家围子天然气资源分布图

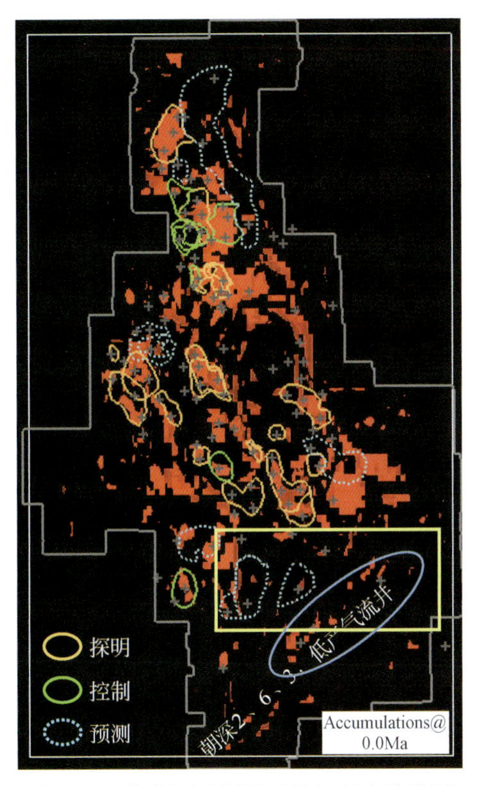

图 8-16　徐家围子深层天然气现今聚集图

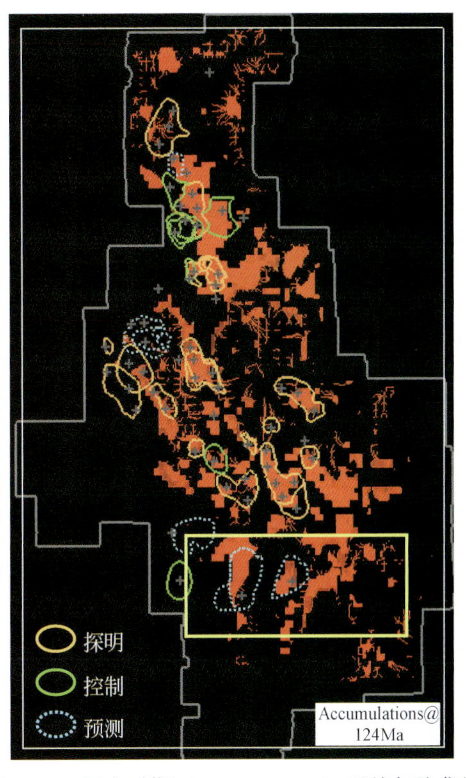

图 8-17　历史时期（124Ma B. P.）天然气聚集图

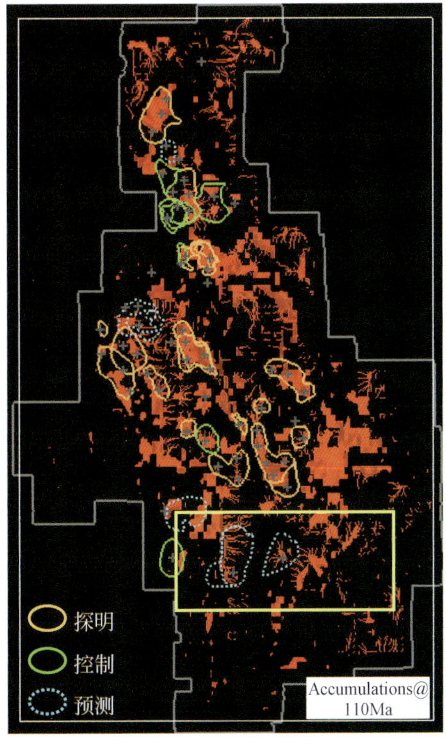

图 8-18　历史时期（110Ma B. P.）天然气聚集图

第二节　火山岩气藏资源潜力认识

一、徐家围子断陷生气量及资源潜力评价

1. 徐家围子断陷深层烃源岩地质、地化特征

松辽盆地北部基底之上的深层分别为断陷期沉积的火石岭组、沙河子组、营城组和凹陷期沉积的登娄库组和泉一段、泉二段，各组地层中均不同程度地发育有暗色泥岩。凹陷期沉积的登娄库组和泉一段、泉二段，更主要的是作为封盖层出现，烃源岩主要是营城组、沙河子组、火石岭组暗色泥岩及沙河子组煤系。

营城组暗色泥岩分布不均匀，主要分布在徐家围子断陷的北部，暗色泥岩厚度超过100m的地区主要在徐深1井东部和西部、卫深3井以东及汪深1井附近。沙河子组暗色泥岩在徐家围子断陷内分布广泛，除卫深3井区沙河子组暗色泥岩缺失外，其他地区均发育有暗色泥岩。沙河子组暗色泥岩在徐家围子中部、西部及北部地区均较厚，厚度一般在300m以上，最高可超过1000m，相对而言，徐家围子东部沙河子组暗色泥岩分布的厚度较小，一般小于300m。火石岭组暗色泥岩呈零星分布，只见于徐家围子中部和升深6井及其南部地区，中部的厚度较大，最大可超过800m。沙河子组煤层主要分布在升平及徐深1井周围地区，火石岭组煤层则在升深1井区、徐深1井区局部发育，最大厚度达60m。

三套暗色泥岩的TOC多在1.0%以上，其中营城组TOC均值为0.96%，沙河子组和火石岭组TOC均值则更高，分别为1.94%和1.83%。若考虑到深层烃源岩埋深较大、成熟度较高，原始有机碳应该较高，因此，应该是好烃源岩；深层烃源岩的S_1+S_2多在2mg/g以下，属于差烃源岩；从氯仿沥青“A”上看，营城组烃源岩多在0.1%～0.12%，为差烃源岩，而沙河子组和火石岭组暗色泥岩氯仿沥青“A”仍有部分在0.5%以上，氯仿沥青“A”含量很高。沙河子组煤岩TOC平均值为44%，火石岭组煤岩TOC平均值为28%。营城组、沙河子组、火石岭组的有机质类型基本为II_1和II_2型，类型较好，生气潜力较高。营城组、沙河子组、火石岭组烃源岩已经处于较高的成熟演化阶段。

2. 徐家围子断陷深层烃源岩生烃特征

根据成油、成气动力学模型及杜13井暗色泥岩成油、成气及煤成气动力学参数，结合徐家围子地区埋藏史–热史进行成油、成气及油成气（族组成气）剖面、成气史计算（图8-19）。埋藏深度达到1500m左右时，深层泥岩明显开始生油、生气，其中生气稍晚于生油，油裂解气则在埋深2000m以下。从各烃源岩层的生油、气史来看，火石岭组泥岩、沙河子组泥岩、营城组泥岩开始生气时间逐渐变晚，依次为110Ma、100Ma、84Ma。火石岭组煤岩、沙河子煤岩成气时间要晚于对应的泥岩成气时间，分

别为 105Ma、90Ma。多套气源岩的存在使得徐家围子地区多期生气、持续时间较长，尤其是煤岩生气。

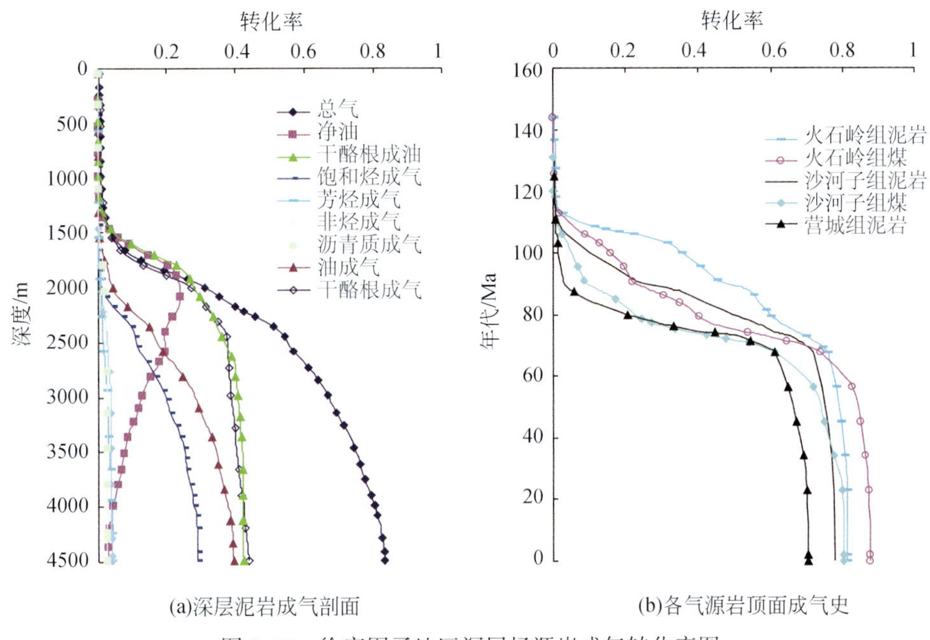

图 8-19　徐家围子地区深层烃源岩成气转化率图

3. 徐家围子断陷深层烃源岩生气量

依据徐家围子断陷泥质烃源岩生烃动力学方法计算徐家围子深层各层烃源岩的生气量相对贡献量，根据相对贡献量计算深层天然气总生成量为 $33.75\times10^{12}m^3$。其中沙河子组地层天然气生成量占总量的 75.78%，煤系地层生气总量占深层烃源岩总生气量的 25.61%。

从生气强度来看，断陷内大部分地区生气强度超过 $20\times10^8m^3/km^2$，具备形成大中型气田的条件，其中徐 10 井东南存在生气强度高值，超过 $100\times10^8m^3/km^2$，卫深 3 井以东地区存在另一高值，超过 $100\times10^8m^3/km^2$（图 8-20）。

关于徐家围子断陷深层天然气生成量和资源量前人也进行了研究，其中李世荣等（2003）利用成因法确定徐家围子断陷生气量为 $32.1\times10^{12}m^3$，排气量为 $28.6\times10^{12}m^3$，资源量为 $6772\times10^8m^3$（聚集系数取 2% ~3%），利用类比法确定徐家围子断陷天然气资源量为 $2358\times10^8m^3$。李景坤等（2006）通过对升平-汪家屯刻度区解剖，确定徐家围子地区天然气运聚系数为 1.66%（对应聚集系数 2.05%），并用盆地模拟法确定徐家围子天然气资源量为 4958×10^8 ~$7437\times10^8m^3$。利用新的烃源岩厚度资料采用化学动力学法重新评价了徐家围子断陷天然气资源量，聚集系数取 2% ~3%，资源量为 4988×10^8 ~$7482\times10^8m^3$。本书采用化学动力学法计算的资源量为 5020×10^8 ~$7530\times10^8m^3$（运聚系数为 1.6% ~2.4%）；比 2003 年中国石油第三次油气资源评价计算结果 $2350\times10^8m^3$提高了近 3 倍；与 2010 年最新计算结果 $6740\times10^8m^3$基本相当。

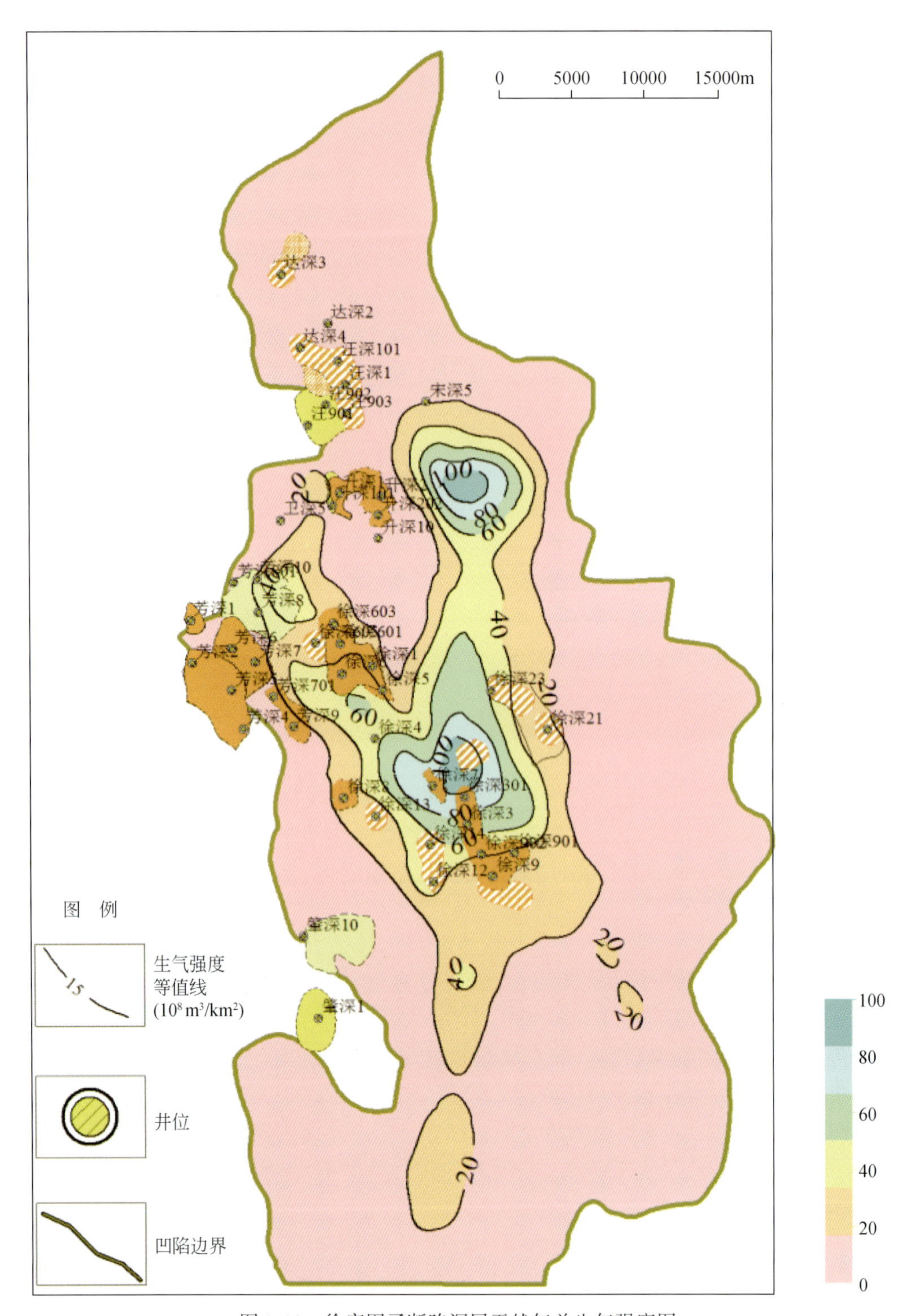

图 8-20 徐家围子断陷深层天然气总生气强度图

徐家围子断陷深层埋深普遍超过3000m，暗色泥岩埋深更是超过3500m，现今烃源岩热演化程度普遍超过2.0%，处于高成熟–过成熟度阶段。尽管凹陷内存在大量的火山岩，一方面由于凹陷内火山岩均为喷出岩，其本身的热作用有限，另一方面烃源岩现今成熟度较高，即使没有火山岩的热作用，烃源岩生烃也已经达到晚期。因此，凹陷内的火山岩对深层有机质生烃量基本无影响。

二、对深层资源的新认识

松辽盆地深层系指泉二段以下层系，勘探层系包括基岩风化壳、火石岭组、沙河子组、营城组、登娄库组、泉一段和泉二段，主要以天然气资源为主。据三次资源评价结果，松辽盆地深层天然气远景资源量$20042\times10^8m^3$（表8-8）。其中松辽北部深层天然气远景资源量$11740\times10^8m^3$，松辽南部深层天然气远景资源量$8302\times10^8m^3$。

松辽盆地深层天然气资源集中分布于徐家围子、长岭、古龙–常家围子、莺山–双城四个断陷，这四个断陷共有天然气远景资源量为$17363\times10^8m^3$，占总资源量的87%。

表8-8　松辽盆地深层主要断陷天然气资源情况

断陷名称		天然气远景资源量/10^8m^3
松辽北部	徐家围子断陷	6772
	莺山–双城断陷	2270
	古龙–常家围子断陷	2429
	其他断陷	269
	小计	11740
松辽南部	长岭断陷	5892
	其他断陷	2410
	小计	8302
盆地合计		20042

自徐深1井、徐深6井相继在火山岩、砾岩获得高产工业气流后，松辽盆地北部深层经过三年的加快勘探，2005年在徐家围子断陷快速探明了地质储量达到$1018.68\times10^8m^3$的徐深气田，甩开预探徐东、安达又获新突破，2007年在徐东、安达地区再次提交第二个1000×10^8探明储量。与此同时，在松辽盆地南部的长岭断陷钻探的风险探井长深1井于营城组中测获高产气流，天然气勘探取得重大突破，新增天然气预测储量$558.28\times10^8m^3$。天然气勘探成果的不断扩大，展示松辽盆地深层天然气具有非常良好的前景。

根据最近勘探进展情况，有关单位和专家对松辽盆地北部深层天然气的资源量进行了重新评价与估算。大庆油田公司最新评价认为，松辽盆地北部深层的天然气资源量为$14645\times10^8m^3$（表8-9），再加上石炭系、二叠系变质岩的天然气资源量为$3565\times10^8m^3$，深层天然气资源量合计为$18210\times10^8m^3$；中国石油勘探开发研究院廊坊分院最新评价认为，松辽盆地北部徐家围子、古龙-常家围子、莺山-双城和林甸四个断陷的深层天然气资源量为 $19595\times10^8m^3$。从评价结果来看，目前基本认为松辽盆地北部深层天然气资源量在 $2\times10^{12}m^3$ 左右。

这样，加上三次资评计算的松辽南部深层天然气的资源量，松辽盆地深层天然气总资源量约为 $2.83\times10^{12}m^3$，资源潜力非常大。

表 8-9　松辽盆地北部天然气资源量　　　　（单位：10^8m^3）

断陷名称	三次资评	2007 年大庆油田	2008 年廊坊分院
徐家围子	6772	4958 ~ 7437	9587
莺山-双城	2270	2463 ~ 3284	2970
古龙-常家围子	2429	4829 ~ 6036	5205
林甸			1833
其他断陷	269	113 ~ 170	
石炭-二叠系		3565	
合计	11740	18210	19595

三、剩余资源潜力分析

（一）安达地区剩余资源量

安达凹陷位于徐家围子断陷北部，是由徐西断裂北段控制的西断东超的箕状断陷，面积约 $950km^2$，其南部为宋站凸起和汪家屯凸起。营城组顶面构造格局为 SN 向的凹陷带，西侧为古中央隆起带，中部为安达向斜，东侧为斜坡区，西北部为一个宽缓的鼻状构造。

安达凹陷营城组火山岩按认识程度和成藏条件可分为三类区。西部一类区勘探程度较高，受徐西控陷断裂控制，该区为火山喷发中心区，火山岩厚度大，以爆发相为主，储层物性好，位于主力烃源岩发育区，天然气聚集条件优越。东部二类区面积 $332km^2$，钻探程度较低，为大面积的中基性火山岩，以溢流相带为主，局部存在小规模火山机构分布。烃源岩厚度大，品质优越，成藏条件有利，以形成大面积的岩性气藏为主，潜力较大，为近期安达重点勘探区；三类区主要分布在二类区以外，以远火口相和火山沉积相为主。

安达凹陷远景资源量为 $827\times10^8 \sim 1241\times10^8m^3$，已提交三级储量为 $418\times10^8m^3$，剩余资源量为 $409\times10^8 \sim 823\times10^8m^3$。

（二）徐东地区剩余资源量

徐东地区，北起宋站，南到朝阳沟，南北长约 50km，东西宽约 25km，NNW 向展布，勘探面积 1040km^2。营城组顶面构造整体上为 NNW 向的斜坡，局部发育微幅度鼻状构造。

根据本区控陷断裂展布、构造特征、烃源岩分布与火山岩分布情况来看，天然气成藏具有环带展布的特征，可分为三个二级构造带：徐东深凹带、徐东断阶带和徐东斜坡带，具有不同成藏条件和特点：徐东深凹带位于主力生烃凹陷内，营城组两套火山岩叠置分布，上段火山岩厚度大，但储层物性差，沟通下部烃源岩层的深断裂不发育，不具备好的成藏条件。下段火山岩与沙河子组烃源岩层直接接触，有利于天然气的运移成藏；徐东断裂带位于主力烃源岩区，以火山喷发中心区和近火山口区为主，处于有利的火山岩相带，储层条件非常有利，圈闭有效性为成藏的主控因素，为最有利的勘探区带；徐东斜坡带主要为近火山口-远火山口相带，火山岩厚度小，储层纵向上大套连续分布，物性较好，但远离主力烃源区，通向浅层断裂较发育、保存条件可能受影响。

徐东地区远景资源量为 $1526\times10^8\sim2288\times10^8m^3$，已提交三级储量为 $832\times10^8m^3$，剩余资源量为 $694\times10^8\sim1456\times10^8m^3$。

（三）徐西地区剩余资源量

徐西指徐家围子断陷西部的斜坡带，西侧边界为古中央隆起带，东侧为徐西凹陷和肇州凹陷，沙河子组沉积受徐西断裂控制，沉降中心位于徐西凹陷东南、肇州凹陷南北两处，最厚处沿徐中断裂一线，地层厚度为 0～2200m，其镜质组反射率值为 1.6%～2.6%，泥质岩有机碳含量大多超过 1.0%，是深层泥质烃源岩中最高的，生烃潜力大。营城组火山岩在徐西凹陷整体均有分布，西侧超覆在古中央隆起带上，向东侧徐中断裂处逐渐加厚，厚度为 0～500m。在徐西凹陷主体及徐西-肇州斜坡带厚度为 50～200m，虽厚度不大，但整体储层较为发育，且位于天然气运移的指向区，成藏条件有利。

徐西地区远景资源量为 $1148\times10^8\sim1722\times10^8m^3$，已提交三级储量为 $904\times10^8m^3$，剩余资源量为 $244\times10^8\sim818\times10^8m^3$。

参考文献

蔡国钢，冯殿生，于兰等 . 2000. 欧利坨子地区火山岩储层特征及成藏条件 . 特种油气藏，7（4）：14 ~ 24

操应长，姜在兴，邱隆伟等 . 2002. 渤海湾盆地第三系火成岩油气藏成藏条件探讨 . 石油大学学报（自然科学版），26（2）：6 ~ 101

陈福巨，周建勋，陆克政 . 1997. 伸展断层系统的砂箱模拟实验 . 世界地质，3：13 ~ 17

陈弘 . 2010. 国外火山岩油气藏勘探技术研究 . 石油石化节能，26（11）：6 ~ 11

陈建文，王德发，张晓东等 . 2000. 松辽盆地徐家围子断陷营城组火山岩相和火山机构分析 . 地学前缘，7（4）：371 ~ 379

陈均亮，蔡希源，林春华等 . 1999. 松辽盆地北部断陷盆地构造特征与幕式演化 . 石油学报，20（4）：14 ~ 18

陈文涛，张晓东，陈发景 . 2001. 松辽盆地晚侏罗世火山岩分布与油气 . 中国石油勘探，66（2）：23 ~ 26

迟元林，云金表，蒙启安 . 2002. 松辽盆地深部结构及成盆动力学与油气聚集 . 北京：石油工业出版社

崔勇，栾瑞乐，赵澄林等 . 2000. 辽河油田欧利坨子地区火山岩储集层特征及有利储集层预测 . 石油勘探与开发，27（5）：47 ~ 49

杜金虎 . 2010. 松辽盆地中生界火山岩天然气勘探 . 北京：石油工业出版社

冯志强 . 2006. 松辽盆地庆深大型气田的勘探前景 . 天然气工业，26（6）：1 ~ 5

冯子辉，邵红梅，童英 . 2008. 松辽盆地庆深气田深层火山岩储层储集性控制因素研究 . 地质学报，82（6）：760 ~ 766

冯子辉，孙春林，刘伟等 . 2005. 松辽盆地基底浅变质岩的有机地球化学特征 . 地球化学，34（1）：73 ~ 78

冯子辉，印长海，齐景顺等 . 2010. 大型火山岩气田成藏控制因素研究——以松辽盆地庆深气田为例. 岩石学报，26（1）：21 ~ 32

付广，马福建，张秀荣等 . 2003. 松辽盆地北部徐家围子地区 $K_1sh+yc \sim K_1d_2$ 成藏系统特征及主控因素分析 . 海洋石油，23（1）：8 ~ 14

高瑞祺，蔡希源 . 1997. 松辽盆地油气田形成条件与分布规律 . 北京：石油工业出版社

高瑞祺，萧德铭 . 1995. 松辽盆地及其外围盆地油气勘探新进展 . 北京：石油工业出版社

高山林，李学万，宋柏荣 . 2001. 辽河盆地欧利坨子地区火山岩储集空间特征 . 石油与天然气地质，22（2）：173 ~ 177

高晓峰，郭锋，范蔚茗等 . 2005. 南兴安岭晚中生代中酸性火山岩的岩石成因 . 岩石学报，21（3）：737 ~ 741

高兴有 . 2008. 三肇凹陷葡萄花油层油气运聚成藏模式 . 大庆石油地质与开发，27（2）：9 ~ 11

葛文春，李献华，林强等 . 2001. 呼伦湖早白垩世碱性流纹岩的地球化学特征及其意义 . 地质科学，36（2）：176 ~ 183

葛文春，林强，孙德有等 . 2000. 大兴安岭中生代两类流纹岩成因的地球化学研究 . 地球科学——中国地质大学学报，25（2）：172 ~ 179

葛文春，隋振民，吴福元等 . 2007. 大兴安岭东北部早古生代花岗岩锆石 U-Pb 年龄、Hf 同位素特征及地质意义 . 岩石学报，23（2）：423 ~ 441

郭锋，范蔚茗，王岳军 . 2001. 大兴安岭南段晚中生代双峰式火山作用 . 岩石学报，（1）：161 ~ 169

郭克园，蔡国刚，罗海炳等.2002. 辽河盆地欧利坨子地区火山岩储层特征及成藏条件. 天然气地球科学，13（3-4）：60～67
郭占谦.1998. 火山活动与沉积盆地的形成和演化. 地球科学，23（1）：59～64
郭占谦，萧德铭，唐金生.1996. 深大断裂在油气藏形成中的作用. 岩石学报，17（3）：27～32
贺电，李江海，刘守偈等.2008. 松辽盆地北部徐家围子断陷营城组大型破火山口的发现. 中国地质，35（3）：463～472
霍秋立，付丽，王雪.2004. 松辽盆地北部 CO_2 及 He 气成因与分布. 大庆石油地质与开发，23（4）：1～5
霍秋立，杨步增，付丽.1998. 松辽盆地北部昌德东气藏天然气成因. 石油勘探与开发，25（4）：17～23
姜传金，苍思春，吴杰.2009. 徐家围子断陷深层气藏类型及成藏模式. 天然气工业，29（8）：5～7
姜传金，冯肖宇，詹怡捷等.2007. 松辽盆地北部徐家围子断陷火山岩气藏勘探新技术. 大庆石油地质与开发，26（4）：133～137
姜洪福，师永民，张玉广.2009. 全球火山岩油气资源前景分析. 资源与产业，11（3）：27～32
匡立春，薛新克，邹才能等.2007. 火山岩岩性地层油藏成藏条件与富集规律——以准噶尔盆地克百断裂带上盘石炭系为例. 石油勘探与开发，34（3）：285～290
李景坤，刘伟，宋兰斌.2006. 徐家围子断陷深层烃源岩生烃条件研究. 天然气工业，（6）：24～32
李明，邹才能，刘晓.2002. 松辽盆地北部深层火山岩气藏识别与预测技术. 石油地球物理勘探，37（5）：477～485
林如锦，徐克定.1995. 浙闽粤东部中生代火山岩分布区油气远景探讨. 石油学报，16（4）：23～30
刘成林，金惠，高嘉玉等.2007. 松辽盆地深层天然气成藏富集规律和勘探方向. 中国石油勘探，（4）：1～6
刘光鼎，祝靓谊.2003. 近期油气勘探地球物理的一些新进展. 地球物理学进展，18（3）：363～367
刘光鼎，张丽莉，祝靓谊.2006. 试论复杂地质体的油气地震勘探. 地球物理学进展，21（3）：683～686
刘嘉麒.1987. 中国东北地区新生代火山岩的年代学研究. 岩石学报，3（4）：21～31
刘若新，陈文寄，孙建中等.1992. 中国东部新生代火山岩年代学和地球化学. 北京：地震出版社
卢双舫，付广，王朋岩等.2002. 天然气富集主控因素的定量研究. 北京：石油工业出版社
吕炳全，张彦军，王红罡等.2003. 中国东部中、新生代火山岩油气藏的现状与展望. 海洋石油，23（4）：9～13
罗静兰，邵红梅，张成立.2003. 火山岩油气藏研究方法与勘探技术综述. 石油学报，24（1）：31～38
罗群，孙宏智.2003. 松辽盆地深大断裂对天然气的控制作用. 天然气工业，20（3）：16～21
马志宏.2003. 黄沙坨地区火山岩储层研究及预测. 断块油气田，10（3）：5～10
马志宏.2004. 热河台-黄沙坨地区沙三段火山岩成藏的控制因素. 特种油气藏，11（2）：15～19
蒙启安，门广田，赵洪文等.2002. 松辽盆地中生界火山岩储层特征及对油气藏的控制作用. 石油与天然气地质，23（3）：285～290
潘建国，郝芳，谭开俊等.2007. 准噶尔盆地红车断裂带古生界火山岩油气藏特征及成藏规律. 岩性油气藏，19（2）：53～56
綦敦科，吴海波，陈立英.2002. 徐家围子火山岩气藏储层测井响应特征. 测井技术，26（1）：52～54
任延广，陈均亮，冯志强等.2004. 喜山运动对松辽盆地含油气系统的影响. 石油与天然气地质，25

（2）：185～190
邵正奎，孟宪禄，王璞珺．1999．松辽盆地储层火山岩地震反射特征及其分布规律．长春科技大学学报，29（1）：33～36
邵红梅，毛庆云，姜洪启等．2006．徐家围子断陷营城组火山岩气藏储层特征．天然气工业，26（6）：29～34
舒萍，纪学雁，丁日新．2008．徐深气田火山岩储层的裂缝特征研究．大庆石油地质与开发，27（1）：13～17
舒萍，纪学雁，丁日新等．2008．徐深气田火山岩储层的裂缝特征研究．大庆石油地质与开发，27（1）：13～17
舒萍，曲延明，丁日新等．2007．松辽盆地北部庆深气田火山岩储层岩性岩相研究．大庆石油地质与开发，26（6）：31～36
谈迎，张长木，刘德良．2005．松辽盆地北部昌德东气藏 CO_2 成因的地球化学判据．海洋石油，25（3）：345～351
唐华风，王璞珺，姜传金等．2007．波形分类方法在松辽盆地火山岩相识别中的应用．石油地球物理勘探，42（4）：440～444
唐建仁，刘金平，谢春来等．2001．松辽盆地北部徐家围子断陷的火山岩分布及成藏规律．石油地球物理勘探，36（3）：345～351
滕吉文，王夫运，赵文智等．2010．阴山造山带–鄂尔多斯盆地岩石圈层、块速度结构与深层动力过程．地球物理学报，53（1）：67～85
王凤兰，王天智，李丽娟．2004．萨中地区聚合物驱前、后密闭取心井驱油效果及剩余油分析．大庆石油地质与开发，23（2）：59～601
王贵文，惠山，付广．2008．徐家围子断陷天然气分布规律及其主控因素．大庆石油地质与开发，27（1）：6～9
王璞珺，陈树民，刘万洙等．2003a．松辽盆地火山岩相与火山岩储层的关系．石油与天然气地质，24（1）：18～27
王璞珺，迟元林，刘万洙等．2003b．松辽盆地火山岩相：类型、特征和储层意义．吉林大学学报（地球科学版），33（4）：449～456
王璞珺，冯志强，刘万洙等．2008．盆地火山岩：岩性、岩相、储层、气藏、勘探．北京：科学出版社
王璞珺，庞颜明，唐华风等．2007．松辽盆地白垩系营城组古火山机构特征．吉林大学学报（地球科学板），37（6）：1064～1073
王璞珺，吴河勇，庞颜明等．2006．松辽盆地火山岩相：相序、相模式与储层物性的定量关系．吉林大学学报（地球科学版），36（5）：805～812
王璞珺，印长海，朱如凯等．2010．中基性火山作用喷出物类型、特征与成因．吉林大学学报（地球科学版），40（3）：469～481
王仁冲，徐怀民，邵雨．2008．准噶尔盆地陆东地区石炭系火山岩储层特征．石油学报，29（3）：350～356
王振中．1994．吉林省伊通火山群．吉林地质，13（2）：29～35
王志宏，罗霞，李景坤等．2008．松辽盆地北部深层有效烃源岩分布预测．天然气地球科学，19（2）：204～210
魏喜，李学万，郭军．2001．欧利坨子地区火山岩储层特征及成因探讨．特种油气藏，8（1）：50～54
魏喜，宋柏荣，李学万等．2003．辽河断陷盆地火山岩储层岩石学及地球化学特征．特种油气藏，10

(1)：13～19

魏喜，赵国春，宋柏荣.2004. 火山岩油气藏勘探预测方法探讨——辽河断陷火山岩储层研究的启示.地学前缘（中国地质大学），11（1）：136～138

温声明，王建中，王贵重等.2005. 塔里木盆地火成岩发育特征及对油气成藏的影响. 石油地球物理勘探，40（增刊）：33～39

谢宇平，刘样，向天元.1993. 中国东北中西部地区新生代火山及火山岩研究. 长春：东北师范大学出版社

许文良，王冬艳，王嗣敏.2000. 中国东部中新生代火山作用的 pTtc 模型与岩石圈演化. 长春科技大学学报，30（4）：329～335

杨辉，张研，邹才能等.2006. 松辽盆地北部徐家围子断陷火山岩分布及天然气富集规律. 地球物理学报，49（4）：1136～1143

张尔华，姜传金，张元高等.2010. 徐家围子断陷深层结构形成与演化的探讨. 岩石学报，26（1）：149～157

张洪，罗群，于兴河.2002. 欧北——大湾地区火山岩储层成因机制的研究. 地球科学——中国地质大学学报，27（6）：763～767

张辉煌，徐义刚，葛文春.2006. 吉林伊通—大屯地区晚中生代—新生代玄武岩的地球化学特征及其意义. 岩石学报，22（6）：1579～1596

张居和，李景坤，闻燕.2005. 徐深1井深层天然气地球化学特征与各类气源岩的贡献. 石油与天然气地质，26（4）：501～511

张庆春，石广仁，米石云等.2001. 油气系统动态数值模拟研究——技术思路与软件流程. 石油勘探与开发，28（1）：39～47

张兴华.2003. 欧利坨子油田火山岩相研究. 特种油气藏，10（1）：40～45

张元高，陈树民，张尔华等.2010. 徐家围子断陷构造地质特征研究新进展. 岩石学报，26（1）：142～148

张子枢，吴邦辉.1994. 国内外火山岩油气藏研究现状及勘探技术调研. 天然气勘探及开发，16（1）：1～26

赵海玲，刘振文，李剑等.2004. 火成岩油气储层的岩石学特征及研究方向. 石油天然气地质，25（6)：609～613

赵文智，邹才能，冯志强等.2008. 松辽盆地深层火山岩气藏地质特征及评价技术. 石油勘探与开发，35（2）：129～142

邹才能，赵文智，贾承造等.2008. 中国沉积盆地火山岩油气藏形成与分布. 石油勘探与开发，35（3）：257～272

川本友久.2001. 南長岡ガス田における火山岩貯留岩の分布と変質作用. 石油技術協会誌，66（1）：25～34

大久保進.2001. 火山岩貯留岩の成立条件. 石油技術協会誌，66（1）：163～172

大口健志.2002. 秋田地域のグリーンタフ. 石油技術協会誌，67（5）：54～63

稲葉充.2001. 由利原油ガス田の玄武岩貯留岩. 石油技術協会誌，66（1）：38～46

高田伸一.2003. 低浸透性火山岩貯留層に対する水圧破砕怯の技術課題. 石油技術協会誌，68（6）：131～142

山岸宏光.2002. 新潟県角田–弥彦海岸の水中火山岩の産状と見方. 石油技術協会誌，67（6）：117～124

武田秀明.2003. 低浸透性火山岩貯留層への挑戦–大深度火山岩貯留層生産性向上技術開発につい

て. 石油技術協会誌, 68（2-3）: 231～243

野村雅彦, 安藤慎吾, 佐藤光三. 2001. 離散岩体を含む火山岩貯留層における有効浸透率評価. 石油技術協会誌, 266（5）: 91～102

Battaglia J, Zollo A, Virieux J. 2008. Merging active and passive data sets in traveltime tomography: The case study of Campi Flegrei caldera（Southern Italy）. Special issue of Geophysical Prospecting, 56: 555～573

Comeron R E, Valenzuela M E, Ramirez J L. 2001. Chihuido de la Sierra Negra: Petroleum in Nonconventional Reservoirs, SPE 69476

Dutkiewicz A, Volk H, Ridley J. 2004. Geochemistry of oil in fluid inclusions in amiddle Proterozoic igneous intrusion: implications for the source of hydrocarbons in crystalline rocks. Organic Geochemistry, 35（8）: 937～957

d'Huteau E, Ceccarelli R. 2007. Optimal Process for Design of Fracturing Treatments in a Naturally-Fractured Volcaniclastic Reservoir: A Case History in the Cupen Mahuida Field, Neuquen, Argentina, SPE 107827

Felipe R, Hector J. 2007. Villar, Hydrocarbon Generation, Migration, and Accumulation Related to Igneous Intrusions: An Atypical Petroleum System From the Neuquen Basin of Argentina, SPE 107926

Hawlander H M. 1990. Diagenesis and reservoir potential of vo-l canogenic sand stones-Cretaceous of the Surat Basin, Australia. Sedimentary Geology, 66（3-4）: 181～195

Kawamoto T. 2001. Distribution and alteration of the volcanic reservoir in the Minami-Nagaoka gas field. Japan Association of Petroleum Tech, 66（1）: 46～55

Luo J L, Zhang C L, Qu Z. 1999. Volcanic reservoir rocks: a case study of the Cretaceous Fenghuadian suite, Huang-hua Basin, Eastern China1. Petroleum Geology, 22（4）: 397～415

Luo J, Morad S, Liang Z G et al. 2005. Controls on Archean metamorphic and Jurassic volcanic reservoir Xinglongtai buried hill, western depression of the China. AAPG Bulletin, 89（10）: 1319～1346

Mitsuhata Y L, Matsuo K, Minegishi M. 1999. Magne-totelluricsurvey for exploration of a volcanic rock reservoir in the Yurihara oil and gas field, Japan. Geophysical Prospecing, 47（2）: 195～218

Petford N, mccaffrey K J W. 2003. Hydrocarbons in crystalline rocks. London: The Geological Society of London

Rohrman M. 2007. Prospectivity of volcanic basins: Trap delineation and acreage de-risking. AAPG Bulletin, 91（6）: 915～939

Seemann U, Schere M. 1984. Volcaniclastics as potentialhydro-carbon reservoirs. Clay Minerals, 19（9）: 457～470

Sruoga P, Rubinstein N. 2007. Processes controlling porosity and permeability in volcanic reservoirs from the Austral and Neuquen basins, Argentina. AAPG Bulletin, 91（1）: 115～129

Sruoga P, Rubinstein N. 2007. Processes controlling porosity and permeability in volcanic reservoirs from the Austral and Neuque'n basins, Argentina. AAPG Bulletin, 91（1）: 115～129

Stephen R. 2003. Occurrences of hydrocarbons in and around igneous rocks. Geological Society, London, Special Publication, 214（1）: 35～68

Vernik L. 1990. A new type reservoir rock in volcaniclastic sequences. AAPG Bulletin, 74（6）: 830～836